1 MONTH OF
FREE
READING

at

www.ForgottenBooks.com

By purchasing this book you are eligible for one month membership to ForgottenBooks.com, giving you unlimited access to our entire collection of over 1,000,000 titles via our web site and mobile apps.

To claim your free month visit:

www.forgottenbooks.com/free998283

ISBN 978-0-260-98769-3
PIBN 10998283

Lehrbuch

der

Entwicklungsgeschichte.

Von

Dr. Robert Bonnet,

em. o. ö. Professor der Anatomie an der Universität Bonn.

Vierte, neubearbeitete Auflage.

Mit 388 Textabbildungen.

Berlin.

Verlag von Paul Parey

SW. 11, Hedemannstraße 10 u. 11.

1920.

Altenburg, S.-A.
Pierersche Hofbuchdruckerei
Stephan Geibel & Co.

Aus der Vorrede zur ersten Auflage.

Das vorliegende Lehrbuch entstand auf Wunsch der Verlagsbuchhandlung, und ich darf wohl sagen auch auf Wunsch meiner Schüler. Es beabsichtigt, dem Studierenden der Heilkunde die wichtigsten Ergebnisse der Entwicklungsgeschichte des Menschen verständlich zu machen und ihm dabei das für seinen späteren Beruf Wichtige in knapper und doch möglichst erschöpfender Form zu geben. Dabei sind auch die für die Pathologie so wichtig gewordenen Rückbildungen von Organanlagen berücksichtigt worden. Die Schilderung der Embryonalanhänge ist auf Grund eines zum größten Teile von mir selbst bearbeiteten Materials und an der Hand mir besonders instruktiv erscheinender Typen besprochen ... Die Berücksichtigung der Haustiere macht das Buch vielleicht auch für Studierende der Tierheilkunde brauchbar. In gewissem Sinne bildet es die freilich gänzlich umgearbeitete und nach jeder Richtung hin erweiterte zweite Auflage meines seit einigen Jahren vergriffenen „Grundrisses der Embryologie der Haussäugetiere".

Nach längerem Zögern habe ich mich, selbst auf die Gefahr von Mißdeutungen hin, entschlossen, zur Illustration des Textes auch Abbildungen der jetzt fast überall zum Unterricht verwendeten trefflichen Modelle von Herrn F. Ziegler in Freiburg i. B. zu verwenden. Maßgebend hierfür war nicht etwa der Mangel ausreichender Serien für Originalabbildungen, sondern der Wunsch, dem Studierenden das Verständnis möglichst dadurch zu erleichtern, daß der Text ihm bequeme Repetitionen unter Benutzung des in dem Studiensaal aufgestellten Demonstrationsmaterials ermöglicht.

Die Bezeichnungen der Abbildungen anderer Autoren habe ich mehrfach im Interesse einer einheitlichen Nomenklatur und meiner Auffassung abändern müssen.

Die Abbildungen sind von den Herren Helbig in Berlin und Häger in Greifswald unter meiner ständigen Kontrolle angefertigt. Die Bilder ohne Autorname sind Originalabbildungen ...

Dem Herrn Verleger für seine Nachsicht gegen so manche unvorhergesehene Verzögerung in der Fertigstellung des Textes und für die würdige Ausstattung des Buches auch an dieser Stelle meinen Dank auszusprechen, ist mir eine angenehme Pflicht.

Bonn, im Juni 1907.

Vorwort zur zweiten Auflage.

In der neubearbeiteten zweiten Auflage dieses Lehrbuches sind zum besseren Verständnis der wissenschaftlichen Bezeichnungen deren Ableitungen aus dem Griechischen beigefügt worden.

Sechs von den alten Abbildungen wurden durch bessere ersetzt und vierundvierzig größtenteils von Herrn Delfosse gezeichnete neue Abbildungen zugegeben. Gleichwohl und trotz zahlreicher Erweiterungen und Ergänzungen im Texte hat der Umfang des Buches infolge stilistischer Kürzungen nur unbedeutend zugenommen.

Zu bestem Danke bin ich den Herren Professoren Ph. Jung in Göttingen und C. Reifferscheid in Bonn für die mir zu wiederholter Durchsicht anvertrauten Serien sehr junger, ausgezeichnet erhaltener menschlicher Fruchtblasen, und den beiden Prosektoren am hiesigen anatomischen Institut Herrn Prof. Heiderich und Dr. Dragendorff sowie meiner Assistentin Frl. Dr. Cords für die Unterstützung bei der Durchsicht der Korrekturbogen verpflichtet.

Warmer Dank gebührt auch dem Herrn Verleger, der meinen Wünschen bereitwilligst entgegenkam und das Buch wieder in gediegenster Weise ausgestattet hat.

Bonn, am 25. Dezember 1911.

Vorwort zur dritten Auflage.

Die dritte, neubearbeitete Auflage gibt, außer vielfachen Verbesserungen und übersichtlicheren Umstellungen im Text, in der Einleitung eine Übersicht über den verschiedenen morphologischen Wert der Organe. Die Zahl der Abbildungen wurde von 377 auf 390 erhöht.

Der Verlagsbuchhandlung, welche die Neuauflage trotz der durch den Krieg entstandenen vielfachen Schwierigkeiten ermöglichte, gebührt mein besonderer Dank.

Bonn, Ende Dezember 1917.

Bonnet.

Vorwort zur vierten Auflage.

Auch die in kurzer Zeit nötig gewordene vierte Auflage legt wie die bisherigen den Schwerpunkt auf die stammesgeschichtliche Betrachtung des Lehrstoffes unter Hinweis auf die Bedeutung der Organe durch Berücksichtigung ihrer Leistungen.

Ergebnisse der immer wichtiger werdenden experimentellen Untersuchungen sind nur vereinzelt angedeutet, da ihr Verständnis die Kenntnis der normalen Entwicklungsvorgänge zur Voraussetzung hat, in welche einzuführen das Buch beabsichtigt.

Der Text ist vielfach verbessert und ergänzt, die Figuren 7, 73, 150 *A B C*, 153 *A B*, 157, 214, 366 und 369 sind neu eingefügt, das Inhaltsverzeichnis am Schlusse ist gänzlich umgearbeitet worden.

Würzburg, im Juni 1920.

Bonnet.

Inhalt.

Seite

Einleitung   1

Erster Teil. Vorentwicklung.

Die Geschlechts- oder Fortpflanzungszellen, Gonocyten 11
   I. Entwicklung der Samen- und Eizellen 12
  II. Die Reifung der Samenzellen. 15
 III. Die reifen Samenzellen und die Samenflüssigkeit 17
  IV. Die Eizellen 22
   V. Die Bildung der Eihüllen 27
  VI. Die Reifung der Eizellen und die Befruchtung 33
     1. Die Ovulation 33
     2. Das Corpus luteum. 35
     3. Die Eireifung. 38
     4. Die Befruchtung 40

Zweiter Teil. Entwicklung.

A. Die Furchung oder Teilung des Spermoviums 51
   I. Totale Furchung 53
     1. Totale und adäquale Furchung. 53
     2. Totale inäquale Furchung 56
  II. Partielle Furchung (Diskoidale und inäquale Furchung). . . . 58
 III. Totale Furchung der viviparen Säugetiere nach Dotter-
     verlust 62
     Experimentelles über die Furchung 65
     Angebliche parthenogenetische Furchung bei Wirbeltieren. 67
B. Die Keimblätter und die Gastrulation 67
   I. Die Keimblätter. 67
  II. Die Gastrulation 70
     1. Die Gastrulation und Keimblattbildung des Lanzettfischchens (Am-
       phioxus lanceolatus) 70
     2. Bildung der Chorda dorsalis und des Mesoblasts 72
     3. Weitere Gliederung des Mesoblasts. 75
     4. Bildung des Afters, Mundes und der Kiemenspalten 77
     5. Gastrulation und Keimblattbildung der Amphibien 79
     6. Bildung der Chorda und des Mesoblasts des Wassermolches 83
     7. Die Bildung der Chorda und des Mesoblasts des Frosches 88
     8. Die Entwicklung von After, Mund und Schwanz der Amphibien . . 90
     9. Die Gastrulation und Keimblattbildung der Amnioten 93
    10. Die Mesoblastbildung bei den Amnioten 108
    11. Die Chordabildung bei den Amnioten 111
    12. Gastrulation und Bildung der Keimblätter des Menschen 114

Seite

C. Die Entwicklung der Leibesform und der wichtigsten Primitivorgane der Amnioten 115
  1. Die Abgrenzung des Embryos und die Fruchthöfe 115
  2. Das Neuralrohr und die primitive Hirngliederung 115
  3. Die Spinalganglienleiste 121
  4. Die Ursegmente und Urwirbel 122
  5. Die Anlage des Herzens 125
  6. Die Vor- und Urniere 130
    a) Die Vorniere 131
    b) Die Urniere. 134
  7. Die Entwicklung des Kopfes und Gesichtes. 140
  8. Die Entwicklung der Nasen- und Mundhöhle. 149
  9. Die Bildung des Mundes und der Lippen 158
  10. Die Entwicklung des Halses 161
  11. Die Entwicklung des Kaudalendes, der Kloake und des Afters . . . 162
  12. Die Entwicklung der Gliedmaßen. 166

D. Die Embryonalanhänge, Decidua, Placenta 170
  Allgemeines 170
 I. Die Embryonalanhänge der Sauropsiden 171
  1. Der Dottersack. 171
  2. Das Amnion und das amniogene Chorion. 172
  3. Die Allantois. 176
 II. Die Embryonalanhänge der Säuger 178
  Allgemeine Vorbemerkungen 178
  1. Brunst und Menstruation. 182
  2. Placenta und Placentation 185
    a) Mammalia aplacentalia 186
    b) Placentalia 186
    c) Zentrale, exzentrische und interstitielle Entwicklung. 187
    d) Die intrauterine Ernährung des Keimlings 190
 III. Von den Embryonalanhängen im besonderen 192
  1. Adeciduaten 192
    a) Perissodaktylen oder Einhufer. 192
    Pferd. Placenta diffusa. 192
    b) Artiodaktylen oder Paarhufer 198
    Wiederkäuer (Rind, Schaf, Ziege). Placenta multiplex. 198
    Schwein. Placenta areolata 198
  2. Deciduaten 207
    a) Fleischfresser (Placenta zonaria) 207
    b) Nagetiere 214
    c) Primaten 217
    Mensch. Placenta discoides 217
    Decidua 218
    Embryonalanhänge 221
    Allantois 224
    Nabelblase 226
    Amnion. 226
    Chorion und Placenta fetalis 229
    Placenta materna 234
    Die Nabelschnur (Funiculus umbilicalis) 237
    Verhalten der Embryonalhüllen während und nach der Geburt. . . 238

Seite

E. Die Entwicklung der Organe und Systeme 239

I. Organe und Systeme des Ektoblasts 240

  1. Die Entwicklung der Haut und ihrer Anhänge 240

    a) Die Lederhaut, Cutis 240

    b) Die Epidermis 241

    c) Die Anhänge der Epidermis 242

      Die Entwicklung der Haare 243

      Die Entwicklung der Hautdrüsen 247

      Die Krallen, Hufe, Klauen, Nägel 253

  2. Die Entwicklung des Nervensystems 254

    a) Zentralnervensystem 254

      Entwicklung des Rückenmarkes 254

      Die Entwicklung des Gehirnes 262

    b) Die peripheren Nerven 271

    c) Sympathicus 276

  3. Entwicklung der Sinnesorgane 277

    a) Das Riechorgan 277

    b) Die Sinnesorgane der Haut 278

    c) Das Geschmacksorgan 279

    d) Das Gehörorgan 280

      Labyrinth 280

      Mittelohr oder Cavum tubotympanicum 286

      Ohrmuschel und äußerer Gehörgang 288

    e) Das Sehorgan 291

      Die Augenblase 291

      Entwicklung der Linse 292

      Die Umwandlung der Augenblase in den Augenbecher 295

      Die Entwicklung des Glaskörpers 296

      Entwicklung der Tunica intima bulbi und des Sehnerven 297

      Tunica externa und media 300

      Die Nebenorgane des Auges 304

II. Organe und Systeme des Entoblasts 307

  1. Darmkanal und Anhangsorgane 307

    a) Organe des Munddarmes 308

    b) Schilddrüse, der Thymus und die Epithelkörper 317

    c) Speiseröhre, Magen, Dünn- und Dickdarm 321

    d) Leber und Bauchspeicheldrüse 329

  2. Entwicklung des Atemapparates 335

    a) Lunge 335

    b) Kehlkopf 335

    c) Luftröhre 339

III. Organe und Systeme des Mesoblasts 340

  1. Entwicklung der Bindesubstanzen, der Blutgefäße, des Blutes, der
    Lymphgefäße und der Lymphknoten 340

    a) Bindesubstanzen 340

    b) Blutgefäße und Blut 341

      Die Entwicklung des Blutes 346

      Das Herz 348

      Arteriensystem 357

      Arterien des Darmkanals, der Nabelblase und der Allantois . . . 363

Seite

Venensystem   364
Lymphgefäßsystem   372
Embryonaler Kreislauf   373
2. Die Entwicklung des Muskelsystems   376
a) Glatte Muskulatur   376
b) Quergestreifte Muskulatur   377
3. Die Entwicklung des Cöloms, des Herzbeutels, der Brust- und der
Bauchhöhle und des Zwerchfells   384
4. Die Entwicklung des Skelets   387
a) Rumpfskelet   387
Mesenchym-Chordaskelet   388
Das knorpelige Achsenskelet   391
Das knöcherne Achsenskelet   396
b) Kopfskelet   400
Der Mesenchym-Chorda-Schädel   401
Das bindegewebige und das knorpelige Cranium   404
Der Knorpelschädel   405
Das knorpelige Splanchnocranium   410
Der knöcherne Schädel   413
Das knöcherne Neurocranium   413
Das knöcherne Splanchnocranium. Verknöcherung des Kiefer-
bogens   416
c) Gliedmaßenskelet   418
d) Gelenke   423
5. Die Entwicklung des Harn-Geschlechtsapparates   424
a) Harnapparat   425
Die Entwicklung der Niere   425
Die Entwicklung der Harnblase   432
b) Geschlechtsapparat   436
Anlage der Keimstöcke   436
Männliches Geschlecht   438
Entwicklung des Hodens   438
Die ableitenden Wege des Hodens   440
Weibliches Geschlecht   442
Entwicklung der Eierstöcke   442
Die Entwicklung der ableitenden Wege des Eierstocks, des
Eileiters, der Gebärmutter und der Scheide   445
Bandapparat der Keimstöcke und ihrer Ableitungswege; Descensus
der Keimstöcke   450
After und Begattungsorgane   456
Die Bildung des Afters   459
Begattungsorgane   460
6. Die Entwicklung der Nebennieren   466
Register   469

Einleitung.

Die entwicklungsgeschichtliche Betrachtung bildet den Weg zum Verständnis der Form und der Leistung der fertigen Organismen.

Nur im Werden erfaßt wird das Gewordene verständlich.

Das Ziel der Entwicklungsgeschichte ist die Erkenntnis der Formveränderungen, welche ein Organismus von der befruchteten Eizelle bis zu seiner vollen Ausbildung durchläuft, und der Gesetze und Bedingungen, welche diese Formveränderungen veranlassen.

Die Lehre von der Entwicklung des Individuums bis zur Geburt oder die Lehre von der Entwicklung des Keimlings heißt Embryologie ($\check{\varepsilon}\mu\beta\varrho\nu o\nu$ = das in einem anderen Keimende, von $\dot{\varepsilon}\nu$ und $\beta\varrho\nu\omega$ = wachsen; $\lambda o\gamma o\varsigma$ = Lehre).

Besser bezeichnet man die mit dem Ausschlüpfen aus dem Ei oder mit der Geburt noch keineswegs abgeschlossene Entwicklungsgeschichte des Einzelwesens als Ontogenese ($\check{o}\nu\tau a$ = Individuen und $\gamma\acute{\varepsilon}\nu\varepsilon\sigma\iota\varsigma$ = Entstehung) und stellt sie der Stammesentwicklung oder der Entwicklungsgeschichte der Tierstämme oder Phylen, Phylogenese ($\varphi\tilde{\nu}\lambda o\nu$ = Stamm und $\gamma\acute{\varepsilon}\nu\varepsilon\sigma\iota\varsigma$ = Entstehung) gegenüber.

Ontogenese und Phylogenese sind neben der vergleichenden Anatomie und der Paläontologie ($\pi a\lambda\varepsilon\tilde{\iota}o\varsigma$ = alt), der Lehre von den ausgestorbenen oder fossilen Organismen, Unterfächer der Entwicklungslehre. Sie untersucht den genealogischen Zusammenhang und die Umbildung der Lebewesen auf der Basis der Deszendenztheorie.

Alle in der Ontogenese auffallenden Entwicklungserscheinungen sind in letzter Linie Sonderungs-, Vermehrungs- und Wachstumsvorgänge der durch wiederholte Teilung der befruchteten Eizelle gelieferten Zellen, welche den Keimling oder Embryo und seine Anhangsorgane aufbauen.

Durch fortgesetzte Teilung der befruchteten Eizelle entsteht zunächst ein Klumpen, dessen Zellen sich sehr bald in die beiden primären Keimschichten ordnen, aus welchen die drei Keimblätter hervorgehen. In ihnen wird das durch die fortgesetzte Teilung der befruchteten Eizelle gelieferte Zellmaterial blattartig geordnet und sondert sich in die verschiedenen G e w e b e.

Die Sonderungsvorgänge in die Gewebe bezeichnet man als H i s t o g e n e s e (ίστος = Gewebe).

Durch ungleiches Wachstum, Faltenbildungen, Kontinuitätstrennungen und Verwachsungen bilden sich aus diesen die P r i m i t i vo r g a n e, d. h. die e r s t e n und e i n f a c h s t e n Organe. Sie können bei niederen Wirbeltieren zeitlebens bestehen. Bei den höheren Wirbeltieren und bei dem Menschen werden sie entweder wieder rückgebildet oder in D a u e r o r g a n e für das ganze Leben von komplizierterer Form und Leistung umgewandelt (O r g a n o g e n e s e).

Je jünger der Embryo, in um so rascherem Tempo folgen sich die Anlagen seiner Organe. Bei den größeren Säugetieren und bei dem Menschen drängen sich die wichtigsten Entwicklungsvorgänge auf die ersten drei bis vier Wochen, bei Vögeln nur auf etwa die ersten fünf Tage des embryonalen Lebens zusammen. Bei den sich im Wasser oder in der Luft entwickelnden Keimen wird die Zeitdauer der Entwicklung durch höhere oder niedere Temperatur in hohem Grade beschleunigt oder verlangsamt. Während die Anlage der Primitivorgane und der Leibesform in verhältnismäßig sehr kurzer Zeit nahezu vollendet ist, braucht die Sonderung und Ausbildung der Dauerorgane und ihr Wachstum bis zu der für die Art typischen Größe und Funktion beträchtlich längere Zeit.

Die während der Entwicklung des Menschen oder eines höheren Tieres auffallenden, zum Teil höchst eigenartigen, einander ablösenden Embryonalformen kehren im Prinzip bei den Embryonen aller Wirbeltiere wieder. Sie liefern d e n B e w e i s, d a ß i h r e A u f e i n a n d e rf o l g e d u r c h b e s t i m m t e a l l g e m e i n g ü l t i g e G e s e t z e b ed i n g t w i r d.

Je jünger ein Entwicklungsstadium eines höheren Organismus ist, um so einfacher erscheint seine Organisation, um so ähnlicher sind seine Organanlagen denen tieferstehender Organismen. Je älter dagegen der Embryo wird, um so verwickelter wird sein Bau, um so ähnlicher wird er der fertigen Form höherer Tiere und seiner eigenen Art.

Die in der Ontogenie aufeinanderfolgenden Entwicklungstypen sind bedingt durch V e r e r b u n g und A n p a s s u n g. Die Vererbung zwingt den vollkommeneren und neueren Organismus, in seinen Organen eine Reihe von Formen zu wiederholen, welche die Organe seiner Vorfahren, also ganze Generationen und Tierstämme, in ihrer Stammentwicklung durchlaufen haben.

D i e E n t w i c k l u n g d e s I n d i v i d u u m s, d i e O n t o g e n e s e, i s t a l s o e i n e v i e l f a c h a b g e k ü r z t e o d e r u n v o l l s t ä n d i g e W i e d e r h o l u n g d e r P h y l o g e n e s e.

Aber niemals durchläuft die Entwicklung des Individuums die ganze Reihe ausgebildeter Formen tieferstehender Tiere. Es gibt keine fertigen Tiere von der Gestalt der jüngeren Embryonaltypen höherer Wirbeltiere und des Menschen.

Nur in den Grundzügen der Organisation gleichen sich die Embryonen höherer und niederer Tiere äußerlich mehr oder weniger und kürzere oder längere Zeit. Ähnliche Formen sind nicht immer die Folge von Blutsverwandtschaft, sondern können auch unter gleichen Lebensbedingungen bei einander genealogisch sehr fern stehenden Tieren entstehen (Parallelentwicklung oder Konvergenz).

Manche Stadien werden sehr rasch durch Anpassungen an neue, bei den Vorfahren noch nicht oder in geringerem Grade vorhandene innere oder äußere Verhältnisse in mehr oder minder auffälliger Weise abgeändert. So bedingt zum Beispiel die Vermehrung oder Verminderung des Dottergehaltes der Eizelle oder deren Entwicklung im Wasser, in der Luft oder in der Mutter wesentliche Abänderungen in den Entwicklungsformen oder die Ausbildung neuer, den Vorfahren fehlender Anhangsbildungen (zum Beispiel des Amnions und der Placenta).

Die Ontogenese jedes Wirbeltieres setzt mit der Teilung der befruchteten Eizelle ein. Diese enthält schon alle Arteigenschaften für den sich aus ihr entwickelnden Organismus. Aus der Eizelle eines Karpfens kann sich zum Beispiel immer nur wieder ein Karpfen, aus der eines Frosches immer nur wieder ein Frosch, aus der des Menschen immer nur wieder ein Mensch mit allen kennzeichnenden Merkmalen entwickeln. Das ist eigentlich selbstverständlich. Denn die Eizellen sind hochorganisierte Zellen, die in langer und verwickelter Stammesgeschichte die Artmerkmale in sich befestigt haben und sie bei ihrer Entwicklung wieder zu ausgebildeten Individuen entfalten. Dabei handelt es sich aber nicht etwa um ein einfaches Heranwachsen des in der Eizelle schon für unser Auge unsichtbar vorhandenen Individuums, wie die Evolutions- oder Präformationslehre des siebzehnten und achtzehnten Jahrhunderts annahm, sondern um eine zur Anlage der Organe und Systeme führende Neubildung (Theorie der Epigenesis von C. F. Wolff, 1759) infolge von Zellvermehrung durch Teilung. Mit dieser Erkenntnis fällt auch der ehemalige Streit, ob der Embryo in der Eizelle (Ovulisten) oder in der Samenzelle (Animalculisten) präformiert sei, in sich selbst zusammen, sofern zur natürlichen Entwicklung eines Wirbeltieres die Vereinigung beider Zellen unumgängliche Voraussetzung ist.

Der Embryo der höheren Tiere und des Menschen wiederholt niemals die ganze lückenlose, von seinen Vorfahren durchlaufene Formenreihe in allen Einzel-

1*

heiten, sondern immer nur teilweise in den für ihn selbst
wichtigsten Grundzügen.

Dabei wechselt die Dauer des Bestehens der einzelnen Embryonalformen bei den verschiedenen Klassen, Ordnungen und Arten, ja selbst
bei den einzelnen Keimlingen nicht unbeträchtlich. Manche der am
frühesten erworbenen, älteren, im Laufe der Stammesentwicklung
minderwertig oder überflüssig gewordenen Stadien werden nur andeutungsweise und flüchtig wiederholt oder fallen ganz aus. Später
erworbene, neuere wichtige, dem heutigen Zustande ähnlichere bleiben
längere Zeit oder dauernd bestehen und können weiter ausgebildet
werden.

Im allgemeinen gilt als Regel, daß sich ein Organ um so früher
anlegt, je wichtiger es für den Organismus und je verwickelter sein
Bau ist, ferner je früher es nach dem Ausschlüpfen oder nach der
Geburt funktionieren muß (z. B. Zentralnervensystem, Muskulatur.
Auge, Gehörorgan, Herz, Harnapparat). Andere, später funktionierende
Organe werden auch später fertiggestellt (z. B. die Zähne, der reife
Geschlechtsapparat).

Manche Primitivorgane, wie z. B. der Urdarm, die Rückensaite,
der Kiemenapparat, die Vorniere, werden bei höheren Tieren nur deswegen immer wieder angelegt, weil aus ihnen wichtige Dauerorgane
oder Teile von solchen hervorgehen. ·

Nicht alle Organanlagen gelangen zur vollen Ausbildung. „Ein Organismus mit allen Organen seiner Vorfahren wäre
ein Monstrum." Eine vollkommen scharfe und vollgültige Organ-
einteilung ist schwer zu treffen.

Ich unterscheide:

1. Transitorische oder vorübergehende Embryonal-
   organe, die nach zeitweise sehr wichtigen Leistungen oder
   noch während der Embryonalzeit schwinden oder an deren
   Schluß kürzere oder längere Zeit nach dem Auskriechen
   (Larvenorgane) abgeworfen werden (z. B. die Embryonalanhänge und -hüllen, welche die Atmung und Ernährung des
   Embryo vermitteln; die Kiemen und die Ruderschwänze der
   Froschlarven, die bei dem Anlandgehen zurückgebildet werden;
   große Teile des embryonalen Gefäßsystems usw.).

2. Embryonale Residualorgane sind zeitlebens bestehende Reste von Embryonalorganen (z. B. das Ligamentum arteriosum [Botalli], das runde Leberband, funktions-
   lose Reste der Urniere am Geschlechtsapparat u. a. m.).

3. Abortivorgane (aborior = zugrunde gehen), die zwar noch
   beim Embryo angelegt werden (Schneidezähne im Zwischenkiefer der Wiederkäuerembryonen, Zahnanlagen später ganz
   zahnloser Tiere, z. B. des Stöhrs, der Bartenwale und gewisser

Schildkröten, embryonale Metacarpus- und Metatarsusanlagen)
aber nicht mehr oder wie z. B. die abortiv gewordenen Eck-
zähne mancher Wiederkäuer nur noch ausnahmsweise zur
Ausbildung kommen. Sie führen in solchen Fällen zu den

4. verkümmernden oder reduzierten Organen fertiger
Organismen hinüber. In früheren Vorfahrenreihen leistungs-
fähig, aber infolge veränderter Lebensbedingungen bei späteren
Generationen minderwertig oder wertlos, ja in manchen Fällen
schädlich, verfallen sie bei herabgesetzter oder mangelnder
Leistung allmählicher Ausmerzung. Interessant als tierische
Erbschaften am menschlichen Leibe (z. B. die Plica semilunaris
des menschlichen Auges, die reduzierten Schwanz- und Ohr-
muskeln des Menschen), können sie wegen ihrer Neigung zu
Erkrankungen (Wurmfortsatz am Blinddarme des Menschen)
oder zu krankhaften Wucherungen (namentlich verkümmernde
epitheliale Organe) verhängnisvoll für den Körper werden.
Sie sind deshalb von besonderem Interesse für den Arzt. Die
Rückbildung der durch Anpassung herangezüchteten Vollorgane
ist vielfach durch Abänderung der Lebensweise, vor allem
durch den Übergang in ein anderes Medium bedingt, indem
sie dann eben unbrauchbar geworden sind. An Stelle der
sonst möglichen Weiterbildung führen dann mehr oder minder
ausgebreitete rückläufige Vorgänge zum allmählichen Schwund
des Organes, das schließlich überhaupt nicht mehr angelegt
wird (Agenesie = α privativum, γένεσις = Entstehung).

5. Die mangelhafte Unterscheidung zwischen abortiven und verkümmerten Organen einerseits und rudimentären Organen
andererseits richtet leider noch immer eine üble Verwirrung
an. Rudimentum bedeutet Anfang, erster Versuch. Ein rudi-
mentäres Organ ist das gerade Gegenteil eines
Arbortivorganes, nämlich ein zukunftsreicher Anfang, aber kein trauriges Ende. Gewöhnlich werden
aber gedankenlos auch die Abortiv- und reduzierten Organe
als „rudimentäre" bezeichnet. Freilich wird die Bedeutung
eines rudimentären Organes meist erst durch dessen Verfolgung in der Aszendenz und durch Kenntnis seiner allmählichen Ausbildung zum Vollorgan in der Deszendenz klar. Im
Zweifel spricht man von einem Organon dubium. So zum Beispiel ist die nur bogenförmige „Schnecke" im Ohr der Reptilien,
Vögel und Kloakentiere ein Rudiment der mehrfach gewundenen der Placentatiere. Die ersten gering entwickelten Geweihe fossiler Hirsche sind Rudimente der späteren stärkeren.

6. Wechselorgane: Ein Vollorgan oder auch ein in seiner
Leistung schon behindertes und· deshalb schon etwas redu-

ziertes Organ kann unter günstigen Bedingungen durch Übernahme neuer Leistungen vor weiterem Schwunde bewahrt
bleiben, ja sogar neue aussichtsreiche Leistungen übernehmen.
Es wird durch **Funktionswechsel** zu einem **Wechsel-
organ**: z. B. Umwandlung mancher funktionslos gewordener
Muskeln zu Bändern an der Wirbelsäule, Umwandlung der
Bauchflossen mancher Rochen zu Begattungsorganen, Umwandlung des Flügels des Pinguins mit Knochen, Muskeln und
Federn aus einem Flug- in ein Ruderorgan zum Schwimmen.

7. **Vollorgane, d. h. gut ausgebildete Organe des fertigen
Individuums mit voller Leistung.**

8. **Exzeßbildungen** entstehen, wenn Vollorgane ohne pathologische Kennzeichen und ohne Erhöhung ihrer für den Be-
sitzer nützlichen Leistungen sich übermäßig vergrößern. Man
findet Exzeßorgane vorwiegend bei männlichen Tieren und
betrachtet sie zum Teil als „Zierorgane", wie die Schweife
der Paradiesvögel, des Königsfasans, der Baumhühner, oder
als gefährliche Waffen, wie die kapitalen Hirschgeweihe, die
aber als Waffen viel weniger gefährlich sind als nicht vereckte
Spieße, die jede Parade im Kampfe durchstoßen. Durch Be-
einträchtigung des Flugvermögens oder der Bewegungsfähigkeit in dichten Stangenhölzern durch große Geweihe können
die angeführten Beispiele, wie Exzeßbildungen überhaupt, für
ihre Träger nachteilig, ja gefährlich wirken. Ein schönes
Beispiel von Exzeßbildungen sind auch die Hauer im Oberkiefer des Hirschebers (Sus babyrussa), die durch die Oberlippe und in bogenförmiger Krümmung bis auf das Schädeldach herunter wachsen. —

Störungen in der individuellen Entwicklung führen
zu Mißbildungen einzelner Organe oder des ganzen
Körpers. Je früher die Störung einsetzt, um so größer ist in der
Regel die durch sie bedingte Mißbildung, welche unter Umständen die
Lebensfähigkeit des Keimlings ausschließt.

Die Lehre von den Mißbildungen oder die Teratologie
(τέρας = Wunderzeichen, Mißbildung) untersucht die gesetzmäßigen
Ursachen der Mißbildungen. —

Mit dem Ausschlüpfen aus dem Ei oder mit der Geburt ist die individuelle Entwicklung noch keineswegs
beendet. Zwar treten gegen Ende des Embryonallebens die ge-
staltenden Vorgänge zurück gegen das Wachstum des Angelegten.
Doch vollziehen sich sofort nach der Geburt neben den Abstoßungen
der Embryonalanhänge wichtige, durch die Luftatmung bei den höheren
Wirbeltieren und bei dem Menschen bedingte Aus- und Umgestaltungen
am Kreislauf- und Respirationsapparat. Die Zähne brechen nach der

Geburt früher oder später durch, und die Generationsorgane werden, vielfach erst nach Jahren, funktionsfähig. Mit der eintretenden Ge - schlechtsreife werden die Geschlechtsunterschiede immer auffälliger. Aber auch in allen anderen Organsystemen spielen sich ohne Ausnahme Veränderungen ab, die, mit steten Schwankungen in den Körperproportionen bis ins Alter gepaart, den Organismen das unverkennbare Gepräge der Altersunterschiede (Jugend-, Reife- und Altersformen) aufdrücken.

Bis zur Geburt kommt in buntem Wechsel der embryonalen Formen vorwiegend Ererbtes zum Ausdruck. Nach der Geburt bedingen die in der Außenwelt wirksamen Einflüsse an dem sich ihnen anpassenden Organismus neue Veränderungen. Die durch Anpassung entstandenen Abänderungen können auf die Nachkommen übertragen werden.

So fügt jedes Individuum der von seinen Vorfahren überkommenen, teilweise nutzlos gewordenen und allmählicher Ausmerzung unter- liegenden Erbschaft (abortive Organe) neue, während seines Lebens erworbene Eigenschaften zu und überträgt sie auf seine Nachkommen.

Die Organismen sind also in stetigem Flusse be- griffen. Uralte Organe werden langsam ausgeschaltet oder zu neuen Leistungen umgewandelt, neue, zukunftsreiche Organe werden aus un- scheinbaren Anfängen wichtigen Leistungen entgegengeführt. Nirgends und niemals Stillstand, überall ununterbrochener Wechsel, keine ziel- bewußte „Zweckmäßigkeit", nur zeitweise, freilich oft Jahrhundert- tausende und länger andauernde Existenzfähigkeit. Was aber einmal im Laufe der Jahrtausende endgültig ausgemerzt wurde, er- scheint in gleicher Form und Struktur, soweit Menschensinne es übersehen können, nie wieder (Dollosches Gesetz).

Vererbung, Anpassung und Variation bilden neben anderen, teilweise noch strittigen Faktoren das formbildende Prinzip. Organisation und Form sind nur der Ausdruck der Leistung unter bestimmten Existenzbedingungen.

Die Tatsache der Anpassung und Vererbung ist ebensowenig wie die der individuellen Variation zu bestreiten. Die gesetzmäßigen feineren Vorgänge bei der Vererbung und Anpassung bedürfen dagegen ebenso wie die der Variation noch der Erklärungen durch eingehendes, vor allem experimentelles Studium. —

Die Sicherheit in der Beurteilung der Bedeutung entwicklungs- geschichtlicher Vorgänge wächst mit der Breite des Überblicks über möglichst viele verschiedene und vollständige Entwicklungsreihen. Nur durch den Vergleich erscheint auch die morphologische Stellung des Menschen in der Wirbeltierreihe und die mit Ausnahme des Gehirnes im allgemeinen primitive Organisation der „Krone der Schöpfung" im wahren Lichte.

Erster Teil.

Vorentwicklung.

Die Geschlechts- oder Fortpflanzungszellen, Gonocyten.

(γόνος = Zeugung, το κύτος = Höhle. = Begriff der Zelle als Hohlraum.)

Die **Körperzellen** übernehmen bei den vielzelligen Organismen die für die Erhaltung des Individuums nötigen Arbeitsleistungen. Die **Geschlechtszellen** erhalten die Art. Beide Zellformen stehen bis zur Ausstoßung der Keimzellen aus dem Körper in chemischen und physikalischen Beziehungen zueinander und beinflussen sich gegenseitig. Es werden einerseits Neuerwerbungen und Eigenschaften der Körperzellen auf die Keimzellen übertragen, andererseits beeinflußt der Zustand oder das Fehlen der Keimzellen die Körperzellen (Kindesalter, Pubertät, Seneszenz, Kastration).

Ursprünglich aus gleich großen, kugeligen und beweglichen Zellen hervorgegangen, unterscheiden sich die fertigen väterlichen **Samen-** und mütterlichen **Eizellen** bei den Wirbeltieren nach Form, Größe und Struktur sehr beträchtlich. Durch Anhäufung von Nährmaterial für den sich entwickelnden Embryo nahm die Größe der Eizellen zu, ihre Beweglichkeit ab. Die Samenzellen wandelten sich dagegen unter Verdichtung und Umbildung ihrer Bestandteile in sehr bewegliche einwimperige Geißelzellen um, die ihren Leistungen, zunächst dem Eindringen in die Eizelle, auf das feinste angepaßt sind.

Beide Formen von Geschlechtszellen lassen die wichtigsten Zellbestandteile und Zellorgane erkennen, nämlich: das **Plasma** mit den **Plastosomen** (πλάσσω = formen, σῶμα = Körper) und Einschlüssen, den **Sphärenapparat** mit Zentralkörper und Zentriol, die **Zellmembran** und den **Kern** mit seinen Bestandteilen.

Besondere Bedeutung wird von manchen Seiten den auch im Plasma der Keimzellen bei bestimmten Färbungen sehr auffälligen Gebilden zuerkannt, deren Gesamtheit man als **Mitochondria** μίτος = Faden, χόνδρος = Korn) oder **Plastosomen** zusammenfaßt und deren Sichtung und Bedeutung noch weiterer Klarstellung bedarf.

Die Geschlechtszellen der Wirbeltiere entwickeln sich in besonderen Organen, in den **Keimstöcken** oder Geschlechtsdrüsen, nämlich die **Samenzellen** im Hoden oder **Spermarium** (σπέρμα = Samen), die **Eizellen** im **Eierstock** oder **Ovarium**.

I. Entwicklung der Samen- und Eizellen.

Die Vorstufen der Samen- und Eizellen liegen als kugelige, helle
Urgeschlechtszellen an der Oberfläche der Keimstockanlagen
zwischen den Epithelien und werden mit diesen in die Keimstockanlage
eingestülpt. Ursprünglich sehen sich die Urgeschlechtszellen beider
Geschlechter sehr ähnlich. Später werden sie als Ursamenzellen
oder Archispermiocyten (ἀρχή = Ur-) und Ureizellen oder
Archicytova unterschieden.

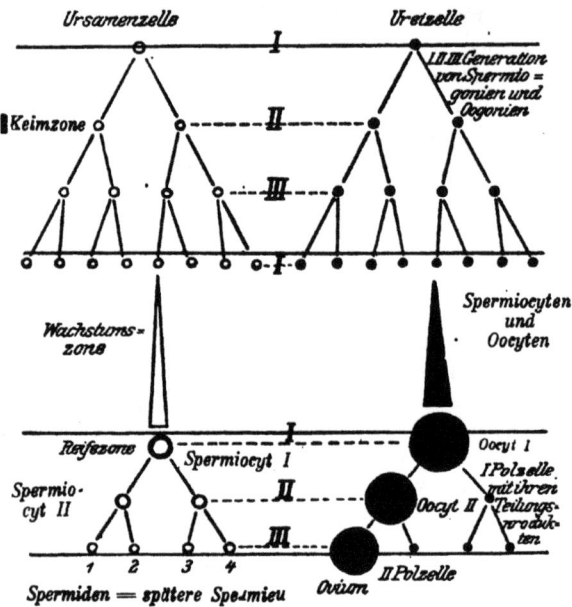

Fig. 1. Schema der Entwicklung der Urgeschlechtszellen zu Samenzellen oder Spermien und
Reifelern oder Ovien, nach Boveri.

Von den an den Urgeschlechtszellen ablaufenden Veränderungen
seien nur die wichtigsten erwähnt.

In die Keimstöcke verlagert vermehren sich die Ursamen- und
Ureizellen, nachdem sie sich etwas vergrößert haben, durch wiederholte
indirekte Teilungen und heißen dann im Hoden Spermiogonien,
im Eierstock Oogonien (Vermehrungsstadium).

Die letzte Teilung liefert die Zellgeneration (Fig. 2), der Spermiocyten I. Ordnung beim Manne, der Oocyten I. Ordnung
beim Weibe. Diese nehmen nun mehr oder minder an Größe zu,
speichern Dotter in ihrem Plasma auf und erhalten Hüllen (Wachs-
tumsstadium).

Dann unterliegen Spermiocyten und Oocyten I. Ordnung im Reifestadium zwei aufeinanderfolgenden Teilungen. Jedes Spermiocyt
I. Ordnung teilt sich zuerst in zwei Spermiocyten II. Ordnung,
deren jedes durch abermalige Teilung wieder zwei Samenzellen
oder Spermiden liefert. Jede Spermide wird dann zu einer reifen
Samenzelle, zu einem Spermium umgebildet.

Durch die Teilungen der Oocyten I. Ordnung werden dagegen keine gleich großen Teilstücke wie bei den Spermiden, sondern
ein Oocyt II. Ordnung oder· eine Voreizelle und eine weit
kleinere I. Polzelle (oder ein Polocyt) geliefert. Man nannte und

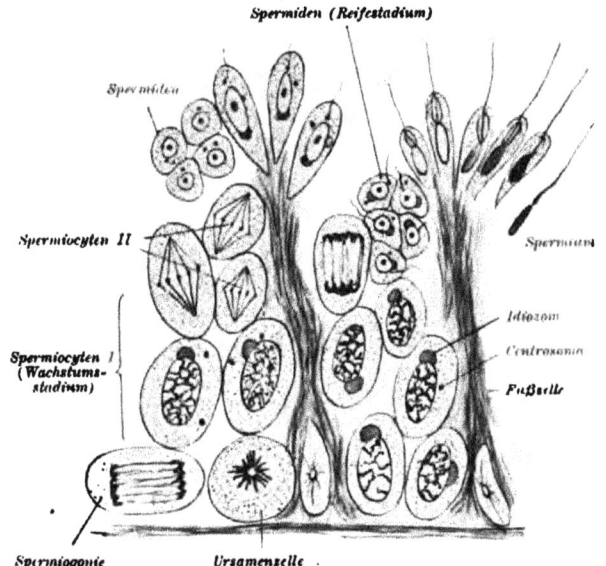

Fig. 2. Schema der Spermiogenese. Schnitt durch die Wand eines Samenkanälchens.

nennt die Polzellen auch „Richtungskörper", weil sie sich an der Stelle
am Oocyt abschnüren, wo später die erste „Furche" (siehe Furchung)
auftritt.· Die erste Polzelle kann sich nachträglich abermals in zwei
Zellen teilen. Die Voreizelle oder das Oocyt II. Ordnung wird dann
nach abermaliger Abschnürung einer zweiten, sich nicht mehr teilenden,
Polzelle zum Reifei oder Ovium.

Im Gegensatze zu den vier aus einem Spermiocyt I. Ordnung
hervorgegangenen gleichwertigen und gleich großen Spermiden und
Spermien sind also durch die wiederholte Teilung des Oocyt I. und
II. Ordnung und durch Teilung der ersten Polzelle vier Zellen von
ungleicher Größe und ungleichem Werte gegeben; die zukunftsreiche
Eizelle und drei abortive, in der Folge zugrunde gehende Reifeizellen.

Das Wesentliche für die Berechtigung eines Vergleiches der beiderseitigen Teilungsprodukte liegt weniger in deren gleichen Zahl, als vielmehr darin, daß, wie noch weiter ausgeführt wird, jede der vier Spermiden, ebenso wie das Reifei und die drei Polzellen, nur die Hälfte der für die Körperzellen des Individuums typischen Chromosomenzahl enthalten.

Man muß nämlich diese Teilungen in eine Äquations- und in eine Reduktionsteilung unterscheiden.

Die Äquationsteilung erfolgt, wie bei der gewöhnlichen Mitose, durch Längsspaltung der Chromosomen. Jedes auf diese Weise gelieferte Spermiocyt II. Ordnung enthält also soviel Chromosomen wie eine Körperzelle. Bei der Teilung der beiden Oocyten und Spermioocyten II. Ordnung aber bleibt die Längsteilung der Chromosomen aus. Die durch diese Teilung gelieferten vier Spermatiden

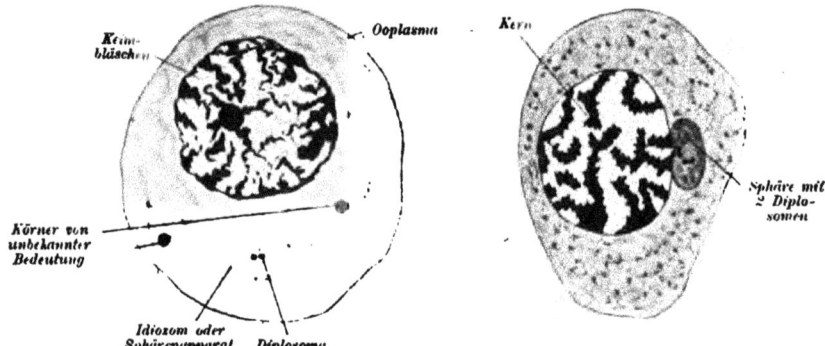

Fig. 3 A. Oocyt. I. Ordnung von einem zwölftägigen Meerschweinchen. Nach Gurwitsch.   Fig. 3 B. Spermiocyt I. Ordnung vom Meerschweinchen. Nach Meves.

oder das Ovium und die zweite Polzelle enthalten deshalb stets nur halb soviel Chromosomen wie die Körperzellen. Daher heißt diese Teilung Reduktionsteilung. Ihre Bedeutung wird bei der Befruchtung erörtert werden.

Die mit den Urgeschlechtszellen in die Keimstockanlage eingestülpten Epithelien bilden im Eierstock das syncytiale ($\sigma v v$ = zusammen, $x v' \tau o \varsigma$ = Zelle) Follikelepithel, dessen Zellen durch Ausläufer unter sich und mit dem Eileibe zusammenhängen. Im Hoden wandeln sie sich zu den Fuß- oder Nährzellen um, die sich mit ihren verbreiterten Fußenden ebenfalls untereinander verbinden und ein Syncytium bilden. Follikelepithelien und Nährzellen leiten Stoffe von den Körperzellen zu den Geschlechtszellen und bilden um die Eierstockseier Hüllen.

Die fingerförmig gelappten, freien Enden der Nährzellen nehmen die Spermiden bis zu deren Ausreifung zu Spermien auf. Dann lösen sich diese ab und gelangen durch die ausführenden Samenwege in den Samenleiter und in die Samenblasen.

Der bei der Kern- und Zellteilung so wichtige Sphärenapparat. d. h. das Centriol, das Centrosoma und die Sphäre, findet sich auch in den Geschlechtszellen als Spermio- und Oocentrum. Die Kapsel, Strahlung und Zwischensubstanz der Sphäre (ohne Centrosoma) wird bei den Geschlechtszellen unter dem Namen Idiozoma zusammengefaßt (ἴδιος = eigen, ζῶμα = Gürtel).

II. Die Reifung der Samenzellen.

Die feineren Vorgänge bei der Umbildung der Spermiogonien zu Samenzellen und deren Reifung gestalten sich bei den Säugetieren und wohl auch bei dem Menschen im wesentlichen folgendermaßen (Fig. 4).

Während sich der ursprünglich zentral gelegene (Fig. 4 a) Kern exzentrisch verlagert (b), nehmen die farbbaren Körner im Innern des Idiozoms an Zahl ab, an Größe zu. Sie verschmelzen zu einem großen, dem Kern anliegenden mondsichelförmigen Gebilde (b u. c), das sich in zwei Zonen sondert und zur Kopfkappe wird (b u. g). Die Zentralkörper liegen in den Spermiden nicht mehr in dem Idiozom, sondern zunächst näher an der Plasmaoberfläche. Aus dem der Zelloberfläche zunächst liegenden wächst ein feines Fädchen, die Anlage des Schwanzfadens aus (Fig. 2). Das kernwärts gelegene Zentralkörperchen wird stäbchenförmig und verbindet sich mit dem Kern. Darauf zerfällt es z. B. bei dem Meerschweinchen, bei dem der Vorgang am genauesten untersucht ist, in drei kleine Knötchen, die vorderen Halsknötchen (Fig. 4 d, e u. g). Das periphere Zentralkörperchen zerfällt in zwei Teile. Der proximale Teil sondert sich ebenfalls in drei Knötchen, die hinteren Halsknötchen, die sich mit den drei dem Kern dicht anliegenden vorderen Halsknötchen verbinden, und in einen peripheren Ring, der sich an dem Achsenfaden bis zum Ende des Verbindungsstückes verschiebt (Schlußring, Endscheibe, Fig. 4 d). Der Kern ist inzwischen aus dem Plasma ausgetreten, plattet sich unter Verdichtung seines Chromatins ab und bildet den Kopf der Samenzelle (c von der Fläche, d von der Kante gesehen). Um den Achsenfaden des Schwanzes entsteht die schlauchförmige, später wieder schwindende „Schwanzmanschette" (b u. c). Eine aus dem Plasma herauswandernde „Schwanzblase" umhüllt den Schwanzfaden (c). Aus dem Plasmarest und den in ihm enthaltenen Chondriosomen bildet sich die Hülle des Achsenfadens, der Spiralfaden, die Spiralhülle sowie die äußere Hülle des Verbindungsstückes (e, f, g). Der abgeschnürte Plasmarest der Spermide wird von den Nährzellen aufgenommen und resorbiert. Die Endscheibe ist an der Spermide im Nebenhoden nicht mehr nachweisbar.

Die Tatsache, daß jedes Spermium die auch in den
Körperzellen vorhandenen wichtigen Zellorgane enthält,
ist von größter Bedeutung für eine richtige Auffassung
seiner Rolle bei der Befruchtung.

Während der Reifung und auf dem langen Wege nach außen,
zum Teil auch erst in den weiblichen Geschlechtsorganen nach der

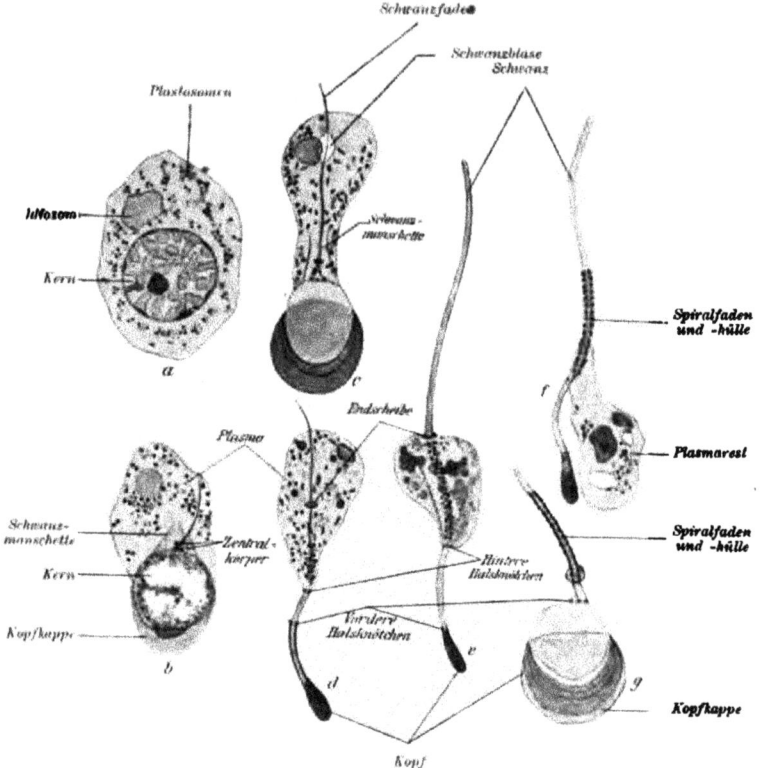

Fig. 4. Entwicklung der Samenzellen des Meerschweinchens, nach Duesberg.
a Spermiogonie, b bis f Spermiden, g Spermium; e u. g von der Fläche, d, e, f von der Kante gesehen.
Sehr starke Vergrößerung.

Begattung trennen sich die Spermien, soweit sie, wie zum Beispiel bei
gewissen Amphibien, zu Gruppen oder Bündeln vereinigt waren, unter
zunehmender Beweglichkeit voneinander.

Bei der höchst komplizierten Bildungsweise der Spermien sind auch abnorme
Formen, Teratospermien (Doppelköpfe mit einem Schwanz, Doppelschwänze
mit einem Kopf, verkrüppelte Spermien sowie Riesen- und Zwergspermien)
nicht gerade selten.

Bei wildlebenden Tieren treten zwischen den mit aufs höchste gesteigerter
Spermienbildung einhergehenden Brunstperioden Ruhepausen mit Rückbildung der

Nähr- und Geschlechtszellen sowie der schon ausgebildeten Spermien ein. Bei geschlechtsreifen domestizierten Tieren und bei dem gesunden geschlechtsreifen Manne findet man immer Samenbildung, und zwar bei letzterem, wenn auch wesentlich verringert, bis in das Greisenalter.

III. Die reifen Samenzellen und die Samenflüssigkeit.

Der entleerte, normale S a m e n , das S p e r m a oder E j a k u l a t fortpflanzungsfähiger männlicher Organismen, besteht 1. aus den S a m e n zellen oder Spermien, 2. aus den Sekreten des Hodens und Nebenhodens, 3. aus den Sekreten der akzessorischen D r ü s e n des männlichen Geschlechtsapparates (des Samenleiters, der Samenblasen, der Vorsteherdrüse und der Bulbourethraldrüsen).

Die Spermien allein sind die aktiven, bei der Befruchtung wirksamen Bestandteile des Samens.

Frisches Sperma zeigt schwach alkalische Reaktion und ist in der Regel von weißlich durchscheinender oder milchiger Farbe. Es besitzt die Konsistenz dünnen Kleisters und enthält bis 90% Wasser. Von den Aschenbestandteilen besteht nahezu die Hälfte aus phosphorsaurem Kalk. Der Geruch frisch entleerten Samens erinnert beim Menschen an den gefeilter Knochen oder der Blüten der wilden Kastanie. Außer den Spermien kann der entleerte Samen noch L e u k o c y t e n , abgestoßene Epithelien der ausführenden Wege (Ductus deferens, Samenblasen, Canalis urogenitalis) sowie A m y l o i d k ö r p e r aus der Vorsteherdrüse, ferner F e t t - , E i w e i ß - und mitunter auch P i g m e n t k ö r n c h e n enthalten. In dem abgekühlten Sperma bilden sich eigentümliche S p e r m i n k r i s t a l l e . Mitunter findet man im Samen auch nadelförmige Kristalle. Die S a m e n f l ü s s i g k e i t enthält als Hauptbestandteile schleimiges N u k l e o - A l b u m i n und S p e r m i n .

Hoden und Nebenhoden bilden ein nur sehr wenig Eiweiß enthaltendes Sekret. Der wichtigste Bestandteil der Samenflüssigkeit ist das S e k r e t d e r V o r s t e h e r . d r ü s e , denn erst durch die Berührung mit diesem erlangen die Spermien ihre volle Bewegungsfähigkeit.

Die Sekrete der akzessorischen Geschlechtsdrüsen sichern als Vehikel für die Samenzellen deren Überführung in die weiblichen Generationsorgane oder bilden wie bei gewissen Amphibien, um die bei der Begattung entleerten Spermien (zum Beispiel die Samenkapseln der Molche) Hüllen, die mit den Hüllen die entleerten Reifeier bei Wassertieren zum Laich zusammenfassenden Schleimmassen vergleichbar sind.

Bei manchen Wirbellosen besteht das Sperma nur aus Samenzellen; Samenflüssigkeit fehlt vollkommen. Das beweist, daß die Samenzellen allein die befruchtenden Bestandteile des Samens sein müssen.

Wegen ihrer linearen Form wurden die Samenzellen früher auch als „Samenfäden", wegen ihrer Beweglichkeit als „Samentierchen" oder „Spermatozoen" bezeichnet.

Die Samenzellen wurden 1677 von dem Studenten H a m m in Leyden entdeckt und von dessen Lehrer Leuwenhoek weiter studiert. Der auffallenden Eigenbewegung halber wurden sie lange Zeit für parasitisch in der Samenflüssigkeit lebende Tiere gehalten. Erst der Nachweis, daß die Spermien in männlichen Keimstöcken entstehen, und daß der Kopf eines Spermiums der umgewandelte Kern einer Spermiogonie ist, führte zu der richtigen Deutung.

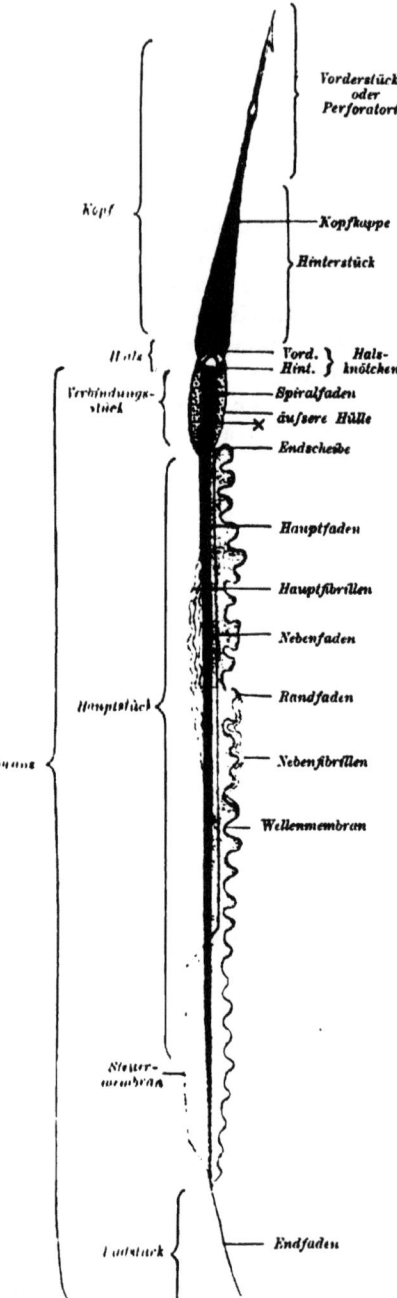

Vorderstück oder Perforatorium

Kopf {

Kopfkappe

Hinterstück

Hals {

Vord. } *Hals-*
Hint. } *knötchen*

Verbindungs-
stück

Spiralfaden

äußere Hülle

Endscheibe

Hauptfaden

Hauptfibrillen

Nebenfaden

Hauptstück {

Randfaden

Nebenfibrillen

Wellenmembran

Schwanz {

Steuer-
membran

Endstück {

Endfaden

Form und Größe der Spermien wechselt bei den verschiedenen Tieren außerordentlich und wird wahrscheinlich von dem Medium, in welchem die Befruchtung stattfindet (Wasser, Säfte der weiblichen Generationsorgane) sowie von der Beschaffenheit der Eihüllen, die durchbohrt werden müssen, beeinflußt.

Jedes Spermium besteht aus dem Kopfe, dem Halse und dem Schwanze, der sich wieder in das Verbindungsstück, in das Haupt- und Endstück gliedert (Fig. 5).

Am Kopfe unterscheidet man ein verschieden stark färbbares Vorder- und Hinterstück (Fig. 5 u. 6).

Das Vorderstück des Kopfes ist von der Kopfkappe überzogen. Sie bildet am Vorderrande des Kopfes das Perforatorium, d. h. entweder nur eine schneidende Kante (wie bei dem Menschen, Fig. 6, und bei manchen Säugetieren, z. B. dem Hunde und der Katze), oder einen mehr oder minder langen „Spieß" mit oder ohne einen Widerhaken (wie z. B. bei dem Wassermolche und den Salamandern, Fig. 5). Abgesehen von diesen beiden Grundformen ist der Kopf und das Perforatorium bei den verschiedenen Wirbeltieren von sehr wechselnder Größe und Gestalt. Man kennt pfriemen- oder stilettartige, löffelförmige, korkzieherartig gewundene, beil-

Fig. 5. Schema eines Wirbeltierspermiums mit Berücksichtigung der bei verschiedenen Wirbeltieren beobachteten Zellorgane. Spießförmiger Typus des Kopfes. × Zwischenmaße des Halsstückes (Mitochondria).

und lanzettförmige Spermienköpfe mit spieß-, stift- oder messerartigen Perforatorien (Fig. 7).

Der mit dem Kopfe verbundene H a l s ist der kürzeste Teil der Spermien. .Er löst sich leicht vom Kopfe ab und besteht aus v o r d e r e n und h i n t e r e n Halsknötchen sowie aus einer zwischen beiden gelegenen hellen Z w i s c h e n s u b s t a n z (Fig. 6). In ihr bemerkt man mitunter zwischen den Halsknötchen ausgespannte, beim Menschen noch nicht nachgewiesene, äußerst feine Z w i s c h e n f ä d e n.

Durch den ganzen S c h w a n z zieht der A c h s e n f a d e n. Er beginnt an den hinteren Halsknötchen und läuft, die am hinteren Ende des Verbindungsstückes gelegene E n d - s c h e i b e oder den S c h l u ß r i n g durchsetzend, am E n d s t ü c k des Schwanzes in eine unmeßbar feine Spitze aus.

. Im Bereiche des V e r b i n d u n g s - s t ü c k e s umwindet ferner der in die „Zwischensubstanz" eingebettete S p i r a l f a d e n den Achsenfaden und endet an dem hinteren Halsknötchen (Fig. 6). Das Verbindungsstück enthält ferner noch in gewissen Farbstoffen färbbare Körnchen, Plasmosomen ($\pi\lambda\acute{\alpha}\sigma\mu\alpha$ = das Gebildete, $\sigma\tilde{\omega}\mu\alpha$ = Körper) oder Plastosomen ($\pi\lambda\alpha\sigma\tau\acute{o}\varsigma$ = geformt, $\sigma\tilde{\omega}\mu\alpha$ = Körper), die sich auch in den Eizellen finden (Fig. 8).

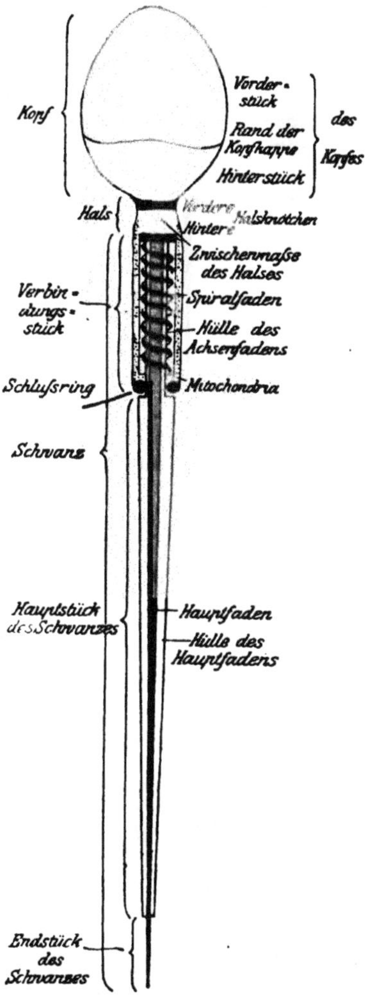

Das Hals- und Verbindungsstück werden zusammen von einer „äußeren Hülle" umscheidet, die bis zum Hinterrande des Kopfes reicht. An unfertigen Spermien oft mehr oder minder aufgetrieben, liegt sie an fertigen Spermien den von ihr umschlossenen Teilen als glatte, sehr dünne Scheide dicht an.

Das H a u p t s t ü c k des Schwanzes ist der weitaus längste Teil des ganzen Spermiums. Es besteht aus dem Achsenfaden und einer ihn

Fig. 6. Schema eines menschlichen Spermiums nach Meves.

umschließenden homogenen Hülle. Am Hauptstück der Spermien des Wassermolches und des Salamanders bemerkt man die während·des Lebens eine auffallende Wellenbewegung zeigende Wellenmembran oder die Membrana undulatoria (siehe Fig. 5). Sie soll auch bei menschlichen Spermien vorhanden sein; doch habe ich sie da nie gefunden.

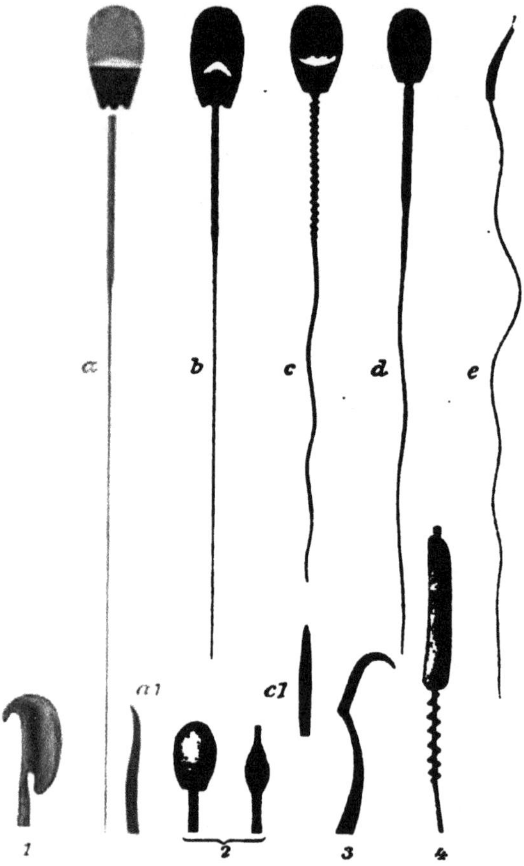

Der Anheftungsrand der Wellenmembran ist in einer linearen Rinne des Haupt- oder Achsenfadens eingefalzt. Ihr freier, halskrausenartig ge-. wellter Rand enthält den Randfaden.

An die Membrana undulatoria kann sich bei manchen Spermien noch eine durch den „Nebenfaden" begrenzte Steuermembran anschließen (Fig. 5).

Das außerordentlich feine ʼund nackte End·stück des Schwanzes ist stets viel kürzer als das Hauptstück.

Alle Fadenbildungen (Achsen-, Rand÷ und Nebenfaden) bestehen aus feinsten Elementarfibrillen (Achsen- und Randfibrillen in Fig. 5).

Im Hoden selbst sind die Spermien unbeweglich. Sehr lebhaft bewegen sie sich dagegen im entleerten Samen und noch lebhafter in den weiblichen Geschlechtsteilen. Sie

Fig. 7. Spermien: *a* vom Stier, a_1 Kantenansicht des Kopfes; *b* vom Ziegenbock; *c* vom Eber, c_1 Kantenansicht des Kopfes; *d* vom Hunde; *e* vom Haushahn (Vergr. 1500:1); Spermienköpfe: *1* von der Maus, *2* vom Menschen, *3* vom Meerschweinchen, *4* vom Truthahn (Vergr. *1—4* zirka 2000:1).

schnellen sich bohrend unter peitschenden Schwingungen des Schwanzes mit dem Kopfe voran und können so in flüssigen Medien Ortsveränderungen von 1,2—3,6 mm in der Minute ausführen und den scheidenwärts gerichteten Flimmerstrom in Uterus und Eileiter überwinden. Da ·dieser Flimmerstrom die absterbenden, geschwächten und minder beweglichen Spermien authalten, möglicherweise sogar aus dem Uterus herausschwemmen kann, werden auf dem Wege einer natürlichen Auslese gewöhnlich nur die lebensfähigsten Spermien zur Befruchtung gelangen.

Die Dauer der normalen Beweglichkeit der Spermien ist bei Fischen und manchen Amphibien, die sie im Wasser über die Eier entleeren, nur kurz. Sie soll sich beispielsweise bei der Forelle nur eine halbe Minute erhalten. Die Lebensdauer der Spermien in den weiblichen Generationsorganen ist eine sehr wechselnde. Während sie im Uterus bei Mäusen und Ratten schon nach etwa 8—10 Stunden absterben, hat man im menschlichen Uterus noch am achten Tage nach dem letzten Coitus bewegliche Spermien gefunden, und ihre Lebensdauer scheint da oft eine noch längere zu sein. Auch in der Leiche bleiben sie noch tagelang bewegungsfähig. Im Eileiter des Haushuhnes sind sie mindestens 24 Tage befruchtungsfähig, und in den weiblichen Genitalien der winterschlafenden Fledermäuse behalten sie ihre Befruchtungsfähigkeit monatelang. Bei diesen Tieren findet nämlich die Begattung im Spätherbst, die Lösung der Eier aus dem Eierstock und die Befruchtung aber in der Regel erst im Frühjahre statt.

In der Spermaflüssigkeit sind die Spermien meist sehr lebenszäh. Sie ertragen langsames Gefrieren ebenso wie Erwärmen auf 50° und Narkotisieren, ohne ihre Beweglichkeit dauernd einzubüßen. Schwache Alkalien begünstigen ihre Bewegungen, Säuren und namentlich destilliertes Wasser heben diese unter Ösenbildung an den Schwänzen auf. Selbst nach dem Glühen auf Platinblech erhält sich die Form der Spermien wegen hohen Kalkgehaltes auch noch nach deren Tode.

Durch Auswaschen alter Samenflecken sind die Spermienköpfe noch lange Zeit nachweisbar, eine für die gerichtliche Medizin in Notzuchtsfragen usw. wichtige Tatsache.

Fehlen die Spermien im Sperma, so spricht man von Aspermie. Das Fehlen des ganzen Ejakulates nennt man Aspermatismus.

Die Länge der Spermien schwankt bei den Wirbeltieren im Extrem zwischen 20 μ (Krokodile) und 2270 μ (bei der Froschart Discoglossus $\delta i\sigma\kappa o\varsigma$ = Scheibe, $\gamma\lambda\tilde{\omega}\sigma\sigma a$ = Zunge).

Längenmaße einiger Spermien:

Mensch: 52—70 μ,	Hahn: 90—100 μ,
Hund: 66 μ.	Wasserfrosch: 52—73 μ,
Kater: 60 μ,	Discoglossus pictus bis über 2 mm,
Stier: 65 μ,	Wassermolch: fast ¹/₂ mm,
Eber: 55 μ,	Siredon pisciformis (Mexikanischer
Schafbock: 70—75 μ,	Molch): 360—430 μ,
Pferd: 55—60 μ,	Täuberich: 250—260 μ,
Sperling: 200 μ,	Knochenfische: ca. 30—35 μ.

In einem Kubikmillimeter Sperma finden sich beim Menschen ca. 60000, beim Hunde reichlich 61000 Spermien. Das Ejakulat des Hundes enthält in ca. 950 cbmm im ganzen etwa 60000000. In dem etwas über 3 ccm betragenden Ejakulat des Menschen ist ihre Zahl auf ca. 200 Millionen, beim Hengste in 50—150 ccm Ejakulat auf 10 Milliarden! geschätzt worden. Ein gesunder Mann soll während

seiner zeugungsfähigen Jahre rund etwa 340 Billionen Spermien produzieren können!

Doch ist zu bemerken, daß Ernährung, Lebensweise und psychische
Einflüsse, vor allem aber die geschlechtliche Inanspruchnahme, erheb-
liche Schwankungen in der Samenbildung bedingen.

IV. Die Eizellen.

Viel später als die meist winzigen Spermien, erst im Jahre 1827,
wurden die Eierstockseier der Säugetiere und des Menschen durch
C. E. v. Baer entdeckt. Wohl kannte man schon längst die mit bloßem
Auge sichtbaren, mehr oder minder ansehnlichen Eier der übrigen
Wirbeltiere, aber man übersah das kleine Eierstocksei des Menschen
und der Säugetiere und betrachtete den in den Blasenfollikeln der
Eierstöcke enthaltenen Liquor folliculi als das von der Mutter stammende
Bildungsmaterial für den Keimling oder Embryo.

Erst mit der Erkenntnis, daß die Spermien und die
Ovien in der ganzen Wirbeltierreihe mit Einschluß des
Menschen Zellen, und zwar zu besonderen und wichtigen
Leistungen im höchsten Grade differenzierte Zellen
sind, war das einheitliche Gesetz für die Entwicklung
der Wirbeltierembryonen gefunden und die Grundlage
geschaffen, auf welcher die Entwicklungslehre ihre Pro-
bleme erfolgreich in Angriff nehmen konnte.

Es gilt zwar in der Wissenschaft als Regel, daß man eine schon
in bestimmtem Sinne vergebene Bezeichnung nicht für ungleichwertige
Gebilde verwenden soll. Trotzdem werden aber noch immer als „Eier"
bezeichnet:

1. die völlig ausgebildeten, reifen Geschlechtszellen des
   Weibes;
2. deren noch unreife Vorstufen;
3. die mit verschiedenen Hüllen umgebenen, nach außen abgelegten Eizellen, gleichgültig, ob sie befruchtet sind
   oder nicht, oder ob sie sich schon zu einem dem Ausschlüpfen
   nahen Embryo entwickelt haben.
4. Auch die von ihren Hüllen umschlossene Frucht des Menschen
   und der lebendig gebärenden Säugetiere nennt man in der
   Geburtshilfe gewöhnlich „Ei". In diesem Falle spricht man
   besser von einer Fruchtblase und von dem von ihr eingeschlossenen Embryo.
5. „Eier" im gewöhnlichen Sprachgebrauche heißen endlich die
   von besonderen Hüllen und Schalen umschlossenen un-
   befruchteten oder befruchteten Eizellen von Fischen, Amphibien, Reptilien und Vögeln.

Die noch in den Follikeln des Ovarium befindlichen Vorstufen kann man zusammenfassend als **Eierstockseier** den aus den **Follikeln ausgetretenen Eizellen** gegenüberstellen. Die reife, befruchtungsfähige Eizelle heißt **Ovium**, die befruchtete Eizelle, da sie nun auch die Samenzelle enthält, **Spermovium**. Bei Eintritt der an die Befruchtung anschließenden Furchung spricht man von **gefurchten Keimen.**

Wie jeder Zellkörper aus Plasma, so besteht auch der Eileib aus dem **Ooplasma** mit seinen Einschlüssen (Fig. 8 u. 10) und aus dem **Dotter.**

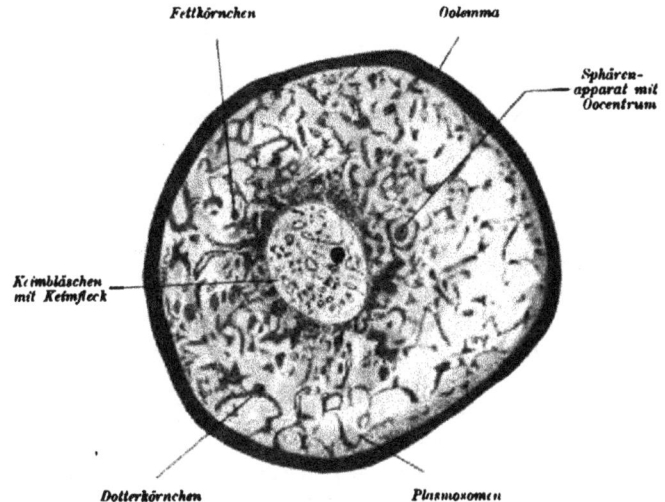

Fettkörnchen   *Oolemma*

Sphären-apparat mit Oocentrum

Keimbläschen mit Keimfleck

Dotterkörnchen   *Plasmosomen*

Fig. 8. Schnitt durch das Oocyt einer Frau von 26 Jahren, aus einem 1 mm weiten Follikel. Starke Vergrößerung. Die dem Oolemma aufsitzenden Eiepithelien sind nicht abgebildet. Nach Van der Stricht.

Dem Zellkern entspricht das **Keimbläschen** (Vesicula germinativa) mit dem **Kernkörperchen** oder **Keimfleck** (Macula germinativa).

Das Keimbläschen wurde im Vogelei 1825 von **Purkinje** und 1834 von **Coste** im Säugetierei, der Keimfleck 1834 von **R. Wagner** entdeckt.

Eine der Zellmembran entsprechende Hülle wird ganz unpassend als „Dotterhaut" (Membrana vitellina) bezeichnet. Der Dotter scheidet keine Haut ab. An Reifeiern oder der Reife nahen Eiern (Kaninchen, Meerschweinchen, Igel) fand ich mehrfach eine von dem Ooplasma gegebildete Hülle, die man richtiger als **Eimembran** bezeichnet.

Der **Sphärenapparat** der Eizelle, das **Oocentrum**, besteht, wie bei anderen Zellen auch, aus dem Centriol, dem Centrosoma und der das Centrosoma umgebenden Sphäre (Fig. 3A u. Fig. 8) oder dem **Idiozoma.**

Der Dotter (Vitellus, λέκιϑος) wird als Stoffwechselprodukt der Eizelle bei den verschiedenen Wirbeltieren in sehr wechselnder Menge im Ooplasma aufgespeichert. Er bildet nur das Ernährungsmaterial für den sich aus dem aktiven Ooplasma entwickelnden Embryo.

Die vielfach noch beliebte Unterscheidung in Bildungsdotter (Ooplasma) und Nahrungsdotter (Vitellus) ist unberechtigt, da die Bezeichnung „Dotter" für das Ooplasma unrichtig ist und nur zu Mißverständnissen führt.

Der Dotter besteht aus konzentrierten Nährstoffen (Eiweißkörpern, Glykogen, Fetten, fettartigen Substanzen) und aus einem für die Blutbildung des Embryo wichtigen eisenhaltigen Paranuklein. dem Hämosiderin.

Diese Stoffe sind in Form von Körnchen, Kügelchen, Plättchen, Kristalloiden oder Tropfen im Ooplasma abgelagert. Dazu können noch körnige oder diffuse Farbstoffe oder Pigmente kommen, welche die wechselnden Farben des Dotters und damit der Eizellen bedingen.

Die Menge der Dotteraufspeicherung und die dadurch gegebene wechselnde Größe der Eizellen ist abhängig von der Art und von der Dauer der Entwicklung bis zum Eintritt der Möglichkeit selbständiger Ernährung des Keimlings.

Art und Dauer der Entwicklung sowie die Ausbildung der verschiedenen Eihüllen sind von der Temperatur und von dem Medium, in welchem sich die Eier entwickeln (innerhalb oder außerhalb der Mutter, im Wasser, in der Erde oder in freier Luft), abhängig.

Man scheidet die eierlegenden Tiere in ovipare, deren Eier erst nach der Entleerung aus den mütterlichen Geschlechtsteilen befruchtet werden (Eier der meisten Fische und Amphibien) und in ovovivipare Tiere, deren Eizellen in den Generationsorganen der Mutter befruchtet werden und sich auch in ihnen wechselnd weit entwickeln, so daß man in den eben abgelegten Eiern mehr oder weniger weit entwickelte Keime oder Embryonen finden kann (manche Amphibien, die meisten Reptilien, alle Vögel; von den Säugetieren nur die Kloakentiere: der Ameisenigel und das Schnabeltier).

Entwickeln sich die Eizellen und Keime dagegen im Innern der Mutter noch weiter, und werden sie, mehr oder minder unreif oder völlig ausgetragen geboren. so spricht man von viviparen oder lebendig gebärenden Tieren (alle Säugetiere mit Ausnahme der Kloakentiere; der Mensch, manche Reptilien; manche Amphibien; vereinzelte Fische, wie z. B. der glatte Hai).

Übrigens gehen die verschiedenen Arten der Ei- und Fruchtablage vielfach ineinander über und bilden mitunter eine unverkennbare Entwicklungsreihe vom Einfacheren zum Komplizierteren.

Die Eier der Oviparen und Ovoviviparen enthalten, sich außerhalb der Mutter entwickelnd, den ganzen Nahrungsbedarf für den Embryo und sind außerdem mit besonderen Schutzhüllen ausgestattet. Dem im Uterus sich entwickelnden Keime der Viviparen dagegen wird sein Bedarf an Nahrungsstoffen bis zur Geburt von seiten der Mutter geliefert. Die Eizellen der Viviparen enthalten daher nur wenig Dotter und bleiben deshalb den dotterreichen Eizellen der Oviparen und Ovoviviparen gegenüber sehr klein. Man denke an die mit bloßem Auge kaum oder eben noch sichtbare Eizelle des Menschen oder der viviparen Säuger und an die Eizellen (Gelbei) der Vögel und Reptilien, speziell an die des Straußes, die größte kugelförmige tierische Zelle, mit einem Durchmesser von zirka 10 cm!

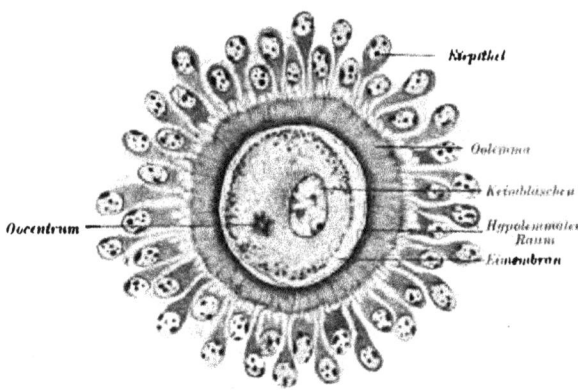

Fig. 9. Fertige Eizelle (Oocyt I. Ordnung) eines Igels, ca. 500:1.

Menge und Verteilung des Dotters in der Eizelle beeinflussen die Entwicklung nicht nur in physiologischer, sondern auch in morphologischer Hinsicht in hohem Grade. Viele auffallende und unverständliche Erscheinungen in der Entwicklung, namentlich der Säugetiere und des Menschen werden nur unter Berücksichtigung der Dotterverminderung im Vergleich mit dotterreichen Eizellen niederer stehender Wirbeltiere verständlich. Wir müssen deshalb diese Verhältnisse genauer betrachten.

Je nach der Menge des in den Eizellen angehäuften Dotters unterscheidet man dotterarme (oligolecithale), mäßig dotterreiche (mesolecithale) und sehr dotterreiche (polylecithale) fertige Eizellen (ὀλίγος = wenig, μέσος = in der Mitte, πολύς = viel, λέκιθος = Dotter).

Den Ausgangspunkt für die verschieden dotterhaltigen Eizellen bilden die dotterarmen Eizellen. Es können aber auch dotterreich ge-

wordene Eizellen in der Stammesreihe allmählich wieder ihren Dottergehalt verringern und mehr oder minder dotterarm werden.

Der Dotter liegt entweder **diffus** und gleichmäßig in den Lücken
des Ooplasmas verteilt, etwa wie die Fetttröpfchen in den Zellen einer
Talgdrüse (isolecithale Eizellen), oder er wird vorwiegend an einem
Pole der Eizelle derart angehäuft, daß das Ooplasma mit dem Keimbläschen an den entgegengesetzten Pol verdrängt wird, etwa wie der
Kern- und Plasmarest an einer Fettzelle. Das sind dann Eizellen mit
end- oder **polständigem Dotter** (telolecithale Eizellen, $\tau\acute{\epsilon}\lambda o\varsigma$ =
Ende). Bei ihnen kommt es zu einer besonders auffälligen **Polarität**
der Eizelle. Man unterscheidet dann den vom Ooplasma mit dem Keimbläschen gebildeten **Keim-** oder **animalen Pol** von dem entgegengesetzten **Dotter-, vegetativen**
oder **Gegenpol.**

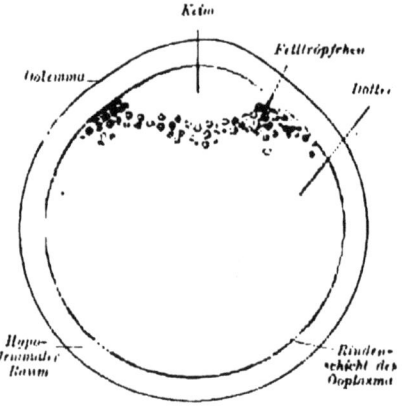

Die beide Pole miteinander
verbindende Linie heißt **Eiachse.**
Ihre Mitte wird, wie ein Globus
vom Äquator, von dem **Eiäquator**
geschnitten.

Als Beispiel kleiner oligo-
lecithaler Eizellen kann die fertige
Eizelle des Lanzettfischchens, des
Amphioxus lanceolatus oder Bran-
chiostoma lanceolatum ($\beta\varrho\acute{\alpha}\gamma\chi\iota\alpha$ =
Kieme, $\sigma\tau\tilde{\omega}\mu\alpha$ = Mund) dienen
(Fig. 20). Sie enthält, abgesehen
von einer rein plasmatischen Rindenschicht (Exoplasma), im Ooplasma

Fig. 10. Ei des Hechtes nach W. His.

kleine kugelige Dotterkörnchen. **Mehr Dotter** enthalten schon die Eizellen der Lurchfische, Schmelzschupper, Neunaugen und Amphibien.
Ihre zahlreichen Dotterelemente sind vorwiegend am Dotterpol angehäuft. Manche Amphibieneier sind am Keimpol mehr oder weniger
stark pigmentiert (so z. B. die Eier der Frösche und Kröten).

Die fertigen Eizellen der Knochenfische bilden eine Übergangs-
reihe dotterarmer zu dotterreicheren Formen, und ihre Größe schwankt
von Hirsekorn- bis Erbsengröße. Bei geringerem Dottergehalte sind
sie klar und durchscheinend. Mit Zunahme der Dottermasse werden
sie undurchsichtig und mehr oder minder pigmentiert.

An den dotterreichen Formen bildet das Ooplasma am Keimpol
eine dotterlose, hügelartige Auftreibung (Fig. 10), den **Keim.** Er enthält das Keimbläschen (in der **Figur** nicht sichtbar). Peripher vom
Keime umhüllt eine dünne Rinden- oder Exoplasmaschicht den Dotter.
Unter dem Keime liegen die als „Ölkugeln" bekannten, aber nicht aus

reinem Fett bestehenden Tröpfchen, welche auch zu einem einzigen größeren Tropfen zusammenfließen können.

Sehr dotterreich sind die großen Eizellen der Selachier (Rochen und Haie), Reptilien, Vögel sowie die etwa erbsengroßen des Ameisenigels und Schnabeltieres.

Die fertige polylecithale Eizelle dieser Tiere heißt ihrer mehr oder weniger intensiven gelben Farbe wegen beim Volke G e l b e i. Es besteht, besonders deutlich bei Vogeleiern, aus konzentrisch um einen Kolben von weißem Dotter geschichteten hellen und dunklen Lagen größerer und kleinerer gelber Dotterelemente. Eine dünne Schicht weißen Dotters umhüllt als R i n d e n s c h i c h t die ganze Dotterkugel. Auf dem Kolben von weißem Dotter ruht der etwa 2 mm im Durchmesser haltende kreisrunde und bikonvexe K e i m (Narbe, Hahnentritt) mit dem K e i m - b l ä s c h e n (Fig. 12).

Der weiße, eisenhaltige Dotter besteht aus farblosen, mit stark·lichtbrechenden Gebilden durchsetzten Kugeln (Dottercytoide). Den gelben Dotter bilden 25—100 μ große kugelige oder durch gegenseitigen Druck abgeflachte, leicht zerfallende, äußerst feinkörnige Klümpchen und Schollen. Im gekochten Ei zerfließt die keulenförmige zentrale Anschwellung des weißen Dotters und an ihrer Stelle findet sich dann eine Höhle-Latebra.

V. Die Bildung der Eihüllen.

Die Eizellen erhalten bei den verschiedenen Tieren nach Zahl und Beschaffenheit wechselnde S c h u t z h ü l l e n. Sie sind um die Eizellen eierlegender Tiere aus den obenerwähnten Gründen besonders gut und widerstandsfähig ausgebildet, bei den Eizellen lebendiggebärender Tiere dagegen überflüssig geworden und mehr oder weniger vollständig rückgebildet, ja sie können nach kurzem Bestande vollkommen schwinden oder werden überhaupt nicht mehr angelegt.

Man unterscheidet p r i m ä r e, s e k u n d ä r e und t e r t i ä r e Ei- h ü l l e n.

Als p r i m ä r e Eihülle darf nur die vom Ooplasma selbst gebildete E i m e m b r a n bezeichnet werden (Fig. 9).

Eine s e k u n d ä r e Eihülle. das O o l e m m a ($\dot{\omega}\acute{o}\nu$ = Ei, $\lambda\acute{\epsilon}\mu\mu\alpha$ = Schale. Haut), Z o n a p e l l u c i d a, C h o r i o n, wird von dem das Eierstocksei umschließenden Eiepithel geliefert.

T e r t i ä r e Hüllen endlich enthält die aus dem Follikel ausgetretene Eizelle auf dem Wege nach außen als Ausscheidungen der Eileiter- oder Uterusschleimhaut in Gestalt von G a l l e r t - oder E i w e i ß h ü l l e n, von S c h a l e n h ä u t e n sowie von H o r n - oder K a l k s c h a l e n.

Die Eizellen mancher Knochenfische und Amphibien besitzen eine Eimembran. Nach außen von dieser werden sie von dem Oolemma umschlossen, und auf ihrem Wege durch die Eileiter und den Uterus erhalten sie noch eine Gallerthülle (Fig. 11).

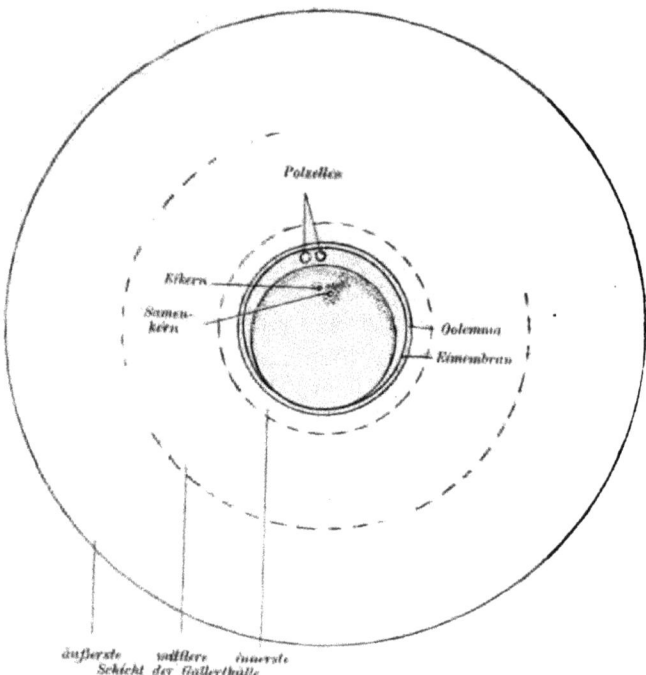

Fig. 11. Froschei nach der Befruchtung nach O. Schultze.

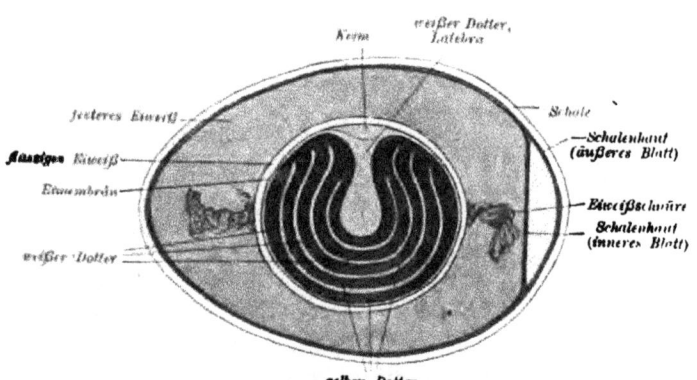

Fig. 12. Senkrechter Schnitt durch das abgelegte unbefruchtete Hühnerei, an welchem das Keimbläschen nicht mehr zu sehen ist.

An den im Wasser abgelegten Eiern der Fische und Amphibien bilden die klebrigen Gallertmassen sehr elastische Schutzhüllen, welche die Gesamtmasse der Eier in Schnur- oder Klumpenform zum Laich verbinden. Sie dienen als Schwimmapparat oder, wie die fadenförmigen Anhängsel der Hornschalen der Haifische, als Befestigungsmittel einzelner Eier oder ganzer Eiklumpen an Wasserpflanzen und Steinen.

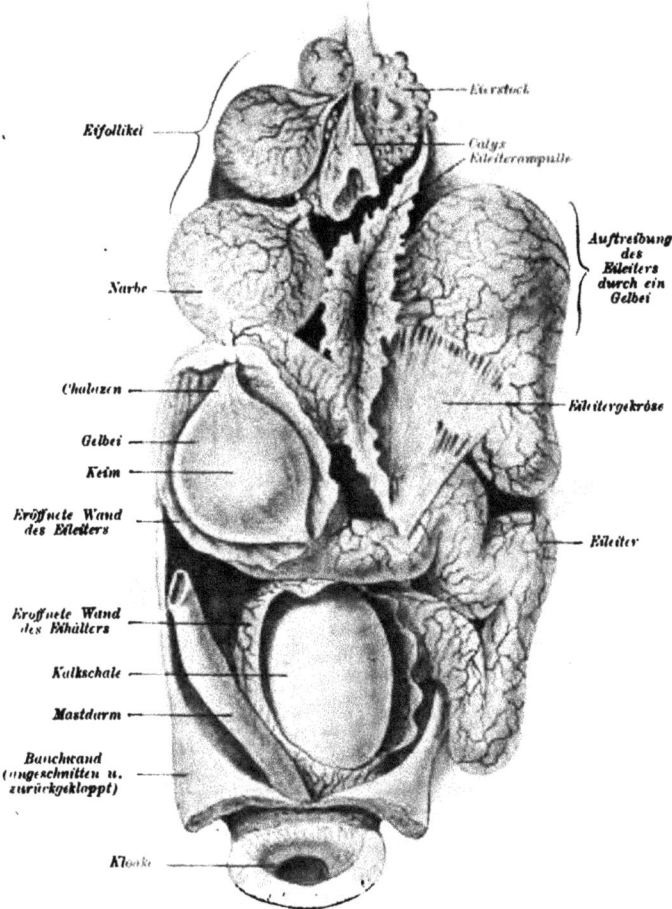

Fig. 13. Eierstock, Eileiter und Eihälter eines legenden Huhnes, zwei Drittel der natürlichen Größe, mit Zugrundelegung einer Figur von Duval.

Bei den Eizellen der Reptilien, Vögel und Monotremen tritt an Stelle der Gallerthülle eine wechselnde Menge von Eiweiß; dazu kommt dann noch die Schalenhaut und die Kalkschale.

Die im Prinzip nach Art und Ort gleiche Bildung dieser Hüllen studiert man am besten bei einem legenden Huhn (Fig. 13).

Bei Vögeln kommen gewöhnlich nur der linke Eierstock und Eileiter zur Ausbildung, während diese Organe auf der anderen Seite in Rückbildung begriffen oder gänzlich geschwunden sind.

Die aus den geplatzten Follikeln des traubenförmigen Ovariums in die Ampulle des Eileiters ausgetretene Eizelle, das „Gelbei“, wird in etwa 6—8 Stunden durch die Peristaltik des Eileiters in den Uterus rotiert. Dabei wird es von einer durch die Eileiterdrüsen gelieferten Eiweißschicht umhüllt, die sich durch die drehende Bewegung des Eies nach oben und unten in korkzieherartig gewundene Eiweißschnüre, die „Chalazen“, ausziehen ($\chi\acute{\alpha}\lambda\alpha\zeta\alpha$ = Hagelkorn; wegen

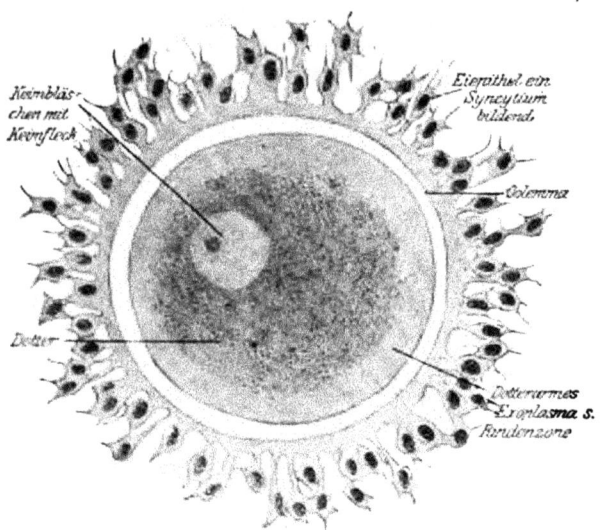

Fig. 14. Fertiges Oocyt vom Menschen, frisch aus dem Eierstock entnommen nach Waldeyer. Vergr. ca. 310 : 1.

ihres an schmelzende Hagelkörner erinnernden Aussehens so genannt). So wird das Gelbei auf seinem Wege durch den Eileiter zunächst von einer dünnflüssigen, weiter peripher aber von derberen Eiweißschichten umhüllt.

Im Uterus oder Eihälter verweilt das Ei etwa 12—24 Stunden. Dort wird im unteren Eileiterabschnitt die lederartige Schalenhaut und mit ihr die Kalkschale gebildet. Diese ist von einer großen Menge feiner: radiär angeordneter Kanälchen durchsetzt und von der glatten, unvollkommen verkalkten Cuticula überzogen (Cuticula = das Häutchen).

Auf der Höhe der Legeperiode können bei gutgenährten Hühnern gleichzeitig mehrere Eier, zwei in der Tube und eins im Eihälter, vorhanden sein, wie in Fig. 13, oder es können zwei nahe nebeneinander liegende Gelbeier in einem Eiweißmantel und einer Schale eingeschlossen werden. Auch taube, nur aus Eiweiß und Schale bestehende Eier kennt man. In die Kloake oder von dem Mastdarm aus in den Eileiter gelangte Parasiten oder deren Eier und andere Einschlüsse können samt dem Eiweiß nachträglich von der Kalkschale umhüllt werden.

In dem wasserreichen Eiweiß liegt das Gelbei der Reptilien, Vögel und ovoviviparen Säuger wie in einem weichen, feuchten Kissen verpackt, vor Vertrocknung und Erschütterung geschützt. Dabei halten die Eiweißschnüre wie eine Art Puffer das Gelbei stets in gleicher Ent-

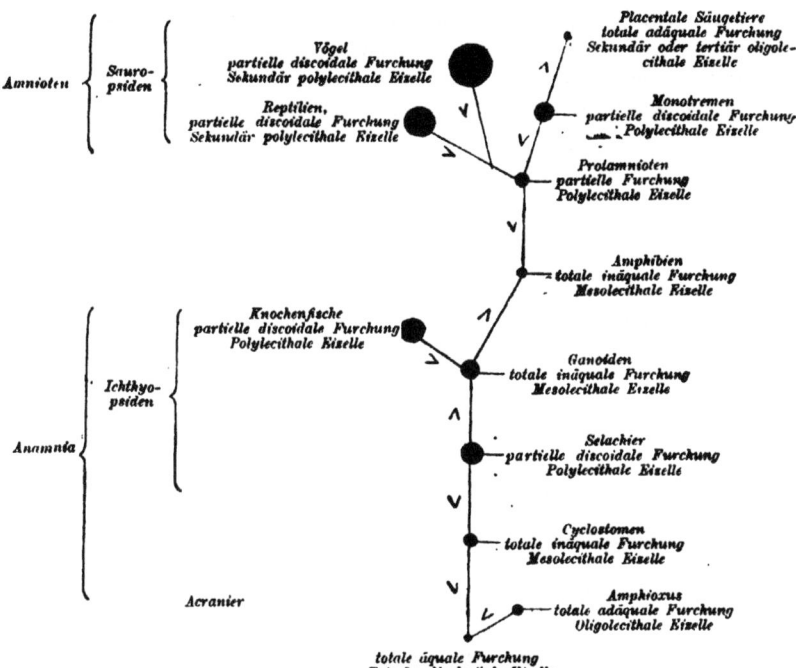

Fig. 15. Schema der Dotter-Zu- und Abnahme der Wirbeltiereizellen, etwas modifiziert nach C. Rabl. Man beginne das Studium von unten.

fernung von beiden Polen der Schale, während es in der dünnflüssigen innersten Eiweißschicht schwimmt und in ihr dieselbe volle Beweglichkeit besitzt wie das Amphibienei in seiner Gallerthülle oder wie das Fischei in dem durch seine Kapsel eingedrungenen Wasser.

In beiden Medien drehen sich die sich selbst überlassenen Eizellen mit dem spezifisch leichteren Keimpol nach oben, mit dem schwereren Dotterpol nach unten. Dadurch werden die Keimpole dem Lichte und der Sonnenwärme oder der brütenden Mutter zugekehrt.

Die Porenkanälchen der Kalkschalen der Vogeleier dienen als Ventilationsöffnungen, durch welche nach der Eiablage Luft für den sich entwickelnden Keimling namentlich zwischen die beiden Lamellen der Schalenhaut in die Luftkammer

am stumpfen Eipol eindringt. Die im Wasser quellbare, in die Porenkanälchen
eindringende Cuticula hindert bis zu einem gewissen Grade das Eindringen von
Wasser, Schimmel- und Spaltpilzen.

Wie die Vogeleier verhalten sich im wesentlichen auch die schon
ziemlich kleinen Eier der ovoviviparen Säugetiere (Ameisenigel
und Schnabeltier). Das Ei des Ameisenigels besitzt eine Horn-, das
des Schnabeltieres eine Kalkschale.

Die Eizellen der Beuteltiere bilden nach Größe und Dottergehalt den Übergang zu den dotterärmeren und kleineren Oocyten der
übrigen Säugetieren und des Menschen. Meist liegt das etwas
exzentrische Keimbläschen der Reife naher Eizellen in einer Menge
ganz dotterfreien oder wenigstens dotterarmen Ooplasmas.

Von tertiären Eihüllen bestehen bei den Säugetieren nur noch Andeutungen in Gestalt wechselnd dicker und vergänglicher, im Eileiter
oder im Uterus abgesonderter Gallerthüllen (z. B. Beuteltiere, Maulwurf,
Pferd, Hund, Kaninchen, Katze), Bei gewissen Beuteltieren (Dasyurus)
deutet das Vorkommen einer abortiven Eischale auf frühere Oviparität.

Die Art und Weise, wie die Eier der verschiedenen Wirbeltiere
Dotter aufspeichern oder verlieren, ist aus Fig. 15 ersichtlich.

Maße einiger fertiger (der Reife naher) Eizellen (Oocyten) im Ovar:

Fertige Eizelle der Knochenfische: mohnkorn- bis erbsengroß,
     "   "   des Frosches: 1,5—2 mm,
     "   "   " Wassermolchs: 1,6—2 mm,
     "   "   " Feuersalamanders: 3,5—4 mm.

           Gelbei des Huhnes: je nach Rasse im Durchschnitt ein- bis
                        zweimarkstückgroß,
         " der Ente: je nach Rasse im Durchschnitt mindestens
                       talergroß,
         " des Straußes: ca. 10½ cm,
         "   " Schnabeltiers: 2,6 mm,
         "   " Ameisenigels: 3—4 mm.

Fertige Eizelle der Maus und Ratte, ohne Oolemma: 0,06   mm,
     "   "   des Kaninchens,   "   "   0,18—0,20 "
     "   "   der Hündin,   "   0,18   ,
     "   "   " Katze,   "   "   0,12—0,15 "
     "   "   des Schafes,   "   "   0,12—0,15 "
     "   "   der Kuh,   "   "   0,10—0,15 "
     "   "   " Ziege,   "   "   0,14—0,16 "
     "   "   des Menschen,   "   "   0,15—0,20 "

Oolemma des Menschen, dick 7—11 μ, Keimbläschen 30—45 μ.

VI. Die Reifung der Eizellen und die Befruchtung.

1. Die Ovulation.

Die mit der Eireife verbundene Follikelreife führt zum „Follikelsprung", d. h. zum Platzen des Follikels, und dadurch zum Austritt der Eizelle zur Ovulation. Gepaart sind diese wichtigen Vorgänge mit periodischen, anatomischen Veränderungen im weiblichen Geschlechtsapparat, welche durch Erregung des Geschlechtstriebes

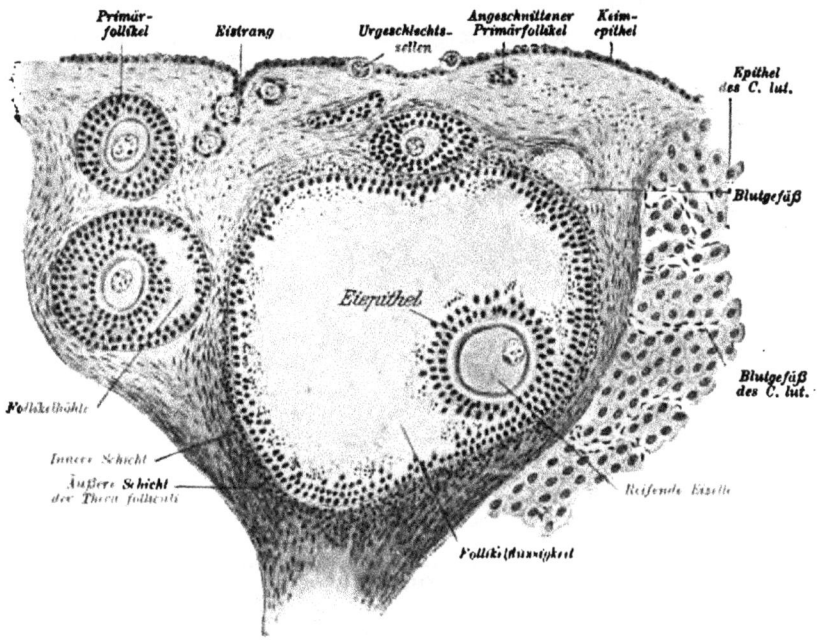

Fig. 16. Keimepithel, Urgeschlechtszellen, Eistränge, Primordial- und Blasenfollikel von der Hündin. Vergr. 300 : 1.

(Brunst) zur Begattung drängen und gleichzeitig bei Viviparen die Uterusschleimhaut zur Aufnahme und zur Ernährung des befruchteten Eies vorbereiten.

Die Ovulation (Ovulum = Eizelle) beschränkt sich entweder nur auf e i n e n Follikel (unipare Tiere), oder es platzen m e h r e r e Follikel (multipare Tiere). Ausnahmsweise können auch aus e i n e m Follikel zwei oder mehrere Eizellen entleert werden. Da mehrere Eizellen aus verschiedenen Follikeln in der Regel nacheinander in kürzeren oder längeren Zeiträumen austreten, so spricht man in diesem Falle von einer E i s e r i e und von einer O v u l a t i o n s p e r i o d e.

Schon vor der Ovulation lockert sich im reifen Follikel, der bei den Säugetieren — mit Ausnahme der ovoviviparen Monotremen — stets ein Blasenfollikel, ein Folliculos vesiculosus ist, der Zusammenhang des Eihügels oder des Cumulus ovigerus mit der Epitheltapete des Follikels und löst sich schließlich von ihr ab.

Durch den Liquor folliculi gedehnt und durch die starke Füllung ihrer Blutgefäße durchsaftet, reißt die Follikelwand an ihrem freien, gefäßlosen Pole, der Narbe oder dem Stigma ein, und die mit dem Liquor folliculi entleerte Eizelle wird nun von der Ampulle des Eileiters aufgenommen.

Das Eiepithel ist schon einige Zeit vor der Ovulation gequollen und zu mehr oder weniger langen Spindeln ausgezogen. Seine Zellen umgeben wie ein Strahlenmantel das austretende Oocyt und werden nun Corona radiata genannt.

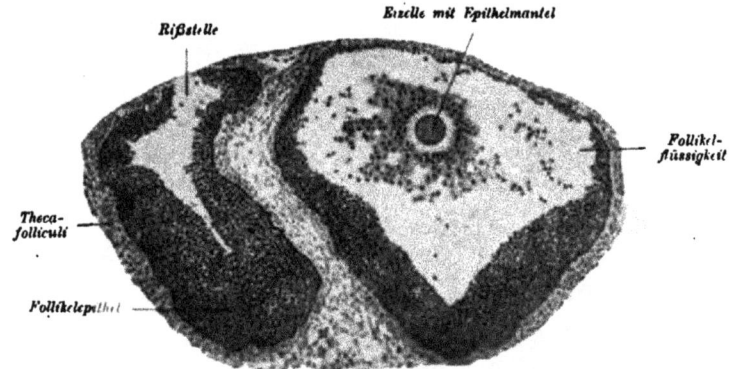

Fig. 17. Soeben geplatzter und sprungreifer Follikel der Maus. Nach Sobotta. Schwache Vergrößerung.

Bei den Fischen und Amphibien treten die Oocyten aus den geplatzten Follikeln in die Bauchhöhle und gelangen dann entweder durch die Genitalpori nach außen oder durch die Eileiterampulle in Eileiter, durch welche sie nach außen entleert werden.

Bei den Reptilien und Vögeln umfaßt die Ampulle einen dem Platzen nahen, nur aus Theca und Epithel bestehenden Follikel oder stülpt sich über den ganzen Eierstock, wie das auch bei dem Menschen und von mir wiederholt bei dem Schafe beobachtet wurde. Bei Säugetieren, deren Eierstöcke in einer Bauchfelltasche (Ovarialtasche) liegen, schiebt sich die Eileiterampulle über die Spalte dieser Tasche (Pferd, Schwein, Fleischfresser).

Abgesehen von der durch ihre Muskulatur ermöglichten Beweglichkeit der Eileiterampulle dürfte für die Überführung der kleinen Säugetiereier der uteruswärts gerichtete Wimperstrom des Flimmerepithels auf der Fimbria ovarica von Bedeutung sein, sofern er die im Liquor schwimmende Eizelle in den Eileiter hineinspült. Die peristaltischen Bewegungen des Eileiters begünstigen die Ansaugung der Eier und ihre Weiterbewegung.

Die Ovulation erfolgt (z. B. bei dem menschlichen Weibe, der Äffin, der Katze, der Ratte und der Maus) unabhängig von der Begattung, denn man findet auch bei in Einzelhaft gehaltenen Tieren geplatzte Follikel und ausgetretene Eizellen. Wahrscheinlich können aber die bei der Begattung an der glatten Muskulatur der Mesometrien sich abspielenden reflektorischen Kontraktionen die Zerreißung reifer Follikel begünstigen, denn man kann durch Zulassung der Begattung, wie Erfahrungen bei dem Kaninchen und bei der Katze lehren, die Dauer der Brunst abkürzen und die Ovulation beschleunigen.

2. Das Corpus luteum.

Die Berstung des Follikels wird von einer mehr oder minder auffallenden (Mensch, Stute, Schwein, Kuh) oder nur geringen Blutung (Nager, Raubtiere, kleine Wiederkäuer) in die leere Follikelhöhle begleitet.

Bei Vögeln und Reptilien heißen die zerrissenen, leeren, gestielten und gefalteten Follikel ihrer Becherform wegen Calices (Fig. 13) (Calyx-Becher).

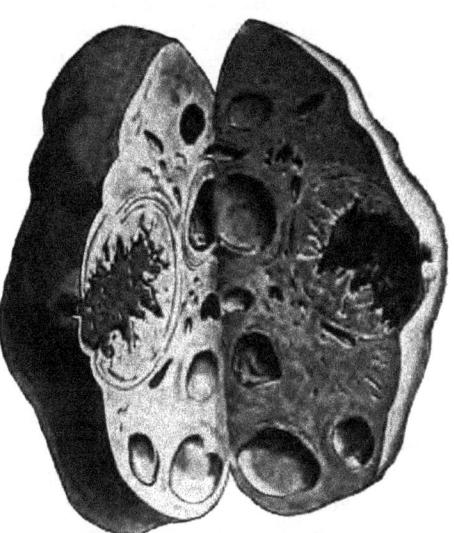

Fig. 18.   Ovarium eines 17jährigen Mädchens vom 8. Tage nach der Menstruation. Nach J. Kollmann. Vergr. 2:1. Der Längsschnitt zeigt das noch ein Blutgerinnsel enthaltende Corpus luteum und mehrere angeschnittene Blasenfollikel.

Unmittelbar nach der Eröffnung des Follikels beginnt eine den Substanzverlust deckende Epithelwucherung, welche zur Bildung des gelben Körpers oder des Corpus luteum führt.

Die Bildung des Corpus luteum ist in lückenloser Weise nur von einzelnen Säugetieren, weniger vollständig von dem menschlichen Weibe bekannt.

Das Epithel am Grunde des zusammengefallenen Follikels schichtet sich durch vorübergehende mitotische Teilung. Die Follikelepithelien wachsen etwa bis zum Zehnfachen ihrer ursprünglichen Größe heran. Diese verdickte Epithelwand umgibt dann den aus Blutgerinnseln, Blutplasma und zerfallenden Zellen bestehenden Kern des geplatzten Follikels

3 *

und schließt früher oder später auch die meist etwas gewulstete Rißstelle (Stadium der Epithelwucherung).   Wird die Follikelflüssigkeit
nach dem Follikelsprung vollkommen entleert, so kann es zu einer
nachträglichen Flüssigkeitsausscheidung kommen (z. B. Maus, Fledermäuse, Ziesel). Der junge gelbe Körper erhält dadurch eine abgerundete
cystische Form (Cop. lut. cysticum).   Bleibt dagegen ein Rest der
Follikelflüssigkeit zurück, und erhält sich die Rißstelle der Follikelwand längere Zeit, so besitzt der junge gelbe Körper kürzere oder
längere Zeit Kelchform (Kaninchen, Schaf, Kuh, Affe, Mensch u. a.).
Zwischen beiden Formen finden sich Übergänge. Enthält die Follikelhöhle, wie z. B. bei der Kuh, der Stute, der Äffin und bei dem
menschlichen Weibe, längere Zeit ein aus den zerrissenen Blutgefäßen
der Follikelwand entstammendes Blutgerinnsel, so kann man von einem
Corpus sanguinolentum sprechen (sanguinolentus = blutig).

Dann wachsen von den bindegewebigen Thecaschichten (Fig. 16)
feine radiäre Bindegewebszüge und Kapillaren in die Epithelmasse des
gelben Körpers ein (Stadium der Gefäßbildung). Gefäße und Bindegewebe nehmen in der Folge oft bis zum mehr oder weniger vollständigen Verbrauch der Tunica interna der Theca folliculi zu. In
den Epithelzellen, mitunter aber auch in den Bindegewebszellen der
inneren Thecaschicht, treten nun kleine Vakuolen (Sekret?), Fett- und
gelbe Farbstoffkörnchen (Lutein) auf. Die Epithelzellen werden zu
Luteinzellen (Stadium der Luteinzellenbildung.)   Das ganze Gebilde
erscheint nun mehr oder weniger intensiv gelb, es ist zum „gelben"
Körper geworden, der durch Beimengung von Hämatoidinkristallen
(Kuh) auch orangegelb oder ziegelrot gefärbt sein kann.

Bei Nagern und Fleischfressern tritt die gelbe Farbe bedeutend
zurück, auch findet man bei manchen Tieren mehr graurötliche oder
fleischfarbige Formen (Kaninchen, Schaf).

Gleichzeitig mit diesen Vorgängen wächst der gelbe Körper bei
dem menschlichen Weibe, der Stute, der Kuh bis zu Kirschengröße
und darüber an und wölbt die Oberfläche des Ovars empor. Wesentlich kleiner bleiben die gelben Körper z. B. bei Schwein, Hund, Katze,
Nagern.

Wird das ausgetretene Ei nicht befruchtet, so bildet sich der
gelbe Körper des menschlichen Weibes in der Regel zurück: Corpus
luteum menstruationis. Bei eingetretener Befruchtung dagegen
verzögert sich die nachträgliche Rückbildung des gelben Körpers oft
bis zu der Geburt: Corpus luteum graviditatis.

Schließlich schrumpft nach fettigem Zerfall der Luteinzellen das
Bindegewebsgerüst des gelben Körpers und bildet eine aus verkleinerten
Luteinzellen und derbem Bindegewebe bestehende gefäßarme oder bei
völliger Rückbildung gefäßlose Narbe: Corpus fibrosum. Dieses
kann weiß (Corpus candicans) oder schieferfarbig grau bis schwärzlich

(Corpus nigrescens) sein. Auch intensiv rote Narben (Corpus rubescens) kennt man (namentlich bei der Kuh).

Der drüsenähnliche Bau der Corpora lutea deutet auf ihre Funktion durch innere Sekretion.

Das Sekret der gelben Körper soll die Insertion der befruchteten Eizelle an der Uterusschleimhaut ermöglichen. Der Befund gelber Körper auch bei dem eierlegenden Schnabeltier und den Beuteltieren, deren Früchte sich gar nicht an der Uterinschleimhaut anheften und schon wenige Tage nach der Befruchtung geboren und in dem Beutel der Mutter ausgetragen werden, stützt diese Meinung nicht.

Eine andere Anschauung bringt die Bildung der gelben Körper und deren Sekretion in Beziehung zur Menstruation. „Ohne Ovulation kein Corpus luteum, ohne dieses bei ausbleibender Befruchtung in der Regel keine Menstruation." (Siehe diese.) Angeborenes Fehlen der Ovarien, deren ungenügende Entwicklung oder ihre operative Entfernung schließen in der Tat die Menstruation aus. Näheres siehe in den Lehrbüchern der Gynäkologie.

Nur ein kleiner Teil der im Ovarium des Menschen und der Säugetiere vorhandenen Eizellen reift vollkommen aus und wird durch Ovulation aus den Eierstöcken entleert.

Die Wachstumsperiode der Oocyten beginnt unter gleichzeitiger Größenzunahme der Follikel schon im Embryonalleben und dauert, begleitet von der die Geschlechtsreife anzeigenden Reifung der Oocyten bis zum Erlöschen der Fortpflanzungsfähigkeit. Die Pubertät des Weibes tritt in der heißen Zone früher als in der gemäßigten und in dieser wieder früher als in der kalten Zone ein, schwankt zwischen 9. und 18. Jahre und wird neben dem Klima durch Rasse und Lebensweise stark beeinflußt. Äußerlich wird die Geschlechtsreife durch eine sich monatlich wiederholende Blutung aus der Gebärmutter, Menstruation angezeigt (siehe diese). Man kennt Fälle von Schwängerungen schon bei Mädchen von 9—10 Jahren.

Gegen Ende der vierziger Jahre hören Ovulation und Menstruation in der Regel auf, und die Weiber werden steril, unfruchtbar (Eintritt des Klimakteriums). Ebenso tritt bei alten weiblichen Säugetieren keine Ovulation und Brunst mehr ein, sie werden „gelt". Ausnahmsweise sollen aber auch sehr späte Fälle von Konzeptionsfähigkeit beim menschlichen Weibe selbst nach mehrjähriger Menopause (ausbleibender Ovulation und Menstruation) noch gegen das 60. Jahr hin beobachtet worden sein (?). Ein absolut sicheres Zeichen des eingetretenen Klimateriums gibt es nicht.

Nach einer neueren Schätzung beträgt die Zahl der im Ovarium eines 17jährigen Mädchens vorhandenen Follikel etwa 17600, also in beiden Ovarien rund 35000. Bei einer etwa 50jährigen Frau werden in der Regel keine Eierstockseier mehr gefunden. Doch muß man auf individuelle Schwankungen gefaßt sein. Rechnet man die Dauer der Geschlechtstätigkeit vom 15.—45. Jahre, so würde ein weibliches Individuum (mit Abrechnung aller Störungen in der regelmäßigen Geschlechtstätigkeit durch Erkrankungen) in 30 Jahren — die Ovulationsperioden rund zu 30 Tagen angenommen — etwa 360 Eier durch Ovulation ausstoßen. Eventuelle Ausstoßungen von zwei oder mehr Eiern aus einem oder mehreren Follikeln sind dabei nicht berücksichtigt. Rechnet man weiter dazwischen im Mittel etwa fünf normale Schwangerschaften ohne Rücksicht auf die Möglichkeit mehrfacher Fehlgeburten, so würden $5 \times 10 = 50$ Monate und damit 50 Eier von der Gesamtsumme von 360 Eiern abgehen. Längere Unterbrechungen in der Ovulation durch die Säugeperioden sind ebenfalls unberücksichtigt. Es blieben also, wenn wir die $360—50 = 310$ oder rund 300 Eier, welche entleert werden, von den 35000 Eianlagen an beiden Ovarien abziehen, noch etwa 34700 Eianlagen übrig. Was wird aus ihnen?

Schon nach der Geburt tritt bei den Säugetieren eine Rückbildung zahlreicher
Follikel und ein Zerfall der in ihnen enthaltenen Eizellen ein und dauert während
des ganzen Lebens an.   Diese Rückbildungen beginnen entweder schon an den
Primordialfollikeln oder erst an den Blasenfollikeln. Im ersten Falle degeneriert
meist zuerst die Eizelle, und dann folgt das Follikelepithel. Im zweiten Falle leitet
sich die Degeneration an den Zellen des Cumulus ovigerus und des Follikelepithels
ein. Das Chromatin der Kerne ballt sich zusammen, und Kerne und Zellkörper
gehen zugrunde. Der ganze Vorgang wird als Chromatolyse ($\chi\rho\tilde\omega\mu\alpha$ = Farbe,
$\lambda\tilde\upsilon\sigma\iota\varsigma$ = Auflösung) bezeichnet. Das Ooplasma und das Keimbläschen werden schließlich durch Wanderzellen, welche durch das mehr oder minder gefaltete, am längsten
erhaltene, Oolemma einwandern, zerstört. Oft findet man, besonders schön bei der
Hündin, ganze Haufen kugeliger, gelblich pigmentierter Wanderzellen innerhalb
des Oolemmas. In anderen Fällen bilden die Wanderzellen im Oolemma mehr oder
minder deutliche an Gerinnsel erinnernde Netze. Wie die Eizellen, so wird schließlich der ganze Follikelinhalt aufgelöst. Gleichzeitig kann sich die innere Schichte
der Follikelwand verdicken, und es tritt dann eine helle undurchsichtige „Glashaut"
von beträchtlicher Dicke auf. Die vielfach gefaltete Follikelwand umhüllt dann
außer dieser auch noch eine mehr oder weniger Lutein enthaltende, gelblich gefärbte Zellmasse, in der noch die abgestorbene Eizelle liegen kann (Corpus luteum
atreticum). Schließlich wird das Ganze in ein bindegewebiges Corpus fibrosum
atreticum ($\check\alpha\tau\rho\eta\tau o\varsigma$ = nicht geöffnet), in eine Art Narbe umgewandelt.

Noch viel reichlicher als bei den Säugetieren und bei dem Menschen ist die
Ausstattung niederer Wirbeltiere, namentlich der Fische, mit Eiern. In einer
einzigen Laichperiode werden z. B. vom Lachs etwa 10000, von Karpfen etwa
300000 bis 700000 und vom Dorsch mehrere Millionen Eier abgelegt. Auch besteht
im Gegensatze zu den höheren Wirbeltieren dauernde Neubildung von Eizellen.
Mit der zunehmenden Sicherung der Befruchtung und Brutpflege nimmt die Zahl
der Eier, je höher wir in der Wirbeltierreihe nach oben gehen, ab. Aber bei allen
Wirbeltieren geht ein großer Prozentsatz nicht ovulierter Eizellen im Ovarium
zugrunde, und es scheint, als ob nur die besternährten und lebensfähigsten bei der
Ovulation entleert würden. Es besteht also ein auffallender Gegensatz zwischen
der schon nach der Geburt einsetzenden Verminderung der Eizellen im Vergleiche
zu den nach Eintritt der Geschlechtsreife bis in das Greisenalter durch immer neue
Nachschübe vermehrten Samenzellen.

Kehren wir nun zu den inzwischen sich abspielenden Reifeerscheinungen an der Eizelle zurück.

3. Die Eireifung.

Die durch die letzte mitotische Teilung einer Oogonie gelieferte
Eizelle erhält durch die Aufspeicherung und bestimmte Verteilung von
Dotter im Ooplasma ihre für die Art charakteristische Größe und
primären Hüllen. Die Eizelle ist fertig, aber noch nicht reif.

Es können Reifevorgänge am Ooplasma des Eileibes und
solche an dem Keimbläschen als Kernreife beobachtet werden.

Die Reifeerscheinungen leiten sich bei den Säugetieren dadurch
ein, daß der Zusammenhang der Eioberfläche mit den radiären Zell-
ausläufern der Eiepithelien sich löst. Das Ooplasma zieht sich häufig
von dem Oolemma zurück, und es entsteht zwischen beiden eine schmale,
mit einer vom Ooplasma ausgeschiedenen Flüssigkeit, dem Eisafte.

oder bei in das Wasser abgelegten Eizellen von diesem erfüllte feine
Spalte, der hypolemmale Raum. Außerdem kann noch eine aus
verdichtetem Exoplasma der Eizelle gebildete feine Eimembran abgehoben werden.

Die Kernreife beginnt mit sehr komplizierten Veränderungen im
Keimbläschen selbst. Eine für alle Wirbeltiere passende Beschreibung
ist in Kürze nicht möglich.

Die Ooplasma- und Kernreife endet mit der Abschnürung der Polzellen.

Schon einige Zeit vor dem Follikelsprung rückt das Keimbläschen
an die Oberfläche des Oocyts. Der Keimfleck oder die mehrfach vor-
handenen Keimflecken und die Membran des Keimbläschens schwinden.
Aus dem Chromatin entstehen
Chromatinschleifen, die sich der
Länge nach teilen.

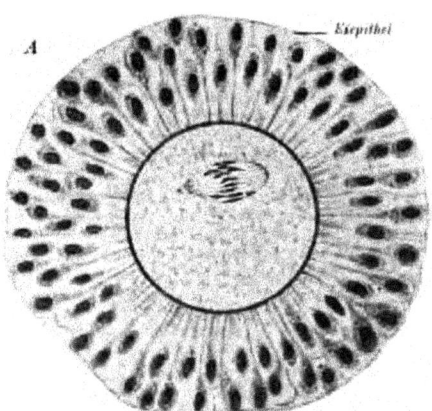

Fig. 19. Reifende Eizelle der Maus mit Spindel.
Nach Sobotta.

Dann bildet sich eine zuerst
schief oder paratangential, später
radiär gerichtete Spindel (Fig. 19
u. 20), die erste Polspindel.

Über dem peripheren Spin-
delende entsteht eine knopfartige
Vorwölbung des Ooplasmas, die
auch Dotterelemente enthalten
kann. Gleichzeitig ordnen sich
die Chromatinschleifen unter
Längsspaltung zum Doppelstern.
Die Spindel wird dann, wie bei
jeder Mitose, nach Auftreten deutlicher Zentralspindelkörperchen
im Äquator halbiert, und ihre periphere Hälfte wird mit den zugehörigen Chromatinschleifen und dem Ooplasmahügel als erste Polzelle oder erstes Polocyt abgeschnürt.

Unmittelbar auf die Abschnürung der ersten Polzelle kann ohne eingeschobenes Ruhestadium des Keim-
bläschenrestes und ohne Längsspaltung seiner Chromo-
somen ($\chi\varrho\tilde{\omega}\mu\alpha$ = Farbe, $\sigma\tilde{\omega}\mu\alpha$ = Körper) die Bildung der zweiten,
etwas kleineren Polspindel und die Abschnürung der zweiten
Polzelle folgen. Der im Eileib zurückgebliebene Rest des Keimbläschens ist wesentlich kleiner als dieses, enthält nur noch die
Hälfte der ursprünglichen, für die Spezies typischen Chromosomen und heißt jetzt Eikern. Er rückt wieder mehr in die Mitte
des Ooplasmas. Nun erst liegt ein Ovium oder Reifei vor. Die
Abschnürung der Polzellen ist eine mitotische Knospung. Beide Pol-

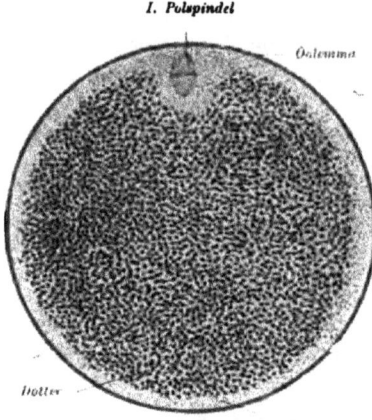

I. Polspindel

Oolemma

Dotter

Dotterarme Rindenschicht

Fig. 20. Eben aus dem Ovarium ausgetretene Eizelle des Lanzettfischchens (Branchiostama lanceolatum) mit I. Polspindel. Nach Sobotta. Das Oolemma begrenzt die Eizelle als dunkler Kontur, unter ihr die dotterfreie Rindenzone des Ooplasmas, das übrige Ooplasma gleichmäßig mit Dotter durchsetzt (isolecithaler Typus). Am Keimpol die radiär eingestellte Spindel innerhalb des dotterfreien Keimes mit äquatorial angeordneten Chromosomen. Vergr. 500:1.

Hypolem- I. Polzelle
maler
Raum

Spermiumkopf

Übergangs- u. Schwanz-
stück des Spermiums

II. Polzelle

Oocentrum

Oolemma

Ooplasma

Dotter in Lösung

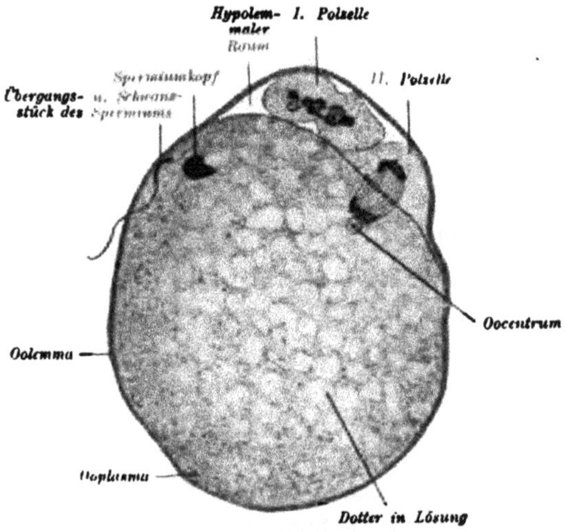

Fig. 21. Schnitt durch ein Spermovium der Fledermaus (Vesperugo noctiluca) mit abgeschnürter I. Polzelle, in Bildung begriffener II. Polzelle und eindringendem Spermium. Nach Van der Stricht. Vergr. 650:1.

spindeln zeigen an ihren Spitzen die zum Oocentrum gehörigen Centriolen nebst Sphärenstrahlung.

Die erste Polzelle wird in der Regel (Meerschweinchen, Fledermaus, Maus, Ratte, Katze) noch im Follikel, die zweite erst nach der Ovulation und nach dem Eindringen des Spermiums in dem Eileiter gebildet. Das in das Ovium eingedrungene Spermium bildet den Reiz zur Abschnürung der zweiten Polzelle.

4. Die Befruchtung.

Unter Befruchtung versteht man die Verschmelzung einer lebensfähigen reifen väterlichen und mütterlichen Geschlechtszelle, also eines Spermiums mit einem Ovium, zur Embryonalzelle (Spermovium oder Oosperm).

Für diesen zur Erhaltung der Art höchst wichtigen Vorgang stehen überreiche Mittel an Ovien und Spermien bereit. Viele Millionen Spermien werden vergeudet — denn nur ein einziges wird bei der Befruchtung verwendet.

Bei Tieren, welche Eier und Samen im Wasser absetzen, ist die Besamung und Befruchtung eine äußere, d. h. die Geschlechtszellen treffen und vereinigen sich außerhalb des mütterlichen Organismus. Die Spermien dringen dann durch die gequollenen Gallerthüllen (Amphibien) oder durch eine präformierte Öffnung in der Eikapsel, durch die M i k r o p y l e ($\mu\iota\kappa\varrho\acute{o}\varsigma$ = klein, $\pi\acute{v}\lambda\eta$ = Pforte), wie bei den Fischen, ein. Bei den Tieren dagegen, bei welchen die Spermien durch Begattung in die inneren weiblichen Geschlechtsorgane gebracht werden und dort in die Eizellen eindringen, spricht man von i n n e r e r Besamung und Befruchtung.

Die nach außen entleerten Ovien von Fischen und Amphibien kann man durch willkürlichen Zusatz von Sperma künstlich besamen. Auch künstliche innere Besamung ist durch Injektion von Sperma in die Genitalien läufiger Hündinnen (S p a l l a n z a n i) und in die des menschlichen Weibes (zuerst von John H u n t e r 1799) vorgenommen und so Befruchtung veranlaßt worden. Die künstliche Besamung mehrerer rossiger Stuten mit dem Sperma eines edlen Hengstes geschieht mitunter in Gestüten, um das wertvolle Sperma möglichst auszunutzen.

Z e i t l i c h f a l l e n B e g a t t u n g u n d B e f r u c h t u n g n i e m a l s z u s a m m e n, sondern können durch Minuten, Stunden, Tage oder (wie bei den winterschlafenden Fledermäusen) durch Monate voneinander getrennt sein.

Der O r t der Besamung ist abhängig von dem Zusammentreffen reifer lebendiger Spermien mit reifen lebendigen Ovien. Bei den Säugetieren wird das Sperma entweder in die Scheide oder auch direkt in den Uterus abgesetzt. Von dort aus wandern die Spermien durch ihre Eigenbewegung durch Uterus und Eileiter dem Eierstock zu.

Innere Besamung findet in der Regel im ovarialen Drittel des Eileiters oder in der Eileiterampulle statt. Die Besamung vollzieht sich stets v o r Bildung der tertiären Eihüllen. Die Spermien können aber auch durch ihre Eigenbewegung bis in die den Eierstock umhüllenden Bauchfelltaschen mancher Tiere (Fleischfresser, Schweine, Nager u. a.) gelangen. Hier sind sie, z. B. bei der Hündin, wiederholt gefunden worden.

Das ausnahmsweise nach Eröffnung des Follikels in diesem hängengebliebene Reifei kann im Ovarium selbst von einem durch die Rißstelle in der Follikelwand eindringenden Spermium befruchtet werden und sich bis zu einem gewissen Grade entwickeln (Eierstockstrachtigkeit, Graviditas ovarica). Eindringen von Spermien in einen noch nicht eröffneten Follikel ist ausgeschlossen.

Bleibt das Spermovium an den Fransen der Eileiterampulle hängen und entwickelt sich da oder an einer anderen Stelle im Eileiter weiter, so spricht man von Graviditas ampullaris oder tubaria.

Bei manchen Säugetieren (Kaninchen, Feldhasen, Wiederkäuern, Schweinen, Fleischfressern, selten bei der Stute) findet man mitunter von ihren Fruchthüllen umgebene, mit dem Netze, dem Peritonaeum oder dem Darmtractus verwachsene, wechselnd weit entwickelte Embryonen in der Bauchhöhle. Man hat dann von einer Bauchhöhlenschwangerschaft oder Graviditas abdominalis gesprochen. Man stellte sich vor, daß das Reifei nicht in den Eileiter gelangt, sondern sich befruchtet in der Bauchhöhle festgesetzt und da weiterentwickelt habe. Neuere Befunde, die ich aus eigener Erfahrung bestätigen kann, zeigen aber, daß solche Embryonen durch Einreißen aus den starkverdünnten Tuben oder aus dem Uterus in die Bauchhöhle geraten. Nachträglich können sich die Hüllen solcher Früchte von dem Verwachsungsstiele lösen und liegen dann frei in der Bauchhöhle. Ihre Oberfläche sieht dann glatt, wie poliert, aus (Fruchtblasen von Wiederkäuern). In einzelnen

Fällen (Kaninchen) war eine die ursprüngliche Rißstelle markierende Narbe am Uterus tatsächlich nachweisbar. Bei der Häsin scheinen aber auch Abschnürungen ganzer Uteruskammern vorzukommen, denn die Früchte lingen da in muskulösen Kapseln. Hiernach handelt es sich in solchen Fällen nicht um eine durch Ansiedlung und Entwicklung eines in die Bauchhöhle verirrten befruchteten Eies entstandene primäre]Bauchschwangerschaft, sondern um eine durch Zerreißen der Tube und des Uterus oder durch Abschnürung von Fruchtkammern zustande gekommene sekundäre Verlagerung der Frucht. Daß dabei eine wesentliche Weiterentwicklung der Frucht stattfinden kann, ist nicht wahrscheinlich.

Bezüglich der Graviditas abdominalis des menschlichen Weibes verweise ich auf die Lehrbücher der Geburtshilfe.

Die feineren Vorgänge bei der Befruchtung sind an den kleinen, leichter zu beschaffenden und durchsichtigen Eizellen wirbelloser Tiere nach künstlicher Besamung klarer zu erkennen als bei den durch große Dottermassen meist undurchsichtigen Eiern der Wirbeltiere.

Immerhin besitzen wir Untersuchungen über die Befruchtungsvorgänge bei fast allen Wirbeltierklassen mit Ausnahme des Menschen. Von Säugetieren ist vor allem die Befruchtung der Maus und der Ratte, neuestens auch die der Fledermaus, der Katze und des Meerschweinchens untersucht.

Das gequollene und bei den Säugetieren noch von dem degenerierenden Eiepithel umschlossene oder nach dessen Abstreifung nackte Oolemma wird von einem oder von mehreren Spermien durchbohrt. Mitunter sieht man auch Spermien im hypolemmalen Raum sich bewegen.

Aber nur ein Spermium, das Hauptspermium, dringt (bei telolecithalen Eiern am Keimpol) in radiärer Richtung in das Ooplasma ein. Dabei kann dem Spermium ein konischer Fortsatz des Ooplasmas, der „Empfängnishügel", entgegenkommen.

Wie sich bei der Befruchtung die Eimembran, soweit eine solche schon vor der Befruchtung besteht, verhält, ist nicht genügend bekannt. Manche Ovien bilden bei dem Eindringen des Spermiums eine oberflächliche „Befruchtungshaut" aus, welche das Eindringen weiterer Spermien verhindert. Andere besitzen, auch ohne eine solche Befruchtungshaut zu bilden, abweisende Kräfte gegen das Eindringen weiterer Spermien.

Der Kopf des eingedrungenen Spermiums dreht sich dann im Ooplasma und stellt sich, während er sich zu einem stark färbbaren, länglichen Körper umbildet, mehr oder weniger senkrecht zum Eiradius. Meist macht er noch eine weitere Drehung derart, daß er seine Spitze der Eiperipherie zukehrt. Nun tritt hinter dem Spermiumkopf ein Centriol, das Spermiozentrum, mit dem Spermaster (ἀστήρ = Stern) oder der Sphärenstrahlung, auf.

Während dieser Vorgänge wird die zweite Polzelle abgeschnürt.

Der Spermiumkopf wandelt sich zu einem Kern mit Membran und Kernnetz um, in welchem ein oder mehrere Kernkörperchen sich bilden. Der so entstandene **Spermium**- oder **Samenkern** ist zunächst kleiner als der Eikern, übertrifft ihn später aber vorübergehend an Größe (Fig. 22). In der Nähe des Spermiumkernes liegt das Spermiozentrum, das Verbindungsstück sowie der Schwanzfaden (Fig. 22).

Parthenogenetisch sich entwickelnde Eizellen von Wirbellosen bilden nur **eine Polzelle durch Äquationsteilung.** Die zweite, die Reduktionsteilung, fällt als überflüssig aus, da ja keine Chromosomensummierung durch Befruchtung eintritt.

Sehr bald verwischen sich die ursprünglichen Größenunterschiede zwischen dem kleineren Samen- und dem größeren Eikern, und beide sind dann gleich groß. Beide Kerne verharren nun einige Zeit in Ruhe, nähern sich aber einander fast bis zur Verschmelzung. Der Eikern liegt näher der Mitte des Ooplasmas. Zwischen beiden Kernen ist das Oozentrum noch sichtbar. Aus dem Kernnetze (Fig. 22) bildet sich nach Schwund des Kernkörperchens in jedem Kerne ein Chromatinfaden, während die Kernmembran achromatisch (farblos) wird. Der Faden zerfällt dann nach völligem Schwund der Kernmembran in einzelne Chromatinschleifen.

Im Augenblick der Vereinigung beider Kerne teilt sich das Spermiozentrum. Der Schwanz

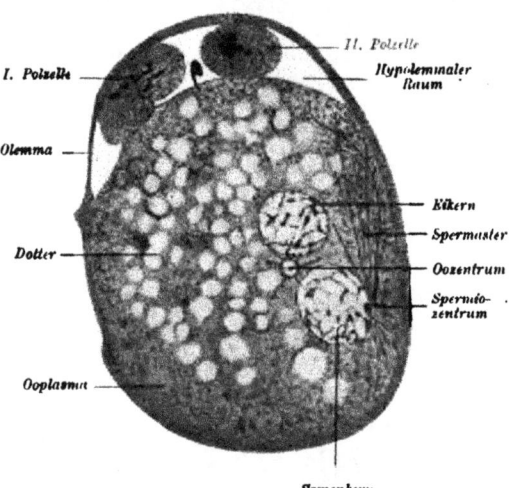

Fig. 22. Schnitt durch ein Spermovium der Fledermaus mit zwei abgeschnürten Polzellen, mit Eikern, Oozentrum (?), Spermiozentrum und Spermaster. Die I. Polzelle teilt sich. Nach **Van der Stricht.** Vergr. 650:1.

des Spermiums kann mit der Sphäre der einen Hälfte der inzwischen gebildeten neuen Spindel, der **Furchungs**- oder **Embryonalspindel**, in Zusammenhang bleiben (Fig. 24). Diese leitet die **Furchung** oder die **Teilung** des Spermoviums ein. An die Spindelfäden legen sich von beiden Seiten die aus dem Spermium- und Eikerne **in je gleicher Zahl** entstandenen Chromatinschleifen an und sind da noch einige Zeit durch ihre getrennte Lage zu beiden Spindelseiten bis zu ihrer völligen Mischung (Fig. 23 C; Maus) zu unterscheiden.

Statt dieser Mischung der Chromatinschleifen kann auch eine Verschmelzung des Ei- und Samenkernes zum **ruhenden** Embryonalkerne eintreten. Die Chromiolen (Chromatinelemente) der Chromatin-

schleifen beider Kerne vereinigen sich dann zum Netze eines ruhenden
Kernes und sondern sich bei der Bildung der Embryonalspindel erst
nachträglich wieder in eine gleiche Anzahl väterlicher und mütterlicher Chromatinschleifen (Fledermaus). Im Grunde besteht zwischen
beiden Vorgängen kein Gegensatz. Es handelt sich nur um einen
früheren oder späteren Zerfall des Samen- und Eikernes in die Chromosomen und um die frühere oder spätere Mischung ihrer Bestandteile.

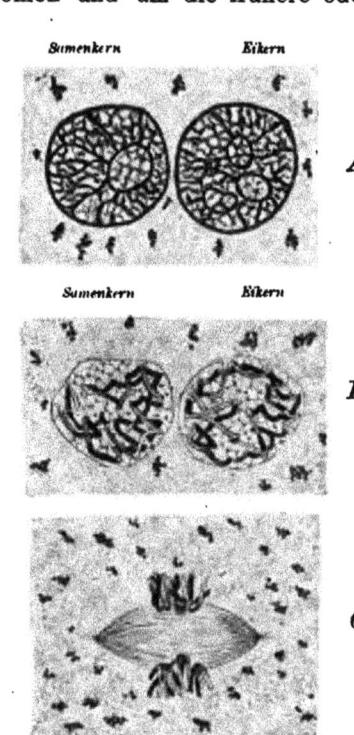

Fig. 23. Befruchtungsstadien des Mäuseeies.
Nach Sobotta. Vergr. 1200:1.

Die bei der mitotischen Teilung
der Zellen auftretende Chromosomenzahl wurde für jede daraufhin unter-
suchte Tierart als eine bestimmte
anerkannt (z. B. beim Feuersalamander, bei der Maus und bei dem
Menschen 24). Da nun die Chromosomenzahl bei der Reife der Eizelle
und der Samenzelle, wie wir sahen,
auf die Hälfte (also 12 im Ei- und 12
im Spermiumkern) reduziert wird, so
muß auch der Embryonalkern oder,
wenn kein solcher, sondern sofort
eine Embryonalspindel gebildet wird,
diese genau die gleiche Zahl von
Chromosomen wie die Kerne der
Körperzellen, nämlich 12 mütterliche + 12 väterliche, enthalten. Die
Reduktionsteilung der Ge-
schlechtszellen verhindert
eine Summierung der Chromosomen auf das Doppelte der
Normalzahl bei der Befruchtung.

Ob das nach Abschnürung der
zweiten Polzelle noch neben dem
Eikerne gelegene Oozentrum (Fledermaus) weiter erhalten bleibt oder
nicht, ist fraglich.

Mit der Bildung des Em-
bryonalkernes oder der Mischung väterlicher und mütterlicher Chromosomen und der übrigen Bestandteile beider Geschlechtszellen ist die Befruchtung beendet.

Die Bestandteile des Übergangsstückes des Spermiums mischen
sich mit dem Ooplasma.

Die Dauer des Befruchtungsaktes ist eine sehr wechselnde. Bei den Seeigeln
dauert sie etwa 20 Minuten, bei der Forelle und dem Hechte je nach der Temperatur
des Wassers 5—10 Minuten. Bei Säugetieren ist eine Bestimmung der Zeitdauer

des Befruchtungsvorganges nicht mit Sicherheit zu geben. Bei der Maus dringen die Spermien, je nachdem die Eier bei der Begattung schon aus den Follikeln ausgetreten waren oder noch nicht, 6—10 Stunden nach der Begattung in die Eier ein. Ei- und Samenkern bestehen mindestens 12 Stunden. Die erste Teilung leitet sich etwa 26 Stunden nach der Begattung ein. Der ganze Befruchtungsakt, vom Eindringen des Spermiums bis zur ersten Furche, dauert somit etwa 16—20 Stunden.

Außer der **monospermen** (μόνος = einzeln, einzig; σπέρμα = Samen) Befruchtung durch ein einziges Spermium kennt man noch das Eindringen mehrerer Spermien in die Eier und bezeichnet diesen Vorgang als **Polyspermie**. Man unterscheidet eine **physiologische**, eine **pathologische** und eine **experimentelle Polyspermie**.

Physiologische Polyspermie ist bei den sehr dotterreichen Eiern der Fische, geschwänzten Amphibien, Reptilien und Vögeln beobachtet worden. Die **Nebenspermien**, wie man die außer dem einzigen befruchtenden **Hauptspermium** eindringenden Spermien nennt, können in wechselnden, zum Teil sehr großen Mengen, in den **Keim** oder auch in den **Dotter** eindringen. Die in dem **Keim** entstandenen **Nebensper**miumkerne werden durch die Sphäre des Hauptspermiums in den Dotter verdrängt und mischen sich mit den Kernen der in den **Dotter** eingedrungenen **Nebenspermien**.

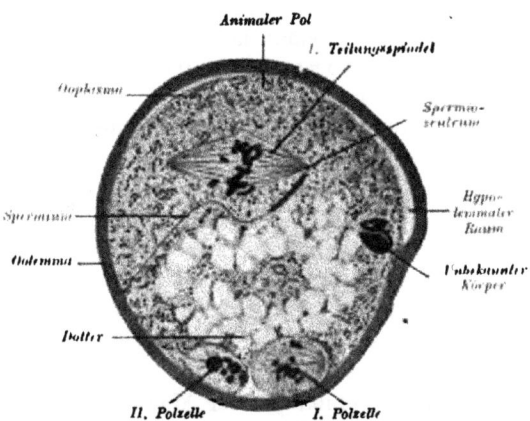

Fig. 24. Schnitt durch das Spermovium der Fledermaus mit I. Furchungsspindel. An deren mit dem Spermium zusammenhängenden Pole ist das Spermiocentrum deutlich. Nach van der Stright. Vergr. 650:1.

Um diese können sich große Plasmaklumpen (sogenannte **Megasphären** μέγας = groß, σφαίρα = Kugel) bilden. Das weitere Schicksal der Nebenspermienkerne ist noch unklar.

Beim **Frosche** hat man **experimentelle Polyspermie** durch künstliche Besamung mit sehr konzentriertem Sperma hervorgerufen. Die Entwicklungsfähigkeit der Keime ist dann eine verschiedene. Die meisten sterben auf verschiedenen Entwicklungsstadien ab, wenige entwickeln sich bis zum Kaulquappenstadium. Der Eikern vereinigt sich nur mit dem ihm zunächst liegenden Spermiumkern zum Embryonalkern. Er teilt sich gleichzeitig mit den Kernen der übrigen Spermien. Alle Kerne und die zu ihnen gehörigen Zellen nehmen am Aufbau des Keimes teil. Im polyspermen Keim ziehen sich alle Kerne untereinander an, die Centrosomen und Strahlungen stoßen sich dagegen gegenseitig ab. Das erklärt die Beobachtungen bei experimenteller Polyspermie bei Fischen, Reptilien und Seeigeln und stützt die Anschauung, daß die Ursachen für Kopulation des Samen und Eikernes bei der normalen Befruchtung nicht im Cytoplasma, sondern in den Kernen selbst gelegen sind. **Nur bei monospermer Befruchtung kann sich der Keim vollständig entwickeln.** Sie gibt nicht nur den Anstoß zur

Teilung, sondern unterhält sie auch in harmonischem Verlaufe, ohne sie durch die Teilungen von Nebenspermienkernen unharmonisch zu beeinflussen, wodurch die Entwicklung früher oder später gestört wird.

Narkotisiert man Seeigeleier durch Zusatz von Chloral, Chloroform usw. zum Meerwasser, so hat die künstliche Besamung künstliche Polyspermie zur Folge.

Pathologische oder auch abnorme Polyspermie beobachtet man auch an überreifen, zu spät befruchteten Ovien.

Befruchtung im Uterus scheint nach allen bisherigen Beobachtungen ausgeschlossen, da das unbefruchtet in den Uterus gelangte Ovium weitgehende Veränderungen als Vorstufen seiner Auflösung zeigt. Auch die überschüssigen, im Uterus befindlichen Spermien werden aufgelöst.

Die Bedeutung der Befruchtung ist eine doppelte:

1. Einmal veranlaßt sie durch Import des im Spermienhalse gelegenen Spermiozentrums die Embryonalzelle zu fortgesetzter Teilung und zur Bildung eines neuen Organismus. Die Befruchtung ist Entwicklungserregung (Befruchtungstheorie.) Das Spermiozentrum ist der Befruchtungsträger, der das nach Abschnürung der Polzellen zugrunde gegangene (?) Oozentrum ersetzen soll;

2. liefert die Befruchtung durch Verschmelzung der väterlichen und mütterlichen Geschlechtszellen (durch Amphimixis = $\dot{\alpha}\mu\varphi i$ = beide, $\mu i\xi\iota\varsigma$ = Mischung) die elterliche Substanz zur Übertragung auf die Embryonalzelle und die durch deren fortgesetzte Teilung gelieferten Zellen des Keimlings (Vererbungstheorie).

Der Unterschied in der Masse des Ooplasmas und der spärlichen Plasmareste in den Spermien darf nicht als Gegengrund gegen die Annahme, daß die möglicherweise auch das Oo- und Spermioplasma (im Verbindungsstück des Spermiums) die Vererbung vermitteln, betrachtet werden. Die Vererbungsstoffe können in dem spärlichen Spermioplasma in konzentrierterer Weise angehäuft sein als in dem massigeren Ooplasma. Sehen wir doch auch aus dem kleinen Spermiumkopf zuerst einen nur kleinen Spermiumkern hervorgehen, der aber rasch die Größe des Eikernes erreicht.

Man hat ferner folgende Hypothesen aufgestellt: Das Zellplasma besteht aus zwei verschiedenen Plasmaarten. Die eine, das „Körperplasma" oder „Arbeitsplasma", besorgt die gewöhnlichen Arbeitsleistungen der Körperzellen. Die andere, der Keim, das „Keimplasma" oder „Idioplasma ($\ddot{\iota}\delta\iota o\varsigma$ = eigen, eigentümlich), ist diejenige Substanz, welche allein die Vererbung der elterlichen Eigenschaften ermöglicht. Nach einer sehr verbreiteten Auffassung werden die nach Zahl und Größe übereinstimmenden Chromosomen in beiden Gschlechtskernen als die Träger des Idioplasmas bei der Befruchtung betrachtet.

Nach dieser Hypothese wäre nur der Kopf des Spermiums Vererbungsträger.

Das Perforatorium dient zur Durchbohrung der Oviumhüllen.

Der Schwanz des Spermiums wird als motorischer Apparat betrachtet, der, wenn er auch in das Reifei eindringt, doch für die Vererbungsvorgänge bedeutungslos ist.

Nach den neueren Erfahrungen über die Mischung des Ooplasma mit dem Spermioplasma dagegen wird man die Bedeutung der bei der Befruchtung stattfindenden Mischung des Spermioplasmas mit dem Ooplasma und der in beiden enthaltenen Mitochondria, Plastosomen usw. für die Vererbung noch weiter zu untersuchen haben, um so mehr, da die chemischen Vorgänge bei der Befruchtung noch völlig dunkel sind. Da der Kern in beständiger biologischer Wechselwirkung mit dem Cytoplasma steht, muß dieses zum mindesten indirekt auch an der Vererbung beteiligt sein.

Die Ovien der Wirbeltiere sind nur mit artgleichen Spermien befruchtungsfähig. Die Feststellung fruchtbarer Vermischung bestimmt geradezu den Artbegriff. Die Möglichkeit einer Befruchtung etwa des Laichs einer Forelle mit den artungleichen Spermien vom Hecht oder der Eier eines Laubfrosches mit dem Samen eines Molches ist ausgeschlossen. Bei Wirbellosen ist die Bastardierung stammfremder Tiere unter bestimmten Bedingungen gelungen, wie die Befruchtung von Seeigeleiern mit Spermien des Seesternes oder gar mit Pfahlmuschelsamen. In beiden Fällen entwickelten die Larven aber nur mütterliche Eigenschaften, ein Beweis dafür, daß das Spermium in diesen Fällen lediglich die Entwicklung anzuregen, aber nicht als „Vererbungsträger" zu wirken vermochte.

Die Individuen verschiedener Wirbeltierrassen können sich (zum Beispiel die verschiedenen Hunderassen, Bachforelle und Regenbogenforelle, Hund und Wolf, Ziege und Steinbock, Pferd und Esel) fruchtbar begatten. Die Bastarde sind aber meist unfruchtbar, da ihre Geschlechtszellen nicht reif werden. Besonders lehrreich versprechen die an reifen Eiern vorgenommenen Versuche zu werden. Ich führe einige Beispiele zur Erläuterung wichtiger Fragen an.

In neuerer Zeit ist es mehrfach gelungen, Reifeier von Wirbellosen und Amnamien ohne Spermien, lediglich durch thermische, elektrische, mechanische oder chemische Reize zur wechselnd weiter Entwicklung zu veranlassen. Durch Anstechen mit feinsten Glasnadeln (Piquûre) zwischen Keimpol und Äquator gelang es, z. B. die Entwicklung reifer, der Mutter entnommener Eier vom Frosch (Rana fusca) anzuregen. Diese ist also weder von einem lebendigen Agens noch von der Amphimixis abhängig, sondern besteht nur in der Reaktion der Eizelle selbst auf den mechanischen Reiz. Die meisten der angestochenen Keime sterben auf verschiedenen Entwicklungsstadien ab, ohne das Larvenstadium zu überschreiten. Manche haben sich auch weiter entwickelt, doch kann hier auf die einschlägigen Versuche nicht weiter eingegangen werden.

Auch die Befruchtung kernloser, durch Schütteln von Seeigeleiern erhaltener Eistücke (Merogonie, $\mu\epsilon\rho o\varsigma$ = Teil, $\gamma o\nu\epsilon i\alpha$ = Erzeugung) ist mit Erfolg versucht worden. Solche kernlose, befruchtete Eistücke von Seeigeln können sich bis zum Larvenstadium entwickeln. Für die Befruchtung des Eies oder eines Teilstückes desselben genügt also der Samenkern allein, ohne Eikern. Die Kerne solcher merogonisch entstandener Keime und Larven enthalten selbstverständlich nur die Hälfte der Chromosomen somatischer Zellen, und zwar nur väterliche. Nimmt man zur Befruchtung Spermien einer anderen Spezies, so kann man Bastardlarven erzeugen und den Beweis führen, daß das Spermium in der Regel der Träger väterlicher Eigenschaften bei der Befruchtung ist. Ein kernloses Eistück vom Seeigel mit Samen eines Haarsternes befruchtet, entwickelte sich aber nach dem Typus des Seeigels. Wäre der Kern allein ausschließlich Träger der Erbmasse, so hätte sich Haarsterntypus entwickeln müssen. Zwei zum Verschmelzen gebrachte Ovien des Pferde-spulwurms entwickelten sich nach Befruchtung mit einem einzigen Spermium zu einem normalen Riesenkeimling. Anderseits hat man aus kernlosen Bruch-stücken von Seeigelovien mit je einem Spermium normale aber abnorm kleine Larven gezüchtet.

Sehr merkwürdig ist die Folge künstlicher Befruchtung von Froscheiern durch mit Radiumbestrahlung vorbehandelte Spermien. Die Spermien bleiben befruchtungsfähig, aber die von ihnen befruchteten Eier erkranken, ent-wickeln sich abnorm und gehen zugrunde. Vor der Befruchtung mit Radium be-strahlte Eizellen von Seeigeln und Fröschen zeigen erst einige Zeit nach der Befruchtung bei ihrer Entwicklung eine Schädigung ihrer animalen Gewebe (Nervensystem, Sinnesorgane, Muskeln). Die Radiumbestrahlung schädigt die Kernsubstanzen mehr als das Zellplasma.

Das Eindringen der Spermien in die Eizellen wurde zuerst von Bonnet 1779 angenommen. Barry und andere haben dann die Anwesenheit von Spermien in Ovien erwiesen; O. Hertwig hat zuerst in der Verschmelzung des „Samenkerns mit dem Eikern" in Seeigeleiern 1875—1878 den Vorgang der Befruchtung klar er-kannt. M. Nußbaum, Van Beneden und Boveri haben an einem ebenfalls sehr günstigen Objekte, bei dem Pferdespulwurm, weitere Einzelheiten theoretisch verwertet. Das Eindringen und die Umbildung ganzer Spermien in Schnitten durch die Ovien der Maus und Ratte haben Sobotta und bei der Fledermaus Van der Stricht in bewundernswerter Weise verfolgt.

Zweiter Teil.

Entwicklung.

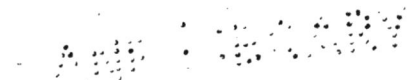

Bonnet, Entwicklungsgeschichte. 4. Aufl.

A. Die Furchung oder Teilung des Spermoviums.

Unter Entwicklung versteht man die durch wiederholte Zellteilung eingeleitete und fortgesetzte Reihe von Veränderungen, durch welche das Spermovium zu einem seinen Erzeugern ähnlichen vielzelligen Organismus wird.

Dies geschieht entweder durch direkte oder durch indirekte Entwicklung, d. h. durch Einschaltung einer von dem fertigen Tiere verschiedenen Larvenform (z. B. der Kaulquappe beim Frosch usw.).

Die unmittelbare Folge der Befruchtung ist die „Furchung" oder Teilung des Spermoviums.

Die vor der Begründung der Zellenlehre übliche Bezeichnung „Furchung" berücksichtigte ursprünglich nur die bei der Teilung des Spermoviums auffallenden äußeren Erscheinungen in Form von nacheinander auftretenden Furchensystemen (Fig. 27). Viel später wurde erkannt, daß diese „Furchen" durch Teilungsvorgänge bestimmt werden, daß sie nur der äußerliche Ausdruck wiederholter mitotischer Kern- und Zellteilungen sind.

Der Furchungsprozeß wurde zuerst am Froschkeim durch Swammerdam, dann durch Roesel von Rosenhof beobachtet, 1824 von Prévost und Dumas näher beschrieben und 1826 durch Carl Ernst v. Baer als Selbstteilung der Eizelle gedeutet. Kölliker unterschied später eine totale und partielle Furchung, Haeckel beschrieb Übergänge zwischen beiden und stellte das heute übliche Schema auf. Das scheinbare Schwinden des Keimbläschens vor der Furchung klärte O. Hertwig durch genaue Beobachtung der schon beschriebenen Vorgänge am Keimbläschen bei der Bildung der Polzellen auf.

Fortgesetzte, infolge der Befruchtung ausgelöste Teilungen zerlegen das Spermovium zuerst in zwei, dann in immer mehr Furchungszellen oder Blastomeren ($\beta\lambda\alpha\sigma\tau\acute{o}\varsigma$ = Keim, $\mu\acute{\epsilon}\varrho o\varsigma$ = Teil). Diese liefern in ihrer Gesamtheit alle Kerne und Zellen des sich entwickelnden vielzelligen Organismus. Es stammen somit alle Zellen des Embyos vom Spermovium, alle seine Zellkerne vom Furchungs- oder Embryonalkern ab.

Wie bei jeder mitotischen Teilung, so beobachtet man auch bei der Furchung:

1. eine Zentralspindel mit Zentriolen, Zentrosomen und Sphäre sowie die zu den Chromatinschleifen verlaufendnn Zugfasern.

4 *

Die lange Spindelachse fällt zusammen mit dem größten Durchmesser des Zellplasmas. Sie steht in kugelförmigen Spermovien sets senkrecht auf der Eïachse und liegt näher dem Keim- als dem Dotterpol. In einer ovalen oder flächenhaft angeordneten Plasmamasse, z. B. in der Keimscheibe des Vogeleies, findet sie parallel zu deren größtem Durchmesser Platz;

2. die Chromatinschleifen bilden in dem Spindeläquator einen Mutterstern, der zur Hälfte aus Chromatinschleifen des Ei-, zur anderen Hälfte aus solchen des Samenkernes besteht;

3. mütterliche und väterliche Chromatinschleifen werden dann in gleicher Zahl gemischt auf je eine Spindelhälfte im Tochterstern verteilt und

4. nach Halbierung der Zentralspindel in deren Äquator in die Kerne der Blastomeren umgebildet;

5. ebenso wird in jede Blastomere die Hälfte der im Äquator geteilten Spindel nebst dem zugehörigen Centrosoma herübergenommen;

6. mit dem Durchschneiden der äquatorialen, das Ooplasma und die Spindel halbierenden Furche ist die erste Teilung beendet. Nach kurzer Ruhepause schicken sich dann die neu entsandenen Blastomeren abermals, aber nacheinander zur Teilung an usw.

Gewisse Befunde bei wirbellosen Tieren (Würmern) und an Wirbeltieren machen es wahrscheinlich, daß sich die Blastomeren sehr früh in Urgeschlechtszellen, d. h. in die ersten Vorstufen der Gonozyten, und in die Vorstufen der somatischen Zellen scheiden. Nur die Urgeschlechtszellen sollen nach dieser Hypothese den Bestand von mütterlichem und väterlichem Chromatin behalten. Diejenigen Blastomeren, welche die Keimblätter und somatischen Gewebe liefern, sollen hingegen schon sehr früh Bröckel väterlichen und mütterlichen Chromatins aus ihrem Kerne abstoßen, die inner- und außerhalb der Zellen zugrundegehen.

Die aktiven Vorgänge bei der Teilung des Spermoviums sind, wie bei jeder Zellteilung, an den Kern, den Sphärenapparat und an das Ooplasma gebunden, werden aber durch die Menge und Anordnung des aufgespeicherten Dotters beeinflußt.

Bei wenig und gleichmäßig in dem Ooplasma verteiltem Dotter ist die Teilung des Spermoviums eine totale, rasche und gleichmäßige und führt zur Bildung gleichgroßer oder nahezu gleichgroßer Blastomeren: Totale äquale oder adäquale Furchung.

Je mehr Dotter im Ooplasma aufgespeichert wird, und je ungleichmäßiger er in diesem verteilt ist, um so langsamer und ungleichmäßiger verläuft die Teilung der durch Dotter beschwerten Blastomeren. Die dotterärmeren, bei polarer Differenzierung am animalen oder Keimpol gelegenen Blastomeren teilen sich rascher als die mit viel Dotter beladenen am vegetativen Pol.

Der Keimpol wird also sehr bald aus zahlreicheren und kleineren Blastomeren bestehen als der vegetative Pol. Mit anderen Worten:

Die Teilung des Spermoviums ist zwar noch eine totale, aber sie ist mehr oder minder inäqual geworden. Inäqual, aber vollkommen sich teilende Keime heißen Holoblasten (ὅλος = ganz, βλαστός = Keim).

Bei noch weitergehender Dotteranhäufung wird das Ooplasma schließlich auf den animalen Pol verdrängt und liegt auf dem Dotter als Keimscheibe. Die Teilung wird dann auch nur auf diese beschränkt, eine partielle, flächenhafte oder diskoidale und zugleich ungleichmäßige oder inäquale. Solche Keime nennt man teilfurchende oder Meroblasten (μέρος = Teil, βαστός = Keim.)

Je lebhafter die Teilung verläuft, um so rascher nimmt selbstverständlich die Zahl der Blastomeren zu, ihre Größe aber ab.

Schema der Teilungs- oder Furchungsarten:
1. Art: Holoblasten, totale Teilung:
    a) äqual oder adäqual: Amphioxus, vivipare Säuger, wahrscheinlich auch Mensch;
    b) inäqual: Rundmäuler, Amphibien, Schmelzschupper.
2. Art: Meroblasten, partielle Teilung:
    inäqual und diskoidal: Knochenfische, Haie, Reptilien, Vögel, ovipare Säuger (Ameisenigel, Schnabeltier).
Siehe auch das Schema Fig. 15.

I. Totale Furchung.

1. Totale und adäquale Furchung.

Wir wählen als Beispiel für die totale und adäquale Furchung das kleine, etwa $1/10$ mm große Spermovium des Lanzettfischchens (Amphioxus, ἀμφί = beiderseits und ὀξύς = zugespitzt, lanceolatus oder Branchiostoma lanceolatum, βράγχια die Kiemen, στῶμα der Mund, lanceolatus = mit einer kleinen Lanze versehen, lanzenförmig), dessen Furchung und dessen nahezu schematisch einfache erste Entwicklungsvorgänge das Verständnis der komplizierteren Entwicklung bei den Wirbeltieren in hohem Grade erleichtern und gleichsam eine Einführung in die Entwicklungsgeschichte der Wirbeltiere bilden. Zwar gehen die Meinungen zurzeit noch darüber auseinander, ob der Amphioxus als „der ehrwürdige Stammvater des Menschengeschlechtes", als ein Vorläufer der Wirbeltiere oder als „der entartete und verlorene Sohn des Wirbeltierstammes", also als eine durch seine Lebensweise im Küstenschlamme rückgebildete Wirbeltierform zu deuten ist. Für die Einführung in die Entwicklungsgeschichte aber hat seine Entwicklung wegen ihrer schematischen Klarheit, mag man die eine oder die andere Anschauung vertreten, so großen Wert, „daß man ihn hätte erfinden müssen, wenn er nicht schon da wäre".

Das wegen seiner Form als Lanzettfischchen bezeichnete 6—7 cm lange Branchiostoma lanceolatum (Fig. 25) bewohnt den Uferschlamm wärmerer Meere. Sein seitlich abgeplatteter Körper ist vorn schräg ventralwärts abgestutzt, hinten spitz und trägt auf dem Rücken und dem hinteren Teil der Ventralseite einen schmalen, sich im Gebiete des Schwanzendes etwas verbreiternden Flossensaum. Der Körper wird in seiner ganzen Länge durch den Achsenstab oder die Chorda dorsalis gestützt. Dorsal von ihm liegt das Zentralnervensystem in Gestalt eines langen Rohres mit enger Lichtung ohne jede Spur einer Hirnanschwellung. Auch ein eigentlicher Kopf fehlt.

Die Epidermis besteht aus einschichtigen zylindrischen Flimmerzellen und sezerniert Schleim. Die aus parallel verlaufenden Muskelfaserbündeln (Myomeren, $\mu\tilde{v}\varsigma$ Genitiv $\mu\nu\acute{o}\varsigma$ = Muskel, $\mu\acute{e}\varrho o\varsigma$ = Teil) zusammengesetzte Muskulatur, inseriert an Bindegewebsblättern, die von der Chordascheide entspringen (Myosepten) und, dorsal wie ventral schräg nach hinten verlaufend, den dorsalen und ventralen Seitenrumpfmuskel bis zur Haut durchsetzen. (Siehe das Hinterende der Fig. 25.) Hierdurch entsteht eine auffallende Ähnlichkeit mit der Muskulatur der Fische.

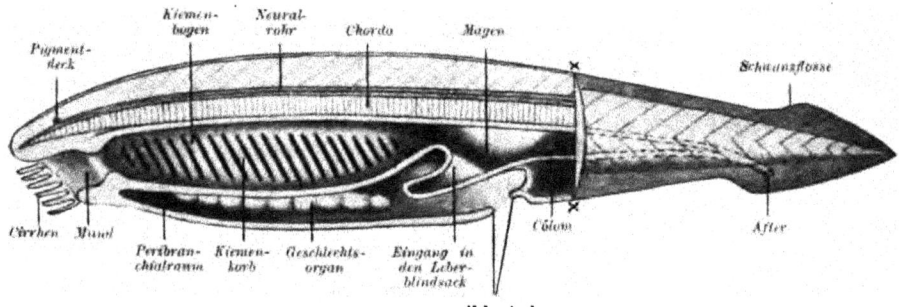

Fig. 25. Branchiostoma lanceolatum. Die linke Seite ist bis x — x abgetragen und dadurch der Darm und der Peribranchialraum eröffnet. Vergr. etwa 2:1.

Die von den Cirrhen umgebene Mundöffnung führt in den ventral von der Chorda gelegenen weiten und langen Schlund und durch die enge Speiseröhre in den Magen. Ein von ihm aus nach vorn und rechts gelegener Blindsack bildet die durch die Wand des Kiemenkorbes schimmernde Leber. Der kurze und gerade aus dem Magen hervorgehende Darm mündet im Bereiche des Schwanzes auf der linken Körperseite mit dem After. Eine Wimperrinne führt an der Ventralseite des Schlundes bis zum Darmeingang.

Die seitlichen Schlundwände sind von zahlreichen, dicht gestellten schrägen Kiemenspalten durchbrochen, zwischen denen feine Stäbe als Stütze der nach innen vorspringenden blattförmigen Epithelfalten dienen. Die Kiemenspalten sind äußerlich durch eine die Seiten- und Bauchteile des Körpers vorn umschließende Hautfalte umhüllt, welche in einiger Entfernung vom After auf der Ventralseite eine Öffnung, den Abdominalporus, erkennen läßt. Zwischen der Innenfläche dieses Sackes und den Kiemenspalten liegt die Peribranchialhöhle, in welche das durch den Mund eingezogene Atemwasser durch die Kiemenspalten gelangt, um dann durch den Abdominalporus abzufließen.

Ein Herz fehlt. Das kontraktile Blutgefäßsystem besteht aus einem ventral am Schlunde nach vorn verlaufenden Gefäß, welches zwischen je zwei Kiemenspalten Bögen abgibt, die sich in der unter der Chorda verlaufenden Aorta ver-

einigen (Kiemengefäße). Das durch die Aorta im Körper verteilte farblose und
sehr zellenarme Blut kehrt dann wieder zu dem ventralen Gefäßstamm, der Subintestinalvene, zurück; das aus der Umgebung des Darmes kommende Blut um-
spült den Leberblindsack und fließt dann erst in die Subintestinalvene. Die paarigen
Exkretionsorgane (Nieren) führen vom Cölom in den Peribranchialraum.

Die den Darm enthaltende Leibeshöhle erstreckt sich, auch in den Seitenteilen
des Körpers, in der Wand des Kiemensackes nach vorn. Dieser Teil der Leibeshöhle enthält die Geschlechtsorgane in Gestalt rundlicher Zellenklumpen, die sich
zu Eiern oder Spermien umbilden.

Die Geschlechter sind getrennt.

Von Sinnesorganen sind nur ein Geruchsgrübchen und Augenrudimente als
Pigmentflecke im Neuralrohr angedeutet.

In Fig. 26 sind verschiedene Furchungsstadien abgebildet.

Das in der Figur nicht abgebildete Oolemma wird bei der Eiablage
von dem Ooplasma abgehoben. In den hypolemmalen Raum dringt
Seewasser ein.

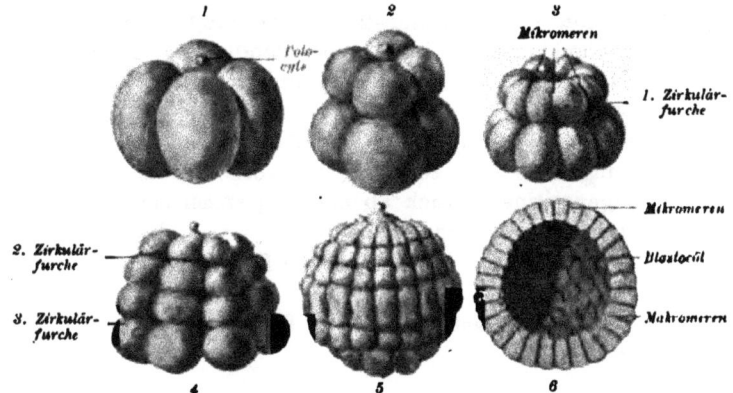

Fig. 26. 1—5 Furchung des Bronchiostoma lanceolatum, nach Hatschek, in Seitenansicht.
6 im Medianschnitt, nach den Modellen von F. Ziegler.

Die auf einer etwas abgeplatteten Stelle gelegene Polzelle markiert
den Keimpol. An diesem schneidet die erste oder die Primärfurche
ein und liefert zwei annähernd kugelförmige Blastomeren, welche sich
jedoch noch vor dem Auftreten der zweiten Furche mit abgeplatteten
Flächen aneinanderlegen.

Die zweite ebenfalls meridionale Furche kreuzt die erste und heißt
deshalb Kreuzfurche. Sie halbiert die beiden ersten Blastomeren
und liefert damit vier Blastomeren.

Die dritte, etwas nach dem Keimpol zu verschobene erste Zirkulärfurche teilt die vier Blastomeren in vier kleinere obere oder animale
und vier untere größere oder vegetative Blastomeren. Die Teilung
wird dadurch eine adäquale.

Zwischen den kugelförmigen Blastomeren bleibt am animalen und
vegetativen Pol ein Loch, das in eine zentrale Höhle führt.

Weitere zur ersten Zirkulärfurche parallel verlaufende und den Keim der Breite nach teilende Zirkulärfurchen und senkrecht auf diese einschneidende Meridionalfurchen führen zur Bildung eines Zellenhaufens, dessen animale Hälfte sich aus kleineren animalen Mikromeren (μικρός = klein) und dessen vegetative Hälfte aus größeren und etwas dotterreicheren vegetativen Blastomeren, Makromeren (μακρός = groß), oder Dotterzellen besteht.

Der Keim gleicht in diesem Entwicklungsstadium etwa einer Maulbeere. Man spricht deshalb auch von einem Morulastadium oder von einer Morula.

Die Öffnungen an beiden Polen schwinden durch engeres Aneinanderschließen der Blastomeren zuerst am animalen, später am vegetativen Pole.

Durch die zwischen den Blastomeren gelegenen Spalten ist Seewasser in die schon im Vierzellenstadium vorhandene zentrale, anfänglich kleine, allmählich an Größe zunehmende Furchungs- oder Keimhöhle oder in das Blastocöl (βλαστός = Keim, κοίλωμα = die Höhle) eingedrungen.

Parallel der Vergrößerung des Blastocöls flachen sich die durch fortgesetzte Teilungen an Zahl zu-, an Größe aber abnehmenden Blastomeren durch gegenseitigen Druck ab und begrenzen sich nach außen und innen durch ebene Flächen.

So wird die Morula in den blasenförmigen Keim oder die Blastula umgewandelt.

Gewöhnlich ist die Blastula in etwa fünf Stunden nach der Befruchtung gebildet.

2. Totale inäquale Furchung.

Als Beispiel für diesen Furchungstypus, bei welchem der Größenunterschied zwischen Mikro- und Mikromeren noch viel auffälliger wird, kann das leicht zu beschaffende Spermovium der Frösche und Kröten dienen.

Wir erinnern uns, daß in den Spermovien dieser Tiere der Embryonalkern in dem dotterarmen Ooplasma des animalen Poles liegt, und daß das Ooplasma in der Richtung gegen den Dotterpol bei gleichzeitiger Dotterzunahme an Masse abnimmt.

Die ersten Furchen treten wieder am animalen, den Embryonalkern enthaltenden Pole auf. Soweit sie meridional an dem deutlich polar differenzierten Spermovium verlaufen, können sie sich in vollkommen gleichmäßiger Weise parallel den Teilungsvorgängen in den Kernen gegen den Dotterpol zu ausbreiten. Nur schneidet die Primär- und Kreuzfurche in dem sehr dotterreichen Ooplasma gegen den Dotterpol zu langsamer durch als beim Lanzettfischchen.

Die Primärfurche liefert zwei gleichgroße Blastomeren. Die erste beim Branchiostoma lotrechte Teilungsebene fällt aber bei dem Frosche nicht mit der Eiachse zusammen, sondern bildet mit derselben einen Winkel von 45°.

Noch ehe die Primärfurche den Dotterpol vollkommen halbiert hat, tritt senkrecht zu ihr die Kreuzfurche auf und schneidet ebenfalls vom animalen Pol zum vegetativen durch. Durch diese beiden Meridionalfurchen ist der Keim in vier Quadraten, ähnlich den Schnitzen eines in derselben Weise geteilten Apfels zerlegt (Fig. 27, 2).

Die erste Zirkulärfurche tritt viel näher dem animalen Pole als bei Amphioxus auf und liefert wieder acht Blastomeren, vier kleinere animale, Mikromeren, und vier größere vegetative, Makromeren, (Fig. 27, 3).

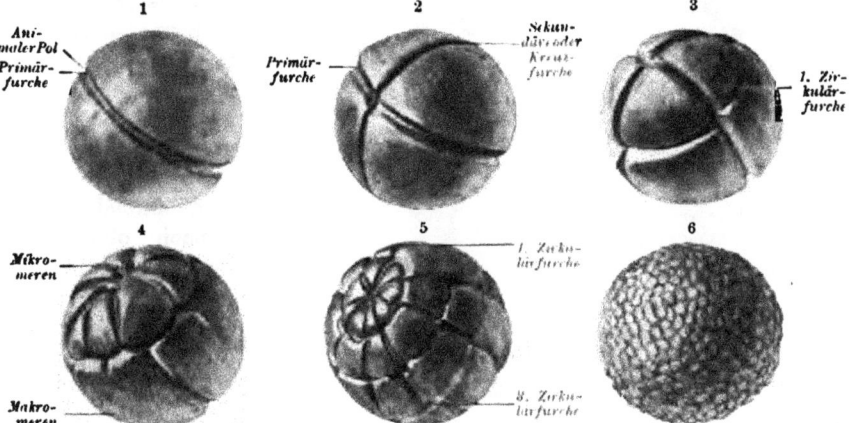

Fig. 27. Furchung vom Frosch (Rana fusca), nach den Modellen von P. Ziegler. 1 = Zweizellenstadium, 2 = Vierzellenstadium, 3 = Achtzellenstadium, 6 = Blastula. Vergr. etwa 15 : 1.

Die vierte und fünfte Teilung vollzieht sich wieder durch Meridionalfurchen, welche die Winkel der schon gebildeten Blastomeren halbieren (Fig. 27, 4).

Dann folgen die zweite und die dritte Zirkulärfurche. Sie trennen die durch die erste Zirkulärfurche geschiedene obere und untere Blastomerenschicht wieder in je zwei Schichten. Nun liegt eine Doppelschicht von Mikro- und eine ebensolche von Makromeren- oder Dotterzellen vor (Fig. 27, 5).

Mit der Bezeichnung „Dotter"zellen soll nicht gesagt sein, daß nur die Makromeren Dotter enthalten, sondern daß sie mehr Dotterelemente enthalten als die Mikromeren.

Durch weitere abwechselnd auftretende und durchschneidende Meridional- und Zirkulärfurchen entsteht allmählich die Morula. Ihre obere Hälfte setzt sich aus Mikromeren, die untere aus Dotterzellen

zusammen. Zwischen Mikromeren und Dotterzellen ist aber von Anfang an die Größendifferenz viel auffallender als bei Amphioxus; die
Furchung ist nicht mehr adäqual, sondern inäqual.

Schon im Stadium von acht Blastomeren tritt ein exzentrisches,
gegen den animalen Pol zu verschobenes Blastocöl in der Blastula
auf, das rasch an Größe zunimmt.

Die schon bei der Blastula von Amphioxus bemerkbare ungleiche
Dicke der Blastulawand ist bei der Froschblastula (Fig. 28) noch viel
auffallender. Das aus geschichteten, dotterärmeren, pigmentierten
Mikromeren bestehende Dach der Keimhöhle geht schalenartig durch
die „Randzone" in die dotterreicheren, aber pigmentärmeren Makromeren am Boden der Keimhöhle über.

Sich selbst überlassen, richtet die Amphibienblastula im Wasser den animalen Pol stets nach oben, da ihre schwereren, dotterreichen Makromeren den leichteren, dotterärmeren Mikromeren gegenüber wie ein Gesenke wirken.

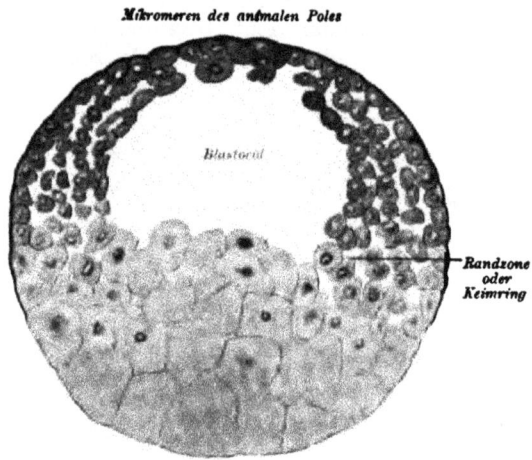

Mikromeren des animalen Poles

Blastocöl

Randzone oder Keimring

Makromeren des vegetativen Poles

Fig. 28. Sagittalschnitt durch die Blastula des Frosches.
Vergr. 30 : 1.

II. Partielle Furchung.

Diskoidale und inäquale Furchung.

Als Beispiel für diesen Furchungstypus diene das Vogelei.

Enten-, Sperlings-, Dohlen-, Star- oder Reptilieneier (Eidechse) sind klarere
Objekte zum Studium dieses Furchungstypus und der ersten Entwicklungsvorgänge
als das wenig günstige Hühnerei.

Die Furchung verläuft im unteren Teile des Eileiters und Uterus
gleichzeitig mit der Bildung der sekundären Eihüllen.

In dem scheibenförmig auf dem Dotter ruhenden Ooplasma, der
Keimscheibe (Fig. 12 u. 29), können die an dem kugelförmigen
Froschkeim beschriebenen Meridionalfurchen nur als senkrecht einschneidende Radiärfurchen auftreten. Die beiden ersten Furchen,
die Primär- und Kreuzfurche, stehen im Hühnerkeim etwas exzentrisch
und zerlegen die Keimscheibe wie bei den Amphibien in Quadranten.

Sie scheiden aber diese Quadranten nicht, wie beim Froschei, vollkommen, sondern nur im zentralen Gebiete der Keimscheibe. Die peripheren Teile der vier Blastomeren bleiben mit dem ungefurchten Keim noch einige Zeit in Zusammenhaug (Fig. 29 A).

Nun treten den Meridionalfurchen des Froschkeimes entsprechende Radiärfurchen auf und teilen die zwischen den Winkeln der Kreuzfurchen gelegenen Blastomerenkanten.

Darauf werden die zentralen Blastomerenkanten von der ersten Zirkulärfurche abgetrennt.

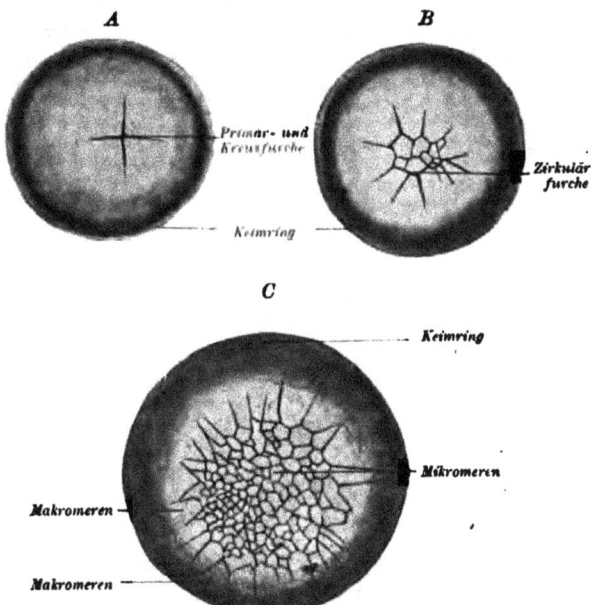

Fig. 29 *A, B, C.* Furchung des scheibenförmigen Keimes des Huhnes, nach K ö l l i k e r. Flächenbild des Keimes vom animalen Pole her betrachtet. Die peripher vom Keimwall oder Keimring befindliche Dotterkugel ist nicht gezeichnet. Schwache Vergrößerung.

So liefert auch die partielle Furchung eine Mosaik zentraler Mikromeren und peripherer Makromeren.

Die Sonderung des Keimes in f l ä c h e n h a f t nebeneinanderliegende Blastomeren vollzieht sich durch horizontal gestellte Spindeln mit senkrechten Teilungsebenen, die gleichzeitige Verdickung der Keimscheibe durch senkrechte Spindeln mit horizontalen Teilungsebenen (Fig. 30).

An der Grenze von Keim und weißem Dotter treten mit Flüssigkeit gefüllte Vakuolen, die D o t t e r v a k u o l e n, als Zeichen der Verflüssigung des Dotters auf.

Durch fortgesetzte Teilungen und durch die Schichtung der Blastomeren wird die Keimscheibe zu einem flachen Zellenklumpen, der einer
auf dem Dotter liegenden **abgeflachten Morula** mit zentralen
Mikromeren und peripheren Makromeren entspricht.

In dieser teilen sich nicht nur die peripheren, sondern auch die
tiefen Blastomeren langsamer, **weil sie Elemente des weißen
Dotters aufnehmen und so zu „Dotterzellen" werden. Sie
entsprechen den dotterreichen Zellen am vegetativen
Pole der Amphibienmorula.**

Allmählich vollzieht sich eine Sonderung in eine oberflächliche
Mikromerenlage, unter welcher eine Schicht von Dotterzellen liegt.
Die zwischen den Zellen gelegenen Spalten fließen allmählich zu der
Furchungshöhle oder zu dem Blastocöl zusammen. Nun breitet sich
der Keim immer weiter in die Fläche aus. Er scheidet sich gleich-
zeitig in eine geschlossene, o b e r e e p i t h e l i a l e , und in eine u n t e r e ,

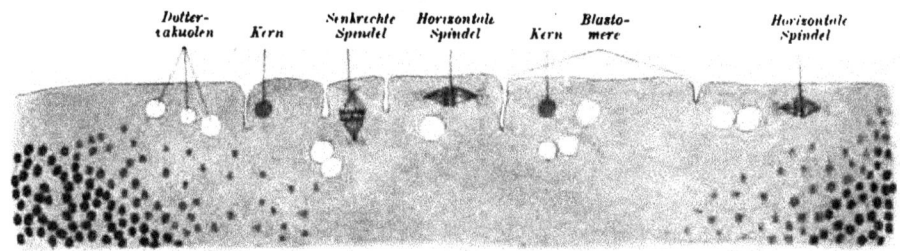

Fig. 30. **Senkrechter Schnitt durch die sich furchende Keimscheibe des Huhnes** etwa im Stadium
von Fig. 23 B. Halbschematisch, mit Benutzung einer Figur von **D u v a l**.

aus strangartig zusammenhängenden, später auch zu einem Blatte ge-
ordneten Dotterzellen bestehende **S c h i c h t**. Ihr schließen sich vom
Boden des Blastocöls gelieferte weitere Blastomeren an (Fig. 31 u. 32).

An der Oberfläche des Dotters unter dem Keime bemerkt man bei
Vögeln und bei Reptilien Kerne, deren Gesamtheit man als **D o t t e r -
s y n c y t i u m** bezeichnet. Man kann ein kernärmeres, **z e n t r a l e s .** und
ein kernreicheres, im Keimring gelegenes **R a n d s y n c y t i u m** unterscheiden (Fig. 31). Diese Kerne sind bei der Furchung an die Grenze
des Dotters oder in diesen selbst hineingeraten, vermehren sich noch
einige Zeit durch Teilung, umgeben sich mit dotterhaltigem Plasma
und schnüren sich von der tiefsten, dem weißen Dotter aufliegenden
Keimlage ab. Sie gesellen sich dann den Zellen der unteren Schicht bei.

Die Bildung von Dotterzellen seitens des Dottersyncytiums bezeichnet man als **N a c h f u r c h u n g**.

Die Furchung wird als beendet angesehen, wenn keine neuen
Dotterzellen mehr durch die Nachfurchung geliefert werden. Das dann

gegebene Entwicklungsstadium entspricht etwa der Blastula des Frosches (Fig. 28). Jedoch liegt bei diesem der Dotter von Anfang im Ooplasma, also auch bei der Furchung in den Blastomeren, während er bei den

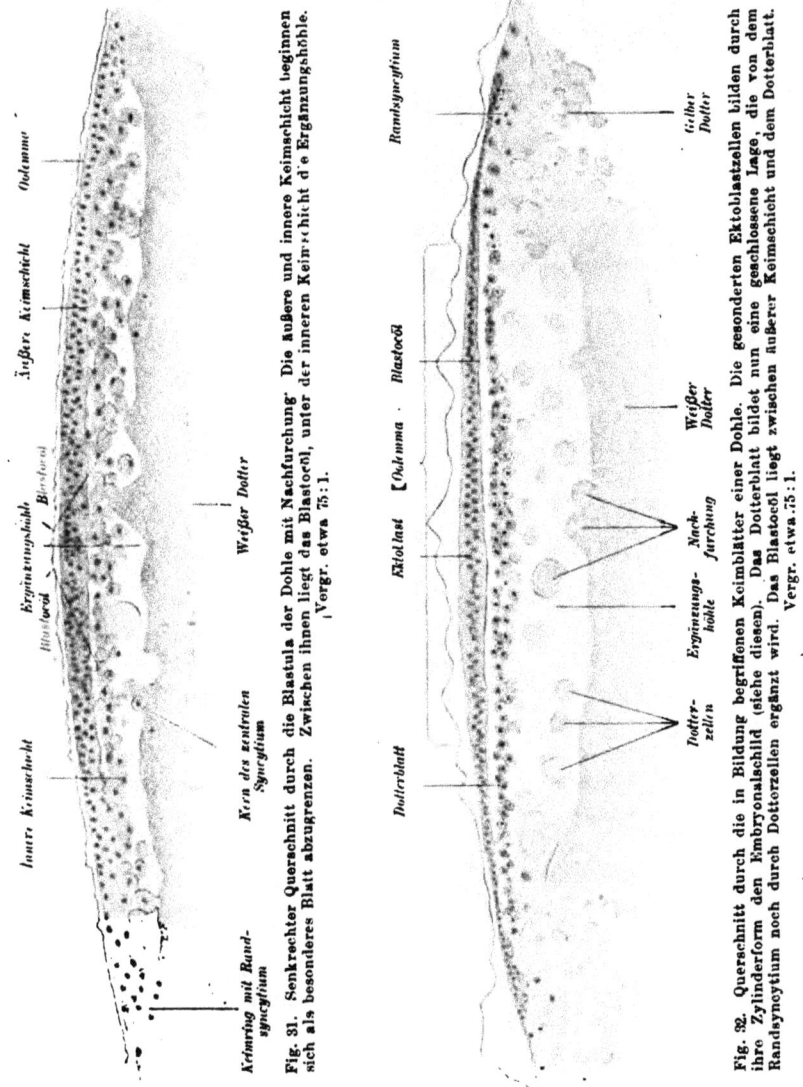

Fig. 31. Senkrechter Querschnitt durch die Blastula der Dohle mit Nachfurchung· Die äußere und innere Keimschicht beginnen sich als besonderes Blatt abzugrenzen. Zwischen ihnen liegt das Blastocöl, unter der inneren Keimschicht die Ergänzungshöhle. (Vergr. etwa 75:1.)

Fig. 32. Querschnitt durch die in Bildung begriffenen Keimblätter einer Dohle. Die gesonderten Ektoblastzellen bilden durch ihre Zylinderform den Embryonalschild (siehe diesen). Das Dotterblatt bildet nun eine geschlossene Lage, die von dem Randsyncytium noch durch Dotterzellen ergänzt wird. Das Blastocöl liegt zwischen äußerer Keimschicht und dem Dotterblatt. Vergr. etwa 75:1.

Meroblasten, unter dem Keime gelegen, erst durch das Dottersyncytium verarbeitet und nachträglich zur Ernährung des Keimes in die Dotterzellen aufgenommen werden muß. Das Blastocöl ist gleich der Summe der zwischen den Dotterzellen gelegenen Spalten. Der unter der Schicht der Dotterzellen gelegene Raum muß dagegen aus noch zu erörternden Gründen als Ergänzungshöhle bezeichnet werden.

Der flache, sich in der Folge hautartig über dem Dotter ausbreitende Keim heißt jetzt Blastoderm (βλαστός = Keim, δέρμα = Haut) oder Keimhaut oder auch Keimscheibe, Diskoblast (δίσκος = Scheibe, βλαστός = Keim). Er besteht 1. aus einer oberen Zellschicht, dem Außenkeim, der uhrglasförmig auf dem Randsyncytium und einem verdickten Ringe weißen Dotters, dem Keimring oder Keimwall (= der Randzone des Frosches in Fig. 28), ruht, und 2. aus den zu netzförmigen Strängen sich ordnenden Dotterzellen, die wie die äußere Schicht den Dotter allmählich umwachsen und dessen Verarbeitung und Aufsaugung besorgen (Fig. 31 u. 32).

III. Totale Furchung der viviparen Säugetiere nach Dotterverlust.

Die Größe der Eizellen viviparer oder lebendig gebärender Säugetiere nimmt durch den mehr oder minder beträchtlichen Verlust an Dotter bedeutend ab. Ihre ursprünglich diskoidale Furchung wird damit wieder total.

Die senkrecht auf die Embryonalspindel einschneidende Primärfurche teilt das Spermovium in zwei nahezu gleichgroße Blastomeren (Fig. 33 A u. B).

In eine dieser beiden ersten Blastomeren wird das mit dem einen Pole der Embryonalspindel zusammenhängende Verbindungsstück und der Schwanz des Spermiums (siehe Fig. 24) hinübergenommen. Sie soll zur Stammzelle aller Embryonalzellen werden, während die andere hellere Zelle als Mutterzelle des Trophoblasts (siehe diesen) betrachtet wird. Nach kurzer Ruhepause entsteht durch weitere Teilungen (Fig. 35 u. 36 B) zunächst ein Zellhaufen.

Sehr bald umwächst dann die einschichtige, schalenförmige Lage kleinerer hellerer Zellen die zentrale Zellmasse (Fig. 35 u. 36 B) und schließt sie ein. Man kann dann kurz von Außen- und Innenzellen des gefurchten Säugerkeimes reden (Fig. 36 B).

Zwischen den äußeren und inneren Zellen entstehen, wie in jedem Kugelhaufen, schon sehr früh kleine, interzelluläre Lücken. Sie sind mit Flüssigkeit erfüllt und fließen schließlich zu einer Höhle zusammen. Es entsteht so eine aus einer einfachen Zellwand gebildete Blase, die Keimblase oder Vesicula blastodermica. Ihr liegt an dem animalen Pole ein knopfartig in das Blastocöl hervorragender Blastomerenrest an. Dieser, der Embryonalknoten, ist die erste Anlage des Keimlings oder des Embryos (Fig. 37 und 38).

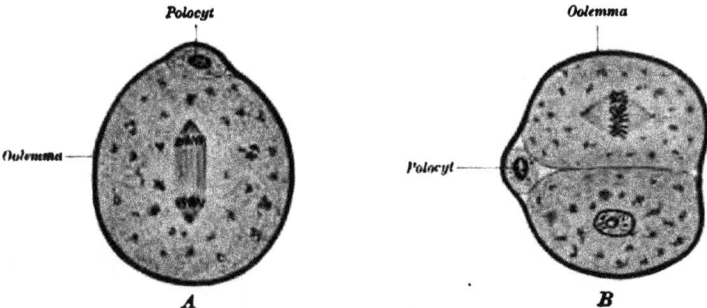

Fig. 33. *A* Furchungsspindel und *B* Primärfurche des Mäusespermoviums, nach **Sobotta**. Vergr. 500 : 1.

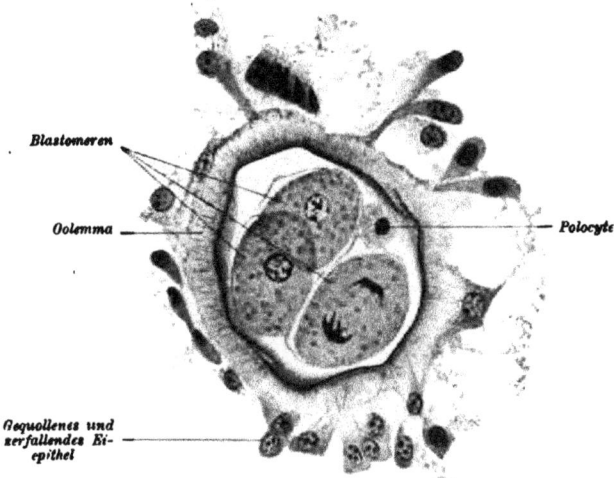

Fig. 34. Sich furchender Keim des Igels mit drei Blastomeren, davon die unterste in Teilung. Vergr. etwa 750 : 1.

Spermium im Oolemma.

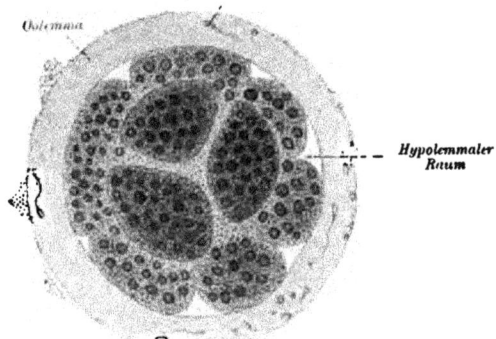

Fig. 35. Sich furchender Katzenstein. Die äußeren hellen Zellen umgeben schalenförmig die dunkleren inneren drei Zellen. Vergr. etwa 860 : 1.

Die Keimblase der Säugetiere ist der Blastula des
Lanzettfischchens oder der Amphibien, welche in ihrer
Totalität zum Embryo wird, nicht gleichwertig, sondern
muß mit der Keimhaut der Reptilien und Vögel ver-
glichen werden, wenn diese, was allerdings der großen

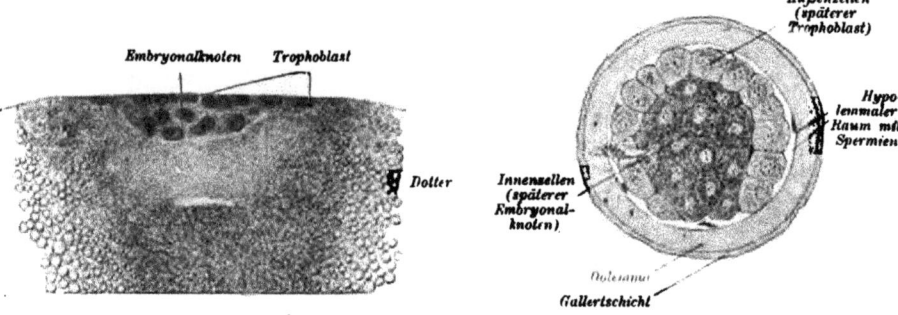

Fig. 36 A. Querschnitt eines Furchungs-
stadiums vom Schnabeltier (Ornithorhyn-
chus. Der Unterschied zwischen Tropho-
blastzellen und den Mutterzellen des Embryonalknotens fängt an hervorzutreten.
Nach Semon.

Fig. 36 B. Gefurchter Keim des Kaninchens.
Die Außenzellen umwachsen die Innenzellen.
Nach van Beneden, aber mit anderer
Deutung und Bezeichnung.

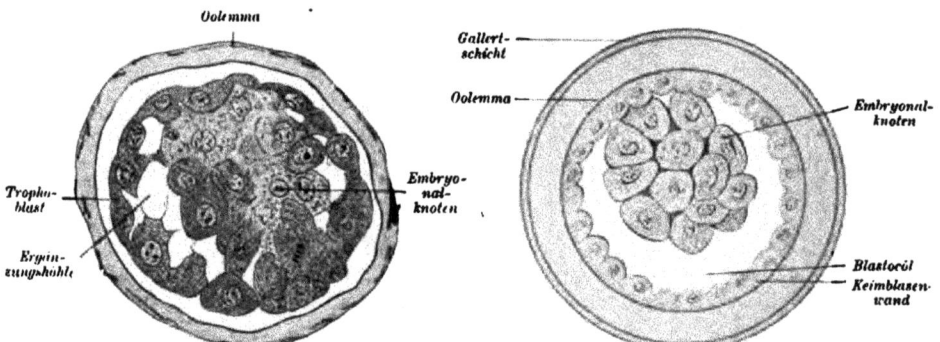

Fig. 37. Keim des Schafes von 5³/₄ Tagen
nach der Begattung. Vergr. 380:1. Nach
Assheton.

Fig. 38. Keimblase des Kaninchens mit Embryonalknoten im Durchschnitt. Die Außenzellen umwachsen die Innenzellen. Nach
van Beneden, aber mit zum Teil anderer
Deutung und Bezeichnung.

Dotterkugel halber viel später eintritt, den Dotter
gänzlich umwachsen hat und an ihrem animalen Pole den
Embryo trägt.

Die Zellen der Keimblasenwand begrenzen sich peripher durch
nahezu ebene, nach innen zunächst noch durch etwas konvexe Flächen
und passen sich durch ebene Flächen epithelartig aneinander (Fig. 38).

Die Furchung beginnt im Eileiter.

Die Zeit, welche die Keime zu ihrem Wege durch den Eileiter in den Uterus brauchen, ist nur bei wenigen Säugetieren bekannt, aber trotz der sehr verschiedenen Länge der Eileiter eine auffallend gleichmäßige. Bei der Maus gelangt der Keim schon am dritten Tage nach der Begattung in den Uterus und besteht dann meist aus 32 Blastomeren. Bei Ratte, Meerschweinchen, Schaf, Ziege, Schwein gelangen die abgefurchten Keime etwa am vierten Tage in den Uterus. Nur bei der Hündin dauert die „Eileiterwanderung" etwa acht Tage. Der Keim des Meerschweinchens und anderer Nager (Zieselmaus) besteht, im Uterus angekommen, nur aus wenigen Blastomeren und furcht sich da noch weiter. Bei Schaf und Schwein, Kaninchen und Hündin fand ich dagegen im Uterus stets schon Keimblasen von $1^{1}/_{4}$—2 mm Durchmesser.

Bei der Passage durch den Eileiter wird das gequollene und gelockerte Eiepithel abgestreift (Fig. 34). Das Oolemma wird entweder schon im Eileiter aufgelöst (Maus), oder es besteht namentlich bei Abscheidung einer Gallertschicht noch kürzere oder längere Zeit an der Keimblase im Uterus (Kaninchen, Hund, Katze, Pferd).

Vom Menschen ist bis jetzt weder ein Furchungs- noch Keimblasenstadium mit Embryonalknoten bekannt.

Experimentelles über die Furchung.

Es wird immer klarer, daß in jedem sich furchenden Keim Zahl und Stellung der Blastomeren und die Reihenfolge der sie liefernden Teilungen gesetzmäßige, wahrscheinlich schon durch die Struktur und Achsenverhältnisse des Spermoviums bestimmte sind. Da liegt es nahe, an eine gesetzmäßige Beziehung der ersten und der folgenden Teilungen zu der Polarität des Spermoviums zu denken und zu fragen, ob nicht schon die erste Furche die spätere rechte und linke oder vordere und hintere Körperhälfte scheidet usw.

Man hat in neuester Zeit eine Reihe solcher wichtiger Fragen experimentell an den Keimen des Lanzettfischchens und an Amphibienkeimen, speziell an denen des Frosches und des Molches, zu lösen versucht.

An der aus dem Ovarium ausgetretenen Eizelle des Frosches sind der animale, pigmentierte und der pigmentfreie, vegetative Pol leicht zu unterscheiden. Außerdem bildet sich im animalen Pole die erste und zweite Polspindel. Man kann den animalen Pol mit dem vegetativen durch die Eiachse verbinden und erkennt dann die polare Differenzierung der Eizelle.

Bei der Befruchtung dringt das Spermium in nächster Nähe des animalen Poles ein. Sein Weg, die Spermium- oder Befruchtungsbahn, wird durch einen Pigmentstreifen markiert, den das eindringende Spermium gleichsam in den Keim hereinzieht (Fig. 11). Die durch die Spermien- oder Befruchtungsbahn gelegte Ebene heißt Befruchtungsebene. Da zu ihr die erste Teilungspindel quer steht, muß bei normaler Entwicklung die erste Teilungsebene mit der Befruchtungsebene zusammenfallen.

Die Primärfurche scheidet in der Mehrzahl der Fälle das Material für die rechte und linke, seltener die vordere und hintere Körperhälfte (Frosch).

Das helle Dotterfeld am vegetativen Pol vergrößert sich etwa drei Stunden nach der Besamung nach einer Seite hin bis zum Äquator. Diese Stelle des Dotterfeldes liegt der Eintrittsstelle des Spermiums gegenüber.

Die Kreuzfurche sondert, nachdem durch die erste Furche die bilaterale Symmetrie des Embryos angebahnt wurde, das Material für Rücken- und Bauchregion.

Es hat sich ferner gezeigt, daß die einzelnen Organe und Organgruppen des Embryos in räumlich bestimmten Bezirken des sich furchenden Keimes ihre gesetzmäßig vorgebildete Anlage haben (Prinzip der organbildenden Keimbezirke).

Nimmt man den stumpfen Pol eines Hühnereies in die linke und den spitzen in die rechte Hand und verbindet beide Pole durch eine Linie, dann entspricht eine auf deren Mitte gefällte Senkrechte der Längsachse des späteren Embryonalkörpers, dessen Kopfende dem das Ei Haltenden abgekehrt ist. Der sich rascher furchende, vorwiegend aus Mikromeren bestehende Teil des Keimes wird zur hinteren Körperhälfte.

Versuche an sich furchenden Keimen zeigen ferner, daß Trennung der beiden ersten noch locker aneinandergelagerten Blastomeren vom Molche und Frosche die Entwicklung zweier Zwergkeimlinge veranlaßt. Bei manchen Wirbellosen, z. B. auch beim Amphioxus, führen solche bis in das 8—10-Zellenstadium des gefurchten Keimes fortgesetzte Trennungen zur Bildung von ebensovielen Zwerglarven oder -embryonen. Dagegen ergibt mechanische Trennung erster und zweiter Blastomere bei Amphibien nur zwei Halblarven. Durch unvollständige Trennung konnten Doppelbildungen gezüchtet werden.

Die Totipotenz, d. h. das Vermögen der beiden ersten Blastomeren, unter gewissen Umständen einen Zwergkeimling mit allen seinen Organen zu gestalten, verringert sich im Laufe der Furchung parallel der wachsenden Zahl der Blastomeren, die zunächst multipotent noch Vielgestaltiges (Organe oder Organsysteme, vielleicht sogar noch unvollständige und verkrüppelte Embryonen) liefern können, und beschränkt sich schließlich als Unipotenz auf die Fähigkeit, als „Urzellen der verschiedenen Gewebe" nur ihnen gleiche Zellen hervorzubringen.

Die naheliegende Vermutung, daß die Schwerkraft den Verlauf der Furchen beeinflusse, hat sich nicht als stichhaltig erwiesen. Die Schwerkraft beeinflußt zwar (z. B. im Froschei) die Anordnung des Dotters und Ooplasmas, sofern dieses bei allen experimentellen Lagerungen des Eies sich stets wieder an den animalen Pol auf dem spezifisch schwereren Dotter ansammelt, aber nicht direkt den Teilungs- oder Furchungsvorgang als solchen.

Rotiert man befruchtete Froscheier so schnell auf einer Scheibe, daß die Zentrifugalkraft stärker als die Schwerkraft auf das Ei wirkt, so kann man das Ooplasma vom Dotter scheiden, auf den animalen Pol konzentrieren und die totale Furchung an dem sonst holoblastischen Ei in eine partielle umwandeln.

Angebliche parthenogenetische Furchung bei Wirbeltieren.

Bis in die neueste Zeit herein bestand die vielverbreitete Ansicht, daß sich auch die Eier der Wirbeltiere und des Menschen entweder noch im Ovar oder nach der Ovulation in den ausleitenden Organen wie die mancher Wirbelloser ohne Befruchtung, also **parthenogenetisch**, teilen und wechselnd weit **entwickeln könnten**. Ich habe unter kritischer Sichtung des vorliegenden Materials zuerst gezeigt, daß es sich um Fragmentierungen oder um abortive Teilungen sehr rasch zugrunde gehender unbefruchteter holoblastischer Eizellen oder Keime handelt. Mit einer regelrechten Furchung dürfen diese Vorgänge nicht verwechselt werden. In anderen Fällen handelt es sich nach Erfahrungen an Wirbellosen um überreife und deshalb schlecht befruchtete oder durch geschwächte Spermien befruchtete Eier. die zwar die Furchung beginnen, aber sehr bald absterben. Es gibt bis jetzt keine stichhaltigen Beweise für eine natürliche Parthenogenesis der Wirbeltiere.

B. Die Keimblätter und die Gastrulation.
I. Die Keimblätter.

Unter einem Keimblatt versteht man die flächenhafte Anordnung der aus den Blastomeren hervorgegangenen embryonalen Zellen zur Begrenzung der Außen- und Innenfläche des Embryos sowie seiner Leibeshöhle und seiner Hüllen.

Man unterscheidet zunächst nur zwei Keimblätter:

1. das äußere Keimblatt, den Ektoblast, und
2. das innere Keimblatt, den Entoblast.

Beide werden als primäre Keimblätter bezeichnet gegenüber dem

3. dritten, später auftretenden, zwischen Ektoblast und Entoblast gelegenen, sekundären Mittelblatte oder Mesoblast (μέσος = in der Mitte, dazwischen).

Die frühere Auffassung, nach der jedes Keimblatt die Bedeutung eines histologischen Primitivorganes hatte und ausschließlich nur ihm allein zukommende Gewebe und Organe liefern sollte, ist nicht mehr zu halten. Es hat sich gezeigt, daß dieselben Gewebe aus verschiedenen Keimblättern hervorgehen können, wie z. B. Epithel aus allen drei Keimblättern, glatte Muskelfasern aus dem Mesoblast und aus dem Ektoblast u. a. m., während andere nur von einem Keimblatt geliefert werden, wie das Nervensystem vom Ektoblast.

Die Furchung beschafft nicht nur Zellmaterial zum Aufbau des Embryos und seiner Anhänge, sondern verteilt auch die schon im Spermovium enthaltenen Anlagematerialien auf die einzelnen Blastomeren. Sie bestimmt — „determiniert" — diese dadurch zu den Urzellen für die späteren Gewebe und Organe.

5 *

Ob und inwieweit Determinierung von Gewebsmutterzellen auch noch in den Keimblättern stattfindet, und wie lange sie gegebenenfalls dauert, läßt sich mit Sicherheit nicht feststellen. Jedenfalls aber ist diese Determinierung bei verschiedenen Tierklassen eine verschiedene. So können z. B. Molche die operativ entfernte Linse aus der Netzhaut des Auges neu bilden, während bei höherstehenden Tieren eine solche Regeneration unmöglich ist.

Durch die Bildung der Keimblätter wird das durch die Furchung gelieferte Zellmaterial zu weiterer Entfaltung flächenhaft verteilt und ihm so die weitere Sonderung in Gewebe und Organe ermöglicht.

Ungleiche Zellenvermehrung durch Teilung führt zunächst zu ungleichem Wachstum, und dieses bedingt wieder seinerseits Verdickungen, Faltenbildungen, Aus- und Einstülpungen an den anfänglich dünnen und flachen Keimblättern sowie Spaltungen ursprünglich einheitlicher und Verwachsungen anfänglich getrennter Teile. All das führt zur Sonderung bestimmter Zellenverbände und zu deren räumlicher Begrenzung und Verlagerung. So entstehen unter fortschreitender Arbeitsteilung der Zellen immer kompliziertere Formen des anfangs sehr einfach gebauten Embryos und seiner Anhangsbildungen.

Gleichzeitig ändern die Zellen der Keimblätter ihre Form, Größe und Struktur zur Übernahme neuer und immer komplizierterer physiologischer Leistungen. Es entstehen Verbände gleichartiger Zellen zu gleichartigen Leistungen, die Gewebe. Diese vereinigen sich dann zur Übernahme höherer Leistungen zu Organen und diese endlich zu Apparaten und Systemen.

Die Entwicklung des Embryos oder die Embryogenese zerfällt also in die Entwicklung der Gewebe oder in die Histogenese (ἴστος = Gewebe, γενεά = Entwicklung) und die Entwicklung der Organe oder die Organogenese.

Wenn auch den Keimblättern die Fähigkeit, spezifische Gewebe aus sich herauszubilden, nicht in dem früher angenommenen Sinne und Umfange zukommt und sie ihrer Bedeutung als histologische Primitivorgane gewissermaßen beraubt wurden, so läßt sich doch ein ungefährer Überblick über die Herkunft der Gewebe und Organe aus den einzelnen Keimblättern geben, der ein Zurechtfinden des Anfängers erleichtert.

    1. Der Ektoblast liefert:

        a) die Epidermis mit ihren Anhangsorganen (Hornschuppen, Federn, Haaren, Hufen, Nägeln, Krallen, Klauen, Hornscheiden der Hohlkörner);

        b) die gesamten Epithelien der Mundhöhle, des Endstücks des Mastdarmes und das Epithel des Scheidenvorhofes und der Harnröhre;

c) die Epithelien der gesamten Hautdrüsen sowie der eigenen und Anhangsdrüsen der Mund- und Nasenhöhle, nebst dem vorderen Lappen der Hypophyse;

d) den Schmelz der Zähne;

e) das gesamte Nervensystem nebst dem Sympathicus, die Stützsubstanz des Zentralnervensystems (Neuroglia und Ependym); die Neuroepithelien der Sinnesorgane und die Pigmentschicht der Netzhaut;

f) die Linse des Auges und ihre Basalhaut;

g) den kaudalen Teil des primären Harnleiters und damit das Epithel der Harnleiter;

h) die eigene glatte Muskulatur der Knäueldrüsen der Haut und die glatte Muskulatur der Iris;

i) das Epithel des Amnions und des amniogenen Chorions.

2. Der Entoblast (Protentoblast + Dotterblatt) liefert:

a) das gesamte Epithel des Darmkanals (mit Ausschluß des Mund- und Afterdarmes);

b) das Epithel der eigenen Drüsen des Darmes und seiner großen Anhangsdrüsen (Bauchspeicheldrüse, Leber, Schilddrüse, Thymus, Epithelkörperchen);

c) das Epithel des Respirationsapparates (des Kehlkopfes, der Luftröhre, Bronchien und Lungen);

d) die Chorda dorsalis ausschließlich ihres aus dem Teloblastem gebildeten Stückes;

e) das Epithel des Dottersackes und der Allantois.

3. Der Mesoblast besteht entweder aus dicht gedrängten und zu Platten angeordneten und aus lockeren, vielgestaltigen, in eine ernährende Flüssigkeit eingebetteten Zellen. In diesem Falle spricht man von einem primären Mesenchym ($\mu\acute{\epsilon}\sigma\sigma\varsigma$ = in der Mitte, $\check{\epsilon}\gamma\chi\upsilon\mu\alpha$ = das Ausgegossene). Zwischen beiden Mesoblastformen bestehen formale Übergänge, und beide haben gleiche gewebsbildende Tendenz. Aus dem Mesoblast entstehen:

a) die quergestreifte Muskulatur;

b) die Cölomepithel;

c) die Epithelien der Vorniere, Urniere und Niere sowie der primäre Harnleiter; das Epithel der Hoden und Eierstöcke sowie ihre Äusführungsgänge (mit Ausschluß des kaudalen Endes des primären Harnleiters);

d) die glatte Muskulatur (mit Ausnahme derjenigen der Knäueldrüsen der Haut und der Irismuskulatur) sowie die Muskulatur des Herzens;

Das nach Bildung dieser Gewebe noch übrige sekundäre Mesenchym liefert:

e) die gesamten Bindesubstanzen des Körpers (Bindegewebe, elastisches Gewebe, Fettgewebe, Knorpel, Knochen, Zahnbein); die Lymphknoten, sämtliche Arten von Leukocyten sowie die Lederhaut;

f) die Binnenzellen (Endothelien) zur Begrenzung aller im Bindegewebe entstehenden Spalten- und Hohlräume (der Gelenkhöhlen, Synovialbeutel, Subarachnoideal- und Subduralräume, der Lymph- und Blutgefäße).

II. Die Gastrulation.

Ursache für die Bildung der Keimblätter ist die Gastrulation oder die Bildung einer Darmlarve (γαστήρ = Magen), welche durch Einstülpung der Blastula am vegetativen Pole entsteht. Nach der Einstülpung behält der nicht eingestülpte Teil der Blastula seine Beziehungen zur Außenwelt bei. Der eingestülpte Teil jedoch ändert seine Leistung und übernimmt die Verdauung der in die Höhle des Bechers hineingeratenen Nahrungsbestandteile. Er wird nun als inneres Keimblatt oder Entoblast von dem äußeren Keimblatt oder Ektoblast unterschieden (ἔντος = innen, ἔκτος = außen, βλαστός = Keim). Zwischen beiden liegt der spaltenförmige Rest des Blastocöls. Die vom Entoblast umschlossene Höhle der Darmlarve heißt Urdarm. In den Urdarm führt der Urmund, durch welchen die Nahrung eingeführt und das Unverdauliche wieder entfernt wird. Der Urmund ist also gleichzeitig Urafter.

Die Gastrulation führt also auf sehr einfache Weise zur Scheidung in zwei primäre Keimblätter, die als äußeres Hautblatt und als inneres oder Darmblatt im Umkreise des Urmundes durch Umschlag zusammenhängen.

Die Darmlarve findet sich in fast allen Kreisen der Wirbellosen als freilebende Entwicklungsform und steht bei den Cölenteraten sogar dem ausgebildeten Tier sehr nahe. Aber auch bei den Wirbeltieren wird das Gastrulastadium, wenn auch vielfach in recht verwischter Form, durchlaufen und führt auch bei ihnen zur Sonderung der Keimblätter. Durch den wechselnden Dottergehalt der verschiedenen Eizellen wird die ursprünglich sehr einfache und klare Art der Gastrulation durch Einstülpung (Invagination) und Überwachsung mehr oder minder, oft fast bis zur Unkenntlichkeit verwischt und schließlich bei den höheren Wirbeltieren auffallend abortiv.

1. Die Gastrulation und Keimblattbildung des Lanzettfischchens (Amphioxus lanceolatus).

Am klarsten ist die Gastrulation mit ihren Folgezuständen wieder bei dem Lanzettfischchen. Ihre Schilderung bietet eine Einführung

in das Verständnis der verwickelteren Verhältnisse bei den Wirbeltieren.

Die epitheliale Blastula des Amphioxus flacht sich am vegetativen
Pole ab und stülpt sich in die Keimhöhle ein, wie man die Wand
eines hohlen Gummiballes mit dem Nagelglied des Daumens einstülpen

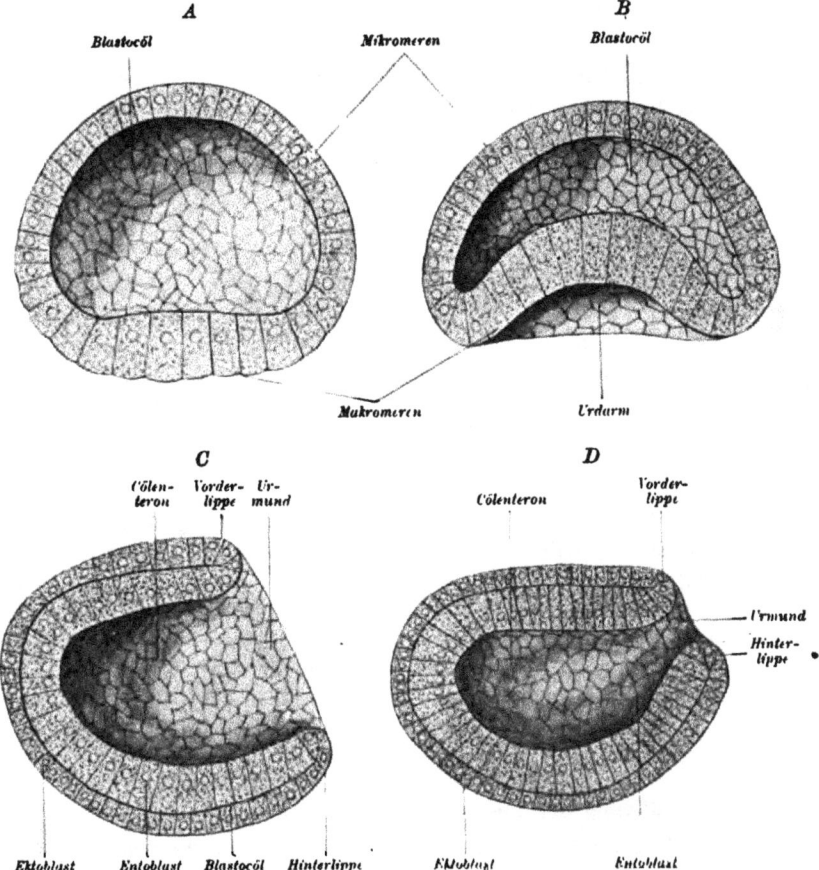

Fig. 39. Vier Medianschnitte, A, B, C, D, zur Gastrulation des Amphioxus, nach Hatschek; zum
Teil mit anderer Bezeichnung.

kann. Richtiger ausgedrückt, erhebt sich der Rand der abgeflachten
Delle durch rege Zellvermehrung, während sich gleichzeitig die Dotterzellen am vegetativen Pole einstülpen. Mit zunehmender Tiefe der Einstülpung wird die Keimhöhle oder das Blastocöl zu einer immer
schmäleren Spalte. Schließlich liegt der eingestülpte Teil der Keimblase der nicht eingestülpten Wand unter völliger Verdrängung des

Blastocöls dicht an. Dadurch ist nun eine doppelwandige Schale mit ursprünglich weiter, später sich verengender Öffnung, die Darmlarve, entstanden. Ein weiter Urmund, das Prostoma ($\pi\varrho\acute{o}$ = vorher, früher, $\sigma\tau\tilde{\omega}\mu\alpha$ = Mund), führt in den zentralen, von dem epithelialen Innenblatte begrenzten sackförmigen Urdarm oder in das Archenteron ($\dot{\alpha}\varrho\chi\alpha\iota o\varsigma$ = alt, $\check{\varepsilon}\nu\tau\varepsilon\varrho o\nu$ = Darm) (Fig. 39 D).

Aus der die Urdarmwand bildenden Zelltapete gehen aber außer dem Epithel des späteren Darmkanals noch andere wichtige Organanlagen hervor. Die Urdarmhöhle heißt deshalb auch Darmleibeshöhle oder Cölenteron ($\kappa o\acute{\iota}\lambda\omega\mu\alpha$ = Höhle, $\check{\varepsilon}\nu\tau\varepsilon\varrho o\nu$ = Darm).

Die beiden Epithelschichten des Doppelbechers werden nun als die beiden primären Keimblätter, die äußere Schicht als äußeres Keimblatt oder Ektoblast, die innere als inneres Keimblatt oder Entoblast bezeichnet.

Das innere Keimblatt verarbeitet die durch den Urmund in das Cölenteron gelangten Nahrungsstoffe und sondert sich in das eigentliche Darmepithel, in die Chordaanlage und in die Mesoblastfalten.

Es ist aber weder der Urdarm dem Darme noch der Urmund dem Munde des erwachsenen Tieres gleichwertig. Der Urmund schwindet nach verhältnismäßig kurzem Bestand bis auf einen kleinen Rest, der zum After wird. Der bleibende, sekundäre oder Dauermund bildet sich viel später und an einer ganz anderen Stelle. Vom Urdarm wird nach Bildung des Mittelblattes nur ein Teil in das Epithel des bleibenden Darms umgewandelt.

Die einem Doppelbecher ähnliche Gastrula wird durch Streckung in die Länge zu einem doppelwandigen Säckchen. Der Urmund verengt sich zu einem kleinen, am Hinterrande der Larve gelegenen Loche, das frei auf deren abgeflachter Rückenfläche mündet.

Somit kann man jetzt an der Larve nicht nur vorn und hinten, rechts und links, sondern auch im Medianschnitte eine dorsale und ventrale Urmundlippe oder kurzweg Vorder- und Hinterlippe unterscheiden (siehe Fig. 39 C u. D).

2. Bildung der Chorda dorsalis und des Mesoblasts.

An die Gastrulation schließen sich weitere morphologische und histologische Sonderungen in den primären Keimblättern an. Der Ektoblast liefert die Oberhaut oder Epidermis, die Anlage des Nervensystems und die bei Amphioxus freilich noch sehr primitiven Sinnesorgane. Aus dem Entoblast entsteht der Dauerdarm und das Achsenskelet sowie das Mittelblatt und die von ihm umschlossene Leibeshöhle.

Der Entoblast bildet an dem Dache des Cölenterons nebeneinander drei parallele rinnenförmige Ausstülpungen, die sich allmählich abschnüren.

Die mediane, als verdickte Platte angelegte und aus hohen Zylinderzellen bestehende Falte wird nach der Abschnürung zu einem soliden Strang. Sie liefert das Material für das bei Amphioxus höchst primitive, nur aus einem Zellstrange bestehende Achsenskelet, für die Rückensaite, die Chorda dorsalis (Fig. 40 A, B, C, D).

Die beiden seitlichen Falten bestehen aus weniger hohen Zellen als die übrige Wand des Cölenterons. Sie bilden die Anlage des mittleren Keimblattes oder des Mesoblastes und heißen Mesoblastfalten. Die von ihnen begrenzte, mit dem Cölenteron zusammenhängende Spalte ist die Anlage der Leibeshöhle oder des Cöloms (κοίλωμα = Höhle). Entsteht der Cölom durch paarige beiderseitige Ausbuchtungen des Cölenterons so wie hier beim Amphioxus, so nennt man es ein Enterocölom (ἔντερον = Darm). Die Mesoblastfalten schnüren sich von dem Entoblast ab, und dieser schließt sich unter ihnen durch Verwachsung seiner Ränder.

Der nach Abschnürung der Chorda und der Mesoblastfalten übrige Entoblastrest wird in der Folge als Enteroderm (ἔντερον = Darm. δέρμα = Haut) oder Darmblatt zum Epithel des bleibenden Darmes (Fig. 40 D).

Die anfänglich glattwandigen Mesoblastfalten werden nun durch vom Rücken und der Seite her einschneidende, segmental hintereinander auftretende Querfalten gefächert. Diese Faltenbildung beginnt etwas vor der Mitte der Larve und schreitet nach dem Hinterende zu fort. So entsteht rechts und links je eine Reihe hintereinandergelegener Säckchen, die Ursegmente, Folgestücke· oder Metameren (μετάμερη = aufeinanderfolgende Teile). Die Larve hat damit metameren Bau erhalten (Fig. 41). Die Höhlen der Ursegmente kommunizieren noch einige Zeit mit der Darmhöhle (Fig. 40 B). Dann schnüren sie sich von den Flanken der Chordafalte und dem Darm vollkommen ab, und das Enteroderm schließt sich unter der Chorda (Fig. 40 C u. D).

Das ursprünglich einheitliche Cölenteron der Gastrula ist nun 1. in den Dauerdarm und 2. in die dorsolateral von ihm gelegene Höhlung in den Ursegmenten, in das Myocöl und in das ventral von diesem gelegene segmentierte Cölom gesondert worden.

Inzwischen haben sich die Ektoblastzellen im Bereiche einer medianen Strecke des Rückens der Darmlarve verdickt und sich als Nerven- oder Neuralplatte von den übrigen niederen Ektoblastzellen geschieden. Man faßt diese nun unter dem Namen Epidermisblatt zusammen.

Nun faltet sich die Metullarplatte unter dorsaler Aufbiegung ihrer Ränder zu einer Rinne, zu der Neuralrinne (νεῦρον = Nervenrohr), die seitlich von den Neuralwülsten begrenzt wird. Durch die Differenzierung der Neuralplatte und Neuralrinne kommt die schon im

Gastrulastadium angedeutete bilaterale Symmetrie der Amphioxuslarve noch schärfer zum Ausdruck.

Die Zellen des Epidermisblattes lösen sich dann von den Rändern der Neuralfurche, überwachsen diese und schließen sich über ihr (Fig. 40 B) als Deckplatte.

Diese Überwachsung beginnt am hinteren Körperende von der Hinterlippe aus und schreitet über den Rücken des Embryos nach

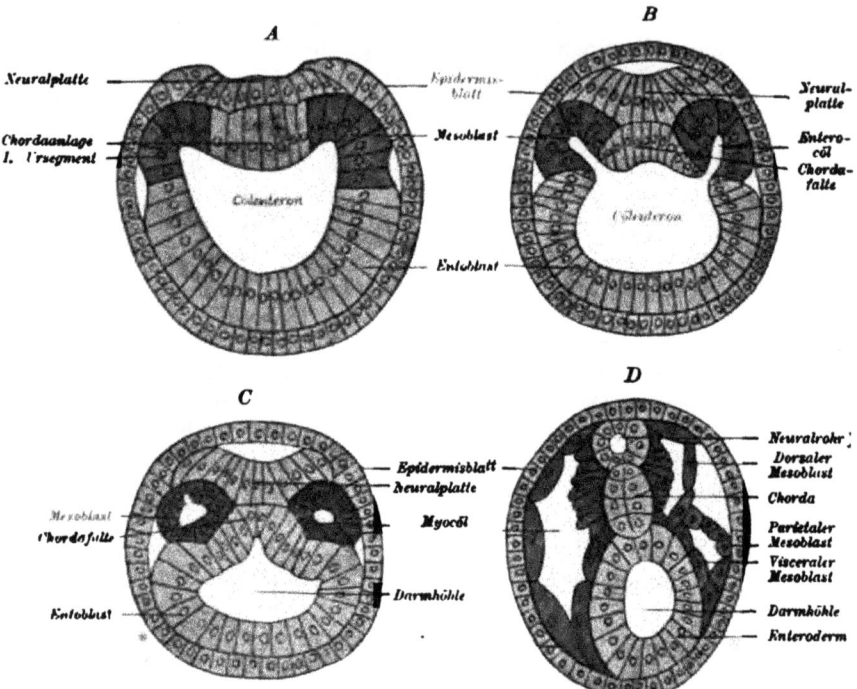

Fig. 40 A, B, C, D. Querschnitt durch einen Amphioxusembryo mit sich bildendem ersten Ursegment. B Querschnitt durch einen Amphioxusembryo, dessen fünftes Ursegment in Bildung begriffen ist. C Querschnitt durch einen Amphioxusembryo mit fünf Ursegmenten. D Querschnitt durch die Mitte eines Amphioxusembryo mit elf Ursegmenten. In der linken Hälfte der Figur ist das Ursegment noch nicht in dorsalen und ventralen Mesoblast gegliedert. Nach Hatschek.

vorn fort. Es besteht nun auf dem Rücken der Larve eine kleine, sich immer weiter kopfwärts verschiebende Öffnung im Epidermisblatt, der Neuroporus (νεῦρον = Nervenrohr, πόρος = Öffnung). Er führt in die von der Deckplatte überwachsene Neuralfurche und an deren hinterem Ende durch den Urmundrest in das Cölenteron (Fig. 41).

Die Ränder der Neuralfurche biegen sich dann unter dem Epidermisblatt zusammen und verwachsen zum Neuralrohr, dessen hinteres

Ende durch den Urmundrest mit dem inzwischen gebildeten Dauerdarm kommuniziert (Fig. 44).

Diese eigenartige und bedeutsame, nur durch die Verfolgung der Gastrulation verständliche, in der ganzen Wirbeltierreihe mit Einschluß des Menschen in bestimmten Entwicklungsstadien wiederkehrende Kommunikation zwischen Nerven- und Darmrohr heißt Canalis neurentericus.

Zwischen Neuralrohr, Darm und den beiden Reihen der Ursegmente durchzieht die Chorda dorsalis die immer mehr in die Länge wachsende Larve (Fig. 44).

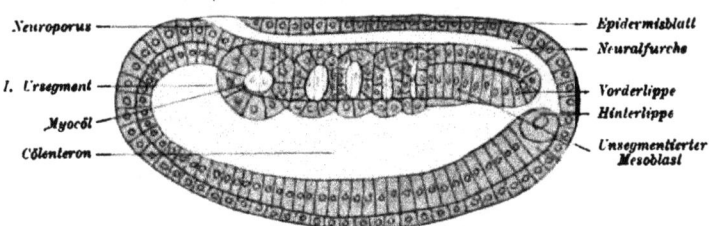

Fig. 41. Optischer Längsschnitt durch einen Amphioxusembryo mit fünf Ursegmenten in Seitenansicht, nach Hatschek.

3. Weitere Gliederung des Mesoblasts.

Die Kanten der sich vergrößernden Ursegmente wachsen zwischen Epidermis und Darm ventralwärts vor (Fig. 40 D), bis sie in der ventralen Medianebene zusammentreffen. Sie bilden dann ein aus zwei Zellblättern bestehendes ventrales Darmgekröse, ein Mesenterium ventrale, zwischen Rumpf- und Darmwand (Fig. 43).

Aus den dorsalen, die Ursegmente scheidenden Falten sind dünne senkrechte Scheidewände geworden.

Später sondern sich die neben der Chorda gelegenen würfelförmigen dorsalen Teile der Ursegmente als dorsaler Mesoblast von deren ventralem Teile oder dem ventralen Mesoblast durch eine horizontale Faltenbildung und heißen dann Urwirbel oder Somiten (Körperstücke von σῶμα = Körper) (Fig. 43). Die unteren Teile der Ursegmente liefern die bindegewebig-muskulöse Darmwand oder den visceralen Mesoblast sowie die bindegewebige Leibeswand oder den parietalen Mesoblast und begrenzen die Leibeshöhle.

Die Urwirbel enthalten bei Amphioxus nur das Zellmaterial zur Bildung der Myomeren (μῦς = Muskel, μέρος = Teil) oder Myotome (μῦς = Muskel, τομός = Abschnitt) und der Myosepten, d. h. der segmentalen Rumpfmuskeln und des sie überkleidenden und

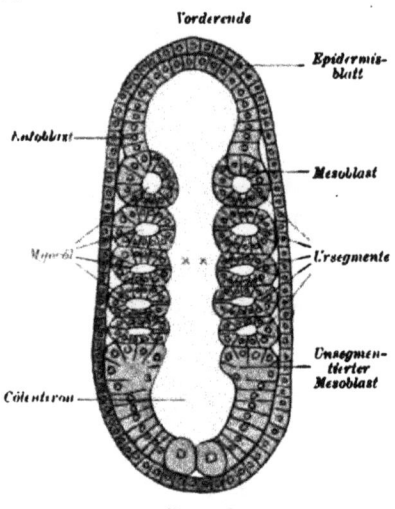

Fig. 42. Amphioxusembryo mit fünf Ursegmenten, optischer Durchschnitt von der Rückenfläche her, nach Hatschek. Die beiden großen Zellen am Hinterende der Embryonen in Fig. 41 u. 42 bestehen in Wirklichkeit nicht. Man sieht medialwärts unter x x noch die Öffnungen der Ursegmente mit dem Cölenteron zusammenhängen. Erst nach vollkommener Abschnürung der Ursegmente und Schluß dieser Kommunikation wird das Cölenteron zur Darmhöhle.

trennenden Bindegewebes. Erst bei den Wirbeltieren werden außer diesen Organen aus einem Teil der Urwirbel auch noch die Knorpel- und Knochenwirbel gebildet.

In der Vorderlippe des Canalis neurentericus besteht noch längere Zeit ein ungegliederter Proliferationsherd, welcher durch rege Zellvermehrung das Material zur kaudalen Ergänzung der Medullarplatte, der Chorda, der Cölomfalten, der Ursegmente und des Darmes bildet, und so noch längere Zeit das Längenwachstum der Larve vermittelt, während deren Vorderkörper schon weiter entwickelt und gegliedert wird. Diese wichtige Stelle werden wir bei allen Wirbeltierembryonen und auch beim Menschen wiederfinden. Man kann sie im Hinblick auf ihre histologischen Potenzen Teloblastem nennen, um mit einem allgemein gültigen kurzen Namen weitläufige Wiederholungen zu vermeiden ($\tau \acute{\epsilon} \lambda o \varsigma$ = Ende, $\beta \lambda \acute{\alpha} \sigma \tau \eta \mu \alpha$ = Keim, Wachstum).

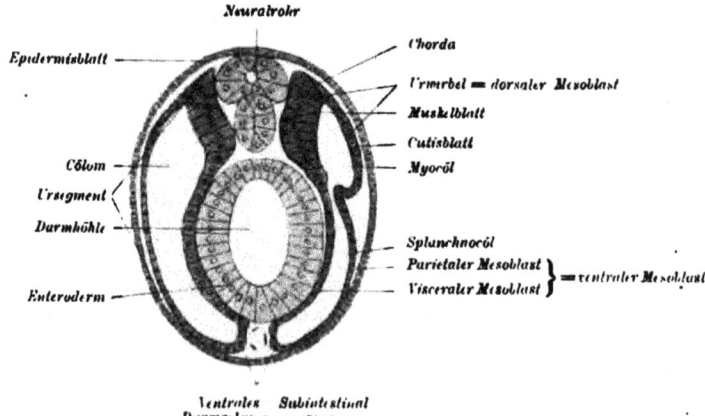

Fig. 43. Schema zur Differenzierung der Urwirbelwand in Muskel- und Cutisblatt und des Cöloms in Myocöl und Splanchnocöl sowie zur Bildung des ventralen Darmgekröses. (Vgl. mit Fig. 40 D.) In der linken Hälfte der Figur ist das Ursegment noch nicht in Urwirbel und ventralen Mesoblast gegliedert.

4. Bildung des Afters, Mundes und der Kiemenspalten.

Die ursprünglich vorn blindgeschlossene Darmanlage setzt sich nun durch Bildung des Mundes und Afters mit der Außenwelt in Verbindung.

Am vorderen Körperende entsteht im Gebiete des ersten Segmentes linkerseits eine scheibenförmige Verdickung des Epidermisblattes, dessen Zellen hochprismatisch werden. An diese Verdickung legt sich das Enteroderm von innen her an. Dann brechen beide zur Bildung des Larvenmundes durch.

Der obere Schenkel des hufeisenförmigen Canalis neurentericus schließt sich, wenn die Larve eine langgestreckte fischähnliche Form anzunehmen beginnt. Sein unter der Verschlußstelle gelegener unterer Schenkel bricht nach außen durch und wird so zum After (Fig. 44 u. 45).

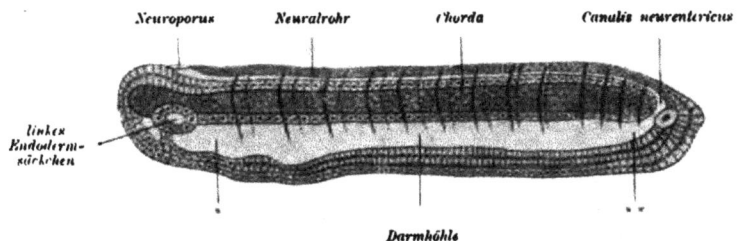

Fig. 44. Keimling des Amphioxus mit 13 Ursegmenten, nach Hatschek. Die Ursegmentgrenzen der linken Seite sind mit ganzen, die der rechten Seite mit punktierten Linien eingezeichnet; an der mit x bezeichneten Stelle bildet sich der Larvenmund, an der mit x x bezeichneten Stelle der After.

An einer Larve von etwa 14 Ursegmenten kommuniziert der Darm durch den Larvenmund und den After mit der Außenwelt.

Gleichzeitig mit der Mundbildung entsteht die erste Kiemenspalte im ventralen Gebiete des zweiten Segmentes dadurch, daß sich eine Enterodermtasche nach außen ausbuchtet und, mit ihrem Grunde den Mesoblast verdrängend, sich an die Innenfläche des Epidermisblattes anlegt. Schließlich bricht die aus einer Enteroderm- und einer Epidermislamelle bestehende Verschlußmembran durch.

Hinter der ersten Kiemenspalte bilden sich in derselben Weise noch elf weitere Kiemenspalten. Die zwischen den Kiemenspalten erhaltenen Mesoblastwülste werden zu Kiemenbogen. Über der Serie primärer Kiemenspalten entsteht später noch eine Serie „sekundärer" Kiemenspalten. Die primären Kiemenspalten rücken später auf die linke Körperseite, die sekundären bleiben dagegen auf der rechten. Nun kann das durch den Mund eingesogene Atemwasser durch die Kiemenspalten ausgestoßen werden.

Der bleibende oder **D a u e r m u n d** entsteht rostral vor dem Larvenmund und rückt aus der ursprünglich linksseitigen Lage in die ventrale
Mittellinie.

Mit dieser Entwicklungsstufe sind wichtige Vorstufen des Organisationsprinzips der Wirbeltiere erreicht:

Das Epidermisblatt umhüllt den in seiner ganzen Länge durch
die Chorda geschützten fischähnlichen, aber noch kopflosen Körper.

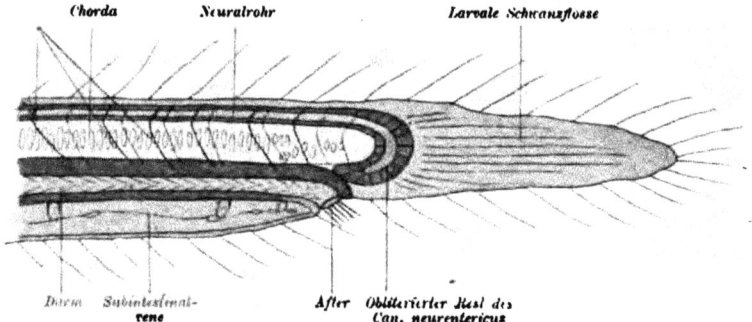

Fig. 45. Hinterende einer Amphioxuslarve mit After, nach **K o r s c h e l t** und **H e i d e r.**

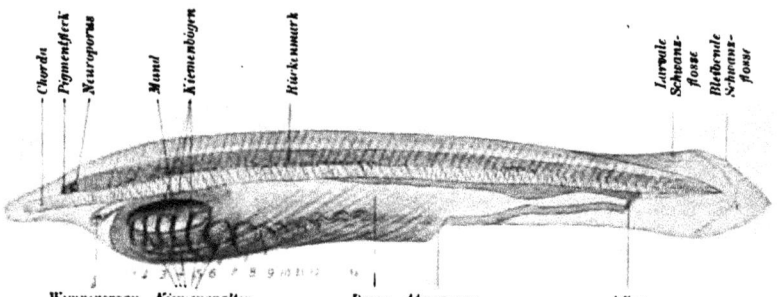

Fig. 46. Amphioxuslarve mit Mund, 14 primären Kiemenspalten und 64 Körpersegmenten,
nach **R a y - L a n k e s t e r** und **W i l l e y.**

Über der·Chorda liegt das Nerven-, unter ihr das Darmrohr. Dieses
kommuniziert durch Mund und After sowie durch die Kiemenspalten
mit der Außenwelt. Das Mittelblatt ist durch die Leibeshöhle in den
parietalen und visceralen Mesoblast gespalten. Aus dem dorsalen
Mesoblast, den Urwirbeln, bilden sich die Myomeren und Myosepten.
Der viscerale Mesoblast liefert die Hüllen des Darmrohrs und seiner
Anhangsdrüsen, der parietale Mesoblast die ventrale Muskulatur des
Rumpfes, das Exkretionssystem und die Genitalanlagen.

Ein sehr spärliches Bindegewebe dient zur Verbindung der Organe
und zur Cutisbildung.

Die

5. Gastrulation und Keimblattbildung der Amphibien

weichen nicht unbeträchtlich von der Gastrulation des Amphioxus ab.

Nur die richtige Deutung dieser Abweichungen ermöglicht das Verständnis der noch mehr abgeänderten Gastrulation der Amnioten.

Als lehrreiche Beispiele benutzen wir die Keime des Wassermolches und des Frosches.

Das schalenförmige Dach der Blastula des Wassermolches (Fig. 47) besteht aus Mikromeren und geht durch Vermittlung einer ringförmigen, etwas verdickten „Randzone" in den aus dotterreichen Makromeren oder Dotterzellen gebildeten Boden der Blastula über.

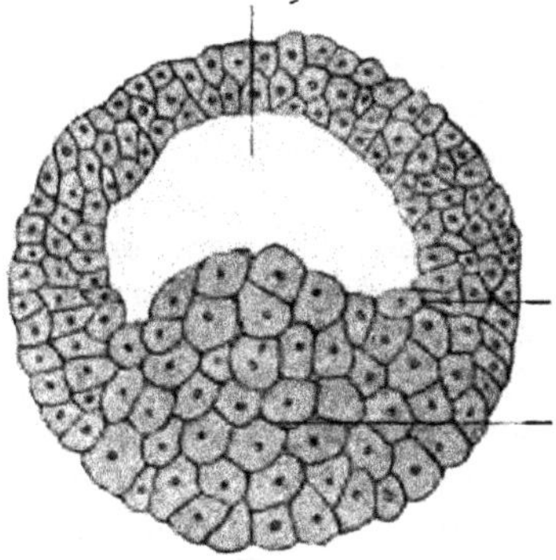

Bei Fröschen und Kröten (Fig. 48) setzt sich das Dach der Blastula schließlich aus einer äußeren Deckschicht und einer inneren Grundschicht zusammen. Jene wird von einer Lage schwarzpigmentierter kubischer, diese aus einer mehrfachen Lage pigmentärmerer Zellen aufgebaut.

Bei Molch und Frosch behindern die mit vielen Dotterplättchen belasteten Dotterzellen die Einstülpung des Urdarmes an dem Dotter-

Fig. 47. Sagittalschnitt durch die Blastula des Wassermolchs (Triton taeniatus), nach O. Hertwig.

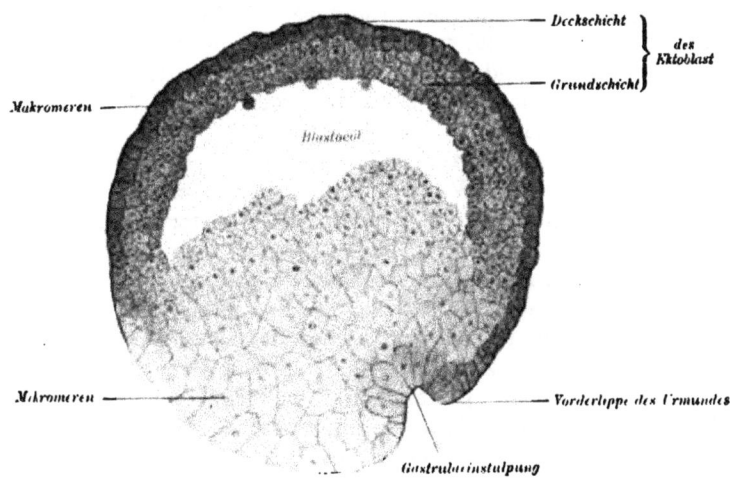

Fig. 48. Sagittalschnitt durch die Blastula vom Grasfrosch mit eben beginnender Gastrulaeinstülpung.

pole, wie sie bei Amphioxus stattfindet, und bedingen deren mehr oder minder auffällige Verlagerung gegen die Randzone.

An einem Medianschnitt durch die Molchgastrula (Fig. 51) sieht man, wie die Zellen der Blastulakuppel von der dorsalen Blastoporuslippe aus zur Bildung des Urdarmdaches einwachsen, während der Boden des Urdarmes durch eingestülpte Dotterzellen gebildet wird.

Durch weiteres Einwachsen des Urdarmes wird das Blastocöl, wie beim Amphioxus, auf eine zwischen Urdarm und Keimblasenwand gelegene Spalte reduziert. Gleichzeitig mit der Vertiefung des Urdarmes ordnen sich die Zellen des Urdarmdaches zu einer einschichtigen Entoblastlage und gehen an dem vorderen Ende und an den Flanken des Urdarmes in die Makromeren des Urdarmbodens über.

Die Ektoblastzellen wandeln sich, am animalen Pole beginnend, bis zum Urmundrande in Epithel um.

Bei den Amphibien wird die Begrenzung des Urmundes durch die im Gegensatze zum Amphioxus vermehrten Makromeren abgeändert. Denn diese bilden nun am vegetativen Pole ein umfangreiches, hinter der wohlentwickelten Vorderlippe gelegenes Feld, das Dotterfeld, das erst allmählich von den Ektoblastzellen überwachsen wird (Fig. 58 u. 59). Die Grenze des pigmentierten Ektoblast wird als Umwachsungsrand bezeichnet. Er engt unter scharfer Ausbildung seiner Ränder das Dotterfeld allmählich derart ein, daß es nur noch als Dotterpfropf (Fig. 58 u. 59 E) von außen sichtbar ist, und begrenzt dabei die Keimpforte oder den Blastoporus ($\beta\lambda\acute{\alpha}\sigma\tau\sigma\varsigma$ = Keim, $\pi\acute{o}\varrho\sigma\varsigma$ = Pforte). Durch den Blastoporus gelangt man hinter der bei dem Molch gekerbten (Fig. 49), bei dem Frosche sichelförmigen Vorderlippe (Fig. 58 A) des Urmundes, wie bei dem Amphioxus, in den Urdarm (Fig. 52 u. 59) und hinter dem Urmund auf den allmählich in der Tiefe versinkenden Dotterpfropf, über welchem der Blastoporus lineare Form annimmt und sich dann schließt (Fig. 60 $B-D$). Weiteres siehe unter Entwicklung des Afters.

Nach vollendeter Gastrulation sehen wir wieder eine äußere epitheliale, bei dem Wassermolch einschichtige, bei Fröschen und Kröten mehrschichtige Außenschichte der Gastrula, den Ektoblast, der sich, wie bei Amphioxus, an den Urmundlippen in die Urdarmwand, d. h. den Entoblast, umschlägt.

In der Froschgastrula legt sich abweichend von der Molchgastrula der Urdarm, anfänglich durch die Dotterzellen zusammengepreßt, als solide Zellplatte an. Erst eine nachträglich in ihm auftretende enge Spalte gestaltet ihn zu einer flachen Tasche um. Der blinde Grund des Urdarms schiebt die Dotterzellen als einen im Schnitte zugeschärften, gegen das Blastocöl gerichteten soliden Keil (Fig. 59 B u. C und Keil) vor sich her.

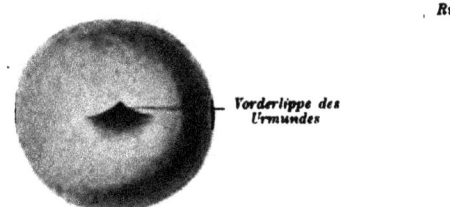

Fig. 49. Dreieckiger Urmund der Molchgastrula, nach O. Hertwig.

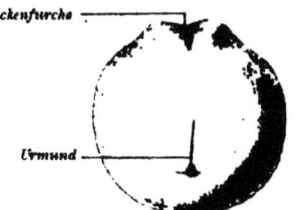

Fig. 50. Keimling von Triton taeniatus mit deutlich entwickelter Rückenrinne vor dem Urmund, nach O. Hertwig.

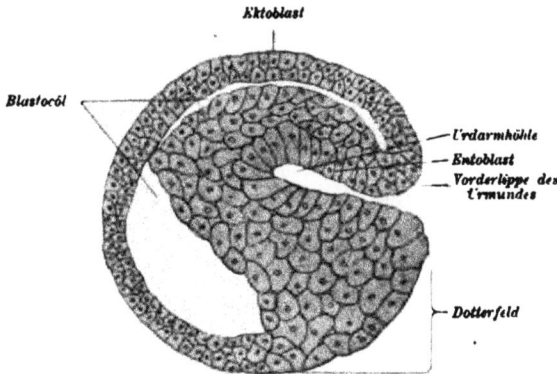

Fig. 51. Medianschnitt durch die Gastrula vom Wassermolch, nach O. Hertwig.

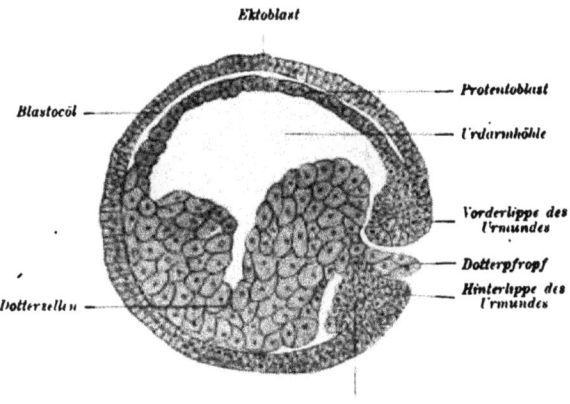

Fig. 52. Medianschnitt durch die Gastrula vom Wassermolch, nach O. Hertwig.
Bonnet, Entwicklungsgeschichte. 4. Aufl.

Die Urdarmdecke markiert den Rücken, die aus Dotterzellen bestehende untere Urdarmwand die Bauchseite des Embryos, welche im Wasser stets nach unten gerichtet ist.

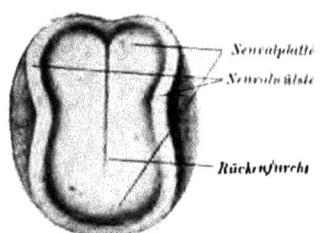

Der Urmund liegt wie bei Amphioxus am hinteren Leibesende. Der entgegengesetzte Teil der Gastrula wird zum Kopfende.

Bei kleinen dotterärmeren Amphibienkeimen verdrängt der Urdarm ähnlich wie bei Amphioxus und Triton das Blastocöl. Bei dotterreicheren und größeren Amphibienkeimen aber tritt eine für die Beurteilung

Fig. 53. Keimling vom Wassermolch mit deutlicher Neuralplatte, Neuralwülsten und Rückenrinne, vom Rücken her gesehen, nach O. Hertwig.

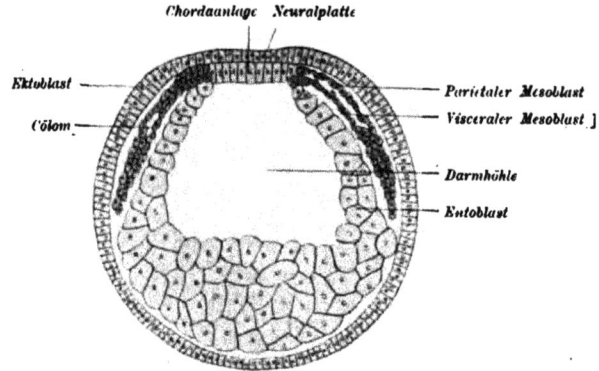

Fig. 54. Querschnitt durch einen Keimling vom Wassermolch mit noch schwach entwickelter Rückenfurche vor dem Urmund, nach O. Hertwig.

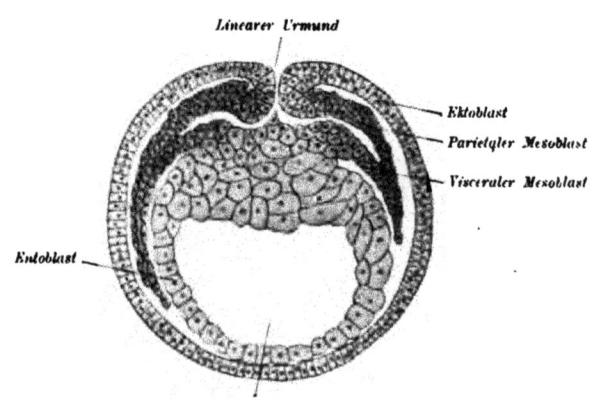

Fig. 55. Querschnitt durch einen Keimling vom Wassermolch im Gebiete des Urmundes, nach O. Hertwig.

der Gastrulation der Amnioten sehr wichtige Ab-
weichung ein.

Es verbindet sich dann, wie z. B. bei dem Frosche zuweilen,
bei den noch dotterreicheren Eiern der Kröten und Salamander
gewöhnlich, der blinde Grund der Urdarmtasche mit den ihr gegenüberliegenden Zellen der unter ihr gelegenen Blastocölwand (Fig. 59 B u. C).
Dadurch wird ein Teil des ursprünglich einheitlichen
Blastocöls als Ergänzungshöhle abgegliedert und kommt
nun unter den Boden der sich weiter entwickelnden Urdarmhöhle (Fig. 59 D u. E) zu liegen.

Die den Urdarmboden bildende Zellplatte verdünnt sich, reißt
schließlich — etwa zwischen beiden Kreuzchen in Fig. 59 E — ein und
verschwindet vollkommen. Die Urdarmhöhle vereinigt sich
nun mit der von den Dotterzellen umschlossenen Ergänzungshöhle zu einem neuen einheitlichen Raum, der
primitiven Darmhöhle. Die Urdarmhöhle wird also durch
die Ergänzungshöhle zur primitiven Darmhöhle ergänzt
und erweitert.

Die Wand des so entstandenen primitiven Darmes besteht
jetzt aus der noch erhaltenen Ober- und Seitenwand des Urdarmes und
aus den Dotterzellen, welche die Ergänzungshöhle begrenzen.

Wir bezeichnen die Wand des Urdarmes als Urdarmblatt, Ur-
oder Protentoblast ($\pi\varrho\tilde{\omega}\tau\sigma\varsigma$ = frühest), weil sie mit dem Entoblasten
der Amphioxusgastrula gleichwertig die ursprünglichsten Verhältnisse
wiederholt.

Die den Boden der Ergänzungshöhle bildende Masse der Dotterzellen ist vom Protentoblast als Dotterentoblast zu unterscheiden.

Der bei dem Molche noch einheitliche Entoblast wird
in dotterreichen Keimen der Frösche und Kröten usw.
vorübergehend durch den Boden des Urdarmes in zwei
Entoblastmassen getrennt, deren obere die Wand des
Urdarmes, deren untere den Boden der Ergänzungshöhle
bildet. Erst durch die Auflösung des Urdarmbodens entsteht die einheitliche Epithelwand des primitiven
Darmes, die nun erst als primitives Darmblatt, als Entoblast bezeichnet werden darf.

Das verdickte Übergangsgebiet, in welchem der Grund des Urdarmes
nach vorn mit dem Dotterentoblast zusammenhängt, nenne ich Ergänzungsplatte (Fig. 59 D u. E, Ep), die wir auch bei den Amnioten
wiederfinden werden. Sie besteht zum größten Teil aus Dotterzellen.

6. Bildung der Chorda und des Mesoblasts des Wassermolches.

Bisher war die Gestalt der Amphibienembryonen eine sehr einfache (Fig. 49, 50, 60 A u. B). Der noch kugelige oder längliche Embryo

6 *

zeigt auf seiner Dorsalseite vor dem Urmund die durch die Neuralplatte
und -wülste ausgezeichnete Rückenfläche. In der Mitte der Neuralplatte bemerkt man die enge Rückenrinne. Von vorn nach hinten fort-
schreitend, grenzt sich die zuerst einschichtige, aus hochzylindrischen
Zellen bestehende Neuralplatte (Fig. 56) scharf durch die Neuralwülste
gegen das dünne, später aus Deck- und Grundschicht (Fig. 57 B)

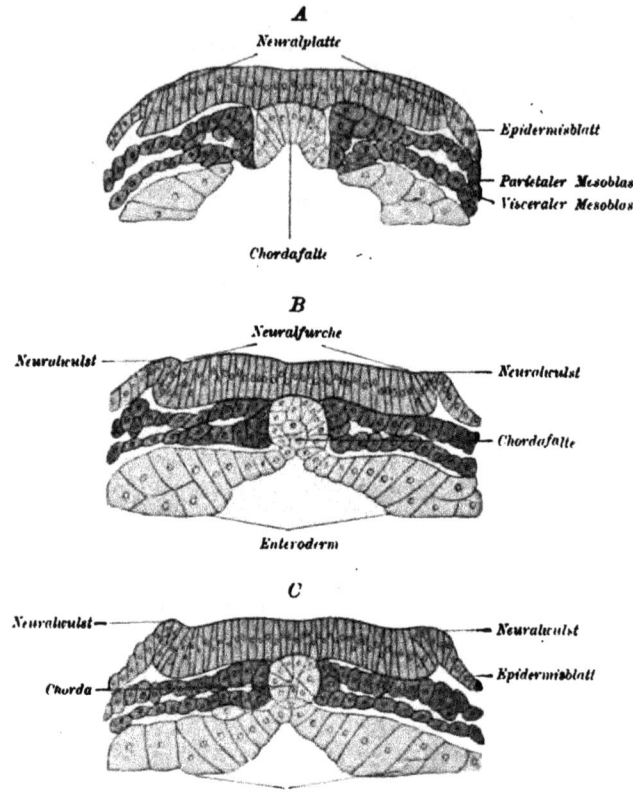

Fig. 56 *A, B, C.* Drei Querschnitte durch einen Keimling des Wassermolches mit sich bildenden
Neuralwülsten, nach O. Hertwig.

bestehende Epidermisblatt ab. Der vorderste verbreiterte Teil der
Neuralplatte, die Hirnplatte, ist die erste Andeutung der Hirnanlage.
Dann biegen sich die Neuralwülste dorsal einander entgegen und verwachsen mit ihren Kanten zuerst in der Nackengegend und von da
kopf- und schwanzwärts weiter zur Bildung des Neuralrohres. Dieses
trennt sich dann von dem durch Verwachsung seiner Ränder über ihm
geschlossenen Epidermisblatt (Fig. 57 *A* u. *B*).

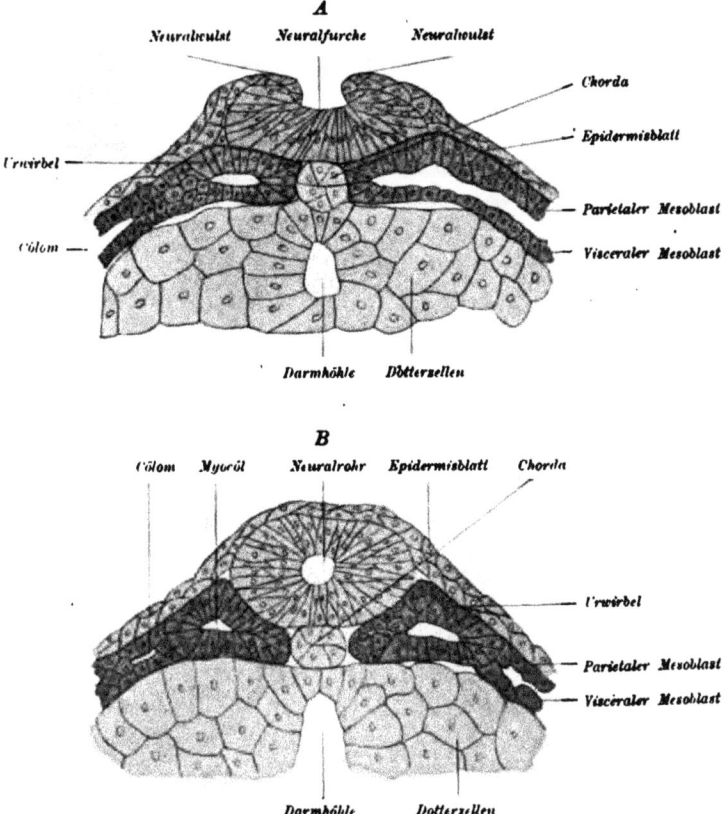

Fig. 57 *A* u. *B*. Zwei Querschnitte durch Keimlinge des Wassermolches mit noch offener Neural-rinne (*A*), mit geschlossenem Neuralrohr und sich abgliedernden Urwirbeln (*B*), nach O. Hertwig.

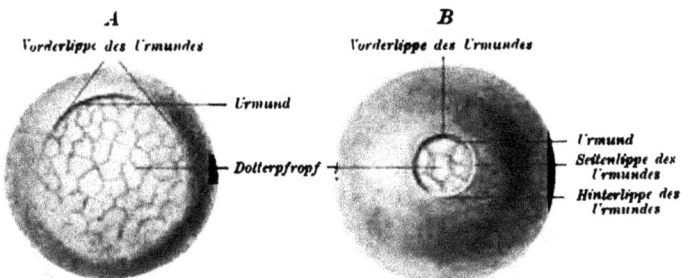

Fig. 58. *A* Halbkreisförmiger Urmund der Froschgastrula. *B* Ringförmiger Urmund der Frosch-gastrula. Nach den Modellen von F. Ziegler.

Wie beim Lanzettfischchen aus dem Urdarmdache, so entstehen auch beim Molche aus dem ursprünglich aus Protentoblast gebildeten Dache des primitiven Darmes die Mesoblastplatten (Fig. 56).

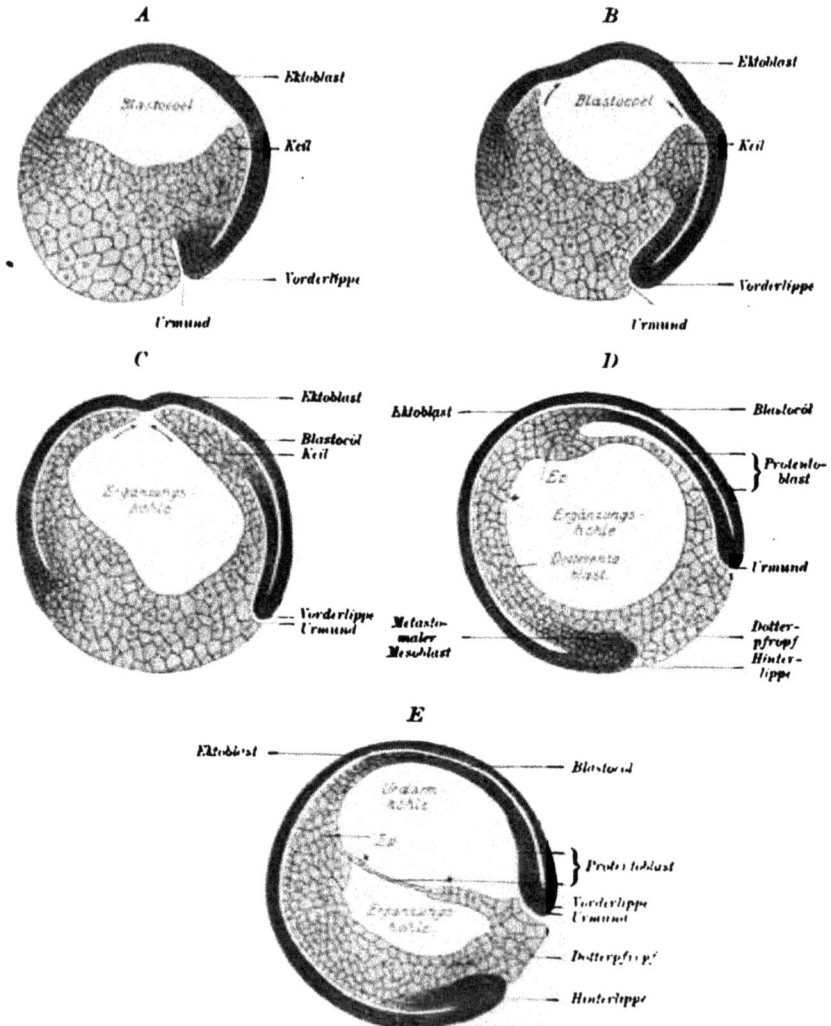

Fig. 56 A. B. C. D. E. Fünf Medianschnitte durch die Froschgastrula, nach O. Schultze, um die Entstehung der Ergänzungshöhle zu zeigen, zum Teil mit eigener Bezeichnung. Ep. = Ergänzungsplatte

Manche Autoren deuten diesen Befund dahin, daß parietaler und visceraler Mesoblast in der Richtung nach dem Kopfende zu durch die Dotterzellenmasse zusammengepreßt seien. Sie nehmen, da später das Cölom den ursprünglich soliden Mesoblast in parietalen und visceralen Mesoblast trennt, auch beim Wassermolch eine Bildung des Mesoblasts durch Ausstülpung aus der Urdarmwand und eine Enterocölombildung wie bei Amphioxus an. Andere treten für eine Mesoblastbildung durch Abspaltung vom Entoblast ein und sehen nur ganz hinten noch eine spurweise Wiederholung der Art der Enterocölom- und Mesoblastbildung bei Amphioxus. Wahrscheinlich handelt es sich um Übergangsformen zwischen einer soliden Mesoblastbildung durch Abspaltung und einer solchen durch Abfaltung vom Entoblast.

Der Mesoblast wächst zuerst rings um den Urmund als peristomaler Mesoblast und weiter cranial rechts und links aus der

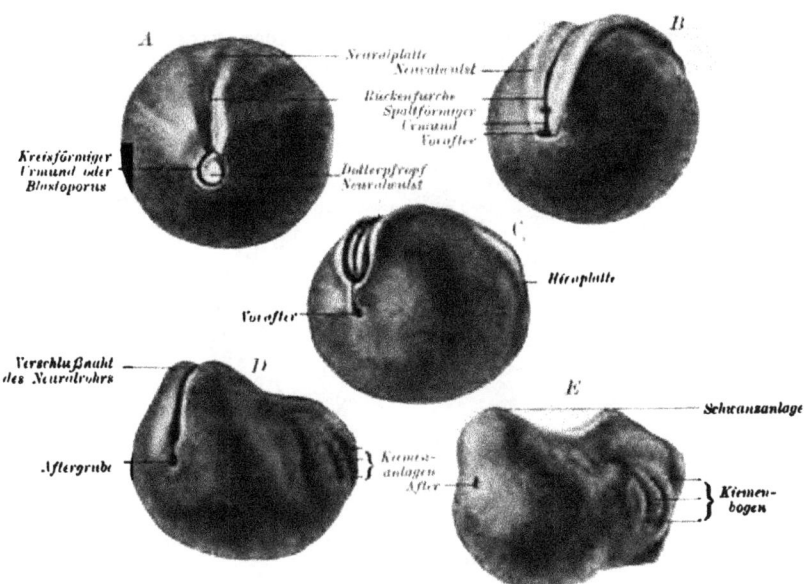

Fig. 60 A, B, C, D, E. Fünf Entwicklungsstadien vom Grasfrosch (Rana fusca), nach den Modellen von F. Ziegler.

Urdarmwand als gastraler Mesoblast aus und schiebt sich zwischen Epidermisblatt und Darmwand, ähnlich wie bei Amphioxus, ventralwärts bis zur Verschmelzung seiner freien Ränder, unter Bildung eines kurzen ventralen Darmgekröses vor. Schon vor der Bildung des ventralen Darmgekröses ist im Mesoblast die Cölomspalte aufgetreten (Fig. 54 u. 55).

Aus dem dorsalen Mesoblast gliedern sich die Urwirbel ab. Der ventrale Mesoblast scheidet sich in den visceralen und in den parietalen Mesoblast (Fig. 57).

Die Chordafalte trennt sich rechts und links vollkommen vom Entoblast, der sich unter ihr zu einer zusammenhängenden Schicht schließt (Fig. 56).

Während diese wichtigen Vorgänge, wie beim Amphioxus, in der vorderen Körperhälfte beginnen und nach hinten fortschreiten, liefert das die Vorderlippe des Blastoporus aufbauende Teloblastem Zuschuß zur Verlängerung der Chorda, zur Ergänzung des Mesoblasts, der Neuralplatte und des Darmes, also zum Längenwachstum des Embryonalkörpers.

7. Die Bildung der Chorda und des Mesoblasts des Frosches

verläuft wieder etwas anders als bei dem Molche, nämlich durch Abspaltung.

Ein Querschnitt durch den Rumpfteil einer Froschgastrula mit noch offenem kreisförmigen Urmund zeigt in Fig. 61 den wohlbegrenzten, aus Deck- und Grundschicht bestehenden Ektoblast.

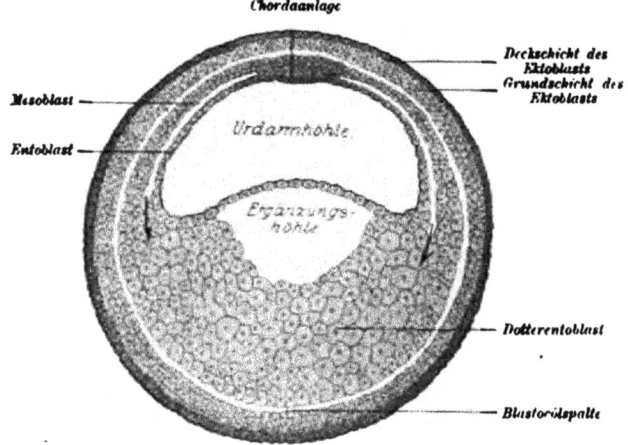

Fig. 61. Querschnitt durch einen Keimling von Rana fusca noch ohne Rückenrinne, etwas jünger
als das Entwicklungsstadium Fig. 60 A.

Die Urdarmhöhle ist noch durch eine abgeflachte Zellschicht von der Ergänzungshöhle getrennt. Der Protentoblast des Urdarmdaches hat sich in zwei Schichten gespalten, die nur noch in der Achse des Embryos durch einen Zellenstrang, die Chordaanlage, zusammenhängen.

Der Mesoblast bildet sich nicht mehr durch Abfaltung, sondern in abgekürzter Weise durch Abspaltung von dem Protentoblast des Urdarmes und — in der Richtung der Pfeile — vom Dotterentoblast (Fig. 61).

Nur in der Medianebene bleiben Entoblast, Chordaanlage und Mesoblast zunächst noch im Zusammenhang.

Der vollkommen abgespaltene Mesoblast umhülst schließlich. aber ohne, wie bei Amphioxus und bei dem Molche, ein ventrales Darmgekröse zu bilden, eine aus Dotterzellen bestehende Masse, welche

.nach Durchbruch des Urdarmbodens die primitive Darmhöhle umscheidet. Deren Dach besteht aus dem Rest des Protentoblasts, ihr Boden aus Dotterentoblast (Fig. 61). Beide zusammen sind also nach Abgliederung der Chorda zum Epithel des Darmes vereinigt und als Enteroderm zu bezeichnen.

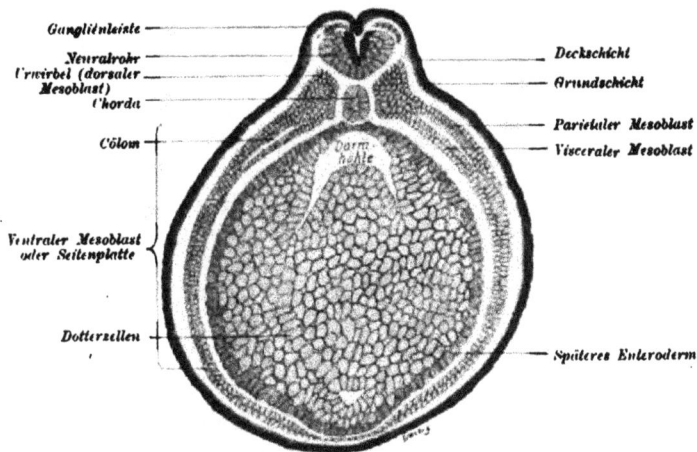

Fig. 62. Querschnitt durch einen Keimling von **Rana fusca**, der in seiner Entwicklung zwischen Fig. 60 *C* u. *D* steht. Die Neuralrinne ist im Schluß zum Neuralrohr begriffen.

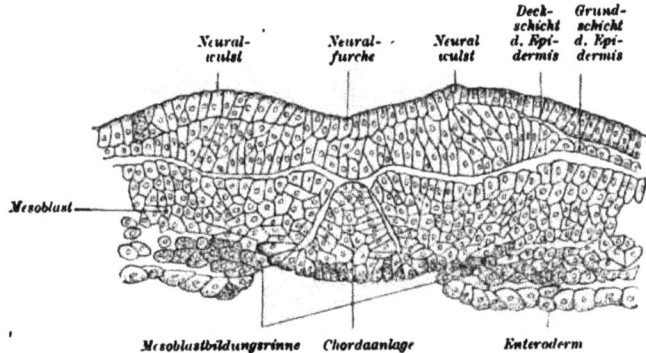

Fig. 63. Querschnitt durch einen Embryo von **Rana fusca** mit noch offener Neuralfurche (Zwischenstadium zwischen Fig. 60*A* und *B*), nach H. Ziegler.

Die von dem Enteroderm umschlossenen Dotterzellen werden aufgelöst und zur Ernährung des Embryos verwendet.

Im Hinterteil des Rumpfes bleibt die aus dem Teloblastem hervorgegangene Chordaanlage noch einige Zeit mit dem Enteroderm im Zusammenhang, während ihre Flanken sich schon vom Mesoblast getrennt haben. Zu beiden Seiten unter der Chordaanlage hängt das Enteroderm

unter Bildung einer seichten Längsrinne, der „parachordalen Rinne"
oder „Mesoblastbildungsrinne", mit dem Mesoblast zusammen. Sie
schwindet parallel der Abspaltung des Mesoblasts und der Chorda sehr
bald in der Richtung von vorn nach hinten und wird als ein verwischter Anklang an die Mesoblastbildung in Gestalt von Ausstülpungen
der Urdarmwand aufgefaßt. In dem Urmundrande hängen schließlich,
wie beim Molche, alle drei Keimblätter zusammen.

Die Darmhöhle und die Cölomspalten öffnen sich im Urmunde,
wie bei dem Molche, nach außen.

Das Cölom entsteht als sekundäre Spalte, als Schizocöl
($\sigma\chi\iota\zeta\omega$ = spalten, trennen) in dem ursprünglich soliden
Mesoblast.

Im Bereiche des Kopfes werden Kopfmesoblast und Kopfchorda aus dem Material der Ergänzungsplatte, ebenso wie der
vorderste Darmabschnitt, in später näher zu erörternder Weise gebildet.

Der Rumpfmesoblast gliedert sich dann wieder in den dorsalen, aus Urwirbeln bestehenden, und ventralen, unsegmentierten
Mesoblast (Fig. 62).

8. Die Entwicklung von After, Mund und Schwanz der Amphibien.
(Fig. 60 und 64.)

Nachdem sich der ringförmige Urmund des Frosches zu einem
linearen Schlitz umgewandelt hat, verdicken sich seine seitlichen Lippen
und vereinigen sich zu einem kurzen Streifen, dem Primitiv- oder
Urmundstreifen. In seinem Bereiche hängen nun, wie Querschnitte
lehren, wieder alle drei Keimblätter zusammen. Der auf der Oberfläche
des Urmundstreifens noch vorhandene rinnenförmige Rest des linearen
Urmundes heißt Primitiv- oder Urmundrinne.

Vor und hinter dem Urmundstreifen besteht noch ein Rest der
Urmundöffnung (Fig. 60 B—D).

Die weitere Verwendung dieser beiden Öffnungen ist bei Molch
und Frosch eine verschiedene.

Bei den Fröschen wird der vor der Urmundrinne gelegene Urmundrest in den Boden des hinteren Endes des Neuralrohres einbezogen
und verbindet dieses dann unmittelbar hinter der Chorda als Canalis
neurentericus mit dem Darm (Fig. 66).

Der hinter der Urmundrinne gelegene Urmundrest schließt sich
nach kurzem Bestand als „Vorafter" durch Verwachsung seiner Ränder.
Er wird zum bleibenden After dadurch, daß das Epidermisblatt
sich an dieser Stelle grubenförmig bis zur Berührung mit dem Enteroderm einsenkt und mit diesem die aus dem einschichtigen Epidermisblatt und dem einschichtigen Enteroderm im Grunde der Aftergrube
bestehende, den Darm abschließende Aftermembran bildet. Erst

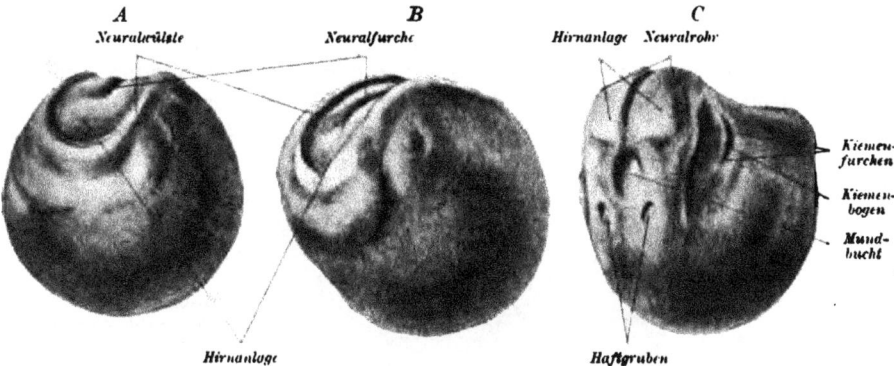

Fig. 64. Drei Keimlinge des Frosches von der Kopfseite her gesehen, nach den Modellen von F. Ziegler.

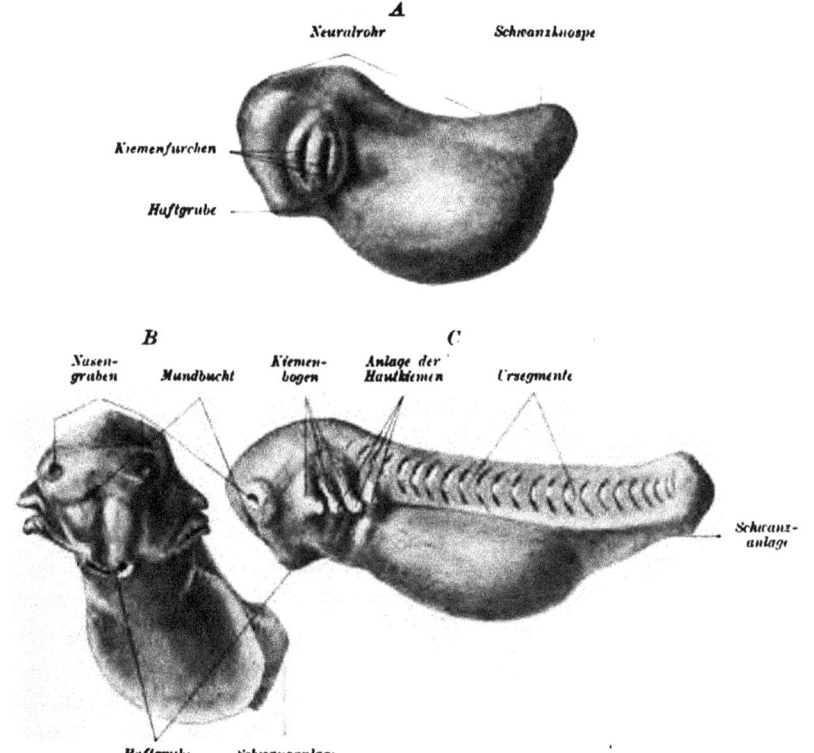

Fig. 65 A, B, C. Drei Keimlinge des Frosches vor dem Ausschlüpfen (A) und während des Ausschlüpfens aus den Fruchthüllen. A von der Seite, B von vorn, C von der Seite, nach den Modellen von F. Ziegler.

mit dem Durchbruch dieser Aftermembran öffnet sich der Darm durch
den bleibenden oder Nachafter nach außen (Fig. 67).

In ganz ähnlicher Weise entsteht vor dem vorderen blinden Ende
des Darmes eine kleine, über die Anlage der beiden Haftscheiben gelegene Vertiefung, die Mundbucht (Fig. 64 C und 65 B und C). Ihr

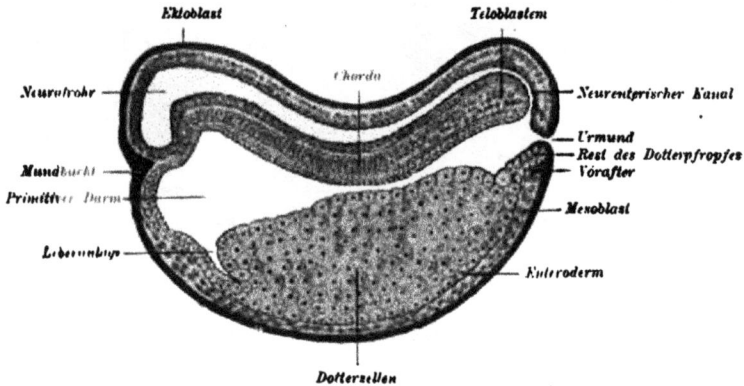

Fig. 66. Medianschnitt durch einen Froschkeimling des Stadiums Fig. 60 D. Nach A. Götte.

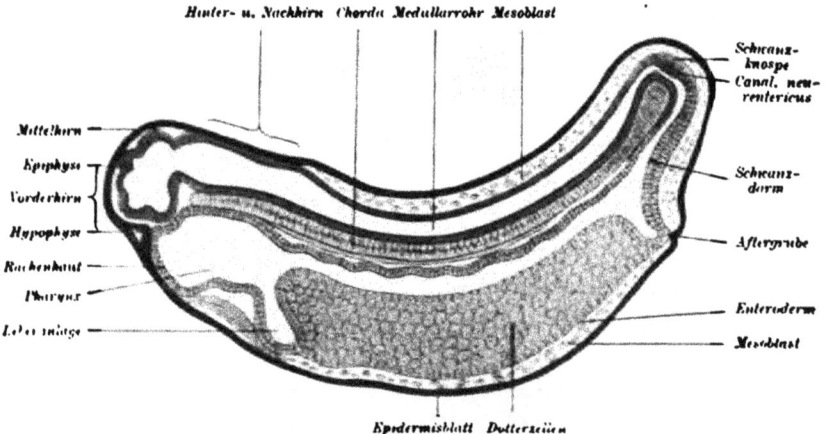

Fig. 67. Medianschnitt durch einen Krötenkeimling, etwa von dem Entwicklungsstadium Fig. 65 A.
Nach A. Götte.

Grund besteht aus einer Zellschicht des Epidermisblattes und aus einer
Enterodermzellenlage. Diese Membran, die Rachenhaut (Fig. 67),
schwindet etwas später als die Aftermembran. Der Darm ist dann mit
Mund und After ausgestattet.

Bei dem Molche dagegen verstreicht der vordere Urmundrest,
ehe sich in seinem Gebiete das Rückenmark anlegt. Außerdem ist die

Rückenmarksanlage an dieser Stelle nicht röhrenförmig, sondern solid. Es kann sich also auch kein Canalis neurentericus bilden. An seiner Stelle verläuft nur ein solider Zellstrang als restweise Andeutung des Canalis neurentericus von der Rückenmarksanlage zum Darm. Dieser Strang schwindet wie der ganze vordere Urmundrest nach kurzem Bestehen.

Der im hinteren Ende des Urmundstreifens gelegene Urmundrest, der „Vorafter", bleibt offen und wird bei den Molchen sofort und ohne Ausbildung einer Aftermembran zum bleibenden After.

Nun verdickt sich die Vorderlippe des Urmundes, das Teloblastem, zur End- öder Schwanzknospe (Fig. 60 E, 65 A) und liefert das Zellmaterial für das hintere Körperende und den auswachsenden Ruderschwanz mit allen seinen Bestandteilen (Chorda, Neuralrohr, Urwirbel. Haut usw. [Fig. 65 C]), unter dessen Wurzel die Aftermündung zu liegen kommt.

Mit der Verlängerung der Schwanzanlage wird auch das hinter dem After gelegene Ende des Darmes als postanaler oder Schwanzdarm in den Schwanz einbezogen.

Der Canalis neurentericus und der nach hinten blind geschlossene Schwanzdarm schwinden.

Unter der Chorda löst sich in der Folge noch ein dünner medianer Zellstrang vom Dache des Darmes als Subchorda ab. Sie wird bei höheren Vertebraten nur noch abortiv angelegt und geht in dem ventralen Bandapparat der Wirbelsäule auf.

9. Die Gastrulation und Keimblattbildung der Amnioten.

Bei den Amniontieren wird die Gastrulation durch Dotterzunahme und Dotterverlust vielfach bis zur Unkenntlichkeit verwischt. Der ganze Vorgang ist in unverkennbarer Rückbildung begriffen.

Durch Verwendung veralteter und irreführender Bezeichnungen. welche morphologisch gleichwertige Gebilde mit verschiedenen Namen belegen, entstehen für den Anfänger Schwierigkeiten, die ich durch einheitliche Bezeichnungen vermeiden möchte.

Die bei der Gastrulation des Frosches schon beschriebene Scheidung des Entoblasts in den Protentoblast (Wand des Urdarmes) und in den die Ergänzungshöhle umschließenden Dotterentoblast ist bei den Amnioten durch die verspätete Anlage des Protentoblasts noch auffälliger geworden.

Bei dem Frosche bildete sich zuerst der Protentoblast und gleich darauf die Dotterentoblastwand der Ergänzungshöhle (siehe die Fig. 59 A. B, C, D). Bei den Amnioten dagegen wird zuerst der die Ergänzungshöhle umschließende Dotterentoblast und dann erst die Einstülpung des Urdarmes und damit der Protentoblast gebildet.

Aber hier bei den Amnioten wie dort bei dem Frosche
bricht die Urdarmhöhle in die Ergänzungshöhle durch
und·bildet mit ihr die primitive Darmhöhle (Fig. 81).

Die zeitliche Differenz in der Anlage des Protentoblasts und Dotterentoblasts
hat manche Autoren veranlaßt, die Gastrulation der Amnioten in zwei Phasen zu
beschreiben. Die erste Phase liefert nach dieser Anschauung den Dotterentoblast,
die zweite den Protentoblast. Solche nachträgliche Verschiebungen ursprünglich
zeitlich zusammenfallender Vorgänge sind nicht selten. Man nennt sie Hetero-
chronien (ἕτερος = verschieden, χρόνος = Zeit).

Am wenigsten reduziert ist der Gastrulationsvorgang noch bei den
Reptilien. Ohne seine Kenntnis bleibt die Gastrulation der Vögel
und Säugetiere ganz unverständlich.

Auch die Außenschicht der Keimhaut der Reptilien wird zu einem
epithelialen Blatt, dem Ektoblast, unter dem sich der zum Teil

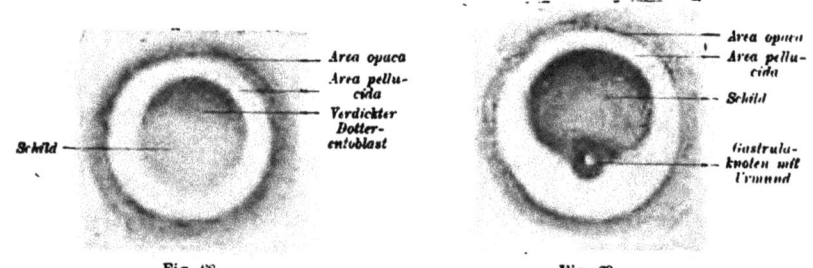

Fig. 68.   Fig. 69.

Fig. 68. Flächenbild der Keimhaut einer Dohle mit zentraler, durch die Zylinderform der Ektoblastzellen bedingter kreisförmiger Trübung, der Anlage des Embryonalschildes. Die mondsichelförmige
dunkle Stelle vorn in der Schildanlage ist durch den in dieser Gegend verdickten Dotterentoblast,
die Ergänzungsplatte, bedingt.

Fig. 69. Flächenbild einer etwas älteren Keimhaut der Dohle mit Schild, Gastrulaknoten und
Gastrulagrube.

Beide Abbildungen nach gefärbten durchsichtigen Präparaten gezeichnet. Vergr. 10:1.

durch Nachfurchung gelieferte Dotterentoblast oder das Dotterblatt bildet (Fig. 31 u. 32).

Der Dotterentoblast der Reptilien und Vögel (zusammengefaßt der Sauropsiden) entspricht der Gesamtheit der Dotterzellen in der Amphibienblastula, ist aber bei den
Sauropsiden flächenhaft auf dem großen, kugelförmigen
Dotterklumpen ausgebreitet und umwächst diesen erst
allmählich (vgl. Fig. 31 u. 72). Gleichzeitig nehmen die Zellen
des Dotterblattes Dotterelemente in sich auf, verarbeiten sie und
funktionieren nun wie Makromeren (Fig. 31 u. 32).

In der ausgeschnittenen Keimhaut der Sauropsiden fällt bald nach
Bildung des Ektoblasts und des Dotterblattes im durchfallenden
Licht ein rundes, durchscheinendes Feld, der helle Fruchthof oder
die Area pellucida, auf. Er wird von einem undurchsichtigen,

dunkeln, durch den Keimwall bedingten Ring dem d u n k e l n F r u c h t -
h o f e oder der A r e a o p a c a, umrahmt (Fig. 68).

In einem bestimmten, zentral gelegenen Gebiete des hellen
Fruchthofes nehmen die Ektoblastzellen die Form schlanker Prismen
an und veranlassen dadurch die Bildung einer zuerst rundlichen,
später ovalen, immer deutlicher werdenden Trübung, die als E m -
b r y o n a l s c h i l d oder kurz als S c h i l d immer deutlicher wird
(Fig. 68 u. 32).

In derselben Weise wie bei Reptilien und Vögeln bildet sich der
Embryonalschild der e i e r l e g e n d e n S ä u g e t i e r e.

Der Embryonalschild der p l a c e n t a l e n S ä u g e t i e r e entsteht
dagegen folgendermaßen: Die kleinen, nur etwa $^1/_2$—1 mm großen
Säugetierkeime bilden sich, wie schon erwähnt (Fig. 37 u. 38), im
Uterus unter Ansammlung von Flüssigkeit in ihrem Innern zu den
K e i m b l a s e n oder V e s i c u l a e b l a s t o d e r m i c a e um. Sie bestehen
dann aus einer einschichtigen Wand kubischer oder platter Zellen, denen
am animalen Pole ein kugeliger Blastomerenhaufen, der E m b r y o n a l -
k n o t e n, anliegt (Fig. 36 u. 38), der das Zellmaterial für den Aufbau
des Embryos enthält.

Die Wand der Keimblase hat man mit Rücksicht darauf, daß sie
an Stelle des Dotters das vom Uterus gebotene Nährmaterial ver-
arbeitet, als T r o p h o b l a s t ($\tau\varrho o\varphi\acute{\eta}$ = Nahrung und $\beta\lambda\alpha\sigma\tau\acute{\iota}\varsigma$ = Keim.
Keimschicht) bezeichnet. Der Teil des Trophoblasts, welcher den
Embryonalknoten äußerlich überkleidet, heißt D e c k s c h i c h t (Fig. 70).

Der Embryonalknoten wird bei den verschiedenen Tierarten auf
etwas verschiedene Weise zum Embryonalschild. Entweder (Raubtiere [Fig. 71] und Kaninchen) flacht er sich unter Schwund der Deckschicht zu dem anfänglich recht kleinen Schilde ab, oder es entsteht
(wie zum Beispiel beim Reh, Schaf, Schwein [Fig. 70]) in dem ursprünglich soliden Embryonalknoten durch Auseinanderweichen seiner Zellen
eine zentrale Höhle. In diesem Falle wird der Embryonalknoten zu
einer dickwandigen, von schlanken Epithelzellen begrenzten kleinen
Blase, zur E m b r y o b l a s e oder E m b r y o c y s t i s. Ihr Dach öffnet
sich durch Auseinanderweichen (und teilweisen Zerfall?) der Zellen der
Blasenwand und der Deckschicht. Der Rand des dadurch entstandenen
napfförmigen Restes des Embryocystis verbindet sich mit dem Trophoblast, verflacht sich, nimmt durch rege Zellvermehrung an Umfang
und Dicke zu, liegt dann vorübergehend in der Ebene des Trophoblasts,
überragt aber bald dessen Fläche und wölbt sich später als E m b r y o n a l -
s c h i l d uhrglasartig konvex empor (Fig. 82).

Auch beim Igel (Fig. 72) und bei der Fledermaus entsteht in dem
Embryonalknoten eine Höhle, deren Boden sich zum Embryonalschild
umwandelt, während ihr Dach erhalten bleibt und zum Epithel des
Amnions wird (siehe dieses).

Nach einem wieder anderen, besonders bei Nagern beobachteten Typus (zum Beispiel bei Eichhörnchen, Meerschweinchen, Maus, Ratte)

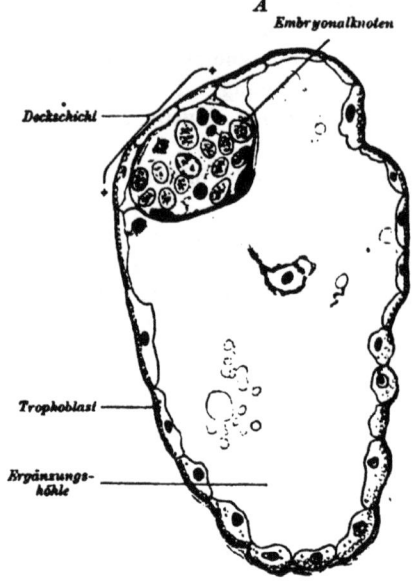

stülpt sich der wie beim Igel und der Fledermaus entstandene Schild mit der Amnionanlage tief in das Innere der Keimblase hinein, während die Einstülpungsöffnung nachträglich durch eine Wucherung des Trophoblasts geschlossen wird (Inversionstypus oder Schildbildung durch Entypie; ἐντυπόω = eindrücken).

Noch während die Embryonalanlage Knoten- oder Schalenform besitzt (Igel, Schaf, Reh, Schwein), oder doch sofort nach der Schildanlage (Hund, Kaninchen), sondert sich dessen unterste flache Zellschicht als Dotterentoblast (Fig. 70 u. 71 *B*) und wächst an der Innenfläche des Trophoblasts bis zum Gegenpol der kleinen Keim-

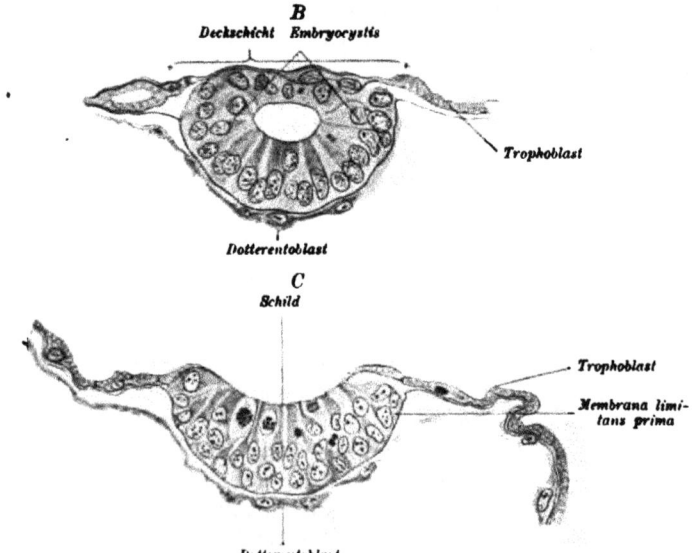

Fig. 70 *A, B, C*. Drei Schnittbilder durch Keimblasen des Rehes, die Umbildung des Embryonalknotens zur Embryocystis und zu dem Embryonalschild zeigend, nach Keibel. Der Schnitt *A* geht durch die ganze Keimblase, die Schnitte *B* und *C* enthalten nur den Keimpol der Keimblase mit der Embryocystis, dem Schild und einen Teil der angrenzenden Keimblasenwand.

blase weiter. So wird die ursprünglich nur aus einer Trophoblastzellenschicht bestehende Keimblasenwand doppelschichtig.

Die Säugetierkeimblase besteht dann, abgesehen von dem noch vorhandenen oder schon aufgelösten Oolemma,

    1. aus dem Schild. Auf seiner Oberfläche können sich bei
       manchen Tieren noch Reste der Deckschicht kürzere oder
       längere Zeit vorfinden;

    2. aus dem Trophoblast;

    3. aus der inneren Schicht der Keimblase, dem Dotterentoblast
       oder Dotterblatt.

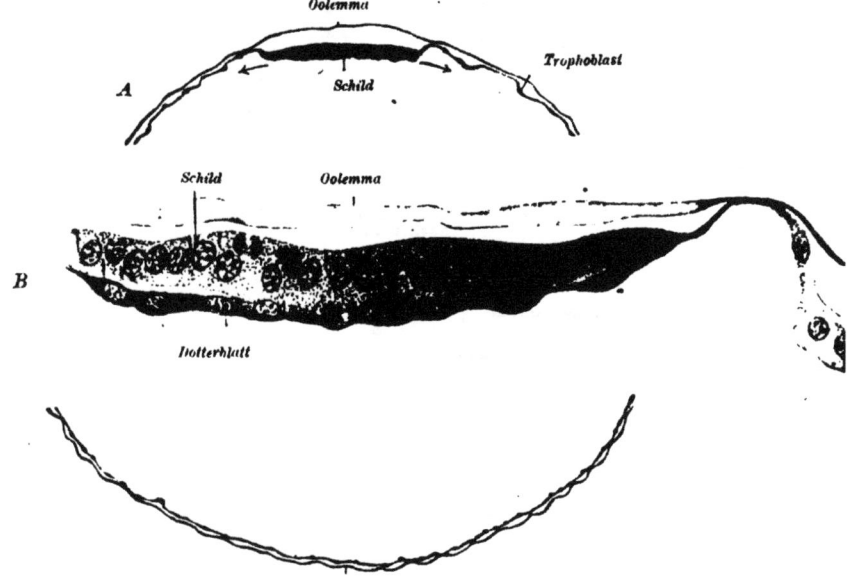

Fig. 71. Medianschnitt durch den Embryonalschild und die Keimblase des Hundes, (A) bei schwacher,
(B) bei starker Vergrößerung.

Durch den allmählich in der Säugetierreihe abnehmenden Dottergehalt sind die ursprünglich sehr dotterreichen Eizellen der Säuger
(Ameisenigel, Schnabeltier) dotterärmer, kleiner und endlich wieder
holoblastisch geworden. Mit dem Fehlen des Dotters fällt auch die
Nachfurchung weg, das gleich bei der Furchung gelieferte Dotterblatt
braucht keine große Dotterkugel mehr zu umwachsen (Fig. 73 A) und
kann sich bei kleinen Keimblasen schon sehr früh am Gegenpol
schließen (Fig. 72). Die Ergänzungshöhle enthält nun an Stelle des
Dotters eine eiweißreiche, von außen aus der Uterushöhle aufgenommene
Nährflüssigkeit. Ein Vergleich der beiden Schemata in Figur 73 sowie
die Funktion der inneren Keimschicht ergibt die Berechtigung, auch

bei den Säugern trotz des fehlenden Dotters von einem „Dotterblatt"
zu reden.

Nun vergrößert sich der Schild auch bei den Säugetieren und
geht aus der runden in die ovale Form über.

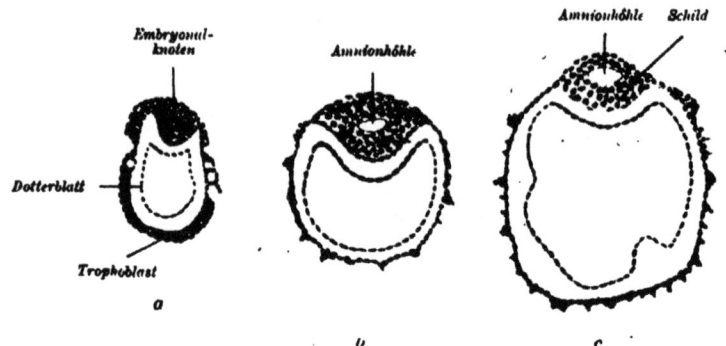

Fig. 72. Bildung des Embryonalschildes und Trophoblasts, des Dotterblattes und Amnions beim Igel.
Nach Hubrecht.

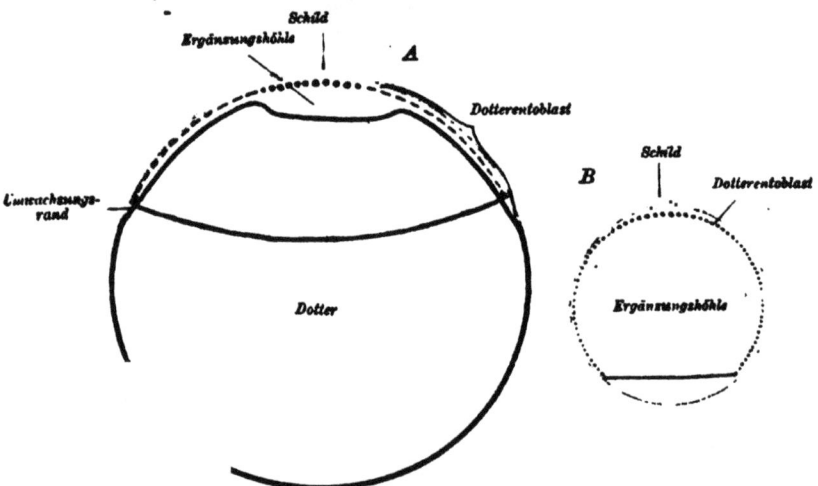

Fig. 73. *A* schematischer Medianschnitt durch die bis zu den Pfeilen reichende kalottenartig dem
großen Dotter aufsitzende Keimhaut eines Sauropsiden oder eines eierlegenden Säugetieres (Monotremen). *B* Ein ebensolcher Schnitt durch die kleine dotterlose Keimblase eines viviparen Säugetieres.

Auf der Grundlage der geschilderten Entwicklungsstadien von
Reptilien, Vögeln und Säugetieren können wir den weiteren
Verlauf der Gastrulation bei allen drei Amniotengruppen zusammen-
fassend schildern.

In Reptilienschilden hängen am hinteren Schildende Außenschicht und Dotterblatt an einer kleinen undifferenzierten Stelle der Primitiv- oder Urmundplatte zusammen (Fig. 75). Bei Vögeln ist diese Stelle bis jetzt nicht mit Sicherheit nachgewiesen, bei Säugetieren scheinen noch Reste von ihr vorzukommen (Hund, manche Beuteltiere). Die Urmundplatte verdickt sich dann zum Gastrulaknoten, auf dessen Oberfläche sich bei Reptilien die Urmund- oder Gastrulagrube einsenkt und die beginnende Urdarmeinstülpung anzeigt (Fig. 74).

Die Gestalt der Urmundgrube ist bei den Reptilien eine sehr wechselnde. Sie

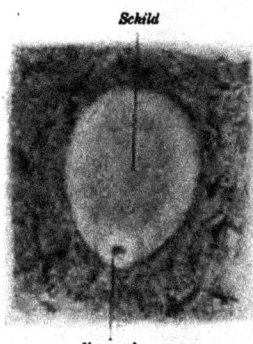

Schild

Urmund

Fig. 74. Flächenbild des Embryonalschildes einer Eidechse mit Urmundeinstülpung, nach Peter.

geht aus der ursprünglichen Krater- oder Sichelform (Fig. 74) in die einer quergestellten, hufeisenförmigen oder linearen Spalte über, die sich bald durch eine deutliche dorsale oder Vorderlippe und ventrale oder Hinterlippe begrenzt (Fig. 76).

Nun vertieft sich der Urmund und stülpt sich entweder zu einem flachen taschenartigen oder auch röhrenförmigen Urdarm ein. Seine aus Protentoblast bestehende epitheliale Wand hängt mit den Urmundlippen zusammen. Die untere Wand des zwischen Schildektoblast und Dotterentoblast nach vorn wachsenden Urdarmes verbindet sich dann, ohne den vorderen

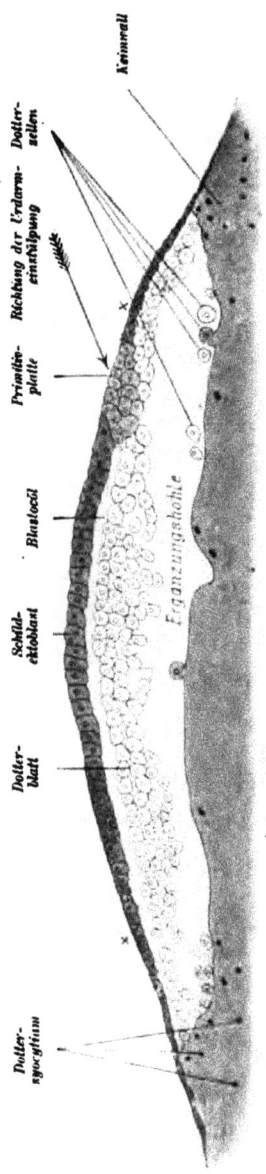

Keimwall

Dotterzellen

Richtung der Urdarmeinstülpung

Primitivplatte

Blastocöl

Schildektoblast

Ergänzungshöhle

Dotterblatt

Dottersyncytium

Fig. 75. Medianschnitt durch das Blastoderm einer Eidechse mit Gastrula- oder „Primitiv"platte noch vor der Urmundbildung; halbschematisch. Der Embryonalschild reicht von x bis x.

7 *

Schildrand zu erreichen, in ganzer Ausdehnung mit dem Dotterblatt. Die konvexe Urdarmwand wölbt, namentlich an Querschnitten deutlich, den Schildektoblast und den Dotterentoblast in Form des dorsalen und ventralen „Urdarmwulstes" vor (Fig. 76 u. 82). Der vordere Rand des Urdarmes verschmilzt mit der „Ergänzungsplatte" Fig. 78).

Die Ergänzungsplatte (Protochordalplatte, interepitheliale Zellmasse, Entodermknoten der Autoren) ist ein schon bei den Amphibien angedeuteter, bei allen Amnioten sehr früh auffallender, verdickter, unter dem Kopfende des Schildes gelegener Teil des Dotterentoblasts. Sie ist besonders bei manchen Sauropsiden wohlentwickelt, bei Säugetieren aber nur spurweise angedeutet und deshalb übersehen oder in ihrer Bedeutung nicht genügend gewürdigt worden.

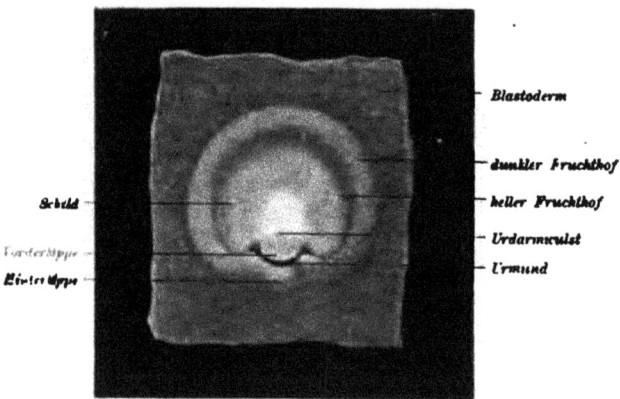

Fig. 76. Flächenbild des Embryonalschildes einer Schildkröte (Emys taurica) mit hufeisenförmigem Urmund. Als ungefärbtes Präparat in auffallendem Lichte auf dunklem Grunde gezeichnet. Vergr. 10:1 (Nach einem Präparat von Mehnert.)

Diesen verdickten Teil des Dotterentoblasts vor dem vorderen Urdarme bezeichne ich als „Ergänzungsplatte", weil aus ihm, wie sich später zeigen wird, hervorgeht:

1. der Mesoblast im Bereiche des späteren Vorderkopfes (Kopfmesoblast);

2. das vorderste Stück der Chorda dorsalis (Kopfchorda).

   Beide dienen somit zur Ergänzung des Rumpfmesoblasts und der Rumpfchorda;

3. liefert die Ergänzungsplatte die Wand der aus ihr entstehenden Kopfhöhlen und damit eine Ergänzung der späteren Darmhöhle;

4. endlich bildet sich aus dem vordersten Teil der Ergänzungsplatte das innere Blatt der primitiven Rachenhaut an der Stelle des späteren Mundes. —

. Auch bei den Säugetieren fällt sehr bald in dem noch rund-lichen oder eben ovale Form annehmenden Schilde eine zentrale (zum Beispiel beim Schafe — Fig. 77 — und Hunde — Fig. 82) rundliche oder exzentrische, caudalwärts gelegene Trübung auf. Sie wird ähn-lich wie bei den Sauropsiden durch die Verdickung der äußeren Schicht des Schildes zu dem Primitiv- oder Gastrulaknoten bedingt. Auf ihm kann man eine mitunter sehr deutliche kleine Einbuchtung, die Urmundgrube, finden (Schaf, Hund, Kaninchen).

Die Unterfläche des Gastrulaknotens (Hensen'scher Knoten der Autoren) verwächst sehr bald mit der Oberfläche des Dotterentoblasts.

Die Urmundgrube ist die letzte, sehr ungleichmäßig auftretende Andeutung der zur Urdarmbildung führenden Gastrulaeinstülpung.

Ist der Urdarm schon bei gewissen Reptilien zu einem engen Rohre reduziert (zum Beispiel bei der Eidechse), so nimmt seine Reduktion bei Vögeln und Säugern derart zu, daß er vielfach nur noch als unscheinbarer, solider Strang, als Urdarmstrang (Kopf-fortsatz, Chordaanlage der Au-toren [Fig. 79]), angelegt wird. Doch senkt sich in dessen Basis hinter einer meist noch gut ausgeprägten Vorderlippe eine sehr deutliche Urmundgrube ein (Fig. 80) und kann in eine durch Auseinanderweichen seiner axi-alen Zellen gebildete enge Lich-tung führen (z. B Wasservögel,

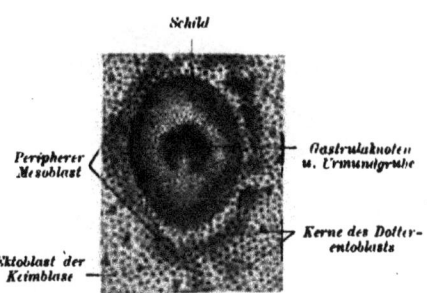

Fig. 77. Flächenbild eines Embryonalschildes vom Schafe mit Gastrulaknoten und Gastrulagrube. Vergr. 34 : 1. Nach dem gefärbten Präparate im durchfallenden Licht gezeichnet.

Fledermaus, Maulwurf, Meerschweinchen, Schaf, Mensch). In diesem Falle besteht ein typischer, aber sehr verkümmerter röhrenförmiger Urdarm, der sich später ventral in die Ergänzungshöhle eröffnet.

Der in diesem Stadium bestehende Urdarmrest darf nicht, wie vielfach üblich, als „Chordakanal" bezeichnet werden. Auch die neuerdings gebrauchte Bezeich-nung „Mesodermsäckchen" für den noch mit einer mehr oder weniger deutlichen Lichtung versehenen Urdarmstrang lehne ich ab. Nennt man bei den niederen Wirbeltieren und den Reptilien die wohlentwickelte Gastrulaeinstülpung Urdarm, so muß man auch die abortive Einstülpung der höheren Tiere und des Menschen ebenso und nicht mit einem neuen, noch obendrein unzutreffenden Namen bezeichnen. Denn hier wie dort gelangt man durch den hinter der Hinterlippe gelegenen Ur-mund in diese Einstülpung, d. h. in den Urdarm. Hier wie dort liefern die Seiten-wände der Einstülpung Mesoblast und deren Dach die Chorda. Homologe Organe soll man aber auch mit gleichen Namen bezeichnen, einerlei, ob sie groß oder klein, wohl entwickelt oder reduziert sind.

Der Umstand, daß die Urdarmwand parallel der Reduktion des Urdarmes immer weniger Anteil an der Bildung der Wand des bleibenden Darmes nimmt, darf ebensowenig gegen die Bezeichnung „Urdarm" und zugunsten der Bezeich-

nungen „Kopffortsatz", „Chordakanal" oder „Mesodermsäckchen" geltend gemacht
werden.   Schon beim Frosch wird der größte Teil des Dauerdarmes durch den
Dotterentoblast geliefert. Parallel der Rückbildung des Urdarmes bei den höheren

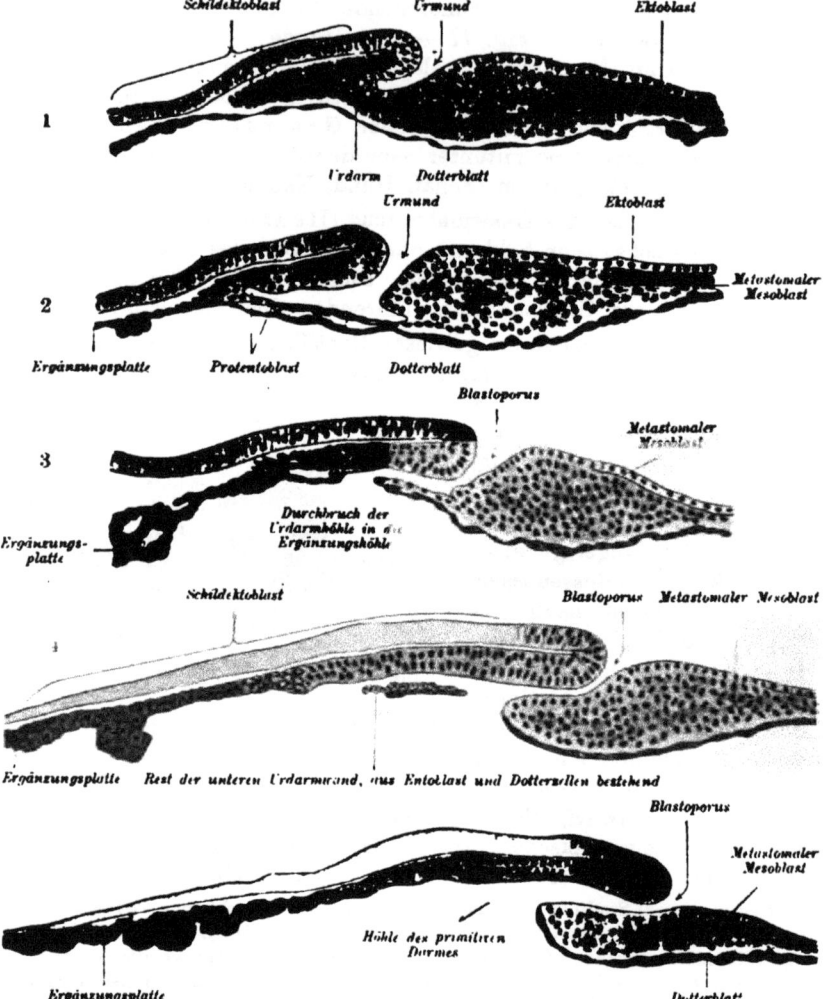

Fig. 78 1, 2, 3, 4. 5. Fünf Medianschnitte durch den Schild einer Eidechse in verschiedenen Stadien
der Gastrulation und der ventralen Eröffnung des Urdarmes, nach Wenckebach, aber mit
etwas anderer Bezeichnung. Nach ventraler Eröffnung des Urdarmes führt der Blastoporus in den
primitiven Darm.

Wirbeltieren, scheint der Dotterentoblast allmählich sich mehr und mehr an der
Bildung der epithelialen Darmwand zu beteiligen, genau so wie z. B. an Stelle
der Vorniere bei den höheren Wirbeltieren allmählich die Ur- und Nachniere tritt.
Ohne eine solche Reduktion alter embryonaler Organanlagen und ohne ihren Ersatz

durch allmählich sich immer weiter entwickelnde neue ist ja überhaupt keine Umbildung der Systeme und des Organismus, denkbar, wie wir sie bei Keimlingen und deren erwachsenen Formen in der Tierwelt doch tatsächlich in weiter Verbreitung und in sehr lehrreicher Weise sehen.

Das Dach des Urdarmes bleibt, bis auf den Zusammenhang mit der Vorderlippe des Urmundes, stets von Schildektoblast getrennt. Die ventrale Urdarmwand verwächst mit dem Dotterblatt. Die aus dem

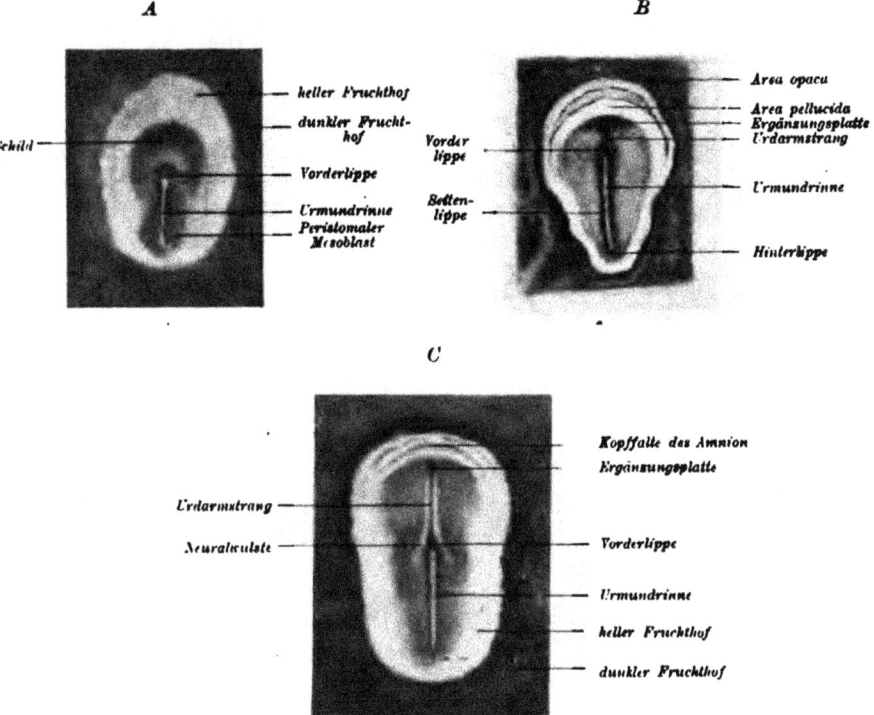

Fig. 79 *A, B, C.* Embryonalschilde vom Hühnchen, nach durchsichtigen Präparaten im durchfallenden Licht gezeichnet. Vergr. etwa 10 : 1.

Protentoblast und dem die Ergänzungshöhle deckenden Dotterentoblast bestehende Scheidewand zwischen Urdarm- und Ergänzungshöhle reißt schließlich an einer oder mehreren Stellen ein (Fig. 78 *2, 3* u. *4* und Fig. 81 *B*), und es öffnet sich dann die Urdarmhöhle wie beim Frosch in die Ergänzungshöhle. Die nun gebildete primitive Darmhöhle ist durch den Urmund oder, wie er jetzt, da er nicht mehr in den geschlossenen Urdarm, sondern in die primitive Darmhöhle führt, besser heißt, durch den Blastoporus oder die Keimpforte wie bei den Amphibien von außen zugänglich (Fig. 78, *4* u. *5* und Fig. 83).

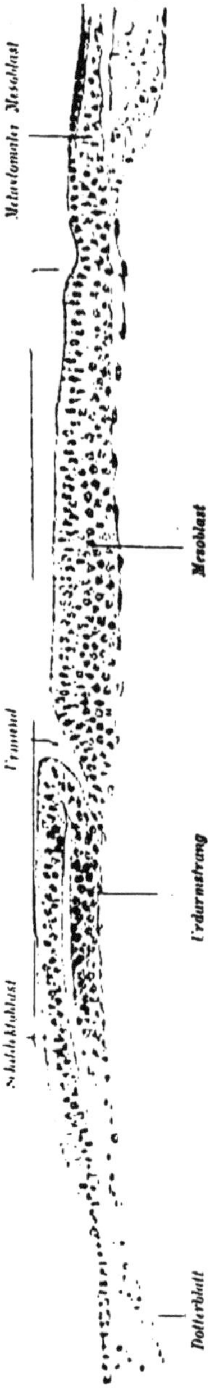

Fig. 80. Medianschnitt durch den Schild eines Hühnchens von der Entwicklungsstufe wie Fig. 79 B. Vergr. etwa 70:1.

Bei manchen Säugetieren kommt es durch mangelhafte Anlage des Urmundes nur zu einer ganz vorübergehenden oder zu gar keiner Blastoporusbildung mehr. Bei anderen, und namentlich bei dem Menschen, wird dagegen ein sehr deutlicher Blastoporus gebildet.

Diese Öffnung wird vielfach unrichtigerweise schon jetzt als „neurenterischer Kanal" bezeichnet. Von einem „neurenterischen" Kanal kann man erst sprechen, wenn der erhalten gebliebene Urmund und Urdarmrest den Boden des — zurzeit ja noch gar nicht vorhandenen — N e u r a l -rohrs mit dem Darme verbindet.

Längs- und Querschnitte beweisen, daß die beschriebenen Entwicklungsformen vollkommen denen gleichwertig sind, die auch bei dem Frosche zur Bildung des primitiven Darmes führen.

Hier wie dort wird der größte Teil der Wand des primitiven Darmes durch den Dotterentoblast gebildet (Fig. 81), während die Beteiligung des Protentoblasts an der Begrenzung der primitiven Darmhöhle parallel der Rückbildung des Urdarmes immer geringer wird. Aber hier wie dort vereinigen sich Protento-blast und Dotterblatt, wenn auch in ver-schiedener Ausdehnung, zur einheitlichen Begrenzung des primitiven Darmes. Die Ränder des rinnenförmigen Urdarm-restes, der Urdarmrinne, verwachsen mit dem Dotterentoblast. Die Urdarm-wand bildet so gleichsam das Schluß-gewölbe des primitiven Darmes (Fig. 81).

Gleichzeitig vollziehen sich hinter dem Urmund Umbildungen, die von den bei Amphibien be-schriebenen Vorgängen ableitbar sind, wenn auch im einzelnen noch nicht lückenlos klargestellt sind.

Schon bei dem F r o s c h wurde der Urmund vor seinem Verschluß linear verlängert (Fig. 60 B u. C). Dasselbe geschieht in gesteigertem Grade mit dem Urmunde mancher R e p t i l i e n und noch mehr bei Vögeln und Säugetieren.

Hinter dem Urmund entsteht eine allmählich sich nach hinten verlängernde Rinne, die Urmund-rinne. Sie wird rechts und links von den seit-lichen Urmundlippen begrenzt (Fig. 79. 82 A).

Auch an ihr unterscheidet man bei guter Ausbildung bei Säugetieren den in den Urdarm führenden Urmund (z. B. beim Schaf und Kaninchen) und den hinter ihm gelegenen Teil mit den Seitenlippen. Meist führt die Urmundrinne direkt in den Urmund, mitunter ist sie deutlich von ihm abgesetzt (Schaf, Kaninchen).

Bei Vögeln und Säugetieren wird die Urmundrinne während der Bildung, Kanalisierung und Eröffnung des Urdarmstranges und während die Embryonalschilde aus der ovalen in die Birn- und Schuhsohlenform übergehen, auffallend lang (Fig. 70, 84, 85 A u. 86 A).

Der mitunter deutlich kielförmig eingefaltete Boden der Urmundrinne heißt **Urmundleiste**.

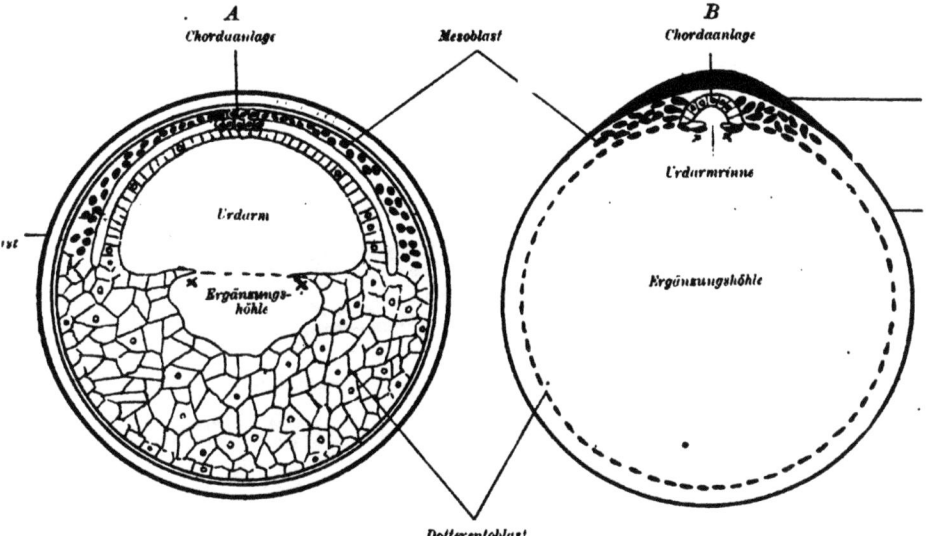

Fig. 81. Zwei Schemata der ventralen Eröffnung des Urdarmes und der Chorda- und Mesoblastbildung A bei Frosch, B bei Amnioten.

Früher nannte man die Rinne und die streifenförmige Trübung, die man als die allerersten Differenzierungen im Schilde betrachtete, „Primitivstreif" und „Primitivrinne". Da diese Bezeichnungen über ihre vergleichend morphologische Bedeutung nichts aussagen, verwende ich sie nicht mehr. Die Urmundrinne ist übrigens bei den Säugetieren oft sehr flach, kaum angedeutet, abortiv, oder fehlt zeitweise gänzlich.

Am vorderen Ende der Urmundrinne markiert sich der Rest des Gastrulaknotens als Vorderlippe. Am hinteren Ende entsteht allmählich ein der Hinterlippe des Urmundes entsprechender Knoten und wird als mehr oder weniger scharf begrenzte Trübung im durchsichtigen Präparat immer deutlicher (Fig. 85 A). Meist schwindet bei Vögeln und Säugetieren der Blastoporus, soweit ein solcher überhaupt gebildet

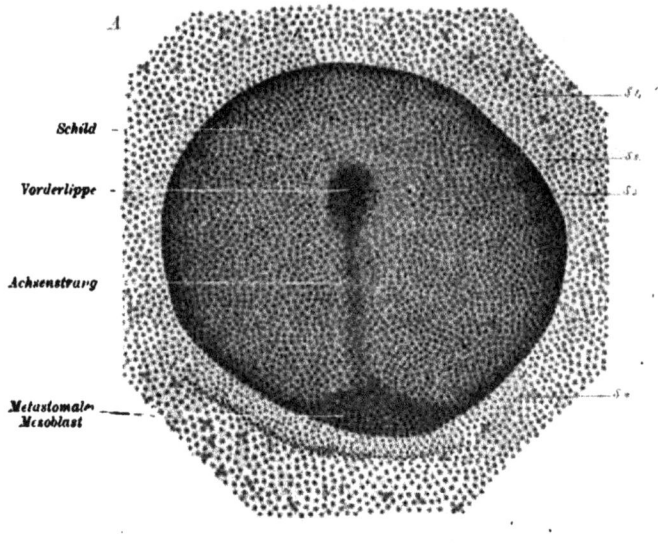

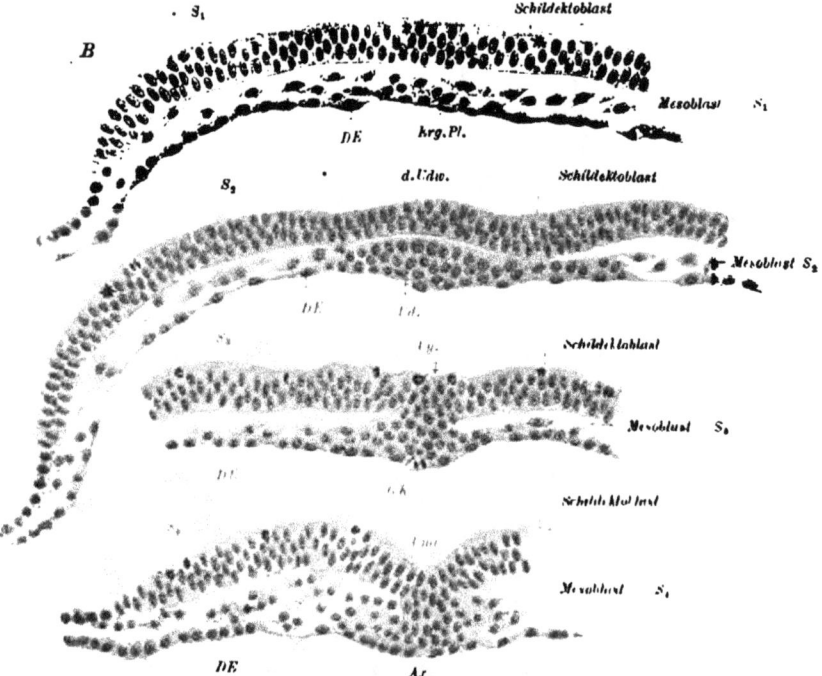

Fig. 82. *A* Schild vom Hunde, Vergr. etwa 60:1, *B* Querschnittserie dazu, deren Lage rechts in die Fig. *A* eingetragen ist. *DE* = Dotterentoblast; *Erg.Pl.* = Ergänzungsplatte; *d.Udw.* = dorsaler Urdarmwulst *Ud.* = Urdarmstrang; *Ug.* = Urmundgrube; *GK* = Gastrulaknoten; *Umr* = Urmundrinne; *As* = Achsenstrang. Vergr. etwa 200:1.

wird, nach kurzem Bestehen. Stets aber hängen im Bereiche des Gastrulaknotens alle drei Keimblätter zusammen, und vielfach findet sich in dem Bereiche der Vorderlippe auch noch eine Andeutung der schon bei den Amphibien erwähnten Querspalte im Mesoblast.

Eine durch die Urmundrinne und -leiste gelegte Medianebene scheidet den Embryo in eine rechte und linke Hälfte. Außerdem läßt

Fig. 83. Medianschnitt durch den ventral eröffneten Urdarm eines Fledermauskeimlings, nach Van Beneden. (Vergleiche diese Figur mit Fig. 78, 4.)

sich nun der vor der Urmundrinne gelegene Körperteil mit durchschimmerndem Urdarm von dem von der Urmundrinne durchzogenen Körperregion abgrenzen.

Der noch rundliche Schild der Sauropsiden und Säugetiere scheidet sich mitunter mehr oder minder deutlich in ein rundliches, dunkleres, durch Verdickung des Schildekto-blasts bedingtes, vor der Vorder-lippe des Urmundes gelegenes Vorderstück und in ein helles, dünneres, im Bereiche der Ur-mundrinne gelegenes Hinter-stück. In der erst birn-, dann schuhsohlenförmigen Embryonal-anlage werden beide Gebiete zeit-weise sehr deutlich, und man sieht, wie sich das Vorderstück rechts und links von der Urmundrinne nach hinten verlängert. Durch nachträgliche Höhenzunahme der Zellen des rechts und links von der Urmundrinne gelegenen Schild-

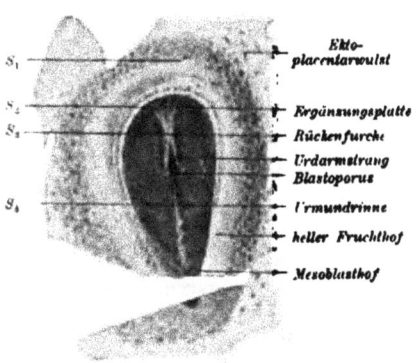

Fig. 84. Birnförmiger Embryonalschild des Hundes mit Rückenfurche u. Urmundrinne. Vergr. etwa 8:1.

ektoblasts verschwindet schließlich das Hinterstück, und der schuh-sohlenförmige Embryo erhält dann wieder ein einheitliches dunkles Aussehen im durchfallenden Lichte (Fig. 86).

Das in jüngeren Schilden vor der Urmundrinne gelegene, anfäng-lich bei Vögeln und Säugetieren sehr kurze Embryonalgebiet wächst durch lebhafte Zellvermehrung rasch in die Länge. Auf seiner Ober-fläche entsteht, wie bei den Amphibien, eine allmählich an Länge zunehmende Rückenfurche, deren hinteres flaches Ende den Blastoporus enthält (Fig. 84, 85, 86). An Stelle der Rückenfurche tritt dann die durch die Neuralwülste seitlich scharf begrenzte Neuralfurche (Fig. 90) und später das Neuralrohr (Fig. 88 u. 89).

Die Umbildung des linearen Amphibienblastoporus in die ihm entsprechende Urmundrinne der Amnioten ist zurzeit noch ungenügend untersucht. Dotterhaltige, mitunter zwischen den Seitenlippen des Blastoporus bei Reptilien vorkommende Zellen, sowie bei Vögeln und Säugetieren beobachtete ein- oder mehrfache in die Ergänzungshöhle führende Lücken stützen neben der von den Rändern der Urmundrinne ausgehenden Mesoblastbildung die vorgetragene Auffassung der Urmundrinne als eines abortiv gewordenen Blastoporus.

10. Die Mesoblastbildung bei den Amnioten.

Auch bei den Amnioten entsteht der Mesoblast, wie bei den Amphibien, als peristomaler Mesoblast aus der Wand des Urmundes, mag dieser nun rundlich, hufeisenförmig oder linear in eine Urmundrinne umgestaltet sein.

Der Mesoblast wird gewöhnlich zuerst als eine die Hinterlippe umgreifende, entweder sichelförmige oder rundliche, sich rasch um das Hinterende des Embryos ausbreitende Trübung als metastomaler Mesoblast (Fig. 78 u. 87) deutlich ($\pi\epsilon\varrho\iota$ = um, herum, $\mu\epsilon\tau\acute{a}$ = hinter, nach). Außerdem liefert noch die Urdarmwand den gastralen Mesoblast und die Ergänzungsplatte einen Teil des Kopfmesoblasts (Fig. 85 B, S_2).

Die Mesoblastbildung geschieht aber nicht mehr durch Abfaltung, wie beim Lanzettfischchen, oder durch Abspaltung, wie bei dem Frosche, sondern zunächst durch Ausschaltung einzelner Zellen und Zellgruppen.

Nur in dem kleinen Gebiet der Ergänzungsplatte bemerkt man mitunter noch Andeutungen an die ursprüngliche Art der Mesoblastbildung durch Abfaltung.

Aus dem Gastrulaknoten, aus der Wand des Urdarmes oder nach dessen ventraler Eröffnung aus der Wand der Urdarm- sowie aus der Wand der Urmundrinne treten nämlich vielgestaltige Zellen aus, erfüllen vereinzelt oder in Zellsträngen zusammenhängend allmählich die zwischen Ektoblast und Dotterentoblast vorhandene Spalte (Fig. 82 B, S_1—S_4) und bilden so das lockere primäre Mesenchym.

Unter reichlicher Vermehrung bilden die Mesoblastzellen schließlich eine mehrschichtige, zusammenhängende, einheitliche Zellmasse (Fig. 85 B, S_4—S_5), in welcher nachträglich das Cölom auftritt.

Bei den Vögeln und Säugetieren verwächst der von der Urmundleiste produzierte Mesoblast in der Richtung von vorn nach hinten allmählich mit dem Dotterblatt. Dann erst, also sekundär, hängen auch im Gebiete der Urmundleiste hinter dem Gastrulaknoten alle drei

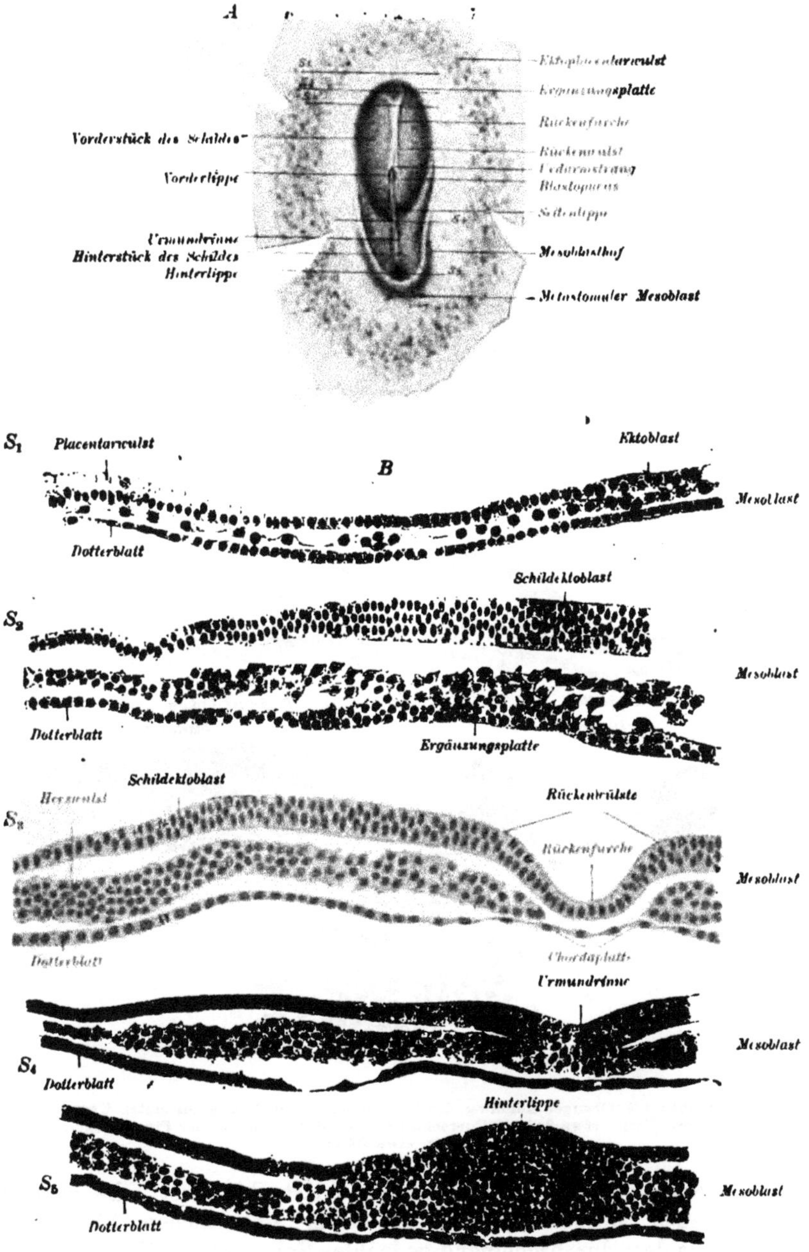

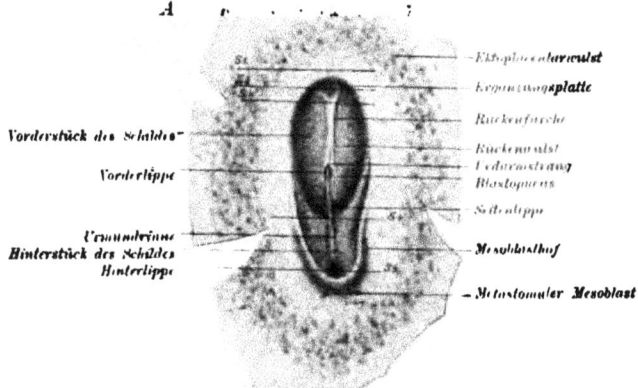

Fig. 8⅝. *A* Etwas weiter entwickelter Keimling des Hundes mit Mesoblasthof. Vergr. etwa 8:1.
B Querschnitte dazu, deren Lage in der Figur mit Zahlen bezeichnet ist. Vergr. etwa 20:1.

Keimblätter in einem axialen Streifen, dem **Achsenstrang**, zusammen (Fig. 82, S_4).

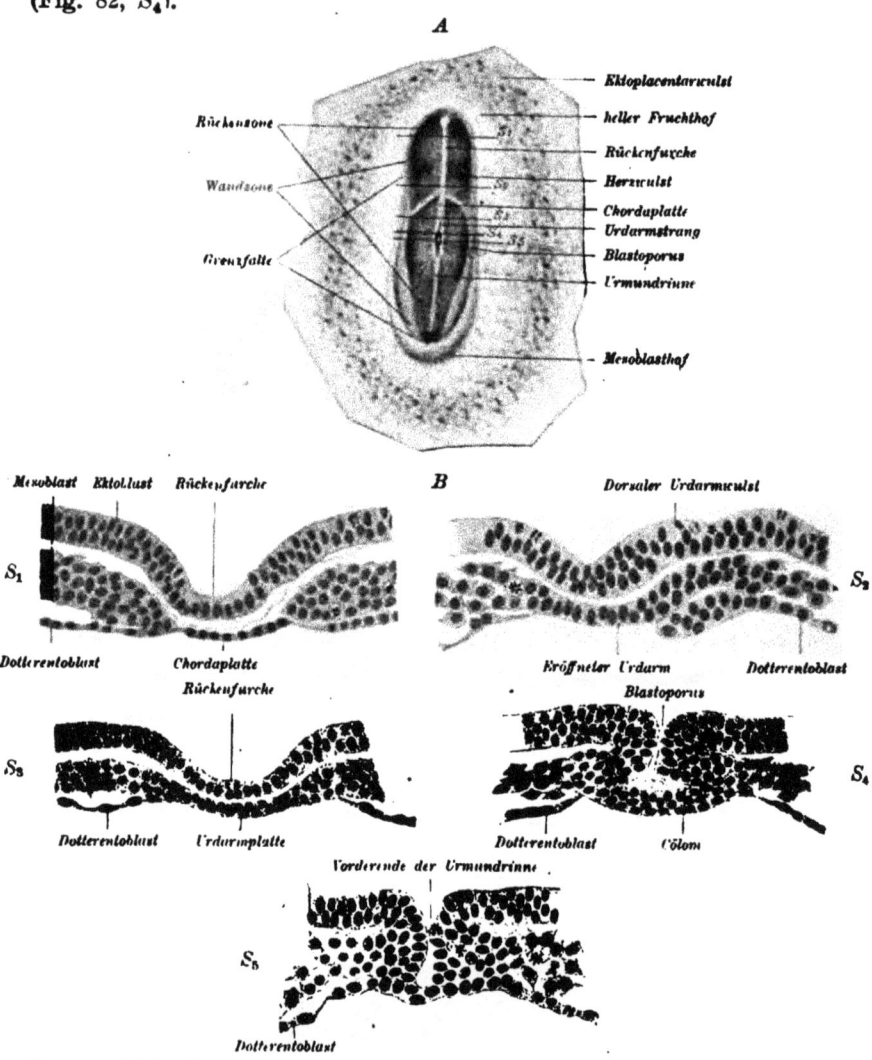

A

Ektoplacentarwulst
heller Fruchthof
Rückenzone
Rückenfurche
Herzwulst
Wandzone
Chordaplatte
Urdarmstrang
Grenzfalte
Blastoporus
Urmundrinne

Mesoblasthof

Mesoblast　Ektoblast　Rückenfurche　　*B*　　Dorsaler Urdarmwulst

S_1　　　　　　　　　　　　　　　　　　　　　　S_2

Dotterentoblast　Chordaplatte　　　Eröffneter Urdarm　Dotterentoblast
Rückenfurche　　　　　　　　Blastoporus

S_3　　　　　　　　　　　　　　　　　　　　　　S_4

Dotterentoblast　Urdarmplatte　　　Dotterentoblast　Cölom

Vorderende der Urmundrinne

S_5

Dotterentoblast

Fig. 86. *A* Schuhsohlenförmiger Keimling des Hundes mit Abgliederung des ersten Urwirbelpaares und Herzwulstes; Vergr. etwa 8:1. *B* Querschnitte dazu, deren Lage in der Fig. *A* eingetragen ist; Vergr. etwa 200:1.

Die Anordnung der einzelnen Mesoblastgebiete ist, ehe sich die verschiedenen Mesoblastquellen zu einem einheitlichen Blatte vereinigen, aus dem durchscheinend gedachten Schema (Fig. 87) im Flächenbilde ersichtlich.

Die zu einem geschlossenen Blatte vereinigte Mesoblastmasse erfüllt schließlich auch den ursprünglich „mesoblastfreien Bezirk", wächst dann peripher unter dem Schildrande zwischen Trophoblast und Dotterentoblast weiter und umrahmt dann allmählich den Embryo in Gestalt des Mesoblasthofes (Fig. 85 u. 86).

Bei dem Schafe, der Ziege und auch bei dem Reh und der Spitzmaus fällt schon gleichzeitig mit der Anlage des Gastrulaknotens, peripher von dem Schildrande, „peripherer Mesoblast" auf. der sich rasch um den Schild wie ein dunkler Rahmen ausbreitet (Fig. 77), und dessen Zellen sich bald mit den Zellen des prostomalen und gastralen Mesoblasts unter dem Schilde zu einer einheitlichen Masse vereinigen.

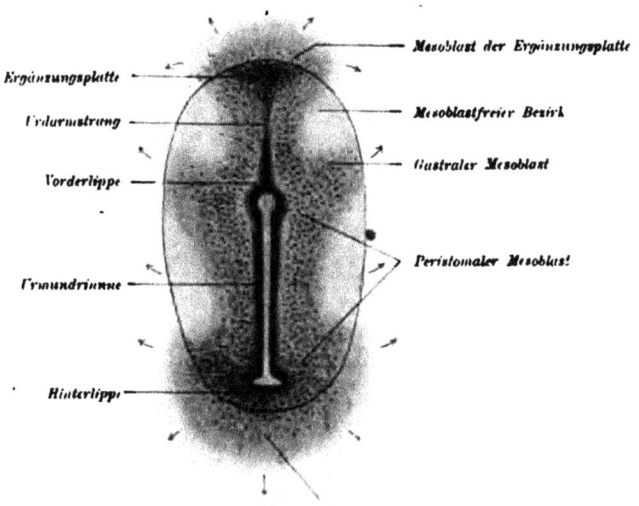

Fig. 87. - Schema der Mesoblastbildung vom Hunde. An dem durchsichtig gedachten Präparat ist die Ausdehnung des Mesoblasts durch Punkte und Pfeile angedeutet.

11. Die Chordabildung bei den Amnioten

beginnt mit der Anlage des aus dem Urdarmdache hervorgegangenen gastralen Chordateils.

Nach der ventralen Eröffnung des Urdarmstranges und der Einlagerung der Urdarmrinne in den ebenfalls unter ihm eröffneten Dotterentoblast biegt sich die Urdarmrinne kopfwärts zu einer dünnen und flachen Zellplatte, der Urdarmplatte, auf. Ihre Ränder werden zur Bildung von gastralem Mesoblast verbraucht. Der übriggebliebene Rest des Urdarmdaches verbindet sich nach beendeter Bildung des gastralen Mesoblasts als eine nur aus wenigen flachen Zellen bestehende Platte so innig mit dem Dotterblatt, daß sie als Teil desselben er-

scheint. Nur durch die sorgfältige Verfolgung ihrer Einlagerung in
das Dotterblatt kann sie als der Rest des Urdarmdaches erkannt
werden (Fig. 85 B, S_3 u. 86 B, S_1). Erst diese axiale, vom Urdarm-

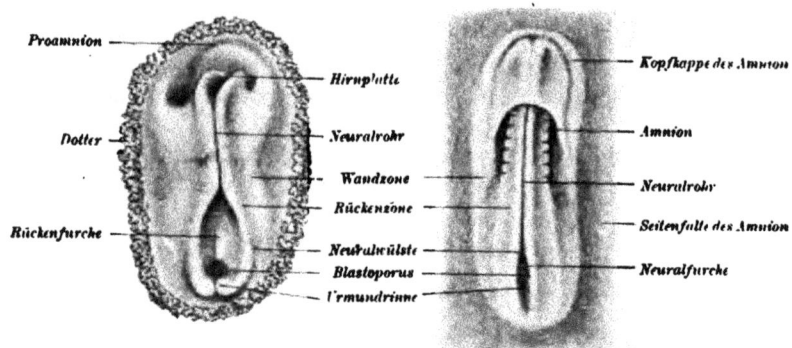

Fig. 88.   Fig. 89.

Fig. 88. Embryo eines Krokodils mit Neuralfurche, noch ohne Urwirbel, nach Voeltzkow.
Fig. 89. Embryo der Eidechse mit Neuralrohr und sieben Urwirbelpaaren von 2,1 mm Länge.
Vergr. etwa 20 : 1.

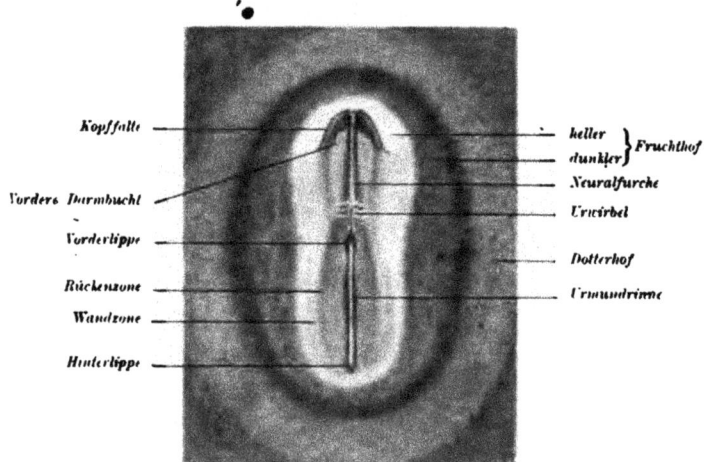

Fig. 90. Embryo des Hühnchens mit Fruchthöfen und zwei Urwirbelpaaren mit Neural- und
Urmundrinne. Vergr. etwa 10 : 1.

strang nach Bildung des Mesoblasts übriggebliebene Platte darf als
Chordaplatte bezeichnet werden. Sie faltet sich in der Folge in
Form einer sehr schmalen dorsalen Rinne (Chordarinne) wieder aus
dem Dotterblatt ab und kann nach Verwachsung ihrer Ränder eine
enge Lichtung enthalten. Jetzt erst darf man von einem Chorda-

·kanal in der Chordaanlage sprechen. Nach dem meist sehr raschen Verschwinden des Chordakanals ist die stabförmige Chorda dorsalis fertig. Unter ihr schließt sich dann wieder der Dotterentoblast durch Verwachsung seiner Ränder und bildet nun das Enteroderm des Dauerdarms.

Die gastrale, aus dem Urdarmdach entstandene Chorda wird nach vorn durch das kurze rinnenförmige, sich aus der Ergänzungsplatte abfaltende Vorderstück und nach hinten durch das axial aus dem indifferenten Zellmaterial des Teloblastems sich differenzierende

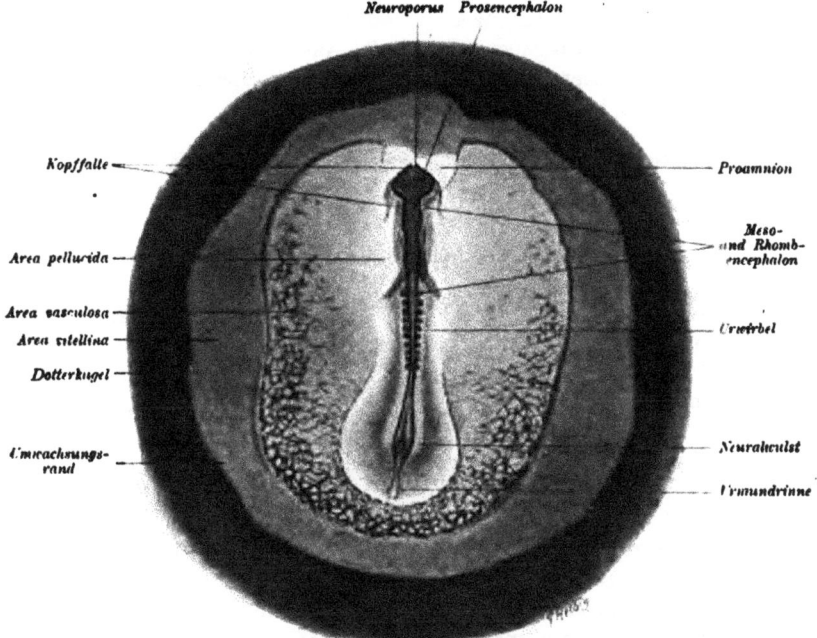

Fig. 91. Embryo des Huhnes mit Fruchthöfen, Neuralrohr, Neural-, Urmundrinne und zehn Urwirbelpaaren. Vergr. etwa 10:1.

Hinterstück ergänzt. Dieses Hinterstück ist bei Säugetieren stets solid oder zeigt höchstens Spuren einer Kanalisierung. Es wird nicht ventral eröffnet, sondern liegt als drehrunder Strang stets auf dem unter ihm geschlossenen Dotterblatt.

Auch bei den Amnioten verdickt sich wie bei den Anamniern das Teloblastem bei gleichzeitiger Verkürzung der Urmundrinne zum Endwulst und zur Schwanzknospe (Fig. 92 *A*). Sie liefert Ektoblast, die Zellen der Neuralplatte, der Chorda und des Schwanzmesoblasts und trägt durch Ergänzung dieser Organe nach hinten ebenso wesentlich zum Längenwachstum des Körpers bei wie bei den Anamniern.

Unter beträchtlicher Verdünnung paßt sich das aus dem Achsenstrang und dem Endwulst hervorgegangene Stück der Chorda dem Längenwachstum des Embryos an. Nun erst durchzieht die Chorda den Embryo vom Kopf bis zur Schwanzspitze.

Nachdem die verschiedenen Mesoblastquellen eine einheitliche Schicht gebildet haben, sondert sich die Mesoblastmasse wieder in den dickeren dorsalen und dünneren ventralen Mesoblast (siehe Cölombildung).

Eine weitere Gliederung kommt bei Flächenbetrachtung der Embryonalanlagen zum deutlichen Ausdruck in Gestalt der dunkleren Rücken- und der helleren Wand- oder Parietalzone (Fig. 92 A). Jene liefert die Grundlage des Scheitels, Nackens und Rückens, diese die Wände des späteren Gesichtes, der Brust, des Bauches und Beckens.

Die Vorgänge bei der

12. Gastrulation und Bildung der Keimblätter des Menschen

sind zurzeit nur teilweise bekannt.

Das ist leicht verständlich, da so junges, normales und noch brauchbares Material nur in den allerseltensten Fällen zur Untersuchung kommt.

Ebensowenig wie die Befruchtungs- und Furchungsstadien kennen wir die erste Anlage des Schildes. Aus späteren, sich mit gleichen Embryonalformen der Säugetiere deckenden Entwicklungszuständen darf man aber schließen, daß die ersten Entwicklungsvorgänge bei dem Menschen ebenso wie bei den Säugetieren verlaufen.

Der sehr kleine Embryonalschild des Menschen zeigt eine deutliche Urmundrinne mit Vorder- und Hinterlippe, einen sehr wohlentwickelten Blastoporus und Urdarmstrang.

Der Urdarmstrang kanalisiert sich und schaltet sich unter ventraler Eröffnung in den Dotterentoblast ein, um so vorübergehend das Dach des primitiven Darmes, wie bei den übrigen Amnioten, zu bilden. Auch bei dem Menschen kann man einen gastralen und peristomalen Teil des Mesoblasts unterscheiden. Die Chorda faltet sich in der schon beschriebenen Weise aus der Urdarmplatte ab; eine Ergänzungsplatte ist bei dem Menschen noch nicht beschrieben, aber sicher zu erwarten.

Die erste Anlage des schon bei auffallend kleinem Embryonalschild sehr reichlich vorhandenen Mesoblasts ist unbekannt. Später folgt er durch Gliederung in dorsalen und ventralen Mesoblast und durch Bildung der Urwirbel den schon beschriebenen Entwicklungsgesetzen.

Auch im übrigen verläuft die Entwicklung des menschlichen Körpers prinzipiell in derselben Weise wie die placentaler Säugetiere.

C. Die Entwicklung der Leibesform und der wichtigsten Primitivorgane der Amnioten.

1. Die Abgrenzung des Embryos und die Fruchthöfe.

Der ovale Embryonalschild der Amnioten wächst, nachdem er zuerst birn-, dann aber unter weiterer Streckung schuhsohlenförmig geworden ist, zu einer Länge von 3—5 mm heran und sondert sich durch die an seinem Rande sich einsenkende G r e n z - oder N a b e l - falte von der Keimblase. Die Bildung der Grenzfalte ist bei den verschiedenen Keimanlagen eine verschiedene. Entweder tritt sie zuerst vor dem Kopfende als K o p f f a l t e auf, deren Schenkel sich nach hinten als S e i t e n f a l t e n verlängern und dann mit der S c h w a n z f a l t e zusammenfließen (Keime mit viel Dotter: Sauropsiden [Fig. 90 u. 91] oder mit großer Keimblase und geräumigem Blastocöl: Fleischfresser [zum Beispiel Fig. 85 u. 86], Pferd, Kaninchen). Oder sie tritt bei Embryonen mit kleinem Dottersack (wie zum Beispiel bei den Wieder- käuern) sehr früh und von vornherein als r i n g f ö r m i g e, den ganzen Embryo umfassende N a b e l f a l t e auf (Fig. 77).

Der helle Fruchthof der Säugetiere ist nicht wie derjenige der Sauropsiden eine p r i m ä r e Bildung, sondern wird erst allmählich n a c h Anlage des Schildes deutlich.

Um den hellen Fruchthof der Säugetiere entsteht ferner eine an Breite zunehmende dunkle, fleckige Zone (Fig. 84 A u. 86 A). Sie wird durch oberflächliche wulstartige Verdickungen des Tropho- blasts bedingt, welche die Placentaranlage vorbereiten und in ihrer Gesamtheit als E k t o p l a c e n t a r w u l s t bezeichnet werden. Diese Trübung ist aber wohl von dem nur vorübergehend bestehenden d u n k l e n F r u c h t h o f e der Sauropsiden zu unterscheiden, dessen Erscheinen durch den Keimring u n t e r dem Blastoderm hervorgerufen wird (Fig. 68, 69 u. 76). In dem M e s o b l a s t h o f entstehen später die ersten Blutgefäßanlagen. Er wird dadurch zum G e f ä ß h o f oder zur A r e a v a s c u l o s a (Fig. 90 u. 91), der peripher von dem D o t t e r - h o f e oder von der A r e a v i t e l l i n a umrahmt ist. Der Dotterhof besteht aus den die Dotterkugel umwachsenden durchsichtigen Keim- haurändern und enthält weder Cölom noch Gefäße.

2. Das Neuralrohr und die primitive Hirngliederung.

Während der Embryo schuhsohlenförmig wird, verlängert sich sein von der Urmundrinne durchzogener Teil (bei Säugetieren und Vögeln bis zu einer maximalen Länge von 2,5—3 mm) und ebenso sein von der Rückenfurche durchzogenes Gebiet beträchtlich (Fig. 79, 82; 84, 85 u. 86 A).

Die zeitweise bis nahe an das Vorderende des Embryos heranreichende Urmundrinne hat bei manchen Embryologen die irrige Meinung hervorgerufen, daß
der Embryo sich aus zwei verwachsenden Hälften bilde (Verwachsungs- oder Kon-
kreszenztheorie). Urdarm, Neuralplatte, Darm und Chorda entstehen aber vom
Amphioxus bis herauf zum Menschen als unpaare und einheitliche Bildung ohne
jede Spur einer Längsverwachsung vor der Vorderlippe des Urmundes. Ferner
entstehen nacheinander zuerst die Kopf-, dann die Rumpfgegend des Embryo, beide
sich in der Richtung von vorn nach hinten vergrößernd und in ihre Einzelheiten
sondernd ohne jede Spur einer Verwachsung paariger Anlagen aus ursprünglich
getrennten Urmundrändern. Das verhältnismäßig kleine, durch Verwachsung der
Urmundlippen hinter der Vorderlippe gegebene Gebiet entspricht nur der späteren
Analgegend. Natürliche und künstliche Mißbildungen infolge eines abnorm ge-
dehnten und gespaltenen Urmundes sind zur Stütze der Verwachsungstheorie nicht
beweiskräftig.

Die Rückenfurche geht in dem Boden der Neuralplatte auf,
die sich nach vorn zur Hirnplatte verbreitet. Deren vorderster
Rand überwächst, bei den Säugern unter schnabelartiger Verlängerung,
das craniale Ende der Rückenzone (Fig. 92 B u. 93 A). Die Zellen der
Neuralplatte sind nun hochprismatisch geworden und sondern sich dadurch scharf von den flachen Zellen des Epidermisblattes.

Die Neuralplatte, beziehungsweise die Neuralfurche, verlängert
sich gleichzeitig kaudalwärts, während die Urmundrinne zuerst relativ,
dann aber auch absolut an Länge abnimmt.

Auf der hinteren abfallenden Fläche des Endwulstes bemerkt man
noch einige Zeit die Reste der Urmundrinne (Fig. 92 A u. 93 B), deren
weitere Schicksale bei der Bildung des Afters beschrieben werden.
Gleichzeitig hat der Rand der Rückenzone unter Vertiefung der Kopffalte die Wandzone nach vorn überwachsen und überragt sie um ein
beträchtliches Stück (Fig. 91 u. 93 A).

Die ganze rinnenförmige Anlage des Zentralnervensystems wird
dann durch dorsale Verwachsung der Neuralwülste in einer sagittalen
Verschlußnaht zu dem Neuralrohr umgewandelt (Fig. 88 u. 93 B).

Der Schluß der Neuralrinne beginnt im allgemeinen im Bereiche
der späteren Mittelhirnanlage und greift von hier schweif- und kopfwärts
weiter. Dadurch wird der vordere noch ungeschlossene Eingang in
das Neuralrohr, der vordere Neuroporus ($\nu\varepsilon\tilde{\nu}\varrho o\nu$ = Nervenrohr,
$\pi\acute{o}\varrho o\varsigma$ = Öffnung), immer weiter nach vorn, der hintere Neuroporus immer weiter nach hinten verlagert. Der Verschluß des letzteren
erfolgt am Kaudalende des Körpers.

Der schließlich am Kopfende des Neuralrohres gelegene vordere
Neuroporus hängt noch einige Zeit mit dem Epidermisblatt zusammen.
Man findet nach seinem Schluß noch eine kleine Ausstülpung der Hirnwand an dieser Stelle, den Processus neuroporicus (Fig. 95 u. 96).
Das entweder noch offene oder schon geschlossene Neuralrohr gliedert
sich bei allen Cranioten (Wirbeltiere mit ausgebildetem Kopfe) in eine
vordere bläschenförmige Hirnanlage und in einen hinteren längeren,

röhrenförmigen Teil, die Anlage des Rückenmarkes oder das M e d u l l a r -
r o h r (Medulla spinalis, Rückenmark).

Nach der Lösung vom Epidermisblatt liegt das ganze Neuralrohr
in der Achse des embryonalen Rückens unter der Epidermis und wird
vom Mesenchym umwachsen.

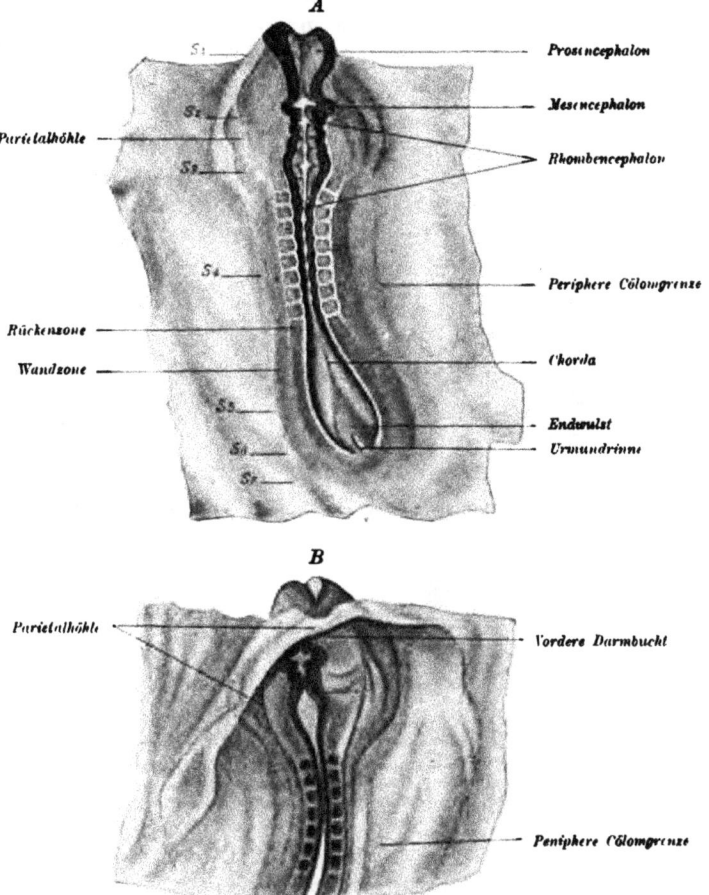

Fig. 92 *A* und *B*. Hundeembryo mit noch offener Neuralfurche, aber mit schon beginnender Hirngliederung sowie mit sekundärer Neuromerie; 8 Urwirbelpaare. Vergr. etwa 15:1.
A von der Rücken-, *B* von der Bauchseite gesehen.

Das Hirnbläschen überragt das vordere Chordaende und zeigt an
seinem Boden die u n t e r e Hirnfalte, die P l i c a e n c e p h a l i v e n -
t r a l i s (Fig. 94 *pv*), und einen kleinen Querwulst das T u b e r c u l u m
p o s t e r i u s (Fig. 94 *tp*). Dadurch wird eine Querteilung in einen
vorderen und hinteren Abschnitt angebahnt.

Die Hirnanlage sondert sich dann in drei hintereinander gelegene
Bläschen, in das **Prosencephalon** (πρός = vor, ἐνκέφαλος = Gehirn)
oder **Vorderhirn**, in das **Mesencephalon** (μέσος = in der Mitte)
oder **Mittelhirn** und in das **hinter** diesem gelegene **Rhombencephalon** (ῥόμβος = die Raute) oder **Rautenhirn** (Fig. 92 *A*, 95
u. 96). Aus dem Prosencephalon stülpen sich in Gestalt zweier ge-
stielter Hohlknospen die **beiden** primären **Augenblasen.** das

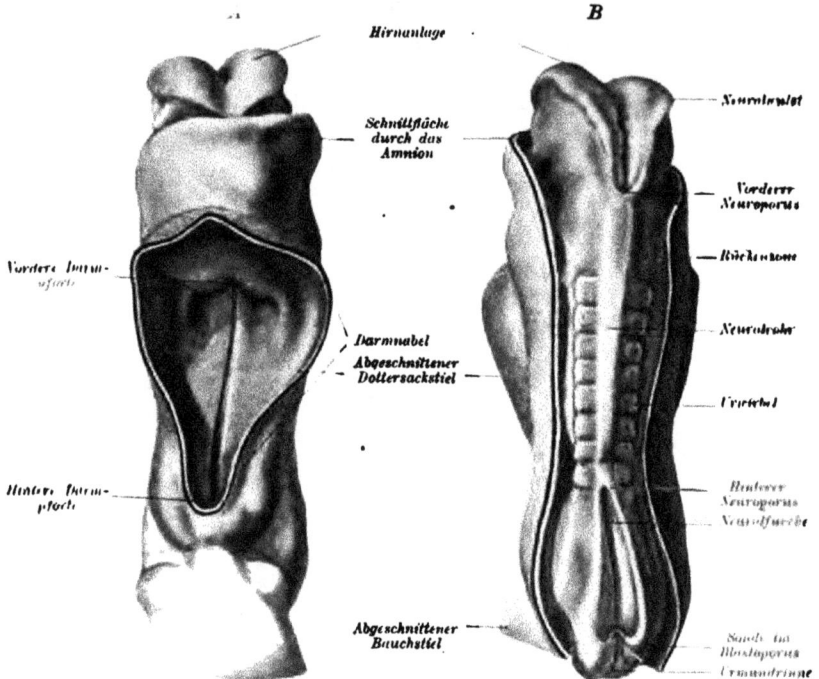

Fig. 95 *A* u. *B*. Menschlicher Embryo von **2,1 mm** Länge von Eternod, nach dem Modell von
F. Ziegler. Teilweise verschlossenes Neuralrohr, Urmundrinne, Blastoporus, beginnende Hirngliederung; 5 Urwirbelpaare. Vergr. etwa 40 : 1. *A* von der Bauch-, *B* von der Rückenseite her gesehen.

Ophthalmencephalon (ὀφθαλμός = Auge), die ersten äußerlich
sichtbaren Anlagen der Sehorgane aus.

Die dorsale Grenze zwischen Prosencephalon und Mesencephalon
bezeichnet eine quere Einfaltung der Hirnwand, in deren Bereich später
die **hintere Hirnkommissur; Commissura posterior**, entsteht
(Fig. 96). Die ventrale Grenzmarke bildet das **Tuberculum posterius**
(Fig. 95 u. 96). Die **Plica rhombomesencephalica** begrenzt als
ringförmige Einschnürung das Mittelhirn gegen das Rautenhirn.

Das vordere Ende der Gehirnachse und die Grenze zwischen Dach
und Vorderwand des Vorderhirnes bildet der im geschlossenen vorderen

Neuroporus gelegene Processus neuroporicus mit dem von ihm umgebenen gleichnamigen Recessus. Unter diesem bildet die vordere Schlußplatte oder Lamina terminalis die Vorderwand des Prosencephalon (Fig. 96), während der weiter rückwärts gelegene Hirnboden durch die Anlage des späteren Trichters oder des Infundibulums gebildet wird.

Die in den drei Hirnabteilungen gelegenen Höhlen, die primären Hirnventrikel, kommunizieren axial miteinander und nach hinten mit der röhrenförmigen Lichtung der Rückenmarksanlage, mit dem Rückenmarksventrikel, seitlich jederseits mit der Höhle der primären Augenblasen, mit dem Recessus opticus (siehe Sehorgan).

Die drei primären Hirnbläschen (Prosencephalon, Mesencephalon und Rhombencephalon) bilden durch weitere Gliede-

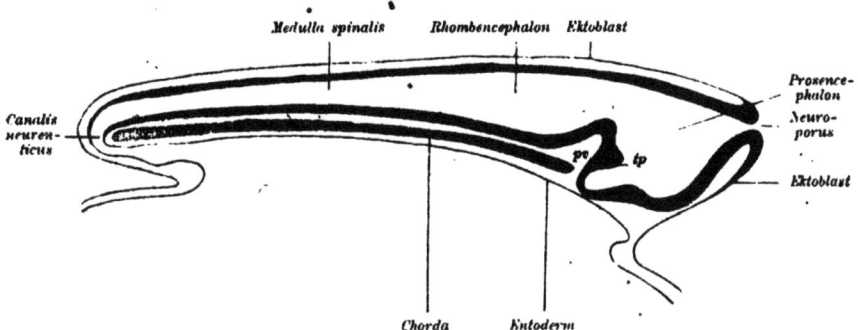

Fig. 94. Schematischer Medianschnitt zur Gliederung des Neuralrohrs eines Cranioten, nach v. Kupffer *tp* = Tuberculum posterius, *pr* = ventrale Hirnfalte.

rung die Grundlage für die Einteilung des Wirbeltiergehirnes.

Das Prosencephalon sondert sich in zwei hintereinander gelegene Abschnitte: in das Endhirn oder Telencephalon (τέλος = Ende), dessen Dach zwei dorsale Ausbuchtungen, die beiden Großhirnhemisphären, bildet, und in das Zwischenhirn oder Diencephalon (διά = zwischen) Fig. 96 u. 99 *A*). Das Mesencephalon bleibt ungeteilt und bildet die Vierhügelplatte und die Bestandteile des Mittelhirnes. Das Rombencephalon liefert das Kleinhirn. Cerebellum oder Mesencephalon und das verlängerte Mark oder Myelencephalon (Fig. 99 *A*).

An dem Dache des Prosencephalons entstehen zwei dorsale, sich zu gestielten Bläschen entwickelnde Ausstülpungen, nämlich die hintere stets vorhandene Epiphyse oder Glandula pinealis, und die vordere weniger konstante Paraphyse (ἐπί = auf, παρά = neben, φύω = pflanzen) (Fig. 96).

Die dorsal gut voneinander geschiedenen fünf Hirnabteilungen sind am Hirnboden weniger scharf voneinander abgrenzbar. Nur der Mittelhirnboden ist durch den Sulcus intraencephalicus posterior nach hinten und durch das Tuberculum posterius nach vorn deutlich geschieden (Fig. 95 u. 96).

Die Abgrenzung des anfänglich unscheinbaren Telencephalon vom Diencephalon geschieht durch den Sulcus intraencephalicus anterior. Er verläuft in der Richtung der Linie *a—a* (Fig. 96).

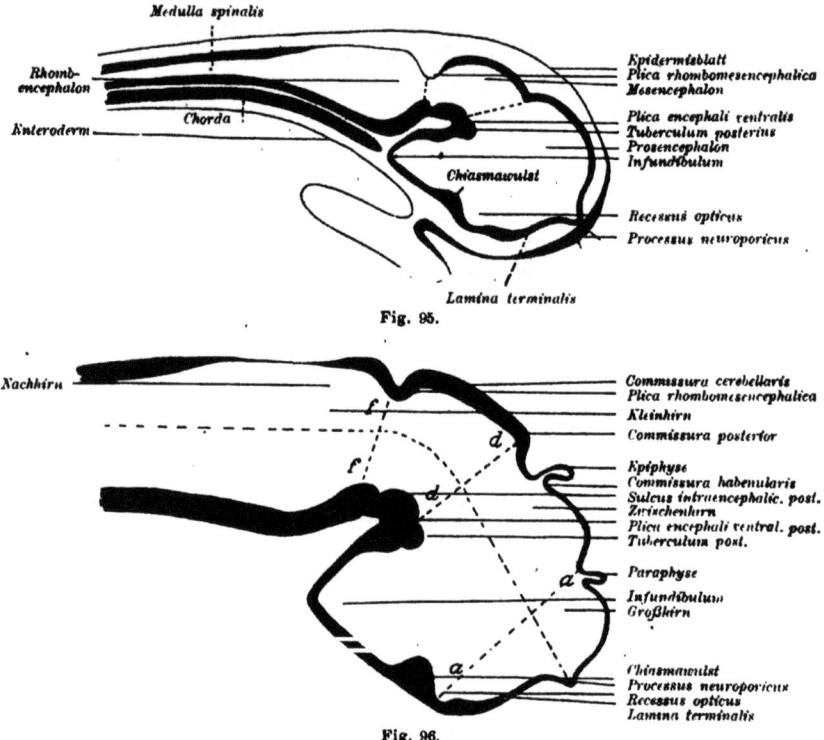

Fig. 95.

Fig. 96.

Fig. 95 und 96. Zwei schematische Medianschnitte zur weiteren Gliederung des Neuralrohres, nach von Kupffer. Die Linien *a—a*, *d—d*, *f—f* markieren die Grenzen zwischen der Groß-, Zwischen-, Mittel- und Rautenhirnanlage.

Die Epithelien der Seitenwände spielen bei dem weiteren Wachstum und bei den weiteren Sonderungen die Hauptrolle. Die zahlreichen Mitosen in der Wand der Medullar- und Hirnanlage finden sich stets zentral, nahe der Lichtung (Fig. 97). Lebhafte Zellvermehrung führt zum Längen- und Dickenwachstum der Rückenmarks- und Hirnanlage, deren histologische Sonderung in graue und weiße Substanz unter „Entwicklung des Nervensystems" beschrieben wird.

Als primäre Neuromerie (νεῦρον = Nervenrohr, μέρος = Teil) fällt eine schon an der offenen Neuralrinne durch Querfurchen bedingte Segmentierung auf (Fig. 92 A). Ob die schon vor, meist aber erst nach dem Schlusse des Medullarrohres, namentlich am Hirn deutliche sekundäre Neuromerie (Fig. 92 A) mit der primären homolog ist, ist unsicher. Man kann die Neuromeren des Rückenmarkes als Myelomeren (μυελός = Mark) denen des Hirnes oder den Encephalomeren (ἐγκέφαλος = Gehirn, μέρος = Teil) gegenüberstellen.

Das erste der sechs an dem Rautenhirn deutlichen Encephalomeren wird Cerebellum; mit dem zweiten steht das Ganglion semilunare des Trigeminus in primärer Verbindung; mit dem vierten der Wurzelkomplex des Akusticofacialis; mit dem fünften der Glossopharyngeus. Dem dritten Encephalomer entspricht kein Nerv.

Von den fünf vor der Plica rhombomesencephalica gelegenen Hirnsegmenten entfallen drei auf das Vorderhirn, zwei auf das Mittelhirn.

Später verschwindet die sekundäre Neuromerie des Gehirnes wieder.

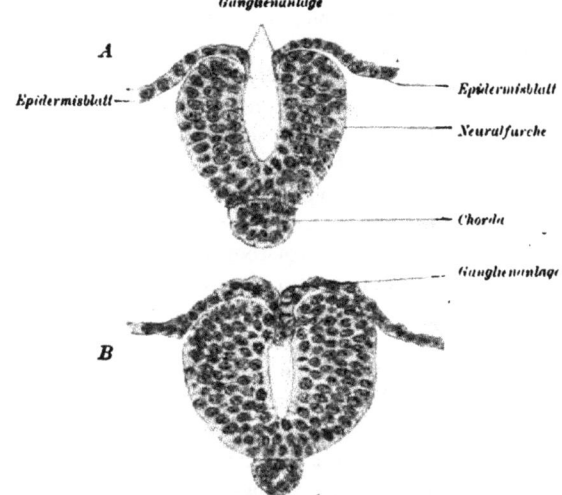

Fig. 97 A u. B. Zwei Querschnitte durch das in Verschluß begriffene Neuralrohr eines Schafembryos mit acht Urwirbelpaaren. A aus dem noch nicht segmentierten kaudalen Gebiete, B aus dem Gebiete des fünften Urwirbelpaares.

3. Die Spinalganglienleiste.

Das im Verschluß begriffene Neuralrohr hängt durch verdickte Umschlagsfalten vorübergehend mit dem einschichtigen Epidermisblatt zusammen. Beide Falten werden beim Schlusse des Neuralrohres zwischen dessen Rändern eingeklemmt (Fig. 97 A u. B), bald aber wieder aus dieser nach außen verdrängt und bilden nun zu beiden Seiten des Neuralrohres eine zusammenhängende Zelleiste, die Ganglienleiste (Fig. 107).

Nom Nacken ab in craniokaudaler Richtung verlaufend, verdickt sie sich zu metameren, der Zahl der Urwirbel entsprechenden Auftreibungen, den Anlagen der primären Spinalganglien. Sie bleiben mit dem Neuralrohr in Verbindung, während die zwischen den Ganglien gelegenen Strecken schwinden. So entsteht jederseits eine Reihe getrennter metamerer, bald zu auffallender Größe heranwachsender Spinalganglienanlagen, die Ganglienreihe, aus der dann die sensiblen Wurzeln und der sensible Teil der Spinalnerven auswachsen. (Weiteres siehe unter: Entwicklung der peripheren Nerven.)

4. Die Ursegmente und Urwirbel.

Die Mesoblastsegmentierung beginnt bei den Amnioten schon während der Ausbildung der Neuralfurche und ist weniger deutlich als bei Amphioxus und bei den Amphibien, da nur die Rückenzone, weniger scharf aber die Wandzone in metamere Ursegmente zerlegt wird. Bei Beginn der Segmentierung besteht der Kopfmesoblast aus spärlichen lockeren, polymorphen, großenteils von der Ergänzungsplatte gelieferten Zellen (Fig. 98 S_1), die erst später ein dichteres Gewebe bilden (Fig. 103 u. 104). Im Rumpfgebiete wird der Mesoblast unter lebhafter Zellvermehrung namentlich in den Urmundlippen und im Endwulste in kaudaler Richtung dichter. Die Ursegmente bestehen aus den wohl begrenzten, aus dorsalem Mesoblast gebildeten Somiten (Körperstücke, von $\sigma\tilde{\omega}\mu\alpha$ = Körper) oder Urwirbeln und den aus dem ventralen Mesoblast bestehenden Seitenplatten. Beide hängen durch die Urogenitalplatte vorübergehend zusammen (Fig. 100). Die Urogenitalplatte löst sich später von den Urwirbeln und von den Seitenplatten und wird zur Anlage des Urogenitalapparates verwendet. Der parietale Mesoblast der Seitenplatten biegt dann neben dem lateralen Ende der Urogenitalplatte in den visceralen Mesoblast der Seitenplatte und bildet so eine Umschlagsfalte, die Gekrös- oder Mesenterialplatte, die Grundlage des späteren Mesenteriums.

Die Urwirbel sind nicht etwa direkte Vorläufer der Knochenwirbel, sondern zunächst Primitivorgane zur Bildung von Muskulatur und primärem Mesenchym.

Die Abgliederung der Urwirbel leitet sich durch Abgrenzung eines etwa würfelförmigen Mesoblaststückes ein, dessen Zellen sich radiär ordnen (Fig. 98 S_4 Uw).

Das erste Urwirbelpaar entsteht stets vor der Vorderlippe der Urmundrinne an der schmalsten Stelle der Stammzone (Fig. 86 u. 90). Hinter dem ersten Paare bilden sich parallel der weiteren Ausbildung der Neuralrinne bzw. des Neuralrohres die übrigen bis zur Schwanzspitze. Nach Schluß und Gliederung des Neuralralrohres liegt das erste Paar rechts und links vom Rhombencephalon hinter der Anlage des Gehörorganes.

Das in den ursprünglich soliden Urwirbeln entstehende Myocöl öffnet sich lateral und steht dann durch eine zeitweise in der Uro-

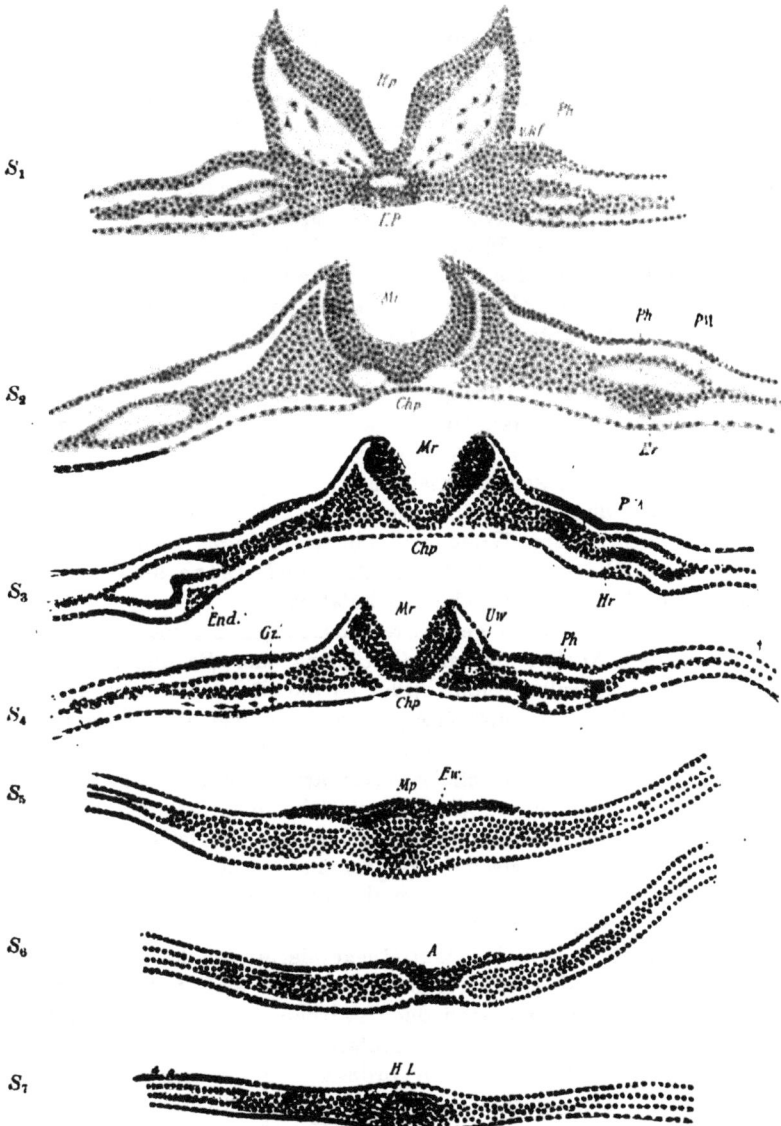

Fig. 98. 1–7 Querschnitte durch den Hundeembryo, Fig. 92. Die Nummern neben den Leitstrichen
der Fig. 92 geben die Lage der Schnitte im Embryo.

Ep = Ergänzungsplatte; *v kf* = vordere Keim- oder Begrenzungsfalte; *Ph* = Parietalhöhle; *Mr* = Me-
dullarrinne; *Mp* = Medullarplatte; *Hp* = Hirnplatte; *A* = Aftermembran; *HL* = ventrale oder
Hinterlippe der Urmundrinne; *Chp* = Chordaplatte; *Hr* = Herzplatte; *PM* = Dach der Parietalhöhle;
Gz. = Gefäßzellen; *End.* = Endothel des Herzens; *Uw* = Urwirbel; *Ew.* = Endwulst oder Kaudalknoten;
Vergr. etwa 100 : 1.

genitalplatte auftretenden Spalte, durch das Gonocöl ($\gamma \acute{o} \nu o \varsigma =$ Zeugung. $\varkappa o \acute{\iota} \lambda \omega \mu \alpha =$ Höhle) mit dem übrigen Cölom in Verbindung (Fig. 105). Dieser bei den Amnioten nur flüchtige Zustand wiederholt die vom Amphioxus (Fig. 43 rechte Hälfte) und vom Molche (Fig. 37 A rechte Hälfte) bekannten Verhältnisse.

Das Myocöl, das Gonocöl und der die Eingeweide des Embryos enthaltende Teil des Cöloms, das Splanchnocöl ($\sigma \pi \lambda \acute{\alpha} \gamma \chi \nu o \nu =$ Eingeweide) werden als das im Embryo gelegene Endocöl von dem außerhalb des Embryos gelegenen Exocöl unterschieden.

Die laterale, zuerst unvollkommene, später scharfe Abgrenzung der Urwirbel ist aus Fig. 110 ersichtlich. Aus der Urwirbelwand ausgeschaltete Zellen füllen das Myocöl, und die Gesamtheit dieser Zellen bildet dann den Urwirbelkern. Schon nach Abgliederung von etwa einem halben Dutzend Urwirbelpaaren wird die dorsale Wand der älteren Urwirbel epithelial und grenzt sich dadurch schärfer gegen den Urwirbelkern und die übrige Urwirbelwand ab. Darauf tritt, an den ältesten Urwirbeln zuerst, eine Lockerung in der Mitte der medialen Wand ein und liefert durch Auflösung der Urwirbelwände und des Urwirbelkernes sich rasch vermehrende, vielgestaltige Zellen, ein Mesenchym, auf dem die noch aus enggeschlossenen prismatischen Zellen bestehende obere Wand wie ein viereckiger Schachteldeckel liegt (Fig. 108). Sie liefert als Haut-Muskelplatte die Lederhaut des Rückens und die willkürliche Muskulatur.

Das durch die Urwirbel gelieferte Mesenchym breitet sich ventral um die primitiven Aorten und um die Chorda aus. Es umhüllt gleichzeitig dorsal das Neuralrohr und bildet so das Rumpf- oder axiale Mesenchym. Es läuft kopfwärts jederseits in das noch immer sehr lockere, unsegmentierte Kopfmesenchym oder die Kopfplatten aus, die sich allmählich durch Zellvermehrung verdichten. Schweifwärts hängt das Mesenchym der Hinterfläche der jüngsten Urwirbel mit dem noch unsegmentierten Mesoblast der Urwirbelplatten zusammen. Lateralwärts dringt es zwischen die Kanälchen des inzwischen entstandenen Exkretionsapparates ein und umhüllt sie als Mesenchym der Urniere. (Siehe diese.)

Die peripheren Ränder der Haut-Muskelplatten knicken sich ventralwärts stärker ein und produzieren Zellen, die sich unter Annahme von Spindelform unter dem Dach des Urwirbels zu den ersten Anlagen der segmentalen willkürlichen Muskulatur, den Muskelplatten, Myotomen oder Myomeren ordnen. (Siehe Entwicklung des Muskelsystems.) Der epitheliale Rest der Haut-Muskelplatte lockert sich auf und wird zum Mesenchym der Haut- oder Cutisplatte. Sie liefert die Fascien und die Lederhaut des Rückens. Die inzwischen aus der Vereinigung der primitiven Aorten entstandene bleibende Aorta entsendet dorsalwärts zwischen den Haut-Muskelplatten die

Segmentalarterien, welche auch das axiale Mesenchym in einzelne Segmente, in die Sklerotome ($\sigma\varkappa\lambda\varepsilon\varrho\acute{o}\varsigma$ = hart) oder die Grundlagen für die späteren Wirbel, zerlegen (Siehe deren Entwicklung).

Es besteht somit vorübergehend durch die Scheidung der Urwirbel in die Cutisplatte, die Myotome und Sklerotome auch bei den Amnioten bis herauf zum Menschen eine metamere ($\tau\grave{\alpha}$ ' $\mu\varepsilon\tau\acute{\alpha}\mu\varepsilon\varrho\eta$ = die aufeinanderfolgenden Teile) Anlage der Cutis, der Muskulatur und des Achsenskeletes. Das primitive Achsenskelet besteht aus der Chorda dorsalis, aus dem axialen Mesenchym des Rumpfes und aus dem noch sehr lockeren Mesenchym des Kopfes.

Die bindegewebige Rumpfwand wird durch Mesenchymzellen des parietalen Mesoblasts gebildet, die sich mit dem axialen Mesenchym und der Cutisplatte vereinigen und die bindegewebige Grundlage der seitlichen Leibeswände und der Extremitätenanlagen bilden.

Der viscerale Mesoblast bidet die Wandlung des Darmes und seiner Anhangsdrüsen, indem er sich in das Darmmesenchym und in die glatte Muskulatur des Darmes sondert. Das Darmmesenchym erhält vom axialen Mesoblast her Zuwachs.

5. Die Anlage des Herzens.

Meist gleichzeitig mit der Abgrenzung des ersten Urwirbelpaares bemerkt man rechts und links in der Parietal- oder Wandzone eine Mesoblastverdickung, den Herzwulst (Fig. 86 A). Eine Verdickung des metastomalen Mesoblasts umgibt als mondsichelförmiger Trübung als Cölomwulst das Hinterende des Embryos (Fig. 85 A u. 86 A). In diesem entsteht beim Hunde die erste Spur des Exocöls und schreitet rasch peripher und embryonalwärts fort. Das Exocöl öffnet sich dann am Rande des Embryonalkörpers in das Endocöl.

Im Herzwulst entsteht eine das Kopfende hufeisenförmig umrahmende Spalte, die Parietalhöhle, deren aufgetriebene Schenkel bald sehr deutlich sind (Fig. 92). Nach hinten hängt sie ursprünglich mit dem Endocöl zusammen. Lateral ist sie durch eine Mesoblastbrücke gegen das Exocöl abgeschlossen (Fig. 101 u. 102). Aus den Wänden der Parietalhöhle entsteht das Herz und der Herzbeutel.

Die hufeisenförmige Parietalhöhle müßte bei einem vollkommen in der Fläche der Keimblase ausgebreiteten Embryo vor dessen Kopfende liegen (wie man das an manchen Embryonen von Meroblasten sieht). Durch die zwischen Kopfende und Parietalhöhle einspringende Kopffalte wird aber die Parietalzone bei Amnioten sehr bald unter den Kopf verlagert. Betrachte man einen solchen Embryo (Fig. 92 B u. 99 B) von der Bauchseite, so kann man hinter der Umschlagstelle der Kopffalte durch die vordere Darmpforte in die vordere Darmbucht sehen. Etwas später entsteht auch am hinteren

Leibesende die durch die h i n t e r e D a r m p f o r t e zugängliche h i n t e r e
D a r m b u c h t (Fig. 99 B). Die bogenförmigen Ränder der blindsackförmigen vorderen und hinteren Darmbucht gehen in die Seitenränder

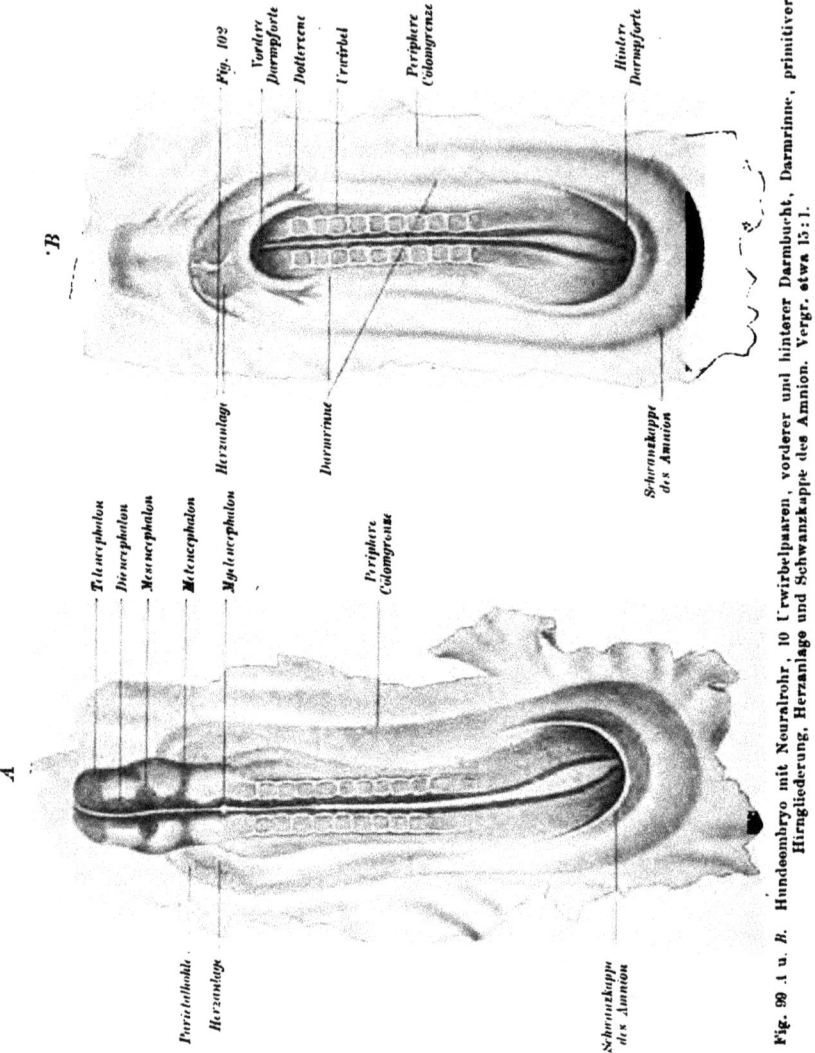

Fig. 99 A u. B. Hundeembryo mit Neuralrohr, 10 Urwirbelpaaren, vorderer und hinterer Darmbucht, Darmrinne, primitiver Hirngliederung, Herzanlage und Schwanzkappe des Amnion. Vergr. etwa 15:1.

der in die Dottersackhöhle führenden D a r m r i n n e über. Die Wandungen
der Darmrinne setzen sich in die Wand der Keimblase fort.

Beide Darmbuchten vertiefen sich rasch. Die Ränder der vorderen
Darmbucht wachsen sich in der ventralen Medianlinie (in der Richtung

der Pfeile in Fig. 101) entgegen und verwachsen unter dem Kopfe miteinander. Dadurch werden auch die zuerst rechts und links neben dem Kopfe in der Wand der vorderen Darmpforte gelegenen Schenkel der Parietalhöhle ventral verlagert und einander unter dem Kopfe bis zur Berührung genähert (Fig. 99 *B*, 101, 102, 103).

Auch die medialen Wände der Parietalhöle verwachsen dann unter Schwund des Enteroderms an der Berührungsstelle (Fig. 104) miteinander in der Richtung von vorn nach hinten. Dadurch wird nicht nur die **Brustwand** gebildet, sondern im weiteren Verlaufe der Verwachsung auch die Darmrinne in der Richtung von vorn nach hinten fortschreitend geschlossen. Durch den in kaudokranialer Richtung sich abspielenden Verschluß der hinteren Darmpforte wird die offene Darmrinne immer kürzer und ihre Kommunikation mit der Keimblasenhöhle immer enger.

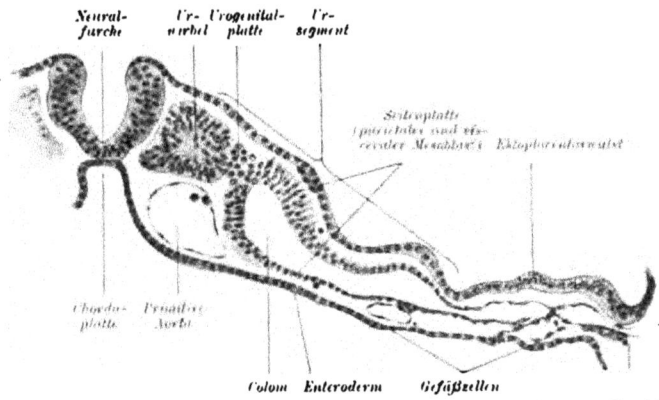

Fig. 100. Querschnitt durch den sechsten Urwirbel eines Hundeembryos mit 15—11 Urwirbelpaaren. Vergr. etwa 100 : 1.

Noch während die Schenkel der Parietalhöhle lateral vom Kopfe liegen kann man an ihr (Fig. 98 S_2, S_3 u. S_4) ein Dach aus parietalem Mesoblast und einen Boden aus dickerem visceralen Mesoblast, die **Herzplatte** oder die zukünftige Herzwand unterscheiden (Fig. 102, 103 u. 104). Die schon in Fig. 98 S_3 u. S_4 unter der Herzplatte bemerkbaren Zellen, die **Gefäßzellen**, schließen sich zur **Endotheltapete** des Herzens zusammen.

Die Herzanlage ist also eine paarige, und man erkennt auch noch während der Verwachsung der Darmfalten im Querschnitt die beiden Schenkel der Parietalhöhle nebst den von ihnen umschlossenen rinnenförmigen Herzanlagen und ihren Endothelschläuchen (Fig. 103).

Die beide Herzhälften noch trennende Scheidewand besteht dann aus dem Reste der schon in Auflösung begriffenen Enterodermplatten

und der in ein o b e r e s und u n t e r e s H e r z g e k r ö s e oder M e s o -
c a r d i u m $\mu\acute{\epsilon}\sigma o\varsigma$ = mitten, $\varkappa a\varrho\delta\acute{\iota}a$ = Herz) d o r s a l e und v e n t r a l e
umbiegenden Herzwand.

Nach Schwund der Herzscheidewand vereinigen sich die beiden
rinnenförmigen Herzplatten durch Verwachsung zu e i n e m spindel-

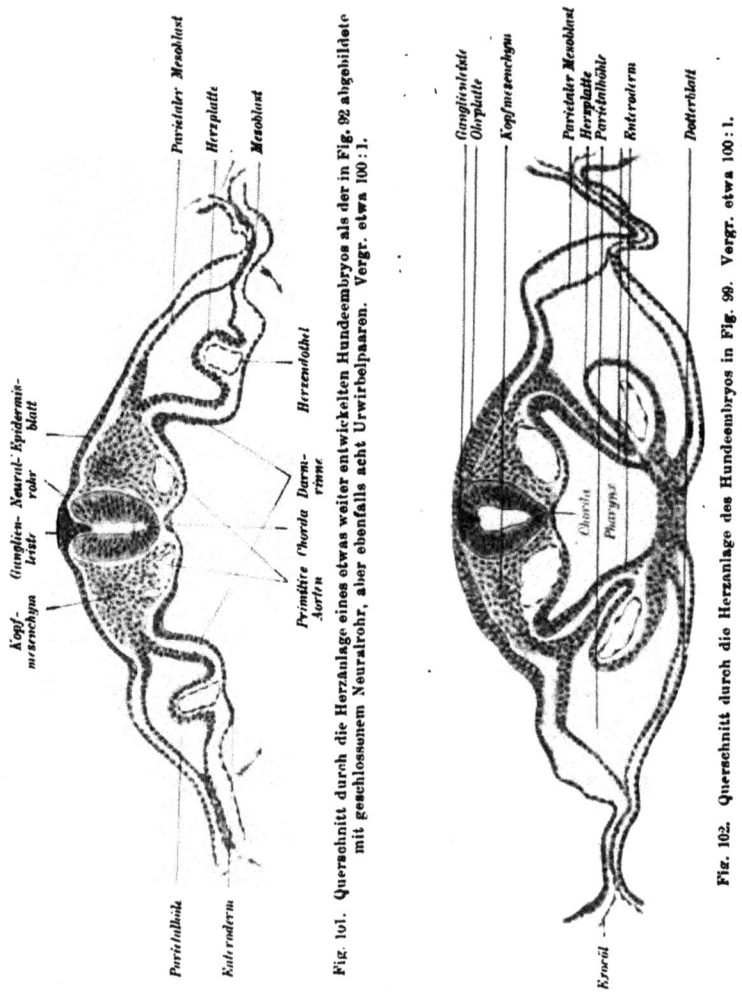

Fig. 101. Querschnitt durch die Herzanlage eines etwas weiter entwickelten Hundeembryos als der in Fig. 92 abgebildete mit geschlossenem Neuralrohr, aber ebenfalls acht Urwirbelpaaren. Vergr. etwa 100:1.

Fig. 102. Querschnitt durch die Herzanlage des Hundeembryos in Fig. 99. Vergr. etwa 100:1.

förmigen H e r z s c h l a u c h. In gleicher Weise bilden die ursprünglich
getrennten Endothelröhren den E n d o t h e l s c h l a u c h. Nun liegt
nach Schwund des ventralen Mesocardiums das Herz in der einfachen
P a r i e t a l h ö h l e (Fig. 104), die sich in die ventrale H e r z b e u t e l -
h ö h l e und P l e u r a h ö h l e teilt.

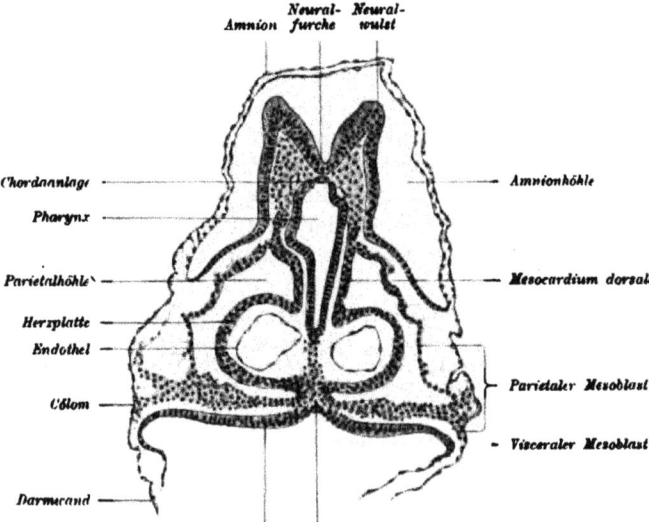

Fig. 103. Querschnitt durch die Herzanlage eines Schafembryos mit noch offener Neuralfurche und 8 Urwirbelpaaren. Vergr. etwa 100 : 1.

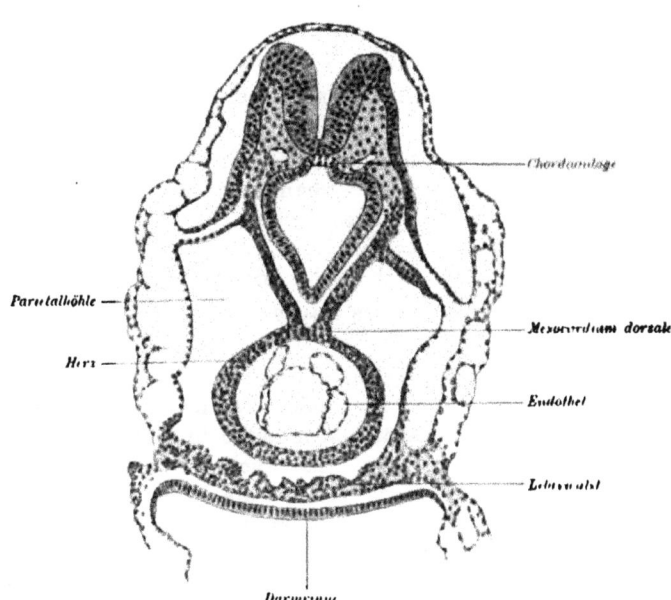

Fig. 104. Querschnitt durch die Herzanlage eines Schafembryos mit 10 Urwirbelpaaren. Vergr etwa 100 : 1.

Die Wand des Herzschlauches liefert in Gestalt langgestreckter
Zellen die Herzmuskulatur, das Myocardium ($\mu\tilde{v}\varsigma$ = Muskel, $\varkappa\alpha\varrho\delta\acute{\iota}\alpha$
= Herz). Noch ehe die Herzwand aus Muskelfasern besteht — beim
Hühnchen am dritten Bebrütungstage —, bemerkt man am Herzen
schon regelmäßige Kontraktionen.

Das vordere Ende des spindelförmigen Herzschlauches bildet den
kurzen unpaaren, kopfwärts verlaufenden Truncus arteriosus,
der sich in die Arterien der Schlundbogen gabelt. Mit seiner Wand
verwächst die kraniale Wand der Herzbeutelhöhle. In das Kaudalende des Herzens entleeren die beiden Dottervenen ihr Blut
(Fig. 99 B).

Bei den niederen Wirbeltieren (Rundmäulern, Selachiern, Ganoiden und
Amphibien) legt sich das Herz nicht paarig, sondern in Form eines einfachen
Rohres als primitiver Herzschlauch an. Bei den Amnioten führte die zunehmende Dottermasse zu einer flächenhaften Ausbreitung der Keimhaut und zur
paarigen Herzanlage, die erst sekundär mit der Vereinigung der ventralen Kopf-
darmwände zur unpaaren Herzanlage verschmilzt. Zwar wurde die Dottermasse
in den Eizellen der über den Monotremen stehenden Säuger wieder bedeutend
reduziert, aber ihre paarige Herzanlage deutet auf dotterreiche Eier ihrer Vorfahren hin.

6. Die Vor- und Urniere.

Bei den Amnioten legen sich nacheinander drei Harndrüsen an:
die Vorniere, Pronephros, die Urniere, Mesonephros, und
die Nach- oder Dauerniere, Metanephros ($\nu\acute{\varepsilon}\varphi\varrho o\varsigma$ = Niere,
$\pi\varrho\acute{o}$ = vor, $\mu\acute{\varepsilon}\sigma o\varsigma$ = in der Mitte, $\mu\varepsilon\tau\acute{\alpha}$ = nach).

Die Vorniere besteht zeitlebens nur bei Rundmäulern (Cyclostomen)
und manchen Fischen.

Bei den Anamniern funktioniert nach Rückbildung der Vorniere
die Urniere auch im fertigen Organismus zeitlebens als Harnorgan.
Bei den Amnioten werden diese beiden Harndrüsenformen zwar angelegt, sezernieren aber keinen Harn. Sie werden durch die Dauerniere ersetzt und bilden sich mehr oder weniger vollständig zurück.

In dem Grundprinzip ihres Baues stimmen die drei Nieren miteinander überein.

Je nach ihrer Zugehörigkeit zur Vor-, Ur- oder Nachniere werden
ihre Kanälchen als Vor-, Ur- oder Nachnierenkanälchen bezeichnet. Die Vornierenkanälchen münden in einen längsverlaufenden
Kanal, den Vornierengang. Er wächst frei nach hinten weiter,
nimmt nach Rückbildung der Vorniere die Urnierenkanälchen auf und
leitet jetzt als Urnierengang oder primärer Harnleiter den
Harn entweder in die Kloake oder bei deren Fehlen dicht hinter dem
After nach außen ab. (Die Entwicklung der Nachniere siehe unter
Harnapparat.)

a) Die Vorniere.

Die Harndrüsen mit ihren Ausführungsgängen sind mesoblastische Bildungen. Ihre Anlage ist namentlich bei Haien und Rochen sehr übersichtlich und kann als Grundlage für das Verständnis der weniger klaren Verhältnisse bei den höheren Wirbeltieren benutzt werden. Als erste Anlage der Vorniere findet man bei den Selachiern an dem durch das Cölom gespaltenen Mesoblast beiderseits zwischen Urwirbeln und Seitenplatten die Urogenitalplatte ($o\check{v}\varrho o\nu$ = Harn) (Fig. 105 A, B, C). Da die Urogenitalplatten, ebenso die zugehörigen Urwirbel und Mittelplatten deutlich metamer sind, so kann man auch von metameren Harndrüsenanlagen, Nephromeren oder Nephrotomen sprechen. Die Vornierenkanälchen entstehen aus Ausstülpungen des parietalen Mesoblasts der Urogenitalplatte (Fig. 105 B) und kommunizieren durch kleine trichterförmige Spalten, die Trichter oder Nephrostome ($\nu\acute{\epsilon}\varphi\varrho o\varsigma$ = Niere, $\sigma\tau\acute{\alpha}\mu\alpha$ = Mündung), mit dem Endocöl. Dann trennt sich die Urogenitalplatte von dem Urwirbel vollkommen ab (Fig. 105 C). Da die Kanälchen außerhalb des von den Seitenplatten umwandeten Endocöls entstehen, liegen sie von Anfang an zwischen Urwirbeln und Cölom und später retroperitonäal. Sie verlängern sich, schlängeln sich und vereinigen sich, mit ihren blinden Enden verwachsend, zum Vornierengang (Fig. 107).

Zu diesem Exkretionsapparat gesellen sich noch die mit der Wasserausscheidung betrauten Filtrationsapparate, die Glomeruli oder Gefäßknäuel. Ein Glomerulus entwickelt sich entweder außerhalb des Harnkanälchens im visceralen Mesoblast der Urogenitalplatte rechts und links von der Aorta, von der seine Blutgefäße gespeist werden, und ragt dann dem Nephrostom gegenüber als äußerer Glomerulus (Fig. 106) frei in das Cölom hinein. Oder er wird als innerer Glomerulus in die erweiterte Strecke eines Harnkanälchens in einiger Entfernung von dessen Nephrostom in das Vor- oder Urnierenkämmerchen oder -bläschen eingestülpt (Fig. 107).

Nun unterscheidet man an jedem Vornieren- und später auch an jedem Urnierenkanälchen folgende Strecken: 1. die Nephrostome oder Trichter mit dem Trichterkanal, 2. die mittlere Strecke oder das Vornierenkämmerchen oder -bläschen mit dem durch ein aus der Aorta kommendes Gefäß gespeisten Glomerulus und 3. das in den Vornierengang mündende Endstück oder das Hauptkanälchen. Schon bei manchen Selachiern verliert die erste Strecke ihre Verbindung mit der Leibeshöhle. Sie schwindet in der Folge, während die Strecken 2 und 3 namentlich durch Längenzunahme und Schlängelung des Hauptkanälchens eine weitere Ausbildung erfahren.

Diese klaren Verhältnisse verwischen sich bei den Amnioten und bei dem Menschen, weil die Anlage der Vorniere mehr oder minder abortiv wird und nur ihres Ausführungsganges wegen, der, wie wir sehen werden, auch als Ausführungsgang der Urniere funktioniert, nötig ist.

Die kurze Zeit des Bestehens der Vorniere und ihre frühe, mit der Anlage der Urniere sich zeitlich verquickende Rückbildung erschweren die scharfe Unterscheidung beider Anlagen.

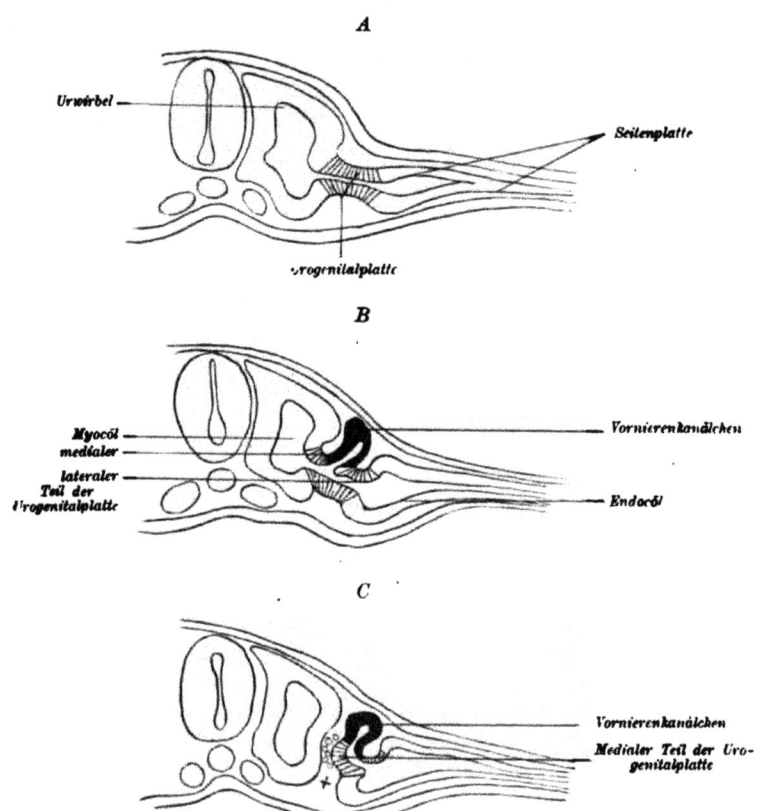

Fig. 105 *A*, *B*, *C*. Drei Schemas zur Bildung der Vorniere, nach Felix.

Die Anlage der Vorniere geschieht bei Reptilienbryonen mit zirka 6—10, bei Vogelembryonen mit etwa 8—9 und bei Säugerembryonen (Kaninchen, Hund, Schaf) mit 5—6 Ursegmentpaaren.

Die Anlage der Vorniere erstreckt sich bei Reptilien im Gegensatze zu den Selachiern, bei denen sie die ganze Körperhöhle durchzieht, nur vom 5. bis höchstens 12., bei Vögeln vom 4. bis 15., bei Säugetieren vom 5. bis 10. Ursegment. Es kommt namentlich im vorderen Teile der Anlage — der hintere bleibt vielfach ganz rudimentär — zur Bildung kleiner, dorsalwärts gerichteter und nach hinten gekrümmter Kanälchen. Ihre Enden verwachsen miteinander zum Vor-

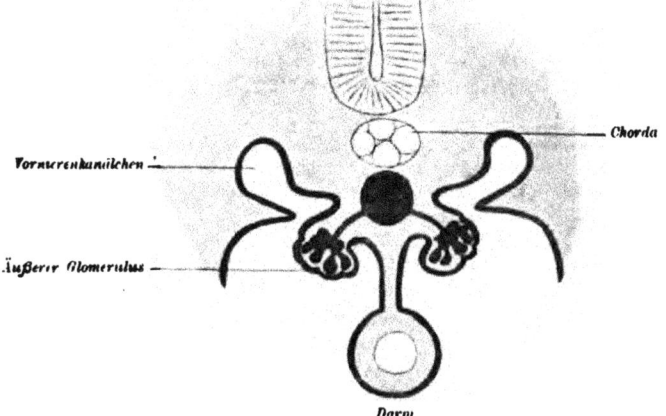

Fig. 106. Schema zur Bildung des äußeren Glomerulus der Vorniere bei Amphibien.

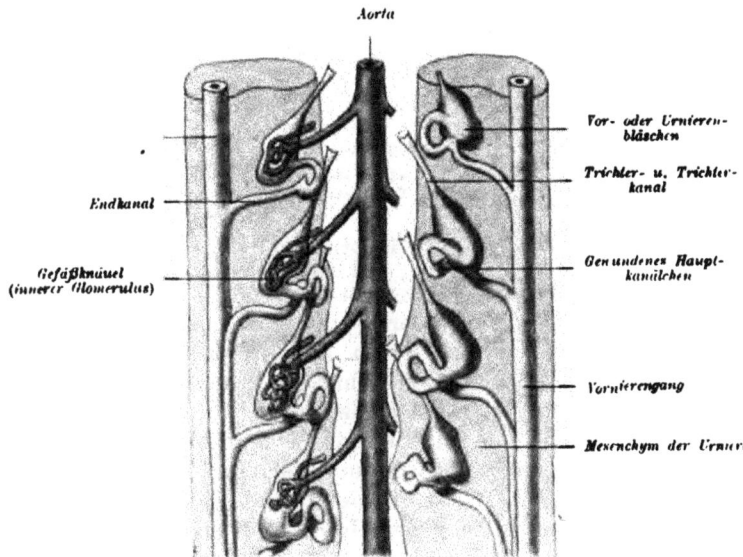

Fig. 107. Schema einiger Urnierensegmente eines männlichen Embryos eines Selachiers (Pristiurus nach C. Rabl.

nierengange, während ihr an das Cölom angrenzender Teil durch feine Spalten. rudimentäre Nephrostome, sich in dieses öffnen kann (Fig. 109). Das distale Ende des Vornierenganges wächst als solider

Strang zuerst frei zwischen Epidermisblatt und Mesoblast nach hinten aus, legt sich mit seinem Ende bei Säugetieren und Selachiern an das Epidermisblatt an und verschmilzt mit diesem (Fig. 110). Parallel dieser nach hinten fortschreitenden Verschmelzung lösen sich dann wieder die schon verschmolzenen Strecken von dem Epidermisblatt ab. Die Verbindung des Vornierenganges mit dem Epidermisblatt ist also zeitlich und örtlich immer nur eine sehr kurze und rückt immer weiter kaudalwärts.

Es ist strittig, ob der Vornierengang sich bei Säugetieren und Selachiern auf Kosten des Epidermisblattes nach hinten verlängert oder sich, ohne von ihm Material zu beziehen, nur an dieses anlegt. Nach meinen Erfahrungen ist ersteres beim Hunde der Fall, denn die durch zahlreiche Mitosen im Epidermisblatt gelieferten und dem Vornierengang̈ angegliederten Zellen liegen bei ihrer nachträglichen Lösung vom Epidermisblatt a u f der abgehobenen Membrana limitans prima.

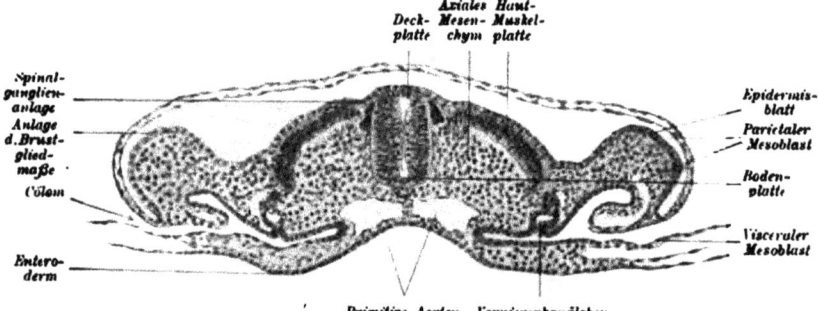

Fig. 108. Querschnitt durch den sechsten Urwirbel eines Hundeembryos, Fig. 118, mit 19 Urwirbelpaaren. Vergr. etwa 100:1.

Die vorübergehende Verbindung des primären Harnleiters mit dem Epidermisblatt wird als Beweis dafür gedeutet, daß die Vornierenkanälchen und später ihr Sammelgang ursprünglich auf der Körperoberfläche gemündet haben.

Erst nach Rückbildung der Vornierenkanälchen und nach begonnener Anlage der Urniere, also ganz verspätet bilden sich bei Vögeln (zum Beispiel Huhn, Dohle) und bei gewissen Säugetieren (zum Beispiel Maulwurf und Mensch) beiderseits äußere Vornierenglomeruli, welche nachträglich jederseits zu einem einzigen Glomerulus verschmelzen können. Nach dem Schwund der Vorniere wird der primäre Harnleiter in den Bestand der Urniere hinübergenommen und weiter verwendet (siehe Entwicklung des Harngeschlechtsapparates).

Bei menschlichen Embryonen bestehen Vornierenreste in individuell wechselnder Ausbildung. Sie können doppel- oder einseitig kürzere oder längere Zeit noch neben der Urniere erhalten bleiben.

b) Die Urniere

zeigt nach Anlage, Ausbildung, Leistung und Dauer ihres Bestandes bedeutende Verschiedenheiten. Ihre Anlage beginnt gleichzeitig mit der Rückbildung der Vorniere. Da nun die Vorniere, zum Beispiel bei Amphibien, längere Zeit als bei den Embryonen der Amnioten besteht, so legt sich bei jenen die Urniere auch später an als bei diesen. Bei Reptilien und Vögeln bestehen Vor- und Urniere einige Zeit nebeneinander, und neben sehr spät angelegten äußeren Vornierenglomerulis findet man zahlreiche Urnierenglomeruli.

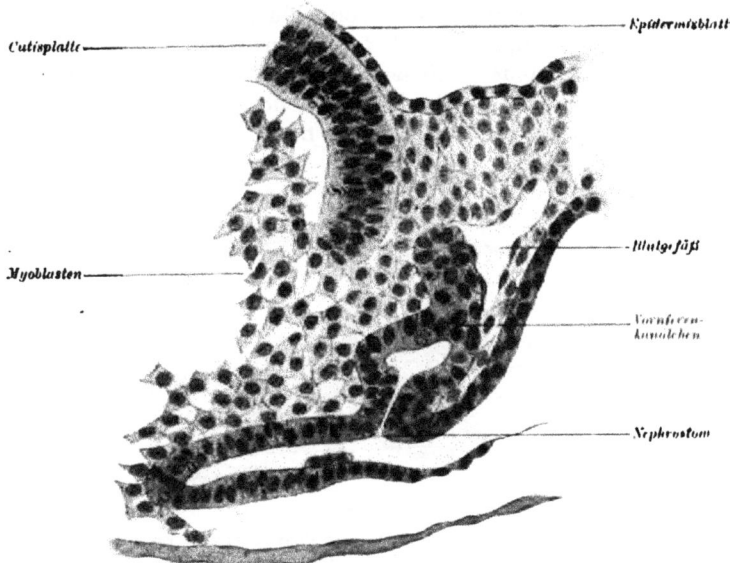

Fig. 109. Die in Fig. 103 abgebildete Vornierenanlage vom Hunde, stärker vergrößert. Vergr. etwa 300 : 1.

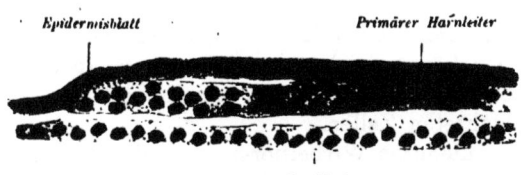

Fig. 110. Sagittalschnitt durch einen Schafembryo mit 12 Ursegmentpaaren von 17 Tagen und 5 Stunden nach der Begattung. Anlagerung des freien Teiles des Vornierenganges im Bereiche des noch ungegliederten Mesoblasts an das Epidermisblatt. Vergr. etwa 200 : 1.

Bei den Amnioten erscheint die Urniere, noch ehe der Vornierengang die Kloake erreicht hat (so z. B. bei Vögeln am dritten Bebrütungstage, bei Kaninchen- und Schafembryonen von 5—5,5 mm Länge, bei Hunde- und Schweineembryonen mit 10—12 Paar Urwirbeln von 4,5—5 mm und bei menschlichen Embryonen von 2,6—3 mm Länge) und zeigt die höchste Ausbildung bei Huhn und Ente am achten bis neunten Bebrütungstage, bei Kaninchenfeten von 18—20 mm, bei Hunde-, Schweine- und Schafembryonen von 10—12 mm und bei menschlichen Embryonen von etwa 7 mm Nackensteißlänge.

Die kaudal von der Vornierenanlage gelegenen, zur Urnierenbildung verwendeten Urogenitalplatten lösen sich in der Richtung von vorn nach hinten, wie bei der Vornierenanlage, zuerst von den Urwirbeln und von den Seitenplatten und bilden dann im Bereiche der Urwirbelreihe jederseits segmentale, verdickte rundliche Zellenanhäufungen, das Urnierenblastem (Fig. 111). Dieses läuft kaudal, in dem noch nicht in Urwirbel gegliederten Embryonalgebiet, in eine relativ dicke und im Gegensatze zu den Anamniern solide Urogenitalplatte aus. Bald trennen sich die rundlichen Zellenklumpen des Urnierenblastems auch von der Mittelplatte und formieren einen Strang mit kugelförmigen, hintereinander gelegenen Auftreibungen. Nun grenzt das Urnierenblastem medial an die Urwirbel, dorsolateral an den primären Harnleiter, lateral an die Seitenplatten oder nach seiner Trennung von

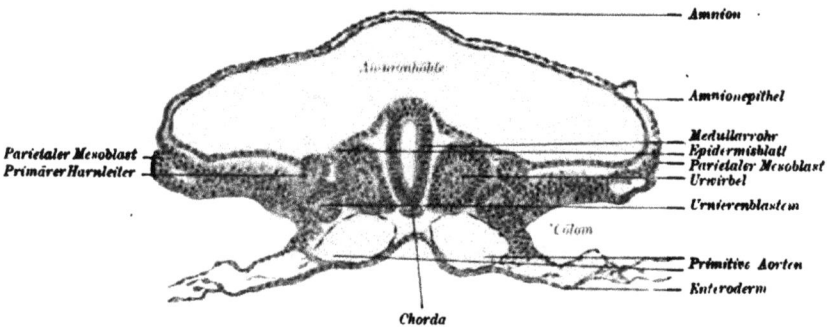

Fig. 111. Querschnitt durch das zehnte Urwirbelpaar eines Hundeembryos mit 17 Urwirbelpaaren.
Vergr. etwa 100:1.

diesen an die inzwischen entstandenen Mittelplatten. Kranial stößt es an etwa noch vorhandene Vornierenreste.

Nach der Lösung von den Seitenplatten zerfällt das Urnierenblastem auch der Länge nach in metamere, je zu einem Ursegment gehörige Zellkugeln mit (bei Schaf und Hund sehr deutlichen) radiär gestellten geschichteten Zellen.

Von den bei niederen Wirbeltieren an Stelle des Urnierenblastems mehr oder weniger deutlichen, als Cölomausstülpung entstehenden Kanalanlagen und ihren Nephrostomen finden sich bei den Amnioten nur im vorderen Gebiete der Urnierenanlage verwischte, nach meinen Erfahrungen sogar individuell schwankende Spuren in Gestalt feiner seitlicher, aus dem Cölom in die sonst soliden Zellkugeln einspringender, aber sehr schnell verschwindender Spalten (Hund, Schaf).

Die Zellkugeln des Urnierenblastems bilden sich nun unter Abplattung ihrer hintereinander gelegenen Kontaktflächen zu den Urnierenbläschen (Fig. 112) und dann zu kurzen, gewundenen

Kanälchen um. Diese legen sich mit ihren dorsalen Enden dem Vornierengang an und verschmelzen mit ihm. Dadurch wird der Vornierengang zum Urnierengang oder primären Harnleiter, an welchem man das vordere, die immer zahlreicher werdenden Urnierenkanälchen aufnehmende Gebiet, als Sammelgang von dem bei den Amnioten frei zwischen Mesoblast und Epidermisblatt zur Kloake hin gewachsenen Stücke oder dem Endabschnitt des primären Harnleiters unterscheidet.

Nach vollkommener Lösung vom Epidermisblatt verwächst das hintere Ende des primären Harnleiters mit der lateralen Wand der Kloake und öffnet sich in diese (menschliche Embryonen von 4,2 mm Länge, Schafembryonen von 7 mm Länge). Der primäre Harnleiter

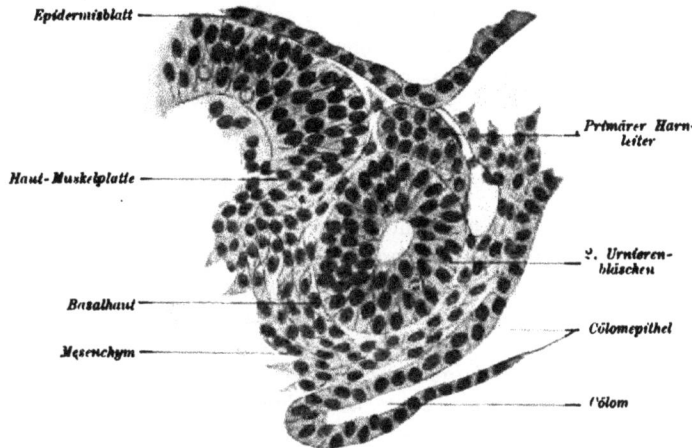

Fig. 112. Querschnitt durch das zehnte Urwirbelpaar eines Hundeembryos mit 19 Urwirbelpaaren, Fig. 118. Vergr. etwa 300:1.

wächst schneller kaudalwärts, als die Segmentierung nach hinten fortschreitet. Sein Hinterende liegt bei Embryonen mit mehr als 14 Ursegmentpaaren stets im Bereiche des noch unsegmentierten Mesoblasts. Seine Lichtung tritt bei Mensch, Hund und Schaf an verschiedenen Stellen gleichzeitig auf. Durch Zusammenfluß dieser und der noch kranial und kaudal sich anschließenden Spalten wird der solide strangförmige primäre Harnleiter zum Rohr.

Die bei niederen Wirbeltieren vielfach deutliche metamere Anordnung der Urnierenkanälchen ist bei den Amnioten meist verwischt; doch finde ich bei einem menschlichen Embryo von 6,5 mm Nackensteißlänge die voneinander sehr gut abgrenzbaren Urnierenkanälchen in Übereinstimmung mit anderen Autoren deutlich metamer angeordnet.

Noch ehe die **Anlagen der Urnierenkanälchen** mit dem primären Harnleiter verschmelzen, ändert sich die Dicke ihrer epithelialen Wand, sofern ihr **Anfangsstück durch flache Zellen,** ihre übrige Wand aber durch **hohes Prismenepithel gebildet wird.** Das dünnwandige blinde Anfangsstück, die **Bowmansche Kapsel,** enthält später den Glomerulus. Um die Urnierenbläschen und den noch soliden primären Harnleiter herum bemerkt man an guten Schnitten eine deutliche Basalhaut (Fig. 112), die in der Folge zur Basalhaut der Urnierenkanälchen und des röhrenförmigen primären Harnleiters wird. Die Verbindung der Urnierenkanälchen mit dem primären Harnleiter erfolgt verhältnismäßig spät. Bei einem menschlichen Embryo von 4,25 mm Scheitelsteißlänge wurden nur die vorderen 14, bei einem ebensolchen von 8 mm Nackensteißlänge aber sämtliche Urnierenkanälchen in Verbindung mit dem primären Harnleiter gesehen.

Durch die Umbildung der Urogenitalplatte in Zellkugeln, Urnierenbläschen und Urnierenkanälchen, die in den primären Harnleiter münden, wird dessen als „Sammelgang" bezeichneter Teil immer länger, sein freies, in die Kloake mündendes Endstück aber immer kürzer. Der kopfwärts gelegene Sammelgang der **Vorniere** ist inzwischen vollkommen zurückgebildet worden und verschwunden.

Die **Glomeruli** entstehen aus einem Haufen mesoblastischer Rundzellen. Das blinde Anfangsstück der Urnierenkanälchen flacht sich schöpflöffelartig ab, und in der Höhlung dieses doppelwandigen Löffels entsteht die Anlage der Glomeruli als Gefäßschlinge (Fig. 113). Das kubische Epithel, welches dem Glomerulus aufsitzt, wird zum visceralen, das aus niedrigem Epithel bestehende, die untere Wand des Löffels bildende Blatt zum parietalen Teil der **Bowmanschen Kapsel.** Die Glomeruli treten erst **nachträglich** mit der Aorta durch ein **Vas afferens** in Verbindung. Ihr **Vas efferens** mündet in die Vena cardinalis posterior.

Die Anlage der Glomeruli geschieht schubweise in der Richtung von **vorn nach hinten,** so daß immer ganze Gruppen gleichzeitig auftreten.

Die ersten Glomeruli sind bei Menschenembryonen von 4 mm gefunden worden, bei solchen von 8 mm Nackensteißlänge sind sie im Bereiche der ganzen Urniere entwickelt. Bei 17 Tage 22 Stunden alten Schafembryonen von 5 mm Scheitelsteißlänge finde ich ganz auffallend große, aber noch blutleere Glomerulusanlagen. Bei einem 20 Tage alten Schafembryo von 6 mm Nackensteißlänge sind alle Glomeruli bluthaltig, ebenso bei Hundeembryonen von 8 mm Länge. Bei 5 mm langen Hundeembryonen legen sie sich eben an. Die Glomeruli der verschiedenen Säugetierembryonen erreichen eine sehr verschiedene Größe. Bei Schaf- und Rinderembryonen von 10–14 mm Länge und menschlichen Embryonen von 15—18 mm Länge schwankt ihr Durchmesser anfänglich zwischen 0,04–0,065 mm, später zwischen 0,2–0,35 mm. Bei Schweineembryonen von 5–6 mm kann man die 0,5 mm großen Glomeruli mit bloßem Auge sehen. Relativ klein bleiben sie bei Hunde- und Katzenembryonen, in der Urniere der Maus fehlen sie gänzlich.

Mit zunehmendem Längenwachstum schlängeln sich die Urnieren-kanälchen, und die dadurch verdickte Urniere bedingt den in die Bauchhöhle vorspringenden Urnierenwulst (Fig. 114).

In einem Querschnitte durch den Urnierenwulst bemerkt man die Glomeruli, den primären Harnleiter und die anfänglich dreifach ge-wundenen Urnierenkanälchen in der aus Fig. 113 und 114 ersichtlichen Anordnung. Die Kanalwindungen drehen sich dann so, daß der ven-trale Abschnitt (Fig. 113, *1*) zum medialen, der dorsale (Fig. 113, *3*) zum lateralen wird. Neben den Hauptkrümmungen entwickeln sich Nebenkrümmungen, welche das bisher klare Schnittbild verwirren (Fig. 116). In den ausgebildeten Kanälchen differenzieren sich alsbald einzelne Abschnitte durch wechselnde Weite und verschiedenen Epithel-belag. Der erste und zweite Abschnitt erweitert sich und wird zum

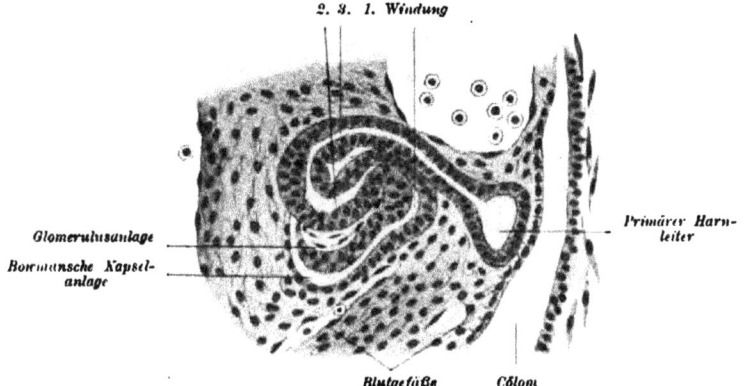

Fig. 113. Querschnitt durch die linke Urnierenanlage eines Hundes mit 26 Urwirbelpaaren. Anlage des Glomerulus. Vergr. etwa 300 : 1.

sezernierenden Teil, dem **Tubulus secretorius**, der dritte, eng-bleibende Abschnitt zum **Tubulus collectivus** oder **Sammel-rohr**. Dieses wird von kubischem Epithel, jenes von hohen, mit Cilien bestandenen Prismenzellen bekleidet.

Die Bildung von **sekundären** Harnkanälchen durch Sprosse aus den schon vorhandenen primären Kanälchen war einstweilen nur beim Kaninchen, dem Schweine und dem Menschen bekannt. Ich finde sie auch beim Schafe. Mit der Bildung sekundärer Kanälchen nimmt die Zahl der Urnierenkanälchen und der Glomeruli beträchtlich zu.

Auf dem Höhepunkt der Entwicklung reichen die Urnierenwülste von der Lungenanlage bis in die Beckengegend (Fig. 115). Auf ihrer lateralen Seite verläuft der primäre Harnleiter. An der ventralen, das Darmgekröse flankierenden Fläche der Urniere bildet sich eine mehr oder minder deutliche Leiste, die **Geschlechtsleiste**, aus. Die

Blutgefäße und das Kanalwerk der Urniere werden durch Mesenchym zusammengehalten. Die Oberfläche des Urnierenwulstes wird vom Cölomepithel überkleidet.

Die Rückbildung setzt an dem kranialen und kaudalen Ende der Urniere, unter Vermehrung des Bindegewebes, fettigem Zerfall und Aufsaugung der Urnierenkanälchen ein. Ebenso gehen die Glomeruli zuerst im kranialen, später, meist erst nach vollkommener Rückbildung der Kanälchen, auch im kaudalen Gebiete der Urniere zugrunde.

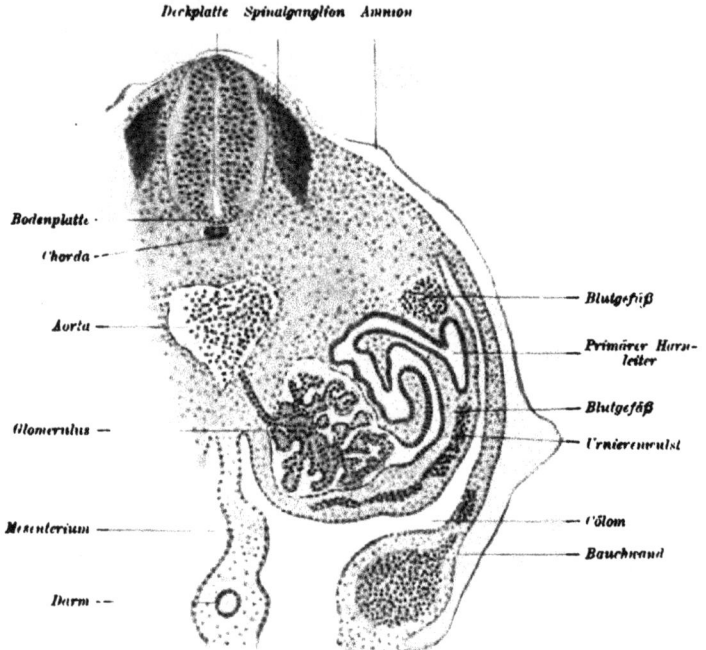

Fig. 114. Querschnitt durch die Urnierenanlage eines Schafembryos von 21 Tagen und 1,5 cm Länge. Fertiger Glomerulus, etwa 30 Urwirbelpaare. Vergr. etwa 120:1.

Die Rückbildung beginnt bei menschlichen Embryonen von etwa 22 mm Länge und ist erst bei Embryonen von 15—16 Wochen beendigt. Viel rascher vollzieht sie sich bei Tieren. Urnierenreste können jedoch wechselnd lange Zeit bestehen.

7. Die Entwicklung des Kopfes und Gesichtes.

Die weitere Ausbildung des Kopfendes (siehe Fig. 92, 99 und 117) wird durch die Vertiefung der vorderen Grenzfalte und durch die weitere Ausbildung der Hirnanlage eingeleitet. Die Hirnbläschen sind von einer dünnen Mesenchymlage umgeben, die ganze Kopfanlage ist

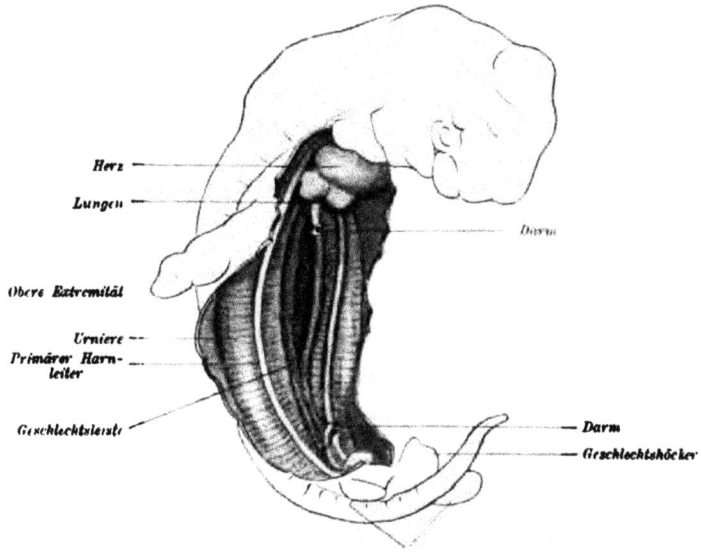

Herz

Lungen

Obere Extremität

Urniere
*Primärer Harn-
leiter*

Geschlechtsleiste

Darm

Darm
Geschlechtshöcker

Untere Extremitäten

Fig. 115. Schweineembryo von 1 cm Nackenbeckenlänge. Die Bauchdecken sind abgetragen, der Darm ist teilweise entfernt. Ansicht der Urniere zur Zeit ihrer vollen Ausbildung. Vergr. etwa 8 : 1.

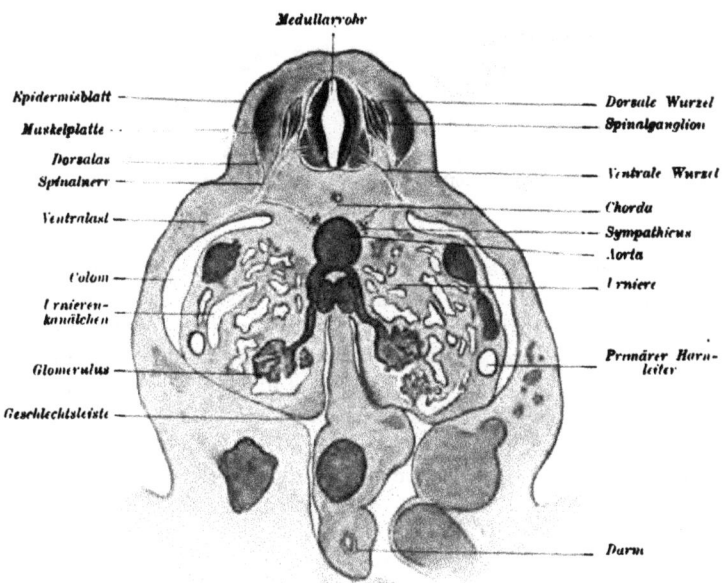

Medullarrohr

Epidermisblatt

Muskelplatte

*Dorsales
Spinalnerv*

Ventralast

Cölom

*Urnieren-
kanälchen*

Glomerulus

Geschlechtsleiste

Dorsale Wurzel
Spinalganglion

Ventrale Wurzel

Chorda
Sympathicus
Aorta

Urniere

*Primärer Harn-
leiter*

Darm

Fig. 116. Querschnitt durch den Pferdeembryo, Fig. 120. Vergr. etwa 15 : 1.

vom Epidermisblatt umscheidet. Unter dem Gehirnrohr liegt die
Rückensaite und unter dieser das vordere, noch durch die Rachenhaut geschlossene Ende des Eingeweiderohres. Sein blindsackförmiges
Ende wird später durch den quergestellten Stirnwulst (Fig. 123)
von oben und durch die gleich zu erwähnenden Visceralbogen
seitlich umschlossen. Unter dem Stirnwulst und über dem ersten
Visceralbogenpaar bemerkt man eine quergestellte taschenförmige Einsenkung, die primitive Mundbucht (Fig. 118).

Aus der Wand des ersten Hirnbläschens entsteht in Gestalt einer
gestielten Hohlknospe beiderseits die erste Anlage des Sehorgans oder
die primitive Augenblase mit dem hohlen Augenblasenstiele
(Fig. 118, 119 und 121).

Die von beträchtlicher Größenzunahme begleitete weitere Gliederung
des Gehirns bedingt auch die weitere Ausbildung des Hirnschädels

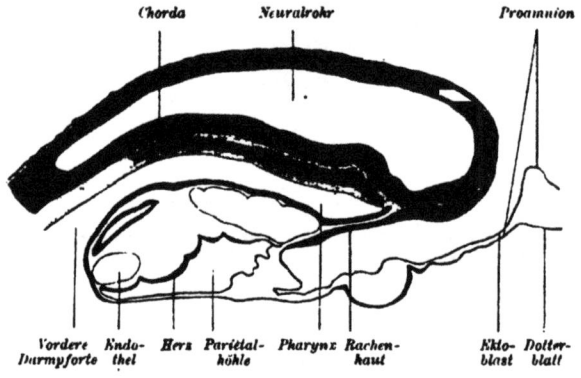

Fig. 117. Medianschnitt durch einen Dohlenembryo mit 12 Urwirbelpaaren. Vergr. etwa 150:1.

mit gleichzeitiger Vergrößerung der ganzen Kopfanlage. Das überwiegende Längenwachstum der dorsal gelegenen Hirnteile, vor allem
des Vorder- und Mittelhirns veranlaßt sehr bald Krümmungen an dem
ursprünglich gerade gestrecktem Kopfe. Dadurch gelangt das Mittelhirn an den höchsten Punkt eines Bogens, dessen nasaler Schenkel
durch das Vorder- und Zwischenhirn, dessen kaudaler Schenkel dagegen durch das Hinter- und Nachhirn gebildet wird (siehe Fig. 120).
So entsteht der dem Gipfel des Mittelhirns entsprechende Scheitelhöcker, vor welchem der Gesichtsteil des Kopfes tief ventralwärts
eingebogen (Kopfbeuge) der Brust aufliegt. Hinter ihm setzt sich der
Hirnteil des Schädels an einer durch den Nackenhöcker äußerlich
markierten Stelle, der Nackenbeuge, immer schärfer gegen den
Rumpf ab. Durch die mit der Knickung des Kopfes gleichzeitige
ventrale Einrollung des Embryonalleibes kommt das Kopfende vorübergehend in nächste Nähe des Schweifendes zu liegen (Fig. 120).

In nicht minder auffälliger Weise wird die Entwicklung des Gesichtsschädels durch die Beziehungen des Kopfes zu der in ihm gelegenen vorderen Darmhöhle und Mundbucht beeinflußt.

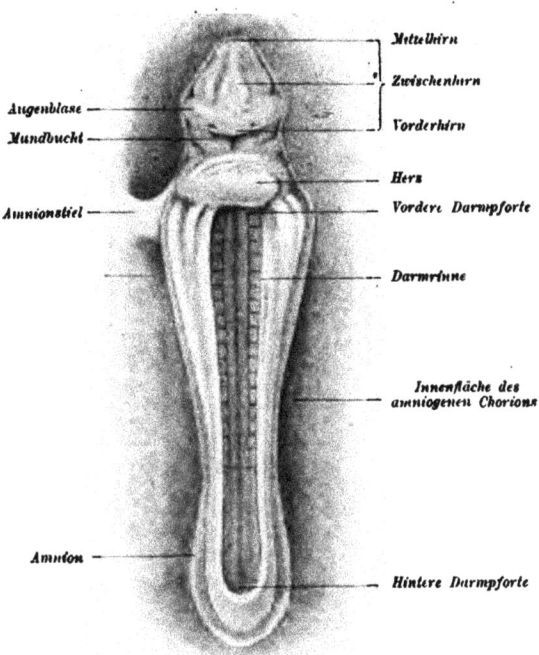

Fig. 118. Ventralansicht eines Hundeembryos mit 19 Urwirbelpaaren. Der untere Teil des Chorions und Dottersackes ist entfernt. Vergr. etwa 15:1.

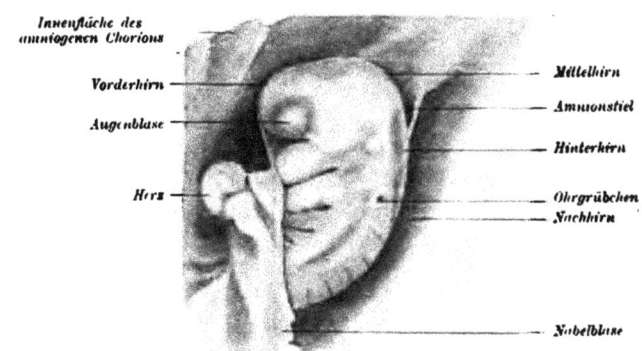

Fig. 119. Seitenansicht eines Hundeembryos von derselben Entwicklungsstufe wie Fig. 118 mit 20 Urwirbelpaaren. Vergr. etwa 15:1.

Die blind endigende vordere Darmhöhle setzt sich mit der Außenwelt in Kommunikation durch **Bildung des Mundes** und nach Anlage des Kiemenapparates oder **des Visceralskelettes des Kopfes durch die Kiemenspalten.**

Die Entwicklung des Visceralskelettes des Amniotenkopfes wird durch die respiratorische Leistung verständlich, welche der im Kopfe gelegene Abschnitt des Darmes, der **Kopfdarm**, nach Bildung des **Kiemenapparates** bei Fischen und Amphibien übernimmt.

Auch bei den luftlebenden Wirbeltieren wird dieser Apparat angelegt, aber, für das Luftleben nutzlos, nur zum Teile erhalten und übernimmt neue Funktionen (Funktionswechsel). Der Rest wird rückgebildet.

Bei niederen wasserlebenden Wirbeltieren entstehen aus ihm die **Kiemen-, Schlund-** oder **Visceralbogen** und die sie trennenden

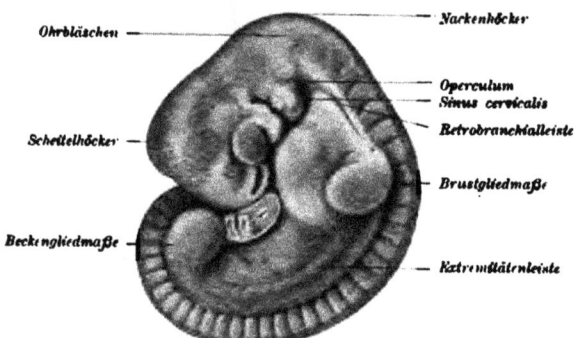

Fig. 121. **Pferdeembryo von 1 cm Länge mit 48 Urwirbelpaaren, vom 28. Tage nach der letzten Begattung. Vergr. etwa 5:1.**

Kiemen-, Schlund- oder **Visceraltaschen** sowie die **Kiemenspalten** und **Kiemen.** Noch bei gestrecktem oder eben erst sich einbiegendem Kopfe bilden sich an der Innenwand des blindgeschlossenen Kopfdarmendes nacheinander in kraniokaudaler Richtung paarige, hintereinanderliegende blindsackförmige Ausbuchtungen des Enteroderms, die **Schlundtaschen** (Fig. 121). Sie vertiefen sich unter Verdrängung des in der Darmwand gelegenen Mesenchyms, bis sie an die Innenfläche des Epidermisblattes heranreichen. Ihnen entsprechen äußere, seichtere, ebenfalls transversal gestellte Furchen (Fig. 119). Die aus einschichtigem Enteroderm und Epidermisblatt bestehende **Verschlußmembran** der Visceralfurchen, die **Membrana obturatoria,** trennt die äußeren von den inneren Kiemenfurchen. Durch Zerfall dieser Membranen werden die Visceraltaschen in die **Kiemen-, Visceral-** oder **Schlundspalten** umgewandelt.

Zwischen diesen hintereinander auftretenden Furchen bilden sich durch Verdickung der Mesenchymwand spangenartig den Kopfdarm umgreifende, in kaudaler Richtung an Länge abnehmende Wülste, die Kiemen-, Schlund- oder Visceralbogen, in deren jedem bei

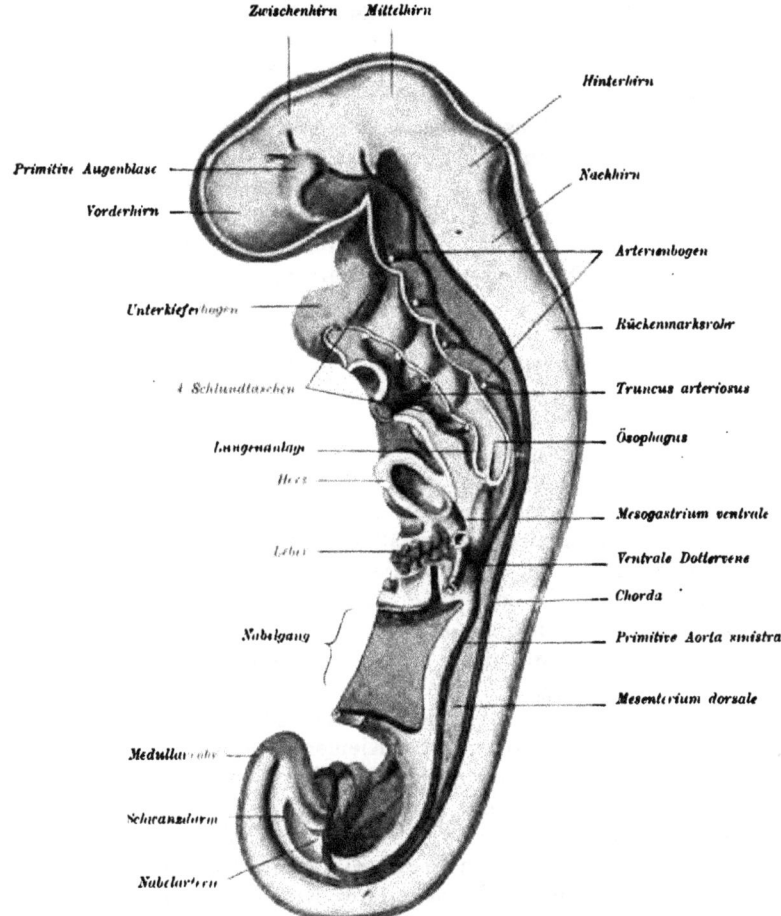

Fig. 121. Modell eines menschlichen Embryos von 18—21 Tagen. Nach His.

voller Entwicklung je ein Blutgefäß, die Kiemenarterie, und je ein Kiemennerv verläuft. Die Zahl dieser Bogen wechselt. Sie ist bei Anamniern vielfach eine größere als bei Amnioten, bei denen in der Regel nur vier äußerlich deutliche Visceralbogen erkennbar sind. Dagegen findet man bei Betrachtung von innen vier bis fünf Schlund-

taschen. Eine sechste, beim Menschen und bei verschiedenen Säugetieren wenn auch nur vorübergehend bestehende Kiemenarterie spricht
für das ursprüngliche Vorhandensein eines sechsten, zurückgebildeten
Visceralbogens.

Bei den wasserlebenden und durch Kiemen atmenden Wirbeltieren
wird nach Ausbildung der Mundöffnung das durch den Mund in den
Schlund- oder Kopfdarm eindringende Wasser durch die Kiemenspalten ausgestoßen und fließt an den von den Kiemengefäßen gespeisten, sehr komplizierten und blutreichen, inzwischen an den Kiemenbogen entstandenen Kiemenblättern vorbei. Gleichzeitig wird die im
Blute enthaltene Kohlensäure an das Atemwasser abgegeben und
Sauerstoff aus demselben aufgenommen.

Zeitlebens bestehen Kiemen bei den Fischen, bei den durch Kiemen
atmenden Amphibien und bei den Dipnoern ($\delta i \pi \nu o o \varsigma$ = doppelatmend)
sogar mitunter neben Lungen. Bei Amphibienlarven entsteht zuerst auf
den dorsalen Enden der drei vorderen Kiemenbogen (Fig. 65 C) vor Eröffnung der Kiemenspalten je eine von dem Epidermisblatt bedeckte
Mesenchympapille. In diese entsendet die venöses Blut führende Kiemenarterie eine Gefäßschlinge. Die Kiemenpapillen wachsen zu verzweigten
gefäßhaltigen Büscheln aus und vermitteln als „äußere" oder Haut-
kiemen die Respiration (Fig. 122). Sie werden sehr bald von einer
Hautduplikatur (dem Kiemendeckel oder dem Operculum), welche von
dem zweiten Visceralbogen aus nach hinten wächst, bedeckt und verkümmern. Inzwischen bilden sich an den Kiemenbogen innere Kiemen
in Form von zwei Reihen kleiner gefäßhaltiger Kiemenbüschel und übernehmen die Funktion der äußeren Kiemen. Kurze Zeit bestehen beide
Kiemenformen nebeneinander (Fig. 122). Geben nun die Larven ihr
Wasserleben auf und gehen ans Land, so schwinden die inneren Kiemen,
und die inzwischen entstandene Lunge dient nun zur Atmung.

Bei den Embryonen der Amnioten werden keine eigentlichen
Kiemen mehr gebildet, sondern nur die Anlage des Kiemenapparates, die Kiemenbogen und Kiemenfurchen.

Der erste Visceralbogen oder Kieferbogen bildet die Grundlage
des Gesichtes, den Ober- und Unterkiefer (Fig. 123—125). Aus dem
zweiten oder Zungenbeinbogen geht ein Teil, aus dem dritten
noch ein weiterer Teil des Zungenbeinapparates hervor.

Die übrigen Branchial- ($\beta\varrho\acute{a}\gamma\chi\iota\alpha$ = Kieme) oder Kiemenbogen
werden bei den Amnioten wieder zurückgebildet. Kiemenspalten
brechen bei Amnioten gewöhnlich nicht durch oder werden bald wieder
geschlossen.

Die mittlere, durch Erhebung ihrer Ränder vertiefte Stelle der
ersten äußeren Kiemenfurche bleibt als Anlage des äußeren Gehörganges bestehen. Sie kann von dem höckerartig verdickten Vorderrande des zweiten Bogens und einer zur Anlage der Ohrmuschel

dienenden Falte überwachsen werden, während die innere Furche in die Paukenhöhle und deren Tube umgewandelt wird.

Die kräftig sich entwickelnden beiden ersten Bogen verdecken und überwachsen die hinter ihnen gelegenen abortiven Wülste sehr bald von außen her in kaudaler Richtung. Dadurch wird die Länge des von sämtlichen Bogen umspannten Mundrachenraumes bei älteren Embryonen relativ kürzer als bei jüngeren (vgl. Fig. 119 und 120). Infolge dieses ungleichen Wachstums bildet sich am kaudalen Rande des Zungenbeinbogens eine Vertiefung, die Halsbucht oder der Sinus cervicalis. In dessen Grunde liegt der abortive dritte und vierte, von außen kaum mehr sichtbare Kiemenbogen. Dorsal wird die Halsbucht vorübergehend durch eine wechselnd deutliche hintere Kiemenleiste, die Retrobranchialleiste, begrenzt (Fig. 120). Am kaudalen Rande des Zungenbeinbogens sproßt ein dem Kiemen-

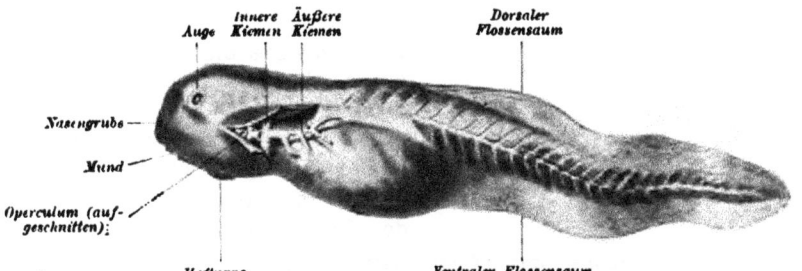

Fig. 122. Froschlarve nach den Modellen von F. Ziegler, etwas verändert. Vergr. etwa 22:1.

deckel oder dem Operculum der Fische entsprechender Fortsatz nach hinten und außen und schließt, mit der Leibeswand verwachsend, die Halsbucht nach außen ab. Diese ist somit dem unter dem Kiemendeckel der Fische und Amphibien gelegenen und die eigentlichen Kiemenbogen bergenden Raume gleichwertig (Fig. 120 und 122). Ein hinter derselben mit dorsal gerichteter Basis keilförmig einspringendes und das Herz von der gesamten Kiemenregion trennendes Feld, das Halsdreieck, spielt bei der Verlängerung des Halses eine wesentliche Rolle.

Die Kiemenfurchen der Amnioten werden nicht mehr zur Ausbildung eines Atemapparates verwendet. Daß sie trotzdem mitunter durchbrechen, und daß die so entstandenen Spalten auch bestehen bleiben können, wird bewiesen durch die als Hemmungsbildungen zeitlebens bestehenden „Halskiemenfisteln". Sie entstehen durch teilweises Offenbleiben der Halsbucht, von der aus man entweder in einen engen, wechselnd langen, blinden Kanal, eine stehengebliebene Kiemenfurche oder in einen mit Schleimhaut ausgekleideten, in den Rachen führenden Gang gelangen kann (stehengebliebene Kiemenspalte, meist die zweite).

Bei gewissen Ziegen-, Schaf- und Schweinerassen finden sich die als Glöckchen oder Berlocken bekannten Anhänge am Halse. Sie enthalten in einem gestielten Hautüberzuge Bindegewebe, Fett, Nerven, Blutgefäße, beim Schweine

10 *

auch Netzknorpelreste und vom Halshautmuskel stammende Muskelfasern. Solche
„branchiogene" Reste sind gelegentlich auch beim erwachsenen Menschen mit oder
ohne gleichzeitige Kiemenfisteln beobachtet worden.

Die beiden K i e.f e r w ü l s t e (siehe . Fig. 124) verbinden sich
miteinander zum U n t e r k i e f e r b o g e n. Gleichzeitig aber sproßt an
ihrem oberen Rande der O b e r k i e f e r f o r t s a t z hervor. Zwischen
beide schiebt sich von oben her der S t i r n n a s e n f o r t s a t z oder
S t i r n w u l s t als schaufelförmige Verdickung des unter dem Vorder-
hirnbläschen gelegenen Mesoblasts ein und bildet einen Teil des oberen
Randes der seitlich von den Visceralbogen begrenzten M u n d b u c h t.
Die Mundbucht nimmt nun parallel der Erhebung ihrer Ränder an Tiefe
zu, während sie gleichzeitig im queren Durchmesser sich vergrößert. Ihr
Eingang ist die um diese Zeit unver-
hältnismäßig breite M u n d s p a l t e.

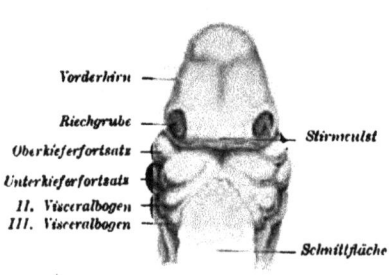

Den Boden der anfänglich
seichten M u n d b u c h t oder, wie
sie bei weiterer blindsackförmiger
Vertiefung heißt, der p r i m i t i v e n
M u n d h ö h l e bildet die R a c h e n -
h a u t. Sie besteht aus zwei Epithel-
lagen (Fig. 117), dem äußeren, später
auch die primitive Mundhöhle auskleidenden Epidermisblatt und der
inneren, den Kopfdarm abschließenden Lage von Enteroderm.

Fig. 123. Kopf eines menschlichen Embryos mit
37 Urwirbelpaaren, Ende der vierten Woche.
Nach C. R a b l. Vergr. etwa 6 : 1.

Die erste Anlage der Rachenhaut findet sich bei Embryonen,
welche der Keimblase oder dem Dotter noch flach aufliegen, in Gestalt einer kleinen, v o r dem Kopfende gelegenen Stelle, in deren Bereich sich, da der Mesoblast hier fehlt, das Epidermisblatt und das
Enteroderm berühren. Diese epitheliale Doppellamelle ist der nach
Abfaltung des vordersten Chordaendes und nach Bildung des Kopfmesoblasts noch übrige Rest der Ergänzungsplatte. Bei der Abgrenzung der Kopfanlage von der Keimblase kommt die Rachenhaut
in den oberen Schenkel der vorderen Begrenzungsfalte und damit in
die Gegend des späteren Gesichtes zu liegen, während gleichzeitig das
mit ihrem oberen Rande in Verbindung gebliebene Chordaende mehr
oder minder hakenförmig umgebogen wird (siehe „Chordaschleife").
Je mehr sich die Ränder der inzwischen gebildeten Mundspalte verdicken, um so tiefer stülpt sich scheinbar die Rachenhaut ein. Tatsächlich aber erhöht sich nur ihre Umgebung, während sie selbst ihre.
Lage nicht ändert.

Erst nach dem Durchbruch der Rachenhaut öffnet sich die Kopfdarmhöhle durch die primitive Mundhöhle nach außen (Hundeembryonen
von 6 mm Länge, Schafembryonen vom dreizehnten Tage mit 18—20 Ur-

wirbelpaaren, Hühnchen im Verlaufe des vierten Tages, menschliche Embryonen von 3 mm Länge).

Die Ansatzstelle der Rachenhaut besteht nach deren Eröffnung und Rückbildung noch einige Zeit als quere, über die Schädelbasis verlaufende Epithelleiste, als Rachenhautrest, mit welchem das vordere Chordaende vorübergehend in Verbindung bleibt. Nach Schwund des Rachenhautrestes gehen die Wände der primitiven Mundhöhle unmittelbar in die des Rachens über.

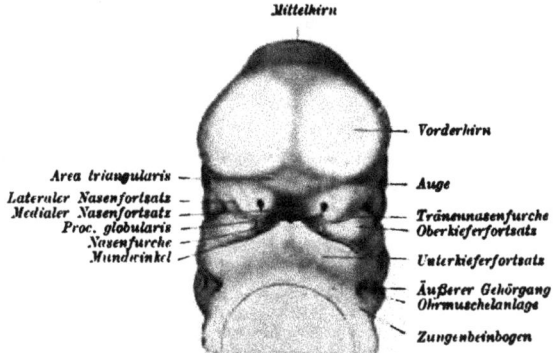

Fig. 124. Kopf eines 30—31 Tage alten menschlichen Embryos von 11,3 mm Nackensteißlänge. Nach C. Rabl. Vergr. etwa 6:1.

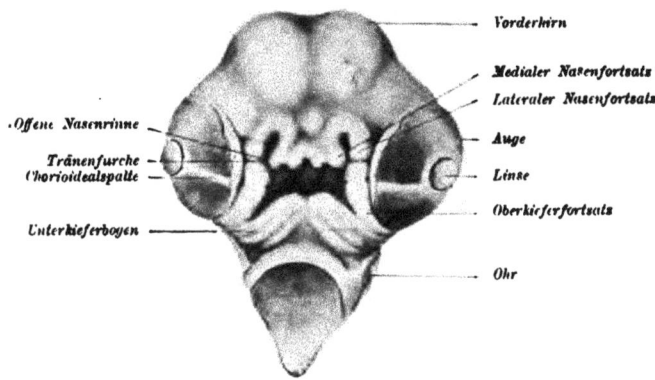

Fig. 125. Kopf eines Dohlenembryos. Vergr. etwa 7:1.

Unterkieferbogen, Oberkieferfortsätze und Stirn bilden nicht nur die Grundlage für die knorpeligen und knöchernen Teile des Gesichtsskeletes, sondern auch für die Weichteile des Gesichtes: die Backen, Lippen und häutigen Teile der Nase.

8. Die Entwicklung der Nasen- und Mundhöhle.

Die erste Veranlassung zur Bildung einer Nasenhöhle bietet die Anlage eines Riechorgans in Form von paarigen rundlichen, flachen

Verdickungen des Epidermisblattes, der Riechplatten oder Riech-
felder.

Durch schlanke Prismenformen ihrer Zellen und deren nachträgliche
Schichtung grenzen sich die Riechplatten immer schärfer von ihrer
Umgebung ab. Sie entstehen bei den Amnioten nach vorn von den
primären Augenblasen zu beiden Seiten des Vorderkopfes und rücken
von da allmählich auf die ventrale Seite des Vorderhirnes, ohne jedoch
den oberen Mundrand zu erreichen.

Ihre erste Anlage finde ich bei Schafembryonen von 18—19 Tagen mit 22 bis
28 Urwirbelpaaren und bei Hundeembryonen mit ebensoviel Urwirbeln von etwa
6 mm Länge. Bei menschlichen Embryonen wurde das Auftreten der Riechplatten
zu Anfang der dritten Woche beobachtet.

Dann erheben sich durch Mesoblastverdickungen bedingte wall-
artige Ränder um die Riechplatten und wandeln so diese zu Riech-

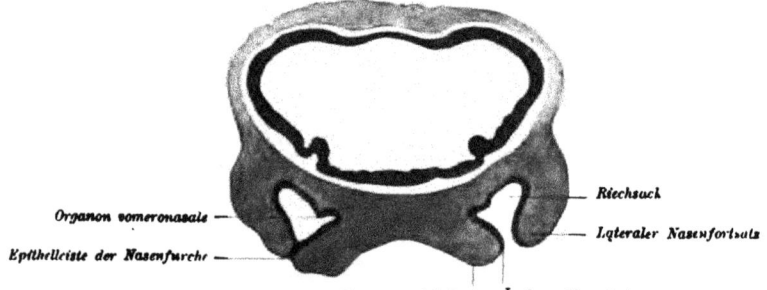

Fig. 126. Frontalschnitt durch die Anlage des Geruchsorgans von einem Schafembryo vom zwanzigsten
Tage und 1,5 cm Länge. Der Schnitt fällt rechts durch das Nasenloch und die Riechgrube, links
durch die Epithelleiste der geschlossenen Nasenfurche.

gruben und bei noch weiterer Vertiefung zu Riechsäcken um.
Dabei ändert der Boden der Riechgruben oder -säcke seine Lage nahe
der Hirnbasis nicht. Lediglich durch Verdickung ihres Mesoblast-
randes scheinen sich die Riechgruben tiefer einzusenken (Fig. 123).

An der medialen Wand der Riechgruben bemerkt man sehr früh
eine kleine Vertiefung, die erste Anlage des den Fischen fehlenden,
bei den übrigen Wirbeltieren stets vorhandenen und auch beim
Menschen angelegten Jakobsonschen Organs oder des Organon
vomeronasale (Fig. 126), des Nebenriechorgans.

Die einfache Grubenform des Geruchsorgans besteht bei Schmelz-
schuppern und Knochenfischen dauernd und zeigt schon die Neigung,
sich in Rinnen zu verlängern, ohne daß diese jedoch den Mundrand
erreichen, wie bei den Haien und Rochen. Bei diesen werden die
Riechgruben dauernd mit der Mundhöhle durch Rinnen verbunden,
welche durch Hautklappen überbrückt sind.

Bei den Vögeln und Säugetieren bildet der Stirnwulst durch Wucherung seines Mesenchyms jederseits um das Nasenloch einen bogenförmigen Wulst mit einem äußeren Schenkel, dem lateralen, und einem inneren, dem medialen Nasenfortsatz (Fig. 124 und 125). Zwischen beiden medialen Nasenfortsätzen liegt der unpaare mittlere Rest des Stirnfortsatzes, der mittlere Nasenfortsatz. Durch weitere wulstartige Erhebung der äußeren und inneren Nasenfortsätze vertiefen sich die Riechgruben und die von ihnen aus mundwärts verlaufende Nasenrinne. In sie mündet vom Auge her die zwischen äußerem Nasen- und Oberkieferfortsatz gelegene Tränennasenfurche (Fig. 124). Schließlich bilden der äußere und innere Nasenfortsatz und der zugehörige Oberkieferfortsatz, mit ihren Enden verschmelzend, jederseits einen Kanal, der nun durch das äußere Nasenloch auf der Gesichtsseite, durch die primitive Choane, aber dicht hinter dem Mundrande im Dache der primitiven Mundhöhle sich schlitzförmig öffnet.

Auf diesem Stadium der von vorn her durch die Nasenlöcher zugänglichen, hinten sich mit primitiven Choanen im Bereiche des Mundrandes öffnenden Nasenröhrchen bleiben die Geruchsorgane der Doppelatmer und Amphibien zeitlebens stehen.

Das riechende Medium kann nun die Nasenlöcher und den Riechkanal durchströmen und kommt dabei in innigere und längere Berührung mit den Enden des Riechnerven.

Bei den Säugetieren besteht keine von Anfang an offene Nasenrinne mehr wie beim Vogel. An ihrer Stelle findet man, zum Beispiel beim Hunde und Menschen, nur eine bei Flächenansicht kaum sichtbare Naht zwischen dem als Processus globularis bezeichneten unteren Teile des inneren Nasenfortsatzes, dem äußeren Nasen- und dem Oberkieferfortsatze (Fig. 124). Querschnitte zeigen, daß im Bereiche dieser seichten Furche eine epitheliale Doppellamelle das Epidermisblatt mit der Epitheltapete der Riechgruben verbindet (Fig. 126 linke Seite).

Nun vertiefen sich die Riechsäcke derart, daß sie schließlich unter Verdrängung des Mesenchyms mit ihrer Epithelwand der Epitheldecke der primitiven Mundhöhle blindsackartig aufliegen. Eine durch das Nasenloch eingeführte feine Sonde würde also nicht, wie beim Hühnchen, nach Schluß der Nasenrinne durch die hintere Öffnung des Nasenkanals, d. h. durch die primitive Choane ($\chi o \acute{a} \nu \eta$ = Trichter), in die primitive Mundhöhle gelangen, sondern an dem epithelialen Grunde der Riechsäcke anstoßen (Fig. 127). Erst mit dem Durchbruch der aus dem epithelialen Boden der Nasensäcke und aus dem epithelialen Dach der Mundbucht gebildeten Doppellamelle, der Membrana bucconasalis, münden dann die Nasensäcke sekundär durch die primitiven

Choanen hinter der Anlage des Zwischenkiefers bei den Säugetieren und beim Menschen in die primitive Mundhöhle (Fig. 127 und 129).

Betrachtet man nach Bildung der Oberlippe das Dach der primitiven Mundhöhle bei weggenommenem Unterkiefer von innen, so sieht man die primitiven Choanen als zuerst rundliche, bald aber als länglich schlitzförmige Öffnungen hinter der Anlage der Oberlippe. Zwischen ihnen liegt eine von dem mittleren Nasenfortsatz gebildete Substanzbrücke, das spätere Nasenseptum oder der primitive Gaumen (Fig. 129).

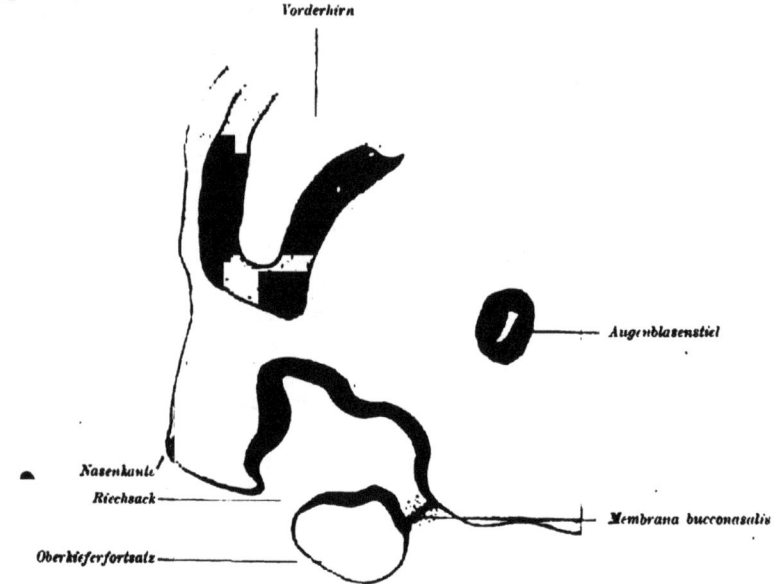

Fig. 127. Sagittalschnitt durch die Riechgrube und Membrana bucconasalis von einem 1,6 cm langen Schweineembryo.

Der mittlere Nasenfortsatz liefert außer dem Material für das Nasenseptum und den primitiven Gaumen auch noch das Material für den mittleren Teil der Oberlippe, des Zwischenkiefers und der Papilla palatina. Aus den lateralen Nasenfortsätzen entstehen die seitlichen Wände der Nase.

Da der mittlere Nasenfortsatz schmal bleibt, liegen die äußeren Nasenlöcher nun relativ viel näher aneinander als früher.

Erst die Entwicklung des sekundären Gaumens und die Angliederung eines Teiles der primitiven Mundhöhle an die primitive Nasenhöhle führt zur Bildung der sekundären Nasenhöhle mit den sekundären oder bleibenden Choanen einerseits und zur Bildung der sekundären Mundhöhle anderseits.

Während die primitiven Choanen und das Dach der primitiven Mundhöhle sich verlängern, entsteht an der Innenseite der an Länge und Höhe ebenfalls zunehmenden Oberkiefer (beim Menschen zwischen sechster und siebenter Woche) jederseits eine Längsleiste, die s e k u n - d ä r e G a u m e n l e i s t e oder der G a u m e n f o r t s a t z (Fig. 129 und 263). Die Gaumenleisten reichen jederseits vom Ende der Zwischenkieferanlage bis nahe an die hintere Schlundwand.

Vorn niedrig, nehmen sie nach hinten an Höhe zu und bilden vor der Stelle der Anlage der späteren Uvula eine einspringende Ecke, den A n g u l u s u v u l a e. Von hier ab verjüngen sie sich wieder rachenwärts. Ihre ursprünglich unteren freien Ränder (Fig. 130) wachsen

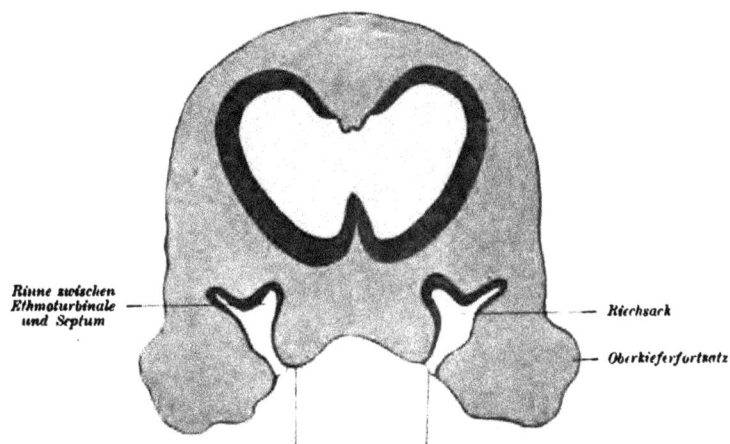

Rinne zwischen
Ethmoturbinale
und Septum

Riechsack

Oberkieferfortsatz

Processus globularis   Membrana bucconasalis

Fig. 128. Frontalschnitt durch die Riechgrube eines 1,5 cm langen Schweineembryos.

sich (beim menschlichen Embryo in der neunten bis zehnten Woche) in horizontaler Richtung entgegen und verschließen die zeitweise zwischen ihren Kanten bestehende und vorübergehend von der inzwischen entstandenen Zunge eingenommene Spalte, die s e k u n d ä r e G a u m e n s p a l t e (Fig. 131). Der Verschluß der sekundären Gaumenspalte greift bei den Amniontieren in sehr wechselnder Ausdehnung Platz. Bei manchen Reptilien und Vögeln können zeitlebens größere oder kleinere Gaumenspalten rechts und links vom Nasenseptum bestehen bleiben. Bei den Säugetieren ist die Verwachsung des Gaumens mit Ausschluß der Plicae palatopharyngeae eine vollkommene mit Bildung einer deutlichen Raphe durch Epithelverklebung und mit nachträglicher Verwachsung der bindegewebigen Grundlage der Gaumenleisten (Fig. 131). (Sie ist beim menschlichem Embryo in der zehnten bis zwölften Woche vollendet.)

.Die Verwachsung der Gaumenfortsätze beginnt zuerst in einiger Entfernung von dem Zwischenkiefer. Sein Epithelüberzug verbindet sich mit dem der Gaumenfortsätze. Dann wächst von beiden Seiten her Bindegewebe in die Epithelnaht unter Ausspaarung eines jederseits nahe der Mittellinie schräg nach innen und unten zur Mundhöhle ziehenden Epithelstranges vor. Diese Epithelstränge kanalisieren sich später und bilden als Nasengaumengänge entweder vorübergehend oder dauernd eine Verbindung zwischen Nasen- und Mundhöhle.

Zwischen ihnen entsteht die an Größe und Form nach der Tierordnung wechselnde Papilla palatina.

Durch die auch nach hinten fortschreitende Verwachsung der Gaumenplatten werden die primären Choanen von der Mundhöhle aus

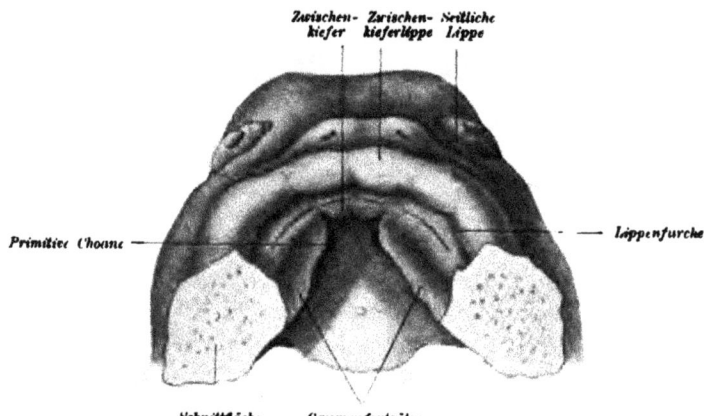

Fig. 129. Kopf eines menschlichen Embryos aus der siebenten Woche, nach His. Die Unterkieferanlage und Zunge ist entfernt: man sieht durch die primitive Gaumenspalte zwischen den Gaumenfortsätzen in die primitive Nasenhöhle und auf die primitiven Choanen.

unsichtbar. Eine nach beendeter Verwachsung durch die Nasenlöcher eingeführte feine Borste gelangt über dem hinteren Rande des bleibenden Gaumens durch die sekundären oder bleibenden Choanen — die, wohlgemerkt, mit den primitiven Choanen nicht das mindeste zu tun haben — in die Rachenhöhle.

Die im Gebiete des Rachens unvereinigten Ausläufer der Gaumenleisten bilden die Arcus palatopharyngei.

Später scheidet sich der bleibende Gaumen in einen vorderen Abschnitt, dessen in der Folge auftretendes Knorpelgerüst verknöchert und die Grundlage des harten Gaumens bildet, während der hintere, häutig-muskulöse Teil als weicher Gaumen bestehen bleibt.

Auch die Uvula entsteht durch Verschmelzung paariger Anlagen.

Die sekundäre Nasenhöhle besteht demnach aus der primären Nasenhöhle und aus dem obersten, über den

Gaumenleisten gelegenen Teil der primitiven Mundhöhle, d. h. dem Nasenrachengang oder Ductus nasopharyngeus (vgl. Fig. 130 und 131).

Dieser obliteriert zeitweise (beim Menschen vom dritten bis fünften Monat) wie die äußeren Nasenlöcher durch Epithelwucherung und erhält erst durch nachträgliche Lockerung der Epithelien wieder eine Lichtung.

Als Reste der epithelialen Verschmelzung können Epithelperlen im Gebiete der Verwachsungsnaht noch kürzere oder längere Zeit bestehen. Mangelhafte Vereinigung der Gaumenplatten bedingt die wechselnden Formen der Gaumenspalte. Beim menschlichen Embryo und Neugeborenen sind die, bei Tieren zum Kauen und Festhalten der Nahrung wichtigen, quergestellten, bogenförmigen Gaumenfalten viel mehr entwickelt als in späteren Lebensaltern und erweisen sich als eine für den Menschen nutzlose Erbschaft von seinen Vorfahren.

Abgesehen von der Anfügung des Nasenrachenganges, wird die Innenfläche der Nasenhöhle durch Bildung der Nasenmuscheln und der Nebenhöhlen der Nase beträchtlich vergrößert und dadurch nach beendeter Embryonalentwicklung das riechende Medium immer vollkommener ausgenützt. Auch scheidet sich in der Folge die Pars olfactoria von der Pars respiratoria.

Die Muschelanlage erfolgt ziemlich früh. Die Nasenmuscheln wachsen aber nicht in die Nasenhöhle hinein, sondern werden durch sich in die Wand der Nasenhöhle einsenkende Epithelstreifen gleichsam aus dieser herausmodelliert (Fig. 131).

Man hat die oberen Siebbeinmuscheln oder Ethmoturbinalia, die Nasenmuschel oder das Nasoturbinale und die Kiefermuschel oder das Maxilloturbinale zu unterscheiden.

Über Zahl und Gleichwertigkeit der Nasenmuscheln bei den verschiedenen Tieren bestehen noch Unklarheiten. Bei den Säugetieren (Kaninchen und Ratte) werden die meist in Dreizahl angelegten Ethmoturbinalia ebenso wie das Organon vomeronasale aus der septalen Wand des Riechsackes gebildet, deren oberer hinterer Teil sich gegen den unteren abknickt, vorübergehend das quergestellte Dach der Nasenhöhle bildet, aber schließlich in die Seitenwand einbezogen wird.

Das Ethmoturbinale I wird zur Concha media. Bei menschlichen Embryonen von 30 mm Länge legt sich hinter ihr ein zweites Ethmoturbinale, die spätere Concha superior, an. In den Buchten unter den Ethmoidalia bilden sich später Nebenmuscheln, die, da sie nicht frei in die Nasenhöhle hereinragen, verdeckte Muscheln, Conchae obtectae, heißen. Durch spätere Furchenbildungen können die Ethmoturbinalia in eine wechselnde Anzahl von Riechwülsten zerlegt werden.

Beim Menschen scheint das Nasoturbinale überhaupt nicht angelegt zu werden. Ihm entspricht später nur die als Agger nasi bekannte kleine Faltenbildung vor dem ersten Ethmoturbinale.

Das Maxilloturbinale kann sich durch Einrollung oder Verästelung bedeutend komplizieren, ist aber beim Menschen abortiv.

Zwischen den verschiedenen Muschelbildungen modellieren sich die Nasengänge.

Die Nebenhöhlen der Nase, welche bei den Huftieren bedeutende Entfaltung erreichen können, entstehen als Einwucherungen

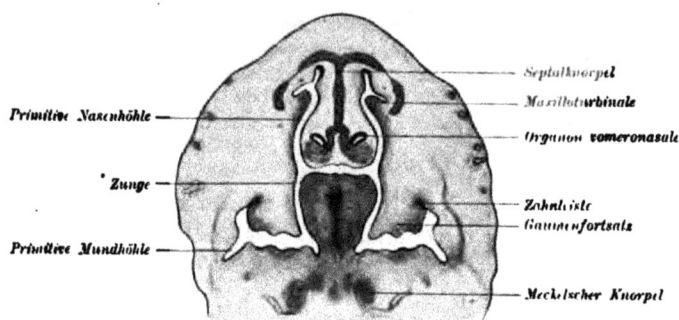

Fig. 130. **Frontalschnitt durch die Schnauze eines Kaninchenembryos von 1,5 cm Scheitelsteißlänge. Vergr. etwa 12:1.**

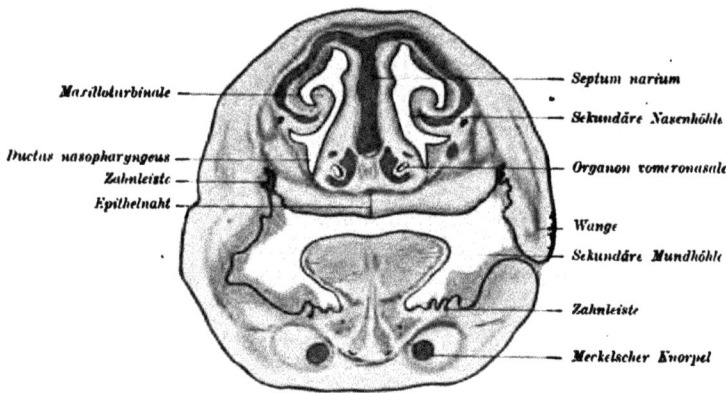

Fig. 131. **Frontalschnitt durch die Schnauze eines Rindembryos von 3,5 cm Scheitelsteißlänge. Vergr. etwa 12:1. Die knorpeligen Teile sind dunkel gehalten.**

des Epithels der Nasenhöhle in das Mesenchym vor der Anlage der Knorpel und werden erst sekundär von diesen und dem Knochen umkapselt. Unter der mittleren Muschel stülpt sich ventral die Kieferhöhle, der Sinus maxillaris, dorsal die Stirnhöhle, der Sinus frontalis, aus. Die Keilbeinhöhlen, Sinus sphenoidales, sind vom Knorpel umkapselte Teile der Nasenhöhle selbst.

Die Kieferhöhlen werden, wie die Keilbeinhöhlen, in der Mitte des dritten Monats beim Menschen deutlich. Sie sind bei der Geburt etwa erbsengroß und nehmen erst nach Durchbruch des Ersatzgebisses an Geräumigkeit zu. Die Stirnhöhle bleibt bis zur Pubertät sehr klein.

Die D r ü s e n der Schleimhaut der Nase und der Kieferhöhlen entwickeln sich im dritten bis vierten Monat als solide Epithelzapfen und erlangen ihre volle Größe erst nach der Geburt.

Das O r g a n o n v o m e r o n a s a l e (Jacobsonsches Organ) entsteht als gruben- oder rinnenförmige (Mensch) Epitheleinstülpung an der lateralen Seite des Septums in dem prämaxillaren Teil des mittleren Nasenfortsatzes (Fig. 126 u. 130). Das ausgebildete Organ ist im Verhältnis zur Größe seiner Anlage beim menschlichen Embryo von acht Wochen als ein beiderseits symmetrisch im Septum gelegener, kleiner blinder Schlauch deutlich und erreicht bei Embryonen der zwanzigsten Fetalwoche die Höhe seiner Ausbildung. Von da ab beginnt seine Rückbildung, bei manchen Huftieren (zum Beispiel Pferd, Schwein u. a.) besteht es zeitlebens in besserer Entwicklung (siehe Geruchsorgan).

. Die N a s e n k n o r p e l (Fig. 131) entwickeln sich in den Schleimhautwülsten. Bis zum Ende des zweiten Monats bestehen die Wände der Nasenhöhle, abgesehen von deren Epitheltapete, aus lockerem embryonalen Bindegewebe. Erst in der siebenten bis achten Woche entsteht in der Gegend des Keilbeinkörpers Knorpelgewebe und breitet sich im Septum aus. An den Seitenwänden entsteht Knorpel in den einzelnen Muscheln. Ventral von der unteren Muschel in der Wand des unteren Nasenganges und am Gaumen wird dagegen kein Knorpel gebildet. So tritt allmählich an Stelle der häutigen Wand der Nasenhöhle deren Knorpelskelett, das knorpelige Septum und die seitlichen mit ihm zusammenhängenden paarigen Platten, welche Dach und Seitenwände der Nasenhöhle bilden. Eine Vereinigung der Seitenplatten mit der Mittelplatte findet sich nur an dem späteren Dach der äußeren Nase.

Auch um das O r g a n o n v o m e r o n a s a l e bildet sich eine Knorpelhülle (Fig. 131). Seine Mündung liegt beim Kaninchen und Menschen dicht über dem Boden der Nasenhöhle. Bei Wiederkäuern und Fleischfressern wird sie dagegen während der Entwicklung des Gaumens in die Ductus nasopalatini einbezogen und liegt dann in den die Canales incisivi passierenden S t e n s o n schen Gängen.

Embryonen von dem in Fig. 124 abgebildeten Stadium fehlt noch jede Andeutung einer wohlbegrenzten ä u ß e r e n N a s e. Erst nach Verwendung der medialen Ränder der Processus globulares zur Bildung der Oberlippe entsteht eine einheitliche Erhebung des Gesichtsteiles, welcher die engen und frontal gestellten Nasenlöcher trägt.

Die Anlage der äußeren Nase wird durch eine Bindegewebswucherung, welche die N a s e n k a n t e hervorruft, schärfer begrenzt. Über ihr unterscheidet man den obersten Teil des mittleren Nasenfortsatzes als **Area triangularis**. Sie wird zur Bildung des **Nasen-rückens** verbraucht.

Der mittlere Nasenfortsatz mit dem **unteren Nasenfeld**, der **Area infranasalis**, geht in dem zwischen den Nasenlöchern ge-legenen, bis zur Nasenspitze reichenden **Nasensteg** auf (Fig. 132).

Die **Nasenflügel** und die **Nüstern** der Tiere bilden sich aus den lateralen Nasenfortsätzen (Fig. 132 und 133).

Diese kurze und plumpe Anlage einer **Schnauze** wird nun in die für die einzelnen Spezies typischen Schnäbel, Schnauzen, Rüssel oder Nasen umgewandelt. Im allgemeinen verlängert sich dabei der gegen die Stirn sattelförmig abgesetzte Nasenrücken, wenig beim Menschen, stärker und oft sehr beträchtlich bei den Tieren.

Die vordere abgeflachte und sehr verschieden gestaltete Schnauzen-fläche trägt bei den Säugern zeitlebens mehr oder weniger frontal stehende Nasenlöcher von sehr wechselnder Form und Größe.

Bei dem Menschen und den Nasenaffen klappt diese Fläche aber später nach unten. Dadurch werden die Nasenlöcher (beim Menschen zwischen siebenten und achten Monat) aus der frontalen in eine mehr horizontale Stellung gebracht. So entsteht aus der embryonalen Schnauze die kurze, breite **Stumpfnase** der Neugeborenen. Erst mit allmählicher Höhenzunahme des Gesichtes gewinnt die Nase nach der Geburt an Länge, erreicht aber erst zur Zeit der Pubertät ihre endgültige Gestalt mit nach unten gerichteten Nasenlöchern.

Die **Knorpel** der äußeren Nase sind Reste der primitiven knorpeligen Nasenkapseln (siehe Knorpelcranium).

Gleichzeitig mit der Ausbildung der äußeren Nase vollzieht sich auch

9. die Bildung des Mundes und der Lippen.

Zu der Trennung der Lippen von den Kiefern, und damit zur An-lage des **Vorraumes der Mundhöhle** führt die zuerst seichte, dann durch Spaltung ihres leistenartig verdickten Epithelbodens sich ver-tiefende bogenförmige **Lippenfurche** (Fig. 129).

Die Lippen verwachsen dann von den Mundwinkeln her mehr oder weniger weit und wandeln so die weite **primäre Mundspalte** in die relativ kleinere **sekundäre** oder **bleibende Mundspalte** um, die aber auch als Maulspalte bei Tieren recht breit bleiben kann.

Das unpaare Mittelstück der **Oberlippe** wird durch die Pars infranasalis des mittleren Nasenfortsatzes, ihre paarigen Seitenteile von den Processus globulares und von einem Teil der Oberkieferfortsätze geliefert (Fig. 124, 132 und 133).

Die **Unterlippe** entsteht aus dem Rande der vereinigten Unter-kieferfortsätze.

In der oberen Grenzlinie der primitiven Mundspalte bemerkt man, abgesehen von den in sie auslaufenden Nasenfurchen (Fig. 124), auch

noch eine doppelseitige, die Processus globulares von der Pars infranasalis trennende laterale und eine unpaare mediane Lippen-
kerbe. In der Unterlippenanlage besteht nur eine mediane Kerbe
an der Verwachsungsstelle beider Unterkieferhälften und unter ihr eine
seichte Längsfurche. Ein eigentliches Kinn fehlt noch (Fig. 124 und 133).

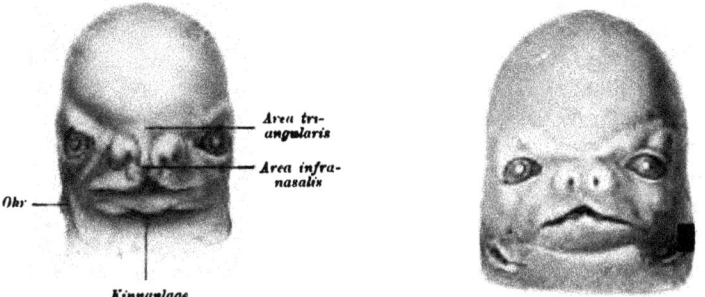

Fig. 132. Kopf eines sechs Wochen alten
menschlichen Embryos von 15 mm Länge,
nach G. Retzius. Vergr. etwa 3:1.

Fig. 133. Kopf eines menschlichen Embryos von 1,9 mm Scheitelsteißlänge.
Vergr. etwa 3:1.

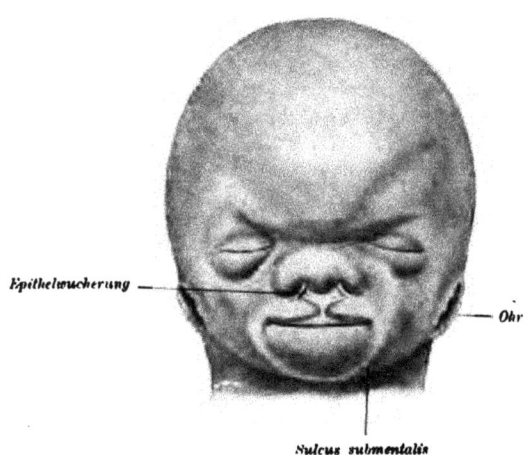

Fig. 134. Kopf eines neun Wochen alten menschlichen Embryos von 42,5 mm Länge, nach G. Retzius.
Vergr. etwa 3:1.

Nach Verwachsung der in den Lippen aufgehenden Wülste wird
das Bild ein einheitlicheres (Fig. 132 und 133).

Am längsten, mitunter zeitlebens (Hund, Bulldoggen) besteht die
mediane Rinne zwischen den beiden Processus globulares.

In der Mitte der Oberlippe bildet sich jetzt an Stelle der früheren
Kerbe das bei den Menschen oft sehr stark vorspringende Tuberculum
labii superioris. In dieser Zeit wird auch die als Philtrum beim
Menschen bezeichnete seichte Rinne über der Oberlippe deutlich.

Durch die inzwischen erfolgte Entfaltung der Großhirnhemisphäre hat sich die Scheitelregion beträchtlich vergrößert und wölbt sich über der breiten, tief eingezogenen Nasenwurzel stark vor (Fig. 134 und 136).

Die Augenanlagen bleiben entweder zeitlebens in ihrer ursprünglichen Seitenstellung (Fische, Amphibien, manche Reptilien und Vögel), oder sie rücken wie bei den meisten Säugetieren in mehr oder minder frontale Stellung oder vollkommene Frontstellung, wie zum Beispiel bei den Menschen und bei den Affen.

Die ursprünglich lidlosen Augen werden in der Folge von den Lidern überlagert. Durch die vorübergehende Verwachsung der Lidränder wird die Lidspalte geschlossen, und die embryonale Physiognomie erhält dadurch den Ausdruck des Schlafes.

Die Tränennasenfurche schließt

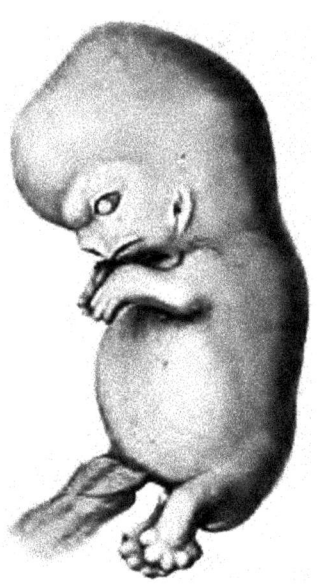

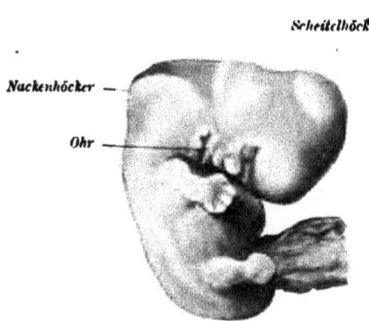

Fig. 135. Menschliches Embryo von fünf Wochen von 1,3 cm Scheitelsteißlänge. Vergr. etwa 3:1.

Fig. 136. Embryo von 1,9 cm Länge, von sechs Wochen. Vergr. etwa 4:1.

sich ebenfalls durch Verwachsung ihrer Ränder. Ihre Epiteltapete wird als solider Strang in die Tiefe verlagert und später in den Tränennasengang, Ductus nasolacrimalis, umgewandelt, der uns bei der Schilderung des Sehapparates noch beschäftigen soll.

Die Physiognomien der Embryonen verschiedener Tiere werden im allgemeinen beeinflußt durch das Verhältnis des Hirnschädels zum Gesichtsschädel, die Umbildung der Grundlagen des Gesichts zu Schnauzen, Rüsseln oder Schnäbeln usw., durch die Stellung, Größe und Form der Augen, der Nasenlöcher und der Ohrmuscheln sowie durch die wechselnde Entwicklung des nur dem Menschen zukommenden Kinns. Wer seine Mitmenschen aufmerksam betrachtet, der wird nicht selten auch in Gesichtern von Erwachsenen noch Anklänge an embryonale Verhältnisse finden.

Die komplizierte Bildungsgeschichte des Gesichtes erklärt die bei Menschen und bei den Haussäugetieren durchaus nicht seltenen Mißbildungen, bei denen es sich fast ausnahmslos um Hemmungsbildungen durch Offenbleiben von Furchen und Kerben, die sich normalerweise schließen sollten, oder um behinderte Ausbildung der Ober- und Unterkieferfortsätze und des Stirnnasenfortsatzes handelt. Je nachdem die dadurch veranlaßten Spaltbildungen nur die Weichteile oder auch die knöcherne Grundlage des Gesichtes betreffen, veranlassen sie die verschiedenen Grade der medianen oder der seitlichen Lippen- und Kieferspalten an der Stelle der Verbindung des Oberkiefers mit dem Zwischenkiefer oder zwischen den beiden inneren Nasenfortsätzen. Eine offene Tränenfurche führt zur ein- oder doppelseitigen schiefen Gesichtsspalte. Bei mangelhafter Verwachsung des Oberkieferfortsatzes mit dem Unterkieferbogen bleibt die Mundspalte abnorm groß (quere Gesichtsspalte, Makrostomie, μακρός = groß, στώμα = Mund), bei zu weit gehender Verwachsung beider wird dagegen die Mundöffnung abnorm klein (Mikrostomie). Gänzliches Fehlen des Mundes bezeichnet man als Astomie (α privativum, στώμα = Mund). Behinderte Entwicklung der Kieferfortsätze führt zu einer mehr oder minder ausgesprochenen Defektbildung des Gesichtes (Aprosopie, α privativum, πρόσωπον = Gesicht), die noch mit schiefen oder queren Gesichtsspalten gepaart sein kann.

Am seltensten ist das bisher nur bei Wiederkäuern, Schweinen und bei dem Menschen beobachtete, mit Synotie (συν = zusammen, οὖς, Genitiv ὠτός = Ohr, Verwachsung beider Ohren) verbundene Fehlen des Unterkiefers oder die Agnathie (α privativum, γνάϑος = der Kinnbacken). Die von Schafen bekannte einseitige oder beiderseitige Verdoppelung des Unterkiefers, bei der am eigentlichen Unterkiefer noch eine kleine obere zahntragende Kieferhälfte sitzt, führe ich auf eine anormale Sprossung des Unterkieferfortsatzes zurück.

10. Die Entwicklung des Halses.

Bei Fischen bleibt der Kopf zeitlebens in breiter und unbeweglicher Verbindung mit dem Rumpf, und das in der Parietalhöhle liegende Herz mit den großen Gefäßstämmen behält die Lage zwischen den letzten Kiemenbogen bei, welche es bei den Amnioten nur in frühen Entwicklungszuständen vorübergehend einnimmt. Noch bei den Amphibien ist nicht immer ein Hals deutlich. Auch das Herz liegt noch dicht hinter dem Kopf. Erst bei den Amnioten bildet sich ein Hals von sehr wechselnder Länge zwischen Kopf und Rumpf.

Die Ausbildung der Halsanlage vollzieht sich vorzüglich durch die Rückbildung des dritten und vierten Kiemenbogens, durch die Ausbildung der Halseingeweide und die brustwärts gerichtete Senkung des Herzens. Unter Beteiligung des Halsdreiecks richtet sich der Kopf allmählich wieder auf und erhält unter Ausbildung der ventralen Halswand auf Kosten der Brustwund dem Rumpfe gegenüber immer größere Selbständigkeit.

Das zeitweilige Zurückbleiben der Nackenregion im Wachstum gegenüber dem rasch sich vergrößernden Gesichtsteil erleichtert die Aufrichtung des Kopfes (Fig. 136).

11. Die Entwicklung des Kaudalendes, der Kloake und des Afters.

Die Vorderlippe der Blastoporus (Fig. 85 u. 86) wird unter Vermehrung ihrer Zellen zum Teloblastem oder Endwulst und nimmt auch
in der Folge die angrenzenden Teile der Urmundrinne nach Verwachsung von deren Seitenlippen in sich auf. Der Endwulst erhält
sich also, während sich sein vorderer Teil wie bei den Amphibien in
Chorda, in Neuralplatte und in das Material für die rechts und links
von der neugebildeten Chorda abgegliederten Urwirbel scheidet, auch
bei den Amnioten, und bildet wie bei den Anamnien ein wichtiges
Primitivorgan für das weitere Längenwachstum der embryonalen Achsen-
organe.

Der Blastoporus wird mit der immer kürzer werdenden Urmundrinne immer weiter kaudalwärts verlagert, bis schließlich die Urmundrinne nur noch als kurzes Überbleibsel der einst so auffallenden Bildung
übrigbleibt (vgl. Fig. 86 *A* mit Fig. 93 *B*). Der Blastoporus verstreicht
entweder sehr bald durch die Zunahme des Endwulstes wie bei vielen
Säugern oder Sauropsiden, oder er besteht zeitweise sehr deutlich,
kürzere oder längere Zeit, zum Beispiel bei manchen Wasservögeln,
dem Hunde, bei den Affen und bei dem Menschen.

Bei Reptilien und Vögeln sieht man bei der Einbeziehung des sich
schließenden Blastoporus und des vorderen Teiles der verwachsenen
Seitenlippen der Urmundrinne in den Endwulst die noch mehr oder
weniger deutliche paarige Anlage des hinteren Chordaendes (Schild-
kröten-, Enten- und Dohlenembryonen). Bei den von mir untersuchten
Säugetieren habe ich nur Spuren dieser bilateralen Verschmelzung des
hinteren Chordaendes im Bereiche des Blastoporus gesehen, der, einmal
geschlossen, meist dauernd verschwindet. Der Schwund des Blastoporus
verhindert natürlich auch die Ausbildung eines Canalis neurentericus,
für dessen Auftreten das Bestehenbleiben eines Blastoporus auch nach
Schluß des Neuralrohres Vorbedingung ist. Wird dagegen ein offener
Blastoporus von den verwachsenden Medullarwülsten überdeckt, dann
besteht auch bei Amnioten, wie zum Beispiel beim Menschen, zeitweise
ein Canalis neurentericus.

In der Folge wird der Endwulst zur S c h w a n z k n o s p e und zum
S c h w a n z e , d. h. zur Forsetzung der cölomlosen Rumpfachse (Chorda,
Aorta, Neuralrohr, Urwirbel, Haut), in welche auch der Darm zeitweise
einen hohlen Fortsatz, den p o s t a n a l e n oder S c h w a n z d a r m ,
hineintreibt. Canalis neurentericus und Schwanzdarm werden aber
bald in einen soliden Epithelstrang umgewandelt, der nach kurzem
Bestehen schwindet. Ein solcher nach Länge und Zahl seiner Urwirbel
und damit an Länge bei den Amnioten sehr wechselnder Schwanz wird
in unverkennbarer Weise auch beim menschlichen Embryo angelegt
(Fig. 121), bleibt aber klein und erhält sich nur als rückgebildeter

Organkomplex (Steißbeinwirbel, -muskeln, -gefäße und -nerven), zwischen den Gefäßmuskeln verborgen, zeitlebens.

Bei 3 mm langen menschlichen Embryonen ist die Schwanzknospe noch unsegmentiert und enthält den postanalen Darm. 4—6 mm lange Embryonen besitzen schon einen deutlichen Schwanz, und bei 9 mm langen Embryonen beträgt der Schwanz fast ein Viertel der Gesamtlänge des Embryos. Bei 9—12 mm langen Embryonen enthält der Schwanz mindestens acht Kaudalsegmente.

Der Schwanz gliedert sich in den segmentierten Wirbelschwanz und in den wirbellosen, bald im Wachstum zurückbleibenden Teil, den Schwanzfaden, an dessen Basis das Rückenmark heranreicht. Bei Embryonen von 15 mm bildet der Schwanz nur noch einen äußerlich sichtbaren Kaudalhöcker. Die Wirbelsäule biegt sich ventral ein, und es entsteht über dem Kaudalhöcker der Steißhöcker (Fig. 137). Der Schwanzfaden verschwindet. Der Wirbelschwanz rückt samt den Bindegewebsresten, welche ihn an die Steißbeinspitze befestigen, dem Ligamentum caudale, in die Gesäßspalte. Der Kaudalteil des Rückenmarks

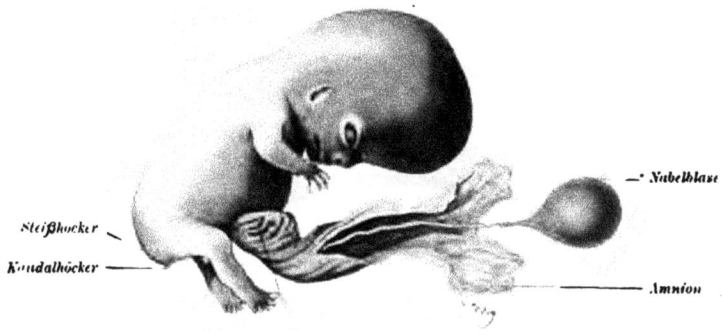

Steißhöcker

Kaudalhöcker

— Nabelblase

Amnion

Geschlechtshöcker Darmschlingen

Fig. 137. Menschlicher Embryo von 2,7 cm Scheitelsteißlänge von 8—9 Wochen. Vergr. etwa 2:1.

bildet zunächst noch ein feines Röhrchen, das Filum terminale, das später seinen Zusammenhang mit dem Schwanze bis auf das zeitweilig an der Schwanzspitze erhaltene Endbläschen verliert.

Bei 25 cm langen Embryonen bestehen die vom Neugeborenen bekannten Verhältnisse. Der Schwanzfaden ist verschwunden, und an seiner Stelle stößt man in der Höhe des zweiten bis vierten Steißwirbels auf eine wechselnd deutliche kleine Einziehung, die Steißbeingrube, Foveola coccygea.

Es werden somit, da beim menschlichen Embryo in der Regel 38—39 Wirbel angelegt und 34 ausgebildet werden, mindestens vier Schwanzwirbel zurückgebildet. Dies deutet darauf hin, daß die Vorfahren des Menschen mehr Schwanzwirbel besessen haben, als im Steißbeine des jetzt lebenden Menschen erhalten sind.

Die verwickelten Rückbildungsvorgänge am Medullahrrohr, der Chorda, dem Canalis neurentericus und dem Schwanzdarm können zu Anomalien führen, welche pathologische Bedeutung haben. Abgespaltene Chordareste an der Steißbeinspitze und ein kleiner Knoten aus Chordazellen hinter dieser bilden die Ursache der als „kaudale Chordome" bekannten Geschwülste. Weiter beobachtet man nicht selten mehrfache Verschmelzungen der beiden seitlichen Rückenmarkshälften, die den ursprünglich einheitlichen Zentralkanal in zwei bis drei Lichtungen — ich habe

11 *

beim Hühnchen sogar fünf beobachtet — zerlegen. Damit ist die Möglichkeit pathologischer Cystenbildung gegeben. Abnormes Bestehenbleiben des kaudalen Medullarabschnittes kann ebenfalls zu Cystenbildungen dicht unter der Haut im Bereiche des Steißbeines führen. Die Reste des neurenterischen Kanals und Schwanzdarmes können als Epithelinseln bestehen bleiben und zu Cysten usw. Veranlassung geben.

Auch bei den Säugetieren (sehr schön bei den Wiederkäuern und Schweinen) treten Schwanzfäden oder kugelige Schwanzknospen auf, und auch bei ihnen kommen die periphersten Wirbelanlagen nicht zur vollen Entwicklung, sondern verschmelzen noch knorpelig miteinander. Die Reduktion der Weichteile und der Schweifspitze kann aber auch noch weiter auf die Schweifwirbelsäule übergreifen und sich zur erblichen, mit Mißbildung der Schwanzwirbelsäule gepaarten (bei Pferden, Füchsen, Hunden und Katzen beobachteten) Stummelschwänzigkeit oder Schwanzlosigkeit steigern, die man irrigerweise bei Hunden und Katzen als eine Vererbung der durch Kupieren des Schwanzes bedingten Verstümmelung und als einen Beweis für Vererbung von Traumatismen, d. h. mechanischer Verstümme-

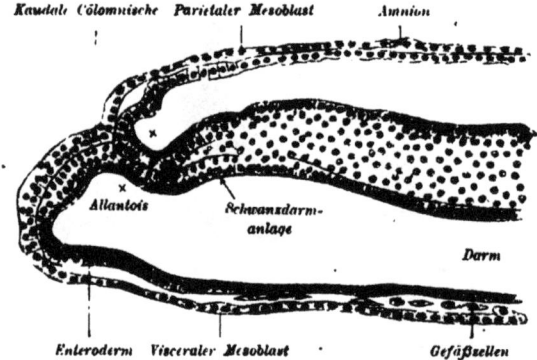

Fig. 138. Medianschnitt durch das Hinterende eines 16 Tage alten Schafembryos mit fünf Urwirbel-paaren. Vergr. etwa 200 : 1. Zwischen × × liegt die Aftermembran.

lungen angesehen hat. Ich habe durch vergleichend anatomisch-embryologische Untersuchungen gezeigt, daß die „Stummelschwänze" mit Verletzungen der Schwänze der Eltern nichts zu tun haben. Beim Menschen kommen ausnahmsweise schwanz-artige Anhänge vor, deren Bedeutung als „Schwanzrest" aber nur auf Grund sorgfältiger Zergliederung von den sehr verschiedenwertigen am hinteren Leibes-ende beobachteten Anhängen unterschieden werden kann.

Die Bildung der Kloake vollzieht sich bei den Amnioten aus dem hinteren Teil der Urmundrinne.

Bei Embryonen vom Schafe und Kaninchen mit zwei Urwirbel-paaren verbindet ein dicht vor der kaudalen Umschlagstelle des Amnions gelegener Epithelstrang das Ende der Urmundrinne mit dem Enteroderm. Nach sehr kurzem Bestand erleidet dieser Epithelstrang eine Kontinuitäts-trennung in der Quere, und an seiner Seite entsteht eine epitheliale Doppellamelle, die Kloakenhaut oder Aftermembran.

Bei anderen Säugern habe ich bis jetzt vergeblich nach einem solchen Strang gesucht. Aber auch bei ihnen entsteht sehr früh eine

Kloakenhaut (Fig. 98 S_6, Fig. 138 zwischen ×–×< und Fig. 139). Sie liegt ursprünglich an der dorsalen Fläche des Embryos hinter dem End- wulst und nach Umbildung des Endwulstes zur Schwanzknospe ventral von dieser. Während der ventralen Einrollung des hinteren Embryonal-

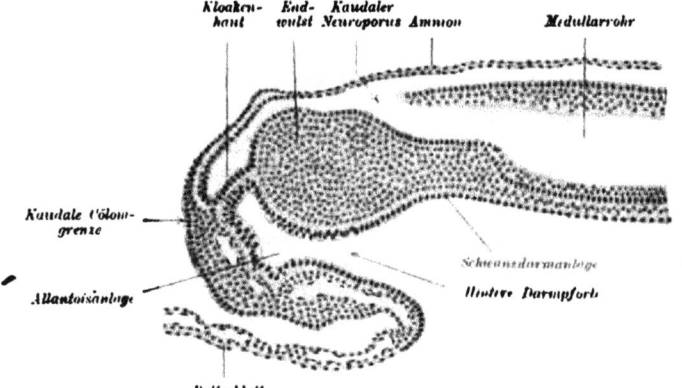

Fig. 139. Medianschnitt durch das Hinterende eines Hundeembryos von 18 Tagen 4 Stunden nach der ersten Begattung mit 16 Urwirbelpaaren. Vergr. etwa 100:1.

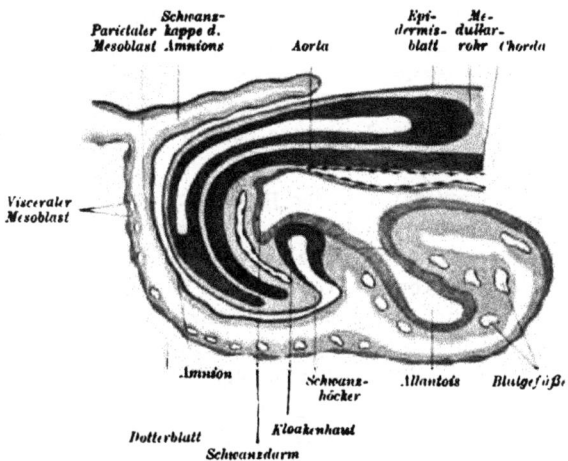

Fig. 140. Medianschnitt durch das Hinterende eines Dohlenembryos mit Schwanzkappe des Amnions und Extremitätenstummeln (halbschematisch).

endes um eine Transversalachse kommt sie in die definitive Afterregion unter die Wurzel des inzwischen angelegten Schwanzes zu liegen.

Gleichzeitig ist auch die letzte Spur der Urmundrinne verschwunden.

Der Durchbruch der Kloakenhaut erfolgt unter Lockerung ihrer beiden Epithelblätter verhältnismäßig spät, bei Hühnerembryonen

zwischen dem sechsten bis siebenten Bebrütungstage, bei Schafembryonen
von 27 Tagen und fast 2 cm Länge und bei Schweineembryonen von
etwa derselben Länge. Bei einem 1,5 cm langen Katzenembryo bestand
noch die Kloakenhaut. Genaueres über diesen Durchbruch und über
die Bildung des Afters ist bei der Schilderung der Anlage der äußeren
Geschlechts- oder Begattungsorgane zu finden.

12. Die Entwicklung der Gliedmaßen.

Mit der ventralen spangenartigen Einrollung des Embryonalkörpers
kann sich eine namentlich bei Reptilien, weniger bei Vögeln und
Säugern und am wenigsten beim Menschen, auffällige Spiraldrehung des
Körpers um die Längsachse verbinden.

Die noch dünne Brustwand wird durch das große Herz, die durch-
scheinende Bauchwand durch die umfangreiche Leber stark hervor-
gewölbt. Mit zunehmender Ausbildung der Brust- und Baucheingeweide
rollt sich dann der Embryo wieder auf (Fig. 120 u. 137).

Das vergleichende Studium der Entwicklung der im Zusammenhange mit der Lebensweise so verschieden gestalteten Gliedmaßen
der Wirbeltiere ist ebenso reizvoll wie schwierig.

Man unterscheidet bei den im Wasser lebenden Wirbeltieren die
unpaaren Flossensäume oder Pinnae von den paarigen in wechselnder Anzahl vorhandenen Extremitäten oder echten Flossen, den
Pterygien ($\pi\tau\epsilon\varrho\dot{\upsilon}\gamma\iota\upsilon\nu$ = äußerster, abwärts hängender Teil von einer
Flosse). Wassertiere mit zwei Flossenpaaren nennt man Tetra-
pterygier ($\tau\dot{\epsilon}\tau\varrho\alpha$ = vier) im Gegensatz zu den vierfüßigen Landtieren
oder Tetrapoden ($\pi o \tilde{\upsilon}\varsigma$ = der Fuß).

Die Flossen funktionieren bei der Bewegung der Tiere im Wasser
als Bewegungs-, Steuer- und Gleichgewichtsorgane.

Ein einheitlich unpaarer, über den ganzen Rücken und einen großen
Teil der Bauchfläche des Körpers verlaufender Flossensaum findet sich
nur bei Acraniern, so zum Beispiel beim Lanzettfischchen.

Die erste Entwicklung der Pinnae besteht in leistenförmigen
Verdickungen der medianen Epithelien des sonst flachzelligen Epidermisblattes, das sehr bald eine mediane Falte bildet. Zwischen
die Faltenblätter wuchert Bindegewebe ein und drängt die Faltenschenkel auseinander. Durch Rückbildung von Teilen der einheitlich
angelegten Flossensaumstrecke entsteht bei den kranioten Fischen die
in Form und Größe sehr wechselnde Rücken-, Schwanz- und Anal-
flosse. Bei Larven der vierfüßigen Amphibien während des Wasser-
lebens gebildete Pinnae werden mit Beginn des Landlebens zurückgebildet (so zum Beispiel beim Frosch [Fig. 141]), oder sie erhalten
sich zeitlebens (bei manchen Molchen). Sie sind aber nicht alle
mit den Pinnae der Fische als gleichwertig zu betrachten. Auch die

unpaare Schwanzflosse der wasserlebenden Säugetiere ist eine besondere Bildung.

Im Gegensatz zu den unpaaren Pinnae entstehen die paarigen Pterygien aus horizontalen Flossenleisten, deren Verlauf im allgemeinen der Flossenanheftung am Körper der fertigen Tiere entspricht.

In die zuerst nur häutigen Anlagen der Pinnae und Pterygien können später Muskeln und stützende Elemente in Gestalt von Hornfäden und Knochen einwachsen.

Da eine einwandlose Ableitung der Extremitäten der Vierfüßler von den Pterygien der Fische noch Schwierigkeiten macht, beschränken wir uns auf die Schilderung der Extremitätenentwicklung bei den vierfüßigen Wirbeltieren.

Bei den Amphibien legen sich die paarigen Extremitäten gleichzeitig als kleine Knospen, noch während des Bestehens des Flossensaumes, an. Die vordere Extremität der Frösche entwickelt sich in der Kiemenhöhle und durchbricht erst nach Gliederung in Ober- und Unterarm des Operculum, welches an dieser Stelle ebenso wie nach

Flossensaum

Fig. 141. Froschlarve mit Flossensaum und Extremitäten.

Entwicklung der Extremitäten der ganze Ruderschwanz der Anurenlarve resorbiert wird (vgl. Fig. 122 und 141).

Bei den Amnioten geschieht die erste Anlage der Extremitäten in Form einer mitunter sehr deutlichen, am peripheren Rande der Stammzone dicht hinter der Kiemenzone beginnenden und bis zum Bauchende verlaufenden Mesenchymleiste, der Extremitäten- oder Wolffschen Leiste, deren Zwischenstrecke aber sehr bald schwindet. Aus dieser Leiste sondern sich (Fig. 120) die kurzen, schaufelförmigen Extremitätenhöcker. Sie zeigen wie die Flossenanlage eine dorsale und ventrale Fläche und einen kranialen und kaudalen Rand. Die Anlage der Brustgliedmaße entsteht zuerst und eilt der Beckengliedmaße in der Entwicklung stets etwas voraus. Die Extremitätenhöcker bestehen aus Mesenchym, dessen Epidermisüberzug sich am Rande des Höckers zu der Epidermis- oder Endkappe verdickt.

Jede Gliedmaßenanlage bezieht ihre Muskeln aus mehreren Myotomen und ihre Innervation von mehreren Rückenmarksnerven. Die Extremitäten werden nur von den ventralen Ästen des Plexus brachialis und lumbosacralis innerviert, gehören also zur Wandzone, deren Haut und Muskulatur ebenfalls nur von ventralen Spinalnervenästen versorgt werden.

Die zur Zeit ihrer ersten Anlage etwas kaudal- und ventralwärts gerichteten Extremitätenstummel grenzen sich mit zunehmender Größe schärfer ab und lassen zugleich ihre in distaler Richtung sich vollziehende Gliederung erkennen. Das schaufel- oder plattenförmig verbreiterte Ende setzt sich als Anlage der Hand an der Brust-, als Anlage des Fußes an der Beckengliedmaße scharf gegen das in den Unterarm resp. Unterschenkel umgewandelte Stück ab. Das proximalste Stück wird Oberarm oder Oberschenkel.

Vom Ende der vierten Woche ab (Fig. 135 u. 136) treten an der Hand und an dem Fuße diejenigen Differenzierungen auf, welche zur Ausbildung der typischen Zahl von Knochenstrahlen führen. Die Zahl der Finger und Zehen wird zuerst durch deren leistenartiges Hervortreten auf der Rückenfläche von Hand und Fuß und erst später durch gleichzeitiges Auswachsen über den Rand der Hand- und Fußanlage deutlich (Fig. 137). Freie, zuerst durch Einkerbungen angedeutete Finger und Zehen erscheinen beim Menschen zwischen der fünften und sechsten Woche und sind am Anfang des dritten Monates noch durch die Interdigitalmembran, eine Art Schwimmhautbildung, miteinander verbunden (embryonale Syndaktylie; σύν = zusammen, δάκτυλος = Finger, Zehe [Fig. 142]). Die Interdigitalmembran schwindet in der Regel, von Mißbildungen abgesehen, bis auf Spuren. Sie kann aber auch (Wasservögel, Fischotter, Neufundländerhund, Elch. Wasserratte usw.) zu Schwimmhautbildungen oder bei Fledermäusen zur Flughaut ausgebildet werden.

Im Mesoblast tritt zuerst die knorpelige, dann die knöcherne Finger- und Zehenanlage auf, über deren Endphalangen Verdickungen des Epidermisblattes das Material zur Bildung der Krallen, Hufe. Nägel und Klauen liefern.

Sind im ausgebildeten Zustande, wie z. B. bei Paar- und Einhufern. weniger Finger und Zehen als die typische Fünfzahl vorhanden, so findet man beim Embryo entweder die wohlentwickelten Anlagen für die später wieder verschwindenden Finger und Zehen, oder deren Anlagen sind abortiv oder fehlen, wie z. B. beim Pferdeembryo die Daumen- und Großzehenanlage, gänzlich (Agenesie; α privativum γένεσις = Entstehung). Ähnliches beobachtet man an den Extremitäten der Vögel. Selbst bei den Embryonen fußloser Echsen (z. B. Blindschleiche) findet sich noch die höckerartige Anlage der Extremitäten. Ebenso ist bei Embryonen der Wale die Anlage der später fehlenden Beckengliedmaße nachgewiesen. Das sind schöne Beispiele für die Macht der Vererbung und die Richtigkeit des Satzes, daß in der Individualentwicklung noch gänzlich unnütze und längst verlorene Vorfahrenzustände vorübergehend zum Ausdruck kommen.

Beide Gliedmaßenpaare wenden zuerst ihre Beugeflächen medial-, ihre Streckflächen lateralwärts (Fig. 135). Sie nehmen somit eine Stellung ein, welche bei den meisten Amphibien (Fig. 141) zeitlebens besteht.

Im Verlaufe ihrer weiteren Ausbildung drehen sich, namentlich bei den Säugetieren, die Brust- und Beckengliedmaßen derart um ihre Längsachsen, daß an ersteren die Streckseite des Oberarmes nach hinten und die Beugeseite nach vorn zu liegen kommt, während an letzteren die Streckseite nach vorn und die Beugeseite nach hinten gekehrt

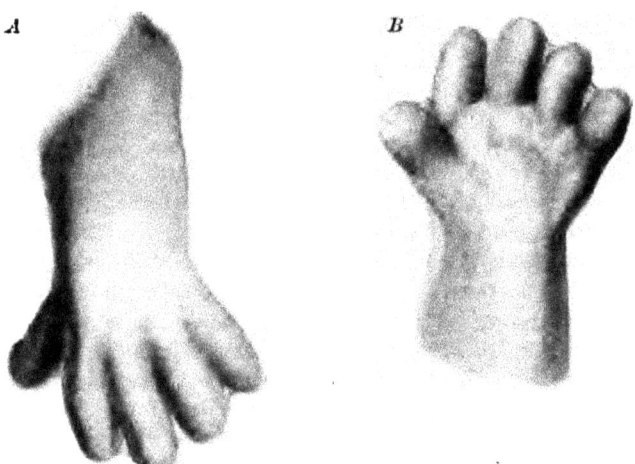

A   *B*

Fig. 142. *A* Dorsal-, *B* Volarfläche der linken Hand des Embryos in Fig. 136.

wird (siehe Fig. 135, 136 u. 137). Diese Drehungen veranlassen unter anderem auch den eigenartigen spiraligen Verlauf des N. radialis. Bei der Beckengliedmaße stehen Unterschenkel und Fuß in primärer Pronation.

Als hauptsächlichste Mißbildungen der Extremitäten kennt man abnorme Kleinheit (Mikromelie von μίκρος = klein und μέλος = Glied) oder gänzliches Fehlen der oberen oder der unteren oder gar beider Extremitätenpaare (Amelie; α privativum, μέλος) sowie eine ganze Reihe von mehr oder minder auffallenden Störungen in der Formbildung (zum Beispiel dauernde Syndaktylie).

Verminderung der Finger und Zehen unter die für die Familie typische Zahl wird als Hypo-, deren Vermehrung als Hyperdaktylie bezeichnet. Meist handelt es sich bei letzterer um Vermehrung durch abnorme Spaltbildung, sehr selten um wirklichen Rückschlag zu einer fingerreicheren Stammform, zum Beispiel durch Ausbildung von Afterhufen und von den zu den Griffelbeinen gehörigen Zehen oder Fingern bei den Pferden.

Die verschiedene Gliederung von Hand und Fuß veranlaßt mit der wechselnden Ent-

Fig. 143. Schafembryo von etwa zwei Monaten. Natürliche Größe

wicklung des Schweifes, abgesehen von den Physiognomien, vom
zweiten Monat an immer größere Unterschiede (siehe zum Beispiel die
Fig. 137 u. 143) der anfänglich einander oft sehr ähnlichen Säugetierembryonen.

D. Die Embryonalanhänge, Decidua, Placenta.
Allgemeines.

Bestimmend für das Auftreten und die Ausbildung der Eihüllen
und der Embryonalanhänge der verschiedenen Wirbeltiere sind das
Medium, in welchem die Entwicklung verläuft, die Art der Fruchtablage, sofern es sich um eierlegende oder lebendig gebärende Organismen handelt, und die wechselnde Dottermenge der Eizelle.

Die sekundären (Oolemma) und tertiären Eihüllen (Gallert- oder
Eiweißschicht) bestehen bei oviparen, im Wasser lebenden Anamnien
und bei den oviparen luftlebenden Amnioten, bis sie von den Embryonen
durch energische Bewegungen beim Ausschlüpfen gesprengt werden.
Fisch- und Amphibienembryonen liegen nackt in ihren Eihüllen (Fig. 144).
Die Embryonen der Amnioten entwickeln dagegen neben dem Dottersack noch als Amnion (ἄμνιον = Schafhaut, weil sie vermutlich bei
trächtigen Schafen zuerst beobachtet wurde), Chorion (χόριον = Lederhaut, Zottenhaut) und Allantois (ἀλλαντοειδής = wurst- oder schlauch-
förmig, wegen ihrer Schlauchform bei Schafen und Schweinen)
Embryonalanhänge, die sie beim Ausschlüpfen oder bei der Geburt abwerfen.

Das Fehlen oder die Ausbildung eines Amnions bedingt die Unterscheidung zwischen Amnionlosen oder Anamnien und Amniontieren
oder Amnioten.

Die wechselnde Menge des Dotters veranlaßt die Umbildung der Bauchwand und eines Teiles des Mitteldarmes zum
Dottersack. In Amphibien und Fischembryonen wird nämlich der
Mitteldarm und durch ihn auch die Bauchwand durch Dotterzellen
mehr oder weniger sackartig (Fig. 60 E, 62, 65, 66 u. 122) als Dottersack oder Saccus vitellinus ausgebuchtet. Die Wand des
Dottersackes besteht aus zwei konzentrischen Schichten: aus der
von dem Dotterblatt und dem visceralen Mesoblast gebildeten Darm-
ausbuchtung, dem Darmdottersack, und aus der durch das Cölom
von diesem getrennten Hautausbuchtung, dem Hautdottersack.

Der anfänglich sehr umfangreiche Dottersack hängt mit dem
Embryo durch einen weiten Dottergang, der ebenfalls aus einem
Darm- und Hautdottergang besteht, zusammen. Parallel der
fortschreitenden Verarbeitung des Dottermaterials verkleinert sich der

Dottersack und wird schließlich mit seinen beiden Schichten in die Wand des Darmes und der Haut einbezogen (Fig. 62, 67 u. 122).

Bei den sehr dotterreichen Keimen der Meroblasten dagegen umwächst die Keimhaut die Dotterkugel um so langsamer, je größer die Dotterkugel ist, und der Embryo erreicht, wie zum Beispiel bei den Sauropsiden, noch ehe die Keimhaut den Dotter vollkommen umschließt, schon eine hohe Entwicklungsstufe (Fig. 147).

Bei den Holoblasten wird der ganze Keim zum Embryo. Bei den Meroblasten scheidet sich die Keimhaut in den zentralen Embryonalbezirk, aus welchem sich der Embryo entwickelt, und in den außerembryonalen Bezirk zur Bildung der embryonalen Anhangsorgane (Fig. 145).

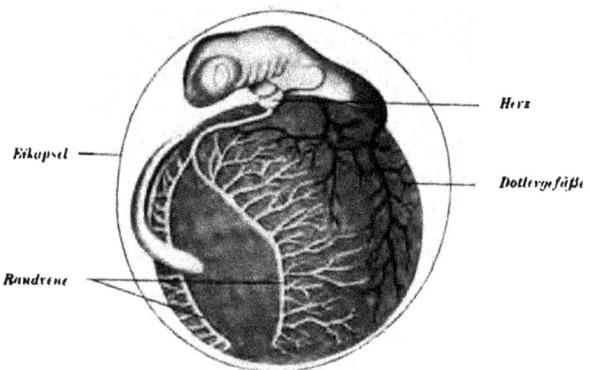

Fig. 144. Embryo eines Knochenfisches, kurz vor dem Ausschlüpfen (halbschematisch). Die aus den vereinigten Randvenen hervorgegangene vordere Dottersackvene leitet das Blut aus der Dottersackwand zum Herzen.

I. Die Embryonalanhänge der Sauropsiden.

Als Grundlage der nachstehenden Schilderung dient im wesentlichen das Hühnerei (Fig. 147).

1. Der Dottersack.

Da die Spaltung des exoembryonalen Mesoblasts keine vollständige ist, hängen Darm- und Hautdottersack am peripheren Mesoblastrande noch durch eine ungespaltene Mesoblastmasse zusammen.

Der viscerale Mesoblast des Darmdottersackes enthält den Gefäßhof, die Area vasculosa. Er wird durch die aus den primitiven Aorten entspringenden Dottersackarterien gespeist und von der Randvene, dem Sinus terminalis, begrenzt. Aus diesem fließt das Blut durch die vor dem Kopfe des Embryos verlaufenden vorderen Dottervenen oder Venae vitellinae anteriores und laterales in den

Embryo zurück. Peripher von der Area vasculosa liegt der gefäß- und mesoblastlose, nur aus Dotterblatt und Ektoblast bestehende Dotter - hof, die Area vitellina, dessen peripherer Umwachsungsrand (vgl. Fig. 91 u. 148), den Äquator überschreitend, allmählich den Gegenpol erreicht.

Auch der Gefäßhof breitet sich auf Kosten des Dotterhofes immer weiter über die Dotterkugel aus. Nach Schluß der vom Umwachsungs - rand begrenzten Öffnung am Gegenpol wird der Dotterhof durch den Gefäßhof verdrängt, und die Dottermasse wird in dem gefäßhaltigen Darmdottersack (Fig. 148) eingeschlossen.

Der Hautnabel umschließt ringförmig den Dottersackstiel und den Allantoisstiel.

2. Das Amnion und das amniogene Chorion.

Das Amnion der Sauropsiden ist ausnahmslos ein Falten - amnion, d. h. es wird durch Falten, die aus dem Epidermis - blatt und dem parietalen Mesoblast bestehen, gebildet. Sie erheben sich um den Embryo und verwachsen über ihm.

Die Grundlage des Faltenamnions ist im wesentlichen die den Embryo umgebende (Fig. 79 u. 84), zuerst nur aus Ektoblast und Dotterblatt bestehende Zone des hellen Fruchthofes. In sie wächst dann Mesoblast bis auf eine unter dem Kopfe gelegene mesoblastfreie Stelle, das primäre Proamnion, ein (manche Vögel, Schildkröten, Beuteltiere, Ameisenigel [Fig. 91 u. 117]. Noch später enthält auch die aus diesem hervorgehende Kopf- oder Proamnionfalte Mesoblast. Das Proamnion ist also nur eine vorübergehende Bildung. Ist die Kopffalte, was ebenfalls vorkommt, von Anfang an mesoblast - haltig, dann besteht entweder, wie bei vielen Vögeln und höheren Säugetieren überhaupt, kein Proamnion, oder es kann durch nachträg - liche Verdrängung des Mesoblasts unter der Stirnseite des Kopfes ein vorübergehendes sekundäres Proamnion auftreten.

Die Kopfkappe des Amnions erhebt sich bei dem Hühnchen als mondsichelförmige Falte, schiebt sich von vorn her über den Kopf und Nacken des Embryos und umhüllt ihn am Ende des zweiten Brüt - tages (Fig. 89 und 147). An den Seiten des Embryos erhebt sich das Dach des Exocöls in Gestalt der Seitenfalten (Fig. 89) und hinter dessen Schwanzende als die meist viel später auftretende Schwanz - kappe des Amnions (Fig. 147). In Rückenansicht ist der Embryo durch die um den noch weiten Hautnabel verlaufende Grenzrinne von den Amnionfalten abgegrenzt. Am inneren Faltenblatt (Fig. 146) liegt der Ektoblast nach innen und wird zum Amnionepithel, am äußeren liegt er nach außen und wird zum Epithel des Chorions.

Der Rand der Kopffalte schiebt sich immer weiter nach hinten, der der Schwanzfalte nach vorn. Ebenso nähern sich die Scheitel der immer höher werdenden Seitenfalten über dem Rücken des Embryos und verwachsen entweder **konzentrisch** oder **linear.** Im ersten Falle besteht· vorübergehend eine rundliche Öffnung an der Verwachsungsstelle, der **Amnionnabel.** Er führt, solange er offen ist,

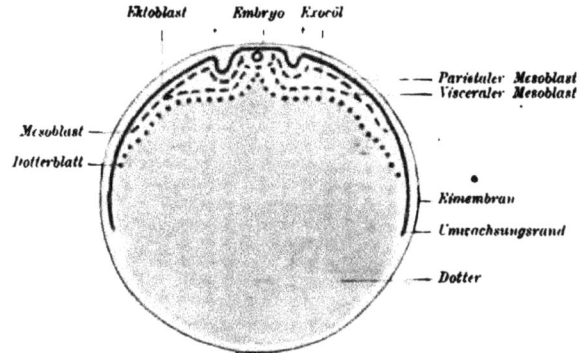

Fig. 145. Querschnittschema durch die sich erhebenden Amnionfalten eines Sauropsiden. Die Kreuzchen bezeichnen die Scheitel der sich erhebenden Amnionfalten.

durch den bald kürzeren, bald längeren **Amniongang** in die **Amnionhöhle** (Fig. 146). Der Amniongang kann später zum soliden **Amnionnabelstrang** (Fig. 168) werden.

Im Falle einer linearen Verwachsung durch eine **Amnionnaht** kann sich über dem Rücken des Embryos eine sagittale Doppelplatte, ein **Amniongekröse** oder **Mesamnion bilden,** welches das Amnion mit dem äußeren Faltenblatt verbindet (manche Vögel, viele Reptilien und Beuteltiere).

Stets aber löst sich früher oder später der Zusammenhang des Amnions mit dem Außenblatte. Dadurch ist dann ein getrenntes **zweifaches** Hüllensystem um den Embryo entstanden: Das aus dem inneren Faltenschenkel hervorgegangene, am Hautnabel des Embryos beginnende Amnion umhüllt den Embryo als feine durchsichtige Haut. Die aus dem äußeren Faltenplatte gebildete Schicht, das

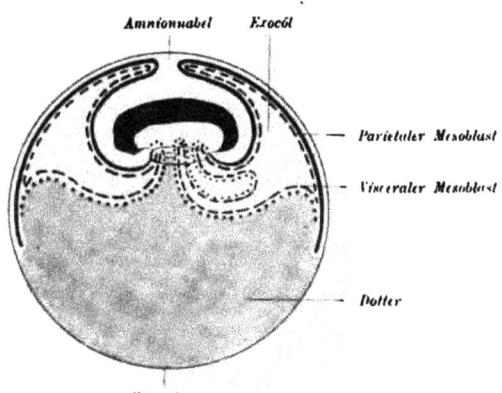

Fig. 146. Schematischer Medianschnitt durch den Embryo eines Sauropsiden mit sich schließenden Amnionfalten. Körper- und Darmnabel sind durch zwei konzentrische Kreise markiert, die Allantois wächst in das Exocöl.

amniogene Chorion überdeckt schalenartig den vom
Amnion umschlossenen Embryo und seine Anhänge und
reicht als Dach des Exocöls schließlich bis zum Gegenpol. Ich nenne diese Schicht „amniogenes" Chorion, weil ihre Bildung.
an die Entstehung des Amnions geknüpft ist.

Der alte für das amniogene Chorion gebräuchliche Name „seröse Hülle" führt
zu falschen Vorstellungen. Die Ektoblastschicht des amniogenen Chorions schichtet
sich sehr bald und scheidet sich in eine tiefe und oberflächliche Lage. Dadurch
unterscheidet sich also diese Schicht schon im Bau von den serösen Häuten, deren

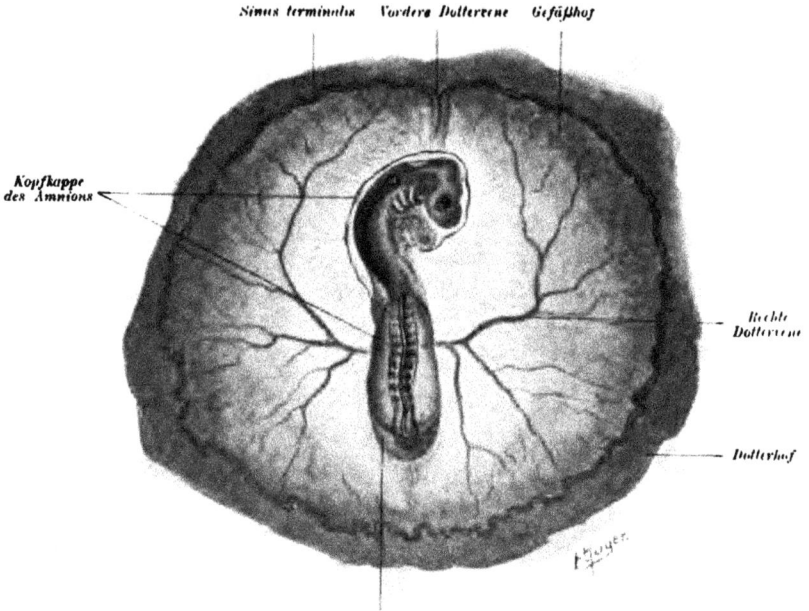

Fig. 147. Flächenbild vom Hühnchen mit sich bildenden Amnionfalten. Vergr. etwa 4 : 1. Die
Eimembran ist entfernt, man sieht durch das amniogene Chorion auf den teilweise vom Amnion
umschlossenen Embryo und den Gefäßhof.

Epithelbelag einschichtig ist. Dieser Teil des Ektoblasts übernimmt dann bei den
Viviparen als Trophoblast neue Leistungen, nämlich die Aufnahme und Verarbeitung der im Uterus gebotenen Nährstoffe und damit Funktionen, die man an
„serösen" Häuten in dieser Art niemals beobachtet.

Amnion und amniogenes Chorion sind zunächst vollkommen gefäß-
los. Am elften Tage der Bebrütung wachsen beim Hühnchen in das
Amnion Gefäße aus der embryonalen Bauchwand und aus dem inneren
Blatt der Allantois ein, die schließlich miteinander anastomosieren.
Das amniogene Chorion erhält später ebenfalls Gefäße durch die
Nabelblase oder durch die Allantois zugeführt (siehe unten).

Unter zunehmender Ausscheidung eines Transsudates aus den embryonalen Gefäßen, der Amnionflüssigkeit, des Liquor amnii, nimmt das Amnion rasch an Weite zu. In der Mesoblastwand des Amnions entwickeln sich sehr früh kontraktile Zellen, deren

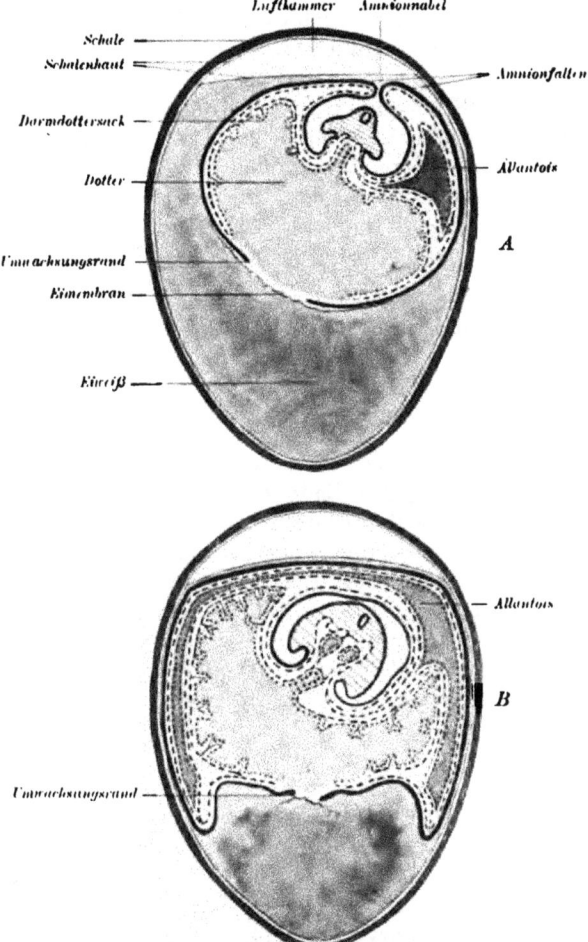

Fig. 148 *A* u. *B*. Schemata der Eihüllen und Embryonalanhänge des Hühnchens, nach Du val. Die Lage des Embryos im Ei wechselt bei horizontal liegenden oder mit dem stumpfen Pole nach oben bebrüteten Eiern (vgl. 148 u. 149).

rhythmische Bewegungen vom fünften Brüttage ab im eröffneten Ei auffallen. Gegen Ende der Bebrütung nimmt die Menge der Amnionflüssigkeit ab, und das Amnion umhüllt den heranwachsenden Embryo wieder dichter.

Nicht bei allen Sauropsiden verläuft die Amnionbildung nach dem vom Hühnchen beschriebenen Typus, sondern zeigt nach Zeit und Art der Anlage bedeutenden Wechsel. So bildet sich das Amnion beim Chamäleon um den noch schildförmigen Embryo aus einer Ringfalte. Die Anlage der Schwanzfalte unterbleibt ganz bei den Schildkröten, und es kommt dann beim Amnionschluß an Stelle der linearen Amnionnaht zur Bildung eines sehr auffallenden röhrenförmigen, hinter dem Schweifende gelegenen Amnionganges.

Auch über dem Kopfende kann sich ein solcher bei manchen Vögeln bei klein bleibender Kopfkappe ausbilden und längere Zeit am Amnionnabel münden. Diese Variationen sind für das Verständnis mancher auch bei den Säugetieren und bei dem Menschen auftretenden Eigentümlichkeiten in der Bildung des Amnions von Bedeutung.

Die Entstehung des Amnions und amniogenen Chorions durch Faltenbildung hängt ursprünglich offenbar mit dem Einsinken des Embryos in das unter ihm gelegene, durch zunehmenden Dotterverbrauch schlaff gewordene Gebiet der Keimhaut zusammen, das ihn nun faltenartig umgibt und schließlich über ihm verwächst.

3. Die Allantois.

Wir untersuchen die Bildung der Allantois zunächst wieder beim Hühnchen.

Während der Bildung des Amnions und amniogenen Chorions entsteht beim Hühnchen gegen Ende des zweiten Brüttages auf der Bauchseite am Kaudalende des Embryos ein aus visceralem Mesoblast bestehender kleiner Höcker, der Allantoishöcker, die erste Anlage der Allantois oder des Harnsackes. In diesen Höcker wächst Enteroderm hinein, und es bildet sich in ihm die mit der Darmhöhle zusammenhängende Allantoishöhle. Die Allantois erscheint nun als eine bläschenförmige Ausbuchtung der Darmwand. Als solche ist sie auch zuerst in der Stammesgeschichte aufgetreten. Sie wird kaudal von der Schwanzknospe überragt (Fig. 140). Mit weiterer Abgrenzung des Enddarmes wird die Allantois etwas nach vorn verschoben und wächst nun als Hohlknospe, deren Stiel hinter dem Dottergange im Hautnabel liegt, zwischen Dottersack, Amnion und amniogenem Chorion in das Exocöl ein (Fig. 146), stößt hier an das amniogene Chorion und legt sich dann von rechts her über den im Amnion eingeschlossenen, mit der linken Seite in einer Vertiefung des Dottersackes gelegenen Embryo (Fig. 149).

Ein von dem Hautnabel umschlossener Gang, der Harngang oder Urachus, verbindet die Allantoishöhle mit der Darmhöhle. In dem Bindegewebsblatt der Allantois entwickelt sich schon sehr früh ein Gefäßnetz, das von zwei aus den primitiven Aorten kommenden Nabelarterien gespeist wird. Eine Nabelvene führt das Blut zum Embryo zurück. Die Allantois enthält außerdem später ein sehr entwickeltes System von Lymphgefäßen.

Bei weiterer Ausbreitung bis zur Innenfläche des amniogenen Chorions muß sich die Allantois abplatten (Fig. 148 *A*). Man unterscheidet nun an ihr ein äußeres, an engmaschigen Kapillaren besonders reiches **respiratorisches Blatt**, das sich von unten her an das amniogene Chorion anlegt und mit ihm (beim Hühnchen am fünften Brüttage) verwächst, und ein inneres, glatte Muskelfasern bildendes **Muskelblatt** mit weiten Kapillarmaschen, das mit Amnion und Dottersack verwächst (Fig. 148 *B*).

Das ursprünglich gefäßlose amniogene Chorion wird nun durch die Verbindung mit der Allantois zum gefäßhaltigen **Allantochorion**.

Nachdem die Allantois pilzhutartig über das Amnion heruntergewachsen ist, trifft sie mit ihren Rändern auf den während der Bebrütung eingedickten und an den spitzen Eipol verlagerten Eiweißrest

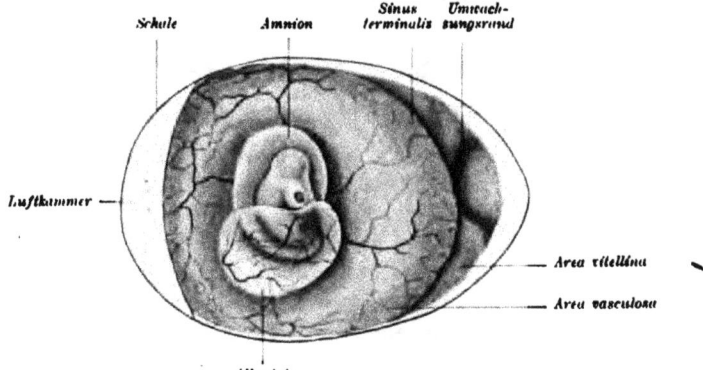

Fig. 149. Hühnerembryo im Amnion mit Allantois auf dem Dottersack innerhalb der Eischale, nach Entfernung des amniogenen Chorions. Nach Du v a l.

(Fig. 148). Sie dringt aber nicht zwischen Eiweiß- und Dottersack weiter vor, sondern schiebt sich unter der Eischale zwischen Eiweiß und amniogenem Chorion weiter und umhüllt und verarbeitet als **Eiweißsack** das Eiweiß.

Die Allantois funktioniert also 1. als **embryonaler Harnsack**, beteiligt sich 2. neben dem Dottersacke durch Bildung des **Eiweißsackes** an der **Ernährung des Embryos** und ist gleichzeitig 3. **Respirationsorgan**.

Bei Beginn der Entwicklung besteht die Respiration in einfacher Gewebsatmung. Die Zellen geben Kohlensäure ab und nehmen Sauerstoff durch die poröse Schale auf. Dann wird der Gasaustausch eine Zeitlang durch die Dottersackgefäße vermittelt. Schrumpft mit zunehmendem Dotterverbrauch der Dottersack zusammen, so werden seine Gefäße in die Tiefe verlagert und von dem amniogenen Chorion bedeckt, zur Respiration untauglich. Nun übernimmt das dicht unter die Schale und an die Luftkammer vorgeschobene respiratorische Blatt der Allantois diese wichtige Funktion. Jede Störung in der Respiration, zum Beispiel durch Lackieren der porösen Eischale oder durch Verletzung der Allantoisgefäße, unterbricht die Entwicklung und tötet den Embryo.

Noch vor dem Auskriechen wird auch der Dottersack vom Amnion umwachsen und durch Zug der im Amnion und im Muskelblatt der Allantois gelegenen Muskelzellen durch den Hautnabel in die Bauchhöhle aufgenommen. In dieser kann man am ausgeschlüpften Vogel nach Schluß des Hautnabels noch längere Zeit den Rest des Dottersackes als gestieltes, gelbes, gefäßhaltiges, an dem Dünndarm hängendes Klümpchen erkennen. Kurz vor dem Auskriechen atmet das Hühnchen durch die Lungen die in der Luftkammer befindliche Luft. Hierbei veröden die Allantoisgefäße, und der Allantoiskreislauf stockt. Beim Auskriechen trennen sich das gesprengte Amnion und Allantochorion von dem inzwischen geschlossenen Hautnabel und bleiben in der Schale zurück.

II. Die Embryonalanhänge der Säuger.

Allgemeine Vorbemerkungen.

Auch bei allen Säugetieren sondert sich der Embryo unter Bildung des Darm- und des Hautnabels vom Dottersacke, während der außerembryonale Bezirk der Keimblase zum Amnion und amniogenen Chorion wird und aus dem Enddarme die Allantois entsteht. Die Übereinstimmung in der Bildung dieser Anhänge mit der von den Sauropsiden beschriebenen ist aus der schematischen Figur 150 ersichtlich. Im einzelnen bestehen freilich bei verschiedenen Säugetieren mancherlei Abweichungen.

Bei den Säugetieren mit großem Dottersacke (zum Beispiel Huftiere, Raubtiere usw.) bildet sich wie bei den Reptilien ein Faltenamnion.

Bei Typen mit kleinem Dottersacke dagegen (zum Beispiel Igel, Mäusen und Fledermäusen) entsteht das Amnion nicht durch Faltenbildung, sondern als Schizamnion (σχίζω = spalten) durch Spaltung aus dem Embryocyste (Fig. 72 u. 151) oder aus dem dorsal vom Embryo gelegenen Ektoblastpfropf (Fig. 152). Die Spaltbildung führt gleichzeitig zur Bildung des ektoblastischen Amnionblattes, der Neuralrinne und der Epidermis.

Es kann aber auch der sehr kleine Embryonalschild wechselnd tief in das Innere der Keimblase von oben her eingedrückt werden (Fig. 152). Er bildet dann den Boden eines vom animalen Pole der Fruchtblase her eingestülpten Beutelchens, dessen Wände nichts anderes als die Amnionfalten sind. Diese Art der Amnionbildung und Embryonalentwicklung bezeichnet man als Entypie. Beide Arten der Amnionbildung, die durch Faltenbildung und die durch Spaltung mit oder

ohne Entypie, gehen durch Übergangsformen (Maulwurf, gewisse
Primaten und wahrscheinlich auch
der Mensch) ineinander über.

Das Faltenamnion ist die primäre
Bildung, von der das Spalt- oder Schiz-
amnion mit Entypie durch die Ver-
kleinerung des Keimes infolge von
Dotterverlust und durch die Art der
Einbettung des kleinen Keimes in die
Uterusschleimhaut selbst abzuleiten ist.

Weitere Abweichungen in der
Bildung der Embryonalanlagen
werden bei Schilderungen der einzelnen Tiergruppen berücksichtigt
werden.

Trotzdem sich die Embryonen
der viviparen Säugetiere aus sehr
kleinen dotterarmen Keimen entwickeln, bilden sie unter der
Macht der Vererbung einen freilich nur mit Flüssigkeit und nicht
mehr mit Dotter gefüllten „Dottersack", der nun als Nabelblase
bezeichnet wird.

Der Embryo ist mit seinen
Anhängen durch den Nabel-
strang oder den Funiculus
umbilicalis verbunden. Dieser
enthält:

1. den Nabelblasenstiel,
welcher als Rest des
Nabelblasenganges
das von den Nabel-
blasengefäßen um-
sponnene Nabelbläs-
chen mit dem Mitteldarm
verbindet (Fig. 150 u. 153),
und

2. den Harngang oder
Urachus ($o\mathring{v}\varrho\alpha\chi\acute{o}\varsigma$ = Harngang), d. h. das zwischen
den beiden Nabelarte-
rien gelegene Verbin-
dungsstück zwischen dem

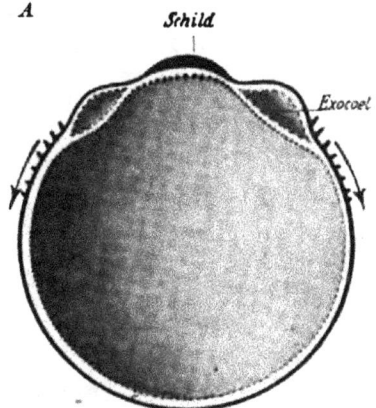

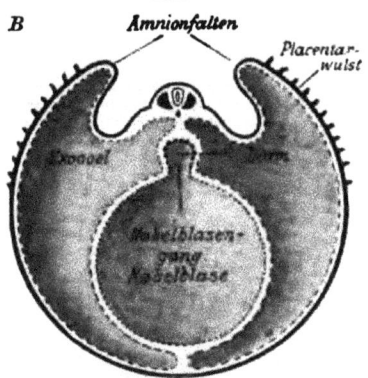

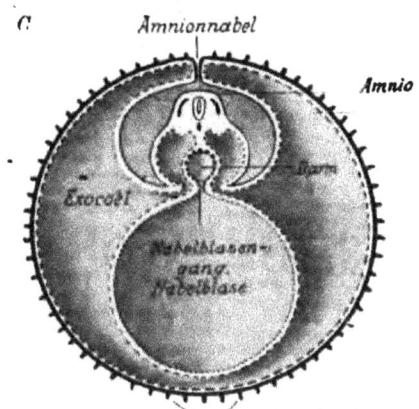

Fig. 150 *A, B. C.* Querschnittschemata der Embryonalanhänge der Säuger, mit Faltenamnion.

12 *

Scheitel des in der Bauchhöhle und des außerhalb des Körpers
gelegenen Teiles der Allantois. Der Urachus ist mit Ausnahme
der Fleischfresser bis zur Zeit der Geburt wohlentwickelt
und durchgängig. Die neben ihm verlaufende Nabelvene

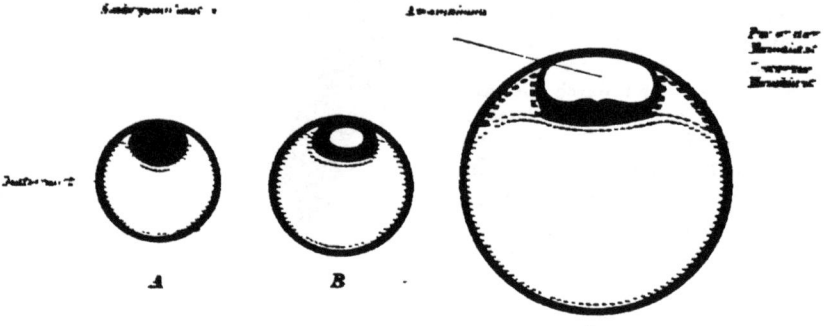

Fig. ... Schema der Entstehung eines Sackmann ... nach dem Fledermaustypus ... zum ... Entodern schwarz, Ectoderm grau, Mesoderm in weiße senkrecht gestrichelt. Die verschiedenen Querschnitte von verschiedener Entwicklung.

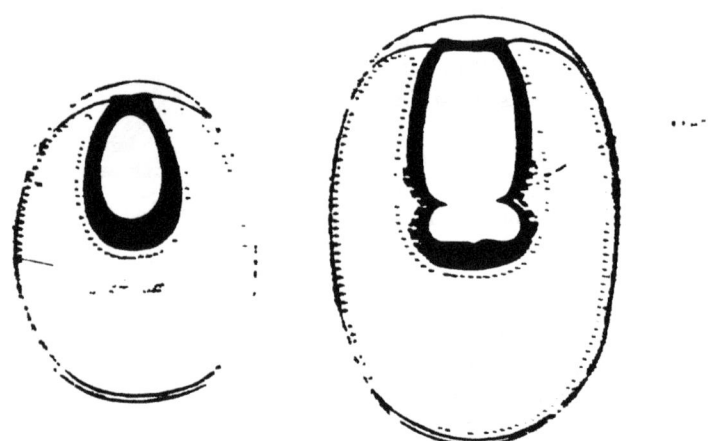

Fig. ... Schema der ... Gliederung der Nabelvenen. Entoderm schwarz, ... Die schwarze Entodernzone mit dem Entodernnabel in die Keimblase eingesenkt ... von verschiedener Entwicklung.

Wenn die Bildung aus der Allantois resp. aus der Placenta herauss
in den Embryonalkreis Nährmaterial entsteht unter „Nährmaterialer Kreislauf"

a sämtliche Zellen sind und muß es durch Durchgangszelle oder
der Wasser nach Stirn zusammenpreßen ... und ... bei
... unter Anwendung von Arm ... zu bilden hat.

Die Amnionscheide des Nabelstranges geht am Nabelring in die Haut des Embryos, am distalen Teile des Nabelstranges in das Amnion über.

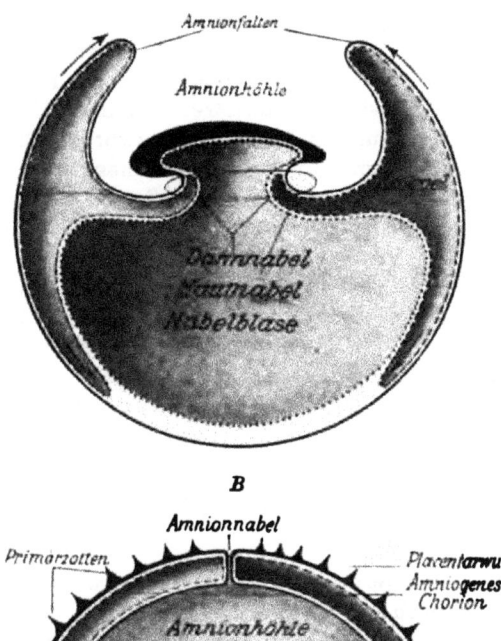

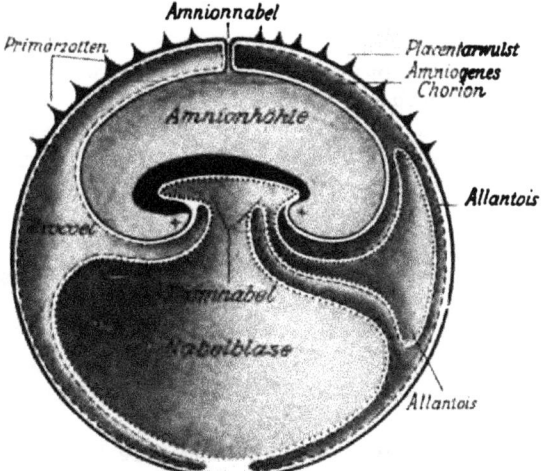

Fig. 153 A und B. Schemata von Längshalbierungen von Säugetierembryonen mit ihren Anhängen.

Kein Tier besitzt einen verhältnismäßig so langen Nabelstrang wie der Mensch und die Affen. Einen langen Nabelstrang haben Pferd und Schwein, einen sehr kurzen die Fleischfresser, einen mittellangen die Wiederkäuer.

Alles deutet darauf hin, daß die Säugetiere von eierlegenden Tieren mit sehr dotterreichen Eiern abstammen. Die dotterreichen Eizellen

der Monotremen bilden Übergangsformen zu den noch recht dotterreichen Eizellen der Beuteltiere, und diese wieder zu denen der übrigen
Säuger, deren Eizellen parallel der Zunahme der intrauterinen Er-
nährungsstoffe, ihren Dotter bis auf das Maß vermindert haben, das
die ersten Entwicklungsvorgänge ermöglicht.

Die primären und sekundären Eihüllen werden zwar auch bei
ihnen stets noch gebildet, aber schon vor dem Eintritt des Keimes
in den Uterus aufgelöst. Die tertiären Eihüllen (Eiweißschicht und
Schalenhaut) werden nun als überflüssig gewordene Schutzhüllen entweder nur vorübergehend und unvollkommen oder gar nicht mehr
angelegt. Dadurch kommt die Außenfläche der nackten
Embryonalanhänge, namentlich des Chorions (der
Trophoblast), in unmittelbare Berührung mit der
Uterusschleimhaut und kann zuerst als amniogenes,
später als gefäßreiches Allantochorion, wie bei den oviparen Amnioten, die Funktion der Atmung beibehalten,
indem es den mütterlichen Blutgefäßen Sauerstoff ent-
nimmt und an sie Kohlensäure abgibt. Es ermöglicht
aber auch die Ernährung des Embryos, sofern es die von
der Uterusschleimhaut gebotenen Nährstoffe aufnimmt,
verarbeitet und dem Keimling zuführt, während es dessen
Zersetzungsprodukte an die Gefäße der Uterusschleimhaut abgibt.

Durch die Verringerung des überflüssig gewordenen Dotters tritt
auch die Leistung des Dottersackes mehr und mehr
zurück. Er wird zwar noch regelmäßig angelegt, denn auf ihm
vollzieht sich die erste Blutbildung, dann aber früher oder später
zurückgebildet.

1. Brunst und Menstruation.

Bei geschlechtsreifen Säugetieren und bei dem menschlichen Weibe
spielen sich von der Ovulation abhängige periodische Veränderungen
in den Geschlechtsteilen ab, die sich im Falle der Nichtbefruchtung
zurückbilden, im Falle der Befruchtung aber weitere Veränderungen
einleiten, welche die Uterusschleimhaut zur Aufnahme und Ernährung
des Keimes befähigen.

Der Eintritt der Brunst der Säugetiere kennzeichnet sich durch
stärkere Blutzufuhr zu den Geschlechtsteilen.

Die im Ruhezustande mäßig blutreiche, nur von einem dünnen
Schleimbelage bedeckte Uterusschleimhaut wird gerötet und durch
starke Füllung der Lymphgefäße geschwellt. Dabei kommt es zu ge-
steigerten, vielfach spezifisch riechenden Absonderungen, welche die
Männchen anlocken und geschlechtlich erregen. Gleichzeitig finden
stets größere und kleinere Blutungen aus den strotzend gefüllten

und erweiterten Kapillaren entweder nur in das Schleimhautgewebe selbst oder unter Trennung der Epitheldecke auch auf die Schleimhautoberfläche und in die Uterushöhle statt. Es kann sogar, wie zum Beispiel bei der Hündin, zu einem mehr oder minder starken, schleimigblutigen Ausfluß aus den äußeren Genitalien kommen (Brunstblutung). Diese Brunstblutungen hören aber stets vor. oder mit der Ovulation auf.

Im wesentlichen die gleichen Vorgänge spielen sich auch in 28 tägigem Turnus beim menschlichen Weibe ab, treten aber gegen den im Nichtbefruchtungsfalle dessen Schluß markierenden auffälligen blutigen Ausfluß zurück: „Regel", „Periode", „Menstruation" (menstruatus = monatlich). Die Gesamtheit der erwähnten Vorgänge bildet einen Menstruationszyklus.

In der etwa 14 Tage dauernden Ruhezeit zwischen zwei Menstruationen, dem Intervall, enthält die graurötliche, etwa 2 mm dicke Schleimhaut nur leicht geschlängelte leere Uterusschläuche (Fig. 154 B). Im Intervall tritt, wie man jetzt annimmt, in der Regel die Ovulation ein. Die auf sie folgende Bildung des Corpus luteum veranlaßt die gesteigerte Blutzufuhr und die Umbildungen an der Uterusschleimhaut. In der zweiten Hälfte des Intervalls werden die Bindegewebszellen der Schleimhaut stern- und spindelförmig; zwischen ihnen finden sich dann, namentlich unter der Schleimhautoberfläche, reichliche Leukocyten, welche durch das Epithel in das Cavum uteri und in die Drüsenlichtungen einwandern und da fettig zerfallen. Auch vereinzelte Lymphknötchen werden gebildet. Gegen Ende des Intervalls verlieren die Uterusschläuche ihre Cilien und beginnen zu sezernieren; sie werden zu Uterusdrüsen. In der etwa 6—7 tägigen prämenstruellen Phase verdickt sich die stark durchsaftete Schleimhaut durch Vergrößerung namentlich der oberflächlich gelegenen und sich zu Vorstufen der Deciduazellen abrundenden Bindegewebszellen und bildet so zusammen mit den Drüsenmündungsstücken die kompakte Lage der Decidua menstrualis (siehe Decidua) der Schleimhaut. Unter ihr entsteht durch die buchtig erweiterten und mit einem schleimigen Sekret erfüllten Drüsen deren spongiöse Schicht (C). Gegen Ende der prämenstruellen Periode rötet sich die blutüberfüllte Schleimhaut stärker. Unter Lockerung und Zerreißung der Gefäßwände und der geschwellten Schleimhaut entstehen Blutungen in diese und auf deren Oberfläche. Es beginnt bei ausbleibender Befruchtung die Abstoßung der Decidua menstrualis. Abfließen des Drüsensekretes, des Blutes und des Ödems in die Uterushöhle mit oder ohne ausgiebigere Abstoßung des Oberflächen- und Drüsenepithels und der kompakten Lage, Zerfall der Bindegewebszellen und Verkleinerung der entleerten Drüsen führen dann zu raschem Abschwellen der Schleimhaut (D). Im postmenstruellen, etwa 4—6 Tage dauernden Stadium

regeneriert sich die abgestoßene Schleimhaut von den blinden Drüsenenden und von den tiefen Bindegewebsschichten aus. Die Bindegewebszellen werden wieder schmal und spindelförmig. Die Blutergüsse
in der Uterusschleimhaut werden aufgesaugt, die Drüsen verlaufen

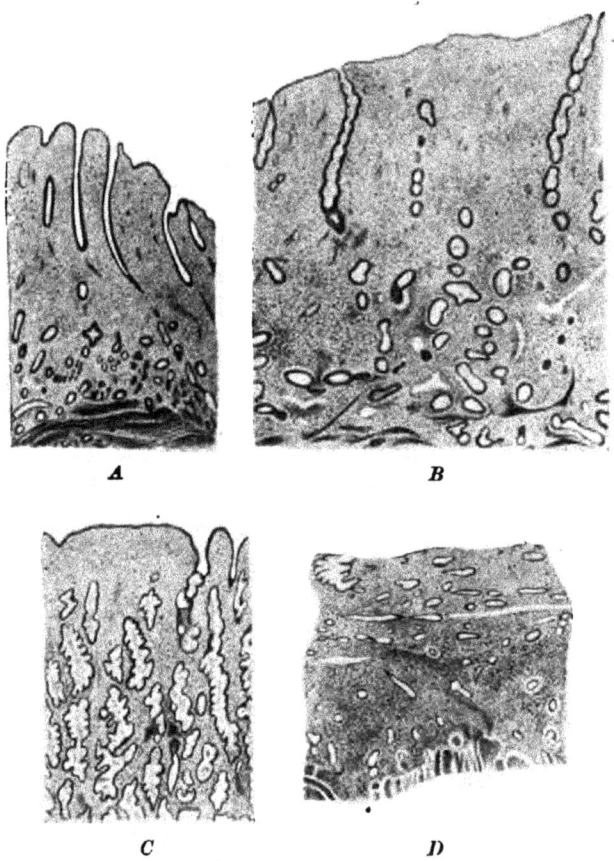

Fig. 154. Vier Schnittbilder durch die Uterusschleimhaut in verschiedenen Phasen des Menstruations-
Zyklus des menschlichen Weibes. Nach Hitschmann und Adler.
A = postmenstrueller Typus, erster Tag nach der Menstruation; B = Intervall; C = prämenstruelle
Phase Decidua; D = dritter Tag nach der Menstruation nach Abstoßung der obersten Schleimhautschicht.

wieder gerade, der Gegensatz zwischen Compakta und Spongiosa verwischt sich (A) und die Schleimhaut zeigt wieder das Verhalten des
Ruhezustandes. Auf dieses Stadium folgt dann wieder der Eintritt
des Intervalls.

Der Unterschied zwischen den bei den Säugetieren und dem menschlichen
Weibe sich abspielenden Vorgängen ist also mehr ein gradueller in bezug auf den

Abbau der wechselnd entwickelten Decidua menstrualis und die sie begleitende Blutung, die bei manchen Tieren (zum Beispiel bei der Hündin, Kuh) vor der Ovulation eine mehr oder minder beträchtliche sein kann und mit der Ovulation zurücktritt, während sie beim menschlichen Weibe und manchen Affen erst im Falle der Nichtbefruchtung des vor der Blutung aus dem Follikel entleerten Reifeies den letzten Akt des Abbaues der überflüssig gewordenen Decidua menstrualis bildet.

2. Placenta und Placentation.

Placenta ($\pi\lambda\alpha\varkappa o\tilde{\upsilon}\varsigma$ = Kuchen) nannte man ursprünglich das scheiben- oder kuchenförmige Ernährungs- und Respirationsorgan des menschlichen Embryos. Dann wurde aber diese Bezeichnung, ohne Rücksicht auf die Form des Organs und im physiologischen Sinne gebraucht.

Unter Placentation versteht man die Ausbildung einer Placenta und die Herstellung ihrer Verbindung mit der Uterusschleimhaut durch Anlagerung oder Verwachsung. In dem Placentargebiete unterscheidet man die durch gefäßhaltige Zotten oder Lamellen ausgezeichnete Placenta fetalis oder den Fruchtkuchen, von der durch die veränderte Uterusschleimhaut gebildeten Placenta materna oder dem Mutterkuchen. Die Verbindung zwischen Embryo und Placenta fetalis vermittelt der Nabelstrang. Auch außerhalb der Placenta gelegene gefäßhaltige Gebiete des Chorions können, wenn auch in geringerem Grade als die Placenta selbst, nutritorische, respiratorische und vielleicht auch exkretorische Funktionen übernehmen (paraplacentare Nutrition, Respiration und Exkretion). Je nach der Vaskularisierung des Chorions durch die Gefäße der Nabelblase oder durch die der Allantoisgefäße unterscheidet man ein Omphalo- ($\dot{o}\mu\varphi\alpha\lambda\acute{o}\varsigma$ = Nabel) oder Allantochorion.

Je nach dem Verhalten der Fruchtblasen zur Uterusschleimhaut teilt man die viviparen Säugetiere in Placentalose oder Mammalia aplacentalia und in Placentatiere, Mammalia placentalia. Beide sind durch mannigfache Übergänge miteinander verbunden.

Vorstufen einer Placentation finden sich schon bei manchen Anamniern, z. B. bei lebendig gebärenden Fischen (glatter Hai, Anableps), bei denen der Dottersack gefäßhaltige Fortsätze zur Respiration in die Uterusschleimhaut einsenkt, während der Dotter als Nährmaterial dient. Bei lebendig gebärenden Eidechsen sind schon echte Placenten entwickelt (Gongylus ocellatus, Seps chalcides), sofern die Chorionzotten an zwei einander gegenüberliegenden Stellen einerseits vom Dottersack, andererseits von der Allantois her vaskularisiert mit der mütterlichen Schleimhaut verbunden eine Dottersack- oder Omphaloplacenta neben einer Allantoplacenta bilden. Dottersack- und Allantoplacenta nehmen meist begrenzte Bezirke des Chorions ein. Aber auch der ganze Chorionsack kann, durch die Allantois mit Gefäßen versehen, als Placenta fetalis funktionieren.

a) Mammalia aplacentalia.

Bei den aplacentaren Beuteltieren (Dasyurus, Perameles) trägt das Chorion statt der Zotten nur ein hohes Epithel und verklebt mit der Uterusschleimhaut, ohne Haftorgane in sie einzusenken. Dottersack und Allantois bekleiden die Innenfläche des amniogenen Chorions, ohne mit ihm zu verwachsen und es zu vaskularisieren, in wechselnder Ausdehnung. Diese recht primitive Einrichtung reicht zur Ernährung der nur zirka 8 Tage im Uterus bleibenden und ganz unreif geborenen Früchte, die dann im Beutel ausgetragen und gesäugt werden, aus.

Bei den

b) Placentalia

gestaltet sich das Verhältnis der Außenwand der Fruchtblase zur Uterusschleimhaut inniger und verwickelter.

Eine Placenta im weitesten physiologischen und morphologischen Sinne des Wortes bilden alle viviparen Säuger durch das vaskularisierte amniogene Chorion. Dieses vergrößert im Gegensatze zu der glatten und gefäßlosen äußeren Fruchtblasenwand der Aplacentalier seine Oberfläche durch gefäßreiche Falten- oder Zottensysteme und senkt diese in die Uterusschleimhaut ein.

Die Fruchtblasen der Placentalia liegen also nicht mehr frei in der Uterushöhle, sondern ihre Zotten oder Falten sind in die Uterusschleimhaut mehr oder minder tief eingestülpt oder sogar mit ihr verwachsen.

Vielfach besteht auch bei Säugetieren eine Nabelblasen- oder Omphaloplacenta längere oder kürzere Zeit vor- oder neben einer Allantoplacenta.

Eine nur vorübergehende Omphaloplacentaranlage beschrieb ich beim Pferde, eine ebensolche besteht auch bei Insektivoren, Nagern und Raubtieren.

Die Allantoplacenten lassen sich in Halb- und Vollplacenten unterscheiden. Die Halbplacenten (Semiplacentae) lösen sich bei der Geburt von der mütterlichen blutreichen und verdickten Schleimhaut dadurch ab, daß ihre Zotten oder Falten aus den Vertiefungen der mütterlichen Schleimhaut, in denen sie wie Finger im Handschuh stecken, ausgepreßt werden. Die Uterusschleimhaut bleibt dabei so gut wie heil, und es finden keine oder wenigstens keine nennenswerten Gewebsverluste und Blutungen aus mütterlichen Gefäßen statt.

Die Vollplacenten bestehen dagegen neben dem fetalen auch aus einem mütterlichen Teile, nämlich aus veränderter Uterinschleimhaut, die während oder sehr bald nach der Geburt sich von den tieferen Schleimhautschichten trennt und im Zusammenhang mit der Placenta fetalis ausgestoßen wird. Dabei kommt es

natürlich durch Eröffnung mütterlicher Blutgefäße zu
größeren oder kleineren Blutungen und zur Bildung
einer Wundfläche.

Man nennt den abgestoßenen Schleimhautteil im Gegensatz zu dem
zurückbleibenden von alters her „hinfällige" Haut oder Decidua.
Tiere mit Deciduabildung heißen Deciduaten (zum Beispiel Raubtiere, Insektenfresser, Fledermäuse, Affen, Mensch) im Gegensatz zu
solchen ohne Deciduabildung, den Adeciduaten (Huftiere, Wale, Nil-
pferde, Halbaffen usw.). Zwischen Adeciduaten und Deciduaten bestehen mancherlei Übergänge.

Nach der Anordnung der Chorionfalten oder Zotten unterscheidet
man verschiedene Placentarformen.

Sind die Falten oder Zotten gleichmäßig über die Chorionoberfläche verteilt, wie zum Beispiel beim Schweine (Fig. 169) oder bei
dem Pferde, so spricht man von einer Placenta diffusa. Durch
Bildung bestimmter Zottengruppen entsteht die für die meisten Wiederkäuer charakteristische Placenta multiplex oder cotyledonaria
(κοτυληδών = Saugwarze [Fig. 172]). Gürtelförmig um den länglichen
Chorionsack angeordnete Falten bilden die Placenta zonaria oder
Gürtelplacenta der meisten Raubtiere (Fig. 184). Auf einem
scheibenförmigen Gebiete entwickelte Zottenbüschel formieren die
Scheibenplacenta oder Placenta discoidea der Primaten und
anderer Säuger.

c) Zentrale, exzentrische und interstitielle Entwicklung.

Mit Rücksicht auf die Lage des Keimes im Cavum uteri oder
auf seine Implantation, d. h. seine Einbettung in die Uterusschleimhaut, unterscheidet man nach meinem Vorschlage eine
zentrale, exzentrische und interstitielle Entwicklung.

Liegen die Fruchtblasen bis zur Geburt in dem Cavum uteri
selbst, so entwickeln sie sich zentral (Fig. 155).

Gerät der Keim, wie zum Beispiel bei dem Igel in eine zwischen
zwei gewucherten Schleimhautfalten befindliche Furche der Uterushöhle, oder, wie bei der Maus, in eine flaschenartige Ausbuchtung,
deren Eingang sich nachträglich durch Verwachsung schließt und sich
von der Uterushöhle trennt, so liegt ein Fall von exzentrischer
Implantation und Entwicklung vor (Fig. 156).

Bei der bis jetzt nur von dem Meerschweinchen und von der
Zieselmaus bekannten, wohl auch dem Menschen zukommenden, interstitiellen Implantation fressen sich die noch in Furchung begriffenen Keime unter Zerstörnng des Uterusepithels in die
Uterusschleimhaut ein und entwickeln sich außerhalb des Cavum
uteri, im Bindegewebe zwischen den Drüsen und Gefäßen liegend
(Fig. 157 u. 158).

Bei der exzentrischen und interstitiellen Implantation liegt also
die Fruchtblase zwar in einer Decidualkapsel, aber nicht in der Uterushöhle.

Die Muskulatur des sich beträchtlich erweiternden und vergrößernden Uterus verdickt sich bei Beginn der Gravidität bei allen

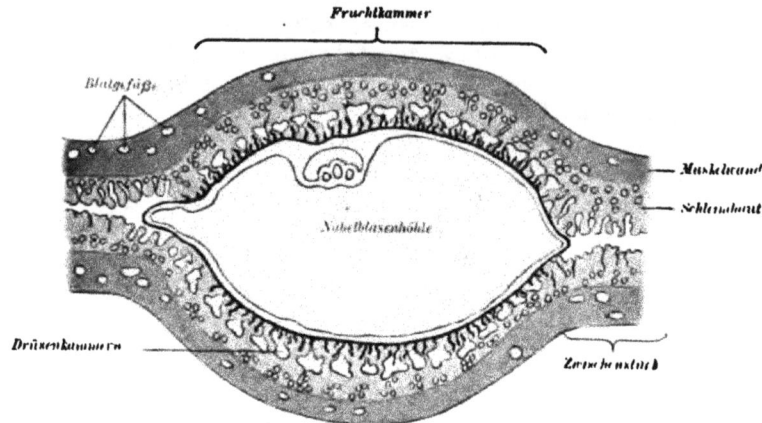

Fig. 155. Schema der zentralen Entwicklung (Hund).

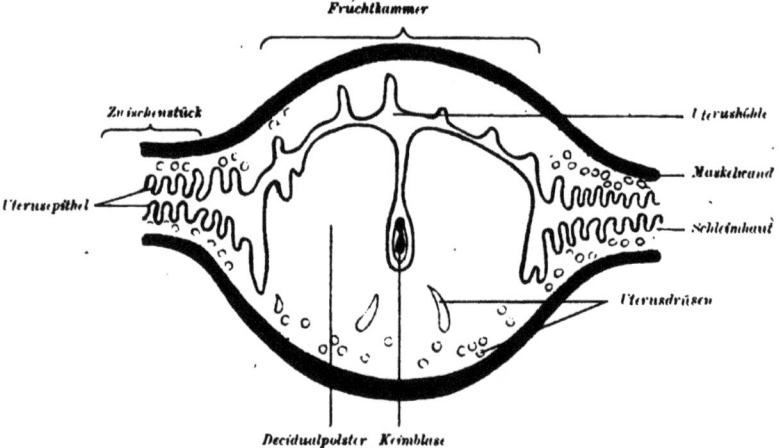

Fig. 156. Schema der exzentrischen Entwicklung. Längsschnitt durch den Uterus der Maus.

Tieren unter Neubildung und Vergrößerung ihrer glatten Muskelzellen.
Später dagegen bleibt ihre Dicke hinter der des nicht graviden Uterus
zurück.

Vorbedingung für eine richtige Auffassung des Baues und der
Leistungen der Placenten ist die richtige Deutung ihres histologischen

Baues und eine scharfe Unterscheidung ihrer mütterlichen und fetalen Elemente sowie eine präzise Nomenklatur. Ich unterscheide Syncytien, Plasmodien und Symplasmamassen.

Syncytien sind kernhaltige, durch Verschmelzung ursprünglich getrennter Zellen entstandene, sich lebhaft färbende Plasmamassen. Plasmodien dagegen entstehen durch wiederholte Kernteilung ohne gleichzeitige Zellteilung.

Stets sind Syncytien und Plasmodien lebensfähige und aktive Bildungen, begabt mit besonders regem Stoffwechsel, mitunter auch mit histolytischen (d. h. gewebszerstörenden) oder mit phagocytären

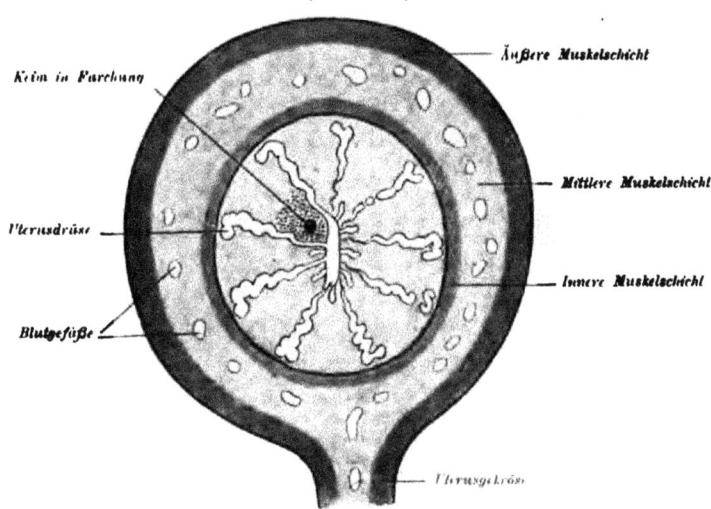

Fig. 157. Schema der interstitiellen Entwicklung. Querschnitt durch den Uterus eines Meerschweinchens. Die punktierte Zone um den Keim bezeichnet mütterliches Symplasma (siehe Fig. 158).

Eigenschaften. Sie können nachträglich wieder in getrennte Zellterritorien zerfallen.

Da nicht nur fetale, sondern auch mütterliche Gewebe Syncytien oder Plasmodien bilden können, so muß man beide unterscheiden und je nach den sie bildenden Geweben durch ein Beiwort näher bezeichnen (zum Beispiel Syncytium fetale epitheliale; Syncytium maternum glandulare usw.).

Etwas ganz anderes sind kernhaltige Massen mütterlicher Gewebe, die durch nachträgliche Verwischung ursprünglich scharfer Zellgrenzen, Verklumpung und stärkere Tinktion auffallen und die unverkennbaren Spuren beginnender Degeneration erkennen lassen. Ich habe sie als Symplasma (coniunctivum, epitheliale usw.) bezeichnet.

Da auch embryonale Gewebe nach beendeter Funktion ganz oder teilweise durch Degeneration zu einem Symplasma werden und zugrunde gehen können, so muß man diese wieder als Symplasma fetale von dem Symplasma maternum unterscheiden.

d) Die intrauterine Ernährung des Keimlings.

Die Blutbahn in der Placenta fetalis ist und bleibt während der ganzen Schwangerschaft eine geschlossene und mindestens durch eine Endothel- und Chorionepithel-schicht von dem mütterlichen Blut getrennte. In der

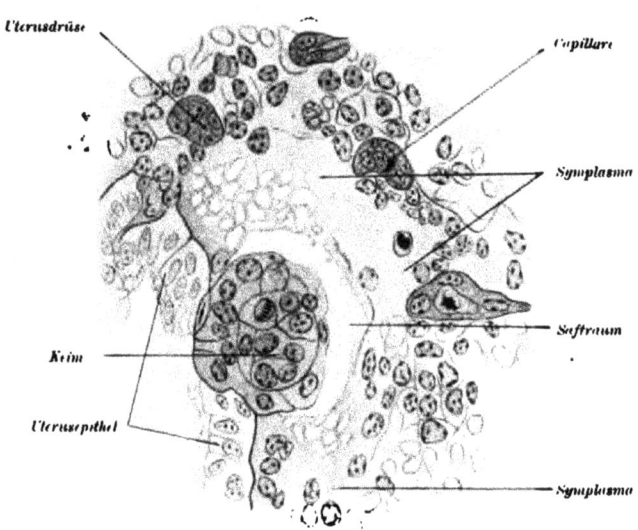

Fig. 158. Implantation des Meerschweinchenkeimes in die Uterusschleimhaut, 6 Tage u. 12 Stunden nach dem Belegen. Nach Graf Spee. Starke Vergrößerung.

ganzen Decidua, oder auch nur in der Placenta materna, kann es zwar zu mehr oder minder ausgiebigen Blutungen durch Eröffnung der mütterlichen Gefäße kommen, eine Mischung fetalen und mütterlichen Blutes findet aber niemals statt.

Die Ernährung des Keimlings geschieht, abgesehen von osmotischen Vorgängen, durch die aktive Tätigkeit des Chorionepithels, das gewebszerstörend auf die gesamten Gewebe der Uterusschleimhaut einwirkt, dessen Gewebe verarbeitet und sie dem fetalen Kreislauf übermittelt.

Die zur Ernährung des Embryos dienenden mütterlichen Massen, die Embryotrophe ($\tau\rho\sigma\varphi\acute\eta$ = Nahrung, Futter), bestehen je nach der

Tierart und auch nach der Dauer der Gravidität aus wechselnden Mengen serösen Transsudates, den Sekreten des Oberflächen- und Drüsenepithels, fetthaltigen und zerfallenden Leukocyten, Glykogen und eigentümlichen, stäbchenförmigen Eiweißkristalloiden (Schaf. Fig. 175), endlich aus je nach der Tierart wechselnden, namentlich in späteren Gestationsperioden auffallenden Mengen von mütterlichem Blut.

Bei manchen Formen, zum Beispiel bei den Raubtieren, dauert die Ernährung durch Embryotrophe bis zur Geburt. Bei anderen Tieren kann man dagegen eine frühere, etwa bis zur vollen Entwicklung der Choriongefäße dauernde, vorwiegend histotrophische (d. h. durch verschiedene zerfallende mütterliche Gewebe gekennzeichnete) und eine spätere mit überwiegender Ernährung durch mütterliches Blut gekennzeichnete hämotrophische Periode feststellen, ohne daß jedoch beide Perioden immer scharf voneinander zu unterscheiden sind.

Nach dem Gesagten verhält sich der Embryo zur Mutter wie ein Parasit, d. h. er wächst und lebt von den Säften und von den Geweben der Mutter.

(Näheres siehe bei den einzelnen Placentarformen.)

Ich habe 1881 den Nachweis geführt, daß die bei dem Schafe in die Uterushöhle auswandernden Leukocyten vom Trophoblasten ebenso wie die freien Fetttröpfchen aufgenommen und verarbeitet werden. Damit war zum erstenmal festgestellt, daß der Embryo neben flüssigen Stoffen auch mütterliche Zellen zu seiner Nahrung verwendet, eine Lehre, die dann zu der Erkenntnis führte, daß der Trophoblast bei den Deciduaten sämtliche Gewebsbestandteile und das Blut der mütterlichen Placenta abfrißt und zur Ernährung des Embryos verwendet.

Das auf die Schleimhautoberfläche und in die Schleimhaut des Uterus ergossene Blut ist an Stelle des eisenhaltigen Dotters, der ja den lebendig gebärenden Säugern in ausreichender Weise fehlt, die Eisenquelle zur Hämoglobinbildung der embryonalen roten Blutzellen (Bonnet u. Kolster). Die Aufnahme von Fett und roten Blutzellen der Mutter sowie die Wege für den Transport dieser Stoffe im Zottengewebe sind bei dem Menschen und verschiedenen Säugetieren mit Sicherheit nachgewiesen.

Einige ausgewählte Beispiele mögen einen ungefähren Begriff von der großen Mannigfaltigkeit in der Form und Ausbildung der Embryonalanhänge und der Placenta der Säugetiere sowie von der intrauterinen Ernährung des Embryos geben und das Verständnis der beim Menschen beobachteten Verhältnisse anbahnen.

III. Von den Embryonalanhängen im besonderen.

1. Adeciduaten.

a) Perissodaktylen oder Einhufer.

Pferd. Placenta diffusa.

Tragezeit: Die Stute trägt im Mittel 12 Mondmonate zu 28 Tagen. Zahl der Jungen: eins, selten zwei; in letzterem Falle werden diese meist nicht ausgetragen.

Über die ersten Entwicklungsvorgänge des Pferdekeimes ist ebensowenig bekannt wie über die Zeit, welche die Eizelle nach ihrem Austritte aus dem Ovarium zur Furchung und zum Durchtritt durch den Eileiter braucht. Man schätzt letztere auf 8—10 Tage.

Die im Uterus angekommene Keimblase bleibt noch verhältnismäßig lange Zeit und bis zu bedeutender Größe kugelförmig. Die jüngsten bekannten Keimblasen vom 21. Tage schwanken zwischen 1,3—3,5 cm Länge, besitzen ovale Form und liegen, mit Flüssigkeit erfüllt, mäßig gefaltet und frei im Uterus. Eine etwa 4 mm dicke, aus mehrfachen geschichteten Lamellen und netzförmig dazwischen angeordneten Fäden (Gerinnseln?) bestehende Gallerthülle, die wahrscheinlich vom Eileiter abgeschieden wird, und von welcher das gequollene Oolemma nicht mehr zu unterscheiden ist, umhüllt die durchweg aus Trophoblast und Dotterblatt bestehende Keimblase, auf welcher der am 21. Tage schuhsohlenförmige Embryo quer zur Längsachse steht. Er läßt vier Ursegmente erkennen, und sein Mesoblast endet noch in nächster Umgebung des Embryos. Die Amnionbildung zeigt die allerersten Anfänge. Herz und Gefäße fehlen noch vollständig.

Das Exocöl bildet sich sehr langsam aus und spaltet das amniogene Chorion von der großen, kugelförmigen, sehr gefäßreichen, am 28. Tage nur mehr von einer Arterie und Vene versorgten Nabelblase ab. Ihre untere Region bleibt zunächst durch ungespalten Mesoblast mit dem Dotterblatt verbunden. Diese Stelle funktioniert vorübergehend als Nabelblasen- oder Dottersackplacenta, schrumpft aber bald unter Rückbildung ihrer Gefäße und bildet dann das am vegetativen Pole gelegene, stark verdickte, aus schwieligem Narbengewebe bestehende und gerunzelte Nabelblasenfeld, das von einem ringförmigen Wulst, dem Ringwulst mit dem Sinus terminalis, umrahmt wird (Fig. 160 A u. 161).

Die über dem Äquator gelegene Eihälfte entwickelt sich allein weiter, indem die zwischen dem 24. und 26. Tage auftretende blasenförmige Allantois sich über die rechte Seite des nun vom Amnion umschlossenen und mit seiner linken Seite der Nabelblase aufliegenden Embryos hinüberschlägt und pilzhutförmig zwischen amniogenem Chorion und Nabelblase in der Richtung der Pfeile in Fig. 161 bis

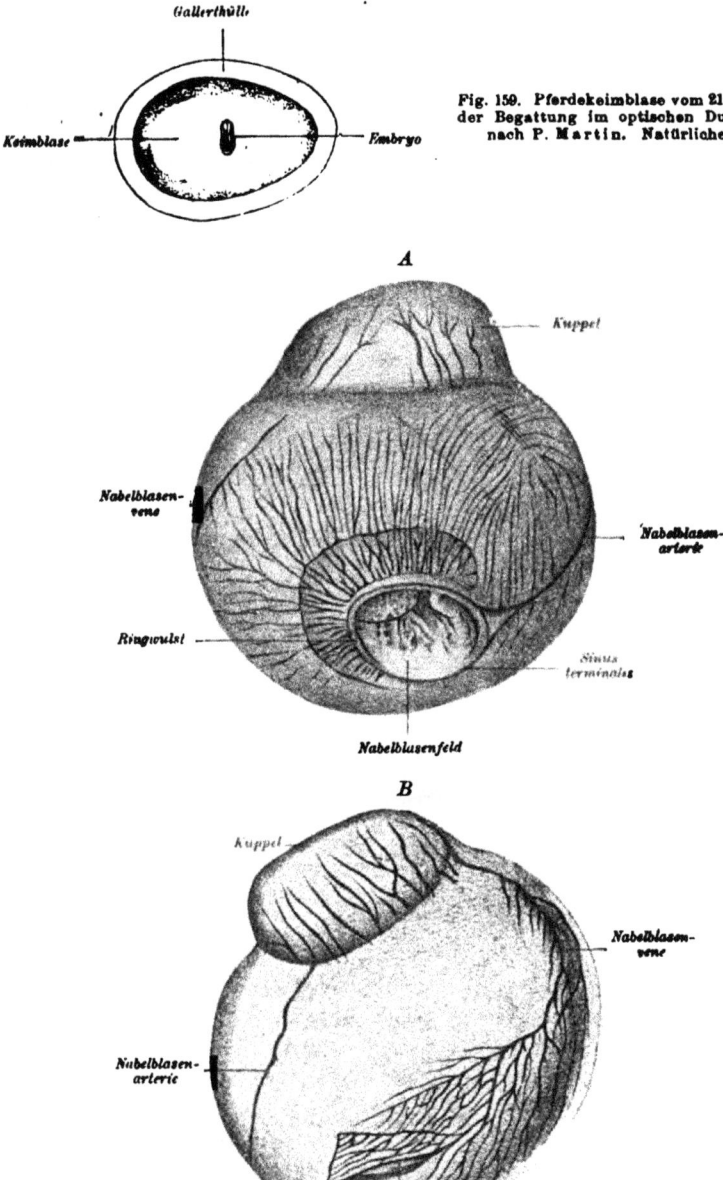

Gallerthülle

Keimblase *Embryo*

Fig. 159. Pferdekeimblase vom 21. Tage nach der Begattung im optischen Durchschnitt, nach P. Martin. Natürliche Größe.

A

Kuppel

Nabelblasen-vene

Nabelblasen-arterie

Ringwulst

Sinus terminalis

Nabelblasenfeld

B

Kuppel

Nabelblasen-vene

Nabelblasen-arterie

Biß in der Fruchtblasenwand

Fig. 160. *A* Fruchtblase des Pferdes von 4,2 cm längstem Durchmesser, 28 Tage nach der Begattung; etwas vergrößert. *B* Dieselbe Fruchtblase von der anderen Seite.

zum Rande des Nabelblasenfeldes verwachsend, gleichzeitig das amniogene Chorion in Gestalt einer Kuppel über dem Embryo empor-
wölbt. Sie bildet dann mit dem amniogenen Chorion verwachsend das
Allantochorion. Am Nabelblasenfeld reicht das Exocöl nur bis in die
Nähe der ringförmigen Endausbreitung der Nabelblasenarterie oder des
Sinus terminalis, der noch von einer mehrere Millimeter breiten
Zone von ungespaltenem Mesoblast, der Randzone (Fig. 161 u. 162),
umrahmt bleibt. Das Nabelblasenfeld ist innen vom Dotterblatt, auße
von polsterartig verdicktem Trophoblast überzogen.

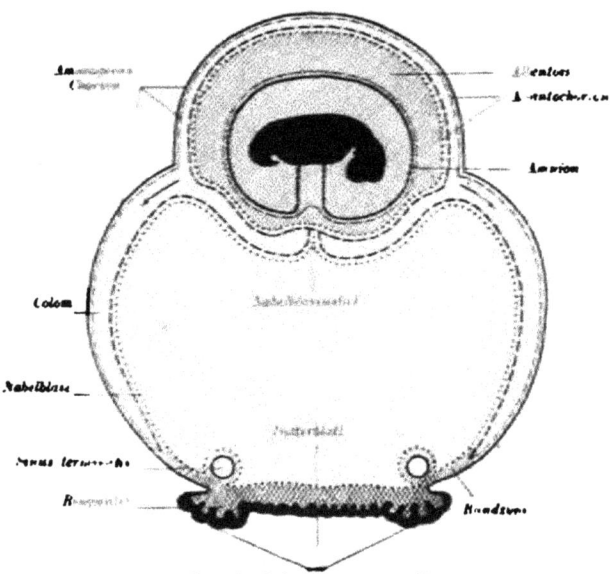

Fig. 161. Schematischer Medianschnitt durch die in der Fig. 160 abgebildete Fruchtblase des Pferdes.
Der Embryo ist schwarz. — Trophoblast, ... Dotterblatt, - - - - Parietaler Mesoblast, — — — — Visceraler Mesoblast.

Der Fläche nach hat man am Nabelblasenfeld zu unterscheiden:
1. den innerhalb des Sinus terminalis und des Ringwulstes gelegenen geschrumpften zentralen Teil.
2. die in seiner Peripherie von der Nabelblasenwand und dem
   amniogenen Chorion gebildete Randzone (Fig. 162) und
3. die zwischen Nabelblasenwand und Allantochorion gelegene
   Zwischenzone.

Erst in der sechsten und siebenten Woche wird die 12—14 cm
im Durchmesser haltende kugelförmige Fruchtblase zu einem zweihörnigen Sack, der sich auch jetzt noch nach Eröffnung des Uterus
leicht durch seine eigene Schwere von der Uterusschleimhaut ablöst.

A

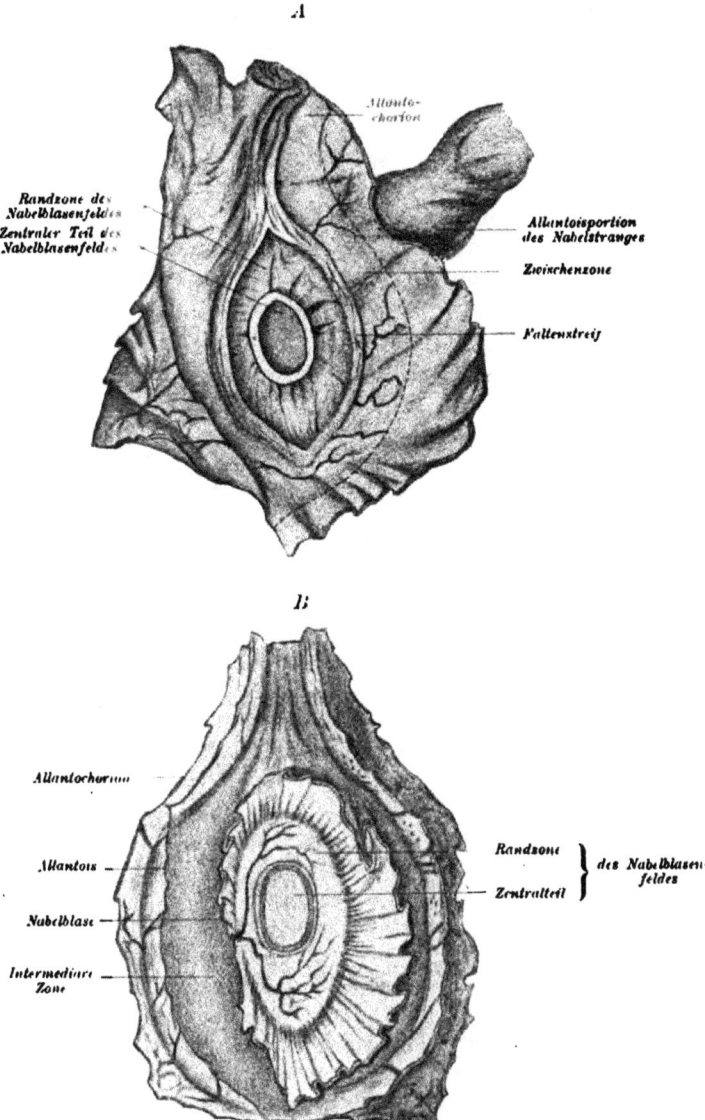

*Allanto-
chorion*

*Randzone des
Nabelblasenfeldes*
*Zentraler Teil des
Nabelblasenfeldes*

*Allantoisportion
des Nabelstranges*

Zwischenzone

Faltenstreif

B

Allantochorium

Allantois

Nabelblase

*Intermediäre
Zone*

Randzone } *des Nabelblasenfeldes*
Zentralteil }

Fig. 162. Gegenpol und Nabelblasenfeld von einer etwa sieben Wochen alten Pferdefruchtblase.
Etwa um ¹/₄ vergrößert. *A* von außen. Die von der Allantois umscheidete Portion des Nabelstranges
enthält die große birnförmige Nabelblase. Die punktierte Linie rechts bezeichnet die Umschlagstelle
der Allantois auf das amniogene Chorion peripher von der intermediären Zone. *B* von der Innenfläche her. Die Allantois schlägt sich peripher von der intermediären Zone auf die Innenfläche des
amniogenen Chorions um und bildet mit ihm das Allantochorion. Die Nabelblase ist quer durch-
schnitten. Ihr mit dem Chorion verwachsener Grund bildet das Nabelblasenfeld, an welchem man
den zentralen Teil und die Randzone unterscheiden kann. Zwischen der Nabelblase und der Allantois
besteht die gefäßfreie, nur aus amniogenem Chorion bestehende intermediäre Zone.

13 *

Die Allantois ist nun über das Amnion und die Innenfläche des amniogenen Chorions bis zum Gegenpol heruntergewachsen, schlägt sich
peripher von dem Nabelblasenfeld auf die Innenfläche des amniogenen
Chorions um und verwächst mit ihm (Fig. 165).

Durch diese Anordnung und durch die fortschreitende Rückbildung
der bald birnförmig, später spindelförmig werdenden und in zahlreiche
Längsfalten gelegten Nabelblase lassen sich am Nabelstrang des Pferdes
z w e i Portionen unterscheiden, nämlich die mit dem Nabelstrang
unserer übrigen Typen gleichwertige A m n i o n s t r e c k e und die peripher
von ihr gelegene, von der Allantois umscheidete, nur die Nabelblase
enthaltende A l l a n t o i s s t r e c k e (siehe Fig. 165). In dem lockeren
Allantoisüberzug der Nabelblase verlaufen die stark schraubenförmig
gewundenen beiden Nabelarterien und -venen.
Der Nabelblasenstiel verödet bald; der Urachus
bleibt noch offen. In die gelbbräunliche birnförmige Nabelblase springen gefäßhaltige,
kulissenförmige Längsfalten vor (Fig. 162 B).
Sie enthält eine eiweißreiche Flüssigkeit und
feine nadelförmige Kristalle.

Später schrumpft die Nabelblase zu
einem spindelförmigen fibrösen Strang ein,
der noch bei der Geburt mit einer kleinen
Einziehung (Fig. 163), dem Reste des Nabelblasenfeldes, zusammenhängt.

Fig. 163. Flächenansicht einer etwa
fünf Monate alten Pferdefruchtblase von der äußeren Fläche des
Chorions am Gegenpol her gesehen.
Die Abbildung zeigt den narbigen
Rest des Nabelblasenfeldes. Natürliche Größe.

Das Allontochorion wächst dagegen zu
einem großen, über 1 m langen und 40 und
mehr Zentimeter weiten Sacke aus, welcher
die Uterushöhle bis in die Hornspitzen aus-
füllt und in ihr nur durch ausgiebige Faltenbildung Platz findet.

Erst von der neunten bis zehnten Woche an entstehen auf den
Faltenkämmen des anfänglich zottenlosen Allantochorions zarte gefäßhaltige Zotten, die rasch an Größe zunehmen, sich verästeln und
ziemlich kompakte, sehr dicht stehende Zottenbüschel oder K o t y l e -
d o n e n bilden. Diese senken sich dann in die während der Trächtigkeit sich erweiternden und komplizierten Nischen der Uterusschleimhaut, in die „Krypten" ein. Auf den einzelnen, die Krypten trennenden
Faltenkämmen münden die Uterusdrüsen, welche, wie die Schleimhautoberfläche, Embryotrophe abscheiden (Fig. 164).

Die Allantoisflüssigkeit enthält fast ausnahmslos eine wechselnde Anzahl
platter, rundlicher oder ovaler, bräunlicher oder olivengrüner, wechselnd großer,
höchstens 12—15 cm langer Körper, die man mitunter, namentlich die kleineren,
noch durch wechselnd dicke Stiele mit der Allantoiswand festhängend findet (Fig. 165).
Es sind das die schon von Aristoteles als H i p p o m a n e s (*ἱππομανής* = rossig, geil)
bezeichneten und im Altertum als Aphrodisiacum mit Gold aufgewogenen Gebilde.
Sie gehen als Einstülpungen der Allantois oder des Allantochorions infolge von

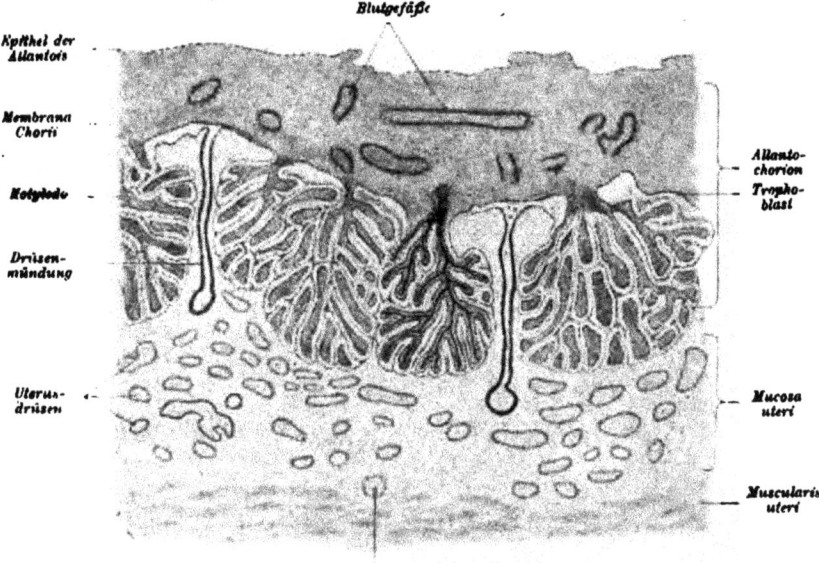

Fig. 164. Schnitt durch das Allantochorion und durch die Mucosa uteri einer Pferdefruchtblase von 9¾ Monaten. Vergr. etwa 45 : 1.

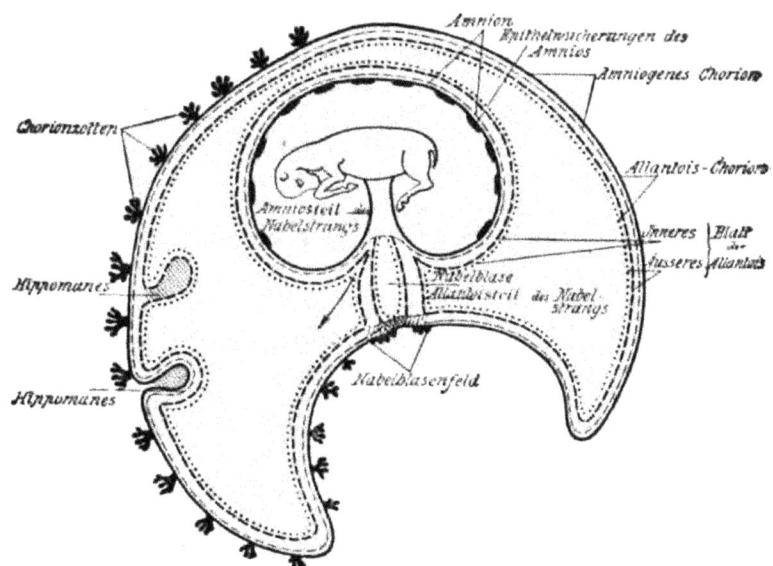

Fig. 165. Schema der Embryonalanhänge des Pferdes. Längsschnitt durch eine etwa fünf Monate alte Fruchtblase. Auf etwa ¼ verkleinert.

übermäßigem Wachstum hervor, schnüren sich schließlich ab und liegen dann frei in der Allantoisflüssigkeit. Diese übrigens auch bei anderen Huftieren vorkommenden Abschnürungen bestehen aus strukturloser Grundsubstanz und abgestorbenen Zellenmassen, haben geschichteten Bau und sind mitunter von kugeligen Hohlräumen durchsetzt. Sie enthalten Kristalle von Tripelphosphat, Oxal- und Harnsäure.

Das Amnion des Pferdes ist weit. Seine Epithelschicht zeigt vielfach rundliche, käsefarbige Epithelwucherungen (Amnionzotten). Die glatte Amniosscheide des • Nabelstranges ist relativ lang, ihre Insertion am Nabelring setzt sich scharf gegen die Haut ab.

Durch den Besitz einer Gallerthülle und deren verhältnismäßig langes Bestehen, durch die lang erhaltene Kugelform, durch die unvollständige Abtrennung der großen, dem Dottersack der Meroblasten ähnlichen Nabelblase, durch das zeitweise Bestehen einer Omphaloplacenta, durch die späte Entwicklung der Allantois und des Zottenchorions und durch die vorwiegend aus Drüsensekret mit geringen Beimischungen von Blut bestehende Embryotrophe zeigt die Fruchtblase des Pferdes sehr primitive, an die niedersten Säugertypen erinnernde Verhältnisse.

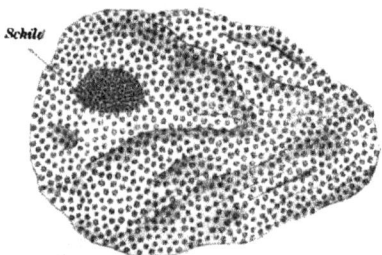

Fig. 166. Keimblase mit Embryonalschild vom Schafe. 13 Tage nach der Begattung. Vergr. 34:1.

b) Artiodaktylen oder Paarhufer.

Wiederkäuer (Rind, Schaf, Ziege). Placenta multiplex.

Die Zahl der Jungen beträgt beim Rinde, Schafe und Rehe ein bis zwei, selten mehr, bei der Ziege zwei bis drei, selten mehr.

Die Kuh trägt zehn Mondmonate und kalbt in der 41. Woche, das Schaf trägt fünf Monate, die Ziege meist einige Tage länger, die Hirschkuh 41 Wochen.

Bei dem Reh erleidet die auf die Befruchtung im Juli oder August folgende Furchung sehr bald eine Unterbrechung bis etwa in den Dezember. Die Geburt folgt nach 40 Wochen im Mai oder Juni.

Schwein. Placenta areolata.

Das Schwein trägt vier Monate und wirft, je nach der Rasse, 8—14 Junge, mitunter auch mehr.

Die ersten Entwicklungsstadien der Wiederkäuer- und Schweinefruchtblasen zeigen so große Übereinstimmung, daß beide zusammen abgehandelt werden können.

Die Keime des Schweines und Schafes finden sich Ende des 3. Tages nach der Begattung im Uterus und bilden dort am 5.—7. Tage schon Keimblasen. Am 12. und 13. Tage nach der Begattung fand ich schon rundliche Keimblasen von 2 mm Länge oder gar schon solche von Schlauchform.

Um diese Zeit wächst nämlich die Fruchtblase sehr rasch zu einem langen spindelförmigen, aus Trophoblast und Dotterblatt bestehenden, 2—5 mm weiten Hohlschlauch aus, der beim Schafe 50—60 cm, beim Schweinsembryo von 17 Tagen sogar bis zu 1.40 m und darüber lang ist!

Nach meinen Berechnungen wächst die Keimblase des Schafes vom 15.—17. Tage mehr als 1 cm in der Stunde, die des Schweines noch viel mehr und man müßte sie mit bloßem Auge wachsen sehen können. Da diese beträchtliche Länge die Ausdehnung der Uterushöhle weit überschreitet, liegen die Keim- und Fruchtblasen der Wiederkäuer in vielfachen quergestellten Fältchen, die des Schweines dagegen zickzackförmig geknickt und nach Art einer Ziehharmonika trotz ihrer erstaunlichen Länge auf den kleinen Raum von wenigen Zentimetern zusammengeschoben in der Uterushöhle.

Später nimmt ihre Länge mit zunehmender Blähung der Fruchtblase wieder ab und bleibt gegen das Ende der Trächtigkeit bedeutend hinter den oben angeführten Längsmaßen zurück.

Während des Auswachsens erscheint der Embryonalschild auf dem Fruchtschlauche.

Das Faltenamnion schließt sich früh (beim Schafe zwischen dem 15. und 16. Tage), und nach völliger Abspaltung des amniogenen Chorions durch das Cölom muß die Nabelblase, entsprechend der Form der Keimblase, ebenfalls einen sehr langen zweizipfeligen Schlauch bilden. Auf der Nabelblase entwickelt sich bald ein Netz von Blutgefäßen, ohne daß es jedoch zur Bildung eines Sinus terminalis kommt. Arterien und Venen stehen nur durch Kapillarnetze in Verbindung. Die Nabelblase bildet sich nach kurzem Bestehen zu einem am 22. Tage noch bis in die Eienden reichenden dünnen Faden zurück, der aber bei Schaf und Schwein noch vor der Geburt meist vollständig schwindet.

Die Epithelschicht des Amnions zeigt beim Schafe in fortgeschrittenen Entwicklungsstadien vielfache verdickte Epithelinseln (Amnionzotten).

Die Allantois (siehe Fig. 168) ist etwa um

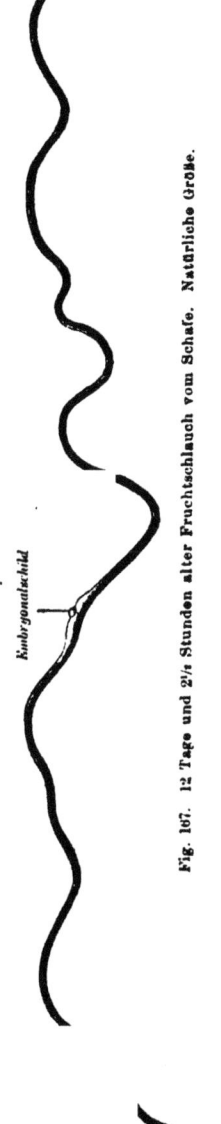

Fig. 167. 12 Tage und 2½ Stunden alter Fruchtschlauch vom Schafe. Natürliche Größe.

Embryonalschild

den 16.—17. Tag als wohl abgegliederte, mondsichelförmige, quer zur
Längsachse des Embryos gestellte, gefäßhaltige Blase deutlich, die
rasch mit ihren Enden die Innenfläche des amniogenen Chorions erreicht und sich dann mit ihrer Längsachse parallel zu demselben stellt.

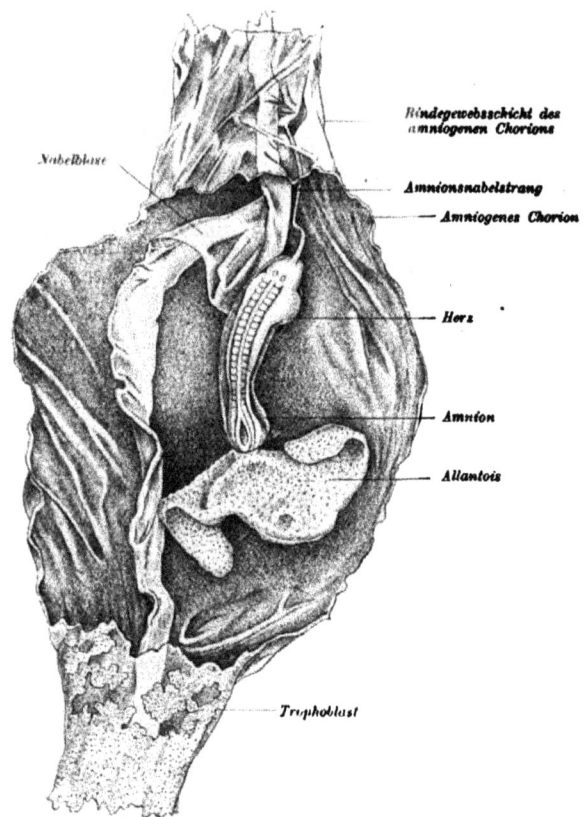

Nabelblase

Rindegewebsschicht des
amniogenen Chorions

Amnionsnabelstrang

Amniogenes Chorion

Herz

Amnion

Allantois

Trophoblast

Fig. 168. Fruchtschlauch des Schafes von 17 Tagen und 22 Stunden. Vergr. 5 : 1.

Das amniogene Chorion ist eröffnet, seine Epithelschicht (der Trophoblast) ist in der vor dem Embryo
gelegenen Region (in der Figur nach oben) abgefallen, und die aus parietalem Mesoblast bestehende
Grundlage des amniogenen Chorions liegt frei. Das den Embryo umhüllende Amnion hängt durch
einen langen Amnionnabelstrang noch mit dem amniogenen Chorion zusammen. Die Allantois liegt
quer, die spindelförmige Nabelblase dagegen parallel zur Längsachse des Fruchtschlauchs.

Sie nimmt die schwindende Nabelblase in einer Längsfurche auf und
wächst bis in die Eienden, die sie etwa am 23.—24. Tage (beim Schafe)
erreicht.

Die Verwachsung der Allantoisoberfläche mit dem amniogenen
Chorion und die Bildung des Allantochorions tritt gewöhnlich
am 30. Tage ein (Schaf).

Von diesem Zeitpunkte ab müssen wir die Fruchtschläuche der Wiederkäuer und des Schweines gesondert betrachten.

Auf der Außenfläche des Allantochorions vom Schweine entstehen gefäßreiche, meist transversal verlaufende Wülste, auf denen sich dann kurze, einfache oder geteilte, ebenfalls gefäßhaltige Zotten entwickeln. Die Zottenbildung bleibt also eine sehr primitive. Die Allantoiszipfel bleiben zottenlos (Fig. 169).

So kommt es auf dem Allantochorion zur Bildung von gefäßreichen Zottenwülsten, die, durch weniger gefäßreiche Furchen voneinander getrennt, sich in die von reichlichen Gefäßen umsponnenen Nischen der Uterusschleimhaut einsenken. Am Chorion bemerkt man nach dem ersten Monat zahlreiche hellere, knotig verdickte, unter einer kleinen Einsenkung gelegene gefäßlose runde Stellen von etwa 2—4 mm Größe: die Areolae oder Chorionfelder (Fig. 169 u. 170).

Sie bestehen aus einer Anhäufung von leukocytenhaltigem Gallertgewebe und sind später von radiär um sie angeordneten Zottenwülsten umgeben. Die Gefäße dieser Zotten anastomosieren am Rande der Areola durch einen zierlichen Ring, aus dem sich die abführenden Venen in die Areola einsenken und sich in der tieferen Schicht des Chorions zu gröberen Stämmchen vereinigen.

Den Areolae entsprechend finden sich auch in der Uterusschleimhaut gefäßarme, glatte, grubenförmige Vertiefungen, auf welchen die vergrößerten und geschlängelten Uterusdrüsen ausmünden. Die zwischen diesen Vertiefungen und dem Chorion gelegene Spalte ist ebenfalls mit Uterinmilch erfüllt (Fig. 171).

Die Areolae und Uteringruben dienen vorzugsweise der Ernährung, das übrige, die Zottenwülste tragende Chorion dagegen der Atmung.

Den Placentartypus des Schweines zeigen im wesentlichen auch Halbaffen, Wale, Zahnarme, der Tapir, das Nilpferd und das Kamel.

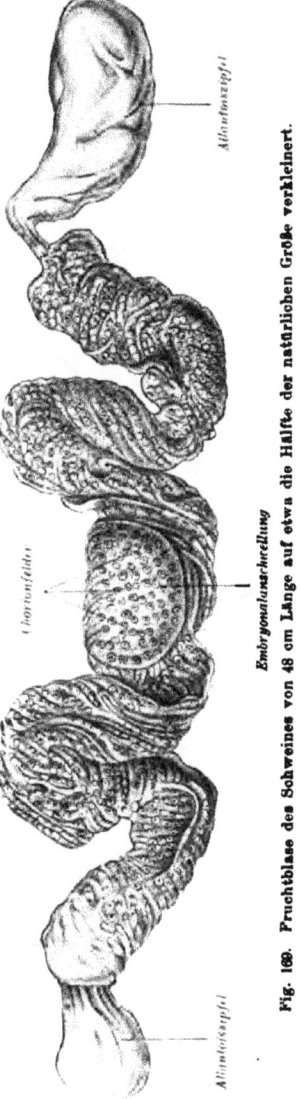

Fig. 169. Fruchtblase des Schweines von 48 cm Länge auf etwa die Hälfte der natürlichen Größe verkleinert.

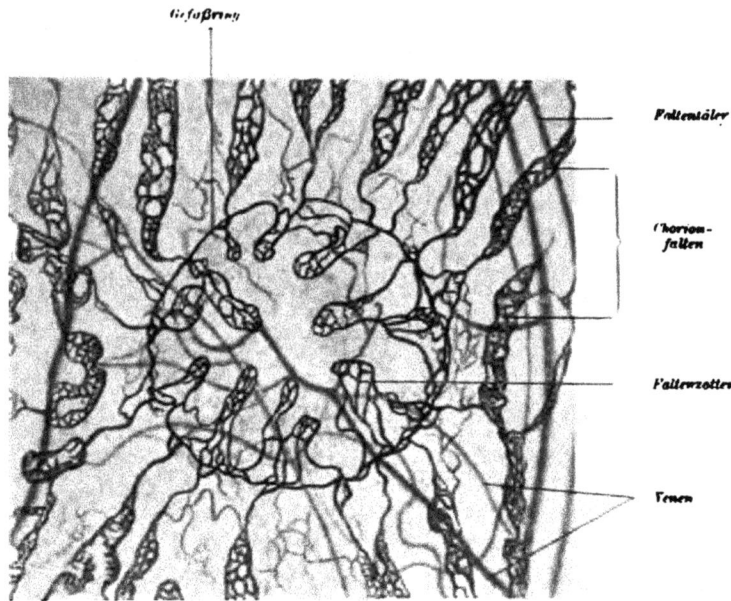

Fig. 170. Injizierte Areola aus dem Allantochorion des Schweines. Man sieht die auf der Uterinfläche verlaufenden Faltenscheitel und Faltenzotten und die in der Tiefe verlaufenden Venen. Das Präparat ist von der uterinen Fläche her gezeichnet.

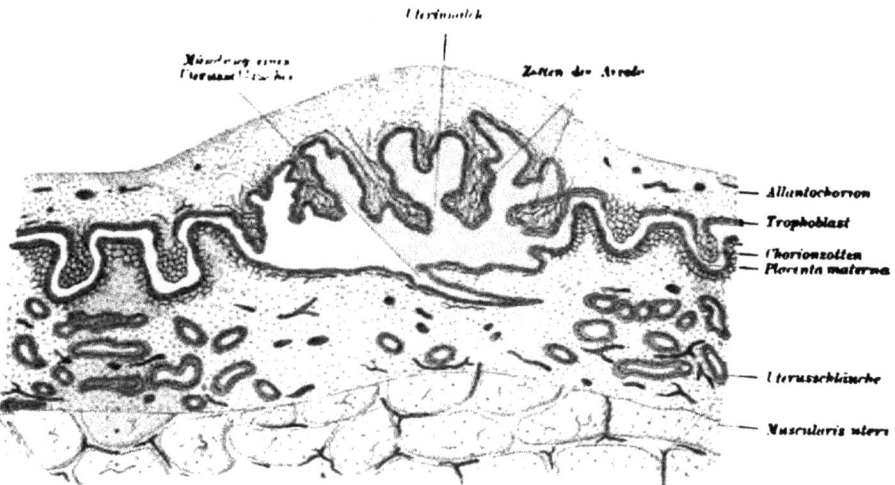

Fig. 171. Querschnitt durch die Uterusschleimhaut und das Chorion des Schweines in der Gegend einer Areola. Nach Tafani. Vergr. etwa 50:1.

Bei den Wiederkäuern entstehen um die Zeit des Amnionverschlusses, und zwar zuerst in der Umgebung des Amniosnabels auf dem amniogenen Chorion im Gebiete des Placentafeldes, kleine kegelförmige, solide Epithelwanderungen (Epithelzotten). Sie heften die glatte Fruchtblase fester an den Uterus. An dessen Schleimhaut

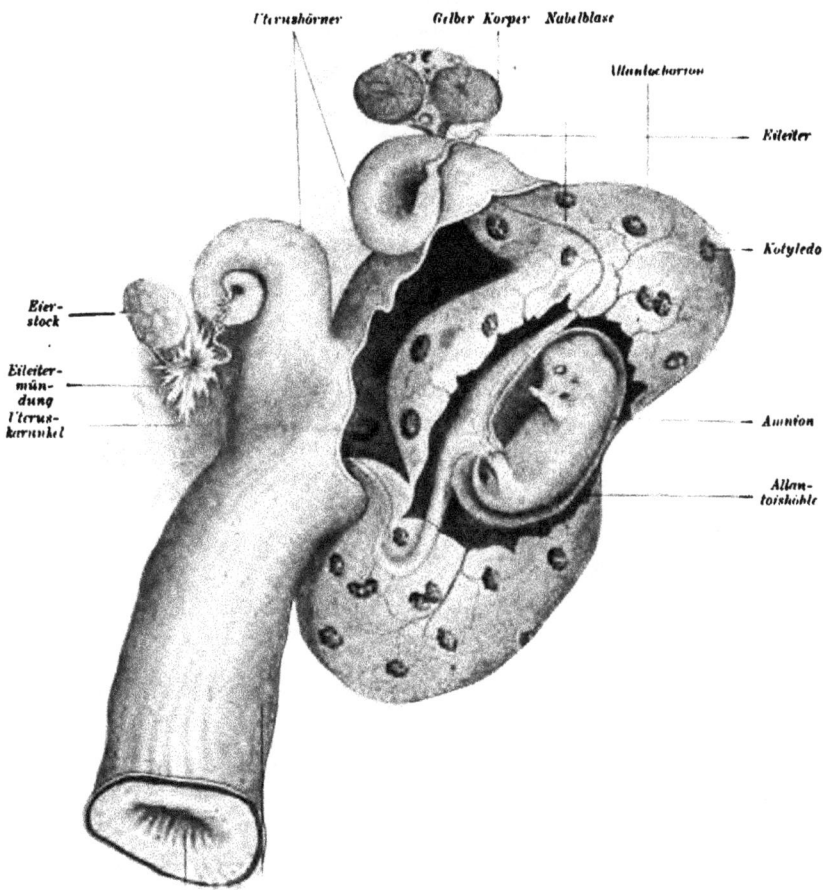

Fig. 172. Eröffneter Uterus mit über dem Embryo eröffneter Fruchtblase vom Schafe.

sind inzwischen die auch im nicht trächtigen Uterus schon bemerkbaren rundlichen Schleimhautverdickungen, die Karunkeln, allmählich zu napfförmigen, von vielen blindsackförmigen Vertiefungen durchsetzten Organen herangewachsen, über welchen sich besonders gefäßreiche Zottenbildungen am Chorion entwickeln. Diese größeren,

als Kotyledonen bezeichneten Zottenbüschel wachsen in die drüsen-
losen Karunkeln ein. Eine Uterinkarunkel und die in sie eingewachsenen
Zottenbüschel bezeichnet man als ein Placentom.

In späteren Stadien der Trächtigkeit werden die Karunkeln beim
Rinde zu etwa 5 cm dicken und 10 cm langen rundlichen oder ovalen
gestielten Gebärmutterknöpfen, in welche durch den Stiel zahlreiche Blutgefäße eintreten. Beim Schafe und bei der Ziege sind
die Stiele undeutlich oder fehlen, und die Karunkeln ragen weniger
als isolierte Schleimhautbildungen über die Oberfläche vor, sondern
werden von der gewulsteten Schleimhaut napfartig umrandet. Sie
heißen deshalb Gebärmutternäpfe.

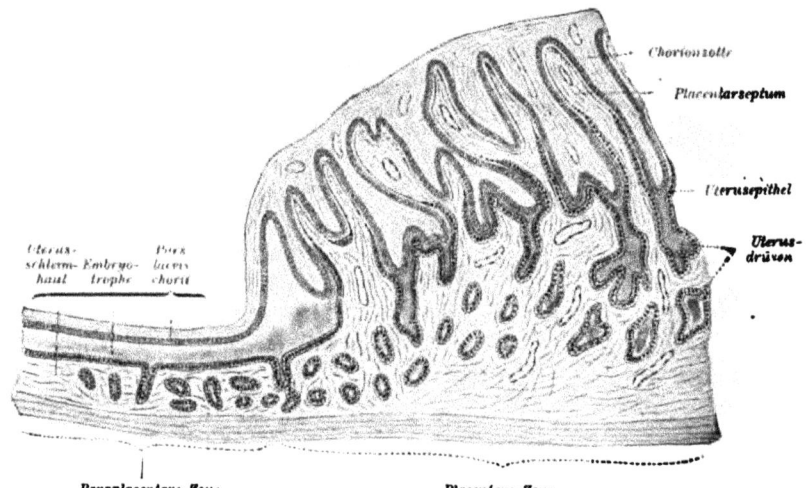

Fig. 173. Schema eines Schnittes durch den Rand eines Placentoms der Hirschkuh. Nach Großer.
Vergr. 8 : 1.

Die Verbindung der Kotyledonen mit den Karunkeln ist bei der
Kuh noch eine ziemlich lockere. Bei Lösungsversuchen kann man
die Kotyledonen aus den Karunkeln herausziehen wie die Finger aus
einem Handschuh. Inniger ist die Verbindung beim Schafe, bei
welchem während der Geburt, abgesehen von den zur Bildung der
Embryotrophe verwendeten Epithelien der Uterusdrüsen, auch Epithelien der Uteruskarunkeln mit dem Chorion abgestoßen werden.

Am Rande der Kotyledonen ist ein Teil der Zotten nicht in die
gefäßhaltigen Krypten der Karunkeln, sondern in eine durch zerfallendes
mütterliches Blut grünbraun gefärbte Embryotrophe eingesenkt.
Zwischen den Kotyledonen findet man, namentlich bei der Kuh, noch
vereinzelte Zottengruppen, welche an die ursprüngliche allgemeine
Verteilung der Zotten auf dem Chorion erinnern.

In die zwischen den Karunkeln mündenden Uterusdrüsen wachsen Chorionzotten ebensowenig ein wie beim Pferd und Schwein.

Der Trophoblast besteht bei dem Schafe aus einer zelligen Grund- und an älteren Fruchtblasen aus Andeutungen einer oberflächlichen Deckschicht in Gestalt mehr- kerniger, sich intensiv färbender Plas- modienballen. Das Allantochorion bildet schließlich einen seiner Länge und Weite nach verschieden ge- räumigen zweihörnigen Sack, dessen Enden man in wechselnder Aus- dehnung zuerst mit Flüssigkeit er- füllt, dann aber als abgestorbene, käsig aussehende Anhängsel findet. An der Basis dieser Zipfel biegen die Choriongefäße schlingenförmig um.

Entweder stirbt an den Eizipfeln nur das amniogene Chorion, noch ehe die Allantoiszipfel die Eienden völlig aus- füllen, ab, oder aber es werden sowohl die Enden des amniogenen Chorions als auch die Allantoisenden zurückgebildet.

Bei Anwesenheit mehrerer Frucht- schläuche stülpen sich bei den Huftieren zuerst die amniogenen Chorien und bei entsprechender Länge auch die Allantoiden an den Enden gegenseitig ein, bleiben aber noch einige Zeit voneinander trennbar. Erst nach völliger Ausbildung der Allanto- chorien kommt es zu einer Verwachsung der Fruchtschläuche untereinander, jedoch ohne Gefäßanastomosen. Die eingestülpten Chorionteile bleiben glatt. Der zwischen den Zipfeln ineinander gestülpter Chorion- enden bei dem Schweine befindliche schmutzig grüne Brei besteht aus zer- fallenen Zellenresten, Blutextravasaten und geronnenem Eiweiß.

Die Blutgefäßverteilung in den Kotyledonen der Wiederkäuer ist der in den Kotyledonen des Pferdes ähnlich.

Die Embryotrophe der Huf- tiere, besonders des Schafes, besteht namentlich im ersten Monat aus einer milchartigen, im frischen Zustande alkalisch reagierenden,

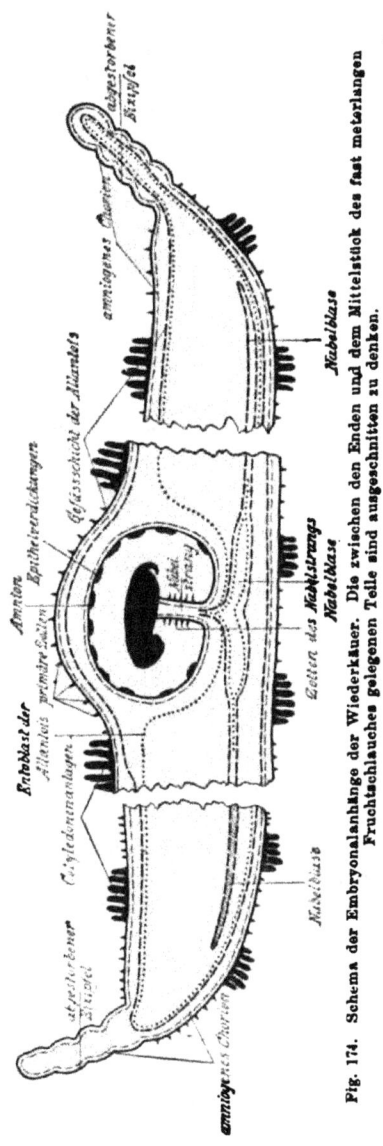

Fig. 174. Schema der Embryonalanhänge der Wiederkäuer. Die zwischen den Enden und dem Mittelstück des fast meterlangen Fruchtschlauches gelegenen Teile sind ausgeschnitten zu denken.

später an Masse abnehmenden Flüssigkeit, welche schon A r i s t o t e l e s
kannte, der sie als eine Art „aus dem Blute gargekochte" Flüssigkeit
betrachtete und als „Uterinmilch" bezeichnete. Mit ihr sollte der
Embryo bis zur Geburt ernährt werden. Nach der Geburt würde die.
Milch aus dem Uterus in die Milchorgane geleitet und das Junge mit
ihr gesäugt.

In der Folge wurde aber die Uterinmilch vielfach als eine Leichen-
erscheinung betrachtet. Ich stellte 1880 die Art ihrer Bildung sowie
ihre physiologische Bedeutung als Nahrung für den Schafembryo fest
und zeigte, daß die frische Uterinmilch nicht aus abgestoßenem ver-
fetteten Uterus- und Drüsenepithel besteht, sondern zahlreiche, aus
der Schleimhaut ausgewanderte, fettig zerfallende Leukocyten, Fett-

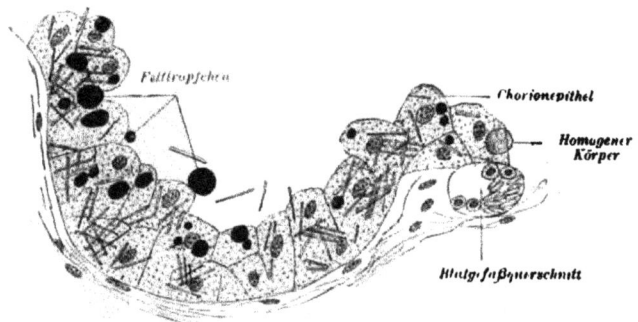

Fig. 175. Senkrechter Schnitt durch den Trophoblast eines 80 Tage alten Fruchtschlauches vom
Schafe im Bereiche einer Kotyledonanlage. Die Epithelien des Trophoblasts sind mit Fetttropfen
und homogenen Körpern sowie eigentümlichen Stäbchen (Eiweißkristalloide?) erfüllt. Vergr. 300:1.

tröpfchen, eigentümliche Stäbchen und abgeschnürte und zerfallende
Drüsenteile als Symplasmaklumpen enthält. Vom zweiten Monat ab
werden die Leukocyten spärlicher, die Symplasmaklumpen in den stark
erweiterten Drüsen reichlicher. In den Karunkeln der Wiederkäuer
kommt es zu teilweisem Epithelzerfall, zu Symplasmabildungen und
Blutungen, die auch zwischen den Zottenbüscheln der Equiden nicht
fehlen. Die Embryotrophe wird bei den Wiederkäuern nicht nur
durch die Kotyledonen, sondern auch durch die ganze Chorionfläche
aufgenommen.

Am Schafuterus fand ich zuweilen eigentümliche, tiefschwarze, ausgedehnte
Pigmentierungen. Sie entstehen durch Ansammlung von Pigment aus Blutungen
in die Schleimhaut bei der Brunst oder Trächtigkeit. Der Blutfarbstoff wird von
Leukocyten aufgenommen, zu Pigment umgewandelt, an die Schleimhautoberfläche
transportiert und dient als Eisenquelle bei Bildung der embryonalen roten
Blutzellen.

2. Deciduaten.

a) Fleischfresser (Placenta zonaria).

Katze: Tragezeit etwa 56 Tage; Zahl der Jungen: 2—6.

Hund: Tragezeit: 58—62 Tage; Zahl der Jungen: 3—6, selten mehr.

Die Keime der Katze und des Hundes kommen völlig abgefurcht, als runde oder ovale kristallklare Bläschen im Uterus an. Die an der Keimblase des Hundes aus dem Oolemma und aus dem zähen Sekret der Uterindrüsen gebildete Hülle bezeichnet man als Vorchorion oder Prochorion. Durch Auswachsen zweier im Bereiche des Ei-äquators gelegener Stellen[1]) werden die Keimblasen zitronenförmig. Das Amnion schließt sich relativ spät in Gestalt einer linearen Naht. Das Exocöl spaltet die große Nabelblase vom amniogenen Chorion ab, das, am Placentarwulst beginnend, in der Placentarzone massenhafte Zöttchen bildet. Nur die verjüngten Enden der zitronenförmigen Fruchtblase bleiben, zuerst in nur geringer Ausdehnung, frei von Zotten und glatt.

Dadurch ist die Gürtelform der Placenta fetalis schon etwa Ende der dritten Woche ausgebildet.

Im Gebiete des ·fetalen Placentarwulstes bemerkt man vereinzelte vielkernige Klumpen, die aber bald wieder zugrunde gehen. Von der Grundschicht des Trophoblastes geliefert, sind sie entweder eine erste rudimentäre Andeutung oder die letzten Spuren einer, zum Beispiel auch beim Igel, wohlentwickelten Deckschchicht, die in besonderer Ausbildung uns beim Menschen noch beschäftigen wird.

Bei der geschlechtsreifen Hündin bestehen kurz vor oder bei Beginn der Brunst zwei Drüsenformen nebeneinander: die kurzen „Krypten" und die langen „Drüsen". Der noch nicht geschlechts-reifen Hündin fehlen die Krypten.

Während der Brunst erweitern sich die vorher engen Krypten sowie die stärker geschlängelten und in ihren unteren blinden Enden beträchtlich erweiterten Drüsen. Sehr wesentliche Veränderungen zeigt eine Placenta vom 21. Tage nach der Begattung.

Das nun stark abgeflachte flimmerlose Oberflächenepithel des Uterus ist durchweg deutlich von dem Bindegewebe der Uterusschleim-haut zu unterscheiden. Das Chromatin seiner sich stark färbenden Kerne ist zu einem homogenen oder körnigen Klumpen zusammen-geflossen. Scharf umbiegend hängt das Oberflächenepithel mit dem verdickten, oft keulenförmigen Epithel der noch offenen Krypten und

---

[1]) Gewöhnlich bezeichnen die Autoren fälschlich den später von den Chorion-zotten überzogenen Teil des Eies als „Äquator" und die verjüngten glatten Eienden als „Pole". Im Gegensatze dazu verstehe ich unter Äquator stets den von Anfang an so bezeichneten zwischen animalem und vegetativem Pol der Keimblase gelegenen Teil.

Drüsen zusammen. Durch Aufquellen der die Mündung auskleidenden Epithelien wird der Eingang in die meisten Drüsen und Krypten verschlossen. Die ganze Uterusschleimhaut ist stark durchsaftet. sehr blutreich und von größeren oder kleineren Blutungen durchsetzt.

Das amniogene Chorion legt sich nun der Uterusmucosa an und zeigt die zum Teil in offene Drüsen und Krypten sich einsenkenden epithelialen Zottenanlagen. Ebensolche beginnen die geschlossenen Drüsen- und Kryptenmündungen einzustülpen. Man. kann nun, mag die Mündung der Drüsen und Krypten noch offen oder schon geschlossen sein, an einem senkrechten Schnitt durch die mütterliche Placentaranlage folgende, zum Teil auch für das Verständnis der Placentarbildung des Menschen wichtige Schichten unterscheiden (Fig. 179).

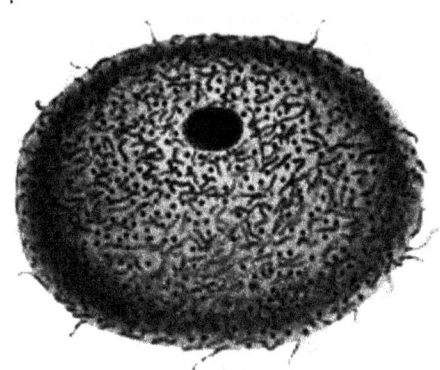

Fig. 176. **Keimblase des Hundes. Vergr. 45 : 1. Die Keimblase mit dem Embryonalknoten ist vom Oolemma umhüllt. Auf diesem bemerkt man die zottenähnlichen Sekretmassen, welche die Uterusdrüsen auf die Außenfläche des Oolemmas absondern.**

1. Die stets von Leukocyten durchsetzte Compacta besteht unter dem degenerieren-

Embryonalschild

Fig. 177. **Ovale Keimblase des Hundes (aus dem Prochorion ausgeschält) mit stark konvexem Embryonalschild. Vergr. 20 : 1.**

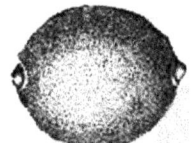

Fig. 178. **Drei Wochen alte Fruchtblase der Katze. Natürliche Größe.**

den Oberflächenepithel aus den Mündungsstücken der Drüsen, Krypten und dem interstitiellen, die Blutgefäße enthaltenden Bindegewebe, das dicht unter dem Oberflächenepithel die subepitheliale Lage bildet.

2. Die Spongiosa enthält die stark erweiterten unteren Abschnitte der Krypten, deren Wandung durch zahlreiche Ausbuchtungen uneben erscheint, sowie die von dünnen bindegewebigen Wänden umscheideten, stark erweiterten Drüsenräume, die Drüsenkammern.

3. Der Boden der Drüsenkammern ruht auf einer verdickten Binde-gewebslage, welche die stark erweiterten, aber noch deutlich vonein-ander abgrenzbaren Drüsenknäuel enthält. Später verwischen sich die Grenzen der einzelnen Drüsenknäuel, indem sich die erweiterten Drüsen-abschnitte dicht aneinanderpressen. Man findet dann eine aus den dicht gedrängten Drüsenquerschnitten bestehende Lage.

4. Die tiefe Drüsenschicht. Sie wird später durch eine wohl-begrenzte, nur von den in die Kammerböden einmündenden, stark gewundenen Drüsenabschnitten durchsetzte Bindegewebslage, die „Drüsendeckschicht", von den Drüsenkammern abgegrenzt.

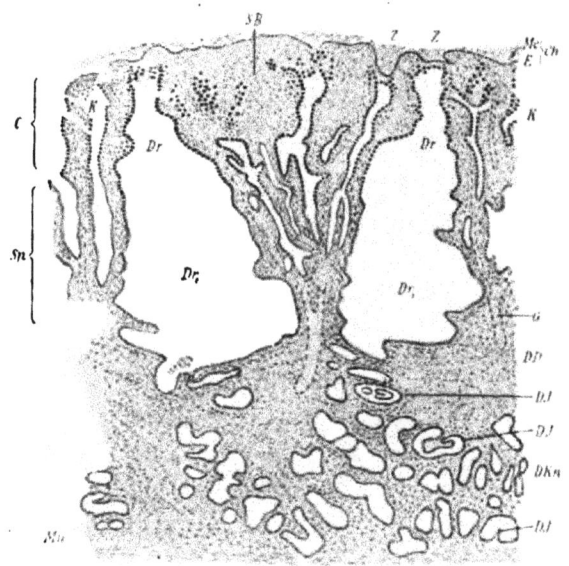

Fig. 179. Schnitt durch Chorion und Uterus einer 21 Tage trächtigen Hündin. Vergr. etwa 25 : 1. *Ch* = Chorion; *Mc* = Membrana Chorii; *E* = Trophoblast; *Z* = Chorionzotten; *C* = Compacta; *SB* = Subepitheliale Lage; *Sp* = Spongiosa; *Mu* = Muscularis; *Dr* = Drüsen; *K* = Krypten; *Dr₁* = Drüsen-kammern; *DD* = Drüsendeckschicht; *DKn* = Drüsenknäuelschicht; *DJ* = Drüseninvaginationen; *G* = Gefäße.

Die tiefe Drüsenschicht ruht direkt auf der Muscularis uteri. Ausnahmsweise reicht auch da und dort ein Knäuel etwas in die Mus-cularis herein.

Das Epithel des Mündungsstückes der Drüsen und Krypten ist, wie das der ganzen Krypten und Drüsenkammern, stark gequollen und in lebhafter Wucherung begriffen.

Bei der Katze wandeln sich die Bindegewebszellen in den sub-epithelialen Bindegewebsschichten ebenso wie in den bindegewebigen Wänden der mütterlichen Placentarlamellen in typische, d. h. rundliche oder eckige, glykogenhaltige Deciduazellen (Fig. 180) um, die der

Hündin fehlen — ein bemerkenswerter Unterschied in der Placenta nahe verwandter Tiere.

Die Chorionzotten werden in der Folge zu netzförmigen Lamellen. In der Mitte der Gravidität ragen die Placentarlamellen nach Zerstörung der eingestülpten Drüsenwand und nach Auflösung des sie deckenden Symplasmaüberzuges frei in die Drüsenkammern hinein. Diese enthalten außer schleimartigem Sekret reichliches Fett und den aus dem mütterlichen Symplasma epitheliale und conjunctivum der Drüsenwände bestehenden Detritus sowie aus den eröffneten Gefäß-

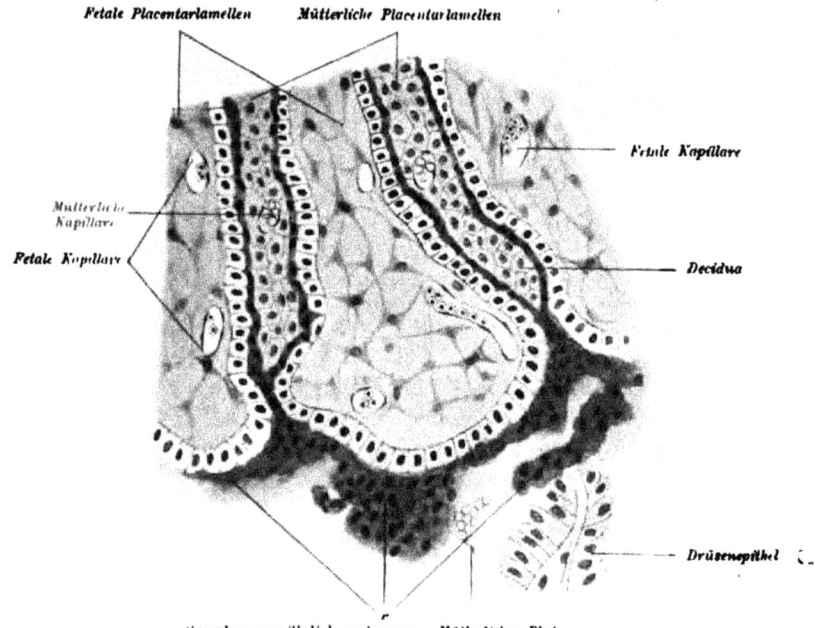

Fig. 180. Senkrechter Schnitt durch die Placenta einer Katze im Gebiet der freien Enden der fetalen Placentarlamellen. Vergr. 300 : 1.

wänden ergossenes Blut. Das alles bildet eine im Schnittpräparate auffallende, die fetalen Placentarlamellen bedeckende Zone, die Detrituszone (Fig. 180).

Die Blutgefäße im Bereiche der Placenta materna werden durch Verdünnung ihrer Wand zu Uteroplacentargefäßen. In den nun stark erweiterten Blutgefäßen der Kammerwände kommt es zu Blutstockungen. Nach Abschilferung des Epithels werden das Bindegewebe der Kammerwand und die Gefäßwände aufgelöst und ihr Blut mischt sich in größeren oder kleineren Mengen dem Kammerinhalt bei. Die roten Blutscheiben werden hier ebenfalls aufgelöst, oder sie werden ebenso wie das Fett und die Chromatinbröckel von den Epithelien der Chorionzotten in Substanz aufgenommen und aufgelöst.

Bald nachdem sich das amniogene Chorion an die Uterusschleimhaut angelegt hat, werden die Fruchtkammern auch äußerlich als Auftreibungen des Uterus sichtbar. Ihre die Fruchtblase bergenden Höhlungen kommunizieren zunächst noch mit den Lichtungen der Zwischenstrecken. In der Kammer verlieren die Fruchtblasen der Katze im Gegensatze zu denen des Hundes rasch ihre Zitronenform. Ihre beiden etwas ausgezogenen glatten Enden, die Chorionkuppeln, stellen ihr Längenwachstum ein und wandeln sich, unter Zunahme des zwischen ihnen liegenden gürtelförmigen Zottenbezirkes, zu den konvexen Enden der jetzt tonnenförmigen Fruchtblase um.

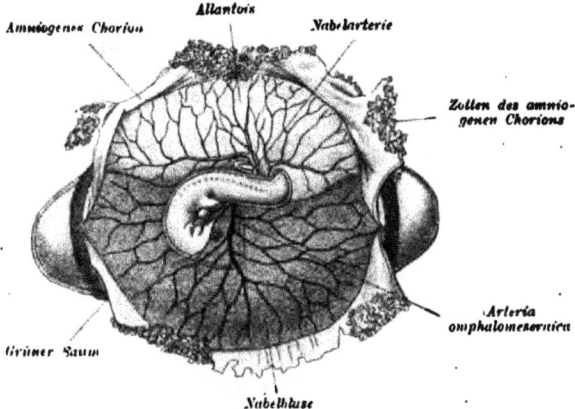

Fig. 181. 25 Tage alte Fruchtblase eines Hundes. Nach v. Bischoff. Vergr. 2:1. Das amniogene Chorion ist geöffnet. Der stark spiralförmig gekrümmte, dicht vom Amnion umschlossene Embryo ist mit dem Kopfe in die auf seiner linken Seite liegende Nabelblase eingestülpt. Über ihm liegt die Allantois. Der grüne Saum oder das Randhämatom ist sehr deutlich. Die glatten Enden der Fruchtblase haben an Größe zugenommen.

Die in der Placenta des Hundes und der Katze bemerkbaren physiologischen Blutungen aus den Uteroplacentargefäßen sind am auffallendsten am Placentarrand, wo sie das ringförmige Randhämatom (Fig. 181 u. 182) bilden und durch Verfärbung des Blutfarbstoffes beim Hunde der „grüne". bei der Katze der „braune Placentarsaum" der Autoren entsteht. Die ganze Masse (Blut, grüner oder brauner Farbstoff, Hämoglobinkristalle) liegt stets zwischen Trophoblast und Uterusschleimhaut (Fig. 182) und reicht teilweise bis in die Uterusschläuche hinein. Der Trophoblast der Chorionzotten ist bis in die späteste Zeit der Trächtigkeit mit diesem Farbstoff und beim Hunde mit aufgenommenen roten Blutscheiben durchsetzt oder geradezu vollgestopft.

Bei den marderartigen Raubtieren und beim Dachse finden solche Blutergüsse nicht am Placentarrande und nicht in Ringform, sondern in beutelartige Einstülpungen des Chorions statt.

Bei den Raubtieren wird also die Uterusschleimhaut, mütterliches Blut und Drüsensekret in besonders auffallender Weise zur Nahrung des Embryos verwendet, und die mütterliche Placenta wird während der Trächtigkeit bis in die Nähe der Drüsendeckschicht durch die Placenta fetalis abgefressen.

Dieser Zerstörungsprozeß erleichtert die Ablösung der Placenta materna bei der Geburt in einer dicht über der Drüsendeckschicht gelegenen Fläche.   Durch Wucherung des Bindegewebes und des Epithels der tiefen Drüsenschicht wird die bei der Geburt entstehende Wundfläche wieder überhäutet.

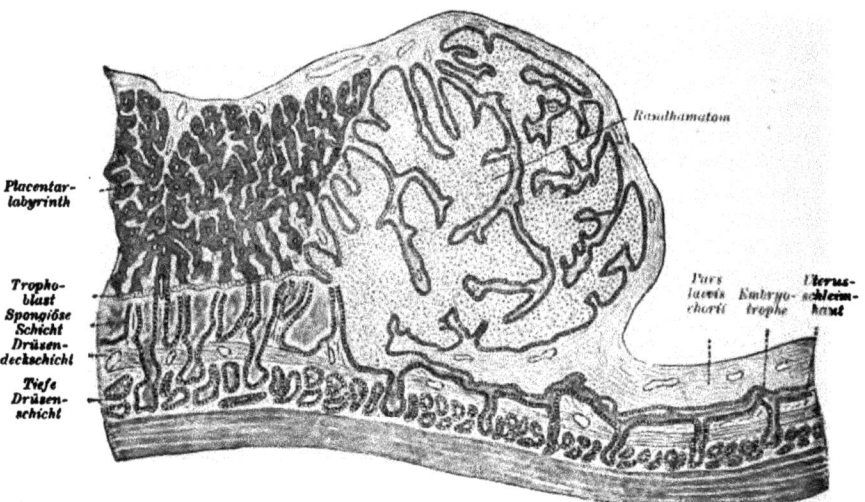

Fig. 182. Schema des Placentarrandes eines Hundes nahe der Reife. Nach Großer.

Die durch das Cölom nur unvollständig vom amniogenen Chorion abgespaltene Nabelblase bleibt in Gestalt eines gefäßhaltigen, vorübergehend als Dottersackplacenta funktionierenden „Nabelblasenfeldes" oder Omphalochorions mit dem amniogenen Chorion, wie bei dem Pferde, im Zusammenhang (Fig. 183). Ein Sinus termalis wird auf der Nabelblase nicht ausgebildet. Da die Fruchtblase zitronen- oder tonnenförmig ist, muß auch die um die Mitte der Trächtigkeit noch sehr große Nabelblase diese Form wiederholen. Die Allantois legt sich, ins Cölom einsprossend, dem amniogenen Chorion zuerst in einem scheibenförmigen Bezirk an. Erst allmählich wächst sie in einem gürtelförmigen Gebiete von rechts her über den vom Amnion umschlossenen und mit seinem Kopfende tief in die äußere Nabelblasenfläche sich einstülpenden Embryo herüber und versorgt das ganze zottentragende, gürtelförmige Gebiet des amniogenen Chorions mit Gefäßen (Fig. 181). Später erfüllt sie auch noch die placentafreien Enden der Fruchtblase. Die Ränder des Nabelblasenfeldes werden am spätesten von der vorwachsenden Allantois erreicht. Die Allantoisränder schließen sich dann unter der Nabelblase (Fig. 183). Damit wird also nicht nur der vom Amnion umhüllte Embryo, sondern auch die Nabelblase, ähnlich wie beim Pferde, zum größten Teil von der Allantois umscheidet.

Die Nabelblase besteht beim Fleischfresser bis zur Geburt als gefäßreicher, zusammengefallener faltiger Sack, der im Bereiche des Nabelblasenfeldes mit dem Chorion zusammenhängt (Fig. 183).

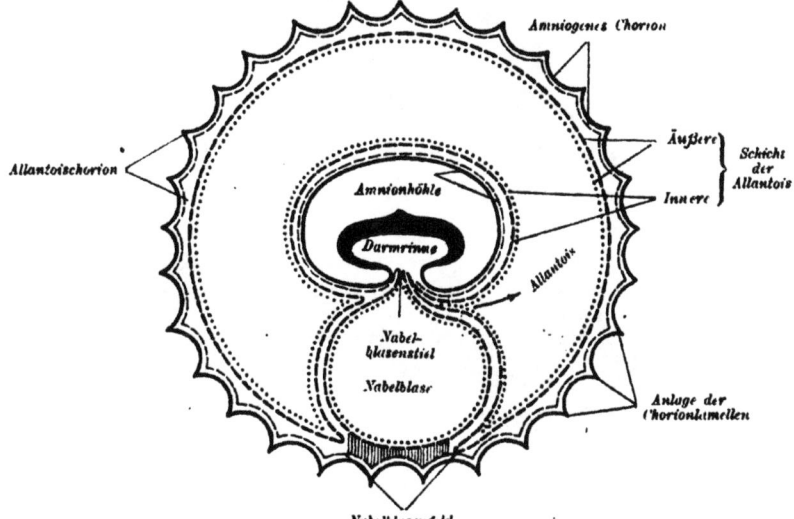

Fig. 183. Schema der Embryonalanhänge des Hundes auf einem senkrechten Querschnitt durch die lange Achse der Fruchtblase. Mit einigen Abänderungen, nach v. Bischoff. Die Decidualhülle ist nicht abgebildet.

Auch die Enden der Fruchtblase werden schließlich von einem im Gegensatze zu der Placenta materna nur dünnen und durch den Mangel von Uterusdrüsen ausgezeichneten Decidualüberzug umhüllt, welcher die die Fruchtblasen enthaltenden Eikammern gegen die Zwischenstücke des Uterus abschließt.

Die Breite des Placentargürtels nimmt gegen Ende der Trächtigkeit, während sich die Eienden wesentlich vergrößern (Fig. 184), relativ bedeutend ab und beträgt bei der Geburt nur noch etwa $^1/_5$ der ganzen Eilänge. Bei den Wieseln sondert sich die ursprünglich gürtelförmige Placenta durch Rückbildung des Zwischengewebes in zwei scheibenförmige Placenten.

b) Nagetiere.

Kaninchen. Placenta discoides. Tragezeit: 4 Wochen bis 30 Tage. Zahl der Jungen: 4—8 und mehr.

Als Beispiel einer Fruchtblase mit scheibenförmiger Placenta, wie sie sich auch bei Insektenfressern, Nagern, Fledermäusen sowie bei den Affen und den Menschen findet, mag eine summarische Beschreibung der allerdings noch nach vielen Seiten hin strittigen Art der Placentabildung des Kaninchens dienen.

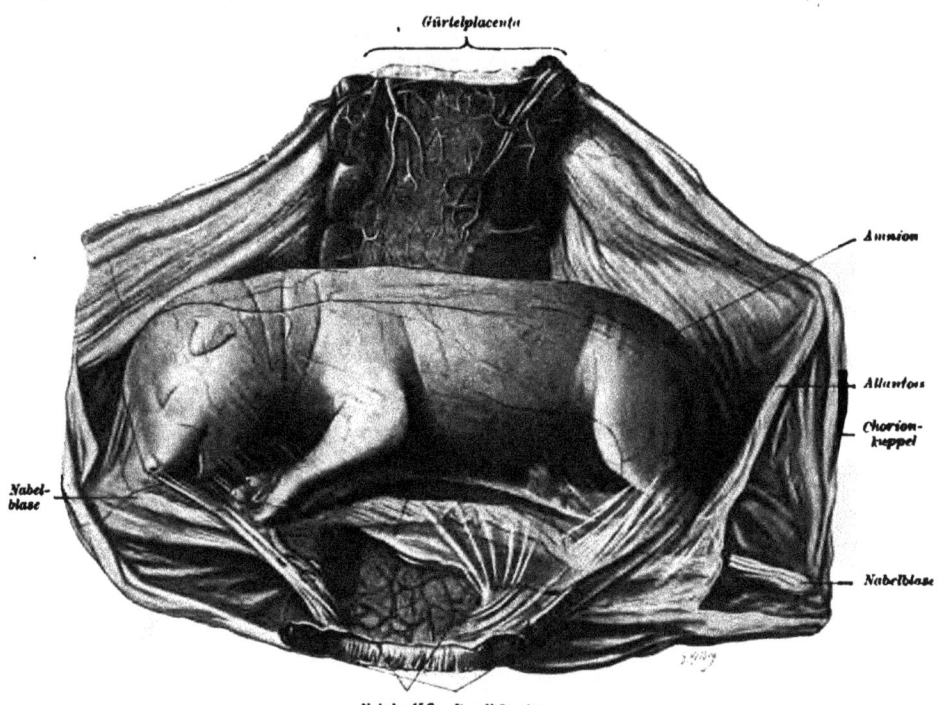

Fig. 184. Eröffnete Fruchtblase des Hundes kurz vor dem Wurfe, etwas verkleinert.

Die sich furchenden Keime passieren in 3—4 Tagen den Eileiter und gelangen, noch von einem Prochorion mit dicker Gallertschicht umhüllt, in den Uterus (Fig. 38).

Durch das Exocöl wird dann eine große kugelförmige, gefäßhaltige, mit deutlichem Sinus terminalis versehene Nabelblase, aber nur bis zum Äquator der Fruchtblase, abgespalten. Ihre untere Hemisphäre bildet, ohne Mesoblast und Gefäße zu enthalten, ein aus Trophoblast und Dotterblatt bestehendes Nabelblasenfeld (den Rest der Keimblase). Das amniogene Chorion reicht nur bis zum Äquator

(Fig. 185). In die Wand der oberen Nabelblasenhemisphäre stülpt sich das vom Amnion umschlossene Kopfende des Embryos, ähnlich wie bei den Fleischfressern und bei allen Tieren mit großer kugelförmiger Nabelblase, tief ein. Das Faltenamnion schließt sich relativ spät mit linearer Naht. Die Allantois bleibt relativ klein, legt sich nur an einer kreisförmigen Stelle dem zottentragenden amniogenen Chorion an und bildet die aus gefäßhaltigen Blättern bestehende scheibenförmige Placenta fetalis. Zwischen ihr und dem Sinus terminalis besteht demnach wie beim Pferde, aber in größerer Ausdehnung, eine Randzone um das Nabelblasenfeld (Fig. 185). Zwischen Nabelblase, Amnion und Allantois sammelt sich eiweißhaltige Flüssigkeit an, die zusammen mit dem heranwachsenden Embryo die obere Nabelblasenhemisphäre gegen die untere einbuchtet und damit die Nabelblasenhöhle spaltförmig verengt.

Die untere, stets gefäßlose Hemisphäre der Nabelblase schwindet später. Dann liegt die obere Nabelblasenwand mit ihren Gefäßen der Uteruswand dicht an und nimmt das von ihr durch Gewebszerfall gelieferte Nährmaterial auf. Diese Stelle wird als Obplacenta bezeichnet.

Die eigentliche Placentarstelle befindet sich an der Gekrösseite des Uterus, wo die Keimblasen zwischen stark vorspringenden Längsfalten der Schleimhaut, den mütterlichen Placentarwülsten, liegen.

Noch ehe sich das Amnion schließt, entsteht um das Hinterende des Embryos herum, auf der Keimblase, ein hufeisenförmiger Wulst aus plasmodiumartiger Trophoblastmasse (Deckschicht des Trophoblasts), in dessen Gebiete noch vor dem Verschlusse des Amnions die Verbindung der Fruchtblase mit dem Uterus eintritt. Die Grundschicht des Trophoblasts besteht aus scharf konturierten Zellen. Das Plasmodium geht aber nach verhältnismäßig kurzer Zeit wieder, ähnlich wie beim Hunde, zugrunde.

Von manchen Autoren wurde das Plasmodium von dem Uterusepithel abgeleitet. Der Nachweis, daß sich dieses Plasmodium vor der Anlagerung der Keimblase an die Uterusschleimhaut noch innerhalb des Prochorions bildet, zeigt, daß es nur vom Trophoblast gebildet sein kann.

Der Uterus besitzt nur eine, nämlich die gewöhnliche Form von Uterusschläuchen.

Aus den erwähnten Längsfalten an der mesometralen Seite entsteht durch Bindegewebs- und Gefäßwucherung in der Uterusschleimhaut die Placenta materna. Das Oberflächenepithel des Uterus und das der Drüsenmündungen geht in diesem Gebiete unter Symplasmabildung zugrunde. Am achten Tage der Gravidität verbindet sich die Fruchtblase inniger mit der Uterusschleimhaut.

Die fetalen Zotten wandeln sich dann in mäandrisch gefaltete gefäßhaltige Blätter um, die tief in die mütterliche Placenta eindringen.

Das mütterliche Blut zirkuliert in dünnwandigen, von einem Syncytium endotheliale maternum begrenzten Röhren, welche den Endothelröhren der fetalen Gefäße dicht anliegen.

In der Umgebung der gewucherten und große Blutsinus bildenden mütterlichen Gefäße, in welche die Chorionblätter eintauchen, findet man glykogenhaltige, aus Bindegewebszellen entstandene Deciduazellen. Sie bilden einen Hauptbestandteil der Placenta uterina, sind groß, rundlich, kernhaltig und können, wenn man ihre Herkunft nicht kennt, leicht mit Epithelien verwechselt werden.

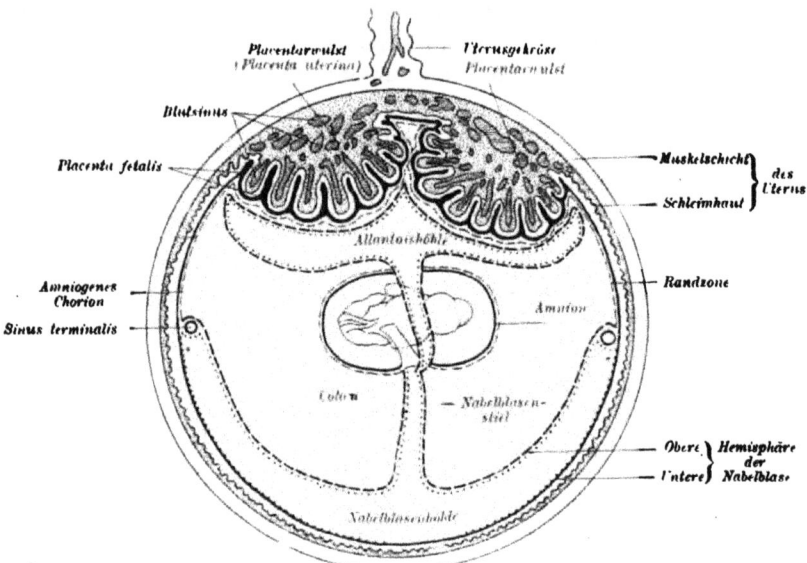

Fig. 185. Schema der Embryonalanhänge des Kaninchens in einer im Uterus befindlichen Fruchtblase. Zwischen ×—× unterhalb der Querschnitte des Sinus terminalis liegt das große, bis zum Äquator der Fruchtblase reichende Nabelblasenfeld oder das Omphalochorion. Über dem Querschnitt des Sinus terminalis liegt die nur aus amniogenem Chorion bestehende Randzone.

Auch beim Kaninchen geht außer dem Oberflächenepithel des Uterus ein großer Teil des Drüsenepithels zugrunde. Über die Bildung der verschiedenen als Embryotrophe dienenden Symplasmamassen gehen die Anschauungen auseinander. Die sinuösen Bluträume besitzen nach den einen ein von den Chorionzotten nur eingestülptes, allseitig geschlossenes deutliches Endothel. Nach einer anderen, auch von mir geteilten Ansicht ragen die Chorionblätter allmählich, das Endothel durchbrechend, frei in die mütterlichen Blutlakunen herein. Es besteht somit auch beim Kaninchen eine aus zerfallendem Uterusgewebe, Blut und einwachsenden Zotten bestehende Detritus- und Umlagerungszone.

In der zweiten Hälfte der Trächtigkeit regeneriert sich das Uterusepithel von den Drüsenresten aus. Es schiebt sich vom Rande her unter die bei den Nagetieren stielartig eingeschnürte Basis der Placenta materna. Dieser Stiel reißt bei der Geburt ab, die Placentarstelle wird sofort nach der Geburt wieder mit Epithel bedeckt, und die Tiere werden alsband wieder brünstig.

c) Primaten.

Mensch. Placenta discoides.

Gewöhnliche Schwangerschaftsdauer 10 Mondmonate zu 28 Tagen. In der Regel wird nur ein Kind geboren, in nicht selten Ausnahmefällen auch zwei, selten mehrere. Vierlinge sind schon sehr selten: 1 : 330 000. Sechslinge sind bisher nur einmal beobachtet worden. Auf einem Grabmal in Hameln sind Siebenlinge (?) verewigt. Die Lebensfähigkeit der Kinder nimmt mit ihrer Zahl ab.

Zwei oder mehrere Früchte entstammen überhaupt entweder verschiedenen Eizellen oder aber einem einzigen Spermovium. Im ersten Falle haben die Früchte getrennte Chorien und Placenten, liegen ursprünglich auch in getrennten Decidualkapseln und können gleichen oder verschiedenen Geschlechtes sein. Man spricht dann von „Zwillingen", „Drillingen" usw. Solche Früchte entsprechen den oft recht zahlreichen Jungen multiparer, d. h. der Regel nach mehrere Junge werfender Tiere.

Die eineiigen Paarlinge oder eineiigen Mehrlinge sind dagegen stets aus einem Spermovium hervorgegangen und sind ausnahmslos gleichen Geschlechtes. Sie liegen in einer gemeinsamen Decidualkapsel und in einem gemeinsamen Chorion und Amnion und besitzen eine mehr oder minder einheitliche Placenta, in welcher die Nabelgefäße der Früchte anastomosieren. Die Früchte sehen sich — namentlich bei dem Menschen — zum Verwechseln ähnlich. Den körperlichen Ähnlichkeiten bzw. Gleichheiten entsprechen meist auch psychische und intellektuelle.

Mitunter kann der eine Embryo den anderen durch raschere Entwicklung und Druck zum Absterben bringen. Dieser wird dann zu einer dünnen eintrocknenden Platte, zum Fetus papyraceus. Oder aber es bleibt der eine Paarling unter mangelhafter Entwicklung seines Gefäßsystems in der Entwicklung zurück, stirbt aber nicht ab, da er durch Gefäßanastomosen in der gemeinsamen Placenta von dem anderen Paarling ernährt wird. Er wird dann infolge seiner abnormen Blutzirkulation zu einem mehr oder minder form- und herzlosen Klumpen, zu einem Akardiakus (ἀκάρδιος = herzlos)

Die Herkunft eineiiger Paarlinge usw. aus einem Spermovium ist bewiesen durch den Fund von zwei eben in Anlage begriffenen Embryonalschilden auf einer jungen Fruchtblase des Schafes und von zwei und mehreren Embryonalanlagen in einer Keimhaut des Huhnes. Was führt zu solchen Befunden? Als Grund für sie darf man nicht etwa eine Trennung der beiden ersten und der folgenden totipotenten Blastomeren, wie sie (S. 66) z. B. bei Amphioxus und beim Triton zur Bildung von mehreren Zwergkeimlingen führt, annehmen. Nach der schon auf S. 62 angeführten Theorie liefert bei Säugetieren nur die Blastomere, welche neben den Kernbestandteilen auch das Mittel- und Schwanzstück des Spermiums enthält, den Embryo, die andere aber dessen Trophoblast. Es kann also die weitere Teilung der „Spermiumblastomere" unter bestimmten, noch unbekannten Bedingungen die Bildung von eineiigen Paarlingen und Mehrlingen veranlassen. Eineiige, stets gleichgeschlechtliche, in einem Chorion und anfänglich auch in einem gemeinschaftlichen Amnion liegende Mehrlinge sind übrigens bei Gürteltieren (bei Tatusia novemcincta zu vieren, bei Tatusia hybrida 7—12) die Regel. Sie entstehen durch Teilung des ursprünglich einheitlichen Embryonalschildes auf einer Keimblase. Im Gegensatze zu der bei gewissen Säugetieren gewöhnlichen und bei dem Menschen ausnahmsweise, aber nicht gerade seltenen „Multiparie" bezeichnet man die viel seltenere Entwicklung zweier oder mehrerer Keimlinge aus einem Spermovium als „Di- oder Polyembryonie".

Decidua.

Die Decidua verliert sich allmählich gegen den Eileiter zu und hört mit scharf gezacktem Rande am inneren Muttermunde auf. Bei Eröffnung eines graviden menschlichen Uterus aus der zweiten Woche

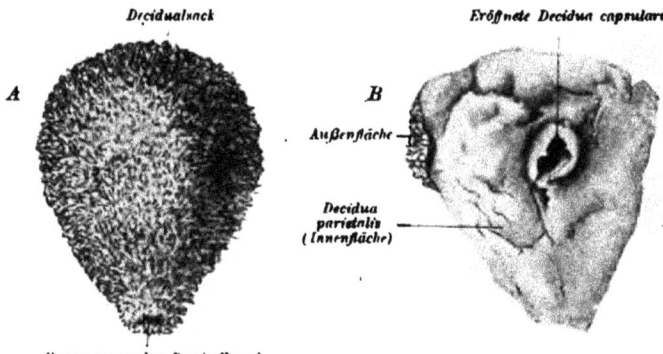

Fig. 16. *A* Durch Fehlgeburt angeblich gegen Ende der zweiten Schwangerschaftswoche ausgestoßener Decidualsack. *B* Derselbe von vorn aufgeschnitten. Man sieht die in der Decidua capsularis gelegene Höhle, in welcher die Fruchtblase lag.

der Schwangerschaft liegt die Fruchtblase nicht in der Uterushöhle, sondern in der nun nicht mehr glatten, gefurchten Uterusschleimhaut. Die Stelle ihrer Implantation ist in vielen Fällen nur durch Zerlegung des ganzen Präparates in Serienschnitte zu finden.

Die gesamte Decidua wird bei einer Geburt oder Fehlgeburt mit der Fruchtblase als Decidualsack ausgestoßen.

Sie kleidet als Decidua parietalis (D. vera der älteren Autoren) die Uterusinnenfläche aus. In ihr liegt meist an der Vorder- oder Hinterwand des Uterus die Fruchtblase in der Implantationshöhle und wölbt deren Dach allmählich durch rasches Wachstum konvex als Decidua capsularis gegen die Uterushöhle vor. Der Boden der Decidua capsularis. die Decidua basalis (D. serotina). verdickt sich in der Folge und wird zur Placenta materna. Decidua

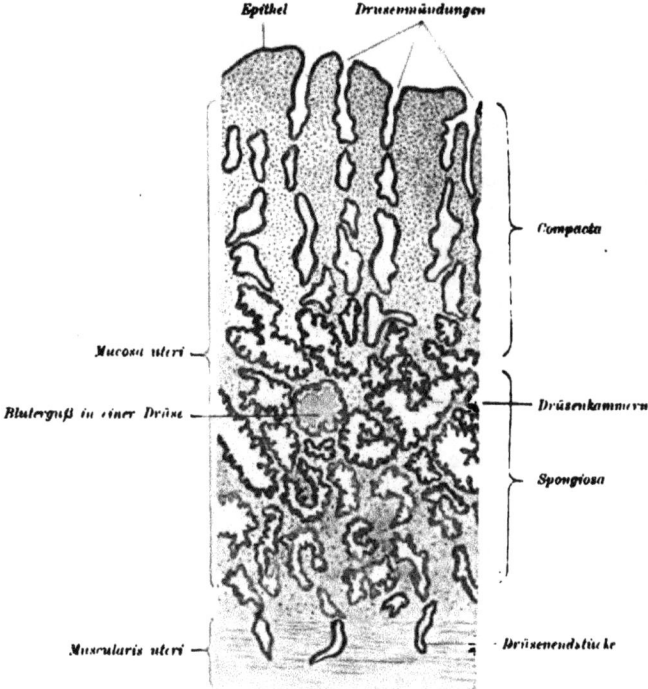

Fig. 187. Senkrechter Schnitt durch die Decidua graviditatis vom Beginn der Schwangerschaft. Halbschematisch aus zwei Präparaten von Prof. Dr. Ph. Jung kombiniert. Vergr. etwa 20 : 1.

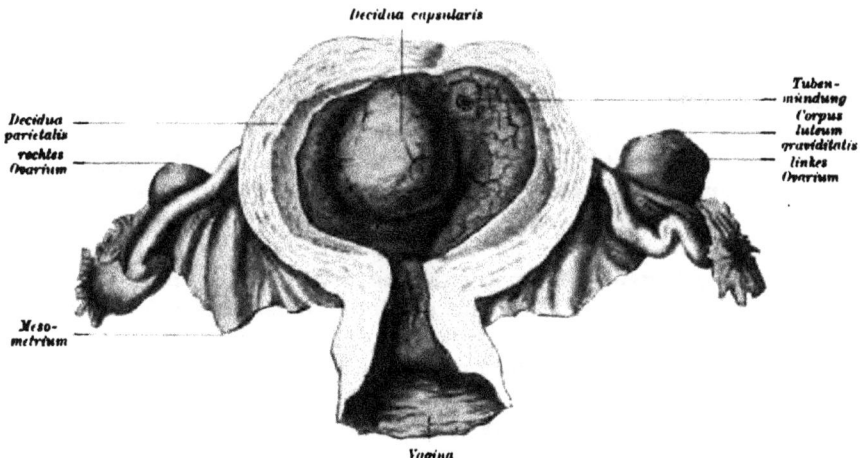

Fig. 188. Eröffneter Uterus vom 40. Tage der Schwangerschaft. Nach Coste

capsularis und Decidua basalis gehen durch eine für die Vergrößerung
der Einbettungshöhle wichtige ringförmige Zone, die Decidua marginalis, ineinander über.

Die Implantation des sehr kleinen Keimes in die pralle Uterusschleimhaut
geschieht weder durch die Schwerkraft noch durch den Binnendruck des Uterus.
Gegen eine exzentrische Implantation in eine Schleimhautfurche spricht das Fehlen
von Uterusepithel in der Implantationshöhle. Es wird deshalb mit Recht angenommen, daß sich der Keim des Menschen schon sehr früh, wahrscheinlich noch
im Stadium der Furchung, wie bei dem Meerschweinchen und der Zieselmaus, unter
Auflösung des Oberflächenepithels des Uterus interstitiell in die Schleimhaut
einfrißt. In welcher Periode des Menstruationszyklus diese Implantation erfolgt,
ist schwer festzustellen. Wahrscheinlich findet sie in der Regel im Intervall statt
und verhindert dann die sonst auf die Ovulation folgende Menstrualblutung
(siehe S. 183). Ausnahmsweise kann die Implantation auch im Eileiter stattfinden
(Eileiterschwangerschaft). Wird das Ovium in einem geplatzten Eierstocksfollikel befruchtet und entwickelt sich in diesem, so liegt Eierstocks-
schwangerschaft vor.

Die Bildung der Decidua geschieht durch Verdickung und
histologische Umwandlung der schon während der Menstruation äußerst
blutreichen Schleimhaut. Beim Beginne der Schwangerschaft bis zu
1 cm dick, verdünnt sie sich wieder von dem Zeitpunkte ab, wo die
Decidua capsularis um die wachsende Fruchtblase derart an Größe zunimmt, daß sie die Uterushöhle auf eine enge Spalte reduziert (Fig. 188
u. 204). Schließlich berührt die Außenfläche der Decidua capsularis
die Innenfläche der Decidua parietalis und verwächst mit ihr. Beide
werden dann mit Ausnahme der Decidua basalis durch den Druck der
wachsenden Fruchtblase so sehr verdünnt, daß ihre Dicke nur noch
1—2 mm beträgt. Man kann also ein Stadium der Decidualverdickung
oder der Evolution von dem der Verdünnung und Rückbildung
oder der Involution der Decidua unterscheiden.

Histologisch kennzeichnet sich das Evolutionsstadium der Decidua
durch die schon bei Besprechung des Menstruationszyklus betonte Infiltration mit Leukocyten durch Umwandlung ihrer Bindegewebszellen
in Deciduazellen und durch das Längenwachstum der Drüsen unter
gleichzeitiger Erweiterung ihrer Mündungen und Mittelstücke. Die
trichterförmig erweiterten Drüsenmündungen bedingen das siebförmig
durchlöcherte Aussehen der jungen Decidua im Flächenbild. Im Bereiche der Mündungsstücke der Drüsen bildet die Schleimhaut die sehr
kern- und zellenreiche Compacta und subepitheliale Bindegewebsschicht. Unter der Compacta liegt die durch beträchtliche Erweiterung
der Drüsenmittelstücke und Verdrängung des Bindegewebes gekennzeichnete Drüsenkammerschicht oder Spongiosa (Fig. 187). Die erweiterten Drüsen enthalten reichliches Sekret. Die Endstücke der
Drüsen bleiben enger und stark geschlängelt.

Nach Verwachsung der Decidua capsularis mit der Decidua parietalis
schwinden in dieser die Drüsen bis auf ihre blinden, oft tief in die

Uterusmuskulatur hineinreichenden Enden. in welchen das Epithel sich dauernd erhält.

Die bindegewebigen Vorstufen der Deciduazellen vermehren sich namentlich in der Compacta durch Mitose und wandeln sich vom Ende der zweiten Woche ab in die großen rundlichen oder durch gegenseitigen Druck polyedrisch gewordenen, zum Teil glykogenhaltigen Deciduazellen um (Fig. 200). In der Schleimhaut der Cervix uteri bilden sich keine Deciduazellen. Nur die Drüsen vergrößern sich da während der Gravidität.

In dem sechsten bis siebenten Schwangerschaftsmonate schwindet die Decidua capsularis unter Verödung ihrer Blutgefäße bei gleichzeitiger Verdünnung der Decidua parietalis vollkommen. Von dieser Zeit ab bildet nur die Decidua parietalis, mit Ausnahme der zur Placenta materna gewordenen Decidua basalis, eine dünne Haut um das Chorion. Nach Durchschneidung der stark verdünnten Muskelwand des Uterus und nach Durchtrennung der Decidua, des Chorions und Amnions gelangt man direkt in die Amnionhöhle (Fig. 197). (Das weitere Verhalten der Decidua siehe unter Placenta materna und bei Geburt.)

Embryonalanhänge.

Die erste Entwicklung menschlicher Fruchtblasen ist unbekannt. Es bestehen über die Bildung des Embryonalschildes, der Keimblätter und Embryonalanhänge einstweilen nur Hypothesen. Immerhin wächst die Zahl junger wohluntersuchter Fruchtblasen von Jahr zu Jahr, und man kennt zurzeit etwa zwei Dutzend Fruchtblasen von 14—55 Tagen.

Auch der menschliche Embryo entwickelt. wie alle Amnioten, eine Nabelblase, ein Amnion und ein amniogenes Chorion, aber keine freie blasenförmige Allantois, sondern, wie die Menschenaffen, nur ein Rudiment der Allantoishöhle mit Ausbildung einer dicken bindegewebigen und gefäßhaltigen Allantoiswand.

Menschliche Fruchtblasen vom 13.—17. Tage nach der Begattung haben etwa 1¹/₂—4 mm größte Länge. Sie sind nicht immer kugelförmig, sondern mitunter etwas abgeflacht. Die jüngste bekannte, durch Fehlgeburt erhaltene menschliche Fruchtblase vom 13.—14. Tage nach der Begattung (Fig. 189) lag in einer 1,9 : 0,95 : 1 mm weiten Implantationshöhle, die durch eine 0,1 mm weite Implantationspforte ohne Schlußkoagulum sich in die Uterushöhle öffnete.

Die Fruchtblase besteht aus einer ca. 0,63 mm im Durchmesser haltenden lockeren Mesoblastschicht ohne jede Spur einer Cölombildung. Ein Embryonalschild ist noch nicht erkennbar. Zwei kleine, mit Epithel bekleidete Höhlen dürfen im Hinblick auf wenig ältere Fruchtblasen als Nabelblasen- und Amnionhöhle gedeutet werden. Eine dicke Trophoblastkapsel bildet die Fruchtblasenwand. Sie besteht aus einer **Basal-** oder **Grundschicht** mit undeutlich begrenzten Zellen und zum Teil mehrfachen Kernen und aus einer äußeren, sich stärker färbenden **Syncytial-** oder **Deckschicht**. Sie enthält vielfache Vakuolen und bildet ein unregelmäßiges Netzwerk, dessen periphere Enden entweder mit der Wand der Implantationshöhle zusammenhängen oder frei enden. Eine eigentliche **Umlagerungszone** durch gegenseitige Durchwachsung des Trophoblasts und der mütterlichen Gewebe ist noch nicht erkennbar.

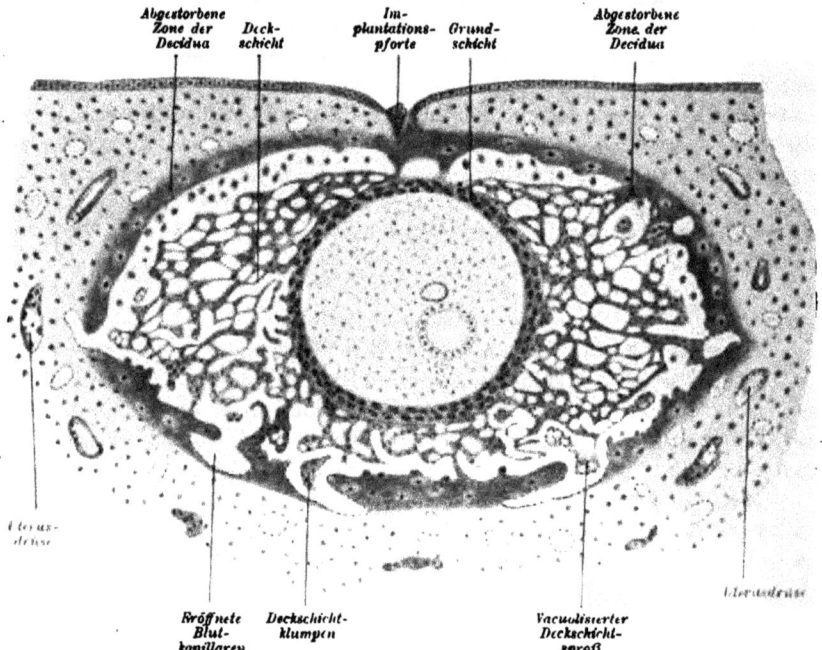

Fig. 189. Schematischer Durchschnitt durch die etwa 13—14 Tage alte Fruchtblase des Menschen. Nach **Bryce** und **Teacher**. Vergr. etwa 50 : 1. Zum Teil mit meiner Bezeichnung. Das größere Bläschen entspricht dem Amnion, das kleinere der Nabelblase.

Um das Chorion herum ist die deciduale Wand der Implantationshöhle unter fibrinoider Entartung, Coagulationsnekrose, Symplasmabildung und Blutungen zu einer **Detrituszone** zerfallen. Die ganze Wand der Implantationshöhle ist reichlich mit mütterlichen Leukocyten durchsetzt, die, größtenteils im Zerfall begriffen, sich der Embryotrophe beimischen, vielleicht auch durch ihre fermentative Wirkung zur Auflösung der durch unregelmäßige Blutzirkulation geschwächten mütterlichen Gewebe beitragen. Mütterliches Blut erfüllt die Lücken des Trophoblasts und die Uterindrüsen.

In über vierzehn Tagen alten Fruchtblasen findet sich (Fig. 190) an Stelle des soliden Mesoblasts ein im Vergleiche zu der kleinen, vom Amnion umhüllten Embryonallage auffallend großes Exocöl. Die

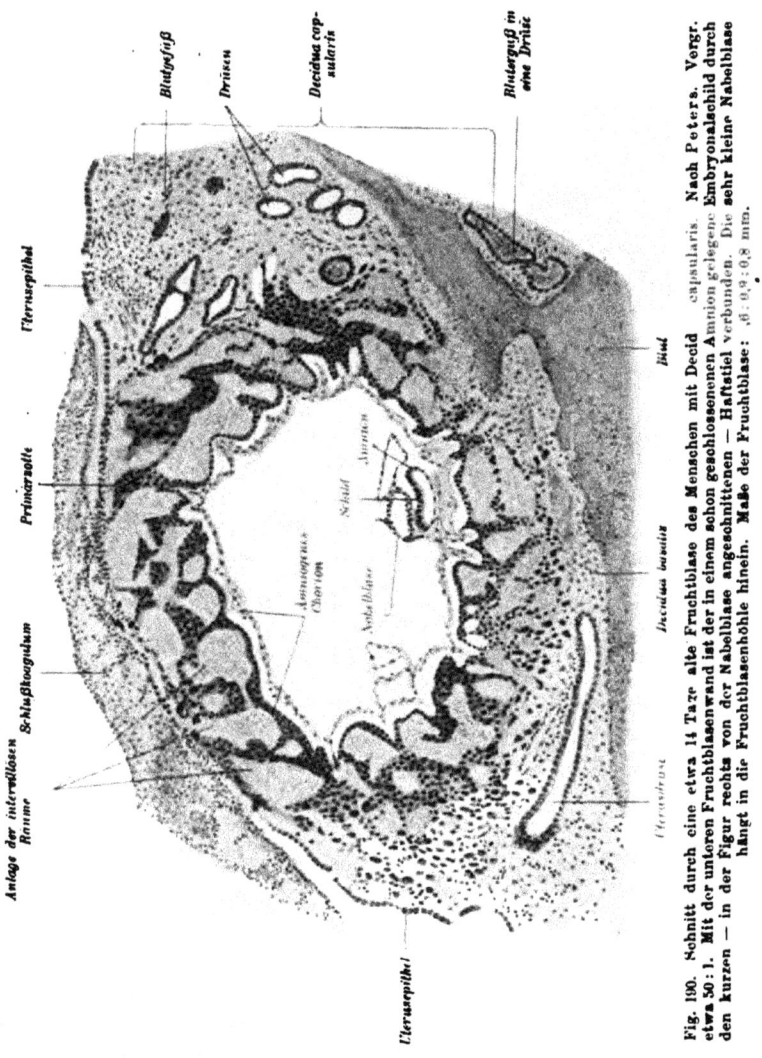

Fig. 190. Schnitt durch eine etwa 14 Tage alte Fruchtblase des Menschen mit Decid capsularis. Nach Peters. Vergr. etwa 50:1. Mit der unteren Fruchtblasenwand ist der in einem schon geschlossenen Amnion gelegene Embryonalschild durch den kurzen — in der Figur rechts von der Nabelblase angeschnittenen — Haftstiel verbunden. Die sehr kleine Nabelblase hängt in die Fruchtblasenhöhle hinein. Maße der Fruchtblase: ,6:0,9:0,8 mm.

Figur 191 zeigt, wie sich dieses höchstwahrscheinlich durch Zusammen. fluß der im Mesoblast auftretenden Spalten bildet. Der schild- oder schuhsohlenförmige Embryo ruht auf einer auffallend kleinen höckerigen Nabelblase (Fig. 190 u. 192), während das Chorion bildet eine im

Vergleiche zu den übrigen Embryonalanhängen auffallend weite Blase mit deutlicher, vom dicken Trophoblast überzogenen Bindegewebswand (Membrana chorii) bildet.

Allantois.

Ihre Mesoblastschicht hängt am Hinterende des Embryos mit dem Mesoblast des Amnions und dem des Chorions zusammen und bildet

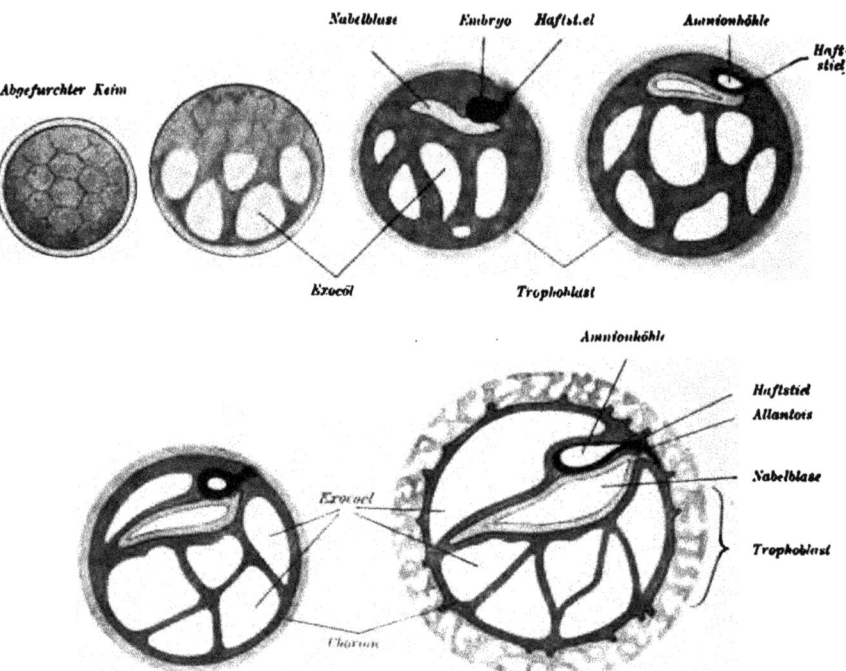

Fig. 191, 1—6. Hypothetische Schemata zur Mesoblastbildung des Menschen, nach Strahl. 1: Abgefurchter Keim; 2—6: Bildung des Exocöls durch sich vergrößernde Lücken in dem ursprünglich soliden Mesoblast. Die Nabelblase ist anfänglich nicht rund, sondern spindelförmig. Der Embryonalschild gelangt wahrscheinlich durch Entypie in die Fruchtblase (S. 180).

so den bindegewebigen und von den Nabelgefäßen durchzogenen Bauch- oder Haftstiel, in welchen sich der kurze, blind endigende Allantoisgang einsenkt (Fig. 191, 192 u. 193 A). Die Allantois des Menschen und der Menschenaffen funktioniert nicht mehr als embryonale Harnblase. Ihre Aufgabe besteht in der Zuleitung von Gefäßen durch den Haftstiel zum Chorion.

Die Ursache für die Entstehung des Haftstieles liegt nach der einen Hypothese in dem Ausbleiben der Trennung des Amnions vom Chorion. Hierfür spricht die in Fig. 193 A bei × deutliche trichterförmige Epitheleinsenkung, welche später durch zwischenwachsenden Mesoblast von der Amnionhöhle getrennt wird. An

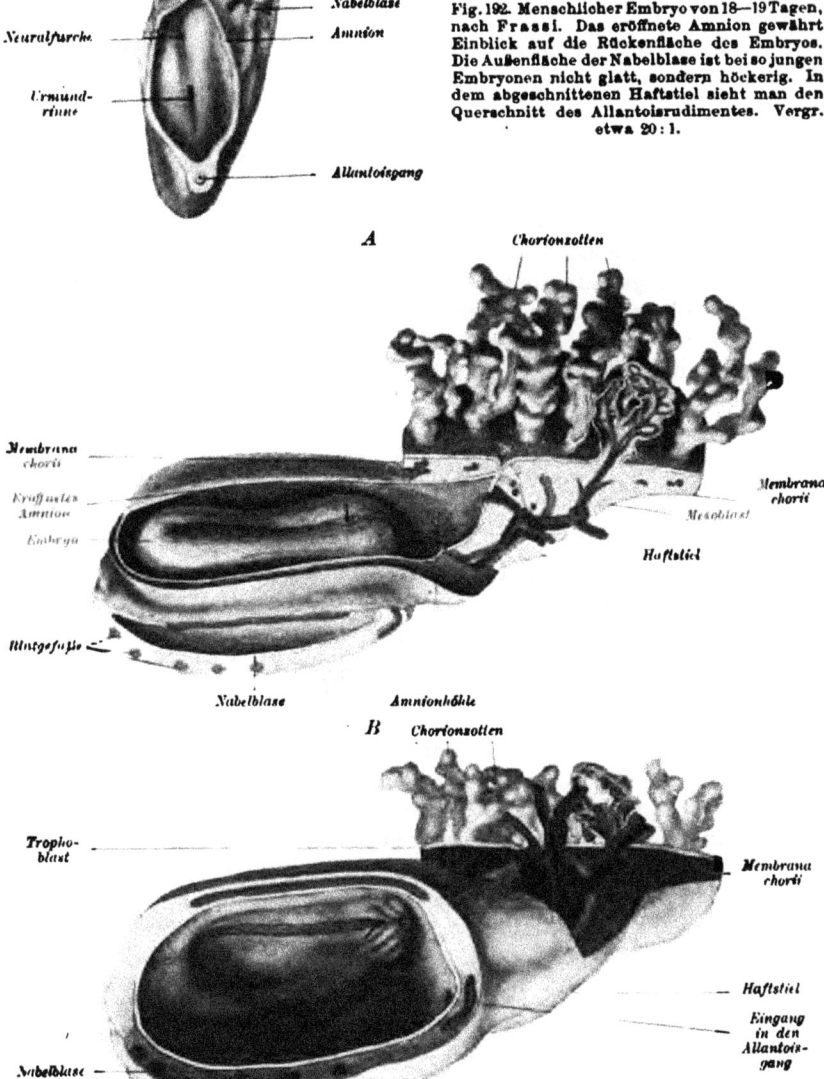

Neuralfurche.

Urmund-rinne

Nabelblase

Amnion

Allantoisgang

Fig. 192. Menschlicher Embryo von 18—19 Tagen, nach Frassi. Das eröffnete Amnion gewährt Einblick auf die Rückenfläche des Embryos. Die Außenfläche der Nabelblase ist bei so jungen Embryonen nicht glatt, sondern höckerig. In dem abgeschnittenen Haftstiel sieht man den Querschnitt des Allantoisrudimentes. Vergr. etwa 20:1.

A

Chorionzotten

Membrana chorii

Eröffnetes Amnion

Embryo

Membrana chorii

Mesoblast

Haftstiel

Blutgefäße

Nabelblase

Amnionhöhle

B

Chorionzotten

Tropho-blast

Membrana chorii

Haftstiel

Eingang in den Allantois-gang

Nabelblase

Fig. 193 A u. B. Modell eines menschlichen Embryos von 1,3 mm Länge nach Eternod. Modell von F. Ziegler. Die linke Amnion- und Nabelblasenwand ist entfernt. der Haftstiel ist der Länge nach halbiert. A von der linken Seite in Rückenansicht; B von der linken Seite in Bauchansicht. Allantoishöhle gelb.

Fruchtblasen eines Menschenaffen, des Gibbons, findet sich an derselben Stelle ein noch offener von der Chorionoberfläche in die Amnionhöhle führender, sich später schließender Amniongang. Diese Beobachtung macht die Entwicklung des Amnions bei den Menschenaffen und dem Menschen durch Entypie wahrscheinlich. Eine andere Hypothese nimmt, da bei einzelnen ganz jungen Fruchtblasen der Amniongang vermißt wurde, die Bildung eines Spaltamnions nach der in Fig. 151 dargestellten Weise an.

Nabelblase.

Bei Embryonen aus der zweiten und dritten Woche füllt die nun rundliche Nabelblase die Fruchtblase keineswegs aus und hängt noch mit weiter Öffnung an dem Darmnabel (Fig. 195). Sie funktioniert beim Menschen vorübergehend, wie bei den übrigen Wirbeltieren, als erstes blutbildendes Organ. In ihrer dicken Mesoblastwand bemerkt man sehr früh schon Blutgefäßanlagen und Blut (Fig. 193 A u. 194 B).

Der zuerst hohle, später solide Nabelblasenstiel wächst zu einem langen, dünnen Faden aus, an dessen peripheren Ende das kleine etwas abgeflachte Nabelbläschen von der sechsten Woche an bis zur Geburt zwischen Chorion und Amnion gelegen, bei vorsichtiger Präparation nachzuweisen ist (Fig. 196 u. 204).

Das
Amnion

zeigt (Fig. 191 u. 193) bald nach seiner Bildung eine durch den Liquor amnii erfüllte Amnionhöhle und umscheidet den Embryo als weiter Sack. Etwa von der sechsten Woche ab legt sich die Außenfläche des Amnions der Innenfläche des Chorions an (Fig. 196 u. 197) und verwächst mit ihm durch eine gallertige Zwischenschicht, das Stratum intermedium. Es ist der Rest der das Exocöl junger Fruchtblasen erfüllenden gallertigen Masse.

Im fünften bis sechsten Monat kann die Menge des Liquor amnii oder des Fruchtwassers bis zu 2 Liter betragen, nimmt aber gegen Ende der Schwangerschaft unter beträchtlichen individuellen Schwankungen wieder bis auf 1 Liter ab. Die Amnionflüssigkeit reagiert alkalisch und enthält beim geburtsreifen Embryo 1% fester Bestandteile. In ihr sind Eiweiß, Harnstoff und Traubenzucker nachgewiesen. Der Embryo schwimmt, an der Nabelschnur hängend, frei beweglich in der Amnionflüssigkeit.

Fruchtwassermangel kann Verwachsungen der embryonalen Körperoberfläche mit der Amnioninnenfläche veranlassen. Je frühzeitiger die Verwachsung, um so größere Verzerrungen und Formstörungen des Embryos bedingt sie. Sie kann durch die Bildung bindegewebiger amniotischer Fäden zur Abschnürung von Fingern und Zehen, ja ganzer Extremitäten führen. Die Amnionflüssigkeit ist das Sekret des Amnionepithels und wird im Gegensatze zur Amnionflüssigkeit der Oviparen auch durch die Beschaffenheit des mütterlichen Blutes beeinflußt. Wenn die Amnionflüssigkeit unter abnormen Verhältnissen weit über das Normale und sogar bis zu 8—10 Liter steigt, so spricht man von einem Hydramnion (ύδωρ = Wasser).

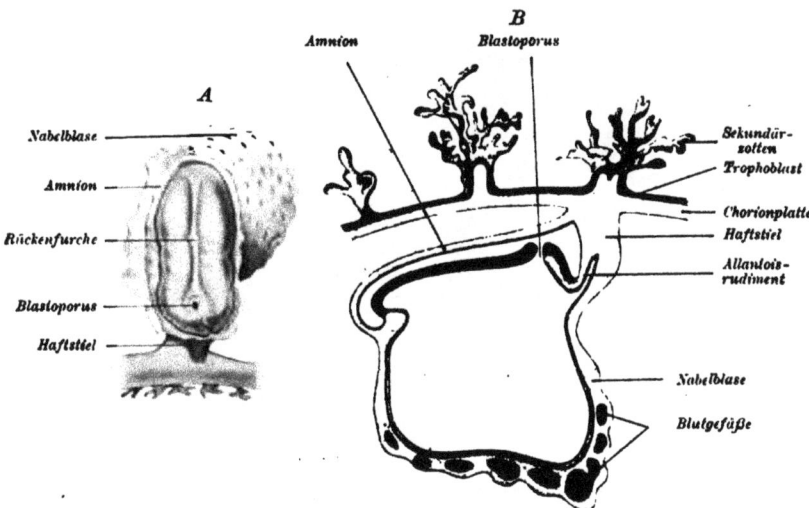

Fig. 194. Menschlicher Embryo von 2 mm Länge, nach Graf Spee. *A* Amnion abgetragen, Embryo von der Rückenfläche; *B* Konstruktion des Medianschnittes durch den Embryo und seine Anhänge.

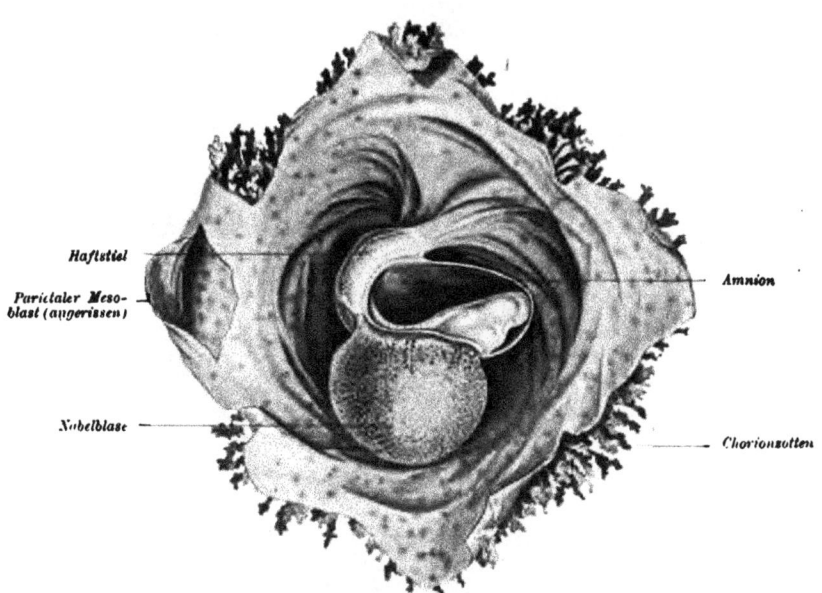

Fig. 195. Eröffnete Fruchtblase von 15—16 Tagen, nach Coste.

15 *

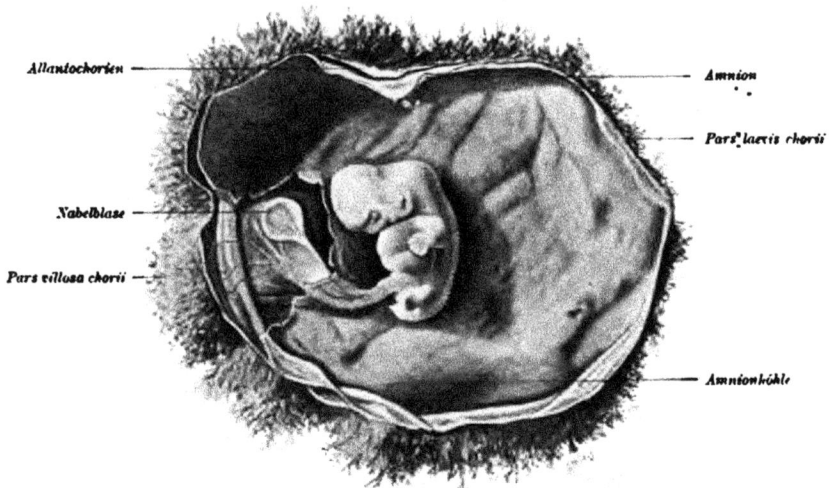

Fig. 196. Eröffnete Fruchtblase von etwa sechs Wochen. Embryonallänge 1,4 cm. Vergr. nicht ganz 2 : 1.

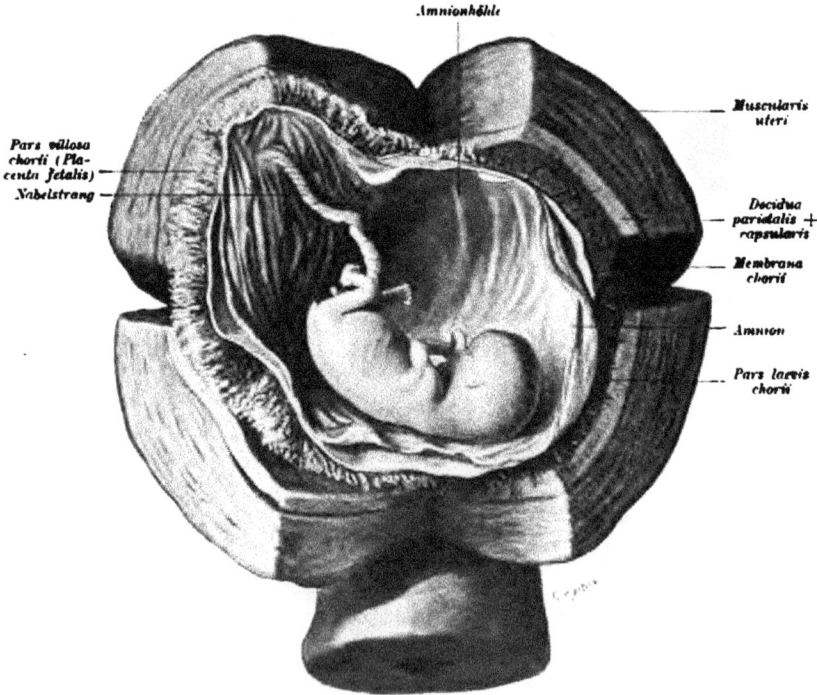

Fig. 197. Eröffneter Uterus vom dritten Monat. Embryonallänge 3,5 cm. Natürliche Größe.

Chorion und Placenta fetalis.

Die Chorionoberfläche der in Fig. 190 abgebildeten, etwa 14 Tage alten Fruchtblase trägt eine dicke Trophoblastschale, welche einzelne kurze und plumpe Epithelzöttchen, die Primärzotten, bildet.

Die Primärzotten werden durch Einwachsen einer bindegewebigen Achse von der Membrana chorii aus zu Sekundär- und diese nach Vaskularisierung ihres Bindegewebsgerüstes von der Allantois her, etwa vom 17. Tage ab, zu Tertiär- oder Gefäßzotten. Während die Zotten länger werden und der Trophoblastbelag auf dem Chorion ein gleichmäßiger wird, scheiden sich die Zotten immer klarer von den zwischen ihnen gelegenen Zwischenzottenräumen oder den intervillösen Räumen, von denen noch bei Schilderung der Placenta materna die Rede sein wird. In diesen flottieren die Zotten entweder als freie Zotten, oder sie verbinden als Haftzotten die Fruchtblase mit der Wand der intervillösen Räume.

Die Trophoblast sondert sich in die Grund- oder Zellschicht (Langhans'sche Schicht) und in die Deckschicht, das Plasmodium oder Syncytium. An jungen Fruchtblasen werden Übergänge der Grundschicht in die Deckschicht beschrieben. An sehr jungen Fruchtblasen sind beide kaum zu unterscheiden.

Die Zellen der Grundschicht sind scharf begrenzt, kugel- oder tonnenförmig mit hellem Körper, mit zum Teil in Mitose befindlichen Kernen und enthalten Glykogen. Die Deckschicht besteht dagegen aus einer ungleich dicken, sich stark färbenden Plasmamasse ohne Zellgrenzen mit kleineren, sich ebenfalls stark färbenden Kernen ohne Mitosen. Sie paßt sich unter direkter Kernteilung der wachsenden Oberfläche der Fruchtblase an und bildet außerdem noch rundliche Wucherungen an den Zotten, die Proliferationsknospen (siehe Fig. 200). Sind sie gestielt, so können ihre Stiele abreißen, oder sie werden beim Schneiden abgekappt und sind dann überflüssigerweise als „syncytiale Riesenzellen" beschrieben worden. Die Proliferationsknospen zeigen mitunter durch zahlreiche größere oder kleinere Vakuolen einen eigentümlichen schaumigen Bau. An der Peripherie verdichtet sich das Plasma der Deckschicht zu einem homogenen Grenzsaum, dessen freie Fläche einen aus sehr hinfälligen feinen Stäbchen bestehenden Bürstensaum trägt (Fig. 198).

Die Grund- und Deckschicht ist meiner Meinung nach ein nach Bedarf mehr oder weniger scharf differenziertes, aber in den ersten Monaten der Schwangerschaft einheitliches, aus dem Trophoblasten hervorgegangenes anatomisches und physiologisches Ganzes.

Die Deckschicht wirkt histolytisch; sie löst die mütterlichen Gewebe, mögen sie nun vorher in mütter-

liches Symplasma umgewandelt sein oder nicht, das Blut
in den mütterlichen Blutergüssen und den Detritus auf.
Deck- und Grundschicht nehmen die ihnen durch die

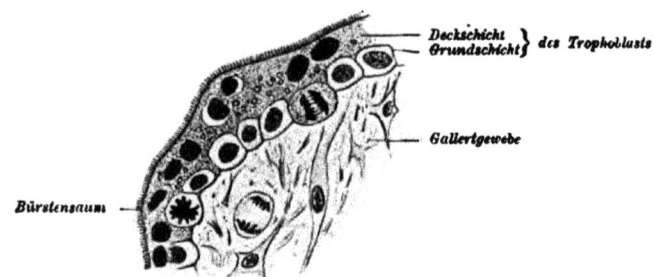

Fig. 198.   Teil eines Querschnittes einer Chorionzotte von einer 17 Tage alten Fruchtblase des
Menschen.   In der Deckschicht Fetttröpfchen.   Vergr. etwa 350:1.

Abb. 199. Senkrechter Schnitt durch Chorion und Decidua einer 17 Tage alten menschlichen Fruchtblase.

zerfallenden mütterlichen Gewebe und Blut gebotenen
Nährstoffe auf und verarbeiten sie. Außerdem scheiden
sie die Stoffwechselprodukte der Fruchtblase und des
Embryos aus.

Im Gegensatze zu dieser jetzt fast allgemein vertretenen Anschauung leiten vereinzelte Autoren die Deckschicht immer noch von maternen Geweben ab. Zuerst wurde ihre Entstehung aus dem Uterusepithel behauptet. Diese Meinung ist, da sich die Deckschicht auch bei Ovarialschwangerschaften findet, verlassen. Nun soll die Deckschicht durch das gequollene Endothel der Decidualgefäße geliefert werden. Dagegen spricht einmal der Bürstenbesatz an der freien Fläche der Deckschicht und der weitere Umstand, daß das Endothel der Decidualgefäße in mütter-

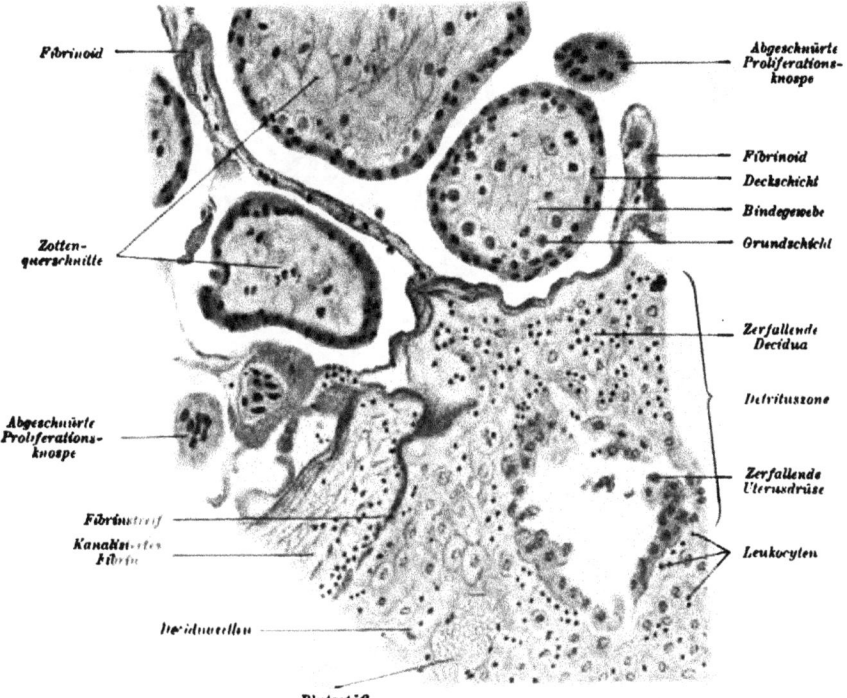

Fibrinoid

Zotten-
querschnitte

Abgeschnürte
Proliferations-
knospe

Fibrinstreif
Kanalisiertes
Fibrin

Deciduazellen

Abgeschnürte
Proliferations-
knospe

Fibrinoid
Deckschicht
Bindegewebe
Grundschicht

Zerfallende
Decidua

Detrituszone

Zerfallende
Uterusdrüse

Leukocyten

Blutgefäß

Fig. 200.　Querschnitt durch die Chorionzotten und Decidua einer menschlichen Fruchtblase von vier Wochen.

liches Symplasma umgewandelt und durch die Deckschicht aufgelöst wird. Man sieht mitunter sehr deutlich die Deckschicht der Zottenspitzen die Gefäßwände durchbrechen und in den Blutgefäßen das gequollene und sich ablösende und zugrunde gehende Endothel, das also nicht die Deckschicht bilden kann.

Die Deckschicht des Trophoblasts enthält als sichtbaren Ausdruck der Verarbeitung zerfallender mütterlicher Gewebe stets kleine Fetttröpfchen, deren weiter Weg durch die bindegewebige Zottenachse ebenso nachgewiesen ist wie der des aus mütterlichen Blutergüssen aufgenommenen Eisens. Schwieriger ist der Nachweis der Aufnahme der durch die Embryotrophe gelieferten Eiweißkörper.

Mit Ausnahme der zur scheibenförmigen Placenta fetalis umge-
bildeten Region des Chorions bilden sich später die Gefäßzotten zurück
oder verkümmern. Man kann sehr bald nach Ausbildung der Gefäßzotten (etwa am 17.—20. Tage der Schwangerschaft) eine sekundär
durch Rückbildung der Zotten zottenarme oder glatte Pars laevis
chorii von der zottentragenden Pars frondosa oder villosa

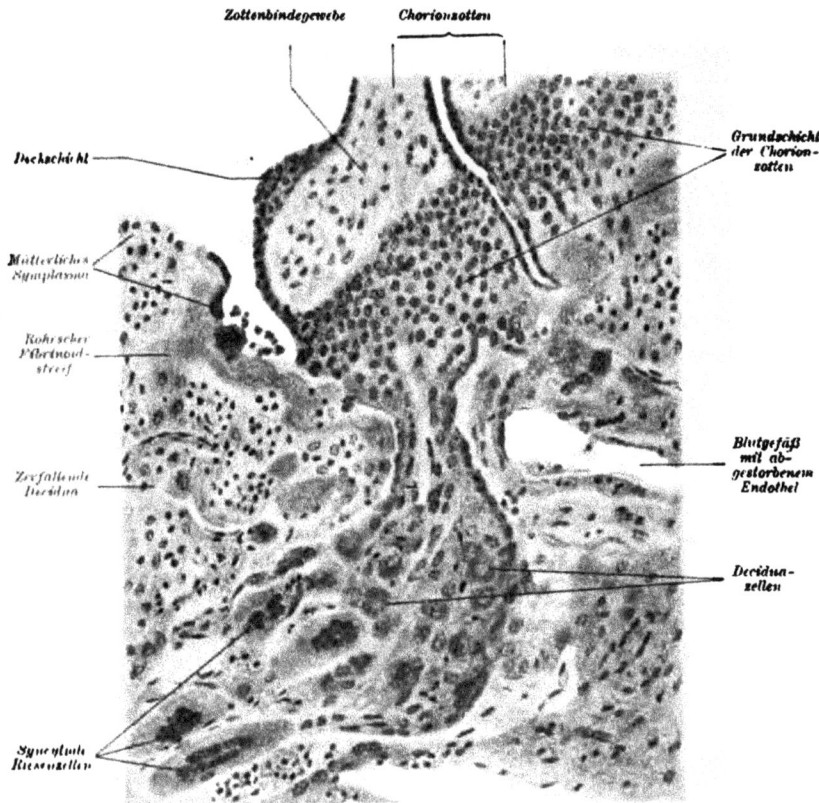

Fig. 201. Schnitt durch eine Chorionzotte und Decidua basalis einer menschlichen Fruchtblase vom
Ende des dritten Monats. Man sieht eine in die Decidua basalis einwachsende und deren zerfallendes
Gewebe zerstörende Zotte, vor deren Ende syncytiale Riesenzellen = abgeschnürte Teile der Deck-
schicht liegen. Vergr. etwa 250:1.

chorii unterscheiden, deren Zotten, immer weiter heranwachsend,
sich verästeln und in ihrer Gesamtheit die Placenta fetalis bilden
(Fig. 197 u. 204).

Der ausgebildete Blutgefäßapparat einer Gefäßzotte besteht
aus den letzten Verzweigungen der in der Membrana chorii sich ver-
ästelnden Nabelarterien. Diese lösen sich in den Zotten in Kapillar-

schlingen auf, welche bis dicht unter den Trophoblast vorgeschoben sind. Aus ihnen entspringen die Venen, welche das Blut durch die in der Membrana chorii verlaufenden gröberen Stämme in die Nabelvene entleeren (Fig. 193).

Die Lymphgefäße der Zotten münden in die etwas bis zur siebenten Woche leicht nachweisbaren, später schwindenden Lymphgefäßplexus der Membrana chorii. Gegen den Trophoblast finde ich das gallertige Zottenbindegewebe durch eine sehr feine M e m b r a n a l i m i t a n s begrenzt.

Die Bildung der in der Umlagerungszone zwischen den Chorionzotten gelegenen bluterfüllten i n t e r v i l l ö s e n R ä u m e geschieht nach meiner Erfahrung durch Zerreißung und Eröffnung strotzend gefüllter Decidualgefäße infolge der histolytischen Wirkung des . Trophoblasts. Durch die an Zahl und Größe zunehmenden Chorionzotten werden immer neue Decidualgefäße eröffnet, mit der benachbarten Decidua eingeschmolzen und dadurch die intervillösen Räume vergrößert. Die intervillösen Räume entstehen im Decidualgewebe durch Zerfall des mütterlichen Gewebes und bilden schließlich miteinander kommunizierende Bluträume, deren Blut aus den durch die Chorionzotten angefressenen mütterlichen Blutgefäßen stammt und in die Anfänge der Uterusvenen eintritt. Durch die histolytische Wirkung der Chorionzotten werden die intervillösen Räume vergrößert.

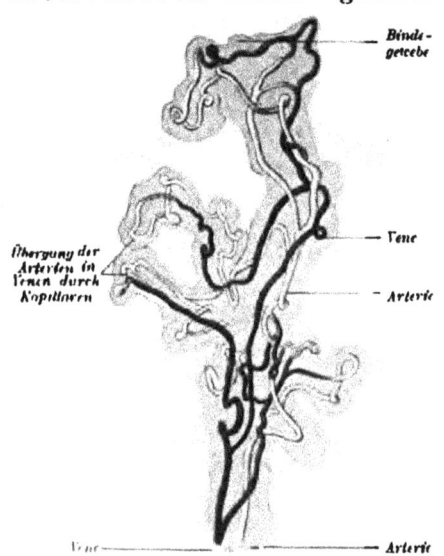

Fig. 202. Injektionspräparat einer Gefäßzotte des Chorions. Trophoblast abgepinselt, Zottenbindegewebe durch grauen Ton markiert. Halbschematisch. Vergr. etwa 30 : 1.

Im Bereiche der Pars laevis chorii bilden sich nicht nur die Chorionzotten, sondern auch die Deckschicht des Trophoblasts vom dritten Monat ab, zurück. Auf den spärlichen Zottenresten erhält sich meist nur die Grundschicht. An vielen Stellen der Zottenoberfläche fehlt sie schließlich gänzlich. Damit ist auch die weitere Ausbildung der intervillösen Räume in diesem Bereich beendigt, da keine Decidua mehr durch die Chorionzotten zerstört wird. Im Gebiete der Decidua basalis dagegen dauert die Wucherung und die Ausbildung der Zotten fort und führt zu weiteren ausgedehnten Einschmelzungen.

Die
Placenta materna
entwickelt sich aus der Decidua basalis unter Einbeziehung der angrenzenden Teile der Decidua marginalis (Fig. 204) und erhält verhältnismäßig früh ihre
bleibende Form.

Die Placenta materna hat bis etwa zum fünften Monat die Gestalt
eines flachen Napfes. Später gleicht sie einem runden Kuchen (Placenta
discoidea) und mißt bei völliger Ausbildung 3—4 cm in der Dicke,
15—20 cm im Flächendurchmesser.

Die Gesamtplacenta wiegt etwas über 500 g. Die dem Embryo
zugekehrte Amnionfläche der Placenta fetalis (Fig. 203 A) ist von
dem Amnion überkleidet und glatt. Sie trägt die Verzweigungen der
Nabelgefäße. Die Uterusfläche ist an der ausgestoßenen Placenta
durch tiefe Furchen gelappt, blutig und rauh. Das ganze Organ umscheidet den großen, bluterfüllten, aus der Gesamtheit der Zwischen-
zottenräume hervorgegangenen Placentarraum (Fig. 204).

Die Haftzotten der fetalen Placenta verbinden sich durch säulen-
förmige Wucherungen der Grundschicht des Trophoblasts, die sogenannten
Zellsäulen, mit der Wand der intervillösen Räume. Im Bereiche
der Placenta materna werden die zuerst erweiterten, mit Sekret und
mütterlichem Blut erfüllten, von gequollenem Epithel ausgekleideten
Uterusdrüsen durch die Decidualzellen komprimiert und durch die
Chorionzotten abgefressen. Basalwärts gehen die zwischen ihnen gelegenen Decidualzellen in die Zellen des Bindegewebes zwischen den
Drüsen über. Eine wechselnd breite Fibrinoidschicht, ein Zerfall-
produkt der decidualen Gewebe, begrenzt im Schnitt die Placenta
materna gegen die intervillösen Räume (Rohrscher Streifen). Tiefer
in der Decidua liegt der Nitabuchsche und dicht unter der Chorionplatte in der zweiten Hälfte der Gravidität der Langhanssche Fi-
brinoidstreifen und „kanalisiertes" Fibrinoid (Fig. 200 u. 201).

Die basale Grenze der Placenta materna entspricht der im Gebiet
der spongiösen Schicht der Decidua gelegenen Trennungslinie
(siehe Fig. 204), längs welcher sich bei der Geburt die mit der Placenta fetalis ausgestoßene Pars caduca der Placenta materna von
dem Schleimhautrest, welcher im Uterus verbleibt, ablöste. Der
Boden des Placentarraumes besteht aus der Basalplatte, einer bis
1 cm dicken Decidualschicht, welche die Chorionzotten bei der Betrachtung der ausgestoßenen Placenta von der Uterusfläche her dem
Blicke entzieht (Fig. 203 B u. 204). Die Basalplatte hängt am Placentarrand mit der Decidua parietalis zusammen.

Den auf der Uterusfläche auffallenden tiefen Furchen entsprechen
im Innern der Placenta bindegewebige, bei dem Abbau der Decidua
basalis stehengebliebene Placentarsepten, welche je einen inter-

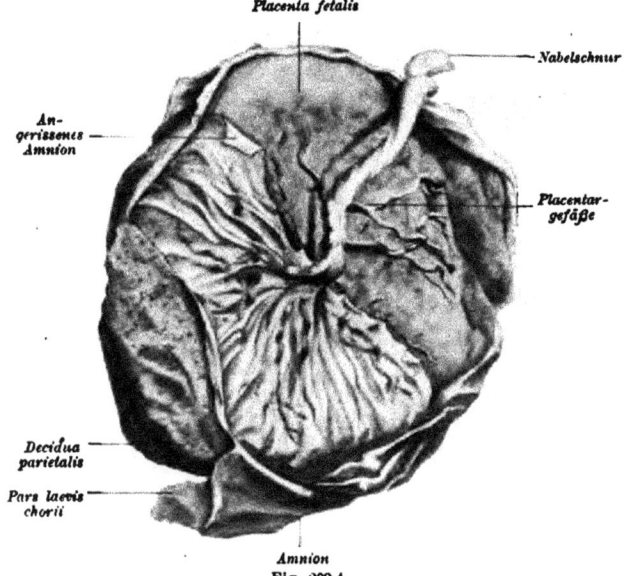

Placenta fetalis

Nabelschnur

An-
gerissenes
Amnion

Placentar-
gefäße

Decidua
parietalis

Pars laevis
chorii

Amnion
Fig. 203 A.

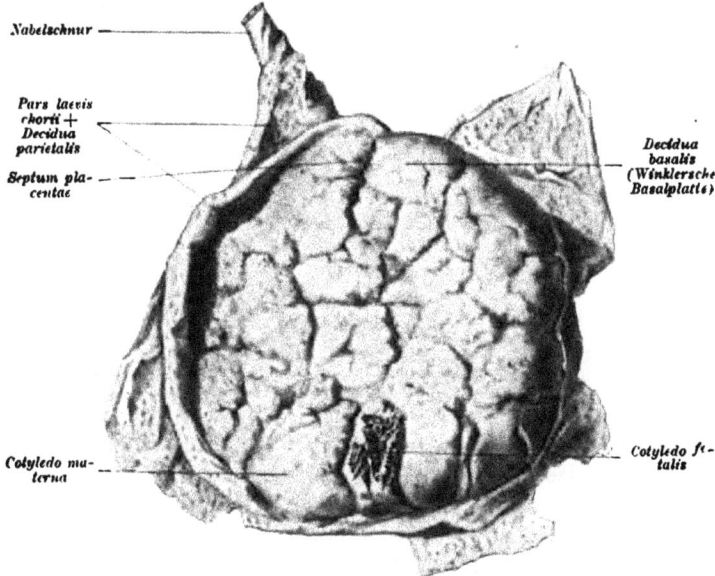

Nabelschnur

Pars laevis
chorii +
Decidua
parietalis

Septum pla-
centae

Decidua
basalis
(Winklersche
Basalplatte)

Cotyledo ma-
terna

Cotyledo fe-
talis

Fig. 203 B.
Fig. 203. Reife menschliche Placenta, etwa auf ¹/₃ verkleinert.
A von der Amnionfläche.
B von der Uterusfläche.

villösen Raum mit den zugehörigen Zottenbüscheln einer Cotyledo begrenzen. Die Placentarsepten bedingen den fächerigen Bau der Placenta materna. Jedes Fach wird durch die Membrana chorii wie durch einen Deckel verschlossen (Fig. 204). Die Kanten der Placentarsepten erreichen in der Mitte der Placenta die äußere Chorionfläche nicht. Am Rand der Placenta findet sich eine aus dem degenerierten

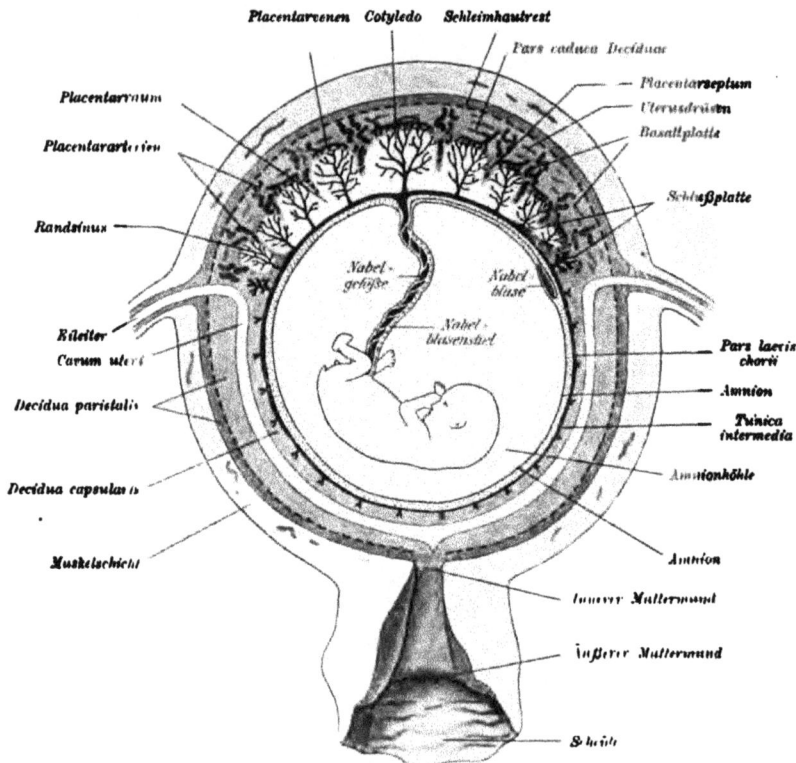

Fig. 204. Schema der Decidua- und Placentarbildung an einem frontal durchschnittenen, etwa acht Wochen schwangeren Uterus. Die Trennungslinie der Placenta und des Decidualsackes ist zwischen Pars caduca und dem Schleimhautrest punktiert.

Epithel der Chorionplatte hervorgegangene, peripher in den Epithelbelag des Pars laevis des Chorions übergehende, von atrophischen Zottenbüscheln durchbohrte Haut, die Winklersche oder subchoriale Schlußplatte. Sie ist sehr wechselnd ausgebildet und liegt zwischen dem Langhansschen Fibrinstreifen und dem Chorionbindegewebe.

In der Basalplatte und in den Septen, mitunter auch in der Spongiosa in der Nähe der Gefäße, bemerkt man vom dritten Monat ab große, vielkernige Plasmaklumpen, die nach ihrer Bedeutung noch strittigen „Riesenzellen". Ein Teil derselben stammt sicher von der Deckschicht des Trophoblasts ab, ein anderer ist wahrscheinlich mütterliches Symplasma.

Die Arterien des Uterus verlieren, nachdem sie die Spongiosa und Basalplatte passiert haben, ihre Muscularis und besitzen dann als arterielle Uteroplacentargefäße nur noch eine Wand aus Endothel. Sie verlaufen korkzieherartig gewunden in den Placentarsepten und eröffnen sich, ohne in Kapillaren überzugehen, in die intervillösen Räume (Fig. 204), aus denen die Anfänge der Uteroplacentarvenen in Gestalt siebförmiger Öffnungen das Blut abführen. Um jede Cotyledo besteht ein eigener Kreislauf.

Am Placentarrand findet sich der mit dem Placentarraum und mit den Venen der Muscularis uteri anastomosierende, oft nur streckenweise gut entwickelte Randsinus der Placenta.

Das mütterliche Blut zirkuliert also nicht nur während der ersten Entwicklung der Placenta, sondern bis zur Geburt in Räumen, welche zum großen Teil von dem Trophoblast und nur gegen die mütterliche Seite hin von Decidua oder von dem Endothel der eröffneten Arterien und Venen bekleidet sind. Selbstverständlich ist die Blutzirkulation im Placentarraum der enormen Erweiterung der Gefäßbahn wegen eine sehr verlangsamte und unregelmäßige. Wenn den fetalen Zotten in den intervillösen Räumen genügendes Ernährungsmaterial für den Embryo zur Verfügung steht, läßt der anfangs so energische Abbau des mütterlichen Gewebes allmählich nach. An Stelle der Embryonalernährung durch mütterliche Gewebe tritt im Verlaufe der Schwangerschaft mehr und mehr die Ernährung durch das mütterliche Blut der intervillösen Räume bzw. des Placentarraumes, die Ernährung durch Hämotrophe.

Das Dickenwachstum der Placenta beruht im wesentlichen auf dem Längenwachstum der Zotten unter zunehmender Entfernung der Chorionplatte von der Basalplatte infolge der Vergrößerung des Placentarraumes. Das Flächenwachstum, am stärksten im vierten Monat, geschieht im wesentlichen unter Einbeziehung oder „Aufspaltung" der Decidua marginalis.

Die Nabelschnur (Funiculus umbilicalis).

Die spiralig von links nach rechts gewundene Nabelschnur des Menschen ist etwa 12 mm dick und 50—60 cm lang. Die Ursachen der Spiraldrehungen sind nicht mit Sicherheit festgestellt. Die an der Nabelschnur mitunter auffallenden Knoten sind entweder durch besonders starkes Hervortragen der Nabelgefäße und Anhäufungen der Bindesubstanz (falsche Knoten) oder durch wirkliche Verschlingungen bedingt (wahre Knoten).

Die Nabelschnur inseriert gewöhnlich im Zentrum der Amnionfläche der Placenta (zentrale Insertion) oder ausnahmsweise am Rande

(Insertio marginalis). In seltenen Fällen kann sie auch in wechselnder Entfernung von dem Placentarrande an den Fruchthüllen selbst (Insertio velamentosa) enden und von da aus die Nabelgefäße zur Placenta entsenden.

Zwei starke, spiralig gewundene Arteriae umbilicales leiten das venöse Blut aus dem Embryo in die Placenta fetalis und in die Chorionzotten. Sie verbinden sich nahe der Placenta durch eine Queranastomose. Die dicke, muskulöse Wand der Nabelarterien besitzt große Kontraktilität und wird von bedeutendem Einfluß auf den fetalen Placentarkreislauf. Zwei Nabelvenen, deren rechte sich aber schon gegen Ende des ersten Monats zurückbildet, leiten das in der Placenta arteriell gewordene Blut zum Embryo zurück.

Der Nabelblasengang besteht am Ende der Schwangerschaft nur noch als feiner solider Faden mit den ausnahmsweise noch vorhandenen kümmerlichen Resten der Nabelblasengefäße.

Ebenso findet man die Reste des Allantoiskanals nur in Form eines soliden Epithelfadens, der endlich in reihenweise angeordnete kleine Epithelzellenklümpchen zerfällt.

Diese Bestandteile der Nabelschnur werden durch Gallertgewebe (Whartonsche Sulze) miteinander verbunden und von der Amnionscheibe umhüllt.

Die in bezug auf Sitz und Form der menschlichen Placenta nicht allzu selten vorkommenden Abweichungen werden als ins Gebiet der Geburtshilfe gehörig hier nicht erörtert.

Der im Fruchtwasser bewegliche Embryo kann durch eine Schlinge der Nabelschnur durchschlüpfen und so einen wahren Knoten schürzen. Bleibt er mit dem Halse oder mit einer Extremität in der zugezogenen Nabelstrangschlinge hängen, so kann es zu Ein- und Abschnürungen des Halses oder der Extremitäten kommen (Selbstamputation).

Verhalten der Embryonalhüllen während und nach der Geburt.

Am Ende der Gravidität wird die Funktion der Placenta durch Schwund der Grund- und Deckschicht, Degeneration der Zotten und Fibrionidentartung immer unzureichender. Sie wirkt jetzt wie eine Art Fremdkörper auf den Uterus. Es treten mit Schmerzen verbundene krampfhafte Uteruskontraktionen, die Wehen, auf, welche die mit Fruchtwasser gefüllte Fruchtblase durch den Muttermund hervorpressen und schließlich sprengen. Nun fließt infolge des „Blasensprunges" das Fruchtwasser durch die Geburtswege, welche es benetzt und schlüpfrig macht, ab. Durch Verstärkung der Wehen wird die Frucht durch den Riß in der Fruchtblase und durch die Scheide ausgestoßen, während die Placenta und die Embryonalanhänge noch einige Zeit in der Uterushöhle zurückbleiben. Nach der Geburt wird die Nabelschnur beim Menschen in einiger Entfernung von dem Hautnabel unterbunden und peripher von der Unterbindungsstelle durchtrennt. Unter fortgesetzten

Wehen werden endlich die Fruchtanhänge und die Placenta im Bereiche der Trennungslinie von dem Schleimhautrest abgelöst und ebenfalls durch die Scheide entleert.

Die Embryonal- oder Fruchthüllen (Chorion, Amnion sowie Decidua parietalis und basalis) mit der Placenta uterina und fetalis werden zusammen als Nachgeburt, Secundinae, bezeichnet.

Ausnahmsweise sprengen die Wehen die Fruchtblase nicht, sondern stoßen sie in toto mit Kind und Placenta aus („Glückshaube" der Hebammen). Die Fruchtblase und ihre Decidualhülle müssen dann, zur Entnahme der Frucht, nachträglich eröffnet werden.

Eine mehr oder weniger bedeutende Blutung begleitet die Lösung der Decidua sowie die Ausstoßung der Nachgeburt. Die ganze Uterusschleimhaut bildet nun eine große Wundfläche, von welcher noch mehrere Tage nach der Geburt Reste abgehen. Der Ersatz der im Bereiche dieser Wundfläche abgestoßenen Gewebe geschieht durch das Bindegewebe der Uterusschleimhaut und durch die Epithelien der zurückbleibenden blinden Drüsenenden.

Die während der Gravidität teils durch Vermehrung, teils durch Vergrößerung der Muskelfasern auf etwa das Vierundzwanzigfache herangewachsene Uterusmuskulatur bildet sich durch Verkleinerung und teilweise Auflösung von Muskelzellen wieder zurück.

Bei den Tieren zerreißt die Nabelschnur bei der Geburt infolge der Schwere der Frucht (zum Beispiel beim Rinde und Pferde), oder sie wird von der Mutter durchbissen. Fleischfresser- und Nagermütter fressen die Nachgeburt. Bei dem Maulwurfe und bei den choriaten Beuteltieren wird die im Uterus zurückbleibende Placenta (Uteri retinentes im Gegensatze zu den übrigen Uteri ejicientes) resorbiert.

E. Die Entwicklung der Organe und Systeme.

Die meisten fertigen Organe bestehen nicht nur aus den Abkömmlingen eines Keimblattes allein, sondern aus Geweben, die von zwei oder von allen drei Keimblättern geliefert werden.

Die übliche Einteilung der Organe und Systeme nach Keimblättern berücksichtigt aber nur jenes Keimblatt, welches das für ein Organ funktionell und formell eigentümliche Hauptgewebe liefert, nicht aber die bei nahezu allen Organen vorhandenen, aus bindegewebigen Hüllen, aus Gefäßen und Nerven bestehenden Nebengewebe.

So beteiligt sich beispielsweise an dem Aufbau der Haut das von dem äußeren Keimblatt gelieferte Epidermisblatt, welches die Epithelien der Epidermis und ihrer charakteristischen Anhangsbildungen sowie der Hautdrüsen und der Sinnesorgane liefert, während das mesoblastische

Cutisblatt bei der Leistung der Haut als Schutz-, Absonderungs- und Sinnesorgan an Bedeutung zurücktritt. Man wird also die Entwicklung der Haut, ihrer Sinnes- und Absonderungsorgane unter den Abkömmlingen des äußeren Keimblattes und nicht unter denen des mittleren erörtern müssen. Ebenso wird das Nervensystem den aus dem Ektoblast entstehenden Systemen zugeteilt, obgleich es durch mesoblastische, gefäßhaltige Bindesubstanz umscheidet, gestützt und ernährt wird. Das eigentümliche Gewebe der Skeletmuskulatur ist die quergestreifte Muskelfaser. Sie entstammt den mesoblastischen Myomeren. Der Muskel wird aus diesem Grunde bei den Organen des Mittelblattes zu besprechen sein, nicht aber deswegen, weil an seiner Umhüllung und Ernährung auch Bindegewebe und Blutgefäße, die ebenfalls dem Mesoblast entstammen, teilnehmen.

I. Organe und Systeme des Ektoblasts.

1. Die Entwicklung der Haut und ihrer Anhänge.

Zur Bildung der allgemeinen Decke oder der Haut, des Integumentum commune, verbinden sich das ektoblastische Epidermisblatt und das dem parietalen Mesoblast entstammende Cutisblatt der Urwirbel und der Seitenplatten. Das Epidermisblatt liefert die Epithelschicht der Haut, also die Epidermis mit allen ihren Anhangsbildungen (Schuppen, Federn, Haaren, Stacheln, Krallen, Hufen, Klauen, Nägeln und nach der Geburt auch den Scheiden der Hornzapfen) sowie die Epithelien der verschiedenen Hautdrüsen und die Neuroepithelien, die wesentlichsten Bestandteile der Sinnesorgane.

a) Die Lederhaut, Cutis.

Die Cutisplatte der Urwirbel bildet sich aus dem sekundären Mesenchym in die fibrilläre Lederhaut oder in die Cutis um. Ihre erste Anlage zeigt vorübergehend durch zwischen zwei Urwirbeln sich einsenkende quere Epidermisleisten Andeutungen eines metameren Baues, Dermatome ($\delta\acute{\epsilon}\varrho\mu\alpha$ = Haut, $\tau o\mu\acute{o}\varsigma$ = Abschnitt). Jedes Dermatom enthält mindestens einen segmentalen, dorsalen Spinalnervenast. Die gefäß- und nervenreiche Cutis übernimmt die Ernährung und Innervation der Epidermis, der Hautdrüsen und der Anhangsbildungen der Haut.

In der Lederhaut entsteht glatte Muskulatur (Haarbalg-Drüsenmuskeln, Tunica dartos des Hodensackes, die glatten Muskeln der großen Schamlippen, die Muskulatur der Brustwarzen, der Zitzen und des Dammes). Die in der Haut der Lippen und des Rückens ausstrahlenden willkürlichen Muskeln entstammen Myotomen und wachsen nachträglich in die Cutis ein. Erst im sechsten Monat scheidet sich bei menschlichen Embryonen die bindegewebige Cutisanlage in die eigentliche Lederhaut und in das die fetalen Fettläppchen enthaltende Unterhautbindegewebe. Die Cutispapillen treten auf den Cutisleistchen nach dem sechsten Monat auf. Das Hauptpigment liegt zum Teil in den Bindegewebszellen der Cutis, zum Teil in Epidermiszellen. In diesen wird es entweder selbständig gebildet oder ihnen durch pigmentierte Wanderzellen der Cutis zugeführt.

Durch Einstülpung tritt die Haut in innige Beziehungen zu den angrenzenden Schleimhautsystemen, die sie in Gestalt cutaner Schleimhäute ergänzt (Mundhöhle, After, Urogenitalspalte, Nasenlöcher, Lidspalte usw.).

b) Die Epidermis.

Das ursprünglich einschichtige Epidermisblatt schichtet sich sehr bald in zwei auf einer strukturlosen Membran, der Membrana limitans prima, aufsitzende Zellagen: in die Grund- und Deckschicht der Epidermis, oder in das Stratum basale und das Periderm (Fig. 205). Die Epidermis der Amphibienlarven entspricht der „Schleimhaut" auf der Außenfläche der Cyclostomen und Fische. Schon in der definitiven Epidermis der Amphibien findet man an Stelle der Verschleimung durch das Luftleben bedingte Verhornung der Epidermiszellen, die bei den Amnioten sich steigert und unter Umbildung des Exoplasmas das Absterben verhornender Zellen bedingt.

Die Membrana limitans prima (Fig. 70 C) tritt schon sehr früh am Embryonalknoten oder bei Embryonen mit noch wenigen Urwirbeln (Schaf, Hund, Kaninchen) in Gestalt eines strukturlosen, sehr feinen Häutchens auf. Da zu dieser Zeit der Mesoblast noch gänzlich fehlt oder nur aus vereinzelten polymorphen Zellen besteht und den Bau eines ganz lockeren Mesenchyms zeigt, ist die Limitans prima als eine vom Epidermisblatt gelieferte Basalhaut zu betrachten. Sie ist die Vorläuferin der Innenschicht sämtlicher zwischen ektoblastischen Organen und dem Bindegewebe nachträglich auftretender Grenzhäute (Glashaut der Haardrüsen, Haarbälge, Basalhaut der Chorionzotten, Intima piae, der Linse usw.). Erst nachträglich wird an ihrer Cutisfläche eine aus den verfilzten Ausläufern der Mesenchymzellen gebildete bindegewebige Grenzhaut, die Membrana terminans, gebildet.

Das Epidermisblatt schichtet sich sehr bald weiter, und man kann dann eine zuerst aus flachen, später aus Prismenzellen bestehende Basalschicht und eine aus unregelmäßigen Zellen zusammengesetzte Intermediärschicht sowie die ihr aufliegenden großen, flachen Deckzellen unterscheiden. Später tritt in der mehrfach geschichteten Epidermis ein einschichtiges, durch Keratohyalinkörner ausgezeichnetes Stratum granulosum und über diesem das eleidinhaltige Stratum

l u c i d u m auf. Beim Neugeborenen findet sich ersteres in der ganzen
oberflächlich schon v e r h o r n t e n Epidermis mit Ausnahme des roten
Lippensaumes.

Bei allen Amnioten überzieht die Deckschicht die Anlagen der
Haare, Federn, Nägel. Krallen, Hufe, Schnäbel und Hörner. Da nun
die Haaranlagen die Deckschicht durchbrechen oder abheben, nannte
man die ganze über ihnen gelegene Deckschicht früher E p i t r i c h i u m
($\dot{\epsilon}\pi\iota$ = auf, $\vartheta\varrho\iota\xi$ = Haar), auf den Nägeln, Hufen usw. E p o n y c h i u m
($\dot{\epsilon}\pi\iota$ = auf, $\ddot{o}\nu\nu\xi$ = Kralle, Nagel) und auf den Hörnern E p i k e r a s
($\varkappa\dot{\epsilon}\varrho\alpha\varsigma$ = Horn).

Aber eine solche Schicht kommt auch über den Reptilienschuppen
und bei Anamnien vor und wird bei der ersten Häutung abgestoßen.
Man spricht deshalb besser mit einem allgemein gültigen Namen von
einem P e r i d e r m ($\pi\epsilon\varrho\iota$ = um, herum, $\delta\dot{\epsilon}\varrho\mu\alpha$ = Haut [Fig. 205, 206]).

Sehr deutlich ist das durch die angrenzenden großen Epidermiszellen verdickte Periderm, z. B. bei den Embryonen der Faultiere und Ameisenfresser, bei
welchen es eine großzellige Umhüllung des ganzen Körpers bildet, die erst bei
der Geburt zerreißt. Beim Schweinefetus wird es in großen Fetzen abgestoßen.

Die Zellen des Periderms und der oberflächlichen Epidermislagen
sterben bei dem Menschen im zweiten Schwangerschaftsmonat unter
beträchtlicher Größenzunahme ab und werden nun beständig abgestoßen
und dem Fruchtwasser beigemischt (intrauterine Häutung). Vom fünften
Monat ab bilden die abgestoßenen Peridermzellen mit dem Sekret
der inzwischen ausgebildeten Talgdrüsen die F r u c h t s c h m i e r e oder
den K ä s e f i r n i s , V e r n i x   c a s e o s a . Sie bedeckt im sechsten Monat
als schmierige, weißgelbliche Masse die ganze Oberfläche des Embryos
und häuft sich in allen Hautfalten an der Beugeseite der Gelenke, am
Halse und an den Geschlechtsorganen an. Die Fruchtschmiere besteht
aus verhornten Epidermiszellen, Talgdrüsenzellen, kleinen Fettröpfchen
und beigemischten Wollhaaren.

c) Die Anhänge der Epidermis.

Die E p i d e r m i s s c h u p p e n ,   F e d e r n ,   S t a c h e l n ,   H a a r e
legen sich in prinzipiell gleicher Weise in Form einer verdickten
Epidermisplatte auf einer Cutisverdichtung an. Diese Anlagen treten
in ganz bestimmter Reihenfolge und Anordnung auf und führen während
der weiteren Entwicklung zur Bildung charakteristischer Schuppen-
reihen, Federfluren und Haarströme. Im wesentlichen handelt es sich
bei allen diesen Organen um s u p r a p a p i l l a r e   E p i d e r m i s -
b i l d u n g e n . Auf Cutispapillen von Zungen- oder Plattenform
(Schuppenpapille) oder auf einer gerieften, im Querschnitt sternförmigen
Papille (Feder- oder Stachelpapille) oder auf einer zwiebelförmigen
Papille (Haarpapille) entwickeln sich verschieden gestaltete derbere
oder zartere, aber stets verhornte Epidermisüberzüge von sehr wech-

selnden Formen. Bei den Schuppen bleibt die Papille in ihrer oberflächlichen Lage. Die Feder- und noch mehr die Haarpapille wird von der verdickten Haut überwachsen und so in deren Tiefe verlagert.

Die Entwicklung der Haare.

Als Haarbezirk bezeichnet man 1. das Haar mit seinen Hüllen, 2. die zu einem Haare gehörigen Talg- und Knäueldrüsen, und 3. die beim Menschen nachgewiesene Haarscheibe, 4. die zum Haar und zu der Haarscheibe gehörigen Muskeln und Nerven.

Beim Embryo des Menschen finden sich gegen Ende des zweiten Monats zuerst in der Gegend der Augenbrauen, der Stirne sowie an der Oberlippe und dem Kinn, im Anfang des viertes Monats auch am übrigen Körper die ersten Haaranlagen. Höhere und dichter gestellte Zellen der Grundschicht verlängern sich und bilden durch meilerförmige Stellung und konkave Einbuchtung des Coriums den Haarkeim (Fig. 205), unter welchem eine flache Zellanhäufung der Cutis als erste Anlage des bindegewebigen Haarbalges und seiner Papille erscheint. Aus der Epidermisverdickung entsteht in der Folge das Haar und seine epithelialen Scheiden. Der Haarkeim senkt sich als zylindrischer Haarzapfen schief in die Cutis ein (Fig. 206). Sein abgestumpftes und verdicktes Ende wird durch die inzwischen entstandene, noch gefäßlose Papillenanlage nach Art eines Flaschenbodens eingestülpt. In diesem Stadium spricht man von einem Bulbuszapfen. Gleichzeitig ordnen sich die Zellen des Stratum basale senkrecht auf die Limitans prima und die Haarbalganlage und bilden die äußere Wurzelscheide. Sie überziehen außerdem die Papille kappenartig als die Keimschicht des primitiven Haarkegels (Fig. 207). Dieser sondert sich erstens in die Zellen des Haares und seiner Epidermicula, zweitens in die innere Wurzelscheide mit Henlescher und Huxleyscher Schicht und deren Epidermicula. All das vollzieht sich unter beständigem Längenwachstum des primitiven Haarkegels, durch Zellzuwachs vom Keimlager her.

Die innere Wurzelscheide verhornt zuerst und von ihrer Spitze her, überschreitet die Talgdrüsenanlage und durchbohrt schließlich die Epidermis (Fig. 208). Vor dem Durchbruch durch die Epidermis (beim Menschen Ende des fünften Schwangerschaftsmonats) können die Haare schlingenförmige Umbiegungen oder Aufrollungen zeigen. Die axialen Zellen des Haares bilden sich unter Luftaufnahme in Markzellen um. Die nachträglich vom Haare an ihrer Spitze durchwachsene innere Wurzelscheide zerfällt in ihrem oberen Teil. Sie reicht dann nur mehr bis in die Region der Haarbalgdrüsen. Die Pigmentierung des Haares erfolgt nach meinen Erfahrungen durch Pigmentabgabe von Wanderzellen an die Zellen des Haares.

16 *

Die äußere Wurzelscheide geht nach der Hautoberfläche zu in die
Keimschicht der Epidermis über. An der späteren Ansatzstelle des
Haarbalgdrüsenmuskels entsteht schon früh in der Cutis eine unscheinbare Zellanhäufung, die sich in den Haarbalgdrüsenmuskel umwandelt. Eine am Ende des vierten Monats (Mensch) über ihr entstehende Ausbuchtung der äußeren Wurzelscheide, deren zentrale Zellen

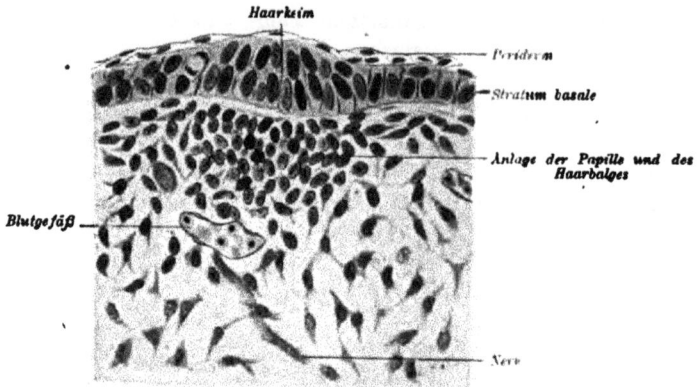

Fig. 205. Senkrechter Schnitt durch den eben in Anlage begriffenen Haarkeim eines Fühlhaares von
einem Kaninchenembryo. Vergr. 300 : 1.

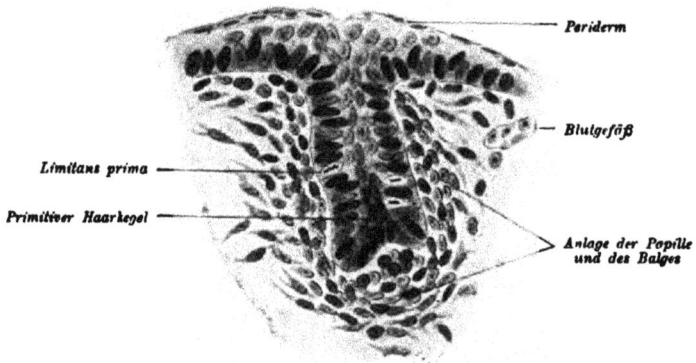

Fig. 206. Primitiver Haarkegel von demselben Embryo wie Fig. 205. Vergr. 300 : 1.

sich vergrößern und sehr bald Fett enthalten, wird zu den Haarbalgdrüsen. Eine zweite, unter dem Ansatz des Haarbalgdrüsenmuskels
auffallende Verdickung der äußeren Wurzelscheide, der „Wulst", dient
in der Folge dem ausfallenden Haar als „Haarbeet" noch einige Zeit
zur Befestigung (Fig. 208).

Die Glashaut des Balges besteht aus einer inneren, von den
Basalzellen der äußeren Wurzelscheide gelieferten Basalhaut und einer

äußeren Bindegewebsschicht. Die Bindegewebszellen des **H a a r b a l g e s** sondern sich in der Folge in eine äußere longitudinale und eine innere Schicht. Die Haarpapille erhält sehr früh Blutgefäße.

Der ganze Körper älterer Embryonen trägt einen aus hellen oder nur schwach pigmentierten, marklosen Härchen bestehenden Pelz, das **W o l l h a a r k l e i d** (**L a n u g o** oder das **p r i m ä r e H a a r k l e i d**, welches dem primären Haarkleid der Säugetiere homolog ist. Ein Teil der noch während des Embryonallebens ausgefallenen Lanugo wird mit der Amnionflüssigkeit vom Embryo verschluckt und bildet einen Teil der im Darme der Neugeborenen vorhandenen Kotmassen, des **M e c o n i u m s** (μηκόνιον = erster Kot der Neugeborenen). Gegen Ende der Embryonalzeit wird das Primärhaarkleid ganz oder teilweise gewechselt und durch das **s e k u n d ä r e H a a r k l e i d** ersetzt, das im Gegensatze zu dem aus gleichartigen Haaren bestehenden Primärhaarkleid nun erst Kopf- und Körperhaare unterscheiden läßt. Reste des Primärhaarkleides gemischt mit Sekundär- und Tertiär-

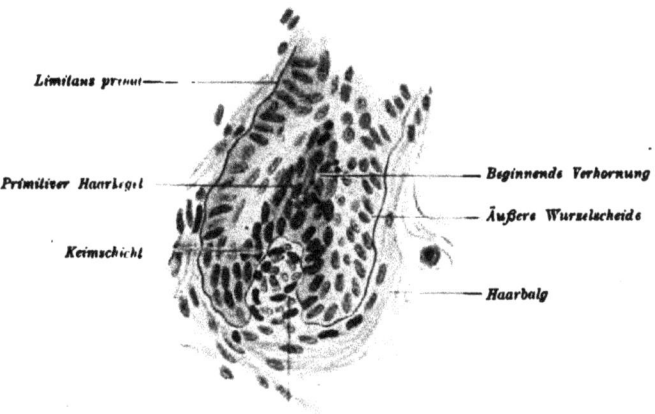

Limitans prima

Primitiver Haarkegel

Keimschicht

Beginnende Verhornung

Äußere Wurzelscheide

Haarbalg

Pupille

Fig. 207. Senkrechter Schnitt durch das untere Ende einer Wollhaaranlage vom Rücken eines fünfmonatigen menschlichen Fetus mit beginnender Verhornung an der Spitze des Haarkegels. Nach **S t ö h r.** Vergr. 400 : 1.

haaren bestehen bei dem Menschen zeitlebens. Die Zahl der aufeinanderfolgenden „Härungen" ist nicht festgestellt. Um die Pubertätszeit treten die für den Menschen charakteristischen dichten und derben Scham-, Achsel- und Barthaare als **P u b e r t ä t s h a a r e** auf.

Bei den Säugetieren legen sich an Kinn, Wangen, Lippen und Augenbrauen (oder auch noch an manchen anderen Körperstellen) die dem Menschen fehlenden **S p ü r -** oder **S i n u s h a a r e** sehr früh in prinzipiell gleicher Weise wie die sinuslosen Haare an. Die Sinushaare weichen von der Entwicklung der gewöhnlichen Haare nur durch die Ausbildung eines Blutsinus und kavernösen Körpers in ihrem Balge ab. Man sieht ihre ersten Anlagen als weiße Höckerchen.

Der **H a a r w e c h s e l** wird durch herabgesetzte Ernährung des Haares und seine Ablösung vom Keimlager eingeleitet. Dabei fasert sich die Haarzwiebel besenartig auf und löst sich vom Keimlager

(„Kolbenhaare" im Gegensatz zu den „Zwiebelhaaren"). Das ab -
gestorbene Haar wird nach der Haarbalgmündung zu verschoben und
endlich durch das nachwachsende Haar oder durch mechanische Insulte
aus dem Haarbalg entfernt.

Ob sich das Ersatzhaar auf der alten oder nach deren Schwund
auf einer neuen Papille bildet, ist eine immer noch nicht einheitlich
beantwortete Frage. Nicht nur intrauterin, sondern auch nach der

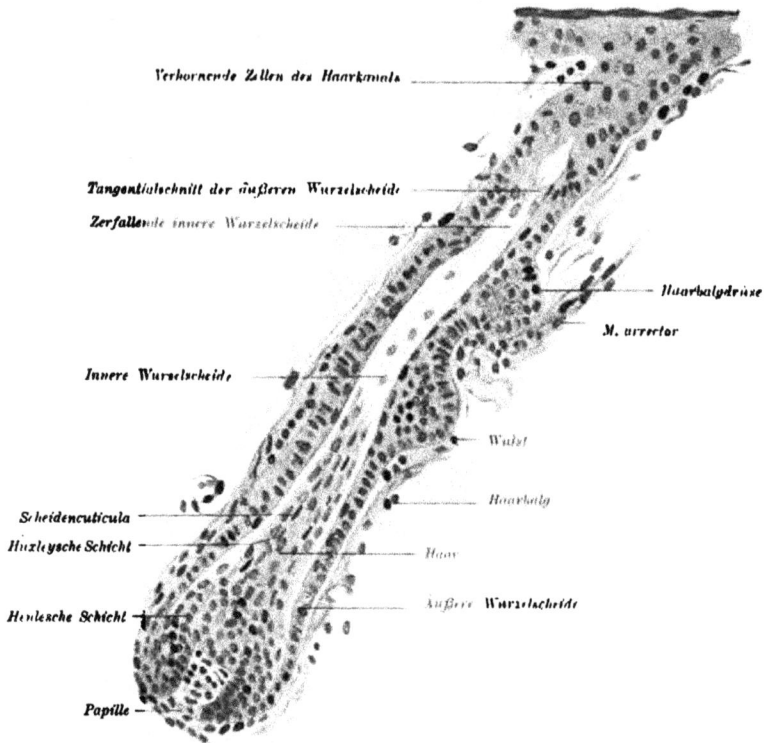

Verhornende Zellen des Haarkanals

Tangentialschnitt der äußeren Wurzelscheide

Zerfallende innere Wurzelscheide

Haarbalgdrüse

M. arrector

Innere Wurzelscheide

Wulst

Haarbalg

Scheidencuticula

Huxleysche Schicht

Haar

Henlesche Schicht

Äußere Wurzelscheide

Papille

Fig. 208. Senkrechter Schnitt durch eine Wollhaaranlage in der Stirnhaut eines fünfmonatigen
menschlichen Embryos (Scheidenhaar), nach Stöhr. Vergr. 230:1.

Geburt entwickeln sich bei Mensch und Säugetier entweder direkt aus
der Basalschicht der Epidermis oder bei manchen Tieren auch von der
äußeren Wurzelscheide eines schon vorhandenen Haares von dem
„Wulst" (Fig. 208) unterhalb der Haarbalgdrüsenanlage her neue
Haarkeime.

Vielfach entstehen bei dem Menschen und den Haartieren besondere Haar-
gruppen, indem sich um das zuerst angelegte, stärkste Haar weitere anlegen.

Diese bei den Säugetieren sehr auffällige Gruppenstellung der Haare verwischt
sich beim Menschen, ist aber auch bei ihm zum Beispiel bei Anlage der Nacken-

haare unverkennbar. Kein Säugetier und kein Mensch sind normalerweise vollkommen haarlos. Sogar die Embryonen im erwachsenen Zustande haarloser Tiere, zum Beispiel der Wale, bilden, nach dem Gesetze der Vererbung, ein wechselnd entwickeltes primäres Haarkleid aus, das sie aber noch in utero abwerfen und nicht ersetzen. Die fertigen Wale besitzen nur Spürhaare. Die Anlage der Haare kann verzögert sein, in seltenen Fällen ganz unterbleiben (Atrichie, α privativum, ϑρίξ = Haar) oder abnorm schwach sein (Hypotrichose, ὑπό = unter, zu wenig, ϑρίξ = Haar). Es kann aber auch beim Menschen in Ausnahmefällen das Primärhaarkleid nicht gewechselt werden und weiterwachsend einen hellen seidenweichen Pelz bilden (Hunde- oder Haarmenschen). Ich habe diese Hemmungsbildung als Hypotrichosis lanuginosa oder Pseudohypertrichose (ψεῦδος = falsch, unecht) im Gegensatz zur echten Hypertrichose bezeichnet, bei der abnorm starke und massenhafte Haare nach Ausfall der Lanugo entweder den ganzen Körper (universelle Hypertrichose) oder nur an einzelnen Körperstellen bedecken (partielle Hypertrichose).

Stammesgeschichtlich werden Federn und Haare meist aus Hautschuppen der Reptilien, die sich unter Formveränderung bei gleichzeitiger reichlicher Innervation in Schutz-, Hautperspirations- und feinere Fühlorgane umgewandelt haben, abgeleitet. Möglicherweise haben sich aber Schuppen, Federn und Haare als von einander unabhängige Bildungen aus Cutispapillen und der ihnen aufsitzenden Epidermis entwickelt.

Wie die Federn in „Federfluren", so sind auch die Haare in „Haarströmen" und „Haarwirbeln" gesetzmäßig, zum Teil in topographischer Abhängigkeit der noch bei den Säugetieren an den Beinen und dem Schwanze vorhandenen Schuppen (Biber, Ratten usw.) angeordnet, und zwar sind sie auf Schuppen entwickelt zu denken, die mit weiterer Entwicklung der Haare einer Rückbildung unterlagen, während sich bei den Vögeln die ganze Schuppe in eine Feder umwandelte. Maßgebend für die Richtung der Haarströme sind wahrscheinlich die Wachstumsrichtungen der Haut. An Stellen des geringsten Hautwachstums gelegene Zentren bilden durch divergente Haarstellung die Scheitel-, Ohr-, Augen-, Achselhöhlen- und Leistenwirbel. Starke Hautspannung führt zur Bildung der konvergenten Nabel-, Steiß- und Nasenwurzelwirbel. Bei allen Haartieren besteht noch die aus verdicktem Epithel auf einer flachen Papille sitzende nervenreiche Haarscheibe und ihr gegenüber im stumpfen Winkel zwischen Haut und Haar auch noch eine beim Menschen deutliche abortive Schuppenanlage.

Die Entwicklung der Hautdrüsen.

Die ersten Anlagen der Haarbalg- oder Talgdrüsen entstehen an den Haaranlagen als kleine Verdickungen der äußeren Wurzelscheide, treiben sekundäre Knospen und bilden sich unter gleichzeitiger Verfettung ihrer zentralen Zellen zu zusammengesetzt-alveolären Drüsen um. Nur an wenigen Körperstellen (zum Beispiel Vorhaut, roter Lippensaum, innere Fläche der Mundwinkel) entstehen Talgdrüsen unabhängig von Haaranlagen, direkt aus der Epidermis; waren aber auch an diesen Stellen ursprünglich an allmählich rückgebildete Haare geknüpft. Man hat Beispiele, daß sich Talgdrüsen nach Rückbildung einer Haaranlage oder nach Ausfall des Haares als selbständige Gebilde erhalten.

Die Knäuel- oder Schweißdrüsen legen sich Ende des vierten Monats als solide keulenförmige, in die Cutis oder bis in die Subcutis

einwachsende, sich schlängelnde und an dem blinden Ende nachträglich sich aufknäuelnde Epithelsprossen zuerst an den Finger- und Zehen-
spitzen, an Handflächen und Fußsohlen an (siehe Fig. 216). Im sechsten
Monat entstehen durch Auseinanderweichen der axialen Drüsenzellen
und der Epidermiszellen die Lichtungen und Mündungen der Drüsen,
die Schweißporen. Die glatte, innerhalb der Basalhaut der Drüsen
gelegene eigene Muskulatur der Schweißdrüsen ist epidermidalen
Ursprungs. Sie wird durch Umbildung der nach außen von den Drüsenzellen gelegenen Epithelien geliefert. Die auf der Außenseite des
Knäuels jenseits der Basalhaut gelegenen glatten Muskelfasern entstammen dagegen der Anlage des Haarbalgdrüsenmuskels und sind
mesoblastischer Herkunft.

Die Knäueldrüsen entwickeln sich bei den Säugetieren meist aus dem Halse
einer Haaranlage und trennen sich erst nachträglich mit eigener Mündung von der
äußeren Wurzelscheide. Die Knäueldrüsen der
Achselhöhle erreichen ihre volle Entwicklung
erst mit der Ausbildung der Achselhaare beim
Eintritt der Pubertät.

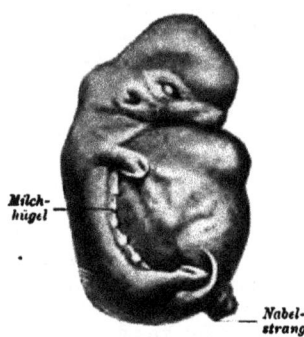

Milch-
hügel

Nabel-
strang

Fig. 209. In Milchhügel zerfallende
Milchleiste eines Schweineembryos von
1,5 cm Länge. Vergr. etwa 3:1.

Die erste Andeutung der Anlage der
Milchdrüsen der placentalen Säuger
geht aus dem Milchstreifen, d. h. einer
Epithelverdickung, hervor, welche dorsal
bis zur Stammzone, ventral bis in die
Mitte der Parietalzone reicht und sich
kranial und kaudal in den Epithelüberzug
der noch höckerförmigen Gliedmaßenanlage
verfolgen läßt.

Im Gebiete des bald undeutlich werdenden und in seiner Bedeutung noch wenig
klaren Milchstreifens erscheint dann sehr
bald die schmale, aber deutlichere Milchlinie als eine bei voller
Entwicklung beiderseits von der Achselhöhle bis in die Inguinalgegend
(zum Beispiel beim Schwein, dem Fleischfresser, ausnahmsweise auch
bei dem Menschen) reichende lineare Epithelverdickung, die sich als
Milchleiste immer deutlicher modelliert und das unter ihr gelegene
Mesenchym rinnenartig einbuchtet (Fig. 210).

Durch linsen- oder halbkugelförmige, bilateral symmetrische Epi-
dermisverdickungen, die Milchhügel, erhält die Milchleiste bei
Embryonen mit sich gliedernden Extremitätenanlagen ein rosenkranz-
förmiges Aussehen (Fig. 209). Nach Schwund der Zwischenstrecken
bleiben die Milchhügel allein übrig und werden mehr und mehr ventralwärts verschoben.

Die kolbenförmig in das Mesenchym hineinwuchernden Milchhügel
bilden unter Verhornung ihrer oberflächlichen Zellen eine kleine napf-
förmige Vertiefung, die Anlage einer Zitzentasche. Sie wird von

einer zellenreichen Cutiswucherung, der Warzen- oder Areolarzone, welche sich peripher durch einen mitunter deutlich erhöhten
Rand, den Cutiswall, absetzt, umfaßt (Fig. 213 u. 214).

Die Anlage der Milchdrüsen erfolgt verhältnismäßig spät durch
Epithelwucherungen vom Boden der Zitzentasche aus und ist ursprünglich an die aus der Basalschicht der Zitzentasche hervorsprossenden

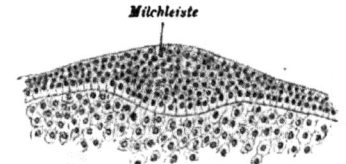

Fig. 210. Querschnitt durch die Milchleiste eines 1 cm langen Schweineembryos.

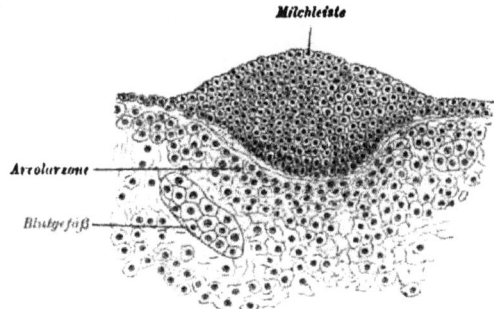

Fig. 211. Querschnitt durch einen Milchhügel eines 1,5 cm langen Schweineembryos.

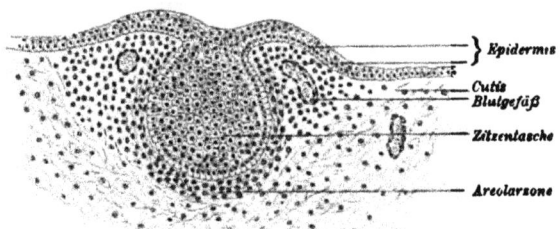

Fig. 212. Querschnitt durch die Zitzentaschenanlage eines 6,5 cm langen Schweineembryos.
Nach Profé. Vergr. etwa 200:1.

Haaranlagen mit Talg- und Knäueldrüsen gebunden oder entsteht selbständig als die Milchsprosse. Diese verzweigen sich und
bilden je eine tubulöse Milchdrüse mit ihrem Ausführungsgang
(Fig. 214). Die Milchsprosse erhalten eine axiale Höhlung und werden
dadurch zu den Milchgängen, die wie alle größeren Knäueldrüsen
der Haut eine epitheliale Muskulatur entwickeln.

Die Milchgänge münden am Boden der Zitzentasche entweder gesondert auf dem Drüsenfeld oder, wie zum Beispiel beim Rinde,
durch einen einzigen Ausführungsgang, dem Strichkanal. Die
Pferdezitze enthält zwei Strichkanäle, welche zwei Milchdrüsengruppen
entsprechen.

In einiger Entfernung von ihrer Mündung können sich die Milchgänge (zum Beispiel beim Menschen und bei Wiederkäuern) zu spindelförmigen Auftreibungen, den Milchsinus, erweitern (Fig. 215 *B*).

Die Haar- und Talgrüsenanlagen im Bereiche des Drüsenfeldes
bilden sich später wieder zurück. An der ausgebildeten Brustwarze
des Menschen findet man nur die Milchgänge und die mit deren
Mündungen verbundenen Talgdrüsen, aber keine Haare mehr.

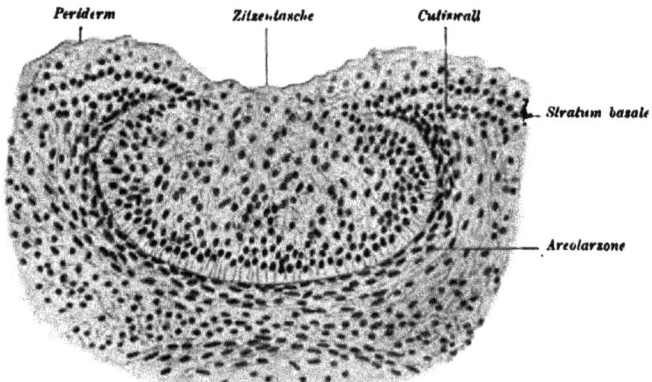

Fig. 213. Schnitt durch die Zitzentaschenanlage von einem 16 cm langen menschlichen Embryo.
Vergr. etwa 200:1.

Die Bildung der Zitzen oder Milchpapillen erfolgt auf verschiedene Weise. Entweder erhebt sich das Drüsenfeld mitsamt dem
Cutiswall und der benachbarten Haut und wächst zu einer kegelförmigen
Zitze aus, auf deren Spitze das Drüsenfeld liegt; Proliferationszitze der Wiederkäuer (Fig. 215 *A*). Oder aber der Boden der Zitzentasche stülpt sich, zum Beispiel bei den Raubtieren, allmählich nach
außen um und bildet den größten Teil der Zitze, während der Cutiswall
nur in der Zitzenbasis aufgeht: Eversionszitze. Zwischen Eversions-
nnd Proliferationszitze bestehen zahlreiche Übergänge. So bleibt zum
Beispiel beim Menschen und bei dem Affen der Cutiswall flach und
wird unter Ausbildung von glatter Muskulatur, Haaren und Talgdrüsen
zum Warzenhof oder zu der Areola mammae, während der Boden
der Zitzentasche mit dem Drüsenfeld über die Fläche der Areola
emporwächst und die Milchwarze oder Mammilla einer Eversionszitze bildet (Fig. 215 *B*). Übergänge von Eversions- zu Proliferations-

zitzen finden sich häufig in der Ontogenie eines und desselben Individuums, aber auch in einer und derselben Gattung, Familie und Art.

Die Warzenhofdrüsen (gl. areolares) bestehen aus Talg- und Schlauchdrüsen; sie treten ebenfalls im Anschluß an mehr oder minder sich rückbildende Haaranlagen auf. Die Knäueldrüsen können während des Säugens teilweise Milch absondern.

Durch Bildung von Fettgewebe um die Milchdrüsen runden sich die Brüste und Euter und erlangen durch Bildung von Drüsenbläschen und Vergrößerung der Drüsenschläuche während der Schwangerschaft und während des Säugens ihre volle Entwicklung.

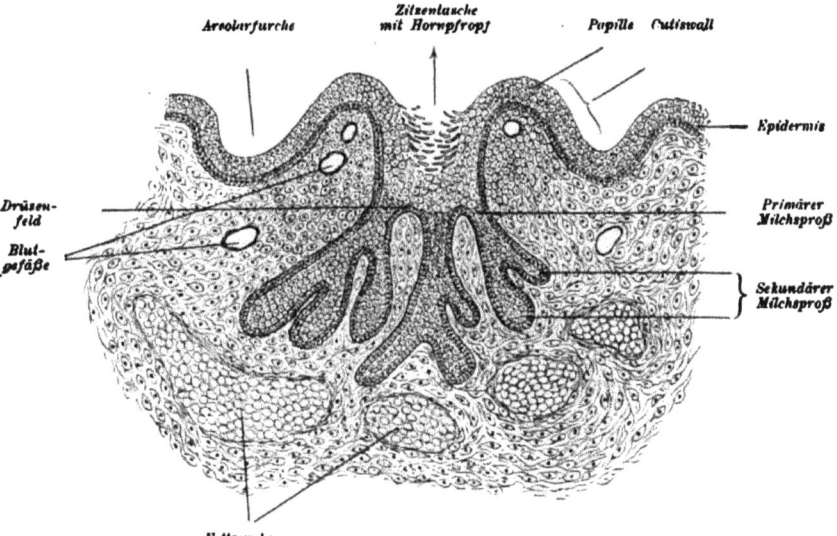

Fig. 214. Senkrechter Schnitt durch die Milchdrüsenanlage eines menschlichen Embryos vom Ende des vierten Monates. Halbschematisch. Vergr. etwa 45 : 1.

Milchdrüsen und Knäueldrüsen der Haut sind aus einer tubulösen Drüsenform durch divergente Entwicklung hervorgegangen.

Schon bei dem eierlegenden Schnabeltier besteht in der Bauchgegend ein ganz rudimentärer Säugeapparat in Form eines Drüsenfeldes, in welchem eine ganze Gruppe von schlauchförmigen Drüsen ausmündet. Das noch kaum als „Milch" zu bezeichnende fetthaltige Sekret dieser Drüsen dient zur Ernährung der Jungen.

Die Beuteltiere zeigen weiter vorgeschrittene Verhältnisse, nämlich innerhalb des Beutels gelegene Drüsen- und Zitzengruppen.

Die bilateral symmetrische Anlage ganzer Milchdrüsenreihen bei den placentalen Säugetieren erklärt sich aus dem Vorhandensein einer wohlausgebildeten Milchlinie (zum Beispiel Raubtiere, Schweine, manche Nager), während zu Eutern zusammengeschobene Milchdrüsengruppen (zum Beispiel Wiederkäuer, Pferde) oder nur paarig vorhandene Milchdrüsen (zum Beispiel Affen, Mensch) auf eine nur streckenweise angelegte Milchlinie zurückzuführen sind.

Embryonen von Placentaliern zeigen bei beiden Geschlechtern vielfach **mehr** Milchhügel, als sich später zur typischen Zahl entwickeln. Diese bilden sich in der Regel bis auf die gewöhnliche Zahl spurlos zurück (embryonale Hyperthelie = ὑπέρ = über, ϑηλή = Brustwarze). Der menschliche Embryo in Fig. 136 zeigt einen solchen überzähligen Milchhügel unter der linken Mammaranlage. Oder sie ent-

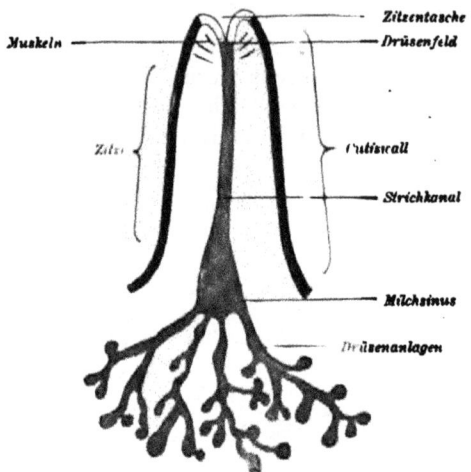

Muskeln ——

Zitze

Zitzentasche
Drüsenfeld

Cutiswall

Strichkanal

Milchsinus

Drüsenanlagen

Fig. 215 *A*. Schema einer Proliferationszitze vom Rinde.

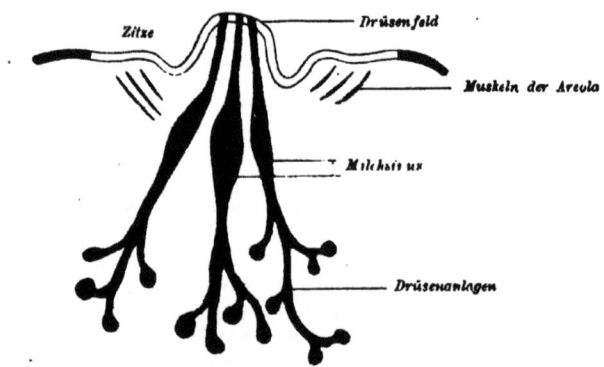

Zitze

Drüsenfeld

Muskeln der Areola

Milchsinus

Drüsenanlagen

Fig. 215 *B*. Schema einer Eversionszitze vom Menschen.
Das Gebiet der Zitzentasche ist in beiden Figuren weiß gehalten.

wickeln sich zu überzähligen **Warzen** und **Zitzen** (bleibende Hyperthelie) oder zu überzähligen **Mammae** (Hypermastie, μαστός = Euter). Beim Menschen sind bis zu vier Paaren gleichzeitig biserial angeordneter und milchender Mammarorgane beobachtet worden, die zum Teil kranial, zum Teil kaudal von den beiden normalen pektoralen Mammae sich fanden. Überzählige Zitzen sind beim Menschen auch neben der Vulva, am Oberschenkel, in der Nabelgegend, in der Achselhöhle und am unteren Schulterblattwinkel, hervorgegangen aus einer ausnahmsweise in voller Ausdehnung angelegten Milchleiste, gefunden worden.

Von Hypomastie spricht man, wenn die Zahl der Mammarorgane unter der gewöhnlichen zurückbleibt.

Rudimentär bleiben meist die Mammarorgane männlicher Individuen und die „Afterzitzen" am Gesäuge von Wiederkäuern usw. Das Auftreten von Mammarorganen auch beim männlichen Geschlechte weist auf ursprünglich gemeinsames Säugen der Jungen durch beide Eltern hin. Man kennt in der Tat Beispiele von erwachsenen milchenden Ziegen- und Schafböcken sowie von säugenden Männern. Die Mammae der Neugeborenen beiderlei Geschlechtes sondern vorübergehend ein milchiges, als „Hexenmilch" bezeichnetes Sekret ab, das nach den einen durch fettige Einschmelzung der axialen Zellen der Drüsengänge entsteht, nach anderen als wirkliches Sekret der Milchdrüse zu betrachten ist. Bei dem weiblichen Geschlechte wuchern zur Zeit der Geschlechtsreife und noch mehr bei eintretender Schwangerschaft die Drüsenanlagen durch Bildung von Seitensprossen und Alveolen. Die Sekretabsonderung beginnt schon am Ende der Schwangerschaft und geschieht ohne Auflösung der Drüsenzellen. Nach beendetem Säugegeschäft bilden sich beträchtliche Drüsenteile wieder zurück.

Die Krallen, Hufe, Klauen, Nägel

sind Schutzhüllen, Waffen und Werkzeuge aus verhornter Epidermis um die Endphalangen der Finger und Zehen. Sie werden durch gefäßhaltige Cutisleisten und -papillen ernährt.

An den Hufen usw. unterscheidet man die Hornwand, das Sohlenhorn und das Saumband. Alle diese Teile finden wir auch am menschlichen Nagel, aber in geringerer, noch rudimentärer Entwicklung. Der Hornwand entspricht beim Menschen die Nagelplatte; dem Sohlenhorn der zwischen Nagelbett und Finger- oder Zehenbeere gelegene Nagelsaum, dem Saumband das Eponychium oder Periderm des Nagels.

Die an den Hufen und Krallen der Tiere mächtig entfalteten Cutisplättchen und -papillen sind beim Menschen nur unansehnliche Cutisleisten des Nagelbettes und Cutispapillen des Nagelfalzes und des Nagelsaumes.

Die Anlage des Nagels leitet sich beim Menschen schon bei Embryonen von 4,5 cm durch eine mehrschichtige Epidermisverdickung, das primäre Nagelfeld, ein. Es breitet sich auf dem Rücken der Endphalangen aus, grenzt sich durch eine Furche von der Anlage des Nagelwalles ab und geht distalwärts in den Nagelsaum oder bei Huftieren in das verdickte Sohlenhorn über, das sich seinerseits wieder von der Epidermis der Endphalange absetzt. Die Verhornung beginnt ohne Keratohyalinbildung unter dem Periderm des Nagelfeldes und führt zur Bildung eines wurzellosen Hornplättchens, des Vornagels (Fig. 216). Während die Abgrenzung des Nagelwalles unter Vertiefung der Grenzfurche zum Nagelfalz immer deutlicher wird, dehnt sich die Verhornung seitlich und namentlich auch über

der Nagelwurzel proximalwärts aus. Hinter dem Vornagel bildet sich
durch Verhornung der Zellen von dem Nagelbett und namentlich von
dem Nagelfalz her der mit Wurzel versehene Dauernagel. Er
sprengt durch sein Längenwachstum das Periderm und tritt frei zu-
tage. Nur dicht über der Wurzel bleibt ein schmaler Saum des Periderms zeitlebens als Eponychium bestehen. Der durch den Nagel
etwas abgeknickte Vornagel wird schließlich durch weitere Verhornung
teilweise in den Nagel einbezogen. Nun überwächst der Nagel das
zum Nagelsaum reduzierte Sohlenhorn und überragt auffallend schmal
und stark quer gewölbt beim ausgetragenen Kinde die Finger und
Zehen mit seinem freien verdickten Rande, dem Reste des Vornagels.
Dieser fällt bald nach der Geburt ab.

Der fertige Nagel liegt nicht mehr endständig, sondern dorsal auf
der Endphalange.

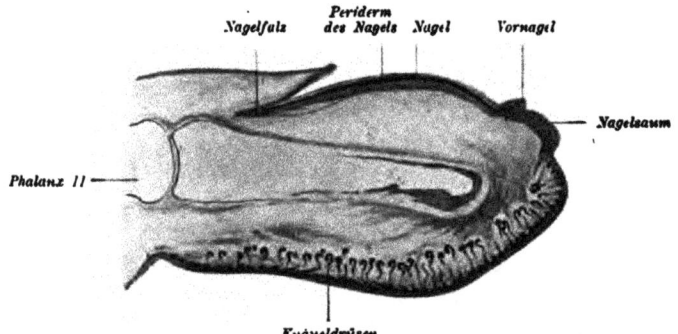

Fig. 216. Medianschnitt durch den Mittelfinger eines fünfmonatigen menschlichen Embryos.
Vergr. etwa 25 : 1.

2. Die Entwicklung des Nervensystems.

a) Zentralnervensystem.

Die Scheidung des Ektoblast in das Epidermisblatt und in
die erste Anlage des Rückenmarkes und Gehirnes, die Neuralplatte sowie die Anlage der Ganglienleiste sind schon auf
S. 115 u. ff. geschildert worden.

Entwicklung des Rückenmarkes.

Das Neuralrohr besteht zur Zeit seiner Ablösung vom Epidermisblatte durchweg aus einer Epithelwand, die sich allmählich in ungleichmäßiger Weise durch Zellvermehrung verdickt.

Dadurch werden ihr dünner oberer und unterer Teil als Deck-
und Bodenplatte, die dickeren Seitenteile aber als Seitenplatten immer schärfer unterscheidbar. Deck- und Bodenplatte bestehen zuerst nur aus einer einfachen Lage kubischer Zellen, die Seiten-

platten aber aus anfänglich ein-, später mehrschichtigem schlankem Prismenepithel.

Das Epithel des Medullarrohres differenziert sich (Fig. 217):

1. in die noch längere Zeit epitheliale Beschaffenheit zeigenden Zellen des Stützgerüstes, in die Spongioblasten oder Ependymzellen und

2. in die sich zu Nervenzellen umbildenden Neuroblasten (νεῦρον = Nerv).

Die Stützzellen oder Spongioblasten (σπογγία = Schwamm) (Fig. 218 u. 219) werden, sich streckend, zu schlanken Spindeln oder Keulen, die mit ihren freien Enden eine dünne, netzartige innere Grenzschicht, die Limitans interna, mit ihren peripheren Basalenden, die dicht unter der Meninx vasculosa gelegene äußere Grenzschicht oder die Limitans externa (Fig. 218 u. 219) medullae spinalis bilden.

Die so gebildete Stützsubstanz oder das Neurospongium wächst dann durch Vermehrung der Spongioblasten. Die an den Zentralkanal des Rückenmarkes und die Höhle der Hirnbläschen grenzenden, sich dicht aneinander lagernden Leiber der Spongioblasten werden zum Ependym (ἐπένδυμα = Bekleidung) des Zentralkanals. Die freie innere Fläche der die ganze Dicke des Rückenmarkes als Ependymfasern radiär durchsetzenden Ependymzellen trägt Cilien.

Als weiterer Bestandteil des Neurospongiums wandelt sich später ein anderer Teil der Zellen des Neuralrohrs in die stern- oder spinnenförmigen Neurogliazellen (νεῦρον = Nerv, γλία = Kitt) um. Sie werden nach der größeren oder geringeren Länge ihrer Ausläufer in Lang- und Kurzstrahler unterschieden und bilden den die Nervenzellen und Nervenfasern stützenden Gliafilz.

Nahe der Lichtung des Medullarrohres fallen zwischen den Enden der Spongioblasten schon sehr frühe helle kugelige, in lebhafter Vermehrung begriffene Zellen, die primären Neuroblasten, auf. Ihr Plasma bildet einen dem Kerne einseitig ansitzenden Kegel, der als primärer Neurit oder Nervenfortsatz in distaler Richtung auswächst. Sein peripheres Ende zeigt eine schwach gezackte oder keulenförmige Auftreibung, die End- oder Wachstumskeule. Mit der Entstehung von Neurofibrillen in dem Zellplasma und in dem Neuriten wird der primäre, fibrillenlose Neuroblast zum sekundären Neuroblast (Fig. 220). Die Neuroblasten schieben sich aus ihrer anfänglich zentralen Lage in die Lücken des Neurospongiums bis zu dessen peripherer Schicht vor und richten sich nach dem Prinzip der „Achsenstellung und des kürzesten Weges" derart, daß ihre Neuriten auf der kürzesten Strecke die Myotome erreichen (Fig. 221). Die extramedullaren Neuriten entstammen den später in segmentaler Anordnung gruppierten Vorderhornzellen in dem ventralen Gebiete.

des Medullarrohres und bilden die **motorische Wurzel eines Spinalnerven.**

Die Neuriten anderer Neuroblasten wachsen teils als **intra-medullare Nervenfasern,** sich kreuzend und die **ventrale Com-missur** bildend, durch die Bodenplatte aus einer Rückenmarkshälfte in die andere (Fig. 219) hinüber (Commissurenzellen), teils bilden sie die Längsstränge des Markes (Strangzellen). Sie benutzen dabei zum Teil die **Plasmodesmen** $\pi\lambda\acute{\alpha}\sigma\mu\alpha$ = das Gebildete, Geformte, $\delta\varepsilon\sigma\mu\acute{o}\varsigma$ =

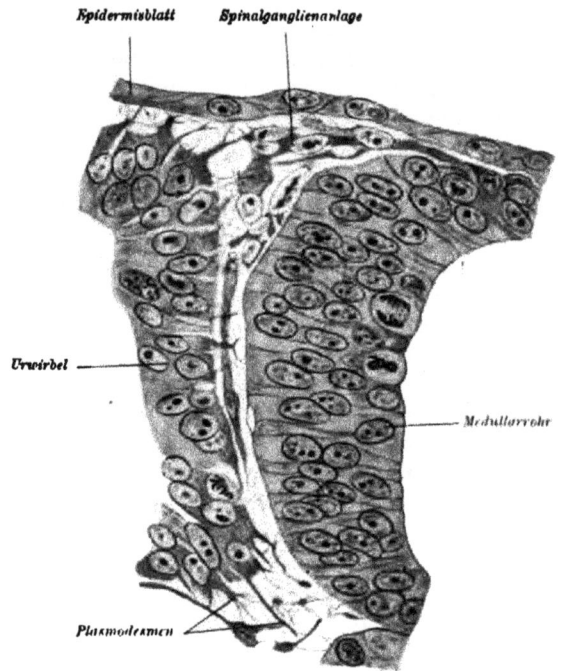

Fig. 217. Querschnitt durch das Medullarrohr in der hinteren Rumpfhälfte eines etwa zehn Tage alten Kaninchenembryos. Nach Held. Starke Vergrößerung.

Band), d. h. die feinen Plasmaverbindungen zwischen den embryonalen Zellen. Die Neuriten können dann noch die in Endbüscheln endenden Collateralen abgeben.

Jede primäre, d. h. noch hüllenlose, Nervenfaser ist somit der Neurit eines sekundären Neuroblasten. Erst etwas später treibt dieser die als Dendriten ($\delta\acute{\varepsilon}\nu\delta\varrho o\nu$ = Baum) be-kannten und verästelten Ausläufer und wird so zur Nerven- oder Ganglienzelle, in welcher ebenso wie im Neuriten die Son-derung in die Neurofibrillen und in das Neuroplasma fort-schreitet.

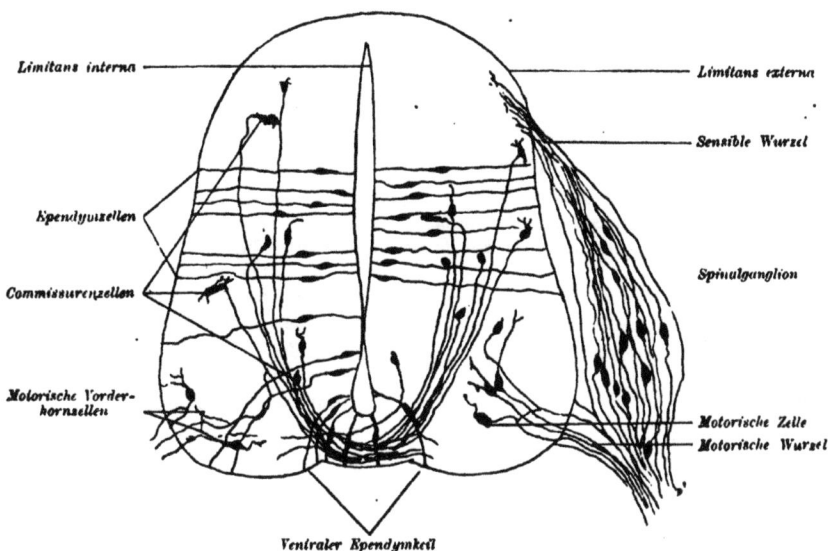

Fig. 218. Querschnitt durch das Rückenmark eines Fledermausembryos (Vespertilio auritus) von 1,25 cm Länge. Nach Retzius. Behandlung nach Golgi.

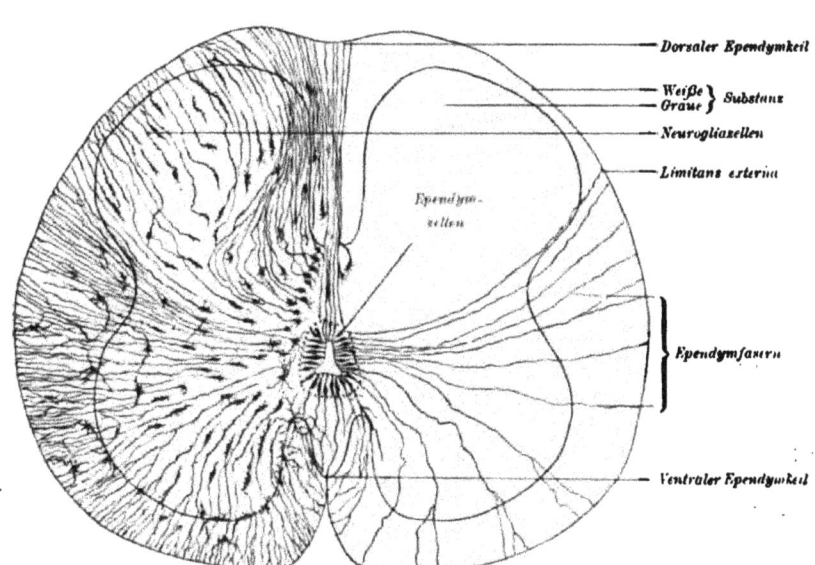

Fig. 219. Querschnitt durch das Rückenmark eines menschlichen Embryos von 14 cm Länge. Nach Lenhossek. Behandlung nach Golgi.

Eine Nervenzelle mit allen ihren Ausläufern (mit den
Dendriten, dem Neuriten und dessen Collateralen nebst Endbüscheln)
bildet eine Nerveneinheit oder ein Neuron (νευρῶν). Aus
ungezählten Tausenden verschieden großer und sehr verschieden ge-
stalteter Neuronen besteht das Nervensystem. Manche Neuriten und
Dendriten können eine für einen Zellfortsatz enorme Länge erreichen.

Man denke zum Beispiel an eine Nervenzelle aus einem Sacralganglion, deren
im Ischiadicus als „periphere Nervenfaser" gelegener Dentritenstiel mit seinem
Dendritenbüschel bis in die Haut der Zehen, mit seinem durch die hintere Wurzel
des Spinalganglions in die Hinter-
stränge des Rückenmarkes eintretenden Neuriten aber bis an das
verlängerte Mark heranreicht.

Jedes Neuron bildet eine
genetische, morphologische und
trophische Einheit und ist entweder mit anderen Neuronen
oder mit „Endorganen" verbunden. Die Endbüschel und
Collateralen der Neuriten
können in den Zentralorganen
mit den Dendriten oder mit
dem Körper anderer Nervenzellen in Kontakt treten und
so die kompliziertesten Nervenbahnen bilden.

Das motorische Neuron
endet in einer Muskelfaser, das
sensible Neuron mit seinen
Dendriten an einer peripheren
Neuroepithelzelle, zwischen
Epithelien oder im Binde-
gewebe. Das sekretorische
Neuron beeinflußt Drüsen-

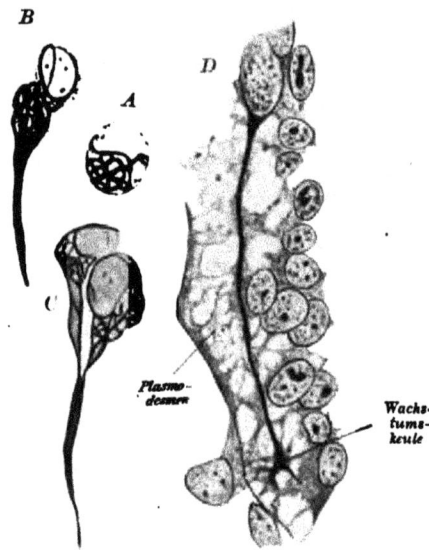

Fig. 220. *A* primärer, *B* und *C* sekundäre Neuroblasten
aus dem Medullarrohr eines Entenembryos von drei
Tagen; *D* Neuroblast mit Neurit und Wachstumskeule aus dem Mittelhirn eines 18 Tage 20 Stunden
alten Forellenembryos. Nach **Held** Starke Vergrößerung.

zellen. Der Lage nach kann man in den Zentralorganen gelegene
Binnen- und außerhalb des Gehirn- und Rückenmarks gelegene
Außenneuronen unterscheiden.

Die interneuronale Verbindung geschieht nach unseren gegenwärtigen Kenntnissen durch Kontakt, d. h. der Neurit berührt mit
seinen Endbüscheln, welche in Form von Endschlingen, Netzkörperchen,
Endfüßchen usw. endigen, die Dendriten und den Körper der Nervenzelle eines anderen Neurons (so zum Beispiel die Collateralen der Neuriten in sensiblen Spinalnervenwurzeln, an den motorischen Vorderhornzellen oder an peripheren Zellen und an manchen Hirnzellen).
Oder die Verbindung geschieht, indem sich die Endbüschel eines Neurons

aufs innigste an den Zellkörper und an die Dendriten eines anderen Neurons anlegen und mit diesen größere Strecken bis zu ihrer Endigung verlaufen (zum Beispiel an den Purkinjeschen Zellen des Kleinhirns).

Die Bildung der Dendriten hat eine wesentliche Vergrößerung der rezeptorischen Kontakt- und Ernährungsfläche der Nervenzellen zur Folge.

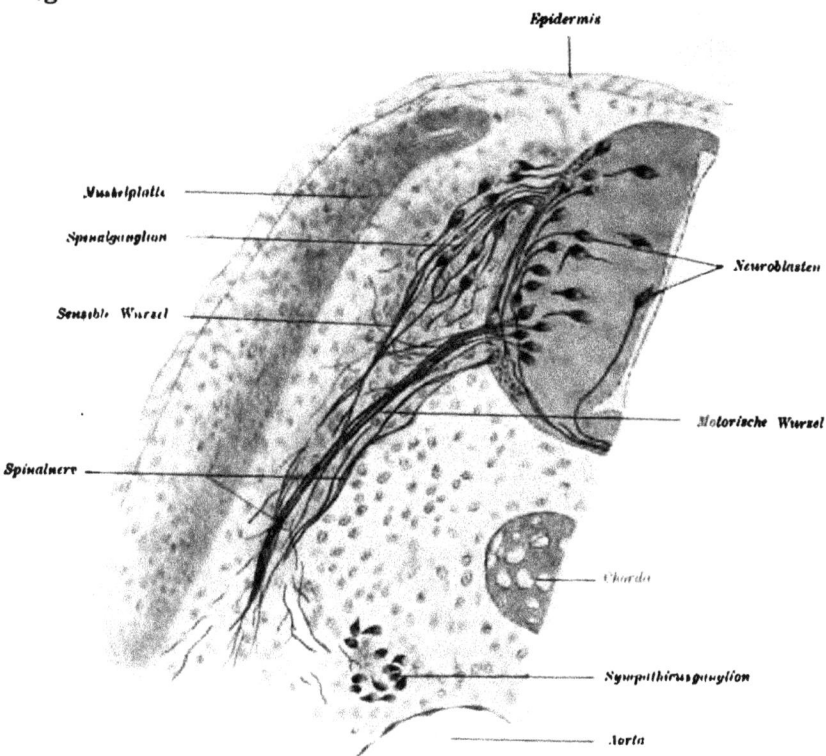

Fig. 221. Querschnitt durch die obere Rumpfhälfte eines Hühnerembryos von 60 Stunden mit Anlage eines Spinalganglions und -nerven. Nach Held. Mittlere Vergrößerung.

Eine Verbindung der Neurone durch Zusammenhang ihrer Neurofibrillen (Kontinuität) ist im Gegensatze zur Verbindung durch Berührung (Kontiguität) bis jetzt nur an manchen motorischen Vorderhornzellen (einwandfrei z. B. beim Rinde) durch eine Zellbrücke erwiesen, die auf unvollständige Teilung der Neuroblasten zurückzuführen ist. Neuere Angaben über zahlreiche Verbindungen von Nervenzellen durch Neurofibrillen bedürfen der Bestätigung. Es handelt sich vielfach um Kunstprodukte durch Verklebung bei der technischen Vorbehandlung.

17 *

An den Stellen des Rückenmarkes, von denen aus größere Organ-komplexe (Extremitäten) mit Nerven versorgt werden, entstehen durch bedeutendere Anhäufungen von motorischen Ganglienzellen Anschwel-lungen, die Hals- und Lendenanschwellung.

Die zentrale primäre graue Substanz besteht aus sich ver-mehrenden Neuroblasten und Spongioblasten. Sie überwiegt an Masse anfänglich bedeutend über die periphere, primäre weiße Substanz (siehe Fig. 222), welche durch immer zahlreicher einwachsende, aber noch marklose Neuriten langsam an Dicke zunimmt.

Durch die bedeutende Massenzunahme der grauen und weißen Substanz beider Rückenmarkshälften rücken Deck- und Bodenplatte

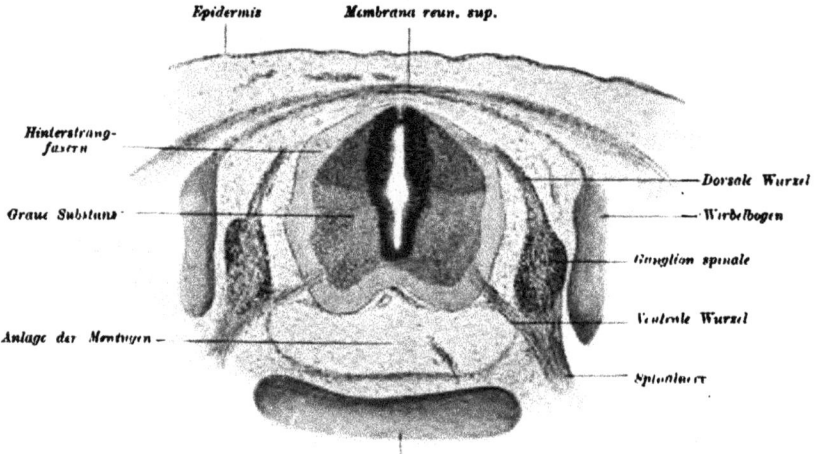

Fig. 222. Querschnitt durch das Brustmark eines menschlichen Embryos von 1,9 cm Länge (Fig. 136). Vergr. 60 : 1.

immer mehr in die Tiefe der Fissura anterior und posterior und verbinden später durch sich kreuzende Nervenfasern als Commissura anterior und posterior beide Rückenmarkshälften.

Man hat die „Auswachsungstheorie" der Neuriten mit dem Hinweise zu be-kämpfen gesucht, daß man sich die wunderbaren Kräfte, welche den auswachsenden Neuriten sicher zu seinen Endorganen leiten, nicht vorstellen könne, und hat des-halb einen von vornherein bestehenden Zusammenhang zwischen den Nervenfasern und ihren Endorganen angenommen. Dieser Einwand ist unbegründet. Es findet gar keine Entwicklung eines Neuriten schon primär von der Nervenzelle bis zu einem bestimmten Innervationsfelde in kontinuierlichem Zuge statt. Die unzähl-baren Nervenendigungen der größeren Wirbeltiere können von Anbeginn an mit ihrem Endziele nicht verbunden sein, weil ja zur Zeit der ersten Anlage der Nerven der allergrößte Teil der späteren Endbezirke noch gar nicht vorhanden und noch nicht histologisch differenziert ist. So bestehen, wie man mit Recht betont hat, die Extremitätenanlagen zur Zeit der ersten Entstehung der Nerven nur aus

Mesenchym und einer Epithelkappe, während wir später in ihrer Haut unzählige sensible und sekretorische Endigungen und in ihrem Inneren ausgedehnte motorische Innervationsbezirke finden. Die Leitungsbahnen können sich also auch nur ganz allmählich zusammen mit den von ihnen versorgten Organen entwickeln und spezifizieren.

Außerdem sind die Embryonen mit erster Anlage der Nervenbahnen noch sehr klein. Die Ursprungszellen der Neuriten und die Blasteme für die späteren Innervationsgebiete liegen noch ganz nahe beieinander, und die Stellung der Neuroblasten läßt in vielen Fällen den Neuriten sofort auf die Anlage des peripheren Apparates treffen. Dann erst entwickeln sich die allmählich sich sondernden Organe im Zusammenhang mit ihren Nervenbahnen weiter, und durch Verlagerung der Innervationsgebiete, namentlich der Muskeln, kann es zu Verschränkungen und Plexusbildungen kommen.

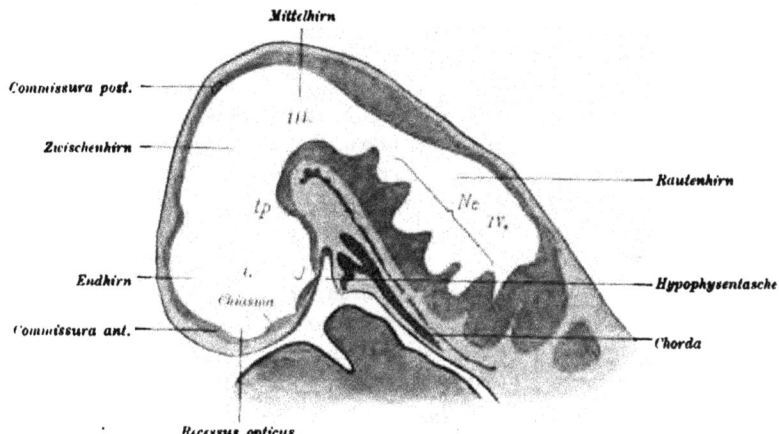

Fig. 223. Medianschnitt durch den Kopf eines Schafembryos von 20 Tagen. *I, III, IV* = erster, dritter, vierter Ventrikel, *N* = Neuromeren, *tp* = Tuberculum post., *J* = Infundibulum.

Erst verhältnismäßig spät erhalten die in der weißen Substanz gelegenen Nervenfasern ihre Scheiden (siehe unten).

Anfänglich reicht das Medullarrohr bis zur Schweifspitze. Sein im Bereiche der Schwanzwirbelsäule gelegener Teil wird aber abortiv und bildet sich zurück. Epitheliale Reste dieser Strecke bestehen im Filum terminale zeitlebens. Abgesehen von dieser Rückbildung des Schwanzmarkes, wird das Rückenmark noch dadurch relativ kürzer, daß es von der rascher wachsenden Lendenwirbelsäule an Länge überholt und so sein Kaudalende scheinbar kopfwärts verschoben wird. Dadurch kommt sein zapfenförmig zugespitztes Ende, der Conus terminalis, schließlich in die für die Säugetiere definitive, etwa im Bereiche des letzten Lendenwirbels befindliche Lage. Bei dem Menschen liegt der Conus terminalis im sechsten Monate am Anfange des Kreuzbeinkanals, bei der Geburt etwa in der Höhe des dritten und einige Jahre später dauernd am unteren Rande des ersten Lendenwirbels.

Die Entwicklung des Gehirnes.

Gleichzeitig mit der Anlage der primitiven Augenblasen erfährt die Hirnanlage durch starkes Längenwachstum eine bogenförmige Krümmung, deren Scheitel durch das Mittelhirn gebildet wird. Zu dieser Scheitelkrümmung gesellen sich dann noch die Brücken- und die Nackenkrümmung (Fig. 120 u. 224). Die bei den Amphibien und Fischen dauernd kaum angedeutete Scheitelkrümmung nimmt bei den Vögeln zu und erreicht mit den beiden anderen Krümmungen bei den Säugetieren und bei dem Menschen ihre höchste Ausbildung.

Die Lichtungen der Hirnanlage bleiben als die vier Hirnventrikel zeitlebens erhalten. Der Hohlraum des Endhirns wird nach Angliederung der Großhirnanlagen zu den durch die Foramen interventriculare miteinander verbundenen beiden Seitenventrikeln. Aus seinem medianen unteren Teil geht der vordere untere Teil des dritten Ventrikels hervor. Der Hohlraum des Zwischenhirnes liefert den oberen Teil des dritten Ventrikels, der des Mittelhirnes den Aquaeductus cerebri, der des Rautenhirnes den vierten Ventrikel, der seinerseits wieder mit dem Zentralkanal des Rückenmarkes oder dem Rückenmarksventrikel zusammenhängt.

Wie die Wände des Medullarrohres, so sondern sich auch die epithelialen Wände der Hirnanlage in Spongioblasten und Neuroblasten. Dann verdickt sich die Hirnwand durch Anhäufung von Ganglienzellen (graue Substanz) und durch deren Neuritenbildung unter nachträglicher Bildung der Markscheiden (weiße Substanz). Nur an wenigen Stellen, wie an der Decke des dritten und vierten Ventrikels, bleibt die Hirnwand dünn und epithelial. An anderen bildet sie durch Ausstülpungen die Hypophyse (Fig. 228) und die Epi-, und Paraphyse (Fig. 96). Graue und weiße Substanz sind im Gehirn viel ungleichartiger verteilt als im Rückenmark, sofern sich das die Hirnventrikel begrenzende Höhlengrau und die peripheren Ganglienschichten oder das Rindengrau unterscheiden lassen. Beide sind durch weiße Fasermassen getrennt, welche verdickte Stellen des Rindengraues als Stammganglien abspalten.

Auch im Gehirn entstehen motorische Neurone (siehe unten). Zahlreiche intracerebrale Leitungsbahnen verbinden, wie im Rückenmark, als Commissuren bilateral symmetrische und homologe graue Hirnteile beider Hirnhälften, als längsverlaufende Assoziationssysteme hintereinander in einer Hirnhälfte gelegene graue Massen.

In ihren Grundzügen gestaltet sich die Entwicklung der einzelnen Hirnteile folgendermaßen:

1. Am mächtigsten entfaltet sich die Ausstülpung der Vorderhirndecke zum Großhirn bei den Säugern und bei dem Menschen. Die

Hemisphärenanlagen überwachsen die übrigen Hirnteile in kaudaler
Richtung, ohne jedoch bei Säugetieren wie bei dem Menschen das
Kleinhirn schließlich vollkommen zu decken (Fig. 225 u. 226 A). Die
beiden Großhirnhemisphären werden auch als Hirnmantel dem
übrigen Hirnstamm gegenübergestellt. Durch energisches Auswachsen der Seitenteile der Hemisphären im Gegensatze zu dem im
Wachstum zurückbleibenden medianen Gebiet entsteht die beide Hemisphären trennende Mantelspalte. In diese wächst später der
Sichelfortsatz der Pachymeninx herunter. Die medialen Flächen der
Hemisphären platten sich ab und gehen durch die Mantelkante in die
konvexen Flächen der Hemisphären über.

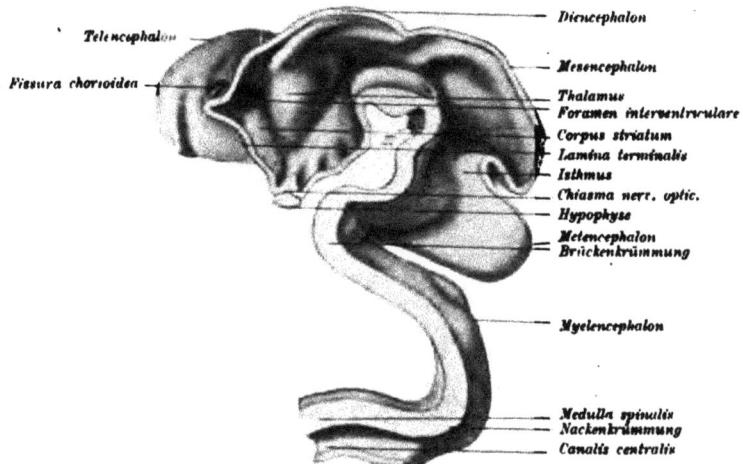

Fig. 224. Modell einer median halbierten Gehirnanlage von einem 4¹/₂ wöchigen menschlichen Embryo.
Nach His modelliert von F. Ziegler. Die Tela chorioidea des vierten Ventrikels ist nicht
dargestellt.

Vor dem Foramen interventriculare liegt die im Vergleich zur
Hemisphärenwand im Dickenwachstum zurückgebliebene Schluß-
platte oder Lamina terminalis (Fig. 224 u. 225). Sie bildet einen
Teil der Vorderwand des dritten Ventrikels und setzt sich ventral in
die Wand des Trichters fort. Nach vorn verdickt sie sich durch die
Entwicklung von senkrecht aufsteigenden Fasern, die sich von beiden
Seiten zur Bildung des Gewölbes aneinanderlegen. Quere, aus den
Hemisphären dicht vor dem Foramen interventriculare hervorwachsende
Faserbündel bilden ebenfalls im dritten Monat die rasch nach hinten
an Ausdehnung zunehmende Commissura maxima oder den
Balken. In dem hinter dem Recessus opticus gelegenen Chiasma-
wulst (Fig. 95 u. 96) bilden sich später die Sehnervenkreuzung
und die ventralen Hirnkommissuren. In dem dicht vor dem

Recessus opticus entstehenden Wulst bildet sich die Commissura anterior. Die Art und Weise, wie sich zwischen der Unterfläche der Commissura maxima und dem Gewölbe die beiden Blätter das Septum pellucidum und das zwischen ihnen gelegene Antrum septi pellucidi bilden, ist noch nicht ganz klar. Keinesfalls ist das Antrum septi pellucidi mit den Hirnventrikeln gleichwertig, da es nicht wie diese ein Teil der ursprünglichen Höhle in den Hirnbläschen ist. Die Massa intermedia des dritten Ventrikels ist die Folge einer teilweisen Verwachsung der medialen Thalamuswand, aber. da keine Nervenfasern in ihr verlaufen, keine Commissur. Ihr gelegentliches Fehlen ist für die Hirnfunktion belanglos.

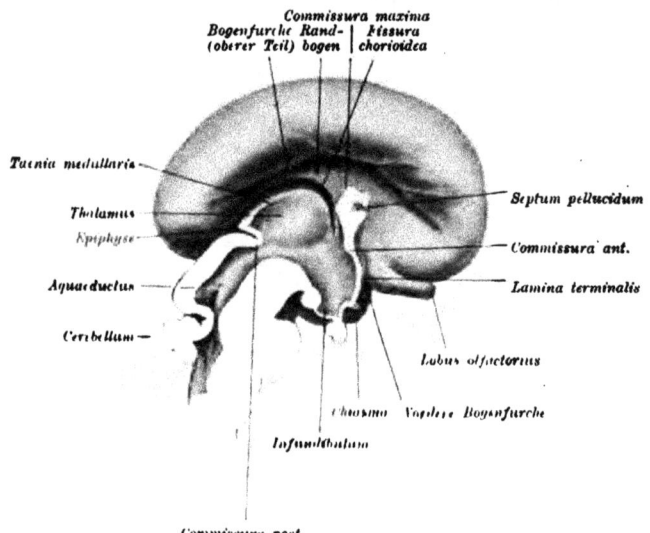

Fig. 225. Mediale Ansicht der median abgetrennten linken Großhirnhemisphäre eines menschlichen Embryos von vier Monaten. Nach Marchand. Die große Furche auf der Hemisphärenfläche über dem Randbogen ist ein Kunstprodukt.

Auf den anfänglich glatten Hemisphärenwänden treten bei dem Menschen im zweiten und dritten Monate Einfaltungen als Totalfurchen oder Hirnfissuren auf (Fissura lateralis und collateralis, Fissura hippocampi, Fissura calcarina, Fissura chorioidea und Fissura parieto-occipitalis). Ihre gegen die Ventrikelhöhlen vorspringenden Scheitel bedingen die Bildung des Streifenhügels, des Gewölbes, des Ammonshornes, des Vogelspornes, der Eminentia collateralis, des Bulbus recessus posterioris und der Tela chorioidea. Diese am fertigen Gehirn stets vorhandenen Fissuren können, da sie zuerst erscheinen, als Primärfurchen von den späteren, erst im Anfang des sechsten Monats auftretenden seichten und mehr variablen Rinden-, Sekundärfurchen oder Sulcis, deren Faltenkante die Innenwand der Hemisphären nicht erreicht, unterschieden werden. Als wichtigste Sekundärfurche tritt erst nach Beginn des sechsten Monats die Zentralfurche auf. Noch später erscheinen die übrigen Furchen. Bei der Geburt sind alle Hauptfurchen an der Hirnoberfläche deutlich. Zwischen den Fissuren und Sulcis bilden sich die Gyri aus.

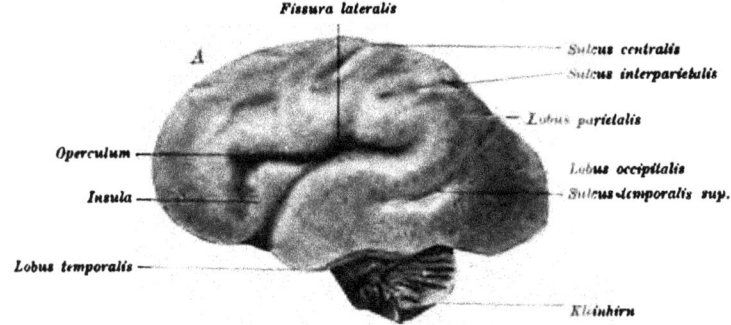

Fig. 226 A. Seitenansicht der linken Hirnhälfte eines menschlichen Embryos aus der Mitte des sechsten Monats. Nach Retzius.

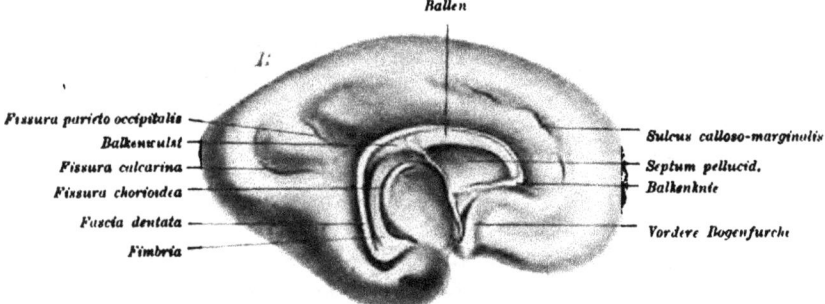

Fig. 226 B. Mediale Ansicht der linken Hemisphäre eines fünfmonatigen menschlichen Embryos. Nach Marchand. Vergr. 2:1.

Als erste Hirnfissur entsteht die Fissura lateralis (Sylvii) an der seitlichen Konvexität der Großhirnanlagen. Der verdickte Boden des Seitenventrikels, das Corpus striatum, sondert sich in den Nucleus caudatus, den Nucleus lentiformis und das Claustrum. Die äußere Fläche des Corpus striatum furcht sich fächerförmig und wird zur Insel. Corpus striatum und Insel gehören zum Hirnstamm. Die Hemisphäre umgibt die Insel als ein nach unten offener Halbring und wird daher auch als Ringlappen bezeichnet. Sein vor der Fissura lateralis gelegener Teil wird zum Stirn-, der hinter ihr gelegene Schenkel zum Schläfenlappen. Die Konvexität des Ringlappens wird Scheitellappen. Der Hinterhauptlappen wird durch die Fissura parieto-occipitalis abgegliedert (Fig. 226 B).

Die Halbringform der Hemisphären bedingt auch eine halbringförmige Umgestaltung ihrer Ventrikel, die außerdem noch durch die einspringenden Kanten der Totalfurchen und durch die Verdickungen des Ventrikelbodens beeinflußt wird. Schließlich bildet jeder Seitenventrikel eine bogenförmige Höhle mit einem in dem Stirnlappen gelegenen Recessus frontalis, einem im Schläfenlappen gelegenen Recessus temporalis und einem im Occipitallappen gelegenen Recessus occipitalis. In den Recessus frontalis ragt der Streifenhügel, in den Recessus temporalis das Ammonshorn, in den Recessus occipitalis der Calcar avis und die Eminenta collateralis wulstartig herein. Zwischen Streifenhügel und Gewölbe bleibt die Pars centralis des Seitenventrikels übrig. Diese Schilderung ist sofort verständlich. Die aus der Form des Ausgusses der Seitenventrikel entnommene Bezeichnung der Recessus als „Hörner" der Seitenventrikel ist unverständlich und gehört längst in die anatomische Rumpelkammer.

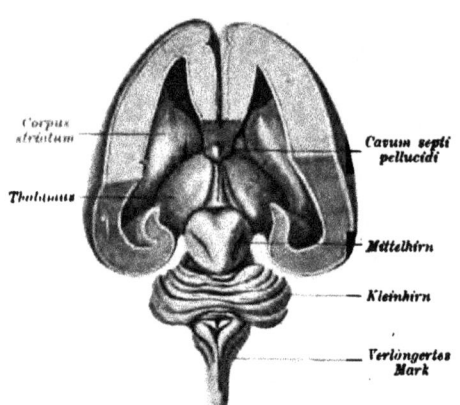

Corpus striatum

Thalamus

Cavum septi pellucidi

Mittelhirn

Kleinhirn

Verlängertes Mark

Fig. 227. Gehirn eines menschlichen Embryos von fünf Monaten mit eröffneten Ventrikeln nach Wegnahme des Balkens und des Fornix. Nach Kölliker. Vergr. etwa 1:1.

Schon in der fünften Woche entstehen zwei parallele Bogenfurchen auf der medialen Seite des Ringlappens: die Fissura hippocampi und unter ihr die Fissura chorioidea (Fig. 226 B). Sie umfassen sichelförmig den Streifenhügel von dem Foramen interventriculare bis zum Ende des Schläfenlappens und begrenzen den zwischen ihnen gelegenen Randbogen. Die epithelial gebliebenen Blätter der Fissura chorioidea umscheiden die Tela chorioidea anterior, deren Seitenteile durch Wucherung der Blutgefäße zu den Plexus chorioidei laterales werden und den Liquor cerebrospinalis liefern (Fig. 230).

Tractus und Bulbus olfactorius sowie der „Sehnerv" und die Netzhaut sind ausgestülpte Teile der Hemisphärenwand, also Riech- und Sehlappen. Man muß sie deshalb auch richtig als Rhinencephalon ($\dot{\varrho}$ίς, $\dot{\varrho}$ινός = Nase, $\dot{\varepsilon}$γκέφαλος = Gehirn) und Ophthalmencephalon (ὀφθαλμός = Auge) bezeichnen. Der Riechlappen des Menschen bleibt im Vergleiche zu den viel ausgebildeteren mancher Tiere auffallend klein (Fig. 225 u. 229). Die Höhle des Rhinencephalon kommuniziert bei dem Menschen vorübergehend, bei manchen Säugetieren, zum Beispiel beim Pferde, zeitlebens mit den Seitenventrikeln.

2. Das Zwischenhirn (Diencephalon, διά = zwischen). Die Seitenwandungen dieses Gebietes verdicken sich zu den Sehhügeln und ihren grauen Kernen und engen die Lichtung zu einer senkrecht gestellten Spalte, dem dritten Ventrikel, ein. Der dünne Boden des dritten Ventrikels stülpt sich zum Trichter oder Infundibulum

aus, dessen Spitze sich in dem hinteren Lappen des Hirnanhangs oder der Hypophyse umwandelt. Diese entsteht, entsprechend dem verschiedenen Aufbau ihrer beiden auch an dem fertigen Organ noch unterscheidbaren Lappen, aus einer größeren vorderen und kleineren hinteren Anlage. Die vordere Anlage bildet sich beim Hühnchen am vierten Tage, beim Menschen in der vierten Woche als flache, taschenförmige Ausbuchtung des Daches der primitiven Mundhöhle dicht vor dem Rachenhautrest und vor dem vorderen Ende der an die Rachenhaut grenzenden Schädelchorda (Fig. 223), deren Ende mit der Hypophysenanlage verwachsen kann. Dieser Teil der Hypophyse entstammt somit der Epitheltapete der primitiven Mundbucht, dem Epidermisblatt (Fig. 228). Durch Abschnürung von ihrem Mutterboden

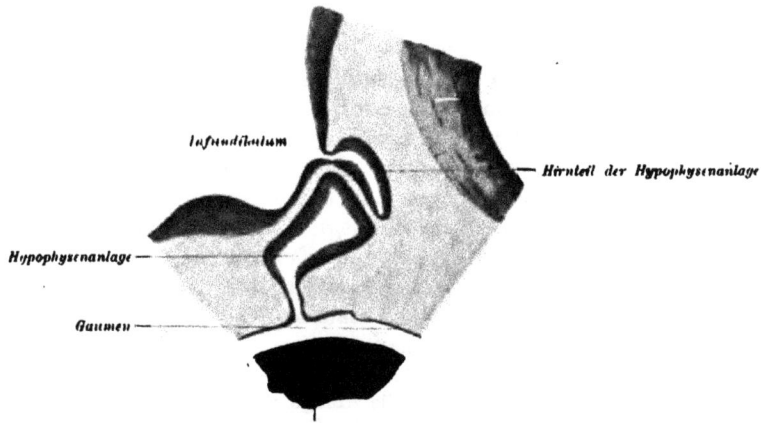

Fig. 228. Medianschnitt durch die Hypophysenanlage eines 1 cm langen Katzenembryos. Vergr. etwa 50:1.

wird die Hyophysentasche zu dem Hypophysensäckchen, welches durch den Hypophysengang entweder, wie zum Beispiel bei den Haien, zeitlebens mit dem Mundhöhlenepithel zusammenhängt oder, wie bei dem Menschen und bei den Säugetieren, durch die Bildung der Schädelbasis vom Dache der Mundhöhle abgetrennt und an den Boden des Zwischenhirnes verlagert wird. Ausnahmsweise kann aber auch noch bei dem Menschen ein den Keilbeinkörper durchsetzender, die Sattelgrube mit dem Dache der Rachenhöhle verbindender Kanal mit gefäßreichem Gewebe als Canalis craniopharyngeus bestehen bleiben.

Der Hypophysenstiel und das vordere Chordaende können den Mutterboden für Geschwülste bilden.

Die hintere Anlage der Hypophyse, ein Teil der Trichterwand, legt sich der vorderen Anlage an und stülpt sie etwas nach vorn ein.

Das aus einer geschichteten Epithelwand bestehende Hypophysensäckchen treibt nun (beim Menschen gegen Ende des zweiten Monats)
schlauchartige Ausbuchtungen, die. Hypophysenschläuche. Sie
werden von blutgefäßreichem Bindegewebe umscheidet und durchwachsen. Der so entstandene drüsenartige vordere Hypophysenlappen
verwächst dann durch Bindegewebe mit dem hinteren, aus dem Trichter
hervorgegangenen Lappen, in welchem sich bei niederen Wirbeltieren
Nervenzellen und -fasern ausbilden. Bei den höheren Tieren besteht
dieser Teil nur aus Spindelzellen.

Bei allen Wirbeltieren stülpt sich die Deckplatte des Zwischenhirnes (beim Menschen im Laufe des zweiten Monats) dort, wo sie in
die Mittelhirndecke übergeht, als der kegelförmige, hohle Epi-
physenfortsatz aus (Fig. 96). Mit seiner Spitze zuerst nach vorn
gerichtet, klappt er nachträglich nach hinten um und wird zur
Zirbeldrüse oder Epiphyse. Bei den Vögeln treibt der Epi-
physenfortsatz epitheliale Schläuche in seine gefäßreiche bindegewebige
Umgebung. Sie werden zu kleinen, mit Flimmerzellen ausgekleideten
Epithelblasen. Der Stiel der Epiphyse bleibt als trichterförmige Ausbuchtung der Zwischenhirndecke erhalten. In ähnlicher Weise wird
die Epiphysenanlage auch bei den Säugetieren in anfänglich hohle,
später aber solide Epithelkörper zerlegt, welche von leukocytenähnlichen
Rundzellen durchsetzt sind. Bei dem Erwachsenen bilden sich in den
Epiphysenfollikeln die als „Gehirnsand" oder Acervulus be-
kannten Konkremente von kohlensaurem Kalk und. kennzeichnen die
Epiphyse als ein abortives Organ.

Im Gegensatze zu den Vögeln und Säugetieren trennt sich bei manchen
Reptilien von der Epiphysenanlage die Anlage eines Scheitel- oder Parietal-
organs. Dessen sehr langer epithelialer Stiel wird zu einer peripheren Hohlknospe, deren bläschenförmiges Ende in dem Foramen interparietale des Scheitel-
beins unter der Epidermis .liegt. Diese bei jedem Blindschleichenembryo sehr
deutliche Stelle ist noch bei dem erwachsenen Tiere leicht an ihrem Pigmentmangel
und an der Durchsichtigkeit der Epidermis erkennbar. Während aber die Epiphyse
bei den meisten Reptilien ein mit Flimmerzellen ausgekleidetes gestieltes Bläschen
bildet, wird es bei den Sauriern zu einem augenartigen Organ, dem Parietalauge. Der Teil des Epiphysensäckchens, welcher der Epidermis anliegt, verdickt sich zu einem linsenartigen Körper, sofern seine Zellen zu einkernigen,
langen, den Linsenfasern ähnlichen Prismen auswachsen. Außerdem bildet die
Wand des Bläschens eine Pigmentschicht und eine Art Netzhaut. Ihre den
Stäbchen und Zapfen ähnlichen Zellen stehen durch Nervenfasern mit dem
Zwischenhirn in Verbindung. Das Ganze ist von gefäßreichem Bindegewebe wie
von einer Chorioidea und nach außen von dieser von einer Sclera umgeben. Ob
das ursprünglich lichtperzipierende, aber unverkennbar der Rückbildung verfallende
Organ auch heute noch als Parietalauge betrachtet werden darf, ist zweifelhaft.
Die Zunahme und Ausbreitung des Großhirnes, welches das Scheitelauge allmählich
deckte, setzte dieses merkwürdige Organ bei den höheren Wirbeltieren außer Funktion.

Die etwas später als die Epiphyse angelegte Paraphyse ($\pi\alpha\varrho\acute{\alpha}$
= neben, Fig. 96) treibt nur bei niederen Wirbeltieren, wie zum Bei-

spiel bei den anuren Amphibien, geschlängelte Ausbuchtungen, die durch ein sehr blutgefäßreiches Bindegewebe zu einem kleinen roten Knötchen zusammengefaßt werden. Bei Vögeln und Säugetieren ist sie verkümmert oder bildet sich vollkommen zurück.

3. Die Wandungen des Mittelhirn bläschens verdicken sich gleichmäßig. Seine dadurch beträchtlich verengte Lichtung wird zur Wasserleitung des Gehirnes (Fig. 225). In dem Boden und in den Seitenwänden des dritten Hirnbläschens entstehen die Faserbahnen der Hirnstiele und die Lamina perforata posterior. Das Dach wird durch eine beim Menschen im fünften Monate deutliche Kreuzfurche in die Vierhügel geschieden. Das Großhirn bedeckt allmählich das vorübergehend den höchsten Punkt des Schädels, den Scheitelhöcker bildende Mittelhirn.

4. Das Rautenhirn oder Rhombencephalon liefert durch Verdickung des Daches des Hinterhirnbläschens die Kleinhirn-anlage (Fig. 225). Der mediane Teil des in Form eines Querwulstes auftretenden und durch transversale Falten ausgezeichneten Kleinhirnes modelliert sich im dritten Monate beim Menschen zum Wurm. Die rasch wachsenden lateralen Teile werden zu den Hemisphären. Die Furchenbildung beginnt am Wurm. Erst im vierten Monate folgt die Furchenbildung der Hemisphären. Die Übergangsstellen des vierten Hirnbläschens in das Dach des Mittel- und Nachhirnes bleiben als vorderes und hinteres Marksegel sehr dünn.

Die Deckplatte des Myelencephalons behält ihren epithelialen Bau, legt sich der ventralen Fläche der Gefäßhaut innig an und bildet mit ihr als Tela chorioidea posterior einen Teil des Daches des rautenförmigen vierten Ventrikels. Lateral hängt die Deckplatte mit den die Rautengrube umgrenzenden Teilen (Obex, Taenia, hinteres Marksegel und Flockenstiel) zusammen.

Der Boden der Hinterhirnblase entwickelt sich im dritten Monate zu einer starken ventralen Commissur der Brücke, deren Querfasern und Bindearme im vierten Monate deutlich werden.

Die Seitenwand und der Boden des Myelencephalons verdicken sich unter Entwicklung reichlicher Nervenzellen und -fasern zu dem schon im zweiten Monate beim Menschen deutlichen verlängerten Mark, der Medulla oblongata. An ihr werden die Pyramiden-bündel im sechsten, die Oliven schon im dritten Monate deutlich. Anfänglich dicht neben der seichten Medianfissur gelegen, werden sie durch die von den Zentralwindungen durch die innere Kapsel, durch die Basis pedunculi und den Pons jederseits herunterwachsenden Pyramidenbündel seitlich verlagert. Das Corpus restiforme und die aus den Neuritenbündeln der hinteren Wurzelfasern bestehenden Funiculi graciles et cuneati sind im fünften Monate deutlich erkennbar (Fig. 229).

Die Zahl der Nervenzellen und der aus ihnen hervorgehenden Neurone ist im wesentlichen schon vor der Geburt erreicht. Nach dieser findet keine nennenswerte Vermehrung durch Teilung statt. Die weitere Massenzunahme des Zentralnervensystems geschieht nur durch Größenzunahme [der Nervenzellen, durch die Ausbildung und feinere Verästelung ihrer gesamten Fortsätze, durch die Hüllen- und Markscheidenbildung um die primären Nervenfasern, endlich durch Vermehrung der Stützsubstanz und des Bindegewebes und durch die Vermehrung und Erweiterung der Blutgefäße.

Die Hüllen des Gehirnes und des Rückenmarkes entstehen aus der innersten Schicht des Mesenchyms der häutigen, später knorpeligen Schädelkapsel und der Membrana reuniens des Rückenmarkes.

Diese zwischen Skelet und Zentralnervensystem gelegene, als **Meninx primitiva** bezeichnete Bindegewebsmasse spaltet sich in

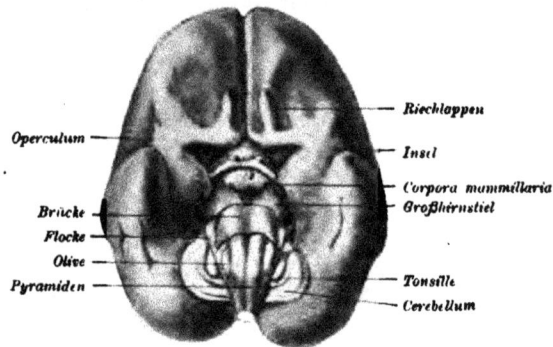

Operculum —
Brücke —
Flocke —
Olive —
Pyramiden —

— Riechlappen
— Insel
— Corpora mammillaria
— Großhirnstiel
— Tonsille
— Cerebellum

Fig. 229. Ventralansicht des Gehirnes eines menschlichen Embryos vom Ende des fünften Monats.

die harte und weiche Hirnhaut, die Pachymeninx ($\pi\alpha\chi\iota'\varsigma$ = dicht, fest, zart, $\mu\tilde{\eta}\nu\iota\zeta$ = Hirnhaut) und Leptomeninx ($\lambda\epsilon\pi\tau\acute{o}\varsigma$ = dünn, zart). Die Leptomeninx scheidet sich unter Bildung der Subarachnoidealräume und starker Gefäßentwicklung wieder in die Lamina arachnoides ($\dot{\alpha}\varrho\dot{\alpha}\chi\nu\eta$ = Spinne) und in die Lamina vasculosa (Pia). Zwischen beiden entsteht der intermeningeale (subdurale Spaltraum. Das Foramen ventriculi quarti medium bildet sich beim menschlichen Embryo von 1,9 cm Länge durch Usur des verdünnten Ependyms des vierten Ventrikels und der darüber gelegenen Leptomeninx. Die Sinus entstehen als Spalten im Stratum externum der Pachymeninx.

Falten der Gefäßhaut, welche epithelial gebliebene Teile der Hirnblasenwand gegen die Ventrikelhöhlen einstülpen, bilden die Telae chorioideae und deren Adergeflechte (Fig. 230). Jede Tela chorioidea besteht demnach aus einem oberen und unteren, mit der Meninx vasculosa zusammenhängenden Blatt und einem im Ventrikel liegenden Faltenscheitel. Sie muß weiter von einer dünnen Epitheldecke, der eingestülpten Hemisphärenwand, bekleidet sein, die man, wie die epithelialen Auskleidungen der Ventrikelhöhlen und des Zentralkanals, als E p e n d y m bezeichnet.

Die B l u t g e f ä ß e wachsen mit Bindegewebe von außen in die Substanz des Gehirnes und des Rückenmarkes ein und führen beiden bindegewebige Massen zu.

b) Die peripheren Nerven.

Die m o t o r i s c h e n S p i n a l n e r v e n entspringen in Gestalt der metameren V o r d e r w u r z e l n aus dem Rückenmark. Jede Wurzel-

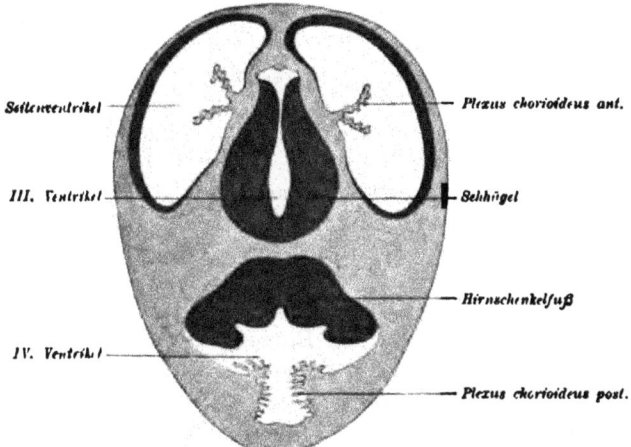

Fig. 230. Schnitt durch den Kopf eines Kaninchenembryos mit den Anlagen der Tela chorioidea anterior und posterior. Vergr. etwa 4 : 1.

faser enthält in einer bindegewebigen Scheide die noch nackten und kernlosen Neuriten einer ganzen Gruppe motorischer Ganglienzellen. Jeder auswachsende Neurit verbindet sich schließlich mit einer Muskelfaser des zu demselben Körpersegment wie der Nerv gehörigen Myotoms.

Die m o t o r i s c h e n H i r n n e r v e n wachsen entweder in derselben Weise wie motorische Spinalnerven als Neuritenbündel (Oculomotorius, Trochlearis und Hypoglossus) aus einer ventral gelegenen Reihe oder wie der Facialis, die motorische Trigeminuswurzel, die motorische Vagus-Glossopharyngeuswurzel und der Accessorius aus einer lateralen Reihe „motorischer Kerne" aus.

Die motorischen Hirn- und Spinalnerven sind beim Menschen nahezu gleichzeitig und sehr früh gebildet. So sind bei einem 4,4 mm langen menschlichen Embryo alle motorischen Wurzeln bis auf die des Rautenhirnes angelegt. Bei menschlichen Embryonen von etwa 7 mm und bei ebenso großen von der Katze, dem Hunde und dem Schweine sind alle motorischen Wurzelbündel deutlich.

In dem fünften bis sechsten Monate erhalten die motorischen Nervenfasern des Menschen ihre Markscheiden (siehe S. 273).

Die sensibeln Nerven des Rückenmarkes und Gehirnes entstehen als Neuritenbündel der sensibeln Spinal- und Kopfganglienzellen. Die Ganglienleiste reicht ursprünglich nur bis in die Gegend des Hinterhirnes, verlängert sich dann aber nach vorn und zerfällt jederseits in die Anlagen des Trigeminus-, Acustico-facialis- Glossopharyngeus- und Vagusganglion. Diese primären Ganglienanlagen erreichen durch rasche Zellvermehrung bald eine auffallende Größe, und ihre Zellen scheiden sich in Neuroblasten und Scheidenzellen.

Die ursprünglich biporalen Spinal- und Kopfganglienzellen entsenden je einen zentralen Fortsatz, den Neuriten, und einen peripheren Fortsatz, der als sehr langer Dendritenstiel zu betrachten ist und später zu einer markhaltigen Nervenfaser wird. Die Bündel der zentralen Neuriten wachsen (beim menschlichen Embryo von 4,4 mm, bei Katzen- und Hundeembryonen von etwa 6 mm und bei Schweineembryonen von 8 mm) als sensible Wurzeln in das Rückenmark (Fig. 221) oder Gehirn ein, teilen sich in auf- und absteigende Strangfasern und deren Collateralen und bilden die erste Anlage der bis zur Medulla oblongata reichenden Hinterstränge. Die Vorder- und Seitenstränge erhalten ihre Nervenfasern im wesentlichen aus den Binnenneuronen der Strangzellen.

Der periphere Fortsatz der Spinalganglienzellen, der Dendritenstiel, legt sich dem motorischen Spinal- oder Hirnnerven an, wächst mit ihm peripher, und beide (Fig. 221) zusammen bilden einen gemischten Spinalnerven. Bei dem Auswachsen werden Plasmodesmen als Brücken benutzt. Nach Ausbildung der Spinalganglienzellen und ihrer Fortsätze spricht man von fertigen oder sekundären Ganglien.

Die Zellen der Spinal- und Kopfganglien behalten bei den niederen Wirbeltieren zeitlebens ihre bipolare Form. Bei den höheren Tieren und bei dem Menschen bleiben nur die Zellen des Ganglion cochleare und vestibuli bipolar. Die übrigen dagegen biegen sich entweder derart zusammen, daß die Abgangsstellen ihrer beiden Ausläufer sich bis zur Berührung nähern und dadurch eine scheinbar einheitliche, sich ästig teilende Faser entsteht, oder die Spinalganglienzellen werden durch rankenförmige Schlängelung des Neuriten und wechselnde Ausbildung und Aufknäuelung ihrer Dendriten zu äußerst komplizierten Zellformen umgewandelt.

Das sensible Neuron besteht aus der Spinalganglienzelle, dem zentralen, mit Collateralen versehenen Neuriten nebst Endbüscheln sowie aus dem peripheren Fortsatz oder dem Dendritenstiel mit seinen in verschiedener Weise endenden Dendriten. Eine gemischte periphere Nervenbahn enthält somit die Neuriten motorischer und die Dendritenstiele sensibler Neurone. Sie werden gewöhnlich ohne Rücksicht auf ihre verschiedene physiologische Bedeutung als „periphere Nervenfasern" bezeichnet.

Die kernlosen, aus Neuroplasma, aus Neurofibrillen und aus dem einer Crusta entsprechenden Axolemma bestehenden primären oder nackten peripheren Nervenfasern, mögen sie Neuriten oder Dendritenstielen entsprechen, können nachträglich zellige Scheiden erhalten. Es treten dann entweder aus der Wand des cerebrospinalen Rohres oder aus den primären Ganglien Zellen aus, vermehren sich lebhaft auf den Nervenfaserbündeln und wachsen zwischen sie ein.

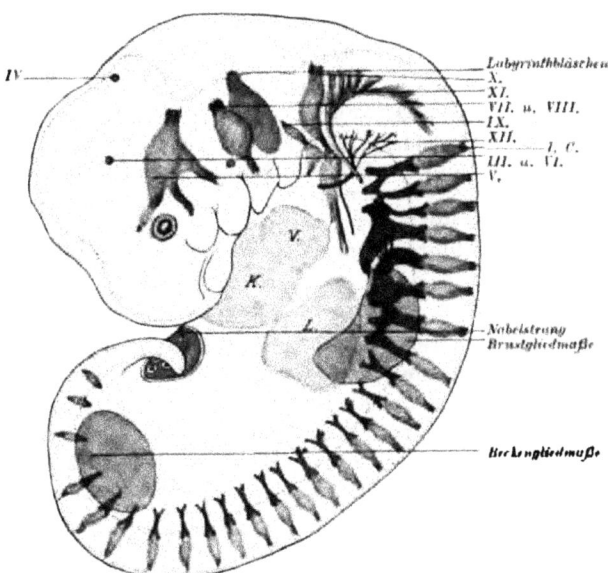

Fig. 231. Schema des peripheren Nervensystems von einem menschlichen Embryo von 6 mm Scheitelsteißlänge. Nach Mall. L = Leber, K = Kammer, V = Vorhof des Herzens.

Sich kettenartig hintereinander ordnend, umschließen sie die Nervenfasern zuerst hohlziegel-, dann röhrenförmig als Scheidenzellen. Unter sich sind sie nach Art der Epithelien durch Kittsubstanz verbunden. Die so entstandene Hülle, die Schwannsche Scheide der marklosen Nervenfasern beginnt in einer Entfernung vom Ursprung der Nervenfasern und endet meist in einiger Entfernung vor der Nervenendigung. Auch die Spinalganglienzellen erhalten zellige Scheiden.

Die sehr lang ausgezogenen Scheidenzellen können sich aber auch in eine innere, aus Myelin und Hornsubstanz oder Keratin (κέρας = Horn) bestehende Schicht, in die Mark- oder Myelinscheide, und in eine äußere, den Kern- und Plasmarest der Scheiden-

zelle enthaltende S c h w a n n sche Scheide der m a r k h a l t i g e n Nervenfaser oder in das N e u r i l e m m sondern. An den R a n v i e r schen
Schnürringen fehlt die Markscheidenbildung, und es findet sich da
eine durchlochte, vom Neurilemm gebildete Scheibe zum Durchtritt
des Neuriten. Die Markscheide beginnt, erst in einiger Entfernung des
Neuriten- oder Dendritenursprunges und endet vor dessen Endteilung.
Die zentral verlaufenden markhaltigen Neuriten der Kopf- und Spinalganglienzellen enthalten nur bis zu ihrem Eintritt in das Gehirn und
Rückenmark Scheidenzellen. Dort treten an deren Stelle die Gliazellen.
Die Myelinscheide an den feinen Nervenfasern im Gehirn und Rückenmark wird als Ausscheidung des Neuriten betrachtet.

Die sensiblen Hinterwurzeln erhalten ihre Markscheiden viel später
als die motorischen Nerven. Umscheidete Nervenfasern heißen, im
Gegensatze zu den noch nackten primären oder u n r e i f e n , s e k u n d ä r e
oder r e i f e N e r v e n f a s e r n.

Die Markscheidenbildung ist bei der Geburt noch keineswegs eine allseitige
und fertige. Die wichtigsten Bahnen erhalten zuerst ihre Markscheiden und werden
damit funktionsfähig, aber eine ganze Anzahl wichtiger Bahnen wird erst n a c h
der Geburt markhaltig.

Zu den dem Ektoblast entstammenden, die Nervenleitung isolierenden
Hüllen gesellt sich dann noch das gefäßhaltige bindegewebige, vom
Mesoblast gelieferte P e r i n e u r i u m e x t e r n u m und i n t e r n u m.

Die Dendriten rezeptorischer Neurone enden in oder an S i n n e s -
z e l l e n , die zentripetal leitenden Neuriten kommen von solchen. Die
Neuriten e f f e k t o r i s c h e r Neurone enden teils an, teils in Drüsenzellen. An den quergestreiften Muskeln liegt die eigentliche Endigung
u n t e r dem Sarcolemma in der Substanz der Muskelfaser. In diesem
Falle kann man von einer Endigung durch E i n b e t t u n g in die
Muskelfasern sprechen.

Die zehn H i r n - oder K o p f n e r v e n p a a r e — das Rhinencephalon
und Ophthalmencephalon wird bei der Entwicklung des Riech- und
Sehorgans weiter berücksichtigt — werden nach ihren Hauptstämmen
in die T r i g e m i n u s - und V a g u s g r u p p e unterschieden.

Neben den später rein motorischen A u g e n m u s k e l n e r v e n bestehen, namentlich deutlich bei Selachiern, aber auch bei Säugern
(zum Beispiel am Oculomotorius der Katze), kurze Zeit d o r s a l e
Ganglienanlagen, welche sich aber bald zurückbilden.

Ebenso entsteht die H y p o g l o s s u s g r u p p e aus motorischen und
sensibeln Wurzeln mit dorsalen Ganglien. Letztere atrophieren in der
Regel, können aber ausnahmsweise vereinzelt zeitlebens in abortiver
Form bestehen. Der Hypoglossus der Säugetiere und des Menschen
entspricht also einem durch Konkreszenz aus mindestens drei ventralen
Wurzeln zu einem Nervenstamm zusammengefaßten Spinalnervenkomplex
mit abortiven sensibeln Elementen.

Die im Vergleich zu der schwachen motorischen sehr kräftige sensible Trigeminuswurzel entsteht aus dem einem Spinalganglion entsprechenden Ganglion .semilunare. Es entsendet seine peripheren Dendritenbündel als Ramus ophthalmicus, maxillaris und mandibularis zum Auge, Ober- und Unterkiefer. Die diesen Ästen angeschlossenen Ganglien entsprechen im wesentlichen sympathischen Ganglien. Unklar ist noch, ob der Trigeminus nur einem oder mehreren Spinalnerven entspricht.

Der Facialis ist der Nerv des Hyoidbogens, des Musculus subcutaneus colli und der aus ihm hervorgehenden Muskeln. Sein Ganglion geniculi enthält spinale Ganglienzellen. Der Facialis ist also ein gemischter Nerv.

Das Akusticusganglion entsteht aus der Ganglienleiste an der Seitenfläche des Rautenhirns medial von dem Gehörbläschen. Der Hörnerv entspricht der hinteren Wurzel eines Spinalnerven. Sein Ganglion zerfällt in das des Vorhofes und das der Schnecke. Die aus dem Ganglion tretenden Neuriten liegen unmittelbar an der Vorderwand des Labyrinthbläschens, an welcher sich alle Nervenendstellen mit Ausnahme der Ampulle des hinteren Bogenganges entwickeln, und wachsen zentralwärts in das verlängerte Mark ein.

Der Glossopharyngeus enthält motorische Fasern aus dem Seitenhornstrang und sensible aus dem Ganglion jugulare und petrosum, welche zusammen einem Spinalganglion entsprechen. Die sensibeln und motorischen Wurzeln bilden den gemischten typischen Nerven des dritten Visceralbogens.

Der Vagus entsteht aus einer Reihe von Wurzelfasern längs des Rautenhirnes. Seine Ganglien (G. jugulare und nodosum) entsprechen Spinalganglien. Seine Bahn verästelt sich unter Aufnahme von Accessoriusbündeln (daher Vago-accessorius) am Kehlkopfe, der Luftröhre, dem Ösophagus, dem Herzen, der Aorta und Jugularis, dem Magen, der Leber und im Plexus coeliacus. Die kaudale Verlagerung dieser ursprünglich dicht hinter der Kopfgegend gelegenen Organe erklärt die zum Teil sehr auffallende nachträgliche Verlaufsweise mancher Vagusäste, so zum Beispiel des Ramus recurrens.

Der Nervus accessorius entspringt bei allen Amnioten aus einem im Rückenmarke gelegenen Accessoriuskern, der entweder von dem Vorderhorne des Rückenmarkes abgespalten oder von dem verlängerten Marke in das Halsmark heruntergewachsen ist, und einem „cerebralen Teil". Bei den Sauropsiden stehen 2—3, bei Säugetieren 4—5 Marksegmente zu diesem Kerne in Beziehung. Die motorischen Accessoriuswurzeln schließen sich den sensibeln Wurzeln an und bilden deren visceromotorische Fasern. Die Scheidung in einen N. accessorius vagi und spinalis wird vom vergleichend anatomischen Standpunkte aus angefochten und als Accessorius bei Säugetieren nur der spinale

18 *

Teil des Nerven bezeichnet. Der cerebrale Teil des „Accessorius" wird dagegen zum Vagus gerechnet.

Die Vagus-accessorius-Gruppe (IX.—XI. Hirnnerv) entspricht einer ganzen Anzahl von Visceral- bzw. Kiemenbogennerven bei Fischen. Mit dem Schwund der Kiemenbogen bei den Amnioten erleiden auch deren Nerven eine mehr oder minder bedeutende Rückbildung. Immerhin darf man den N. laryngeus superior mit seinem Ramus externus dem vierten und fünften Visceralbogen zurechnen. Der Nerv des sechsten, nur abortiven Visceralbogens ist geschwunden; der Nervus recurrens vagi wird als Nerv für einen siebenten, bei den höheren Wirbeltieren nicht mehr vorhandenen Bogen betrachtet.

Trigeminus, Facialis, Glossopharyngeus und Vagus treten durch ihre Ganglien oder durch ihre peripheren Stämme vorübergehend an dem dorsalen Rand der Kiemenspalten mit dem Epidermisblatt in Kontakt. An diesen Stellen verdickt sich das Epidermisblatt zu sogenannten „Kiemenspaltorganen" von noch dunkler Bedeutung.

c) Sympathicus.

Das sympathische oder vegetative Nervensystem entsteht aus dem cerebrospinalen.

Die Zellen der sympathischen Neurone lösen sich von den ventralen Enden der primären Spinalganglien ab und bilden schon bei menschlichen Embryonen vom Ende des ersten Monats einen kontinuierlichen sympathischen Strang, der in dem Mesoblast rechts und links von der Aorta liegt (Fig. 221). Unter Auswachsen der Neuriten und Dendriten sondert sich die Sympathicusanlage allmählich in die einzelnen Ganglien und in die sie verbindenden Faserbündel. Der so entstandene Grenzstrang des Sympathicus reicht vom Ganglion ciliare bis zum Ganglion impar an der Schweifspitze. Alle in der Brust- und Bauchhöhle in den sympathischen Geflechten vorhandenen Ganglien sind von denen des Grenzstranges abzuleiten. Außerdem gehen die Neuriten des sympathischen Systems vielfache Beziehungen zu dem cerebrospinalen Nervensystem (zum Beispiel durch die Rami communicantes) ein und verästeln sich peripher vorwiegend in der glatten Muskulatur. Die Scheidenzellen bilden um die sympathischen Fasern nur eine Schwannsche Scheide, doch will man neuestens auch von ganz dünnen Markscheiden umhüllte sympathische Fasern gefunden haben. Im zentralen Nervensystem besitzen die Sympathicusfasern keine Scheide.

Das neben den sympathischen Nervenzellen bei allen Wirbeltieren in paarigen Reihen zu beiden Seiten der Aorta vorkommende parasympathische Gewebe besteht aus phäochromen ($\varphi\alpha\iota\delta\varsigma$ = braun. $\chi\varrho\tilde{\omega}\mu\alpha$ = Farbe), d. h. sich in Lösungen chromsaurer Salze intensiv braun färbenden Zellen. Diese durch ihre den Blutdruck erhöhende Leistung sehr wichtigen Zellen entstammen demselben Mutterboden wie die sympathischen Nervenzellen, differenzieren sich aber sehr früh, finden sich dann entweder vereinzelt oder in Haufen und werden wie die sympathischen Zellen von feinen Nervengeflechten umsponnen.

Ich habe in vorstehendem mich zur Neuronentheorie bekannt, weil sie mir nach jeder Richtung hin am besten fundiert scheint. Ich bin mir aber gleichzeitig wohlbewußt, daß wir bezüglich der Untersuchung der interneuralen und der terminalen Verbindungen an den Grenzen der Leistungsfähigkeit unserer Technik und unserer Mikroskope stehen. Auch darf man wohl daran denken, daß in dem so kompliziert und verschiedenartig arbeitenden Nervensystem stellenweise verschiedene Arten interneuronaler und terminaler Verbindungen möglich sind.

Die Kettentheorie, nach welcher sich die Nervenfaser aus hintereinander gelegenen Zellreihen in einen segmentierten Neuriten und seine Scheiden differenzieren soll, die Theorie der Plasmodesmen, nach der infolge unvollständiger embryonaler Zellteilung ein ursprünglicher Zusammenhang der Nervenelemente mit ihren Endorganen besteht, sowie die Lehre, daß die Nervenzellen untereinander und mit ihren Endorganen durch kernführende syncytiale Netze zusammenhängen, sind alle, abgesehen von anderen Einwänden, durch den auch experimentell erbrachten Nachweis, daß die nackte, kernlose Faser aus je einer Nervenzelle frei auswächst, widerlegt. Ebensowenig kann·ich die Lehre, daß die durch embryonale Zellteilung zuerst vollkommen getrennten Nervenzellen und Endorgane noch vor der Differenzierung der Nervensubstanz in einen sekundären, plasmatischen Verband miteinander treten, der nachträglich zur nervösen Verbindung führen soll, anerkennen.

3. Entwicklung der Sinnesorgane.

· Die funktionell wichtigsten Teile der Sinnesorgane sind die Sinneszellen oder Neuroepithelien. Sie entstehen, mit Ausnahme des aus einer Ausstülpung der Hirnwand entwickelten Sehorgans, aus dem allen Reizen der Außenwelt direkt ausgesetzten Epidermisblatt und liegen entweder in diesem zerstreut oder in Gruppen, die auch in die Tiefe verlagert werden können. In diesem Falle bilden sich um sie aus dem Mesoblast Ernährungs-, Schutz- und Hilfsorgane. Immer aber bleibt das Neuroepithel bestimmend für die qualitative Leistung der einzelnen Sinnesorgane (Geruchs-, Geschmacks-, Tast-, Temperatur-, Gesichts- oder Gehörleistung) und bildet den Teil des Sinnesorgans, in dessen Dienst alle übrigen akzessorischen Hilfs- und Schutzapparate gestellt sind. Die das Binnengefühl (Füllungszustände der Eingeweide, Sehnen-, Muskel- und Gelenkspannungen) vermittelnden „inneren" Sinnesorgane treten an Bedeutung gegen die äußeren zurück und sind bezüglich ihrer Entwicklung und Leistung noch vielfach unklar.

a) Das Riechorgan.

Die Entwicklung des Riechorgans ist auf das innigste mit der Anlage der Nasenhöhle verknüpft, deren Bildung schon auf Seite 150 erörtert wurde. Das den Boden der Riechsäcke überkleidende Epithel liefert nach Bildung der Nasenhöhle das flimmernde respiratorische Epithel und das Riechepithel im Bereiche der oberen Muschel und der entsprechenden Region des Septums. In dieser Regio olfactoria scheidet sich das Epithel ähnlich wie in der Anlage des

Zentralnervensystems in **Spongioblasten** und in **Neuroblasten**
sowie in das Epithel der **Nasenhöhlendrüsen.**

Die Neuroblasten werden zu **Riechzellen.** Ihre Neuriten wachsen
als **Filia olfactoria zentripetal**, sich zu den **Riechfäden** oder
Filia olfactoria sammelnd, in den Bulbus olfactorius ein und umspinnen dessen Nervenzellen mit ihren Endbüscheln. Man kann die
Riechzellen als eine Art Zwischenstufe zwischen Epithel- und Nervenzelle betrachten. Die Spongioblasten werden zu den charakteristischen
Stützzellen mit gegabelten Basalfortsätzen. Außerdem wandern während
der Entwicklung des **Riechnerven** Zellen aus dem Epithel des Riech-
feldes aus und bilden **Scheidenzellen** für die **Filia olfactoria.**

Auch in der medialen Wand des bei dem Menschen abortiven
Organon vomeronasale entstehen Riechzellen, von denen bei
Tieren wohlentwickelte Olfactoriusfasern ausgehen können.

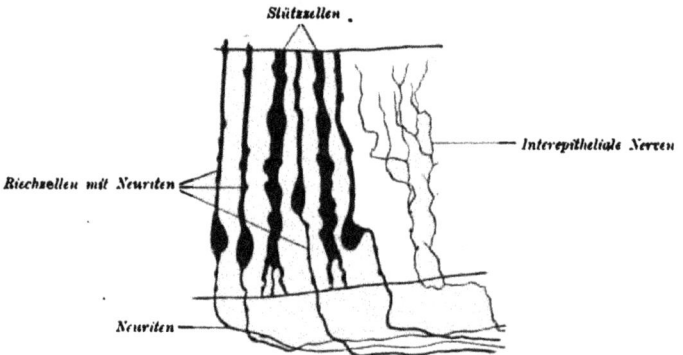

Fig. 232. Stütz- und Riechzellen einer neugeborenen Katze. Vergr. etwa 350 : 1.

In die ganze Nasenschleimhaut wachsen außerdem Dendriten des
ersten und zweiten sensibeln Trigeminusastes ein und enden oberflächlich
zwischen den Epithelien. Ebensolche Fasern finden sich auch in der
lateralen Wand des Organon vomeronasale von Säugetieren, zum Beispiel beim Schafe.

Die **Bowmannschen Drüsen** legen sich im dritten Embryonalmonat bei dem Menschen als solide Zapfen an, erreichen ihre volle
Ausbildung aber erst nach der Geburt.

b) Die Sinnesorgane der Haut

bestehen im einfachsten Falle aus **freien Endbüscheln zwischen**
den Epidermiszellen, oder es legen sich marklose Nervenendschlingen-
netze oder Tastmenisken an Epidermiszellen an (so zum Beispiel an
Tastzellen), oder es werden Epidermiszellen in die Cutis verlagert und
zusammen mit den an sie herantretenden Nerven von bindegewebigen
Hüllen **umkapselt.** So entstehen gewisse **Nervenendkörperchen**

(Grandrysche Körperchen, Tastkolben, Tastkörperchen). Endlich können die aus Bindegewebe um Nervenfasern und Nervenenden gebildeten Hüllen, wie an den Lamellenkörperchen (Herbstsche Körperchen der Vögel, Vater-Paccinische Körperchen), nachträglich durch Lymphstauung in einzelne Lamellen zerlegt werden.

Schon bei dem menschlichen Embryo von sieben Monaten sind die verschiedenen Nervenendkörperchen in der vom Erwachsenen bekannten Menge deutlich erkennbar.

Die Nerven des Endapparates in den Haarbälgen wachsen gegen Ende der Gravidität und in den ersten Wochen nach der Geburt horizontal in den bindegewebigen Balg ein und verästeln sich vertikal unter seiner Glashaut, wo sie Tastmenisken bilden. Außerdem dringen noch freie Nervenenden zwischen die Epithelien der äußeren Wurzelscheide ein. Die Papille enthält nur vasomotorische Nervenfäserchen.

Die Nervenendfasern in allen diesen Gebilden entsprechen einem Dendritenbüschel des peripheren Ausläufers einer Spinal- oder Kopfganglienzelle.

c) Das Geschmacksorgan.

Die in der Schleimhaut der Zunge, des Gaumens und des Kehldeckels gelegenen Geschmacksknospen legen sich beim Menschen im dritten Embryonalmonat an. Gewisse Zellgruppen des Stratum basale zeigen dann ein helleres Aussehen als die Epitheldecke der Mund- und Gaumenschleimhaut, strecken sich und spitzen sich unter Verdrängung des übrigen Epithels nach oben zu. Sehr früh treten Nerven an diese Anlagen der Geschmacksknospen heran. Später reichen die Knospenanlagen bis an die Oberfläche des Epithels und erhalten durch Konvergenz ihrer distalen und proximalen Zellenenden ihre charakteristische Tonnenform.

Die Sonderung der Knospenzellen in Schmeck-, Stütz- und Basalzellen tritt erst in den letzten Monaten des intrauterinen Lebens ein. Gleichzeitig wird die Begrenzung der Knospen gegen das benachbarte Epithel schärfer. Der Geschmacksporus entsteht durch Dickenzunahme des Epithels rings um die Knospen, deren peripheres Ende so an den Boden eines engen und kurzen Kanales, des Poruskanales, zu liegen kommt.

Die Knospen werden in viel größerer Ausdehnung, als sie sich später finden, am weichen Gaumen, an der Epiglottis, und an der Oberfläche und an den Seiten der sämtlichen Papillen der Zunge, mit Ausnahme der fadenförmigen, angelegt. Die oberflächlichen Knospen bilden sich aber in der Folge unter dem Einfluß eingedrungener Leukocyten an den umwallten Papillen und an den Papillae fungiformes meist wieder zurück.

Die Dendritenbüschel des Geschmacksnerven (Glossopharyngeus) wachsen als intragemmale Fasern in das Epithel der

Geschmacksknospen, als intergemmale Fasern aber vom Trigeminus aus in das zwischen den Geschmacksknospen gelegene Epithel ein und enden frei zwischen dessen Zellen. Im Endplexus des Glossopharyngeus, in dem Bindegewebe der Schleimhaut gelegene Nervenzellen gelten meist als sympathische.

d) Das Gehörorgan.
Labyrinth.

Von den zum Gehörorgan zusammentretenden Teilen ist der wichtigste das Labyrinth mit den Endausbreitungen des Hörnerven an den Hörzellen des Organon spirale und an den Haarzellen der Gleichgewichtsorgane (Utriculus mit Bogengängen und Sacculus).

Die Anlage des Labyrinthes bildet bei allen Wirbeltieren eine rechts und links vom Nachhirne und dorsal von der zweiten Visceralspalte auftretende Verdickung des Epidermisblattes, die Hör- oder Labyrinthplatte. Sie setzt sich durch ihre schlanken Zellen gegen die kubischen Epidermiszellen ab und wird alsbald als Hör- oder Labyrinthgrube in das unter ihr gelegene Mesenchym versenkt (Fig. 119, 233, 234).

Das Grübchen vertieft sich, seine Ränder verwachsen, und das so entstandene epitheliale Säckchen löst sich von dem Epidermisblatt und wird vollkommen vom Mesenchym umkapselt. Damit ist bei menschlichen Embryonen von der dritten Woche das Hörbläschen oder die epitheliale Grundlage des Labyrinthes gebildet worden.

Das Labyrinthbläschen enthält eine klare Flüssigkeit, die Endolymphe, welche mit zunehmender Geräumigkeit des Bläschens ebenfalls an Menge zunimmt. Die spätere komplizierte Form des Labyrinthes entsteht durch Ausbuchtungen, Faltungen und Abschnürungen an der Säckchenwand (Fig. 235).

Zunächst bemerkt man an der medialen Seite der dorsalen Wand dicht unter der Abschnürungsstelle vom Epidermisblatt eine Ausbuchtung, den Recessus labyrinthi oder Ductus endolymphaticus. Er verlängert sich und bildet bei Selachiern zeitlebens die Säckchenhöhle mit der Körperoberfläche. Bei Amnioten geht sein peripherer Teil zugrunde, und er läuft in ein gestieltes, blind endigendes Bläschen aus.

Ventralwärts streckt sich das Hörbläschen und treibt eine mediale Ausbuchtung, die erste Anlage des Schneckenganges oder den Ductus cochlearis. Seiner konkaven Seite schmiegt sich das Ganglion acusticum an (Fig. 235). Eine an der medialen Seite über dem Schneckengang einspringende Falte schneidet nachträglich einen dorsalen Abschnitt, den späteren Utriculus oder Schlauch, mit den Bogengängen von dem ventralen Reste des Hörbläschens.

aus dem sich das **Säckchen** oder der **Sacculus** und die **Schnecke** bilden. Diese letztere grenzt sich gegen den Sacculus durch den engen **Ductus reuniens** ab. Utriculus und Sacculus sondern sich bis auf den engen, beide verbindenden **Ductus utriculo-saccularis**, der außerdem auch noch den **Ductus endolymphaticus** aufnimmt (Fig. 238).

Der bei den Sauropsiden nur kurz bleibende und leicht gekrümmte Canalis cochlearis rollt sich bei den Säugetieren und bei dem Menschen in zweieinhalb immer enger werdenden Spiraltouren auf. In der achten Woche zeigt der Schneckengang schon eine ganze Windung, in der elften bis zwölften Woche sind beim menschlichen Embryo die Schnekkenwindungen fertig. Das knospenförmige Ende der Basalwindung bildet in der Nähe des Canalis reuniens das kleine blindsackförmige **Caecum vestibulare.**

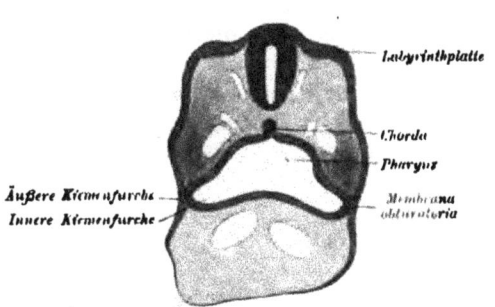

Fig. 233. Schnitt durch den Kopf eines Schafembryos von 16 Tagen und 22 Stunden mit 17 Urwirbelpaaren und deutlicher Gehörplatte. Vergr. etwa 50:1.

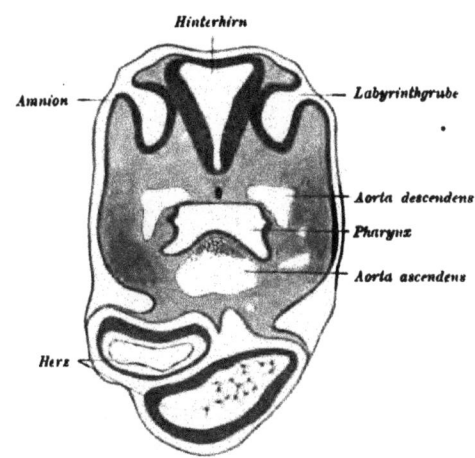

Fig. 234. Schnitt durch den Kopf des Hundeembryos Fig. 119 mit 20 Urwirbelpaaren. Labyrinthgrübchen dem Verschluß nahe. Vergr. etwa 50:1.

Das periphere Ende des Schneckenkanals liegt in dem **Kuppelblindsack** oder **Caecum cupulare.**

Die drei **Bogengänge** legen sich als flache taschenartige Ausstülpungen der Wand des Gehörbläschens an (Fig. 236). Ihre beiden Epithelblätter verkleben bis auf den freien, sich röhrenförmig erweiternden bogenförmigen Rand miteinander. Der mittlere solide, plattenförmige Teil der Ausstülpung, der wie ein Gekröse die verdickten Ränder mit der Wand des Utriculus verheftet, wird von Bindegewebe durchwachsen und verschwindet durch Rückbildung. So sind die peripheren Kanäle zu den Bogengängen geworden, welche nur an ihren Mündungen noch mit dem Utriculus zusammenhängen (Fig. 237). Die beiden **senkrechten**

Bogengänge legen sich zuerst, und zwar zusammen aus einer einzigen
größeren taschenförmigen Ausstülpung an. Ihre beiden freien Mündungen
erweitern sich zu den Ampullen. Die beiden übrigen Mündungen
senken sich gemeinsam in den Utriculus ein. Der horizontale
Bogengang entsteht später und von den vorigen unabhängig. Er bildet
an seinen beiden Enden je eine Ampulle aus.

Gleichzeitig mit diesen Veränderungen sondert sich auch das
Epithel der Labyrinthanlage. Flache oder kubische Epithel-
zellen bilden die einschichtigen Auskleidungen der Bogengänge, des
Sacculus und Utriculus sowie des Labyrinthanhanges. An den
Cristae, den Ampullen der Bogengänge und an den Maculae

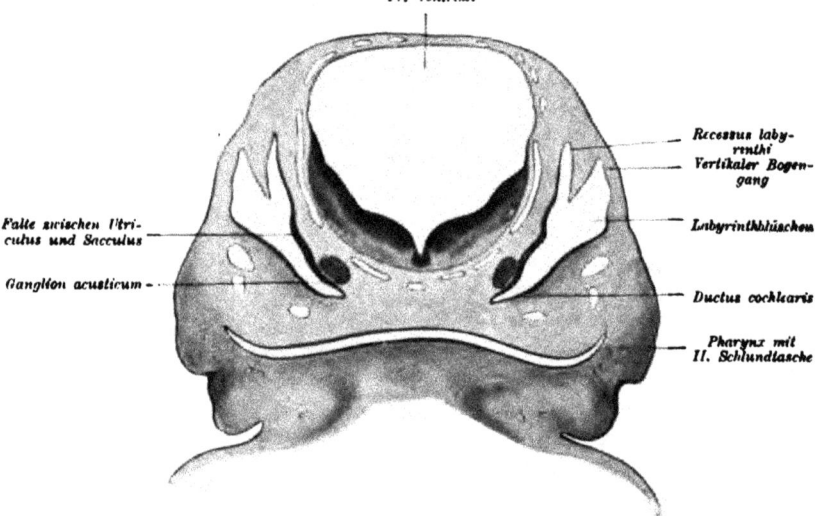

IV. Ventrikel

Falte zwischen Utri-
culus und Sacculus

Ganglion acusticum

Recessus laby-
rinthi
Vertikaler Bogen-
gang

Labyrinthbläschen

Ductus cochlearis

Pharynx mit
II. Schlundtasche

Fig. 235. Schnitt durch die Ohranlage eines Hundeembryos von 25 Tagen. Vergr. etwa 30 : 1.

im Sacculus und Utriculus verlängern sich gewisse Zellen zu zylindrischen oder spindelförmigen Stützzellen und zu birnförmigen Haarzellen, die an ihrem freien Ende mit einem Haarpinsel in die Endo-
lypmhe hineinragen. Über ihnen entstehen in der Endolymphe die
Hörsteine oder Otolithen ($o\tilde{v}_\varsigma$ = Ohr, $\lambda i \vartheta o_\varsigma$ = Stein) als pris-
matische Kristalle von kohlensaurem Kalk.

Ganz besonders kompliziert ist die Anlage des Organon spirale
oder des Cortischen Organs in der Schnecke. Das Neuroepithel an
dem Boden des Schneckenkanales scheidet sich in die äußeren und
inneren Hörzellen und in die verschiedenartigen Stützzellen
(Pfeilerzellen, Deiterssche Zellen usw.). Auf den Hörzellen wird die
Membrana tectoria schon bei menschlichen Embryonen vom Ende
des dritten Monats deutlich. Ihre Bildung ist strittig.

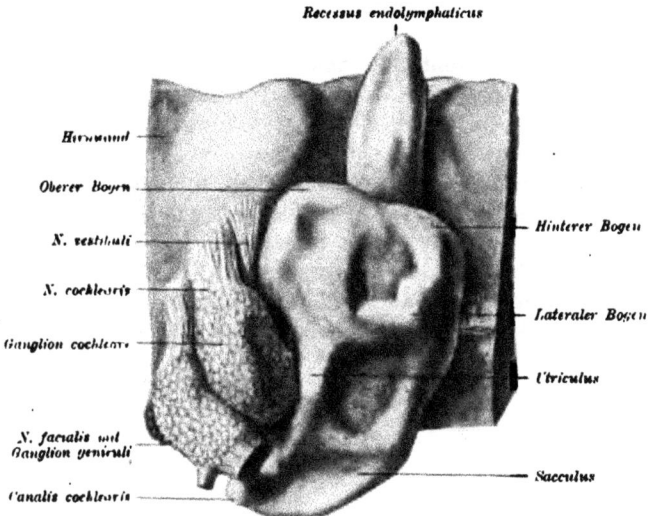

Recessus endolymphaticus

Hirnwand

Oberer Bogen

N. vestibuli

N. cochlearis

Ganglion cochleare

N. facialis und Ganglion geniculi

Canalis cochlearis

Hinterer Bogen

Lateraler Bogen

Utriculus

Sacculus

Fig. 236. Modell der Labyrinthanlage eines menschlichen Embryos aus der fünften Woche von 10,2 mm Nackensteißlänge. Nach His-Ziegler.

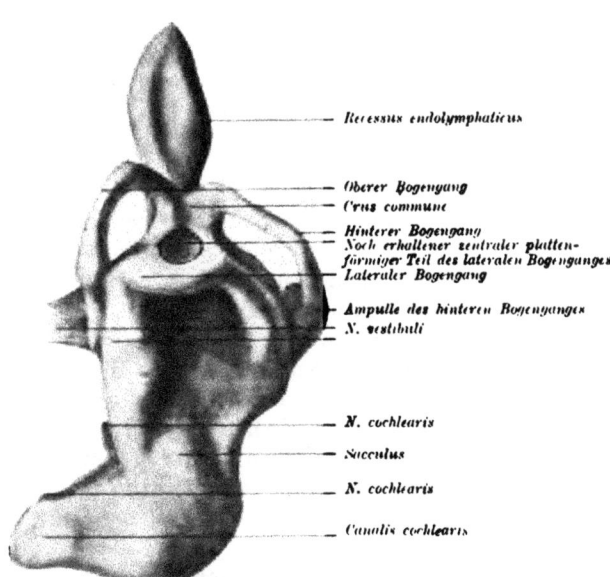

Recessus endolymphaticus

Oberer Bogengang
Crus commune

Hinterer Bogengang
Noch erhaltener zentraler platten-förmiger Teil des lateralen Bogenganges
Lateraler Bogengang

Ampulle des hinteren Bogenganges
N. vestibuli

N. cochlearis

Sacculus

N. cochlearis

Canalis cochlearis

Fig. 237. Anlage des Labyrinthes eines menschlichen Embryos von etwa fünf Wochen und 13,5 mm Nackensteißlänge. Nach His-Ziegler.

Seine volle Ausbildung erreicht das Organon spirale erst nach der Geburt.

Der Hörnerv entsteht aus dem Gehörganglion, das schon beim menschlichen Embryo in der dritten Woche der vorderen Wand des Gehörbläschens anliegt. Die Zellen des Ganglions gleichen bipolaren unfertigen Spinalganglienzellen.

Durch die Sonderung der häutigen Labyrinthanlage in den Sacculus und Utriculus einerseits und in die Schnecke anderseits wird auch das Ganglion acusticum in das Vorhofsganglion, Ganglon vestibuli, und in das Schneckenganglion, Ganglion cochleae. zerlegt. Das Ganglion cochleae wird durch die Verlängerung und Aufrollung des Schneckenganges zu einer dünnen, spiralig angeordneten

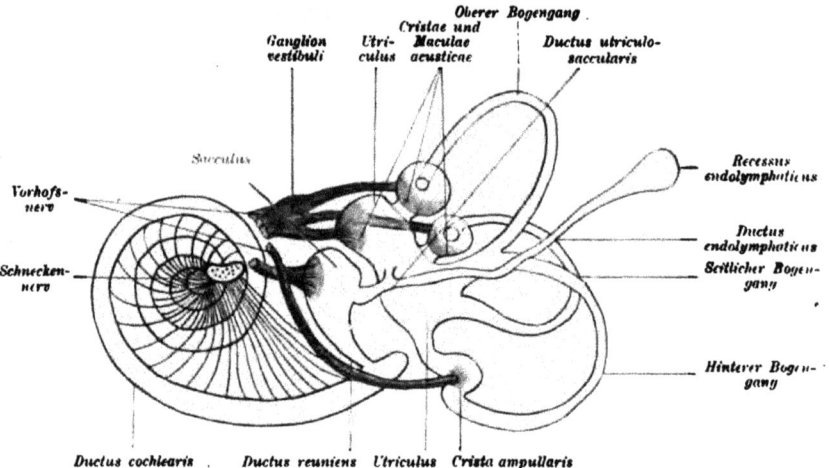

Fig. 238. Schema des rechten Labyrinthes mit seinen Nerven von innen. Nach Toldt.

Schicht von Nervenzellen, dem Ganglion spirale, ausgebreitet und bis zum Caecum cupulare aufgerollt.

Die peripheren Fasern oder Dendriten der Nervenzellen des Ganglion vestibuli stehen als Vorhofsnerv, als Nervus vestibuli, durch ihre Endbüschel mit den Haarzellen der Cristae und Maculae, die des Ganglion cochleae als Schneckennerv, Nervus cochleae. mit den Hörzellen des Organon spirale in Kontakt. Die Neuritenbündel beider Ganglien vereinigen sich zum Nervus acusticus und senken sich als Hörstreifen oder Striae acusticae in den Boden des vierten Ventrikels ein.

Das Labyrinthepithel ist zunächst in Mesenchym eingebettet, das sich allmählich in folgende Schichten sondert: 1. die dünne gefäßhaltige Bindegewebshülle, welche das Epithel einschließt und später die sehnenartig dichte Wand des häutigen Labyrinthes bildet. 2. Nach außen von ihr besteht eine aus Gallertgewebe hervorgegangene Schicht lockeren Bindegewebes, durch dessen Schwund die perilymhpatischen Räume um das häutige Labyrinth entstehen. 3. Dann folgt die knorpelige **Ohrkapsel** mit ihrem **Perichondrium**. Aus der Knorpelkapsel entsteht nur spongiöser Knochen. 4. Das spröde und harte knöcherne **Labyrinth** nach außen von den perilymphatischen Räumen wird durch Ossifikation seitens des in **Periost** umgewandelten Perichondriums gebildet. Ende des sechsten Monats ist beim Menschen das ganze Labyrinth allseitig von Knochen umschlossen. Das **runde** und das **ovale Fenster** sind unverknorpelte und bindegewebig gebliebene Stellen der Ohrkapsel. Die bindegewebige gefäßhaltige Wand des häutigen Labyrinthes entspricht den weichen, das Periost der harten Hirnhaut, die perilymphatischen Räume sind gleichwertig mit den subduralen und subarachnoidalen Lymphräumen des Gehirnes.

Die **perilymphatischen Räume der Bogengänge**, des **Utriculus** und **Sacculus**, entstehen durch Lückenbildung in dem nach außen von dem häutigen Labyrinth gelegenen Mesenchym. Unter Auflösung der Mesenchymzellen konfluieren diese Lücken zu immer größeren Räumen. Sie werden

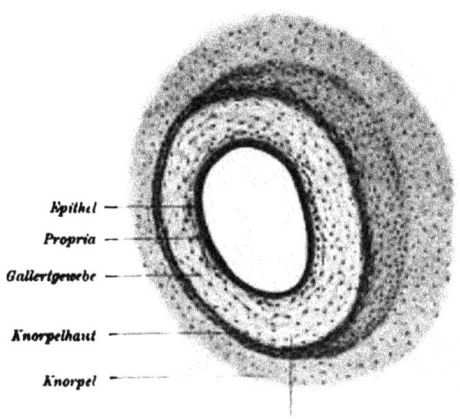

Epithel —
Propria —
Gallertgewebe —
Knorpelhaut —
Knorpel —
Späterer perilymphat. Raum

Fig. 239. Querschnitt durch den äußeren Bogengang eines 8 cm langen Rinderembryos. Vergr. etwa 120 : 1.

nur noch von vereinzelten Spannfaserbündeln durchzogen, welche die Außenfläche des häutigen Labyrinthes an das Periost fixieren.

Die **perilymphatischen Räume der Schnecke** entwickeln sich beim Menschen Ende der dritten Embryonalwoche zwischen der bindegewebigen Wand des Schneckenkanals und dem Periost der Schneckenwand ebenfalls durch Schwund des innerhalb der Knorpelkapsel über und unter dem Schneckenkanal gelegenen Bindegewebes. So entsteht unter dem Schneckenkanal die **Scala tympani** oder **Paukentreppe** und über dem Schneckenkanal die **Scala vestibuli** oder **Vorhofstreppe**. Gleichzeitig zeigt der anfänglich rundliche Schneckenkanal dreiseitigen Querschnitt. Seine untere, jetzt ebene Wand wird zur **Membrana basilaris**. In ihr entsteht im Anschluß an die verknöcherte Spindel oder den **Modiolus** die **Lamina basilaris ossea**. Der unverknöcherte Teil hängt als **Lamina spiralis** membranacea mit der Innenfläche der seitlichen Schneckenwand und mit dem Spiralband oder dem Ligamentum spirale zusammen. Die obere Seite des Schneckenganges bildet nur noch eine dünne, von flachem Epithel überzogene Platte, die Membrana vestibularis oder Reissneri (Fig. 240).

Das ganze System der das Labyrinth umhüllenden perilymphatischen Räume steht durch den im Aquaeductus cochlea liegenden Ductus perilymphaticus in direkter Verbindung mit den Subarachnoidealräumen des Gehirnes, während das System der endolymphatischen Räume allseitig geschlossen ist.

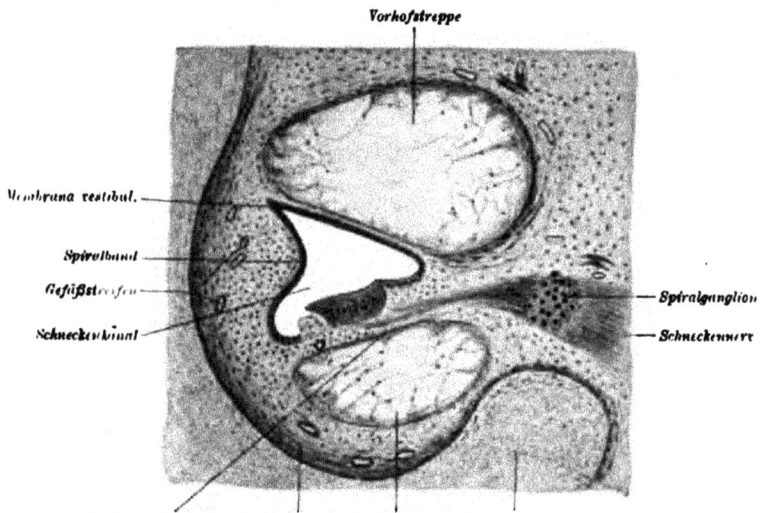

Vorhofstreppe

Membrana vestibul.

Spiralband

Gefäßstreifen

Schneckenkanal

Spiralganglion

Schneckennerv

Membrana basilaris Perichondrium Paukentreppe Knorpelkapsel

Fig. 240. Querschnitt des Schneckenkanals und seiner perilymphatischen Räume (Vorhofs- und Paukentreppe) von einem 10 cm langen Hundeembryo. Vergr. etwa 120:1.

Mittelohr oder Cavum tubotympanicum.

Die Bestandteile des Mittelohres, die Paukenhöhle, die Ohrtrompete und das Trommelfell, entstehen bei den Amnioten aus der ersten Schlundtasche, in deren nächster Nähe das Gehörbläschen nach seiner Abschnürung vom Epidermisblatte liegt. Die Membrana obturatoria dieser Tasche bricht nur am oberen Ende durch. Damit ist eine röhrenförmige, an dem Labyrinth dicht vorbeiziehende Verbindung der Rachenhöhle mit der Außenwelt entstanden. Im Bereiche dieser Spalte, die zum Spritzloch mancher Fische wird, entwickelt sich bei Selachiern die Spritzlochkieme. Bei den Säugetieren (Mensch, Schaf, Hund) bricht diese Stelle überhaupt nicht durch, und zwischen die beiden Epithellamellen der Membrana obturatoria wächst Bindegewebe ein. So entsteht das anfänglich sehr dicke Trommelfell, an dessen Ausbildung außer der Verschlußmembran der ersten Visceralfurche auch Bindegewebe aus den angrenzenden Teilen des ersten und zweiten Schlundbogens sich beteiligt. Der in der Rachenhöhle gelegene Rest der ersten Schlundtasche, der zwischen Trigeminus und Acustico-facialis gelegene Sulcus tubotympanicus, treibt eine dorsolaterale und nach oben gerichtete flügelartige

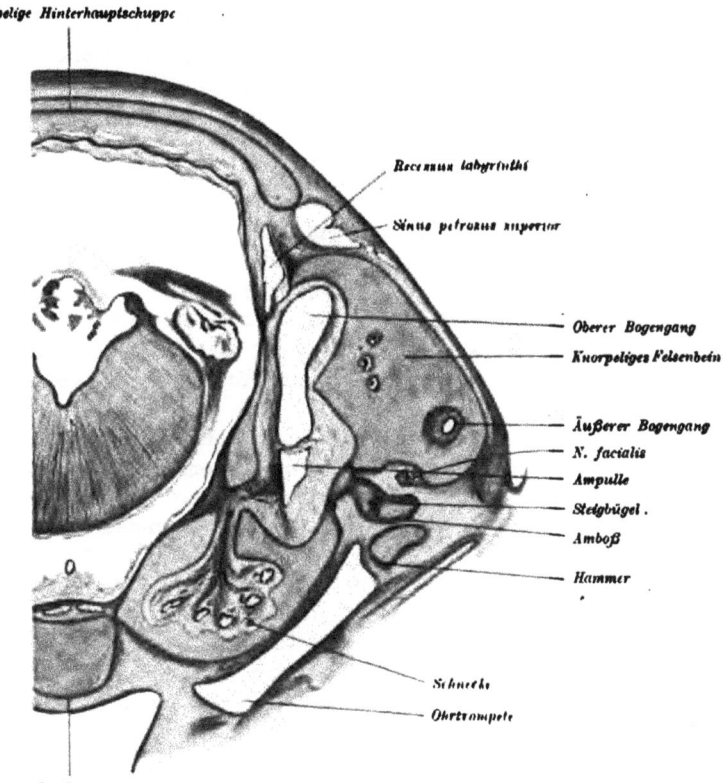

Fig. 241. Schnitt durch die Labyrinthanlage eines 8 cm langen Rindsembryos. Vergr. 10 : 1.

Ausbuchtung zwischen Labyrinth und Membrana obturatoria. Diese enge, seitlich komprimierte Spalte wird zur Paukenhöhle, ihr spaltförmiger Rest wird als Sulcus tympanicus zur Ohrtrompete oder der Tuba auditiva der Vögel und Säugetiere (sechswöchiger menschlicher Embryo). Die Verknorpelung ihrer Wand beginnt im vierten Monate. Die Tube ist anfänglich sehr kurz und mündet noch ohne deutlichen Tubarwulst dicht über dem Ansatze des weichen Gaumens.

Reichliches, unter der Epitheltapete der Paukenhöhle gelegenes Gallertgewebe umhüllt die aus den Schlundbogen abgegliederten Gehörknöchel, die Chorda tympani und den Musculus tensor
tympani. Die Erweiterung der Paukenhöhle und die Verdünnung
des Trommelfells geschehen gleichzeitig durch Schrumpfung des Gallertgewebes. Überall, wo das Gallertgewebe schwindet, senkt sich die
Schleimhaut zwischen Chorda und Gehörknöchel ein, umhüllt diese und
befestigt sie durch gekrösartige Falten an der Wand der Paukenhöhle.
Bindegewebsreste bleiben als Bänder der Gehörknöchel bestehen.
Die ursprünglich außerhalb der Paukenhöhle im Gallertgewebe gelegenen Gehörknöchel und die Chorda kommen also erst sekundär
durch Schwund des Gallertgewebes in die Paukenhöhle zu liegen. (Ihre
Entstehung siehe unter Skelet.) Der Musculus tensor tympani
entstammt dem Musculus pterygoideus internus und wird wie dieser
vom motorischen Trigeminusteil innerviert. Der M. stapedius dagegen erhält als Abkömmling der interbranchialen Muskulatur des
zweiten Kiemenbogens vom Facialis seine Nerven.

Das anfänglich sehr kleine Trommelfell besteht aus einer bindegewebigen Grundlage, die nach außen von einem Cutis-, nach innen
von einem Schleimhautüberzug bedeckt ist. Der bindegewebige Teil
verdichtet sich und erhält dadurch die für eine schwingende Membran
nötige Festigkeit.

Die Cellulae mastoideae entstehen erst lange Zeit nach der
Geburt durch Schwund des Knochens in dem ebenfalls erst nach der
Geburt sich ausbildenden Processus mastoideus. Beim Neugeborenen
ist nur ein Hohlraum, die Hauptzelle, vorhanden.

Ohrmuschel und äußerer Gehörgang.

Das äußere Ohr entstammt den die erste äußere Kiemenfurche
begrenzenden Teilen des Unterkiefer- und Zungenbeinbogens (Fig. 135).
In den Rändern dieser Furche bilden sich bei menschlichen und
tierischen Embryonen sechs Mesenchymverdickungen, die spangen-
förmig die erste Kiemenfurche umrahmen und als mandibulare und
hyoidale Auricularhöcker unterschieden werden. Den vorderen
Schenkel dieser Spange kann man somit als Pars mandibularis, den
hinteren als Pars hyoidalis bezeichnen. Hinter den hyoidalen Höckern
bildet eine bogenförmige Falte als hintere freie Ohrfalte die
Grundlage für den größten Teil der Ohrmuschel. Eine ähnliche Falte
wird auch vor dem zweiten und dritten Höcker als vordere Ohrfalte bemerkbar, fließt mit der hinteren und mit dem zweiten und
dritten Auricularhöcker zusammen und bildet die Helix des Menschen.
Durch Verwachsung des zweiten und dritten Höckers entsteht unter
Vermittlung des vorderen Faltenschenkels das Crus helicis. Erster
und sechster Höcker werden zum Tragus und Antitragus und

durch die Incisura intertragica dauernd geschieden. Vierter und fünfter bilden die Anthelix. Das Ohrläppchen entsteht spät als Verdickung des unteren Endes der freien Ohrfalte (Fig. 243C).

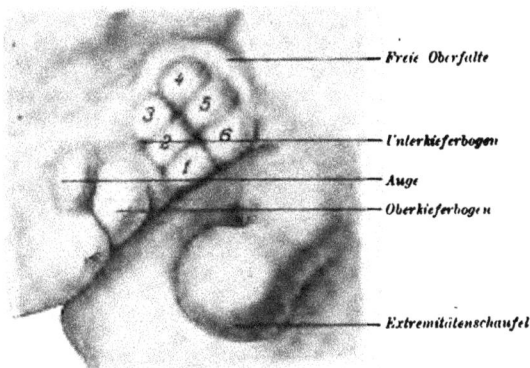

Fig. 242. Anlage der Ohrmuschel eines menschlichen Embryos mit sechs Auricularhöckern aus der fünften Woche. Nach G. Schwalbe.

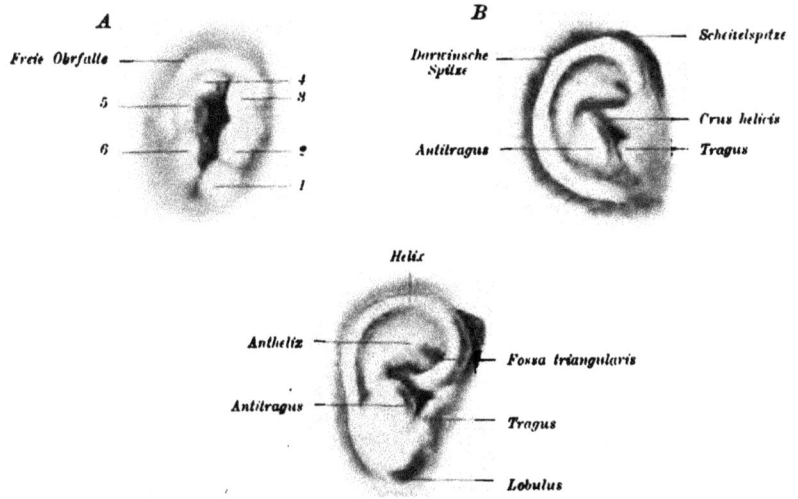

Fig. 243. A Anlage der rechten Ohrmuschel des Embryos Fig. 135 aus der fünften Woche. Vergr. etwa 12 : 1. B von einem menschlichen Embryo vom Anfange des fünften Monats. Vergr. etwa 2 : 1. C von einem menschlichen Embryo Ende des fünften Monats. Vergr. etwa 2 : 1.

Nach Ausbildung all dieser Teile hebt sich im sechsten Monate beim menschlichen Embryo die Ohrmuschel vom Kopfe ab und läßt an ihrem Rande zwei Winkel oder Spitzen erkennen, die Scheitelspitze, welche der Spitze der tierischen Ohrmuscheln entspricht, und

die Darwinsche Spitze etwa in der Mitte des hinteren, noch nicht
nach vorn umgeschlagenen Helixrandes.

Mit weiterer Entwicklung schwinden diese Tierähnlichkeiten; ausnahmsweise
können sie erhalten bleiben. Erhält sich die Incisura intertragica, so führt sie zur
Bildung eines „Schlitzohres“. Auch bei Vögeln legen sich Auricularhöcker an,
doch kommt es nicht zur Bildung einer eigentlichen Ohrmuschel wie bei den
meisten Säugern. Die Spitze der Ohrmuschel ist zuerst nach vorn umgeschlagen
und bleibt so (Behang mancher Hunde) oder richtet sich später wieder auf (Katze,
Wolf, Fuchs, Pferd, Hirsch usw.). Bei gewissen Tieren (Equiden, Cervideen u. a.)
wird die Ohrmuschel besonders groß, bei anderen bleibt sie klein. (Im Wasser
lebende Säugetiere, zum Beispiel Fischotter, Robben usw.)

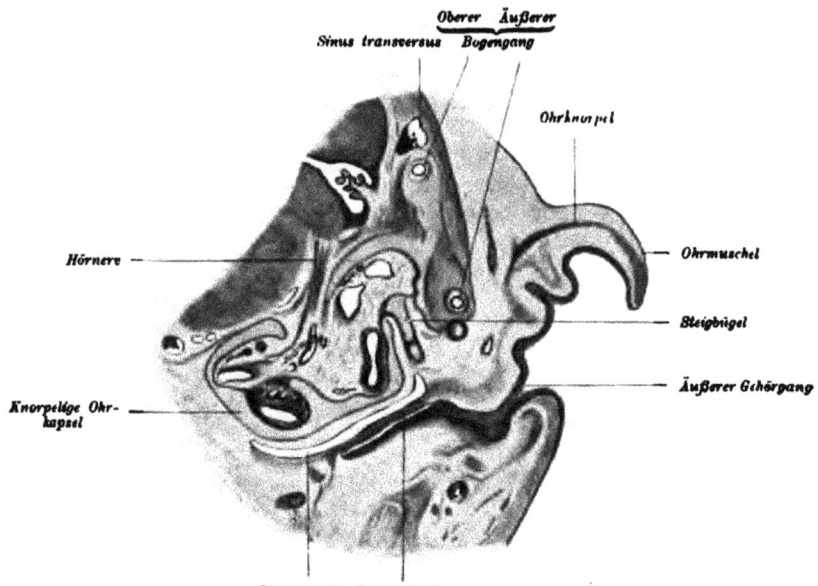

Fig. 244. Schnitt durch Tube, Labyrinth und äußeren Gehörgang eines Kaninchenembryos.

Die Muschelknorpel werden anfangs des dritten Monats beim
menschlichen Embryo zuerst im oberen Teile der freien Ohrfalte
deutlich. Die Incisuren des knorpeligen Gehörganges entstehen durch
Knorpelschwund.

Die äußeren Muskeln der Ohrmuschel gliedern sich aus der
Muskulatur des Hyoidbogens (M. subcutaneus colli) ab, gewinnen bei
Tieren mit großer beweglicher Ohrmuschel eine bedeutende Entfaltung,
sind aber beim Menschen abortiv.

Durch Verdickung des Mesenchyms in der Umgebung der ersten
Kiemenfurche vertieft sich diese zum äußeren Gehörgang, dessen
Grund das Trommelfell bildet. Es ist zuerst fast horizontal gestellt
und richtet sich erst später zu seiner definitiven Stellung auf. Die

Wand des äußeren Gehörganges scheidet sich durch Verknorpelung und teilweise Verknöcherung in die Knorpel- und Knochenzone. Die Lichtung des äußeren Gehörganges ist noch beim siebenmonatlichen menschlichen Embryo durch Epithel verstopft und bleibt es bei manchen Tieren (zum Beispiel Ratte und Kaninchen) bis nach der Geburt, während sich der Pfropf beim Schweine schon vor der Geburt abstößt.

Die Ohrenschmalzdrüsen entstehen nach dem Typus der Knäueldrüsen der Haut mit Haaranlagen.

e) Das Sehorgan.
Die Augenblase.

Der lichtempfindende Teil des Sehorganes, die Tunica intima oder nervea, die Netzhaut, entwickelt sich bei den Wirbeltieren im Gegensatze zu den direkt aus dem Epidermisblatt differenzierten Sinnesepithelien aller übrigen Sinnesorgane durch Abschnürung aus der Wand des Vorderhirnbläschens, ist also ein abgeschnürtes Hirnteil und bildet mit dem späteren „Sehnerven" das Ophthalmencephalon oder den Sehlappen.

Das Epidermisblatt bildet nur da, wo es die Hirnausstülpung berührt, das Material für die durchsichtige Linse.

Zu den optischen Bestandteilen des Auges gesellen sich dann noch von dem Mesoblast gelieferte Ernährungs-, Schutz- und Hilfsorgane. Die Hüllen des Augapfels sind modifizierte Fortsetzungen der Meningen des Gehirnes.

Als erste Anlage des Sehorganes fällt bei Vögeln und Säugetieren mit noch offener Neuralrinne die paarige Sehgrube in Gestalt einer flachen Einsenkung in der rechten und linken Wand des späteren Vorderhirnbläschens auf. Nach dem Verschlusse des Medullarrohres bilden diese Gruben halbkugelige Hervorwölbungen an dem dorsalen Teil der lateralen Vorderhirnwand, die Augenblasen. (Hühnerembryonen bei etwa 60 stündiger Bebrütung mit etwa sechs Urwirbelpaaren, Hundeembryonen mit 13—16 Urwirbelpaaren, Menschenembryonen vom Ende der dritten Woche, Fig. 118, 120, 245, 246.)

Die Augenblasenhöhle oder der Sehventrikel kommuniziert mit dem Teil des ersten Hirnbläschens, der später zum dritten Ventrikel wird. Die anfangs sehr kurze Verbindungsstelle der Augenblase mit der Hirnwand verlängert sich zum röhrenförmigen Augenblasenstiel, und die gestielte, etwa birnförmige Augenblase richtet ihren lateralen Pol etwas dorsal- und kaudalwärts (Fig. 121). Anfänglich berühren die lateralen Wände der Augenblasen das sie deckende Epidermisblatt (Schaf), werden aber bald durch wenige Mesenchymzellen vorübergehend von ihm getrennt. Nach deren Verdrängung liegt die

19 *

Wand der Augenblase wieder dem Epidermisblatt bis zur Vollendung
der Linsenanlage dicht an, bis abermals Bindegewebe dauernd zwischen
die abgeschnürte Linse und das Epidermisblatt einwächst.

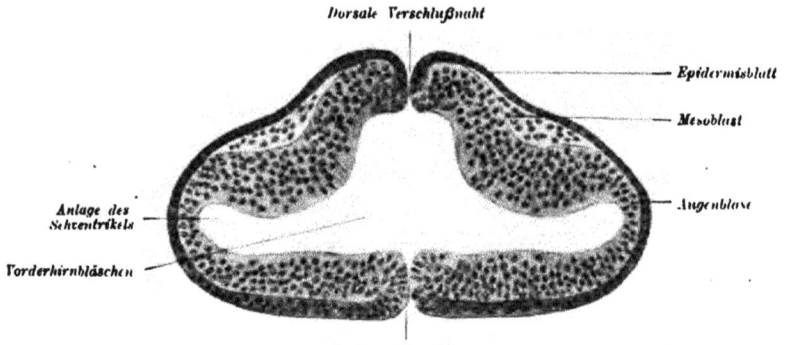

Fig. 245. Transversalschnitt durch den Kopf eines Schafembryos mit 10 Urwirbelpaaren und noch
offenem vorderen Neuroporus; Anlage der Augenblasen. Vergr. etwa 150:1.

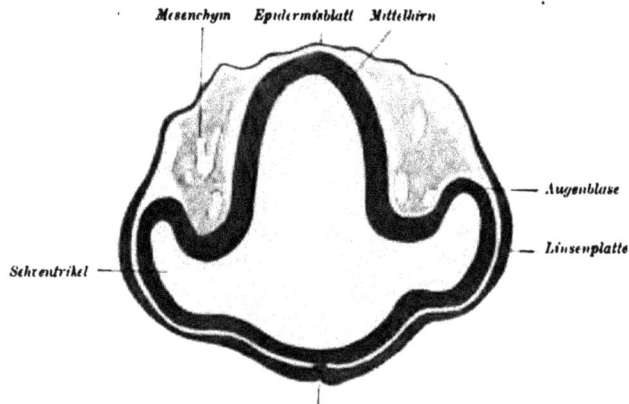

Fig. 246. Transversalschnitt durch den Kopf eines Hühnerembryos mit 15 Urwirbelpaaren von der
Mitte des dritten Brüttages. Linsenplatte. Vergr. etwa 100:1.

Entwicklung der Linse.

Über dem lateralen Pole der Augenblase verdickt sich das Epidermisblatt zur rundlichen flachen Linsenplatte (Fig. 246, Hühnerembryonen vom Ende des zweiten Bruttages, Kaninchenembryonen
von zehn Tagen, Hundeembryonen mit etwa 20 Urwirbelpaaren,
menschliche Embryonen von 4 mm Länge).

Die Linsenplatte besteht aus e i n e r Lage hoher prismatischer
Zellen mit mehreren Kernreihen.

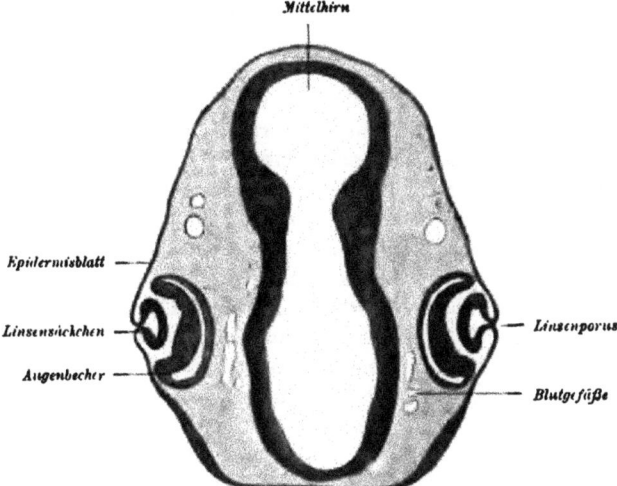

Fig. 247. Schnitt durch den Kopf eines Dohlenembryos mit sich schließendem Linsensäckchen. Vergr. etwa 30 : 1.

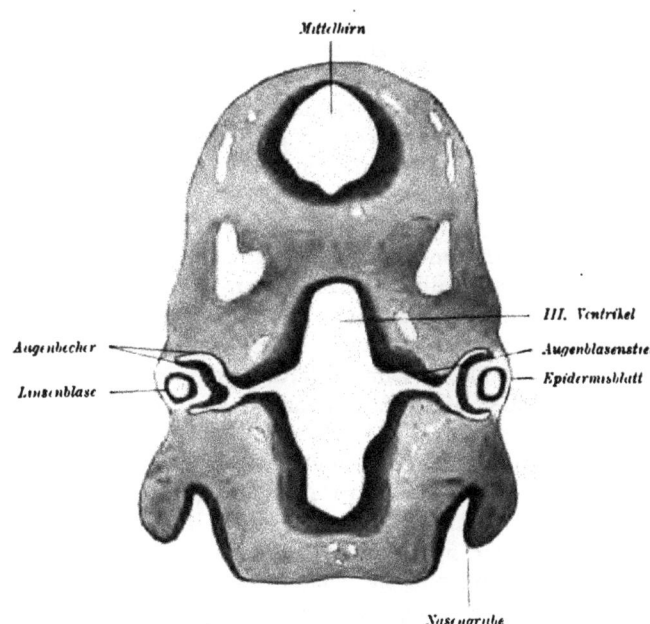

Fig. 248. Schnitt durch den Kopf eines Hundeembryos von 23 Tagen. Augenbecher und vom Epidermisblatt abgeschnürtes Linsensäckchen. Vergr. etwa 30 : 1.

Während die laterale Wand der Augenblase Becherform annimmt, senkt sich die Linsenplatte unter Verdickung ihres zentralen Gebietes zuerst gruben-, dann sackartig ein. Die Ränder der Linsengrube umrahmen mit ihrer Umschlagstelle in das Epidermisblatt den Linsenporus, Er führt als enge Öffnung vorübergehend in die Höhle des Linsensäckchens. Das Linsensäckchen löst sich unter gleichzeitiger Schließung des Linsenporus von dem Epidermisblatt und liegt nun als Linsenbläschen unter diesem (Fig. 247 u. 248, menschliche Embryonen vom Ende des ersten Monates).

Aus der Wand des Linsenbläschens der Säuger treten vereinzelte Zellen in die Linsenhöhle ein und zerfallen. Die schon von Anfang an dickere mediale Wand des Linsenbläschens bildet dadurch, daß ihre Zellen zu langen, schlanken Prismen, den Linsenfasern, auswachsen, eine in die Linsenhöhle polsterartig vorspringende Verdickung

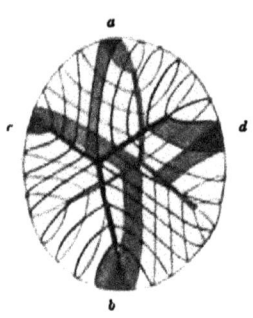

Fig. 249. Schema der Entstehung der Linsensterne durch die wechselnde Anordnung der Linsenfasern.

(Fig. 255). Die in der Mitte dieser Verdickung gelegenen längsten Zellen sind senkrecht auf die Linsenwand gestellt, die mehr peripher gelagerten dagegen krümmen sich als „Bogenfasern" konkav gegen den Linsenäquator zu und gehen in der Übergangszone in die kubischen und dann flachen Zellen der lateralen Linsenwand über (Fig. 252). Alle Linsenfasern besitzen, im Gegensatze zur fertigen Linse, färbbare Kerne, die in mehrfacher Schicht in einer peripher konvexen Kernzone angeordnet liegen. Nachdem die Linsenfasern eine bestimmte Länge erreicht haben, vermehren sie sich nicht mehr, wachsen aber noch in die Länge. Die Kerne der zentralen Fasern verlieren ihre Färbbarkeit. Die lang auswachsenden Linsenfasern berühren schließlich mit ihren lateralen Enden die innere Fläche der kubischen oder flachen, die äußere Linsenwand bildenden Zellen, die nunmehr als Epithel der Linsenkapsel bezeichnet werden (Fig. 255 u. 252). Durch Verdrängung der Linsenhöhle wird die Linse ein solider Körper. (Menschliche Embryonen der achten Woche.)

Die peripheren Linsenfasern sind zuerst faßdaubenähnlich mit ihrer Konkavität gegen den Linsenkern gerichtet (Fig. 252), werden gegen den Linsenrand zu immer kürzer und gehen in die Zellen des Kapselepithels über. In der Folge kehrt sich die Orientierung der Bogenfasern an der Randzone um, sie richten dann ihre Konkavität peripher.

Die Art der Auflagerung der Linsenfasern bedingt das Auftreten der beiden an der Vorder- und Hinterfläche der Linse verschieden gestellten dreistrahligen Linsensterne. Sie werden durch die un-

gleiche Anordnung der Rindenfasern hervorgerufen, da diese hinter
dem Linsenäquator um so früher enden, je näher sie an dem Zentrum
der Vorderfläche der Linse beginnen und umgekehrt (Fig. 249).

Die sich vergrößernde Linse ändert ihre Form. Zuerst ist ihre
Irisfläche stärker gewölbt wie ihre Glaskörperfläche. Dann besitzen
beide Flächen gleiche Wölbung. Schließlich ist die Glaskörperfläche
stärker konvex als die Irisfläche. Damit hat die Linse ihre definitive
Gestalt erhalten. Die Linse des neugeborenen Menschen besitzt schon
zwei Drittel ihrer schließlichen Größe.

Die Linsenanlage ist von der Membrana limitans prima,
die durch weitere Ausscheidungen der Linsenzellen zur Linsenkapsel wird (Fig. 253), nach Art einer Basalhaut umschlossen.

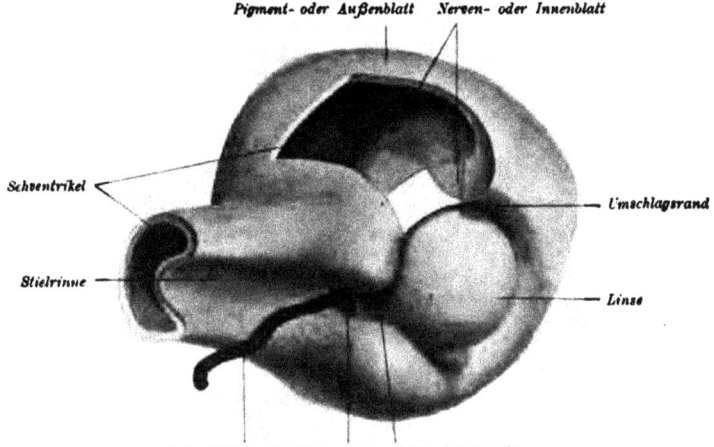

Fig. 250. Modell der Bildung des Augenbechers mit Ausschnitt an der oberen Hälfte, um den Rest
des Sehventrikels und den Umschlag des Außenblattes in das Innenblatt zu zeigen.

Die Ernährung der rasch wachsenden und vollkommen gefäßlosen
embryonalen Linse wird von der auf der Linsenkapsel gelegenen
gefäßreichen bindegewebigen Tunica vasculosa lentis besorgt
(siehe Fig. 252).

Die Umwandlung der Augenblase in den Augenbecher
führt zu weiteren wichtigen Entwicklungsvorgängen am Auge. Sie
vollzieht sich unabhängig von der Linsenbildung und findet auch in
Fällen statt, wo die Linsenbildung unterblieben ist. Man schildert die
Umwandlung der Augenblase in den Augenbecher gewöhnlich in
leicht verständlicher Weise als eine Einstülpung der lateralen Wand
der Augenblase, die auch auf die ventrale Fläche des Augenblasen-
stieles übergreift. Dadurch entsteht ein am ventralen Rande gekerbter

Becher mit doppelter Wand, die sich in die beiden Wände des Augenbecherstieles fortsetzt, während die Becherhöhle durch die fetale
Augenspalte in die Stielrinne übergeht. Tatsächlich entsteht
der Doppelbecher aber nicht durch Einstülpung, sondern durch Erhöhung des Randes der Augenblase infolge von lebhafter Zellvermehrung.
Der Bechergrund wird nicht hinein, sondern der Becherrand wird
herausgestülpt. Die Becherspalte ist nicht eine Vertiefung, die sich
eindrückt, sondern eine Rinne, die zwischen zwei emporwachsenden
Wällen bis zu deren Verwachsung stehen bleibt (Fig. 250).

An dem die Linsenanlage umfassenden Umschlagrande des
Augenbechers geht das innere Nerven- oder Netzhautblatt in
das äußere oder Pigmentblatt über. Der zwischen der Linsenanlage und dem Netzhautblatt gelegene Glaskörperraum setzt sich
hirnwärts in die Stielrinne fort, während der von dem Netzhaut-
und Pigmentblatt begrenzte Sehventrikel durch den im Becherstiel
vorhandenen Hohlraum in dem dritten Ventrikel führt. Durch Anlagerung des Innenblattes an das Außenblatt wird der Sehventrikel in
dem Augenbecher und seinem Stiele allmählich vollkommen verdrängt
(Fig. 251 u. 252).

Die fetale Augenspalte und die Stielrinne schließen sich später
durch Verwachsung ihrer Ränder. Noch vor dem Schlusse der Augenspalte beginnt

Die Entwicklung des Glaskörpers

in Form des ektoblastischen oder retinalen und des mesoblastischen Glaskörpers. Manche Autoren nehmen auch eine Glas-
körperbildung seitens der inneren Linsenfasern an.

Der primitive, retinale Glaskörper entsteht im Stadium
der Bildung des Augenbechers als fadenartige Ausscheidung des
Netzhautblattes und erfüllt den Glaskörperraum als ein Filzwerk
feiner Fäden. Seine Bildung hört — von dem Augenblasenstiel ab
beginnend — später auf, und an seine Stelle tritt nun der ciliare
oder sekundäre retinale Glaskörper. Er besteht in faserigen Ausscheidungen der inzwischen entstandenen Pars ciliaris retinae,
welche weitere Glaskörperfasern sowie die zum Linsenäquator verlaufenden Fasern des Aufhängebandes der Linse liefert. Die
ciliaren Glaskörperfasern bilden ferner eine verdichtete, auch die
Linsengrube bekleidende Außenschicht des Glaskörpers, die vielumstrittene Membrana hyaloidea. Sie darf nicht mit der
Limitans retinae interna verwechselt werden. Zwischen den
Fasern des Glaskörpers tritt die Glaskörperflüssigkeit auf. Zu dem
völlig zellenlosen ektoblastischen Glaskörper gesellen sich bei den
Säugetieren und bei den Menschen noch polymorphe Mesoblastzellen,

die mit der Arteria hyaloidea von der Stielrinne her durch die
fetale Augenspalte und am Bereiche des Umschlagsrandes zwischen
Linse und Netzhautblatt in 'den Glaskörperraum gelangen (Fig. 251).
Es ist zweifelhaft, ob diese Zellen zur Bildung der Wände der Glaskörpergefäße verbraucht werden oder ob und in welcher Menge sie
nach Rückbildung der Glaskörpergefäße als Bindegewebszellen bestehen
bleiben. Im fertigen Glaskörper kann man auch noch eingewanderte
Leukocyten finden.

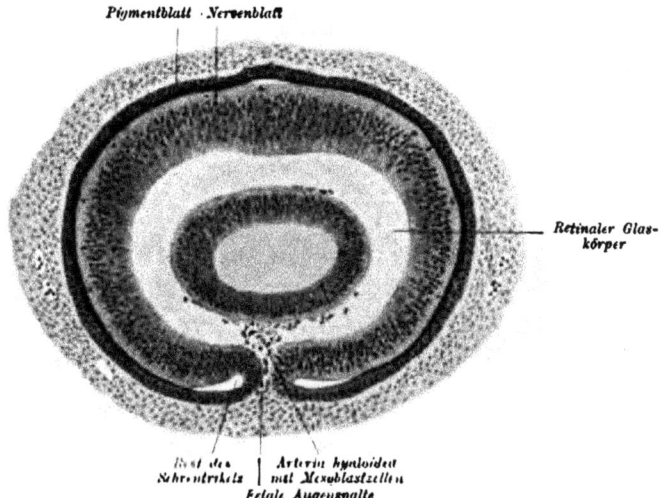

Fig. 251. Sagittalschnitt durch das Auge eines Schweineembryos von 12 mm Scheitelsteißlänge.
Vergr. etwa 60:1.

Entwicklung der Tunica intima bulbi und des Sehnerven.

Das Pigmentblatt des Augenbechers liefert, wie sein Name
sagt, das Pigmentepithel auf der Außenfläche der Tunica intima
oder nervea, der Netzhaut. Die schwarzen Pigmentkörnchen treten,
am Umschlagsrande des Augenbechers beginnend, bis zum Augenbecherstiel in den Zellen des Pigmentblattes entweder gleichzeitig mit
der Abschnürung der Linse vom Epidermisblatt (Mensch) oder bald
danach (Hund, Schaf) oder noch später (Hühner- und Entenembry-
onen) auf.

Die feinfaserige, dünne, gewöhnlich als Limitans chorioideae
beschriebene Membran zwischen Pigmentblatt und Chorioidea deute
ich ihres faserigen Zusammenhanges mit den Basalenden der Pigment-
zellen wegen als Basalhaut der Pigmentschicht der Retina.

Die den Umschlagsrand des Augenbechers umgebende, zuerst
schmale, allmählich breiter werdende Zone, welche sich schon früh

als Pars caeca retinae deutlich gegen die Pars optica absetzt (Fig. 252 u. 255), bleibt dünn und wird zur Pars ciliaris und iridica retinae. Die Pars optica dagegen verdickt und schichtet sich unter lebhafter Zellvermehrung und grenzt sich gegen die Pars ciliaris durch die Ora serrata ab.

Wie in der Hirnwand sondern sich ihre Zellen in Neuroblasten und Spongioblasten (Ependymzellen und Gliazellen). Aus den Neuroblasten differenzieren sich zuerst die multipolaren Nervenzellen

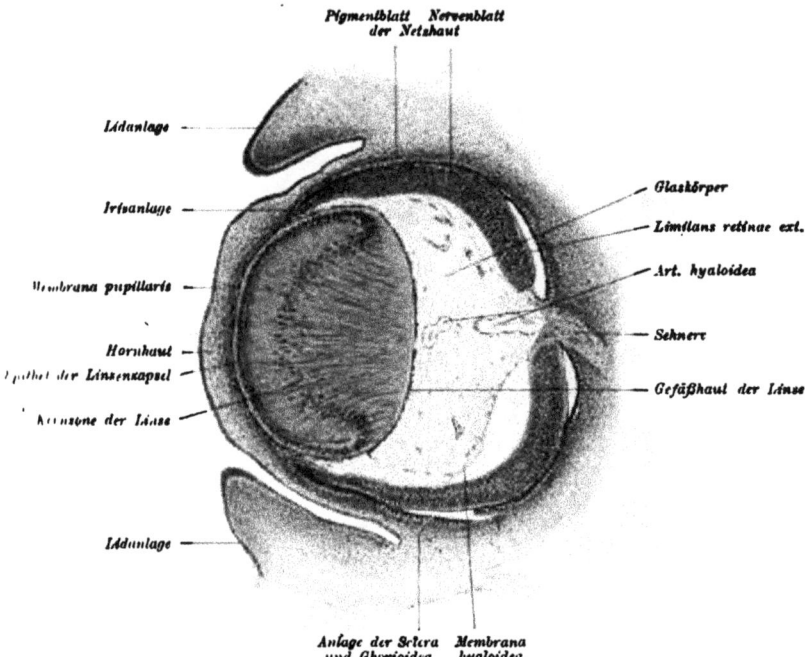

Schnitt durch das Auge eines Kaninchenembryos von 16 Tagen und 12 mm Körperlänge
Vergr. etwa 40 : 1.

des Ganglion nervi optici. Ihre Neuriten sammeln sich alsbald zu einer glaskörperwärts gelegenen Schicht markloser Fasern, wachsen gegen die Insertionsstelle des Becherstieles zu und in dessen Wand hirnwärts weiter.

Weitere Sonderungen liefern die Schicht der Bipolaren (innere Kornerschicht) sowie die Ependym- oder Neuroepithelschicht. Die Dendriten und Neuriten der Bipolaren und des Ganglion nervi optici bilden die Zwischenschichten (innere und äußere retikuläre Schicht). Schon bei dem sechsmonatigen menschlichen Embryo sind diese Schichten vollkommen deutlich.

Die Sehzellen, die Stäbchen- und Zapfenzellen, sind
nach Herkunft und Lage nur zu bestimmter Leistung

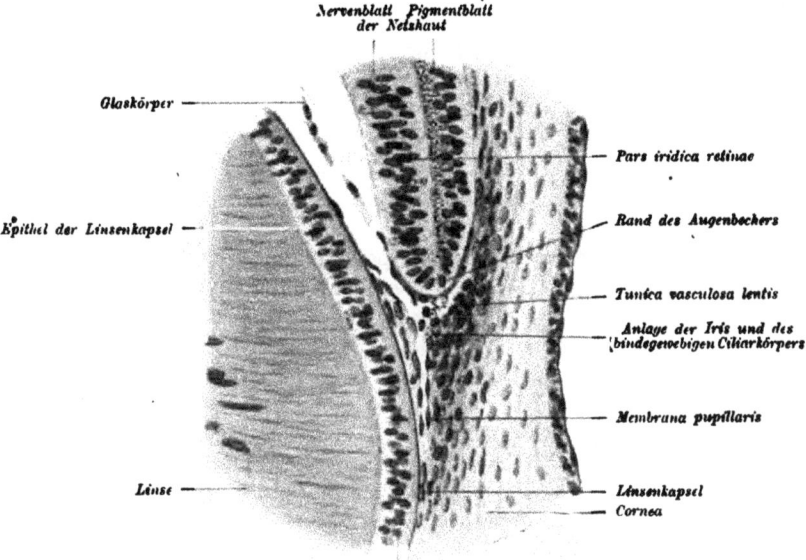

Fig. 253. Umschlagerand des in Fig. 252 abgebildeten Augenbechers bei stärkerer Vergrößerung,
um die beginnende Irisbildung zu zeigen. Vergr. etwa 300 : 1.

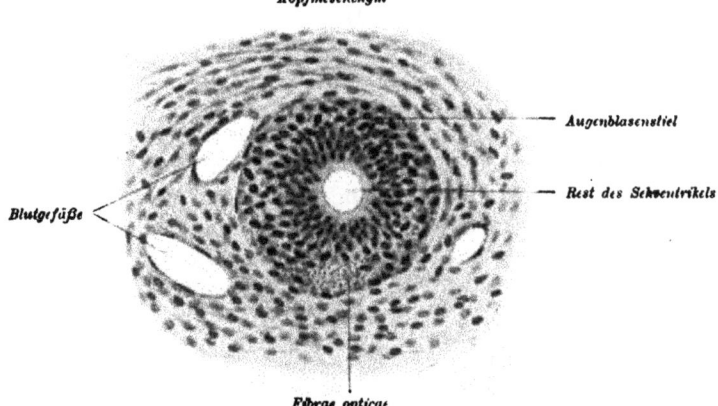

Fig. 254. Querschnitt durch den proximalen röhrenförmigen Teil des Augenbecherstieles eines
Katzenembryos von 1 cm Nackensteißlänge. Vergr. etwa 350 : 1.

umgewandelte Ependymzellen. Wie im Zentralnervensystem
liegen sie auch in der Augenblase dem Sehventrikel zugekehrt und

grenzen an die Limitans retinae externa. Sie entspricht in Wirklichkeit der Limitans interna des Zentralnervensystems.

Die Stäbchen und Zapfen entstehen aus halbkugeligen Auswüchsen der Stäbchen- und Zapfenzellen, welche die Limitans durchsetzen und erst nach der Geburt zuerst die Innen- und dann die kutikularen Außenglieder bilden. Stäbchen und Zapfen werden von prismatischen Zellen der Pigmentschicht überlagert. Die Fovea centralis bildet sich beim menschlichen Embryo erst im siebenten Monat sekundär durch Verdünnung der betreffenden Stelle. Die nur beim Menschen und Affen vorhandene Macula lutea wird erst nach der Geburt sichtbar.

Außer den lichtempfindlichen Ependymzellen und der „Gehirnschicht" (Bipolaren, Ganglion nervi optici und Nervenfaserschicht) gehen auch die Radiärfaserkegel oder Müllerschen Stützzellen aus der epithelialen Netzhautanlage hervor. Sie bilden peripher eine Kutikula, die Limitans externa, und mit ihren Basalenden glaskörperwärts die Limitans interna retinae. Außerdem entstehen in der Nervenfaserschicht Gliazellen. Im Bereiche der Pars caeca entwickelt die Netzhaut keine nervösen Elemente.

Der „Sehnerv" formt sich aus den Neuritenbündeln des Ganglion nervi optici, welche in der Netzhaut meridional zur Papilla nervi optici verlaufen und durch den Augenbecherstiel hirnwärts wachsen, sowie aus Fasern, welche, aus dem Gehirn in die Netzhaut einwachsend, in der Schicht der Bipolaren mit Endbüscheln enden (Pupillarfasern). Alle diese Fasern benutzen den Augenbecherstiel als Brücke und drängen seine Epithelien auseinander, während der Sehventrikelrest im proximalen Teile schwindet. Der distale rinnenförmige Teil schließt sich um die inzwischen in ihm gegen den Glaskörper einsprossende Arteria hyaloidea zum Rohre. Die Epithelien des Augenbecherstieles werden zu Gliazellen und beweisen, ganz abgesehen von der Entstehung der Augenblase und des Augenbechers, daß der „Nervus" opticus nicht einem peripheren „Nerven", sondern einer cerebralen Sehbahn entspricht, denn nur im Zentralnervensystem, niemals aber in peripheren Nerven entwickeln sich Gliazellen. Später erhält der Opticus noch seine aus Lepto- und Pachymeninx bestehenden Scheiden und wird von gefäßhaltigem Bindegewebe durchsetzt.

Tunica externa und media

entstehen aus der Mesoblasthülle des Augenbechers und entsprechen der etwas modifizierten Pachy- und Leptomeninx des Gehirnes.

1. Hornhaut. Das abgeschnürte Linsenbläschen wird zunächst nur durch eine dünne Lage von Mesenchymzellen von dem Epidermisblatte geschieden. Diese verdickt sich, und in ihr entsteht eine Spalte, die vordere Augenkammer, welche den bindegewebigen Teil der

Hornhaut oder Cornea von der dünnen Membrana pupillaris trennt (Fig. 255). Die Deckzellen, welche die Hinterfläche der Hornhaut bekleiden, gehen aus dem Mesoblast, das Epithel der Außenfläche der Hornhaut aus dem Epidermisblatt hervor. Die Hornhaut des Embryos und Neugeborenen ist beträchtlich dicker als die Sclera und unverhältnismäßig stark konvex gewölbt (Fig. 252). An der beim dreimonatigen Embryo durchsichtigen Hornhaut fallen die Limitans anterior und posterior auf (Bowmansche und Descemetsche Haut).

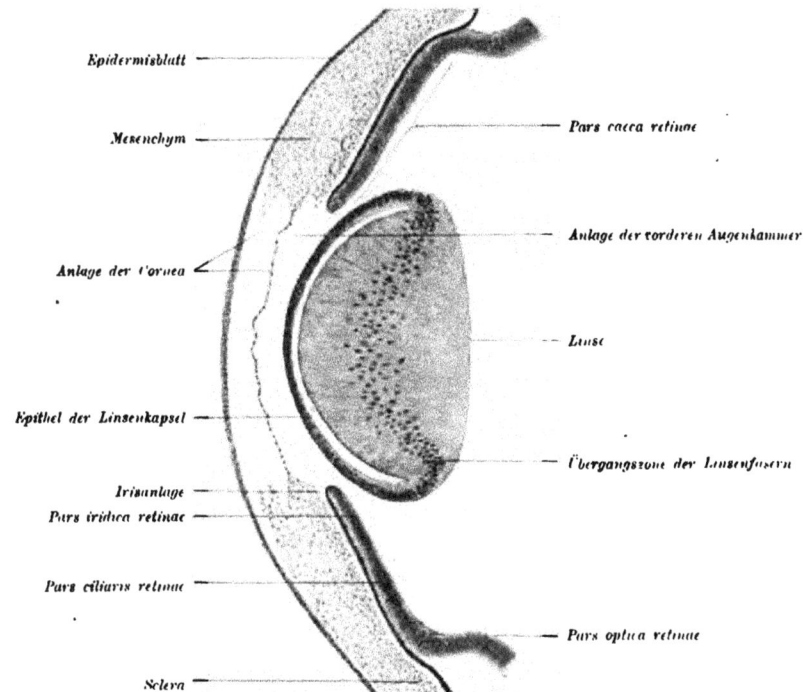

Fig. 255. Schnitt durch den lateralen Pol des Auges eines Hühnerembryos vom fünften Brüttage. Vergr. etwa 120 : 1.

2. Die |Tunica externa oder Sclera (σκληρός = hart) einschließlich der Hornhaut entwickelt sich beim Menschen anfangs der sechsten Woche und nimmt durch Apposition von außen her an Dicke zu. Die Sclera ist vor der Geburt in der Umgebung der Papilla nervi optici und gegen die Cornea zu noch auffallend dünn.

3.* Die Gefäßhaut, Tunica media oder vasculosa (Chorioidea), entspricht der Meninx vasculosa des Gehirns und entsteht früher als die Sclera. Schon ehe diese sich als besondere Lage sondert, ist

die Augenblase beziehungsweise der Augenbecher von einem engmaschigen Kapillarnetz, der ersten Anlage der Tunica media, umsponnen. Am elften Tage umkreist beim Kaninchen ein Ringgefäß
den Umschlagsrand des Augenbechers und schließt das von den Gefäßen an der Basis der Hirnanlage gespeiste Kapillarnetz ab. Es entsendet ferner einen Sproß in den Glaskörperraum, die primäre
Glaskörperarterie.

4. Die bindegewebige Grundlage der Iris entsteht aus der ringförmigen Wucherung des gefäßhaltigen, vor dem Becherrande gelegenen Bindegewebes, das anfangs weder von der Cornea noch von
der Sclera abgrenzbar ist (siehe Fig. 252 u. 253). Nach Bildung der
vorderen Augenkammer hängt dieser ringförmige Wulst mit der Gefäßhaut, der Membrana pupillaris und zwischen Linsenäquator und Augenbecher auch mit den Glaskörpergefäßen zusammen. Dann verbreitert
sich dieser zur Membrana pupillaris gehörige Ringwulst über der
äußeren Linsenfläche zu einer bindegewebigen, gefäßhaltigen Platte.
Die bindegewebige Anlage der Iris verwächst mit der Pars iridica
retinae. Der freie Rand der Iris begrenzt das Sehloch oder die
Pupille.

Der Erweiterer und der Verengerer der Pupille entstammen dem äußeren epithelialen Blatte des Augenbechers, sind also
epitheliale Muskeln. Der Ciliarmuskel dagegen entsteht aus
Mesenchymzellen, welche den Augenbecher umhüllen. Schon im
siebenten Monat sind diese Muskeln beim Menschen sehr gut ausgebildet.

5. Etwas später als die Iris legt sich der Ciliarkörper als ein
System radiär um den Insertionsrand der Iris und um den Linsenäquator angeordneter gefäßhaltiger Falten der Tunica media an
(Fig. 258). Durch die Ciliarfalten oder Processus ciliares
wird natürlich auch die sie deckende dünne Pars ciliaris retinae mit
gefaltet und verwächst mit dem Ciliarkörper. Der proximale Rand des
Ciliarkörpers grenzt sich gegen die Chorioidea durch die Ora serrata chorioideae ab.

Ciliarkörper und Iris entstehen beim Menschen anfangs des dritten
Monats, doch färbt sich die Iris erst gegen Ende des vierten Monats.

Gleichzeitig haben in der Tunica media selbst weitere Differenzierungen zur Ausbildung der

6. äußeren und 7. inneren Augengefäße geführt. Aus dem
schon oben erwähnten Kapillarnetz geht das System der äußeren
Augengefäße (Arteria ciliares posteriores, breves und longae, Art.
ciliares anteriores und aus dem Ringgefäß der Circulus arteriosus
iridis) hervor. In dem Bereiche der Pars optica retinae trennt sich
das primitive Gefäßnetz nach bedeutender Entfaltung in die zur Ernährung der Stäbchen und Zapfen bestimmte Choriocapillaris

und eine nach außen von ihr gelegene, die Strudelvenen enthaltende venöse Schicht. Beide Schichten sind leicht trennbar
und hängen nur am Ciliarkörper fester zusammen. Die venöse Schicht
wird durch die lockere und pigmentierte Lamina fusca an die
Sclera angeheftet.

8. Von diesem Gefäßgebiete sind die inneren Augengefäße
oder das als das System der Arteria hyaloidea, zur Ernährung
des Glaskörpers, der Linse und der eigenen Blutgefäße der Netzhaut
(Fig. 256) zu unterscheiden.

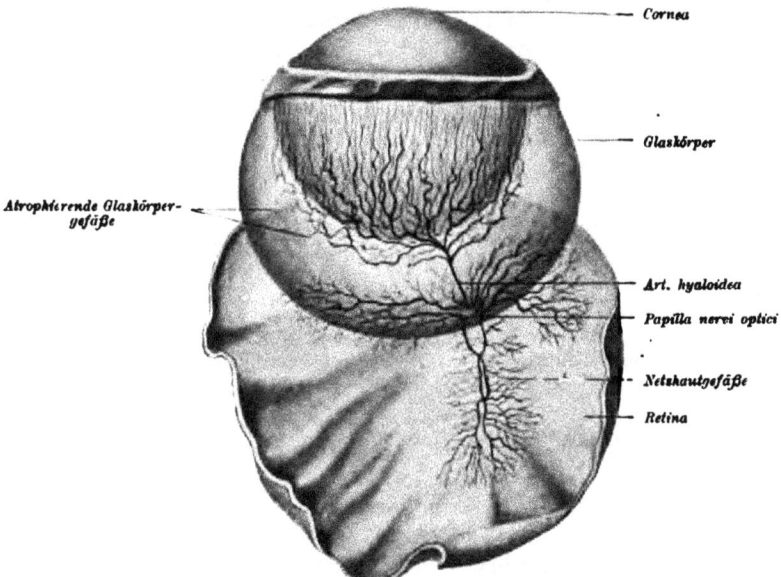

Fig. 256. Innere Augengefäße von einem Kinderembryo von 11 cm. Nach O. Schultze. Die Sclera
ist am Cornealrand abgetragen, die Netzhaut ist am Ciliarand durchtrennt und nach unten umgeschlagen. Vergr. etwa 8:1.

Von der Hirnbasis her tritt, durch die Stielrinne verlaufend, eine
Arterie in den Glaskörper ein (siehe Fig. 250) und verbindet sich als
die sekundäre Arteria hyaloidea mit dem aus der primären
Glaskörperarterie hervorgegangenen Kapillarnetz. Sie verästelt sich
nur an der Glaskörperoberfläche bis zum Linsenäquator; ihr Gefäßnetz
versinkt allmählich unter Verödung der oberflächlichen Gefäßmaschen
immer tiefer in den Glaskörper, und die obliterierten Gefäßreste ragen
im dritten Monate mit feinen Spitzen frei in den Glaskörper hinein
(Fig. 256). Im fünften Monate findet sich von diesen Gefäßen nur
noch der zum inneren Linsenpole durch den Glaskörper ziehende Stamm.
Glaskörpervenen fehlen vollkommen.

Die Verzweigungen der Arteria hyaloidea umspinnen die gefäßreiche bindegewebige Hülle der Linse, die **Tunica vasculosa
lentis**, welche beim Menschen vom 2.—7. Monate besteht und die
Ernährung der gefäßlosen Linse übernimmt. Die äußere, hinter dem
Sehloche gelegene Wand der Linsenkapsel, die **Membrana pupillaris**, hängt von Anfang an mit dem zwischen Linse und Becherrand
gelegenen Mesenchym und mit der Anlage der Iris zusammen (Fig. 253).

Die hintere Fläche der Tunica vasculosa lentis erhält ihr arterielles
Blut durch die sekundäre Glaskörperarterie, welche, nach Schluß der
Stielrinne in das Endstück des Sehnerven eingeschlossen, zur **Arteria
centralis nervi optici** und **retinae** wird. In der Nähe des hinteren
Linsenpoles zerfällt die Arterie der Tunica vasculosa lentis in dicho-
tomisch sich teilende, radiär zum Linsenäquator verlaufende Kapillaren
(Fig. 257). Die Membrana pupillaris enthält schon sehr früh aus dem
Circulus arteriosus iridis major hervorgegangene Gefäßschlingen. Dieser
entsteht aus dem Randgefäße des Augenbechers. Die **Venen** der
Membrana pupillaris verlaufen um den Rand der Iris nach vorn und
ergießen sich in die Irisvenen.

Im siebenten Monate beginnt die Rückbildung der Gefäße und des
Bindegewebes der Tunica vasculosa.

Ist die Membrana pupillaris ausnahmsweise beim Neugeborenen noch vorhanden, so spricht man von einer **Atresia pupillae congenita**. In diesem
Falle erhält die Membrana pupillaris ihre Blutzufuhr von der Iris her.

Die **Netzhautgefäße** (Fig. 256) entstammen dem als **Arteria
centralis retinae** übrigbleibenden Stamm der Arteria hyaloidea,
haben aber gar keine Beziehung zu den vollkommen schwindenden
Glaskörpergefäßen und verbreiten sich nur in der Nervenfaser- und
Ganglienzellenschicht der sonst vollkommen gefäßlosen Netzhaut. Im
sechsten Monate sind diese Schichten im Bereiche der ganzen Netzhaut des menschlishen Embryos gefäßhaltig.

Gegen Ende der Gravidität ist die **Aderhaut** noch sehr dünn
und pigmentfrei. Im Bereiche der Verschlußstelle der fetalen Augenspalte zeigt die ventrale Seite der Aderhaut bei den Embryonen aller
Wirbeltiere einen pigmentfreien, vom Pupillarrande bis zum Austritte
des Nervus opticus reichenden Streifen, die **Raphe chorioideae**
($\dot{\varrho}\alpha\varphi\eta =$ Naht). Sie wird gewöhnlich fälschlich als „Chorioidealspalte"
bezeichnet und schwindet beim Menschen in der sechsten bis siebenten
Woche. Eine wirkliche Spaltbildung kommt gelegentlich als Hemmungsbildung durch den unvollständigen Verschluß der retinalen Augenspalte
vor, die sich in einzelnen Fällen bis in die Iris hinein fortsetzen kann
(**Coloboma**, $\varkappa o\lambda \acute{o}\beta\omega\mu\alpha =$ das Verstümmelte).

Die Nebenorgane des Auges.

Gleich nach Bildung der Hornhaut entwickeln sich die **Augenlider** in Form zweier von oben und unten her über die Hornhaut

wachsender Cutisfalten (Fig. 252). Der innere, aus dem Epidermisblatte stammende Epithelbelag der Lidfalten schlägt sich am Fornix
conjunctivae in das Hornhautepithel um und wird samt seiner binde-

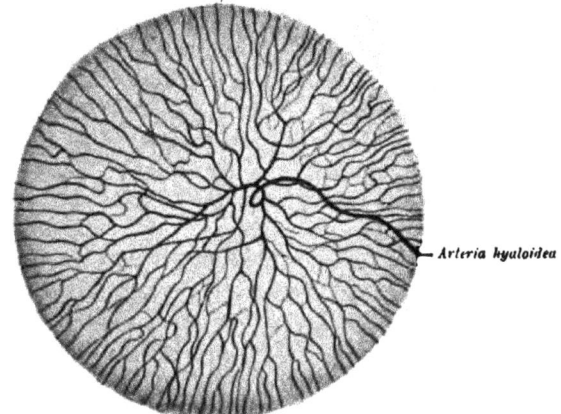

Fig. 257. Verzweigung der Art. hyaloidea in der Tunica vasculosa lentis von einem achtmonatigen
menschlichen Fetus (Glaskörperseite). Vergr. etwa 15 : 1.

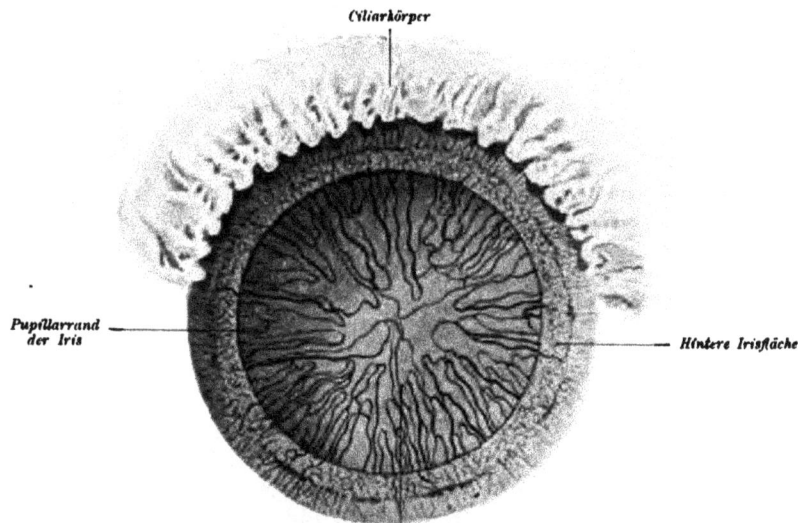

Fig. 258. Membrana pupillaris von einem achtmonatigen menschlichen Embryo im Zusammenhange
mit der Iris von hinten nach Wegnahme der Linse gesehen. Vergr. etwa 15 : 1.

gewebigen Grundlage zur Bindehaut des Augapfels und der Lider.
Die zwischen den freien Lidrändern befindliche Lidspalte wird durch
Epithelwucherung an den Lidrändern zeitweise verschlossen. Dieser
beim menschlichen Embryo von ca. 33 mm auftretende Verschluß dauert

vom dritten Monate bis kurz vor, bei Nagern und Raubtieren bis kürzere oder längere Zeit nach der Geburt („blindgeborene" Tiere). Die Lösung der Lidränder geschieht durch einen von der Oberfläche in die Tiefe vordringenden Verhornungsprozeß. Noch während der Verklebung der Lidränder legen sich die Tarsaldrüsen nach Art der Talgdrüsen als zapfenförmige Wucherungen der Basalschicht der Epidermis am innersten Teile des Lidrandes mit sekundärer Sprossenbildung an. Ihre Lichtung erhalten sie durch fettige Degeneration der in der Drüsenachse gelegenen Zellen. Gleichzeitig mit ihnen entstehen die Augenwimpern nach Art der übrigen Haare. Der Musculus Riolani wird durch aussprossende Cilien vom Musculus orbicularis palpebrarum abgetrennt.

Die Caruncula lacrimalis entwickelt sich im medialen Augenwinkel aus einem dem unteren Lide zugehörigen Gebiete der Haut und Bindehaut. Sie wird bei menschlichen Embryonen von 41 mm deutlich und enthält Haarbalganlagen mit Talgdrüsen sowie die nach dem Typus der Tränendrüsen gebaute Hardersche Drüse. Das dritte Augenlid der Tiere, die Nickhaut oder ihr abortiver Rest beim Menschen, die Plica semilunaris, entsteht unabhängig von der Tränenkarunkel, später als diese und enthält regelmäßig eine abortive Drüse, bisweilen auch beim Menschen (zum Beispiel beim Neger) eine kleine, dem Blinzknorpel der Tiere entsprechende abortive Knorpelplatte.

Tränendrüsen bilden sich von den Amphibien herauf bis zum Menschen durch Epithelwucherung vom Fornix conjunctivae aus. Der vom medialen Augenwinkel in die Nasenhöhle führende, die Drüsensekrete und die Tränenflüssigkeit abführende Tränennasengang legt sich in Gestalt der schon erwähnten Tränenfurche an (menschliche Embryonen von ca. 10 mm Länge).

Ihre basale Zellschicht bildet eine solide, äußerlich nur durch eine feine Furche erkennbare Epithelleiste, die sich vom Oberflächenepithel abschnürt und durch Auflösung ihrer axialen Zellen kurz vor der Geburt zu einem Kanal wird, welcher die Nasenhöhle mit dem medialen Augenwinkel verbindet.

Das obere Tränenröhrchen entsteht aus dem Anfangsstück der aus der Tränenfurche hervorgegangenen Epithelleiste, das untere Tränenröhrchen sproßt aus dem oberen hervor. Beide öffnen sich im medialen Augenwinkel. Das Epithel der Lidränder beteiligt sich nicht an der Bildung der Tränenröhrchen. Der Tränensack entsteht durch Erweiterung des Anfanges des Tränenkanales.

Der tränenableitende Apparat ist beim Menschen schon im zweiten Embryonalmonate gut entwickelt. Der Tränengang verläuft mehr oder minder geschlängelt mit zahlreichen Aussackungen.

Über Augenmuskeln siehe unter Muskulatur.

II. Organe und Systeme des Entoblasts.

1. Darmkanal und Anhangsorgane.

Der primitive Darm durchzieht als ziemlich gleich weites, zuerst vorn und hinten geschlossenes gerades Rohr den Körper und kommuniziert durch den Darmnabel mit der Nabelblase oder dem Dottersack und nahe seinem Caudalende durch den Urachus mit der Allantoishöhle.

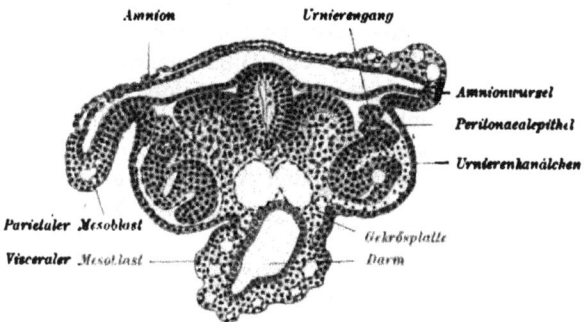

Fig. 259. Querschnitt durch das siebente Urwirbelpaar eines Schafembryos mit 14 Urwirbelpaaren (16 Tage und 22 Stunden). Vergr. etwa 90:1.

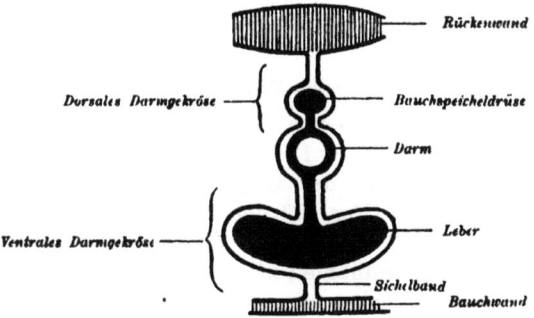

Fig. 260. Querschnittschema zur Bildung der Gekröse und zur Entstehung der Leber im ventralen Darmgekröse.

Ein breiter, zwischen den beiden Urnieren gelegener Mesenchymstreifen, die Gekrösplatte, befestigt ihn an der dorsalen Rumpfwand (Fig. 259).

Der primitive Darm besteht aus einer Epithelschicht (Enteroderm) und aus einer Wand von visceralem Mesoblast. In dem Bereiche des Kopfes, Halses und Afters bleiben Mund-, Rachen- und Afterwand, da eine Spaltung des Mesenchyms in visceralen und parietalen Mesoblast und die Cölom- und Gekrösbildung ausbleibt, in direktem Zusammen-

20 *

hang mit ihrer Umgebung. Der übrige Darm aber rückt gleichzeitig mit dem allmählichen Verschlusse des Leibesnabels von der dorsalen Bauchwand ab und unter gleichzeitigem Längenwachstum tiefer in die Bauchhöhle hinein. Die Gekrösplatte wird dadurch im dorsoventralen Durchmesser verlängert und zum Gekröse oder Mesenterium dorsale ausgezogen (Fig. 260 u. 269).

Mit vollendeter Entwicklung des Zwerchfelles wird die Leibeshöhle in die Brust- und Bauchhöhle geschieden. Deren seröse Tapeten, das Brust- und Bauchfell, entstehen, wie der seröse Überzug der Brust- und Baucheingeweide, auf der · Oberfläche der Organe selbst durch histologische Differenzierung.

Die Mund- und Afteröffnung bilden sich durch Schwund der Rachen- und Kloakenhaut. Mundhöhle und Afterhöhle werden auch als Mund- und Afterdarm bezeichnet.

Abgesehen vom Mund- und Afterdarm gliedert sich nun die Darmanlage in den Vorderdarm, den Mitteldarm und den Hinterdarm.

Aus dem Vorderdarm entstehen: der Rachen, die Speiseröhre und der Magen, nebst dem bis zur Biidungsstelle der Leber oder der Mündung des Gallenganges reichenden Stücke des Duodenums.

Die Verbreitung des Nervus vagus im Bereiche des Vorderarmes deutet darauf hin; daß diese ganze Darmstrecke sich aus einem ursprünglich im Bereiche des Kopfes gelegenen Darmabschnitt hervorgebildet hat.

a) Organe des Munddarmes.

Die Bildung des primitiven Mundes, der Lippen und der Mundhöhle wurde schon auf S. 158 u. ff. beschrieben. Die Epithelleiste, welche als Vorläuferin der Lippenfurche die Lippen von den Kieferanlagen scheidet (Fig. 129 und 263), führt, nach hinten sich fortsetzend und sich zur Wangenfurche umwandelnd, zur Anlage der Wangen, die nun die Mundhöhle seitlich begrenzen. Wie die Lippen, bestehen die Wangen zunächst aus einer Grundlage von Mesenchym, in welche später Muskulatur einwächst, sowie aus einem äußeren Haut- und inneren Schleimhautüberzug.

Nach ihrer Abgrenzung von den Kiefern verwachsen die Lippen von den Mundwinkeln her in größerer (Mensch) oder geringerer Ausdehnung (Tiere) und wandeln dadurch die primitive breite Mundspalte in die relativ kleinere sekundäre Mundspalte um.

In der Mitte der Oberlippe bildet sich an Stelle der früheren Kerbe beim Menschen das oft sehr stark ausgeprägte Tuberculum labii superioris. Ungefähr zu derselben Zeit entsteht bei dem Menschen die als Philtrum bekannte flache Rinne zwischen Oberlippe und Nase (Fig. 134).

An den fertigen Lippen des Menschen scheidet sich später eine innere Zottenzone als Pars villosa von der glatten peripheren Pars glabra. Der zuerst durch Epithelwucherungen, dann aber durch zottenartige gefäßhaltige Papillen ausgezeichnete Zottenteil setzt sich als Zottenwulst oder Torus villosus auf die Innenfläche der Wangen fort, der, da in beiden Zonen Talgdrüsen als Reste der hier bei manchen Säugetieren auftretenden Wollhaaranlagen zu finden sind, als Rest der Verwachsung des cutanen Teils der Mundwinkel zu betrachten ist. Früher wurde die Zottenzone als nach außen umgestülpter

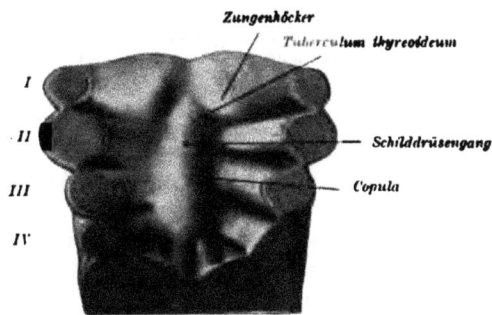

Fig. 261. Menschlicher Embryo von 4,9 mm Nackensteißlänge aus der vierten Woche. Nach Peters.

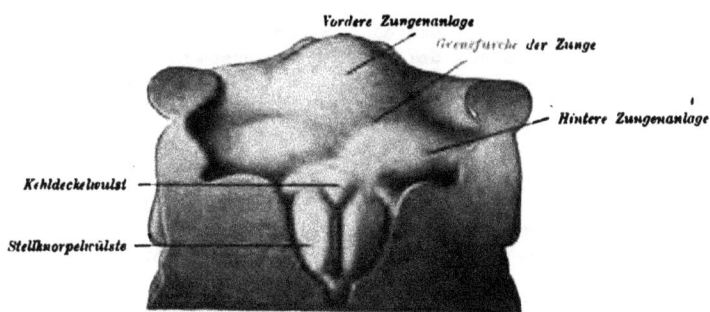

Fig. 262. Menschlicher Embryo aus der fünften Woche von 10,3 mm größter Länge. Nach Peter. Vergr. etwa 18 : 1.

Schleimhautteil der Lippen angesehen. Jetzt wird sie als von außen nach innen eingestülpte cutane Zone der Lippen betrachtet, die erst später zur Schleimhaut wird. Die Papillen der Pars villosa schwinden erst einige Wochen nach der Geburt. Die rote Farbe der Pars glabra findet sich nur beim Menschen.

Außer der Verwachsung der Lippenwinkel sind vorübergehende Epithelverklebungen der Lippen besonders bei Embryonen von Beuteltieren, Hunden und Wiederkäuern beobachtet, deren Reste noch kürzere oder längere Zeit bestehen bleiben können.

Die im Vergleiche zum Erwachsenen verhältnismäßig langen und in Profil-
ansicht wulstig hervorstehenden Lippen älterer menschlicher Embryonen und Neu-
geborener erleichtern das Fassen der Milchwarze beim Saugen.

Nur die Säugetiere mit Ausnahme der Kloakentiere besitzen Lippen. Als
Mißbildungen finden sich gespaltene oder zu kurze Lippen, oder die Lippen können
auch gänzlich fehlen. Übermäßige Ausbildung des Randes der Pars villosa veranlaßt die unschöne „Doppellippe", an welcher noch bei Erwachsenen ein dicker
Schleimhautwulst neben dem normalen Übergangsteil sichtbar bleibt.

Die Zunge entsteht nach Bildung der Schlundtaschen und -bogen
aus einer vorderen Anlage in Gestalt je eines rechts und links
zwischen dem Unterkiefer- und Zungenbeinbogen gelegenen Höckers.
Diese paarigen Zungenhöcker verwachsen dann in der Mittellinie
zum Zungenkörper. Die Zungenwurzel geht aus der hinteren
Anlage hervor. Sie entsteht aus einem durch Vereinigung des dritten
Visceralbogens gebildeten medianen Wulst, der Copula, und den
benachbarten Teilen des Zungenbeinbogens.

Anfänglich sind die vordere und hintere Anlage durch eine deutliche V-förmige, nach vorn offene, später verschwindende Furche, den
Sulcus terminalis, mehr oder weniger voneinander abgegrenzt.

An dem Furchenscheitel befindet sich das noch nach der Verwachsung der beiden Teile der Zungenanlage deutliche Foramen
caecum. Der Körper und die Spitze übertreffen die Zungenwurzel
bald beträchtlich an Größe.

Vor dem Erscheinen der Zungenhöcker findet sich vorübergehend das bisher
irrigerweise mit der Bildung des vorderen Zungenabschnittes in Zusammenhang
gebrachte „Tuberculum impar". Es hat aber nichts mit der Zungenbildung zu
tun, sondern wird lediglich durch die Schilddrüsenanlage bedingt und muß demgemäß als Tuberculum thyreoideum von dem Tuberculum linguale unterschieden werden.

Eine an der Unterfläche der Zunge des Neugeborenen sehr deutliche gezackte
Schleimhautfalte, die Plica fimbriata, begrenzt ein Gebiet, welches bei den
Säugetieren als „Unterzunge", das heißt als Rest einer nicht muskulösen Zungenbildung gedeutet wird, auf dem sich dann allmählich die Muskelzunge entwickelt
haben soll.

Die Zungenpapillen entstehen beim Menschen zu Anfang des
dritten Fetalmonates als bindegewebige, in das Epithel emporwachsende
Wucherungen.

Die Schleimdrüsen des Zungengrundes legen sich bei achtmonatigen menschlichen Embryonen an. Dadurch, daß sich aus den
Blutgefäßen ausgewanderte Leukocyten um die Drüsenausführungsgänge
anhäufen und das ursprüngliche fibrilläre Gewebe in retikuläres Bindegewebe umwandeln, entstehen die „Zungenbälge" der Tonsilla
lingualis.

Über die Zungenmuskeln siehe unter Muskeln.

Unter beträchtlicher Vergrößerung schiebt sich die Zunge des Fetus, vielfach
mit rinnenförmig aufgebogenen Rändern (zum Beispiel bei Raubtieren), eine Zeitlang aus der Mundhöhle heraus und wird erst später wieder in derselben geborgen.

Ihre nachträgliche, bei den verschiedenen Tieren wechselnde Dicke wird nicht unwesentlich durch die Länge der Zähne beeinflußt (flache Zungen der Raubtiere, hohe der Huftiere).

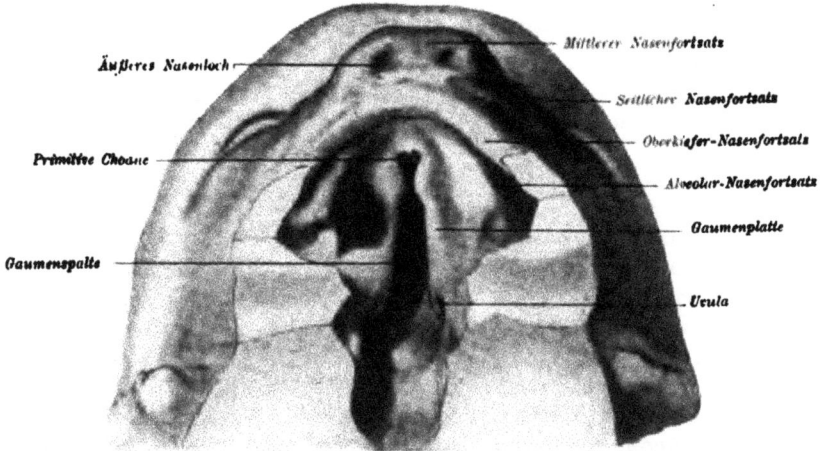

Fig. 263. Gesicht und Munddach eines acht Wochen alten menschlichen Embryos. Etwa neunmal vergrößert. Nach Peter. Die äußeren, mit Epithel verstopften Nasenlöcher sehen nach vorn. Die Oberlippe ist durch eine tiefe Furche vom Gaumen getrennt. Lateral von den horizontal gerichteten Gaumenplatten sieht man die bogenförmigen verdickten Alveolarfortsätze, in welche sich die Zahnleiste einsenkt (vgl. Fig. 120). Die sekundäre Gaumenspalte beginnt hinter der Anlage der Papilla palatina, verengt sich hierauf etwas und erweitert sich dann nach hinten. Von den noch gespaltenen Anlagen der Uvula aus ziehen die Plicae palatopharyngeae zum Pharynx.

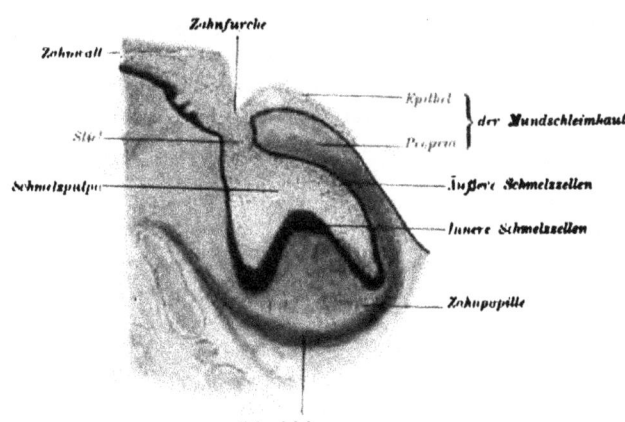

Fig. 264. Querschnitt durch den Unterkiefer eines Rinderembryos mit Zahnanlage. Vergr. etwa 25:1.

Von den Drüsen der Mundhöhle legen sich die Speicheldrüsen nach Art der alveolären Drüsen, und zwar zuerst die Parotis (bei sechs Wochen alten menschlichen Embryonen), dann die Submaxillaris und zuletzt die Sublingualis an. Submaxillaris und

Sublingualis entstehen in der achten Embryonalwoche in Gestalt einer mit dem Mundhöhlenepithel zusammenhängenden Leiste, deren auswachsende Sprossen nachträglich eine Lichtung bekommen. Die Drüsen der Zunge, der Backen und Lippen sowie des Gaumens werden später als die Speicheldrüsen angelegt.

Die erste Anlage der Zähne beginnt bei Schweins- und Schaf-embryonen von ca. 3 cm Länge, beim Menschen Ende des zweiten Fetalmonats. Die wuchernde Basalschicht des Kieferepithels senkt sich in Gestalt einer kontinuierlichen bogenförmigen Leiste in das Bindegewebe der Schleimhaut des Alveolarfortsatzes ein und bildet die Schmelz- oder Zahnleiste (siehe Fig. 131). Über derselben verdickt sich das Epithel auf den Kieferrändern zum Zahnwalle. Auf diesem fällt noch vorübergehend eine rinnenförmige, der Einsenkungsstelle der Schmelzleiste entsprechende Furche, die Zahnfurche, auf (Fig. 264). Der freie untere Rand der Zahnleiste ist wulstig verdickt und wird bald durch eine der Zahl der Milchzähne entsprechende, im Bindegewebe der Schleimhaut entstehende Menge von Papillen, die Zahnpapillen, glockenförmig eingestülpt. Die interpapillaren Strecken des Schmelz-keimes schwinden, und so zerfällt die Schmelzleiste in die Schmelz-organe der einzelnen Milchzähne. Der Zusammenhang der Schmelz-organe mit der Basalzellenschicht des Kieferepithels erscheint auf Querschnitten eingeschnürt und wird als „Stiel" bezeichnet. An jedem Schmelzorgan kann man jetzt die der Papille aufsitzende, aus Zylinder-zellen bestehende Schicht der inneren Schmelzzellen und die den übrigen peripheren Teil des Schmelzkeimes, welcher in den Stiel übergeht, aufbauenden äußeren Schmelzzellen unterscheiden. Die zwischen diesen beiden Zellenschichten befindlichen anfänglich platten und polygonalen Epithelzellen werden sternförmig und bilden, während Flüssigkeit zwischen ihnen auftritt, die gallertige Schmelzpulpa. Der Umschlagsrand der äußeren in die inneren Schmelzzellen wächst bis zum unteren Ende der Zahnanlage in die Tiefe und bildet so die Form, in welcher sich die spätere Schmelzkappe entwickelt.

Inzwischen hat sich das jede Zahnanlage umgebende Bindegewebe zu dem Zahnsäckchen verdichtet (Fig. 265 und 266). Es schnürt das Schmelzorgan vom Stiele ab und sondert sich in eine innere lockere und äußere dichtere Lage. Papille und Säckchen werden bald von Blutgefäßen durchzogen.

Zuerst wird die Zahnkrone, und zwar dadurch gebildet, daß die inneren Schmelzzellen auf der Papille im Bereiche der späteren Krone sehr stark in die Länge wachsen. Jede Schmelzzelle produziert nun mit ihrer Basalseite eine verkalkende Masse, das spätere Schmelz-prisma (Fig. 267). Unter sich sind die Schmelzprismen durch Kitt-substanz verbunden, auf deren Kosten sie allmählich an Dicke zu-nehmen. Der Schmelz ist als eine Basalabscheidung der

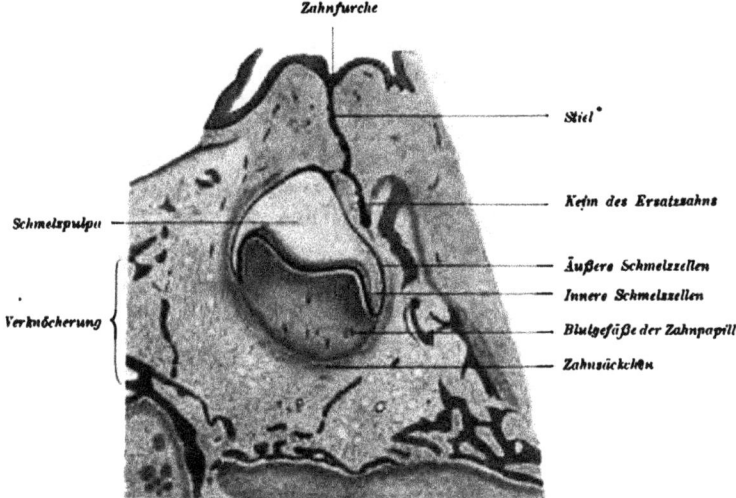

Fig. 265. Längsschnitt durch die Zahnanlage im Unterkiefer eines fünfmonatigen menschlichen Embryos. Vergr. etwa 25:1.

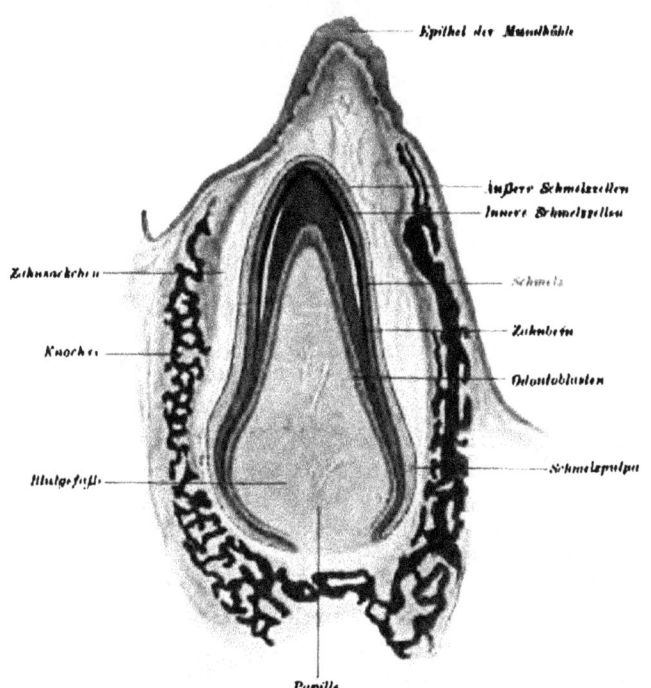

Fig. 266. Längsschnitt durch eine Zahnanlage im Unterkiefer eines neugeborenen Hundes. Vergr. etwa 25:1. Zwischen Zahnbein und dem etwas abgehobenen (schwarzen) Schmelz eine durch die Präparation bedingte (weiße) Spalte.

inneren Schmelzzellen epithelialer Herkunft. Die inneren
Schmelzzellen bilden am Rande der Kronenanlage keinen Schmelz. Sie
legen sich abgeflacht dicht an die äußeren Schmelzzellen an und bilden
mit ihnen die Epithelscheide der Zahnwurzel. Die äußeren
Schmelzzellen platten sich ab, verhornen und liefern das Schmelz-
oberhäntchen oder die Epidermicula des Zahnes. Die Schmelzpulpa, die Schmelzzellen und die Epithelscheide gehen bei dem Durchbruche der Zähne durch das Zahnfleisch zugrunde.

Unter der einen Teil der Zahnkrone bildenden Schmelzkappe entsteht das Zahnbein oder Dentin von dem Mesenchym der

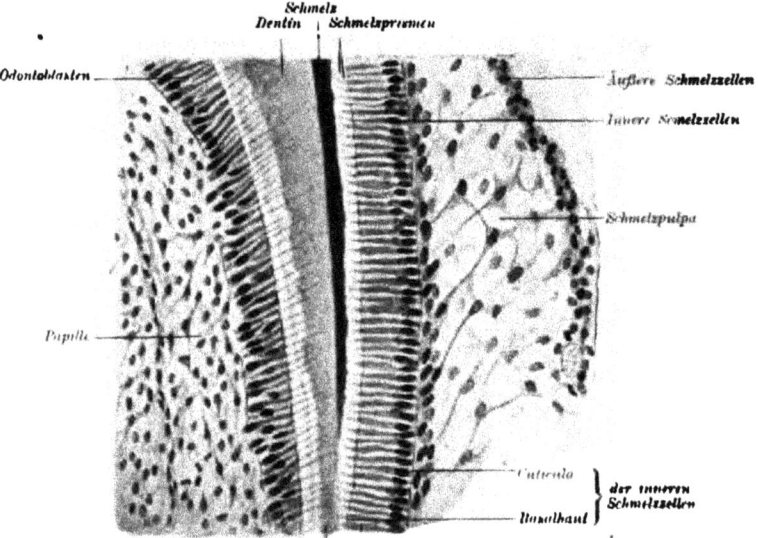

Fig. 267. Schnitt durch den Rand der Zahnkrone eines neugeborenen Hundes. Vergr. etwa 300:1.

Papille her (Fig. 266 und 267). Deren oberflächliche, unter dem
Schmelz gelegenen Zellen bilden sich zu den länglichen geschwänzten
Zahnbeinzellen oder Odontoblasten um. Das Zahnbein besteht
anfänglich als Prädentin. d. h. aus einer dem Collagen ähnlichen, von
den nicht leimgebenden Fibrillen, der Odontoblasten und Pulpazellen
durchsetzten Masse. Später entstehen in dem Prädentin leimgebende
Fasern, welche das anfänglich unverkalkte, aber bald verkalkende
eigentliche Zahnbein oder Dentin bilden. Es enthält nur noch die
als „Zahnfasern“ bekannten Odontoblastenausläufer und verdickt sich
durch Schichtenbildung von der Papille her. Die Zahnfasern werden
in Dentinkanälchen eingeschlossen.

Die Substantia osteoides oder Wurzelrinde des Zahnes

(Zement) wird erst nach der Geburt von der inneren Schicht des Zahnsäckchens dem Dentin aufgelagert. Die äußere Schicht des Zahnsäckchens wird zum Periost der inzwischen durch die Verknöcherung der Kiefer gebildeten Alveolen.

Das Dentin ist modifizierter Knochen, die Wurzelrindensubstanz verknöchertes Bindegewebe ohne Haverssche Kanäle.

Die Basalhaut der inneren Schmelzzellen entsteht erst nach der Geburt. Die aus den äußeren Schmelzzellen bestehende Cuticula dagegen liegt auf deren peripheren Zellenden (vgl. Fig. 264 und 267).

Diese für schmelzkappige, auf einfachen Papillen sitzenden Zähne gültige Entwicklungsart modifiziert sich etwas für die auf geteilten Papillen entstehenden schmelzhöckerigen Zähne (Molaren). Bei diesen bilden sich auf jedem Papillenhöcker Schmelz-

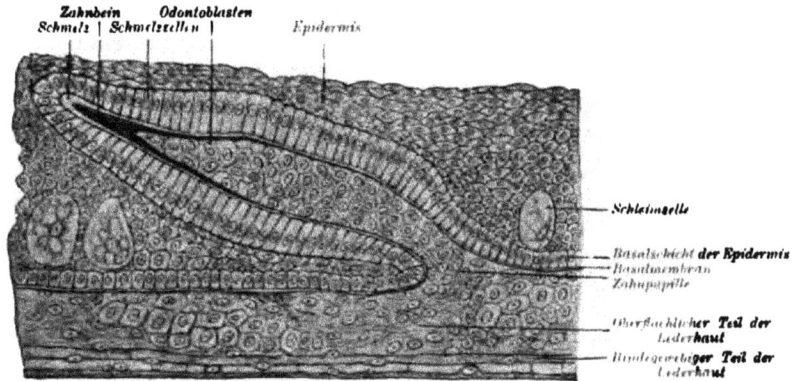

Fig. 268. „Hautzahn"anlage nach O. Hertwig.

und Dentinscherbchen, die erst durch nachträgliche Vereinigung die Krone bilden. An deren Bildung schließt sich dann die Anlage der mehrfachen Zahnwurzeln in derselben Weise wie bei den einwurzeligen Zähnen an.

Bei den schmelzfaltigen Zähnen schickt der Schmelzkeim mehr oder minder stark gewellte Falten, die Schmelzfalten, bis tief in die sehr große Papille hinein und veranlaßt sie ebenfalls zu faltiger Dentinbildung. Bei dieser Art von Zähnen kommt zu den schon beschriebenen Substanzen des Zahnes noch eine vierte, das in den eingestülpten Schmelzfalten vorhandene braune Osteocement, das mit ihnen die charakteristischen halbmond- oder nierenförmigen Figuren auf der Kaufläche (Pferde, Wiederkäuer) bildet. Durch eine Verknöcherung eingestülpter Teile, die Osteocementpulpa der inneren Lamelle des Zahnsackes, entstanden, besaß es anfänglich eigene, mit den Gefäßen des Zahnsackes zusammenhängende Blutgefäße, die aber später schwinden.

Schon in der siebzehnten Fetalwoche, noch ehe die Anlage der Milchzähne beim Menschen beendet und dieselben durch das Zahnsäckchen von den Stielen der Schmelzorgane abgeschnürt sind, entsteht von diesen Stielen aus zungenwärts von der Anlage des Milchzahnes ein Epithelsproß, der sekundäre Schmelzkeim oder die Anlage des Ersatzzahnes (Fig. 265). Seine Entwicklung vollzieht sich in derselben Weise wie die des Milchzahnes, nur viel langsamer.

Die Anlagen der Molarzähne, welche, zur ersten Zahnserie gehörig, nicht gewechselt werden, entstehen aus den nach hinten verlängerten Enden der Zahnleiste. In der siebzehnten Woche legt sich der erste, im sechsten Monate nach der Geburt der zweite Molarzahn an. Der dritte Molar (Weisheitszahn) des Menschen entsteht aus dem verdickten Ende der Zahnleiste gewöhnlich erst im fünften Lebensjahre, ohne sich in allen Fällen vollkommen zu entwickeln und die Schleimhaut zu durchbrechen. Hinter ihm findet sich mitunter noch ein abortiver, bald wieder sich zurückbildender Zahnkeim für einen nur ausnahmsweise auftretenden vierten Backzahn.

Die weitere Ausbildung der zweiten Zahnserie beginnt kurz vor der Geburt. Meist im siebenten Lebensjahre des Menschen setzt dann der Zahnwechsel dadurch ein, daß die Wurzeln der Milchzähne durch Odontoklasten aufgelöst ($\dot{o}\dot{o}o\tilde{v}\varsigma$ = Zahn, $\varkappa\lambda\dot{\alpha}\zeta\epsilon\iota\nu$ = brechen) werden. Dadurch lockern sich die Zahnkronen und werden schließlich durch die an Größe zunehmenden Ersatzzähne zum Ausfallen gebracht.

Über die Reihenfolge des Durchbruches der Ersatzzähne sind die anatomischen Lehrbücher einzusehen.

Nach der Wurzelbildung bleibt der Wurzelkanal entweder dauernd weit und erlaubt dadurch eine kontinuierliche ausgiebige Ernährung des Zahnes, wie bei den immerwachsenden Zähnen mit offener Wurzel (Schneidezähne der Nager Hauer des Schweines, Stoßzähne des Elefanten), oder der Wurzelkanal verengt sich nach vollendeter Ausbildung des Zahnes mehr und mehr, schnürt die Papille stielartig ein und behindert dadurch allmählich die Ernährung des Zahnes, der nun nicht mehr wächst, sondern langsam parallel der Abnützung seiner Krone aus der Alveole emporgeschoben wird (Zähne mit geschlossener Wurzel, zum Beispiel Zähne der Raubtiere und des Menschen).

Die Zähne sind laut Zeugnis der vergleichenden Entwicklungsgeschichte und der vergleichenden Anatomie ableitbar von suprapapillaren Schmelzbildungen der äußeren Haut, den Hautzähnchen oder Placoidorganen ($\pi\lambda\dot{\alpha}\xi$ = Platte, $\epsilon\dot{\iota}\delta o\varsigma$ = Gestalt, Form) der Haie und Rochen. Auf einer Hautpapille wird bei den Haien ein von der Epidermis bedeckter Schmelzüberzug gebildet (Fig. 268). Von der bindegewebigen Papille aus entsteht Dentin, und an der Papillenbasis bildet sich in der Lederhaut eine kleine Knochenplatte, die Basalplatte, auf welcher das aus Schmelz und Dentin bestehende Placoidorgan aufsitzt. Damit sind die drei wesentlichen Substanzen eines Zahnes gegeben, an deren Bildung sich also neben dem Epithel das Bindegewebe beteiligt.

Diese Schutzorgane können sich auf der Körperoberfläche der Fische in Schmelzschuppen, Stacheln usw. oder in der Mundhöhle und auf den Kiefern durch Funktionswechsel zu Organen zum Ergreifen, Festhalten und Zerkleinern der Nahrung, zu Zähnen, umbilden.

Da die Mundhöhlenschleimhaut aus einer Einstülpung der äußeren Haut hervorgeht, darf es nicht auffallen, daß sie dieselben Gebilde produziert wie jene, und daß ursprünglich die ganze Innenfläche der Mundhöhle (viele Fische) Zähne trägt, welche ebenso wie die der Haut papillaren Bildungen aufsitzen, aber noch nicht in Kieferknochen eingekeilt sind wie die Zähne der Säugetiere und des Menschen. Bei diesen differenzieren sich die Zähne je nach ihrer mechanischen Inanspruchnahme nach Form und Größe in Schneide-, Eck- und Backenzähne. Gleichzeitig reduziert sich ihre Zahl.

Die Basalplatten werden am Kopfe immer regelmäßiger, verlieren ihre Zähne bis auf die der eigentlichen Kieferknochen und werden so Veranlassung zur Bildung des Unterkiefers sowie der Schleimhaut-, Haut- oder Belegknochen des Schädels. Die auf dem Kieferbogen sich anlegenden, später am meisten mechanisch in Anspruch genommenen Zähne bilden Wurzeln aus, mit denen sie sich in das Bindegewebe der Kieferanlage einsenken. Sie werden bei den Säugetieren bei der Verknöcherung des Kiefers in Alveolen durch Gomphose ($\gamma\acute{o}\mu\varphi\omega\sigma\iota\varsigma$ = Einkeilung) besonders gut befestigt.

Abnorme Richtung und Verwerfungen von Zahnkeimen und damit der Durchbruch von Zähnen an abnormen Standorten (zum Beispiel Nasenhöhle, harter Gaumen) sind ebensowenig selten wie Vermehrung und Verminderung der Zähne.

Aus dem Epithel des Schlunddarmes gehen die

b) Schilddrüse, der Thymus und die Epithelkörper

hervor.

Aus der „Ergänzungsplatte" zwischen dem vorderen Chordaende der Säuger und der Basis der primitiven Rachenhaut entstehen mehr oder minder deutliche Epithelwucherungen Sie enthalten später eine Lichtung und bilden den abortiven Rest eines bei niedriger stehenden Wirbeltieren wohlentwickelten „präoralen Darmabschnittes".

Die erste Anlage der Schilddrüse erscheint bei allen Wirbeltieren gleichzeitig mit der Anlage der ersten Schlundtasche als eine dicht hinter dem Tuberculum thyreoideum gelegene unpaare mediane Ausstülpung der vorderen Schlundwand (Fig. 344) entweder, wie bei den Ichthyopsiden, als solider Epithelkörper oder, wie bei den Vögeln und Säugetieren, als eine Epithelblase, die sich nachträglich zu einem soliden Körper mit zwei Seitenlappen und einem Mittellappen umbildet. Dieser setzt sich in den Ausführungsgang oder den Ductus thyreoglossus fort (Fig. 269 u. 271). Die ganze Anlage wird von reichlichen Gefäßen durchwachsen und von Mesenchym umhüllt. Nach Anlage der Seitenlappen schwindet der Ausführungsgang und der größte Teil des Mittellappens der Drüse, das

Foramen caecum aber markiert am Zungengrunde zeitlebens die ursprüngliche Mündung des Ausführungsganges (Fig. 271).

Nicht selten kann der Mittellappen beim Menschen als Lobus pyramidalis bestehen bleiben, dessen oberes bindegewebiges Ende sich unter dem Zungenbein verliert. In anderen Fällen erhalten sich nur Teile des Lobus pyramidalis oder abgeschnürte Stücke der Seitenlappen als Nebenschilddrüsen von wechselnder Größe. Auch im Zungengrunde können sich kleine Epithelreste des Ductus thyreoglossus erhalten und Cystenbildungen veranlassen.

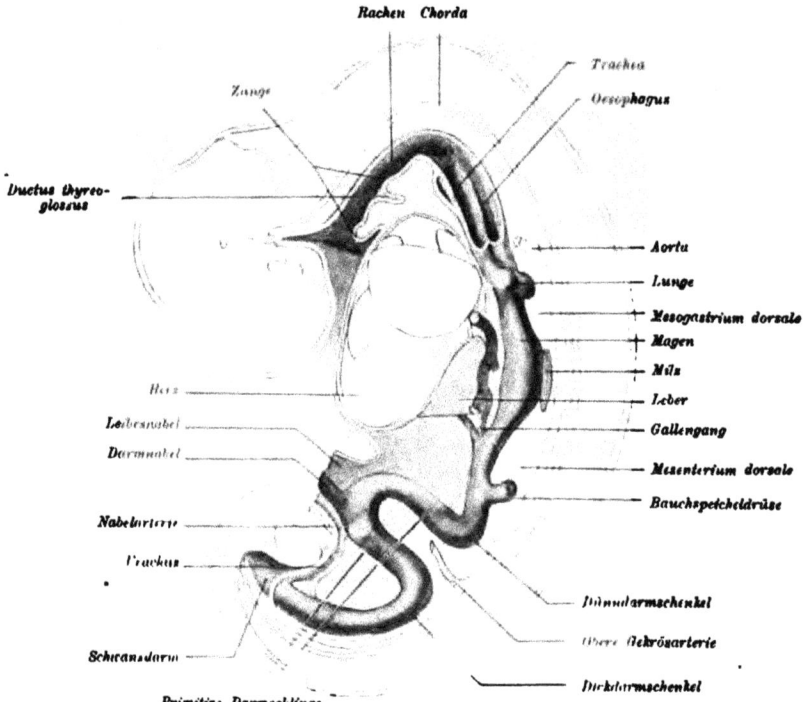

Fig. 269. Modell des Verdauungskanals eines menschlichen Embryos von 28 Tagen. Nach His-F. Ziegler.

Die epithelialen Teile des Organes wachsen zu zahlreichen Strängen mit enger Lichtung aus. Sie treiben blasige Erweiterungen mit engen Stielen, die sich abschnüren und zu den geschlossenen Drüsenfollikeln werden. Diese erweitern sich unter Abscheidung von colloiden Massen nach der Geburt.

Die Thymusdrüse entsteht entweder nur vom Epidermisblatt (Maulwurf) oder nur vom Enteroderm (Mensch) oder endlich aus einer gemischten Anlage aus beiden Blättern (Schwein). Den aus dem Epidermisblatt gebildeten Teil liefert eine Epithelwucherung am Boden des Sinus cervicalis (Fig. 120), der sich als Vesicula cervicalis abschnürt und sich durch gangartige Ausbuchtungen, die Ductus cervicales, mit der dorsalen Wand der zweiten bis vierten Schlundtasche verbindet. Die enterodermale Anlage entsteht zum größeren

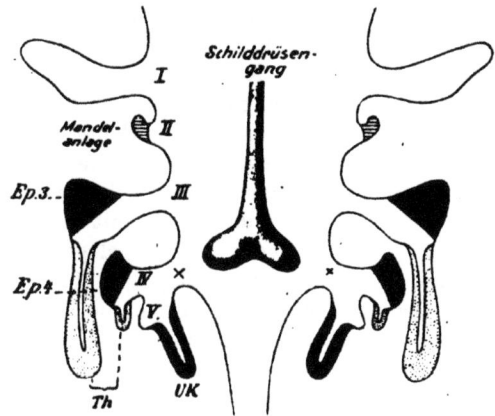

Fig. 270. Schema der Anlage der Schild- und Thymusdrüse sowie der Epithelkörper. Nach Grosser. Erklärung im Text.

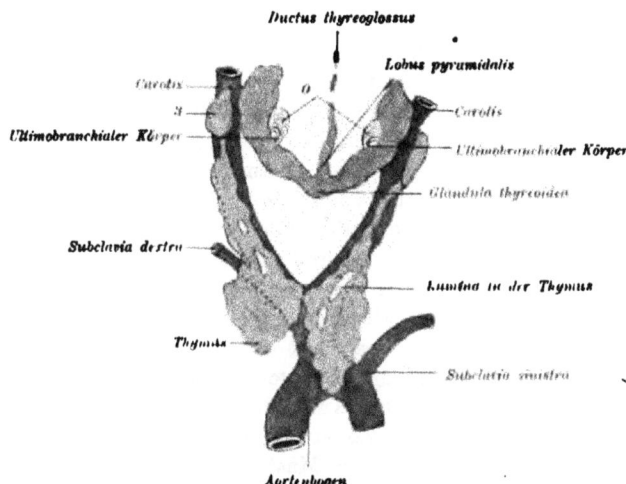

Fig. 271. Schlundtaschenderivate eines Kaninchenembryos von 16 mm Länge. Nach Verdun Etwas abgeändert. 8 und 0 = Epithelkörperchen.

Teile als blindsackförmiger Auswuchs aus dem ventralen Teile der dritten, zum kleineren Teile aus der vierten Schlundtasche.

Die Anlage des Thymus ist also eine rein epitheliale. Die Thymusanlage wächst dann zum Ductus pharyngobranchialis aus, durch dessen nachträglichen Schwund der Thymus als dickwandiger Schlauch von seinem Mutterboden abgelöst und nach Verlust seiner Lichtung zum Thymusstrang wird. Unter gleichzeitiger Größenzunahme scheiden sich allmählich die verjüngten Hörner oder der Halsteil von dem verdickten Körper- oder Brustteile, der hinter dem Brustbein bis zum Herzen hinunterwuchert.

Durch Sprossenbildung erhält der Thymus im zweiten und dritten Fetalmonat bei dem Menschen lappigen Bau. Nun wachsen auch Blutgefäße und Bindegewebe in denselben hinein. Seine beiden Hälften verschmelzen nach der Geburt in der Medianlinie. Der nun aus einem rechten und linken Lappen bestehende Thymus liegt zwischen dem Brustbein, dem Herzbeutel und den großen Gefäßen und reicht mit seinen oberen Enden bis zur Schilddrüse. Seine anfangs dicht gelagerten Epithelzellen lockern sich und sind, ähnlich der Schmelzpulpa, durch Ausläufer verbunden. Durch wiederholte Teilungen werden die Epithelzellen immer kleiner und scheinbar leukocytenähnlich. Die Drüsenmasse scheidet sich in die dunklere Rinde und das hellere Mark, dessen größere zentrale Zellen auch größere Kerne und mehr Plasma als die kleinen Rindenzellen besitzen. Im vierten Monate beginnen beim Menschen Zerfallserscheinungen. In den Markzellen entstehen die aus flachen Epithelien konzentrisch geschichteten, unter dem Namen Hassalsche Körperchen bekannten verhornenden Epithelklümpchen.

Gleichzeitig mit dem Auftreten dieser Rückbildungserscheinungen treten Leukocyten aus den Blutgefäßen zur Resorption der zerfallenden Massen im Marke auf. Gleichwohl wächst der Thymus bis zur Geschlechtsreife. Dann erst beginnt dessen eigentliche, aber individuell sehr ungleiche Rückbildung. Das Organ zerfällt dann in getrennte, von Fett umhüllte Abschnitte von verschiedener Größe, die sich bis in das höchste Greisenalter erhalten können,

Die Epithelkörperchen sind kleine, aus Epithel und Bindegewebe bestehende Gebilde mit innerer Sekretion. Sie bilden sich aus der dritten und vierten Visceraltasche (Fig. 270 *III* und *IV*), haben aber mit der Bildung der Thyreoidea, mit deren hinterem Rande sie nach Abschnürung von ihrer Bildungsstelle verbunden bleiben können, nichts zu tun. Sie bestehen bei voller Ausbildung aus einer bindegewebigen Kapsel, viel Blutgefäßen und Zellsträngen. In den Zellen findet sich Fett und Glycogen, zwischen ihnen Mastzellen und bei älteren Personen Colloid.

Als ultimobranchiale Körperchen (Fig. 270) bezeichnet man paarige kleine, bei vielen Wirbeltieren und auch beim Menschen bekannte Epithelabschnürungen des fünften abortiven Schlundtaschenpaares. Sie lösen sich von ihrem Mutterboden ab und lagern sich der Schilddrüse mehr oder minder innig an, bilden sich aber in der Regel bald zurück. Man deutet sie als eine bei Säugetieren funktionslos gewordene Drüse ohne Ausführungsgang, die aus epithelialen Cysten, Sprossen und Schläuchen besteht.

Die Gaumenmandeln, Tonsillae palatinae, entstehen aus zapfenförmigen Epitheleinsenkungen der dorsalen Ecke der zweiten Schlundtasche, aus dem Sinus tonsillaris. Im Bereiche der Epithelstränge bilden sich Schleimdrüsen. Nach Abstoßung der oberflächlichen verhornten Schicht entstehen aus den Epithelsprossen follikelartige Einsenkungen. Um die Follikel sammeln sich massenhafte Leukocyten und durchwandern sehr bald die Epitheldecke. Erst bei dem dreimonatigen Kinde finden sich wirkliche Lymphknötchen mit Keimzentren und Rindenschicht.

Im wesentlichen in derselben Weise entwickeln sich die Tuben-, Rachen- und Zungentonsille.

c) Speiseröhre, Magen, Dünn- und Dickdarm.

Die anfänglich sehr kurze Speiseröhre wächst erst mit der einsetzenden Streckung des Embryos und mit der Ausbildung des Halses und der Brustorgane (Herz und Lungen) in die Länge. Ihre Grenzen gegen den Rachen und den Magen sind anfänglich unscharf. Das zuerst einfache Epithel schichtet sich und verstopft vorübergehend die Lichtung. Es besteht unter wiederholten Abstoßungen nacheinander aus hellen Prismen-, dann aus Flimmer- und polyedrischen Zellen und endlich aus Zellen mit Cytoplasmafaserung und aus eingestreuten Schleimzellen. Im Epithel entstehen vielfache Lücken (Fig. 335) und Ausstülpungen der Lichtung, die nicht mit Drüsenanlagen verwechselt werden dürfen. In der Mesenchymwand entsteht zuerst die Ring- und dann die Längsmuskellage.

Der Magen kennzeichnet sich in Form einer spindelförmigen Erweiterung des Vorderdarmes immer deutlicher als ein besonderes Gebiet des Darmrohres. Der auf den Magen folgende Teil des Vorderdarmes wird nachträglich durch die ringförmige Pylorusklappe vom Magen und nach Anlage der Leber und ihres Ausführungsganges als Zwölffingerdarm vom Mitteldarm abgrenzbar.

Unter zunehmender Erweiterung entwickelt sich am Magen sehr bald eine Ausbuchtung seiner dorsalen Wand, die spätere große Kurvatur (Fig. 269). Seine ventrale, inzwischen durch die Leber etwas eingedrückte Wand wird zur kleinen Kurvatur. Die Strecke des Mesenteriums, welche die große Kurvatur des Magens mit der dorsalen Bauchwand verbindet, heißt nun Mesogastrium dorsale (μέσος = in der Mitte, γαστήρ = Magen), im Gegensatze zu der Bauchfellverbindung des Magens mit der Leber, dem Mesogastrium ventrale. Der embryonale Magen menschlicher Embryonen von 12 cm Länge zeigt eine dorsalwärts umgeschlagene Ausbuchtung des Magengrundes, das Diverticulum fundi, das später wieder

schwindet. Es ist die Andeutung eines „Vormagens", wie man ihn
von niederen Affen und bei vielen anderen Tieren (Nager, Pferd
Wiederkäuer usw.) in wechselnder Ausbildung kennt.

In der Folge muß der rasch in die Länge wachsende, kaudal vom
Magen gelegene Darmabschnitt, um in der Leibeshöhle Platz zu finden,
eine Schlinge bilden, die primitive Darmschlinge (Fig. 269).
Ihr oberer Dünn- und ihr unterer Dickdarmschenkel liegen zuerst so
ziemlich in der Medianebene. Am Schlingenscheitel verbindet der
Dottergang oder bei den placentalen Säugern der Nabelblasenstiel die
Darmschlinge mit der Nabelblase. Nach Verödung und Rückbildung
des Nabelblasenstieles können sich ausnahmsweise blindsackförmige
Ausbuchtungen der Darmwand an seiner früheren Abgangsstelle erhalten,
die unter dem Namen „Meckelsches Divertikel" bekannt sind.

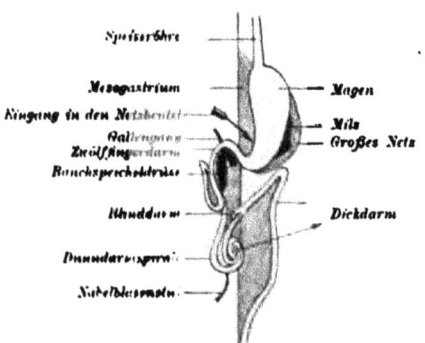

Mitteldarm und Hinter-
darm sind anfänglich nicht als
besondere Darmabschnitte voneinander abgrenzbar, sondern
bilden eine einheitliche Darmstrecke. Abgesehen von dem an
der Wirbelsäule entspringenden
dorsalen Gekröse, dem Mesogastrium dorsale und dem Mesenterium dorsale, wird der Darm
vom Magen bis zum Nabel durch
ein ventrales Gekröse, an der
vorderen Bauchwand befestigt.

Die bleibenden Lageverhält-
nisse des Darmes werden ver-
anlaßt: 1. durch Drehungen des Magens. 2. durch Längenwachstum.
Krümmungen und Verlagerung des Darmes und 3. durch nachträgliche Verklebungen und Verwachsungen ursprünglich getrennter, einander zugekehrter Peritonealflächen der Gekröse oder einzelner Darmstrecken.

Die Drehung des Magens vollzieht sich bei Tieren mit
einfachen Mägen (zum Beispiel Fleischfresser. Pferd. Schwein)
sowie beim Menschen folgendermaßen:

Der Magen gelangt durch eine zweifache Drehung aus seiner an-
fänglichen Längsstellung in seine definitive Lage.

Durch die erste Drehung um seine Längsachse kommt die ursprünglich dorsal gelegene große Kurvatur weiter nach vorn und links.
die ursprünglich ventral gelegene kleine Kurvatur mehr nach hinten
und rechts zu liegen. Gleichzeitig wird die linke Magenfläche nach
vorn. die rechte nach hinten gedreht. Diese Drehung veranlaßt auch
den rechten Nervus vagus dorsal. den linken ventral vom Ösophagus

das Zwerchfell zu passieren. Die Lageveränderung des Magens zwingt auch das anfänglich kurze, am großen Magenbogen festgeheftete **dorsale Magengekröse**, der Drehung des großen Bogens zu folgen. Es wird zum **großen Netz** umgebildet (Fig. 272 und 273). Zwischen seiner Insertion an der dorsalen Rumpfwand und der dorsalen Magenfläche befindet sich eine von rechts über dem kleinen Magenbogen her in der Richtung des oberen Pfeiles zugängliche Tasche, der **primitive Netzbeutel**. Beckenwärts auswachsend bedeckt dieser das Quercolon und die Dünndarmschlingen. Seine vordere Lamelle entspringt von der großen Kurvatur des Magens und biegt am unteren Netzbeutelrande in die hintere um, die dann zur hinteren Bauchwand zurückläuft (Fig. 273 und 274). Sie legt sich in der linken Körperhälfte der hinteren Bauchwand und als **Zwerchfellmilzband** dem Zwerchfell an.

Durch die zweite Drehung stellt sich der anfänglich senkrecht gestellte Magen etwas quer zur Wirbelsäule, wobei die große Kurvatur kaudal. die kleine kranial verlagert wird.

Das **ventrale Magengekröse** wird durch die sich rasch vergrößernde Leber (Fig. 260) nach rechts und vorn verlagert zum **kleinen Netz** (Lebermagen- und Leberzwölffingerdarmband). Der Netzbeutel öffnet sich jetzt nicht mehr über dem kleinen Magenbogen in die Bauchhöhle, wie in Fig. 272, sondern bei ✕ in Fig. 273 in den dorsal vom kleinen Netze und kaudal von der Leber gelegenen **Vorraum des Netzbeutels, Atrium bursae omentalis**, in den man von der Bauchhöhle aus von rechts her durch die **Netzpforte, das Foramen omentale** gelangt.

Bei manchen Säugetieren (zum Beispiel bei den meisten Raubtieren) besteht der Netzbeutel zeitlebens. Beim Menschen beginnen die einander zugekehrten Flächen seiner inneren Blätter im vierten Monat miteinander zu verwachsen. In den ersten Jahren nach der Geburt ist dieser Prozeß gewöhnlich beendet, und der Netzbeutel ist zu einer soliden, erst später netzartig durchbrochenen Platte geworden. Außerdem verwächst die Unterfläche des Netzbeutels mit der Vorderfläche des Quercolon und des Mesocolon transversum (Fig. 274 B). Da das Netz bei gewissen Tieren kaum entwickelt ist (zum Beispiel beim Bären), kann es keine prinzipiell wichtige Funktion haben.

In der Nähe des Scheitels der primitiven Darmschlinge bildet sich eine kleine Knospe, die Anlage des **Blinddarmes** (Fig. 269 und 272).

Der am Nabel gelegene Teil der Schlinge (Schlingenscheitel) rollt sich bei weiterem Längenwachstum spiralig auf und tritt durch den Bauchnabel in das Omphalocöl des Nabelstranges aus. Es wird hier durch dessen dünne Wand sichtbar und bildet einen zeitweilig bestehenden physiologischen Nabel- resp. Nabelschnurbruch (Fig. 137). Durch stärkeres Wachstum rollt sich diese Spirale noch mehr zusammen, findet im Nabelstrang nicht mehr Platz und kehrt wieder in die Bauch-

21 *

höhle zurück. Während sich dann der Dünndarmschenkel durch zu-
nehmendes Längenwachstum immer mehr mit seinem Mesenterium
kräuselt, schiebt sich der Dickdarmschenkel oberflächlich in einem
Bogen nach oben und rechts über den Dünndarm weg, bis das Caecum
seine bleibende Lage in der rechten Fossa iliaca erreicht (Fig. 273).
Einige Zeit vorher findet man das Caecum noch links neben dem
Mesenterium nahe der Medianebene.

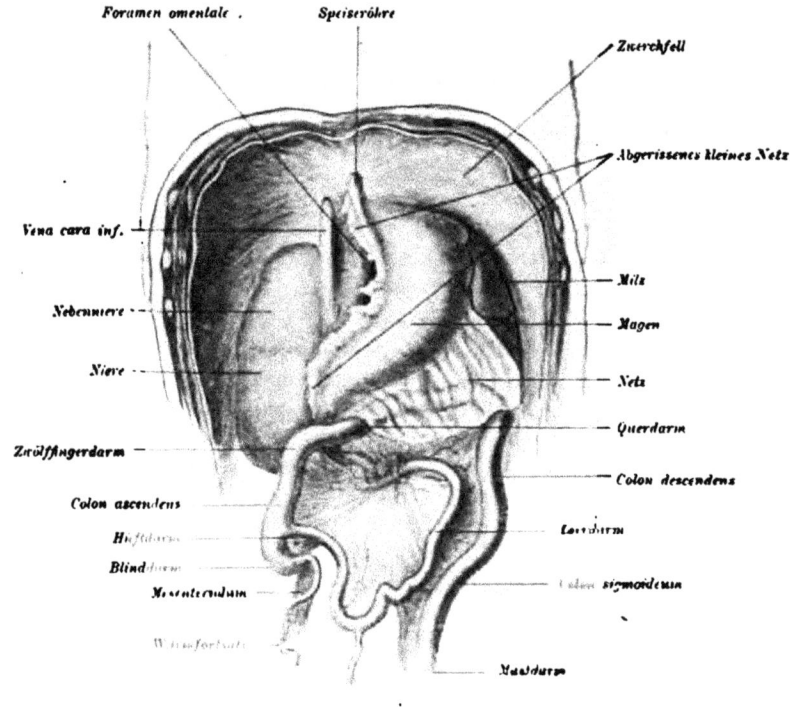

Fig. 273. Darmtraktus eines menschlichen Embryos aus dem vierten Monat. Der Dünndarm ist der
Übersichtlichkeit wegen verkürzt gezeichnet. Vergr. etwa 2:1. x Eingang in den Vorraum des Netzbeutels. (Der Leitstrich zu „Zwölffingerdarm“ soll bis zum Anfang der Dünndarmschlinge reichen.)

Im vierten Monat kann man deutlich am Dünndarm die Duodenalschleife und den aus Jejunum und Ileum bestehenden Abschnitt unterscheiden (Fig. 273).

Der Dickdarm umfaßt die Dünndarmschlingen wie beim Erwachsenen in einem nach unten offenen Bogen. Er beginnt in der
rechten Fossa iliaca mit dem bei manchen Tieren und auch bei dem
neugeborenen Menschen mitunter sehr umfangreichen Caecum. Bei
dem Menschen und bei den anthropoiden Affen verkümmert jedoch

dessen peripherer Teil in mehr oder minder großer Ausdehnung zum Wurmfortsatz. Dann folgen Colon ascendens, die Flexura coli dextra, das Colon descendens und das in den Mastdarm übergehende Colon sigmoideum. Die später zwischen Hüft- und Blinddarm entstandene Ileocaecalklappe entsteht durch Knickung des Darmrohres und markiert die Grenze zwischen Dünn- und Dickdarm. Beim neugeborenen Menschen ist der relativ große Wurmfortsatz meist viel weniger scharf vom Caecum abgegliedert als in späteren Jahren. Das ganze Darmrohr vom Pylorus bis zum Rectum ist noch frei beweglich durch ein gemeinsames Gekröse (Mesenterium commune) an der Wirbelsäule befestigt.

Nun aber treten beim Menschen im vierten Monat Verwachsungen gewisser Gekrösstrecken mit der Umgebung oder Lageverschiebungen einzelner Darmstrecken ein.

1. Die Hinterfläche der Duodenalschleife und ihres Gekröses verwächst nach Schwund des Bauchfellepithels mit der hinteren Bauchwand. Damit ist das ursprünglich frei bewegliche Duodenum und die zwischen den Blättern des Mesoduodenums gelegene Bauchspeicheldrüse sekundär an die hintere Bauchwand bis auf das beweglich gebliebene Anfangsstück der Pars horizontalis duodeni und den Beginn der Pars ascendens befestigt.

2. Der übrige Dünndarm bleibt in seinem Gekröse frei beweglich. Die Verbindung des Jejunum mit dem Körpernabel durch den Nabelblasenstiel schwindet später.

3. Infolge der Verlagerung des Dickdarmes kreuzt nun das Quercolon die Pars descendens duodeni, und das Mesocolon verwächst mit ihr. Weiter verwächst das Caecum, das Colon ascendens und die Flexura coli dextra mit der rechten, die Flexura coli sinistra und das Colon descendens mit der linken hinteren Bauchwand. Frei an eigenen Gekrösen beweglich bleiben nur der Wurmfortsatz an seinem Mesenteriolum, das Quercolon an seinem Mesocolon transversum, das Colon sigmoideum nebst dem Mastdarm am Mesocolon sigmoideum und am Mesorectum.

Bleibt die geschilderte Verwachsung aus, dann kann ausnahmsweise auch noch beim Erwachsenen ein Mesenterium commune in wechselnder Ausdehnung bestehen.

Die bei den verschiedenen Wirbeltieren auffallenden Variationen in der Form der Mägen und in der Länge, Lage und Anordnung der Gedärme sind das Ergebnis der funktionellen Anpassung des Verdauungsapparates an die Art der Ernährung, der Vererbung dieser Anpassungen und der Ausnutzung des in der Bauchhöhle von anderen Organen übrig gelassenen Platzes durch den wachsenden Darm. Ihre eingehende Beschreibung würde den Rahmen dieses Buches weit überschreiten müssen.

Afterdarm- und Anusbildung siehe bei der Entwicklung der äußeren Geschlechtsorgane.

Der Darm besteht im Stadium der Darmrinne aus Enteroderm und einer mesenchymatösen Wand aus visceralem Mesoblast.

Das zuerst flachzellige Enteroderm besteht nach Schluß der Darmrinne aus prismatischen Zellen. Aus dem Darmepithel entwickelt sich auch der ganze Drüsenapparat der Darmwand sowie die beiden großen Anhangsdrüsen des Darmes, die Leber und das Pankreas, deren bindegewebiges Stützgerüst und Umhüllung ebenfalls der viscerale Mesoblast der Darmwand liefert. Diese sondert sich in der

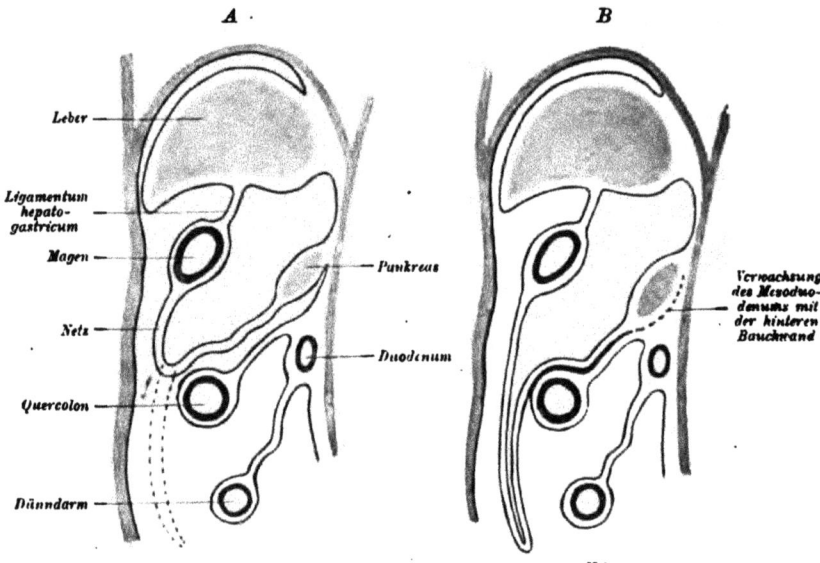

Fig. 274. ·Schema zur Entwicklung und Umbildung des Netzbeutels in zwei Medianschnitten.

Folge in Mucosa, Muscularis mucosae, Submucosa, Muscularis und Peritonaealüberzug (Fig. 275).

Die weitere Entwicklung und histologische Sonderung des in der Bauchhöhle gelegenen Teils des Verdauungskanals beginnt in der Magenwand und schreitet von da im Duodenum und Rectum, langsamer im Jejunum und Ileum fort.

Es treten zuerst aus Mesenchym und Epithel bestehende Längsfalten auf, welche bei niederen Wirbeltieren beibehalten, bei dem Menschen und den höheren Wirbeltieren aber in Zotten umgewandelt werden. Diese finden sich zuerst als wesentlich epitheliale oder Primärzotten im Magen und im ganzen Darme (Fig. 277), bleiben aber nur im Dünndarm als Dauerzotten mit bindegewebigen Achsen bestehen. Zwischen den Zottenbasen entstehen **Krypten**, von deren Grund aus hohle Epithelausstülpungen die **Drüsenanlagen** bilden.

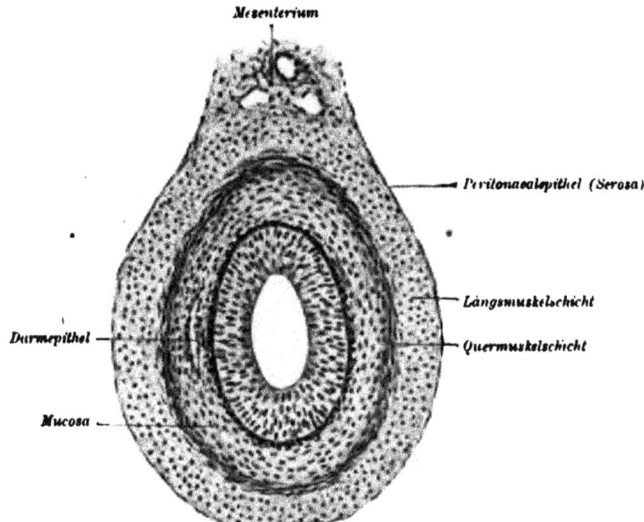

Fig. 275. Querschnitt durch den Dünndarm eines 3,2 cm langen Schweineembryos ohne Zottenbildung. Vergr. etwa 250 : 1.

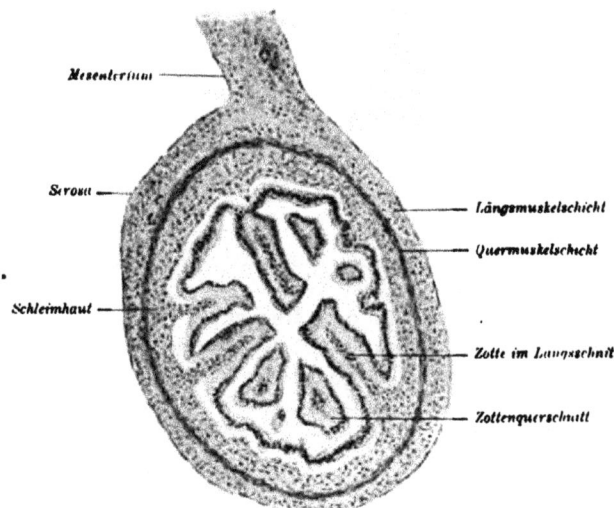

Fig. 276. Querschnitt durch den Dünndarm eines 6,2 cm langen Schweineembryos mit Zotten. Vergr. etwa 70 : 1.
Der Epithelbelag ist infolge der Fixierung etwas von der Schleimhaut abgehoben.

Im **Magen** veranlaßt die bis gegen die Zottenspitzen fortschreitende, aber unvollständige Verwachsung der Primärzotten die Bildung der **Magengrübchen.** Aus deren Grund sprossen die **Magendrüsen** bei menschlichen Embryonen in der zehnten Woche als Epithelschläuche in das darunterliegende Bindegewebe. Die **Belegzellen** werden erst gegen Ende des vierten Monats deutlich. Beim Erwachsenen münden weniger Magendrüsen als beim Embryo in je ein Magengrübchen ein. Es muß also ein Teil der schon angelegten Drüsen wieder schwinden.

In der **Pylorusregion** und im **Dünndarm** hört die Verwachsung der Zotten schon in einiger Entfernung von den Zotten-

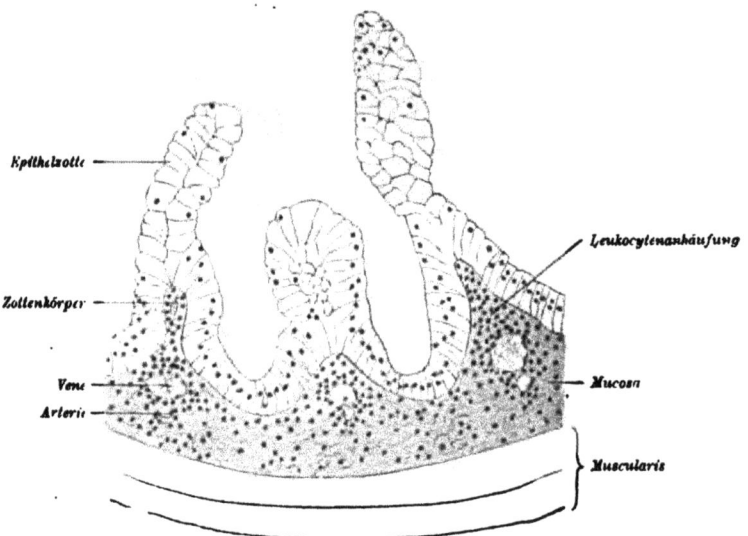

Fig. 277. Querschnitt durch das Colon eines 8 cm langen Meerschweinchenembryos mit Epithelzotten, die später verschwinden. Nach Ph. Stöhr. Vergr. etwa 420:1.

spitzen auf. Es bilden sich nur leistenförmige Erhebungen, doch bleiben auch freie Zotten bestehen.

Auch im **Duodenum** des Menschen führt die Wucherung des Darmepithels zu einer etwa am 45. Tage eintretenden Verstopfung der Lichtung, die erst am 60. Tage wieder deutlich wird.

Das Ausbleiben dieser Lösung kann, wie in der Speiseröhre, so auch im Darme zu Stenosen (στενός = eng) oder Obliterationen oder auch zur Bildung einer bleibenden doppelten Lichtung führen.

Die **Brunner**schen Drüsen entstehen am Ende des vierten Monats aus verästelten Epithelsprossen.

Die glatte Fläche der **Dickdarmschleimhaut** ist das Ergebnis einer totalen Verwachsung der Primärzotten bis zur Spitze.

Die Schleimzellen des Darmes entstehen durch Umwandlung des Darmepithels.

Von der Muskelhaut tritt zuerst die Ring-, dann die Längsmuskulatur auf; zuletzt sondert sich die Muscularis mucosae.

Die solitären und agminierten Lymphknötchen (Peyersche Haufen) des Darmes werden beim Menschen im 5. Monate als schärfer begrenzte Leukocytenansammlungen im Bindegewebe der überhaupt an Leukocyten sehr reichen Schleimhaut deutlich.

d) Leber und Bauchspeicheldrüse.

Bei der Bildung des Herzens entsteht, wie wir sahen, außer dem dorsalen auch ein ventrales Herzgekröse, das sich in kaudaler Richtung zu dem ventralen Magen- und Darmgekröse verlängernd (Fig. 260), die kleine Kurvatur des Magens und des Duodenums mit der vorderen Bauchwand verbindet. Es scheidet als bindegewebiges, aus visceralem Mesoblast bestehendes Septum in der Länge seines Verlaufes das Cölom in eine rechte und linke Hälfte. Außerdem besteht noch eine quere, jederseits den Sinus reuniens enthaltende, in das Cölom vorspringende Transversalfalte, das für die Entwicklung des Zwerchfelles wichtige Septum transversum (Fig. 279).

Das ventrale Darmgekröse und das Septum transversum zusammen haben die Form einer aus lockerem Mesenchym bestehenden Kreuzfalte, in welche sich sehr bald die erste Anlage der Leber in Form einer rinnenförmigen, longitudinalen Ausstülpung der vorderen Darmwand einsenkt (Fig. 278). Die Wand dieser „Leberrinne" verdickt sich zum Leberwulst und reicht von dem hinteren Herzende bis zum vorderen Rande des Darmnabels. Während sich die Leber in dieser einfachen Form bei Amphioxus dauernd erhält, sprossen bei den Wirbeltieren aus dem Leberwulste ein kranialer Schlauch, die spätere Leber, und ein kaudaler, die Anlage der Gallenblase und des Gallenblasenganges, Ductus cysticus, hervor. Dann schnürt sich die Leberrinne von der Darmwand ab und bildet sich zu einem kurzen Stiel um, der zum Gallengang oder Ductus choledochus ($\chi o \lambda \dot{\eta}$ = Galle, $\delta \acute{\epsilon} \chi o \mu \alpha \iota$ = aufnehmen) wird. Der kraniale Leberschlauch bleibt mit diesem durch den Lebergang oder den Ductus hepaticus, die Anlage der Gallenblase aber durch den Ductus cysticus in Zusammenhang. Schließlich wächst der Gallengang zu einem Rohr aus, welches die nun als selbständiges Organ erscheinende Leber mit dem Duodenum verbindet.

Die Drüsensubstanz der Leber entsteht dadurch, daß die Wand des Leberschlauches entweder Hohlknospen (Haie, Amphibien) oder solide Fortsätze (Vögel, Säugetiere und Mensch) in die lockere Bindesubstanz des ventralen Magengekröses hineintreibt, die dann entweder zu Röhren (Amphibien) oder zu soliden Strängen, wie bei den

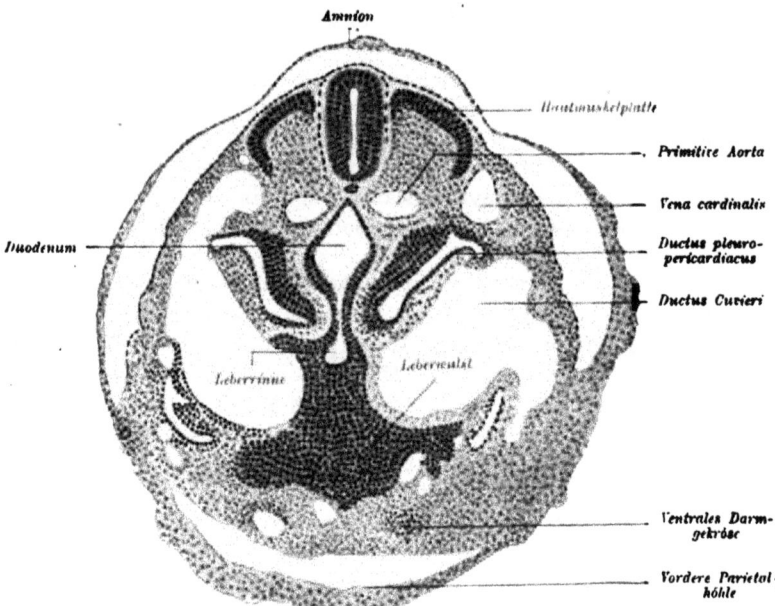

Fig 278. Querschnitt durch die Leberanlage des Schafembryos von 17 Tagen und 22 Stunden in Fig. 168.

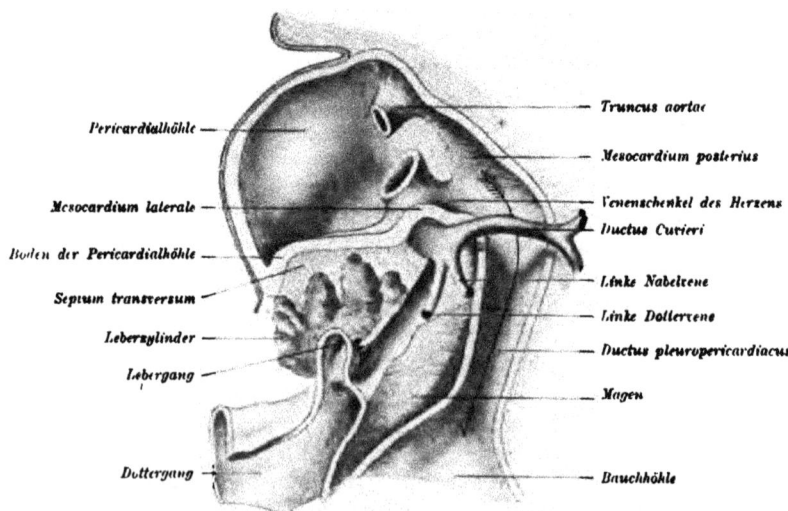

Fig. 279. Modell der Zwerchfell- und Leberanlage von einem menschlichen Embryo von 3 mm Länge. Vergr. etwa 16:1. Die laterale Wand der Pericardialhöhle und das Herz sind entfernt. Nach His-Kollmann.

Vögeln und Säugetieren, auswachsen. Durch sekundäre Sproßbildung und durch das Verwachsen einander begegnender Sproßenden entsteht in einem Falle ein Netzwerk epithelialer Röhren, im anderen ein solches von soliden Zellenbalken (Fig. 281). Die Lücken dieses Netzes enthalten aus der Vena omphalomesenterica hervorsprossende, sehr weite Blutgefäße, deren Inhalt beim vierwöchigen menschlichen Embryo schon durch die Lebervene abgeleitet wird.

Die Leberanlage ist von dem Bindegewebe des ventralen Mesenteriums umhüllt und wölbt dieses beiderseits durch die Anlage des rechten und linken Leberlappens wulstig in die Leibeshöhle vor. Die netzförmigen Leberzylinder treiben nun neue Seitensprossen, die, mit-

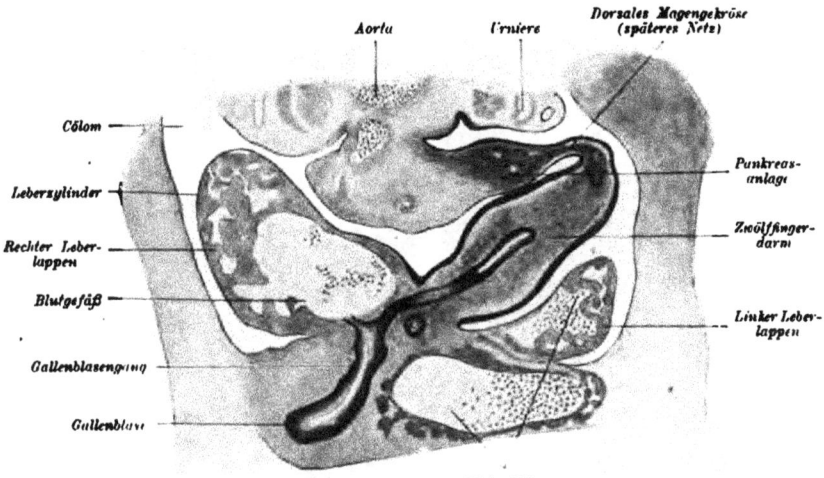

Fig. 280. Querschnitt durch die Leberanlage eines Igelembryos von 1 cm Scheitelsteißlänge. Vergr. etwa 50 : 1.

einander verwachsend, immer neue Epithelmaschen bilden. So nimmt die Leber rasch beträchtlich an Größe und an Masse der sezernierenden Leberzellen und Gallengänge zu.

Die Gallengänge entstehen durch interzelluläre Spaltbildung in den anfänglich soliden Leberzylindern. Gleichzeitig bilden sich einzelne Teile des Netzwerkes zurück. Während bei den Amphibien und Reptilien der netzförmig tubulöse Drüsenbau der Leber deutlich erhalten bleibt, verwischt er sich bei den Vögeln, Säugetieren und dem Menschen in hohem Grade.

Die kreuzförmige, aus dem ventralen Darmgekröse und dem Septum transversum bestehende Mesenchymmasse wird zur Bildung der bindegewebigen Leberkapsel, des interstitiellen Bindegewebes, der Leberbänder und des Bauchfellüberzugs der

Leber verwendet. Ihr von der Zwerchfellfläche der Leber bis zum
Nabel gehender Teil wird zum Sichelband der Leber, Ligamentum
falciforme hepatis, und enthält in seinem freien Rande die später
zum runden Leberband, Ligamentum teres, obliterierende
Nabelvene.

Der von der Leberpforte zur kleinen Kurvatur des Magens und
zum Zwölffingerdarm verlaufende ursprünglich ebenfalls sagittal gestellte Teil des Mesogastrium ventrale wird zum Ligamentum
hepatogastricum ($\tilde{\eta}\pi\alpha\varrho$ = Leber, $\gamma\alpha\sigma\tau\dot{\eta}\varrho$ = Magen) und hepato-
duodenale. Es enthält den Gallengang, die Leberarterie und die
Pfortader und wird auch als kleines Netz oder Omentum minus
bezeichnet.

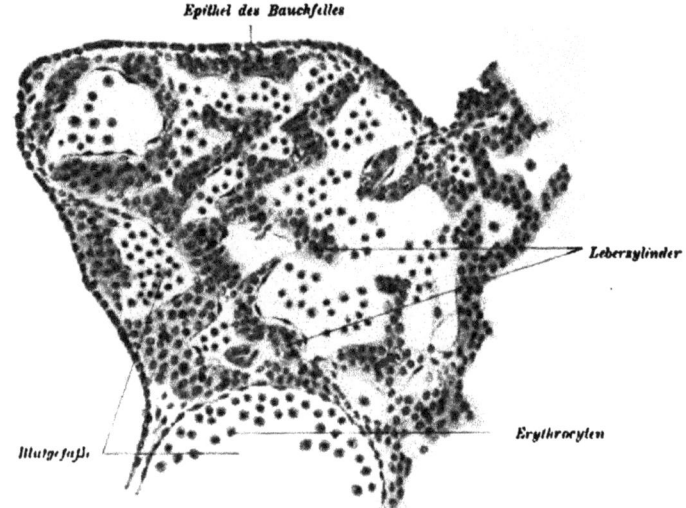

Epithel des Bauchfelles

Leberzylinder

Erythrocyten

Blutgefäße

Fig. 231. Querschnitt durch die Leberanlage eines Hundeembryos vom 25. Tage. Vergr. etwa 60:1.

Über die Entstehung des Kranzbandes der Leber siehe bei
Zwerchfell.

Die embryonale Leber entwickelt sich anfangs symmetrisch. Sie wächst rasch
zu beträchtlicher Größe heran und füllt die obere Bauchhöhle bis auf ein kleines,
von dem Magen, von der Bauchspeicheldrüse und von den Dünndarmschlingen ein-
genommenes Gebiet aus. Die bei den verschiedenen Tieren sehr verschiedene
Gestalt der Leber ist ein Ergebnis ihres Wachstums, ihrer Plastizität und des ihr
von den übrigen Bauchorganen übriggelassenen Raumes. Zuerst drängt die stark
wachsende Leber den noch wenig entwickelten Darm unter Bildung eines Nabel-
bruches zur Seite; später wird sie durch die bedeutende Zunahme des Verdauungs-
kanales, vor allem des Magens, beeinflußt. Nach der Geburt wächst die Leber
infolge des durch die Atmung veränderten Blutstromes langsamer, und ihr Volumen
reduziert sich dem Körper gegenüber sehr beträchtlich. Später bleibt der linke
Leberlappen im Wachstum hinter dem rechten zurück. Seine Leberzellen atrophieren

sogar in nicht unwesentlicher Ausdehnung (Appendix fibrosa), während seine Gallengänge als „Vasa aberrantia" erhalten bleiben.

Da ein großer Teil des von den Embryonalanhängen in den Embryo zurückströmenden Blutes die Leber passiert, ist diese außerordentlich blutreich. Die Gallenabsonderung beginnt noch während der intrauterinen Entwicklung und bedingt die pechartige Färbung des Fruchtkotes, des Kindspechs oder Meconiums (μηχώνιον = Mohnsaft, Opium, wegen der schwarzbraunen Farbe), das aus verschluckten Epidermisschüppchen, Wollhaaren, Schleim und Galle besteht.

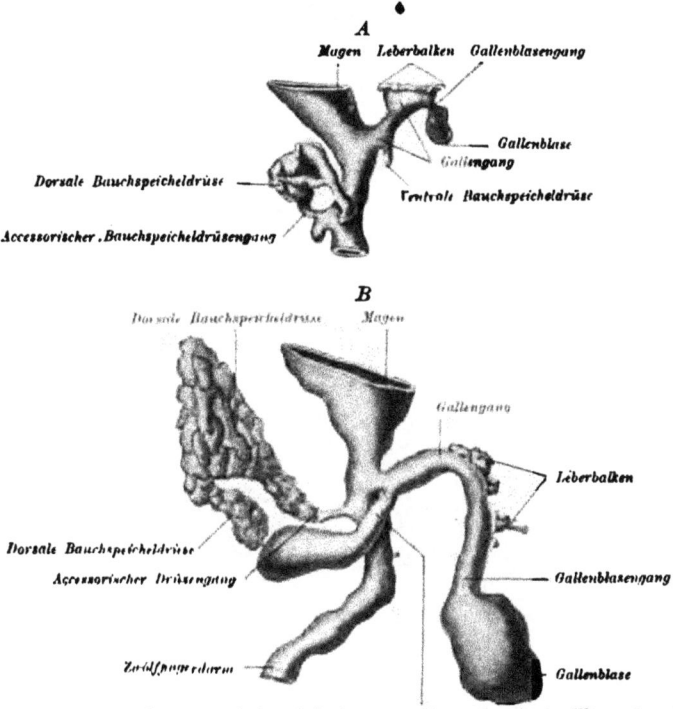

Fig. 282. Modelle zur Leber- und Bauchspeicheldrüsenentwicklung. Nach Hammar. Vergr. etwa 30 : 1. A von einem 8 mm langen Kaninchenembryo; B von einem 10 mm langen Kaninchenembryo.

Die fleischfarbige Bauchspeicheldrüse, das Pankreas (πᾶν = ganz, κρέας = Fleisch), entsteht beim Menschen in der Regel aus zwei, bei Tieren sogar aus drei Ausstülpungen des Enteroderms. Zuerst tritt die dorsale Anlage auf, dann erst folgt die ventrale (Fig. 282). Der die Knospen mit dem Darme verbindende Stiel wird an der ventralen Pankreasanlage zum Ductus pancreaticus major, an der dorsalen zum Ductus pancreaticus minor oder accessorius. Durch die Achsendrehung des Duodenums werden ventrale und dorsale Pankreasanlagen einander genähert und verwachsen in der siebenten Woche des Fetallebens zu einem einheitlichen Drüsen-

körper, in dem auch die Äste der dorsalen und ventralen Ausführungsgänge miteinander kommunizieren.

So erklärt sich das Vorkommen eines Ductus pancreaticus major
und minor, also zweier Ausführungsgänge an e i n e r scheinbar einheitliche Drüse.　Der Ductus pancreaticus major kann in das Mündungs-
stück des Gallenganges einbezogen werden und mit diesem gemein-
schaftlich oder selbständig neben ihm in den Zwölffingerdarm münaen.

Die in das Mesogastrium éingewachsene Bauchspeicheldrüse liegt
zunächst frei beweglich zwischen der großen Kurvatur des Magens und

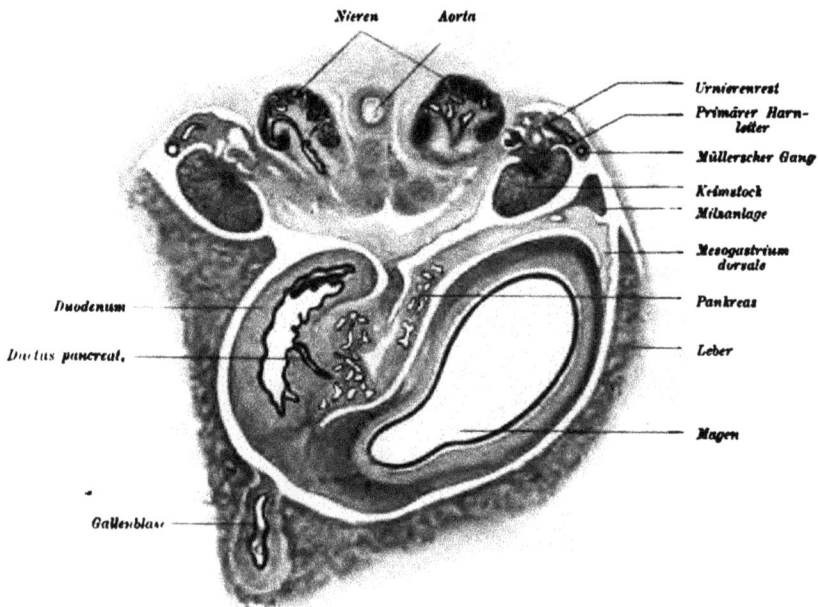

Fig. 283.　Querschnitt durch Milz, Duodenum und Pankreas von dem 1,9 mm langen menschlichen
Embryo (Fig. 136).　Vergr. etwa 15 : 1.

der Wirbelsäule.　Sie muß also alle Lageveränderungen des Magens
mitmachen und wird so durch die Drehung des Magens in die spätere
Querstellung verlagert.　Dabei wird der Kopf der Bauchspeicheldrüse
von der Duodenalschleife umfaßt.　Das Schwanzende wächst in die
linke Körperhälfte bis zur linken Niere und Milz aus.　Das Mesogastrium mit der quergestellten Bauchspeicheldrüse legt sich dann der
hinteren Bauchwand an und verschmilzt mit deren wandständigem
Bauchfellüberzug.　So wird das ursprünglich im Mesogastrium bewegliche Pancreas nach Schwund der beiden miteinander verwachsenen
Bauchfellblätter retroperitoneal an der hinteren Bauchwand fixiert.
Die „centroacinären" Zellen und die „Pankreasinseln" entstehen durch

Differenzierung der Epithelien der zu Drüsenalveolen aussprossenden Ausführungsgänge. Die Pankreasinseln schnüren sich dann von ihrem Mutterboden ab und bilden Drüsenteile ohne Ausführungsgang mit innerer Sekretion. Überzählige, bald nur in der Darmwand liegende, bald als deren Anhangsorgane auftretende Bauchspeicheldrüsen sind nicht selten.

2. Entwicklung des Atemapparates.

Der Atemapparat entsteht, abgesehen von der Nasenhöhle, durch Abfaltung der ventralen Wand des Vorderdarmes zwischen der letzten Schlundtasche und der Leberanlage. Zuerst entsteht die Anlage der Lunge. Über einer zweilappigen Verdickung des Enteroderms, dem Lungenfelde, entsteht eine kleine Vorbuchtung, die durch eine Falte mit unterem Bogen und zwei seitlichen cranialwärts sich einsenkende Schenkel unter schließlicher Verwachsung der Faltenscheitel vom Darmrohr bis auf einen oberen, mit ihm in Verbindung bleibenden, Teil abgeschnürt wird (Fig. 269). Aus der untersten Vorwölbung und den angrenzenden Teilen entsteht die Lunge, aus dem abgeschnürten Rohre die Luftröhre, deren oberster Teil zum Kehlkopf wird.

a) Lunge.

Die vom Darmrohr abgefaltete Lungenknospe (Fig. 284) vergrößert sich durch eigenes Wachstum und sondert sich durch eine mediane Falte in ein größeres, mehr caudal gerichtetes rechtes und ein mehr transversal abgehobenes linkes Lungensäckchen (Fig. 284 A u. B), die durch die Lungenstiele mit der Luftröhrenanlage zusammenhängend das Material für die späteren Lungen und deren Bronchien enthalten (Fig. 284 B, RL u. LL). Nun scheidet sich beim Menschen das rechte Säckchen in drei, das linke in zwei Teile als Grundlage für die bleibenden Hauptlappen, an denen dann immer neue Lappenanlagen entstehen, in welchen zuerst die ventrolateralen und dann die dorsolateralen Bronchien sich anlegen (Fig. 285).

Der eparterielle oder rechte apicale Bronchus (Fig. 285 e B) ist ein abgelöster, nach oben verschobener dorsaler Zweig des ersten ventrolateralen Seitenbronchus. Der Bronchus cardiacus (B C) entsproßt ebenfalls dem ersten rechten ventrolateralen Seitenbronchus.

Unter zunehmender Verästelung werden an den blinden Enden die Lungenbläschen durch Einfaltung gebildet. Der viscerale Mesoblast des Vorderdarmes liefert, abgesehen von der Lungenpleura, die Wand der Lungenläppchen und -bläschen (Bindegewebe, glatte Muskulatur und elastische Fasern), sowie das interobuläre Bindegewebe, das Enteroderm, das Epithel der Luftröhre, Bronchien und Lungenbläschen (Fig. 335).

In der 21. Woche werden die größeren Bronchialquerschnitte sternförmig und enthalten Flimmerepithel, während in ihrer Wand glatte Muskulatur, elastische Fasern und Knorpelplättchen auftreten. In der Mitte des fünften Monats treten auch im Lungengewebe elastische Fasern auf.

Über die Blutgefäße der Lunge siehe Lungenarterie und Lungenvene unter Blutgefäße und Herzentwicklung.

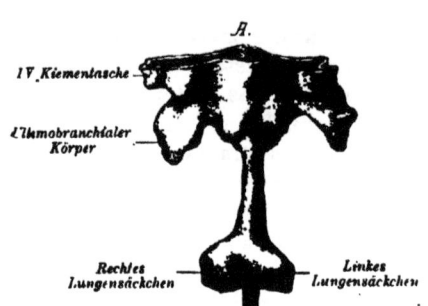

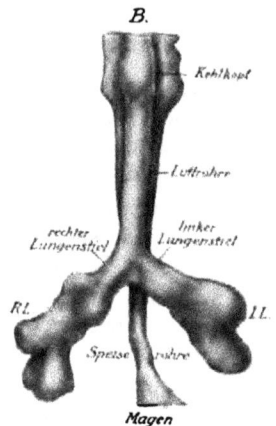

Fig. 284. *A* Plattenmodell der Lungenanlage eines etwa 4 mm langen menschlichen Embryos. *B* Plattenmodell der Lungenanlage eines menschlichen Embryos von 6,7 mm Länge. Nach Heiß.

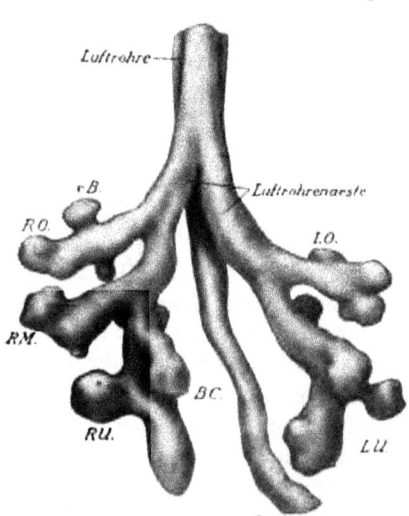

Fig. 285. Plattenmodell eines menschlichen Embryos von 10 mm. Nach Heiß. Erklärung im Text.

Die embryonalen Lungen zeigen anfänglich keine „Lungenspitzen", dagegen ist die Lungenbasis in eine Spitze ausgezogen (Fig. 285). Die Form der embryonalen Lunge wird durch das große fetale Herz beeinflußt, welches die mediale Lungenfläche einbuchtet und die Lungen in ventrodorsaler Richtung abplattet.

Nach der Geburt treten außer Wachstumserscheinungen auch Veränderungen an der Lunge durch die Atmung ein. Die graue Farbe der luftleeren und blutarmen embryonalen Lunge wird nach Füllung der Alveolen mit Luft durch Sauerstoffaufnahme in das Blut ziegelrot. Der aufrechte Gang des Menschen führt zu nachträglicher Senkung des Kehlkopfes, der Luftröhre und der Lunge, und durch die mit dem aufrechten Gang verbundene Verkürzung des Rumpfes werden die menschlichen Lungen im Vergleiche zu den tierischen auffallend kurz und breit.

b) Kehlkopf.

Die erste Spur des Kehlkopfes erscheint bei menschlichen

Embryonen von etwa 5,2—6,7 mm als oberes verdicktes Ende des vom Vorderdarm sich abschnürenden Atemapparates (Fig. 284). Zwei symmetrische kalbkugelförmige Wülste bilden bei Embryonen von etwa zwanzig Tagen an der dorsalen Wand des Kehlkopfeinganges die erste Andeutung der Stellknorpel (Fig. 262). Der vor dem vorderen Ende der Kehlkopfanlage auftretende Epiglottiswulst enthält die Anlage der Epiglottis (Fig. 286). Eine beiderseits frontal gestellte Längsleiste springt in die Lichtung des Vorderdarmes vor und trennt nach Verwachsung ihrer freien Kanten die ventrale Anlage der Luftröhre von der dorsalen Speiseröhre (Fig. 269).

Diese Verwachsung schreitet nach oben bis zu den Stellknorpelwülsten fort und ist am Schlusse des ersten Monates beendet. Die übrigbleibende Kommunikation zwischen Respirations- und Darmrohr wird zum Kehlkopfeingang.

Inzwischen wachsen die Stellknorpelwülste bis zur Höhe der dritten Visceraltasche empor und zeigen an ihrem freien Wulstrande zwei kleine, durch eine seichte Furche voneinander getrennte Erhabenheiten, das laterale Tuberculum cuneiforme und das mediale Tuberculum corniculatum. In deren Bindegewebe entstehen später die gleichnamigen Knorpelchen.

Nun streckt sich die Trachealanlage in die Länge. Gegen Ende des ersten Embryonalmonats ist die aus den Arytenoidwülsten mit dem Tuberculum corniculatum und cuneiforme sowie aus dem Epiglottiswulst bestehende Kehlkopfanlage unverhältnismäßig groß. Das Kehlkopflumen ist aber bis auf eine kleine röhrenförmige Kommunikation zwischen Rachen und Trachealanlage durch die an Dicke zunehmenden Wände geschlossen (Fig. 285). Der ursprünglich dreiseitige Kehlkopfeingang wird ankerförmig. Das Mittelstück der Epiglottisanlage liefert den Kehldeckel; ihre Seitenteile werden zu den Plicae aryepiglotticae. Unter Lösung der vorübergehenden Epithelverklebung des Kehlkopfraumes erhält der Larynx in der zehnten bis elften Woche seine bleibende Form. Der Ventriculus laryngis entsteht in der achten Woche als kurzer Blindsack, und mit seiner vollkommenen Ausbildung werden auch die Plica ventricularis und die Stimmbänder deutlich.

Von dem Knorpelskelet des Kehlkopfes erscheint noch vor Ende der vierten Woche zuerst der Ringknorpel. Er darf als modifizierter oberster Trachealring betrachtet werden.

Die Entwicklung des Schildknorpels folgt der Entwicklung des Zungenbeines.

Am 39. Tage des Fötallebens sind die kleinen Zungenbeinhörner bedeutend größer als später die großen (Fig. 288). Diese biegen mit ihren Dorsalenden bogenförmig nach unten um und gehen in die

Anlage des oberen Hornes des Schildknorpels und dadurch in die paarige
Anlage der Schildplatten über. Ihre Verknorpelungskerne breiten sich
vom oberen Rande der Plattenanlage aus. Ein jederseits an der dorsalen Seite der Schildknorpelplatte auffallendes — auch mitunter beim
Erwachsenen erhaltenes — Loch deutet auf die Herkunft des Schildknorpels aus dem vierten und fünften Visceralbogenpaare. Erst in der
zehnten bis dreizehnten Woche fließen die Schildknorpelanlagen unter
Beteiligung eines unpaaren medianen Knorpelkernes in der Mittellinie

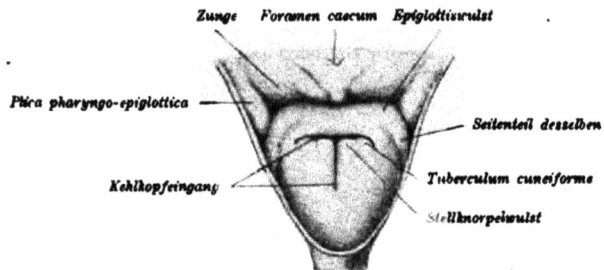

Fig. 286.   Kehlkopfanlage eines menschlichen Embryos von 40—42 Tagen. Nach Kallius.
Vergr. etwa 15:1.

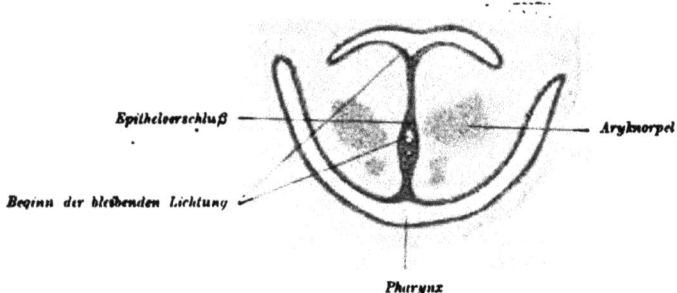

Fig. 287.   Querschnitt durch den Kehlkopf eines menschlichen Embryos von 40—42 Tagen.
Nach Kallius. Vergr. etwa 30:1.

zusammen. Gleichzeitig trennt sich das obere Schildknorpelhorn von
dem großen Zungenbeinhorn. Der Rest der Verbindung besteht als
Ligamentum hyothyreoideum laterale und enthält das knorpelige Corpusculum triticeum, als ein Überbleibsel des beim
Menschen oft bis zum Verschwinden zurückgebildeten oberen Schild-
knorpelhornes. Die Incisura thyreoidea entsteht erst nach der·Ver-
einigung beider Schildknorpelanlagen. Cornu inferius und Linea
obliqua bilden sich in der 14.—16. Woche gleichzeitig mit der
Articulatio cricothyreoidea aus.

Die Stellknorpel entstehen in der siebenten Woche als scharf-begrenzte Knorpelkerne. Die Spitze des Processus vocalis bleibt bis zur 16. Woche bindegewebig. Erst in der 20. Woche tritt die Carti-lago epiglottica im Mittelteil des Epiglottiswulstes auf. Die Cartilagines cuneiformes entstehen in der 29. Woche. Sie hängen bei Tieren, aber nicht beim Menschen, mit dem Epiglottis-knorpel zusammen.

Die Kehlkopfmuskeln legen sich schon gegen Ende der vierten Woche an; aber erst beim neunwöchigen Embryo werden die ein-zelnen Muskeln deutlich.

Die Kehlkopfschleimhaut besteht noch in der 14. Woche nur aus einer Epithel- und einer Bindegewebsanlage, in welcher erst in der 16. Woche die Drüsenanlagen als fadenartige und keulen-förmig verdickte Sprossen auftreten.

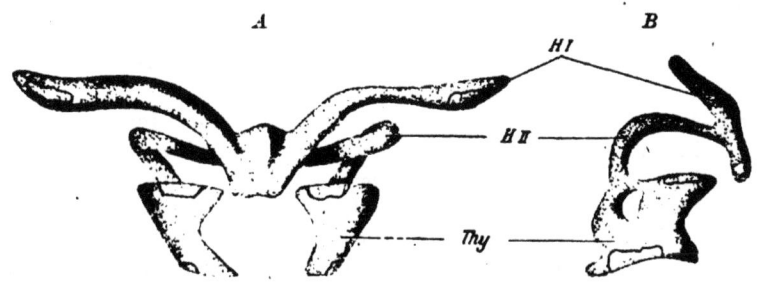

Fig. 288. *A* Vorder- und *B* Seitenansicht des Zungenbeines und der Kehlkopfknorpel eines mensch-lichen Embryos von 39—40 Tagen. Nach K a l l i u s. Vergr. etwa 60:1. *H I* = kleines Zungenbeinhorn, *H II* = großes Zungenbeinhorn, *Thy* = Cartilago thyreoidea bei *B* mit dem Loche.

Der Kehlkopfeingang des menschlichen Embryos und Neugeborenen steht viel höher als der des Erwachsenen. Die Epiglottis steht im fünften Fetalmonat noch hinter dem Gaumensegel, und der Kehlkopf ragt wie bei den Säugetieren in das Cavum pharyngonasale herein. Erst nach der Geburt rückt der Kehlkopf allmählich in seine bleibende Lage herunter und erreicht erst mit der Geschlechtsreife seine volle Ausbildung.

c) Luftröhre.

Die Luftröhre selbst entsteht als epitheliales, von zellenreichem Mesoblast umhülltes Rohr, in welchem bei Beginn der sechsten Woche die ersten Spuren der Knorpelringe vom Kehlkopf lungenwärts fort-schreitend erkennbar werden. Ihre Verknorpelung beginnt um die achte Woche. Schon vor der Verknorpelung finden sich in der Paries membranacea der unverknorpelt gebliebenen Trachealwand glatte Muskelfasern. Erst um die 16. Woche entstehen die Schleim-drüsen als zapfenartige Wucherungen aus der Basalschicht des ge-schichteten Epithels. Gleichzeitig mit dem Auftreten der Drüsen ent-stehen auch die elastischen Faserbündel.

22 *

III. Organe und Systeme des Mesoblasts.

1. Entwicklung der Bindesubstanzen, der Blutgefäße, des Blutes, der Lymph- gefäße und der Lymphknoten.

a) Bindesubstanzen.

Das sekundäre Mesenchym breitet sich rasch zwischen den beiden primären Keimschichten aus und erhält durch die Cölombildung und durch die Auflösung der Sklerotome rasch eine kompliziertere Gliederung. Es umhüllt nun die axialen Organe (Fig. 114) und um- scheidet auch alle Aus- und Einstülpungen der beiden epithelialen Keimschichten sowie sämtliche durch Abschnürung aus diesen hervor- gegangene Primitivorgane (Neuralrohr, Darmrohr nebst Anhängen, Nasen- und Ohrgrübchen beziehungsweise -bläschen, Augenbecher usw.), ebenso wie die im Mesoblast entstandenen epithelialen Organe (die Urniere, die Anlage des Geschlechtsapparates usw.). Kurz: das Mesenchym liefert um die epithelialen Organe des Kör- pers die bindegewebigen Hüllen.

Sie bestehen zunächst 1. aus den polymorphen, durch Ausläufer synzytial zusammenhängenden Mesenchymzellen und 2. aus einer zwischen diesen gelegenen gallertartigen Grundsubstanz. In dieser können später wechselnd zahlreiche Fasern auftreten. Dann besteht die Grundsubstanz aus diesen, die Bindesubstanzen kenn- zeichnenden Fasern, dem sie enthaltenden Bindemittel und den Bindegewebszellen.

Es ist noch strittig, ob die in der Grundsubstanz auftretenden Fasern der Grundsubstanz selbst, also interzellulär, entstehen, oder ob sie von dem Exoplasma der Mesenchymzellen gebildet und als ursprünglich intrazellulare Bildungen nur in die Grundsubstanz verlagert werden.

So den Bau embryonalen Bindegewebes oder Gallert- gewebes zeigend, bleibt es bis zur Geburt nur im Nabelstrange bestehen. An anderen Stellen wird es durch überwiegende Faser- bildung zu fibrillärem Bindegewebe.

Die Faserrichtung, -derbheit und -masse sind die Folge der in dem Bindegewebe wirksamen verschiedenen Druck- und Zugkräfte. Die Verwendung des fibrillären Bindegewebes ist eine sehr vielseitige: als Lederhaut, Propria der Schleim- und serösen sowie der Hirn- und Rückenmarkshäute; Zahnsäckchen, Haar- bälge; bindegewebige Grundlage der Embryonalanhänge; Muskel- und Sehnen- scheiden, Sehnen, Muskelbinden, Propria der Drüsen (mit Ausnahme des aus der Membrana prima hervorgegangenen strukturlosen Teils der Glas- oder Basalhäute der Hautdrüsen, der Haarbälge und der „Intima" der Meninx vasculosa des Zentral- nervensystems), und interstitielles Bindegewebe aller Organe.

Durch Ausscheidung von Elastin kann es zwischen den faserigen leimgebenden Elementen des Bindegewebes zur Bildung elastischer Fasern kommen, deren Verschmelzung die Bildung elastischer Gitter und Platten veranlaßt. Durch Aufspeicherung von Fett können

Zellen des interstitiellen Bindegewebes sich beim menschlichen Embryo vom vierten Monat ab in Fettgewebe umwandeln, dessen träubchenartige Anordnung in bestimmter Beziehung zu den Blutgefäßen steht.

In gewissen Regionen des embryonalen Bindegewebes bilden die Zellen Knorpelsubstanz oder Chondrin: es entsteht Knorpelgewebe. Verdichtung der Grundsubstanz um die Mesenchymzellen führt zunächst zur Bildung von Vorknorpel. Seine sich energisch vermehrenden Zellen werden erst durch Abschneidung der Knorpelkapseln zu Knorpelzellen. In der Grundsubstanz kann sich dann die elastische Substanz des Netzknorpels bilden. Die Verknorpelung liefert widerstandsfähigere Teile, die als Knorpelskelet zu einem Stützgerüst für den Körper werden und als Schutzorgan besonders wichtige Organe (Zentralnervensystem, gewisse Sinnesorgane) stützen und mehr oder weniger vollständig umhüllen, gleichzeitig den Muskeln Ansatz gewährten und so zum passiven Bewegungsapparate werden.

Außer zum Aufbau des Knorpelskeletes werden Knorpel noch dazu verwendet, häutige Röhren klaffend zu erhalten (Kehlkopf, Luftröhre und ihre Verzweigungen), oder sie dienen als Stützen für im Dienste von Sinnesorganen stehende Hilfs- oder Schutzorgane (Nasenflügel, Ohrmuschel, Blinzknorpel am dritten Augenlid der Tiere).

An die Stelle von Knorpel- sowohl als von Bindegewebe kann endlich unter Bildung einer neuen fibrillären Grundsubstanz und unter Ablagerung von Kalksalzen Knochengewebe treten und zur Bildung des Knochenskeletes verwendet werden.

In Form von Lücken und Röhren im Mesenchym entstehen sehr früh von Bindegewebszellen umscheidete Kanalsysteme zur Verbreitung flüssiger, später zellenhaltiger Ernährungsmaterialien in dem Embryonalkörper: die Blut- und Lymphgefäße. Durch nachträgliche Beteiligung glatter Muskulatur am Aufbau der Gefäßwände wird die Zirkulation und Verteilung dieser Säfte in wesentlicher Weise unterstützt. Durch besondere Entwicklung der Muskulatur an einer bestimmten Stelle bildet sich das den gesamten Inhalt des Gefäßsystems in stetiger geordneter Bewegung erhaltende Zentralorgan, das Herz. Auch die im Blute und in der Lymphe befindlichen Zellen sind umgebildete Mesenchymzellen.

b) Blutgefäße und Blut.

Im Gegensatz zum neugeborenen oder aus dem Ei ausgeschlüpften Organismus mit geschlossenem, einheitlichem Kreislauf sind zur Zeit der Anlage der Blutgefäße zwei ursprünglich vollkommen voneinander getrennte Gefäßgebiete, die entoembryonalen Blutgefäße des Embryonalkörpers und die exoembryonalen Gefäße der Embryonalanhänge, zu unterscheiden. Beide entstehen unabhängig voneinander und vereinigen sich erst nachträglich zu den Gefäßen des embryonalen Kreislaufs.

Wie das Schema in Fig. 87 zeigt, breitet sich das Mesoblast nicht nur bilateral von den Wänden des Urdarmes und der Urmundrinne, sondern auch als unpaare Platte von der Hinterlippe der Urmundrinne (als metastomaler Mesoblast) über den kaudalen Embryonalrand hinaus in dem Gebiete der Keimblase aus und veranlaßt dann die im hellen Fruchthof als „Mesoblasthof" in den Figuren 85 A und 86 A abgebildete Trübung. Ihr Rand schiebt sich parallel der Ausbreitung des Mesoblasts immer weiter peripher bis in das Gebiet des dunkeln Fruchthofs der Sauropsiden und unter den Ektoplazentarwulst der Säuger vor.

Die ersten exoembryonalen Gefäße treten in dem Gebiete des metastomalen, hinter dem Kaudalende des Embryos gelegenen Mesoblasts entweder schon vor oder bei eben eintretender Segmentierung der Embryonen auf.

Mit der weiteren Ausbreitung dieser Gefäßanlagen auch zu beiden Seiten des Embryos nach vorn scheidet sich der Mesoblasthof der Sauropsiden in eine innere Zone, den nach Bildung des Exocöls auf dem Dottersack gelegenen Gefäßhof oder die Area vasculosa, und in eine äußere, den gefäßlosen Dotterhof oder die Area vitellina. Diese entspricht dem noch cölomlosen soliden Rest des Mesoblasthofes der Säuger. Bald nach Auftreten der ersten netzförmigen Gefäßanlagen fallen in diesen an der Peripherie des Gefäßhofes rote unregelmäßige Flecken, die ersten Blutbildungsherde, die Blutinseln oder Blutflecken, auf (Fig. 91).

Bei den Sauropsiden und manchen Säugern (zum Beispiel Kaninchen, Pferd, nicht aber bei Katze, Hund, Fuchs, Reh, Schaf, Schwein, Mensch) ist der Gefäßhof durch ein Randgefäß, den Randsinus oder Sinus terminalis, abgeschlossen. Die Anordnung des Dottersack- oder Nabelblasenkreislaufes ist bei Vögeln und Säugetieren aus den Figuren 91, 147 u. 289 ersichtlich.

Da bezüglich der histologischen Vorgänge bei der ersten Anlage der Blutgefäße noch mancherlei Lücken und Widersprüche bestehen, so beschränke ich meine Schilderung auf die wesentlichsten Punkte eigener Untersuchungen am Schafe, Hunde und an dem Kaninchen.

Die exoembryonalen Gefäße auf der Nabelblase sind bei den Säugetieren Bildungen des visceralen Mesoblasts. Seine Zellen treten durch feine Fortsätze als „Haftzellen" mit dem Dotterblatt der Nabelblase in innigere Verbindung (Fig. 290). Die zwischen den Haftzellen gelegenen Strecken buchten sich unter lebhafter Vermehrung ihrer Zellen sehr bald rinnenförmig aus und bilden vom visceralen Mesoblast umschlossene Lücken. Diese vergrößern sich unter fortgesetzter Vermehrung der Haftzellen, deren Abkömmlinge sich zwischen Dotterblatt und die mesenchymatöse Lückenwand einschieben und geschlossene kurze, netzförmig miteinander anastomisierende Hohlräume und Röhrensysteme, die **primitiven Blutgefäße**, umscheiden. Deren einschichtige Wand besteht aus den stark abgeflachten **Binnen-** oder **Gefäßzellen**, den **Endothelien**. Die primitiven Blutgefäße liegen dem einschichtigen Dotterblatt auf.

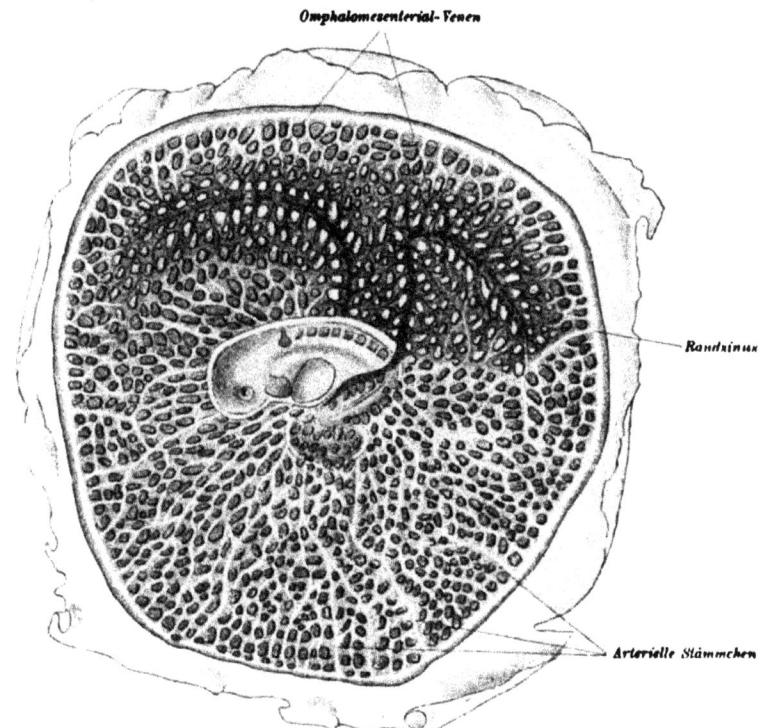

Omphalomesenterial-Venen

Randsinus

Arterielle Stämmchen

Fig. 289. Gefäßhof der Nabelblase eines 9 Tage und 9 Stunden alten Kaninchenembryos. Nach Van Beneden und Julin.

Zwischen den Wänden der netzförmig angeordneten **primitiven Blutgefäße** findet man von Anfang an vereinzelte Mesenchymzellen, die nicht zur Bildung von Endothel verwendet werden, die **intervaskulären Zellen**. Ihre fortgesetzte Teilung liefert die mesenchymatische Umhüllung der primitiven Gefäße, die, mit einer vollständigen Mesenchymscheide versehen, nun als **sekundäre Gefäße** bezeichnet werden (Fig. 291).

Dieselbe Art und Weise der Blutgefäßanlage und ihrer Umhüllung durch ein teils von intervaskulären Zellen, teils von dem parietalen Mesoblast geliefertes

Mesenchym findet sich auch auf dem Amnion des Schafes; doch bilden sich da alle Gefäßanlagen, ohne jemals Blut zu enthalten, wieder zurück, und nur die Anlage der medial von der Amnioswurzel verlaufenden Nabelvene geht einer weiteren Funktion entgegen.

Die entoembryonalen Gefäße entstehen im Embryo ebenfalls aus „Gefäßzellen". Das aus diesen Zellen entstandene Endothelsäckchen des Herzens und die primitiven Embryonalgefäße setzen sich dann erst nachträglich durch die im hellen Fruchthof entstandenen Anlagen mit den übrigen exoembryonalen Gefäßen der Area vasculosa in Kommunikation.

Schon vor oder während der ersten Urwirbelbildung sieht man im Bereiche der hufeisenförmigen Anlage der Pleuroperikardialhöhle zwischen Enteroderm und der späteren Herzplatte die ersten Spuren

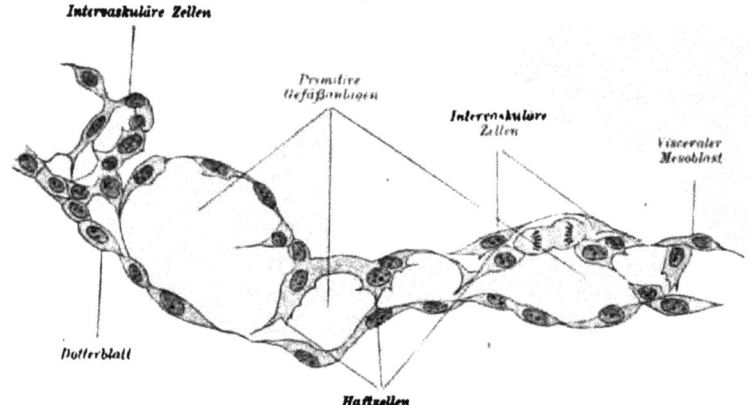

Fig. 290. Querschnitt durch die Nabelblase eines Schafembryos mit zwei Urwirbelpaaren von 14 Tagen 22¹/₂ Stunden.

der Gefäßanlagen im Embryo in Gestalt vereinzelter, vielgestaltiger, runder oder verästelter, meist in Längs- und Querschnitt spindelförmiger Mesoblastzellen (Fig. 98, S_3 u. S_4). Die Möglichkeit, daß sich diesen Zellen aus dem Enteroderm austretende Zellen zugesellen, ist mit Sicherheit nicht auszuschließen. Sämtliche Zellen vermehren sich rasch durch Teilung und breiten sich in longitudinaler und transversaler Richtung weiter zwischen visceralem Mesoblast und Enteroderm aus. Sie verbinden sich zu Gruppen und Strängen und formieren (Fig. 101—103) die Endotheltapete des Herzens und der primitiven, im Embryo auftretenden Gefäße in derselben Weise, wie wir sie auf der Nabelblase verfolgt haben. Bald sieht man sie auch mit den Gefäßen der letzteren anastomisieren. Auch die entoembryonalen Gefäße enthalten dann seitens des Mesenchyms eine bindegewebige Scheide, während der Endothelschlauch des Herzens von der Herzplatte umschlossen wird.

Diese Vorgänge sind beim Schafe, da bei ihm die Blutbildung verhältnismäßig spät nach Anlage der Blutgefäße einsetzt und die Blutgefäße zwei bis drei Tage als auffallend weite, aber noch blutleere, nur mit Flüssigkeit erfüllte Röhren bestehen, sehr übersichtlich. Im

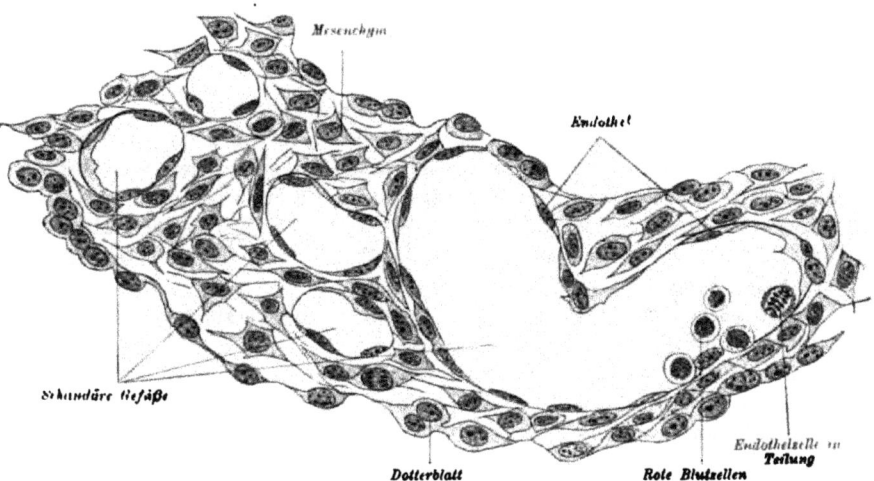

Fig. 291. Querschnitt durch die Nabelblase des Schafembryos von 17 Tagen 22 Stunden in Fig. 168. Vergr. etwa 300 : 1.

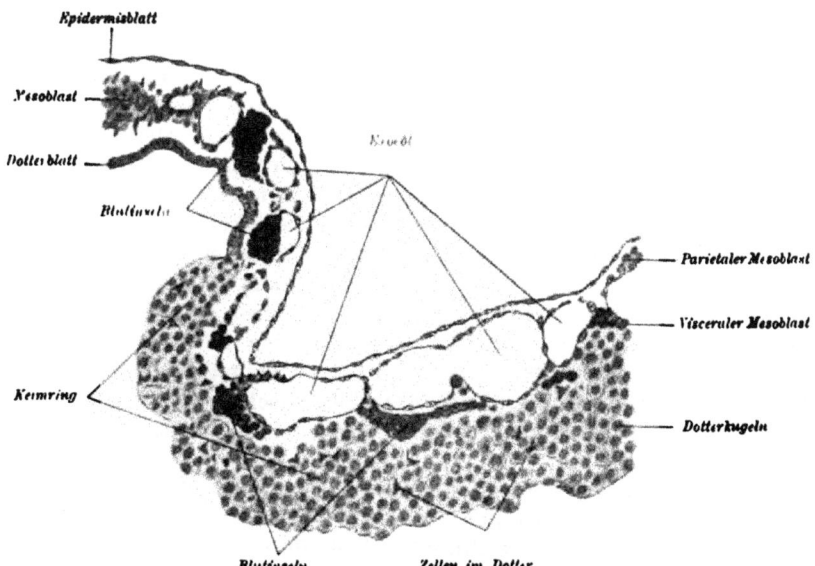

Fig. 292. Querschnitt durch den Keimring eines Hühnerembryos mit Neuralfurche, aber ohne Urwirbel. Vergr. etwa 300 : 1.

wesentlichen in gleicher Weise finde ich die erste Anlage der Blutgefäße beim Hunde.

Die Mesenchymscheide der sekundären Gefäße differenziert sich
später in die Elemente der eigentlichen Gefäßwand (glatte Muskeln,
elastische Substanz und Bindegewebe). Nur die Kapillaren beharren
auf ihrem primitiven Entwicklungsstadium und bestehen zeitlebens nur
aus einer Wand von Gefäßzellen.

Die Entwicklung des Blutes

ist nicht minder reich an strittigen Fragen wie die Entwicklung der
Gefäße. Nach den gegenwärtigen Theorien ist sie in der Wirbeltierreihe keine einheitliche. In den Säugetierkeimen wird sie vom visceralen Mesoblast allein übernommen. Für die Keime der übrigen
Wirbeltiere wird außerdem noch eine Beteiligung des Dotterblattes
bald behauptet, bald ausgeschlossen.

In den noch blutleeren Gefäßanlagen zirkuliert zunächst nur eine
farblose Flüssigkeit, die Hämolymphe.

Die Bildung der roten Blutzellen wird, wie schon gesagt, bei allen
Amnioten zuerst extraembryonal im kaudalen Gebiete des Gefäßhofes
in Gestalt unregelmäßiger roter Flecken, der Blutinseln, deutlich
(Fig. 91). Von da aus breitet sich die Blutbildung nach vorn, rechts
und links vom Embryo aus und umrahmt schließlich als ein rotes,
fleckiges Netz den Embryo.

Die Mutterzelle aller zelligen Elemente des Blutes
ist bei den Säugetieren die Mesenchymzelle, sei es daß
sie sich direkt in die Vorstufe von Blutzellen umwandelt, oder daß
sie zuerst zur Endothelzelle wird und dann durch indirekte Teilung
Blutzellen liefert, die entweder vereinzelt (Schaf) oder gleich in ganzen
Klumpen (Sauropsiden, Hund) auftreten. Im letzten Falle können
diese als primitive Blutzellen oder Hämogonien aus einem
mit vielen sich lebhaft färbenden Kernen bestehenden Hämoplas-
modium hervorgehen. Ein Teil dieser Zellen wird unter Hämoglobinbildung zu Erythro- oder Hämoblasten und nach mehrfacher Teilung unter Kernverkleinerung, stärkerer Hämoglobinbildung
und Verlust ihrer feinen ursprünglichen Körnung zu Erythrocyten
($\dot\epsilon\varrho\upsilon\vartheta\varrho\acute{o}\varsigma$ = rot). Beim Menschen und bei den Säugetieren wandeln sich
diese unter Kernverlust in die charakteristischen scheibenförmigen,
ovalen oder napfförmigen Gebilde, die roten Blutkörperchen, oder
Erythrosomen, um.

Die Erythrozyten der Nonmammalia behalten ihre Kerne.

Durch die, wahrscheinlich unter Vermittlung der Endothelien, in
den Blutgefäßen auftretende Blutflüssigkeit (Plasma) werden die Hämo-
gonienklumpen getrennt; die einzelnen Zellen werden frei und in den
Gefäßen verteilt.

Zu dieser Stätte **exoembryonaler Blutbildung** gesellen sich dann nach Rückbildung des Dottersackes oder der Nabelblase noch **entoembryonale Bildungs- und Vermehrungsstätten** für rote Blutzellen in der Leber, in der Milz, möglicherweise auch in der Urniere und auch noch nach der Geburt und bei dem Erwachsenen im roten Knochenmarke.

Auch die Frage nach der Bildung der **Leukocyten** ($\lambda\varepsilon\upsilon\varkappa\acute{o}\varsigma$ = weiß) ist eine vielumstrittene. Es werden **intravaskulär** durch Teilung der Endothelien Zellen geliefert, welche zwar den Hämogonien ähnlich sind, sich aber nicht zu Hämatoblasten, sondern zu Hämoleukocyten umbilden. Aber auch **extravaskulär** im embryonalen Bindegewebe bilden sich später aus Mesenchymzellen und durch Teilung in den Keimzentren der Lymphknötchen verschiedene Arten von

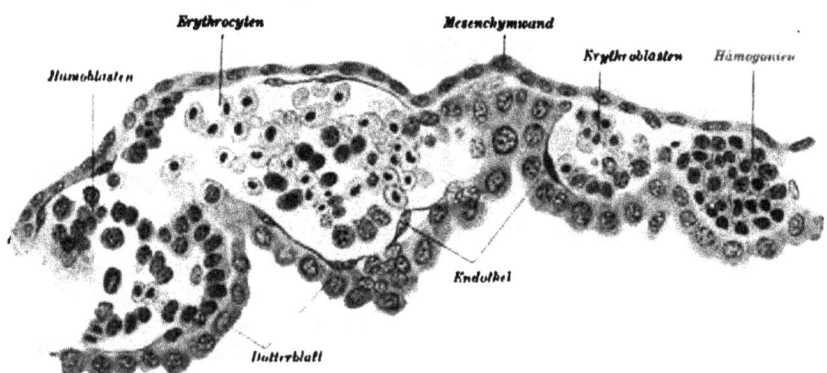

Fig. 293. Querschnitt durch die Nabelblasenwand eines Hundeembryos von 25 Tagen. Vergr. etwa 350 : 1.

Leukocyten (granulierte, Wanderzellen usw.), die dann nachträglich durch die Lymphbahnen in das Blut gelangen können.

Im Gegensatz zu der hier gegebenen Schilderung sollen sich nach anderen die Blutgefäße der Säugetiere wie bei Vögeln als **solide Zellstränge** anlegen und sich erst sekundär in die Endothelwand und die nicht vereinzelt, sondern sofort in Form von ganzen Klumpen auftretenden Erythrocyten scheiden. Meiner Meinung nach handelt es sich bei diesem Bildungsmodus nur um eine, zum Beispiel im Vergleiche mit dem Schafe, verfrühte und sofortige massenhafte Bildung von Hämoblasten. Anklänge an deren Massenproduktion im Gegensatze zu ihrem zuerst vereinzelten Auftreten beim Schafe (Fig. 291) finden sich auch beim Hunde (Fig. 293 rechts).

Daß die erste Blutbildung in den Gefäßen des Dottersackes einsetzt, wird begreiflich durch die Tatsache, daß **der Dotter der Meroblastier die einzige dem Embryo zur Hämoglobinbildung zur Verfügung stehende Eisen-**

quelle ist. In welcher Weise dem Dotter das zur Hämoglobinbildung nötige Eisen durch die Erythroblasten entnommen wird, ist noch unbekannt. Sehr wahrscheinlich erhalten sie es durch Vermittlung der Dotterzellen. Aber auch der relativ spärliche Dotter der holoblastischen Säugetiere muß das für die erste Hämoglobinbildung nötige Eisen enthalten. Denn die Blutbildung beginnt auf der Nabelblase, ehe das Allantochorion die von der Mutter in Gestalt von Uterusblutungen oder Plazentarhämatomen gebotene neue und ausgiebige Eisenquelle auszunutzen vermag. Bei den achorialen Beutlern wird dem sehr unvollkommen geborenen Beuteljungen das zu seiner weiteren Blutbildung nötige Eisen wahrscheinlich durch die Milch zugeführt.

Das Herz.

Die erste Anlage und die Entwicklung des Herzens wurde (S. 125 u. ff.) bis zu dem Stadium verfolgt, in welchem das spindelförmige Herz kranial in den Truncus arteriosus übergeht, während sein kaudales, venöses Ende die Dottersackvenen aufnimmt.

Der distale venöse Teil kann schon jetzt als Vorhofs-, der proximale arterielle als Kammerteil bezeichnet werden.

Sein Truncus arteriosus umfaßt die vordere Darmhöhle schließlich mit sechs Paaren von Gefäßbogen (Fig. 307). Sie liegen in den Kiemenbogen (Fig. 121) und vereinigen sich dorsal zu der jederseits zwischen dem Enteroderm und den Urwirbeln rechts und links von der Chorda bis zum Schweifende verlaufenden primitiven Aorta (Fig. 108).

Die weitere Ontogenese des Herzens führt zu Formen, die für Fische und Amphibien bleibende sind, bei den Amnioten aber unter teilweiser Rück- und Umbildung des Kiemenapparates der Luftatmung angepaßt werden. Die ursprünglich einheitlichen Kammer- und Vorkammeranlagen scheiden sich in eine rechte und linke Herzhälfte, ebenso wie der Truncus arteriosus in die Lungenarterie und Aorta.

Die linke Herzhälfte mit der Aorta besorgt den Körperkreislauf, die rechte Herzhälfte mit der Lungenarterie speist den Lungenkreislauf.

Diese Umbildungen vollziehen sich folgendermaßen:

Das in der Halsregion ventral vom Schlunde gelegene Herz wächst nun rasch in die Länge und krümmt sich, um in der Pleuroperikardialhöhle Platz zu finden, S-förmig zur Herzschleife zusammen. Dabei nähern sich das arterielle und venöse Herzende einander. Der venöse Schleifenschenkel wendet sich dorsal-, der arterielle ventralwärts (Fig. 294 u. 295).

Schon bei Hühnerembryonen vom Ende des dritten Tages und Kaninchenembryonen vom neunten Tage sondert sich der Herzschlauch deutlich in die Abteilungen des fertigen Herzens. Am kaudalen Venenende setzt eine Ringfurche den späteren Vorkammerteil gegen die Venen ab. Eine zweite Furche, die Atrioventrikularfurche, trennt den rasch wachsenden **Vorkammerteil** von dem sich zu den Kammern umbildenden absteigenden **Ventrikelschenkel**. Die enge, den Vorkammerteil mit den Ventrikelteil verbindende Stelle wird zum **Ohrkanal** oder **Canalis auricularis** (Stadium des Fischherzens).

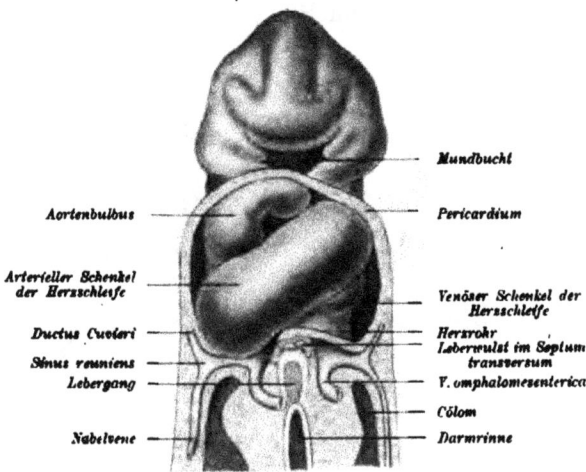

Fig. 294. Herz eines menschlichen Embryos von 2,15 mm Länge von vorn in situ nach Abtragung der Brust- und Bauchwand. Nach His.

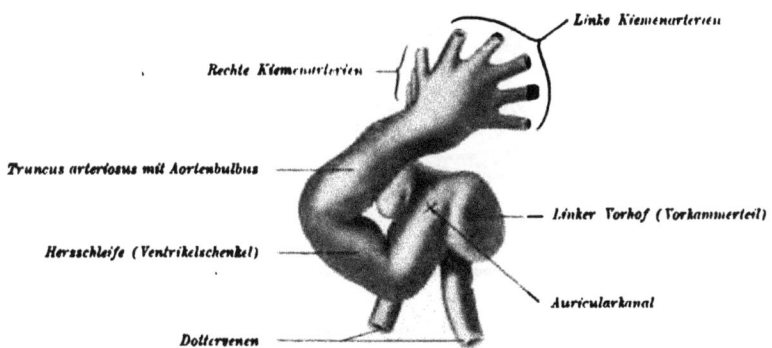

Fig. 295. Schleifenförmige Herzanlage eines drei Tage alten Hühnerembryos, schief von links und vorn gesehen.

Eine dritte Furche, die **Interventrikularfurche**, scheidet später beide Ventrikelanlagen (Fig. 297).

Nun stülpen sich die Vorhofswände zu den weiten **Herzohren** aus, umgreifen den Truncus arteriosus von der dorsalen Seite her und bedecken die Kammern.

Die Dorsalseite des Vorkammerteiles wird durch eine sagittal verlaufende Rinne äußerlich in eine rechte und linke Vorkammer geschieden. Die ganze Herzanlage rückt tiefer in die Brustregion herab.

Die rechte Kammeranlage geht nun konisch in den erweiterten Truncus arteriosus über, der nun Bulbus arteriosus oder Bulbus Aortae heißt (Fig. 297).

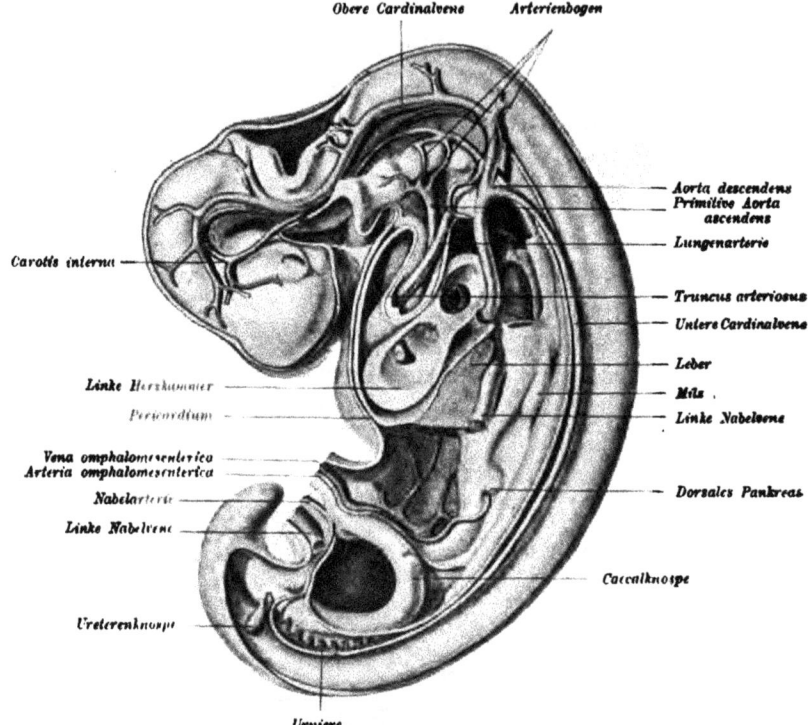

Fig. 296. Blutgefäße eines 28 Tage alten menschl. Embryos. Nach einem Modell von His-Ziegler.

Die Herzmuskulatur differenziert sich aus dem als Herzplatte bezeichneten Teil des visceralen Mesoblasts.

Schon die Wand des S-förmig gekrümmten Herzens enthält Muskelfaserbündel, die Anlagen des Myocardiums ($\mu\tilde{\nu}_\varsigma$ = Muskel, $\varkappa\alpha\varrho\delta\iota\alpha$ = Herz). Die Kerne der sternförmigen Zellen der Myokardanlage vermehren sich sehr stark, ohne daß jedoch der Kernteilung immer eine Zellteilung folgt. So entsteht eine einheitliche Plasmamasse mit Kernen. In dieser differenzieren sich die Fibrillen zuerst an der Peripherie der Plasmabalken und bilden auf deren Querschnitt die charakteristischen

„Fibrillenmäntel". Das Myocardium verdickt sich und zerfällt in eine
Menge kleiner Muskelbälkchen, welche in den zwischen Myocardium
und Endothel bestehenden Spaltraum vordringen und sich netzartig
miteinander verbinden (Fig. 305 *A* und *B*). In die zwischen den
Bälkchen gelegenen Buchten stülpt sich die anfänglich glatte Endotheltapete ein und umkleidet deren Wände und die Muskelbälkchen.

Die endgültige Scheidung der einzelnen **Herzabteilungen** vollzieht sich durch **innere Sonderungen** folgendermaßen: Eine an der
kranialen und dorsalen Wand der Vorhofsanlage einspringende Leiste,
die **primäre Vorhofsscheidewand**, trennt die Vorhofsanlage in
den **rechten und linken Vorhof** (Fig. 298 u. 299). Von den in dieser

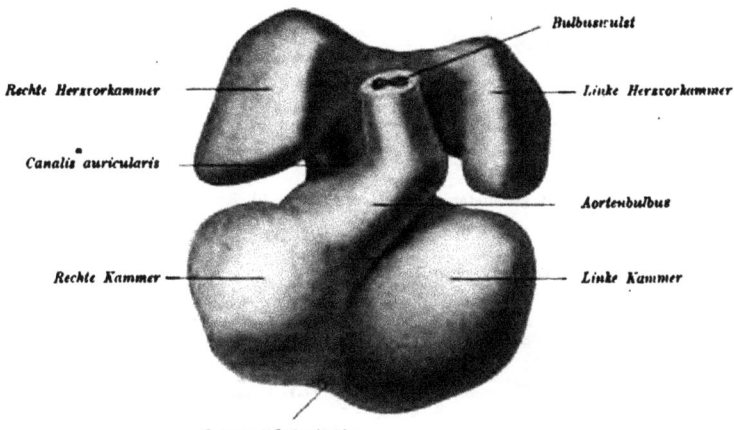

Fig. 297. Herz eines menschlichen Embryos von 5 mm Nackensteißlänge, etwas von oben und vorn
gesehen. Nach His. Die Ventrikelschleife sondert sich durch die Interventrikularfurche in die
sich erweiternden Kammern. Die bedeutend vergrößerten Vorhöfe kommunizieren durch den
Canalis auricularis mit den Kammern.

Scheidewand entstandenen Löchern erweitert sich eines und wird zum
primären ovalen Loch; die anderen schließen sich in der Regel
bald wieder durch Endokardwucherungen. An der rechten Seite der
primären Vorhofsscheidewand entsteht dann eine ringförmige Falte,
die **sekundäre Vorhofsscheidewand**, mit dem von ihr um-
rahmten **sekundären ovalen Loch**. Ihre linke Fläche verwächst
mit der primären Scheidewand zum **Dauerseptum der Vorhöfe**
(Fig. 303), wobei sich aber primäres und sekundäres ovales Loch
nicht vollkommen decken, sondern ein bindegewebiger freier Rest der
primären Scheidewand als **Valvula foraminis ovalis**, wie ein
geöffneter Türflügel, vom hinteren Rande des ovalen Loches aus in
die linke Vorkammer hineinhängt. Der vordere sichelförmig verdickte

Rand des sekundären ovalen Loches wird zum **Limbus foraminis ovalis.** (Weiteres siehe unter embryonalem Kreislauf.)

Die Omphalomesenterial- und Nabelvenen sowie die aus der Vereinigung der **Vena jugularis** und **Vena cardinalis** entstandenen **Cuvier**schen Gänge vereinigen sich jederseits zum **Sinus reuniens** und münden durch ihn in den **rechten Vorhof** (Fig. 298 u. 299). Diese Mündung wird von zwei Wülsten (Fig. 299 u. 303), den Anlagen der **rechten** und **linken Sinusklappe,** flankiert. Zuerst entsteht

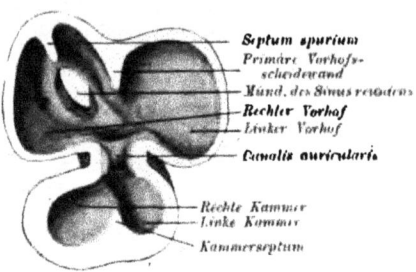

Fig. 298. Hintere Hälfte des geöffneten Herzens eines menschl. Embryos von 10 mm Nackenlänge. Nach His.

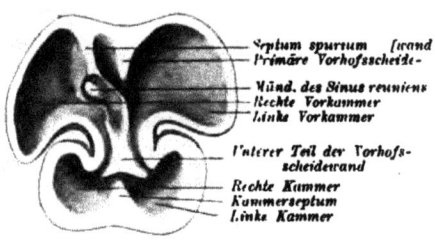

Fig. 299. Hintere Hälfte des geöffneten Herzens eines menschl. Embryos aus der fünften Woche. Nach His.

die Klappe an dem rechten Rande der Sinusmündung. Von deren linkem Rande entsteht eine zweite. Beide vereinigen sich an der dorsalen Vorkammerwand zu einer platten Leiste, dem „Septum spurium". Dieses schwindet später beim Menschen dadurch, daß die linke Sinusklappe und das Septum spurium mit dem Septum atriorum verschmelzen. Gleichzeitig schwindet dadurch auch der zwischen beiden Septen gelegene Raum, das **Spatium interseptovalvulare** (Fig. 303). Auch die rechte Sinusklappe bildet sich im Bereiche der Mündung der oberen Hohlvene zurück. An der Mündung der unteren Hohlvene und des Sinus coronarius cordis erhaltene Reste werden zur

Valvula venae cavae inferioris (Eustachii) und Valvula sinus coronari (Thebesii).

Durch die Obliteration der Mündungsstücke der linken und rechten Vena umbilicalis und Vena omphalomesenterica sinistra nimmt der Sinus die typische Form eines kranialwärts offenen Hufeisens an. Nun unterscheidet man an ihm das Sinusquerstück und die beiden die Ductus Cuvieri aufnehmenden Sinushörner (Fig. 300). Das rechte Sinushorn wird in die Wand des rechten Vorhofs einbezogen. Dicht über der Vereinigungsstelle des rechten Sinushornes mit dem Querstück mündet die inzwischen aus der Vena omphalomesenterica dextra entstandene untere Hohlvene.

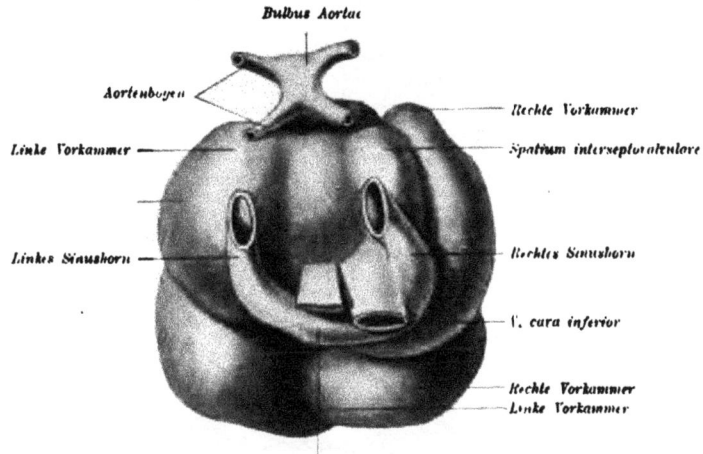

·Fig. 300. Herz eines Kaninchenembryos von 3,4 mm Kopflänge. Nach Born. Dorsalansicht. Vergr. etwa 60:1.

Das linke Sinushorn und der linke Ductus Cuvieri obliterieren beim Menschen und vielen Säugetieren bis zur Mündung der ersten aus der Herzwand kommenden und in den Vorhof mündenden Vene. Somit bleibt dann nur das Sinusquerstück als Sinus coronarius cordis dauernd erhalten.

In den linken Vorhof mündet nur ein kleines Gefäß, die kurze, mit je zwei Wurzeln von den Lungen kommende Lungenvene (Fig. 303 u. 304).

Wird der Lungenvenenstamm nur teilweise in die Wand der linken Vorkammer einbezogen, so münden die vier Lungenvenen auch beim Erwachsenen durch einen kurzen, gemeinsamen Stamm; geht aber der Lungenvenenstamm gänzlich in die Wand der linken Vorkammer auf, so münden sie getrennt, wie es beim Menschen die Regel ist, in die linke Vorkammer (Fig. 304).

Die nach abwärts wachsende Vorhofsscheidewand scheidet schließlich auch den Canalis auricularis oder das Ostium atrioventriculare commune in eine rechte und linke Atrioventrikularöffnung (Fig. 298, 299 u. 303).

Bei den Dipnoern wird nur ein unvollständiges Septum atriorum gebildet. Ein vollkommeneres bei den Amphibien.

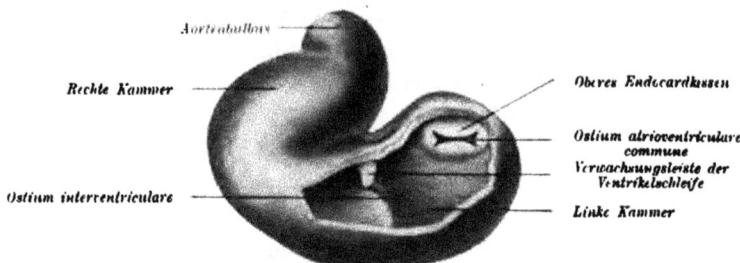

Fig. 301. Ventrikelschleife eines menschlichen Embryos von 4,2 mm Nackensteißlänge, von vorn. Nach Kollmann. Man sieht durch die eröffnete Vorderwand der Ventrikelschleife das Ostium atrioventriculare commune, d. h. die Mündung des Auricularkanals in die Ventrikelschleife. Das Septum ventriculorum ist angelegt und engt bei weiterer Ausbildung das Ostium interventriculare immer mehr ein.

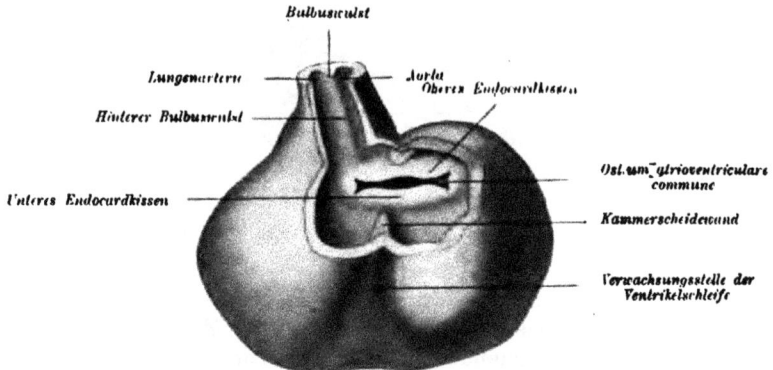

Fig. 302. Herz eines menschlichen Embryos von 5 mm Nackensteißlänge. Vorderansicht. Nach Kollmann. Durch die eröffnete Vorderwand der Ventrikelschleife sieht man das nun auch in die rechte Kammeranlage hineinreichende Ostium atrioventriculare commune. Durch zunehmende Verwachsung der Ventrikelanlagen wird auch die Kammerscheidewand deutlicher.

Bald nach dem Auftreten der Vorhofsscheidewand legt sich auch die Kammerscheidewand in Gestalt einer von der kaudalen und dorsalen Wand nach der Kammerhöhle zu vorspringenden Falte an (Fig. 298, 299, 300, 302 u. 303). Diese wächst mit ihrem freien, nach oben gerichteten Rande gegen den Bulbus arteriosus und die quergestellte, anfänglich mehr in der linken Kammerhälfte gelegene Atrioventrikularöffnung zu, halbiert diese und verwächst mit deren Rändern, gerade der Ansatzstelle der Vorhofsscheidewand gegenüber (Fig. 299). Damit ist die dauernde Scheidung der Ventrikel vollzogen.

Beim Krokodil bleibt zeitlebens eine Kommunikation als Foramen Panizzae zwischen beiden Kammern bestehen. Bei den Beuteltieren schließt sie sich erst einige Zeit nach der Geburt. Bei den placentalen Säugern wird mitunter ein Defekt der Kammerscheidewand als Hemmungsbildung beobachtet.

Die Bildung der Herzklappen geht von wulstigen, teils von der Scheidewand vorspringenden, teils den lateralen Rand der Öffnungen umsäumende Endocardverdickungen, den Endocardkissen, aus (Fig. 301 u. 302). Sie umschließen die anfänglich engen Atrioventrikular-öffnungen. Die Atrioventrikularklappen bilden sich zum Teil

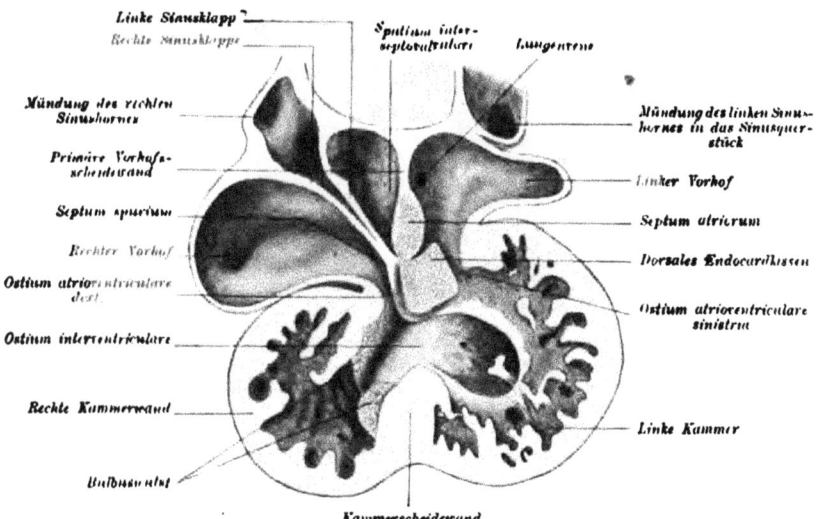

Fig. 303 Modell nach einem Frontalschnitt durch das Herz eines Kaninchenembryos von 5,8 mm Kopflänge. Man sieht in die Höhlensysteme der dorsalen Herzhälfte. Nach Born.

aus den Endocardkissen, zum Teil aus dem im Bereiche der Atrioventrikularöffnungen mit der Kammerwand durch Muskelbalken verbundenen Myocardium (Fig. 303).

Die Muskelwand des Herzens besteht bei niederen Wirbeltieren zeitlebens aus zahlreichen Muskelbalken und bleibt spongiös. Bei den Säugetieren dagegen verdicken sich die Muskelbalken und verengern gleichzeitig die zwischen ihnen gelegenen Buchten und Spalten. Der periphere Teil des Myocardiums wird immer dicker, während die Balken gegen die Atrioventrikularöffnung zu immer dünner und damit die zwischen ihnen gelegenen Spalten weiter werden. Aus dem Bindegewebe der sich zurückbildenden Muskelbalken entstehen sehnige Platten, welche zusamt den an ihrem Insertionsrand befindlichen Resten

23 *

der Endocardwülste zu den Atrioventrikularklappen werden
(Fig. 305).

Bei vielen Säugetieren, namentlich aber beim Pferde und Rinde, mitunter
auch beim Menschen, finden sich mehr oder minder ansehnliche Muskelreste zeitlebens in den Zipfeln der Atrioventrikularklappen vor.

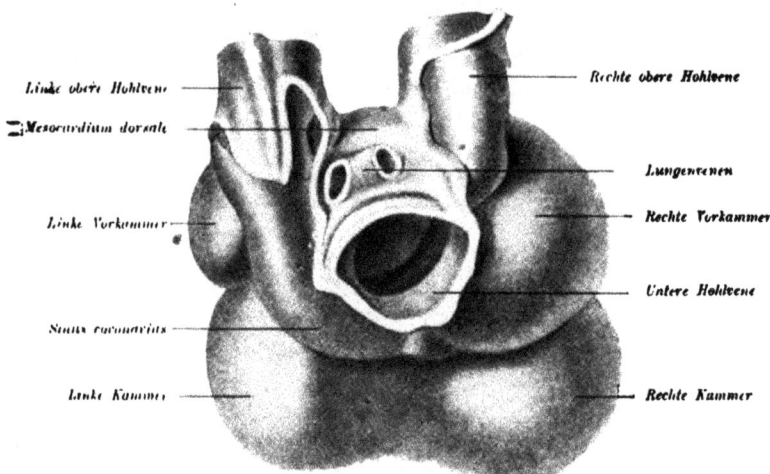

Linke obere Hohlvene

Mesocardium dorsale

Linke Vorkammer

Sinus coronarius

Linke Kammer

Rechte obere Hohlvene

Lungenvenen

Rechte Vorkammer

Untere Hohlvene

Rechte Kammer

Fig. 304. Herz eines menschlichen Embryos von 24 mm Scheitelsteißlänge, Hinteransicht.
Nach Kollmann.

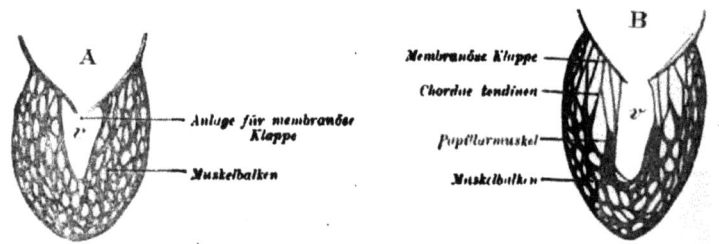

A

Anlage für membranöse
Klappe

Muskelbalken

B

Membranöse Klappe

Chordae tendinae

Papillarmuskel

Muskelbalken

Fig. 305. Zwei Schemata zur Entstehung der Atrioventrikularklappen. Nach Gegenbaur.
r = Ventrikel.

Auch die an der unteren Fläche der Klappen sich ansetzenden
Muskelbalken wandeln sich unter Schwund ihrer Muskelfasern in
Sehnenfäden um. Ihre mit dem Herzfleische der Kammer zusammen-
hängenden Enden verdicken sich zu den Papillarmuskeln. Die
Balken des fertigen Herzens sind Reste des primitiven, großenteils
rückgebildeten Balkennetzes des embryonalen Herzens.

Im Truncus arteriosus entsteht eine vordere und eine hintere
Längsleiste, der vordere und hintere Bulbuswulst (Fig. 302).
Beide verwachsen mit ihren freien Kanten und bilden so eine Scheide-

wand, welche den Truncus arteriosus in Aorta- und Lungenarterie trennt und sich nach abwärts mit der Kammerscheidewand
verbindet. Diese Verbindungsstelle entspricht dem dünnen Septum
membranaceum des fertigen Herzens. Äußerlich wird die durch
Bildung dieser Scheidewand vollzogene Trennung des Arterienkegels
in Aorta und Lungenarterie durch je. eine Längsfurche markiert,

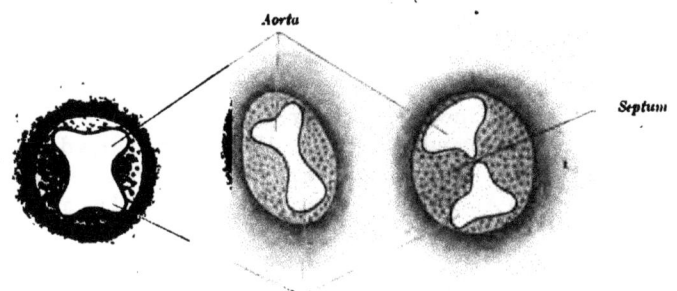

Fig. 306. Querschnitte durch den Truncus arteriosus eines menschlichen Embryos von 11,5 mm
Nackensteißlänge. Nach His. Scheidung in Aorta und Pulmonalis. Anlage der Semilunarklappen.

welche sich vertieft, endlich beide Gefäße völlig scheidet und die
Aorta der linken, die Lungenarterie der rechten Herzkammer zuteilt.

· Noch vor der Trennung des Truncus arteriosus in Aorta und
Pulmonalis legen sich die Semilunarklappen in Form von vier
aus Gallertgewebe bestehenden und mit Endothel
überzogenen Wülsten an (Fig. 306).

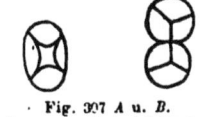

Durch die sich am Truncus arteriosus vollziehende Scheidung werden zwei derselben
halbiert und so jedem Gefäße je drei Klappen
zugeteilt, welche durch Schrumpfung des Gallertgewebes ihre definitive taschenartige Form
erhalten.

Fig. 307 A u. B.
Schema der Entwicklung der
Aorten- u. Pulmonalklappen.
Nach Gegenbaur.

Die im Faserring des Aortenursprungs bei vielen Wiederkäuern vorkommenden
Herzknochen entstehen durch eine nach dem ersten Jahre einsetzende Verknöcherung der an dieser Stelle gelegenen „Herzknorpel".

Arteriensystem.

Die Entwicklung der Schlagadern ist anfänglich eine
nach Anordnung und Kaliber vollkommen paarig symmetrische und im Bereiche des Rumpfes in Form der
Intersegmentalarterien vollkommen metamere. Es be-
stehen zeitweise richtige Angiomeren ($\dot{\alpha}\gamma\gamma\varepsilon\iota o\nu$ = Gefäß, $\mu\acute{\varepsilon}\sigma o\varsigma$ = Teil).
Diese Symmetrie und Metamerie wird aber sehr bald derartig ver-
wischt. daß nur der Kundige da und dort noch Spuren der primitiven

Verhältnisse zu erkennen vermag. Wiederholte Umwandlungen teils durch Verschmelzung paariger Stämme (zum Beispiel der primitiven Aorten) zu einem unpaaren Stamme oder durch Aus- und Rückbildung von Organen bedingen veränderte Stromverhältnisse und wiederholte Veränderungen in der Anordnung der Blutgefäße. Ursprünglich nebensächliche Anastomosen können dabei zu Hauptbahnen, frühere Hauptbahnen zu Nebenbahnen werden oder gänzlich schwinden.

Stets aber vollziehen sich die Wandlungen im Gefäßsystem in typischer, durch Anpassung und Vererbung geregelter Weise. Niemals sondern sich die bleibenden Gefäße aus einem primitiven „indifferenten" Gefäßnetze in regel- und gesetzloser Weise.

Im fertigen Zustande liegt die Hauptschlagader links, die Vena cava superior und inferior rechts von der Medianebene. Die ursprüngliche Angiomerie ist nur noch in den Intercostal- und Lumbalarterien erkennbar.

Aus dem ventral vom Schlunddarm gelegenen Truncus arteriosus wachsen schon sehr früh (menschliche Embryonen der dritten Woche) allmählich sechs paarige Arterienbogen aus. Aber diese sechs primitiven Aortenbogen bestehen nie in voller Zahl gleichzeitig nebeneinander. Parallel der Entstehung der kaudalwärts gelegenen geht die Rückbildung der kranialwärts angelegten (Fig. 296). Da auch der fünfte in der Reihe sehr früh der Rückbildung unterliegt, entspricht der spätere fünfte eigentlich dem sechsten Bogen (Fig. 307).

Die in den Visceralbogen verlaufenden primitiven Aortenbogen umfassen die Kopfdarmhöhle und vereinigen sich dorsal von dieser zu den beiden primitiven Aorten.

Das im Bereiche des Kopfes gelegene Gefäßgebiet besteht dann (Fig. 307):

aus dem Bulbus arteriosus; dieser teilt sich
in zwei ventrale Längsstämme, aus denen
die sechs primitiven Aortenbogen entspringen, und aus
je zwei dorsalen Längsstämmen, den Aortenwurzeln,
welche das Blut aus den Arterienbogen sammeln und in die
ventral von der Chorda dorsalis gelegenen
primitiven Aorten leiten (Fig. 121 und 296).
Die primitiven Aorten verschmelzen der Länge nach zur
Aorta, deren Endstück bei Organismen mit reduziertem
Schwanze die unbedeutende A. sacralis media (Mensch),
bei Tieren mit entwickeltem Schwanze eine mehr oder minder
starke Arteria caudalis bildet.

Bei den im Wasser atmenden Anamniern lösen sich die in den Kiemenbogen verlaufenden Arterienbogen in das respiratorische Kapillarnetz der Kiemenblättchen auf. Aus ihnen fließt das arteriell gewordene Blut durch die Kiemenvenen in die Aorta. Bei den Amnioten kommt es zwar noch zur Anlage einer freilich schon beschränkten Zahl von Kiemenbogen, niemals aber zur Entwicklung von Kiemen. Die Arterienbogen scheiden sich also auch nicht in Kiemenarterien und -venen und bilden kein respiratorisches Netz. Sie sind abortiv.

Die früh eintretende Rückbildung der Kiemenbogen veranlaßt auch Rückbildungen und Umwandlungen der primitiven Arterienbogen und verwischt gleichzeitig deren anfänglich streng symmetrische Anordnung.

Der erste und zweite primitive Arterienbogen schwindet beiderseits bis auf die Längsstämme, deren ventraler zur Carotis externa, deren dorsaler zur Carotis interna wird (Fig. 308).

Der dritte Bogen bleibt zwar erhalten, verliert aber seine dorsale Längsverbindung mit dem vierten Bogen, leitet sein Blut in die Carotis

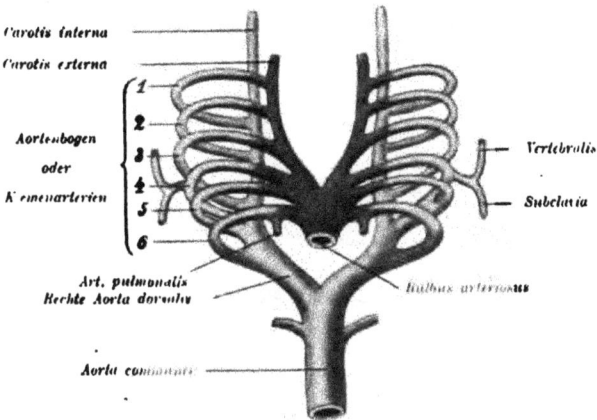

Fig. 303. Schema des Truncus arteriosus der Amnioten und des Menschen.

interna und verbindet sie als deren Anfangsstück mit der Carotis communis (Fig. 308).

Die Carotis communis entsteht aus der zwischen dem dritten und vierten Arterienbogen gelegenen, anfänglich sehr kurzen Strecke.

Der vierte Bogen erfährt eine asymmetrische Ausbildung. Er verliert rechts seinen Zusammenhang mit dem Dorsalende des sechsten Bogens — der fünfte primitive Arterienbogen ist inzwischen beiderseits vollständig verschwunden — und wird zur rechten Schlüsselbeinarterie oder Subclavia. Auf der linken Seite dagegen behält der vierte Bogen einen Zusammenhang mit dem sechsten. Beide erweitern sich beträchtlich und bilden zusammen den Arcus aortae. von welchem nun die linke Schlüsselbeinarterie als Seitenzweig erscheint (Fig. 308). Das kurze, zwischen dem Aortenbogen und der

Ursprungsstelle der rechten Carotis communis und Subclavia gelegene Stück des vierten rechten Arterienbogens heißt Truncus brachiocephalicus primitivus.

Vom sechsten Bogen erhalten sich die beiderseitigen Lungengefäße und bilden mit den zum Bulbus arteriosus gehenden ventralen Bogenstück die Lungenarterie. Das rechts gelegene dorsale Stück des sechsten Bogens bildet sich samt dem rechten Aortenstamm zurück. Das links gelegene dagegen erhält sich und verbindet als Ductus arteriosus (Ductus Botalli) den Stamm der Lungerarterie mit dem absteigenden Schenkel des Aortenbogens (Fig. 310). Inzwischen hat sich auch der Bulbus arteriosus der Länge nach in Aorta und Pul-

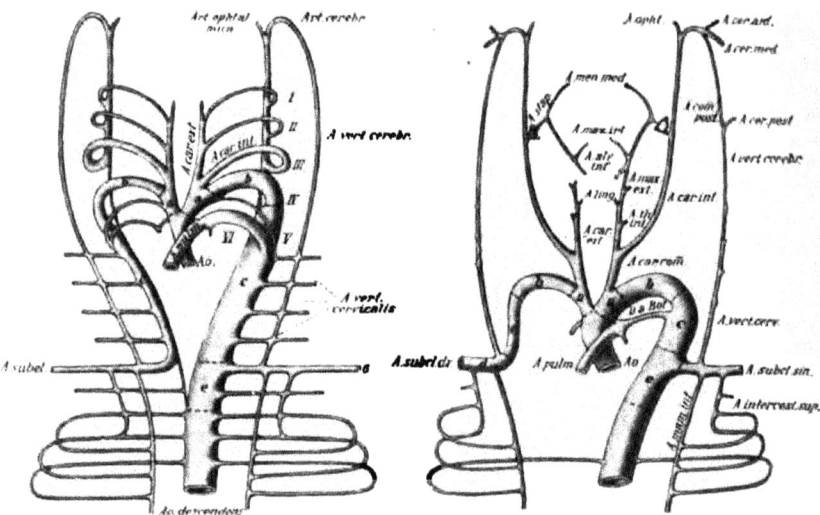

Fig. 310. Schema der Umwandlung der Kiemen-Arterienbogen usw. in die bleibenden Arterien. Ventralansicht. Nach Broman.

monalis geschieden. Der ganze Arcus aortae ist dadurch der linken Herzkammer zugeteilt worden und wird von dieser gespeist. Der Stamm der Arteria pulmonalis wird dem rechten Ventrikel zugeteilt und erhält aus diesem Blut.

Der Stamm der Lungenarterie, welcher aus dem vom Bulbus arteriosus abgespaltenen Stück einerseits und aus je einem kurzen ventralen Stück des sechsten Arterienbogens anderseits hervorging, ist während des Fetallebens sehr unbedeutend. Er leitet, da die Lungen im Embryo noch nicht funktionieren, nur eine ganz geringe Blutmenge zur Lunge. Der größte Teil des aus der rechten Herzkammer in die Lungenarterie strömenden Blutes fließt durch den Ductus arteriosus direkt in den Aortenbogen.

Die links gelegenen, zum Aortenbogen umgestalteten Gefäßbogen-
reste übertreffen sehr bald jene der rechten Seite an Größe. Diese
erscheinen dann als Seitenäste des Aortenbogens, aus welchem sie mit
dem gemeinsamen, in die rechte Carotis communis und Subclavia zerfallenden Stamm, dem Truncus brachiocephalicus, entspringen.
Die linke Carotis communis und Subclavia sind nun direkte Zweige
des Aortenbogens geworden (Fig. 309).

Durch Senkung des Herzens werden die beiden Carotiden bedeutend verlängert. Auch ihr anfangs kurzer Stamm verlängert sich
beträchtlich und wird zur Carotis communis. Die inneren Hals-
schlagadern, die Carotides internae, versorgen zuerst nahezu
den ganzen Kopf mit Blut (siehe Fig. 296). In der Mittelhirnbeuge
kaudalwärts umbiegend, setzen sie sich in zwei an der Basalseite des

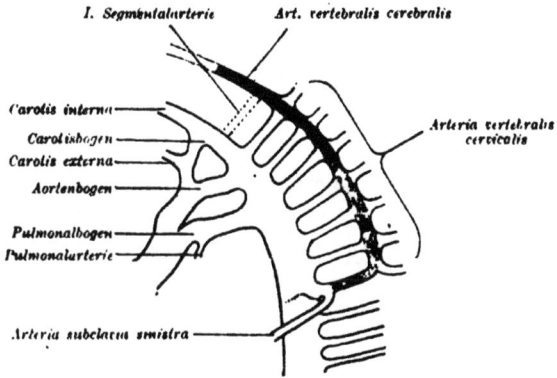

Fig. 310. Profilkonstruktion der Entwicklung der Arteria vertebralis des Kaninchens.
Nach Hochstetter.

Rautenhirnes kaudalwärts verlaufende Arterien fort, welche später zum
vorderen Teil der Arteria basilaris verschmelzen. Die äußeren
Carotiden verzweigen sich anfänglich nur im Gebiete des Zungen-
bein- und Kieferbogens.

Die Arteria vertebralis entsteht jederseits aus zwei anfänglich
getrennten Anlagen, nämlich im Kopfgebiete als Art. vertebralis
cerebralis und im Halsgebiet als Art. vertebralis cervicalis.
Im Kopfgebiete bildet sich die Arterie aus zwei aus den Aortenwurzeln
entspringenden Segmentalarterien, deren erste bald wieder schwindet,
während die zweite zur Wurzel der Art. vertebralis cerebralis
wird. Sie verschmilzt an der Hirnbasis mit der homologen Arterie der
anderen Seite zum hinteren Abschnitt der Art. basilaris.

Das Cervicalstück der Art. vertebralis entsteht durch die Verschiebung der Aortenbogen in kaudaler Richtung. Gleichzeitig mit
dieser Verschiebung bildet sich eine in den Lücken zwischen den

Anlagen der Halsrippen und den Querfortsätzen der ersten sechs Halswirbel gelegene längsverlaufende Anastomosenkette aus, welche die
segmentalen Arterien des Halses miteinander verbindet (Fig. 309 und
310). Sie entspringt gemeinsam mit der Subclavia aus einer Segmental-
arterie des Halses und wird, nach Rückbildung der übrigen kopfwärts
in den Cerebralteil der Art. vertebralis übergehend, deren Cervicalstück.

Auch die Arterien des siebenten Hals- und ersten Brustsegmentes
schwinden, nachdem die Arteria intercostalis suprema aus der Subclavia hervorgesproßt ist.

Die Arteria mammaria interna und epigastrica inferior
gehen aus Längsanastomosen zwischen den ventralen Ästen der Segmentalarterien der Brust- und Lendengegend hervor.

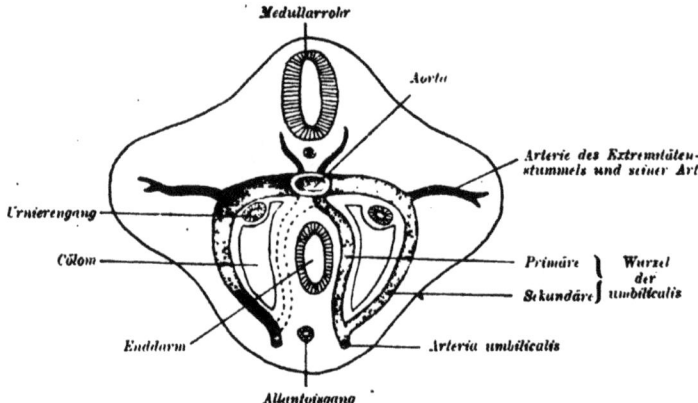

Fig. 311. Schema zur Entwicklung der aus der Arterie der Beckengliedmaße entstehenden sekundären Wurzeln der Arteria umbilicalis beim Kaninchen mit einer kleinen Veränderung nach Hochstetter. Rechts Ausbildung der Anastomose, links Rückbildung der primären Wurzeln der Arteria
umbilicalis.

Die Intercostal- und Lumbalarterien entstehen als paarige
Äste der Aorta descendens aus Segmentalarterien.

Die Arterie der Brustgliedmaße verläuft als Fortsetzung
der Subclavia in der Achse des Oberarms zwischen der Anlage beider
Vorarmknochen zum Handteller. Dieser Stamm bleibt bei den meisten
Amnioten als Arteria interossea volaris erhalten. Die den Nervus
medianus im Vorarme begleitende Arterie kann beim Menschen neben
der Arteria interrossea als Arteria mediana bestehen bleiben. Die
Arteria radialis, ulnaris und interossea dorsalis sind weiter
ausgebildete Seitenzweige der primären Armarterie.

Die beiden primären Nabelarterien entspringen als ventrale
Aortenäste, verlaufen zuerst durch das dorsale Darmgekröse, den Enddarm gabelartig umfassend, zur ventralen Leibeswand und von da, den

Allantoisstiel flankierend, zur Plazentaranlage. Sehr bald aber anastomisieren sie nach kurzem Verlaufe mit der Wurzel der Arterie der Beckengliedmaße. Dann bilden sich diese sekundären Stämme der Arteriae umbilicales weiter zu sekundären Nabelarterien aus, während die primären schwinden. Dadurch haben die Nabelarterien und die Arterien der Beckengliedmaße jederseits einen gemeinsamen Stamm erhalten (Fig. 311).

Die primäre Hauptarterie der unteren Extremität folgt nach ihrem Austritt aus dem Becken als Arteria ischiadica dem Nervus ischiadicus, geht zwischen den Anlagen beider Unterschenkelknochen zum Fußrücken und dann zwischen den Knorpeln der Tarsalreihe zur Fußsohle. Eine zweite Arterie zieht als Arteria femoralis mit dem N. femoralis am Hüftgelenk vorbei zur medialen Seite des Oberschenkels, dringt in die Kniekehle ein, anastomisiert hier mit der Arteria ischiadica und wird zur Hauptarterie der unteren Extremität. Die primäre Unterschenkelarterie verfällt nach dem Auftreten der Arteria tibialis anterior, posterior und Arteria peronaea bis auf ein dünnes Stück, das im Bereiche des Oberschenkels als Arteria comitans Nervi ischiadici bestehen bleibt, der Rückbildung, kann aber ausnahmsweise auch noch beim Erwachsenen als größere Arterie gefunden werden.

Arterien des Darmkanals, der Nabelblase und der Allantois.

Die anfänglich zahlreichen segmentalen (Hund, Mensch) Nabelblasenarterien entspringen zuerst aus den primitiven Aorten und nach deren Verschmelzung aus der Daueraorta. Sie bilden sich bis auf zwei zurück, deren rechte endlich allein übrigbleibt und das Blut zur Nabelblase leitet. Mit dem Abrücken der Darmanlage von der Wirbelsäule vereinigen sich nämlich diese beiden Omphalomesenterialarterien zu einem Stamm, der nach kurzem Verlaufe das geschlossene Darmrohr mit einer ringförmigen Anastomose umfaßt. Der linke Schenkel des Ringes bildet sich zurück, und der unpaare Stamm zieht nun rechts am Darm vorbei zum Nabel. Die Rückbildung der Gefäße in der Nabelblasenwand bedingt auch den Schwund der Nabelblasenarterie bis auf den im Mesenterium erhaltenen Stamm, welcher Zweige zum Darm abgibt und zum Stamme der Arteria mesenterica superior wird (Fig. 312).

Die Arteria coeliaca und die Arteria mesenterica inferior entstehen als selbständige Äste der Bauchaorta.

Auch die Arterien des Exkretionssystems und der Keimstöcke erleiden mancherlei Umbildungen. Zunächst erhält jeder Urnierenglomerulus seine eigene Arterie aus der Bauchaorta (Fig. 114). Später tritt eine Reduktion dieser segmentalen Urnierenarterien

ein, während neue Zweige aus anderen Urnierenarterien in die Keimstöcke einwachsen. Nach Rückbildung der Urniere bleibt beiderseits
von diesen Arterien nur je eine als **Arterie des Hodens und
Nebenhodens oder des Eierstocks und Eileiters** erhalten.

Die **Nierenarterien** kommen bei den Säugetieren, nachdem die
Nieren ihre bleibende Lage in der Lendenregion eingenommen haben.
direkt aus der Aorta.

Oft bestehen beiderseits mehrere Nierenarterien. Ich habe in einem Falle
sechs rechtsseitig und vier linksseitig beim Menschen gefunden. Bei tiefstehenden
Nieren entspringt auch die Nierenarterie aus tiefer gelegenen Aortengebieten oder
als **Arteria iliorenalis** aus der Iliaca. In allen diesen Fällen handelt es sich
um weitere Ausbildung der Regel nach schwindenden und nebensächlichen Arterien.

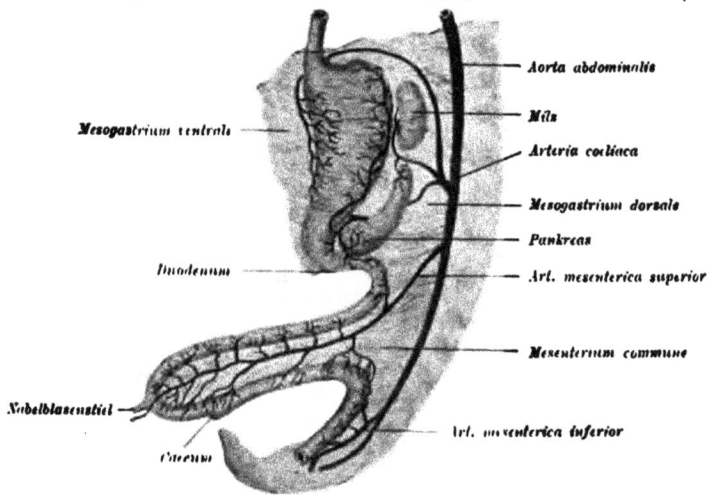

Fig. 312. Entwicklung der Arterien des Magendarmtraktus. Nach Toldt.

Die komplizierte Entwicklung des Arteriensystems erklärt auch viele beim
erwachsenen Menschen vorkommende Anomalien, die meist als Tierähnlichkeiten
und Hemmungsbildungen zu betrachten sind (zum Beispiel Bestehenbleiben eines
rechten und linken Aortenbogens, wie bei Reptilien; Ursprung der Carotis sinistra
aus dem Truncus brachiocephalicus (zum Beispiel beim Schweine, manchen Affen
und Insektenfressern). Andere Anomalien entstehen durch Teilung sonst einheitlicher Arterienstämme oder abnorme Verschmelzung sonst geteilter Äste. Wieder
andere sind noch nicht mit Sicherheit gedeutet.

Venensystem.

Die Hauptvenen der Embryonalanhänge, die **Dotter**- oder **Nabelblasenvenen** (**Venae omphalomesentericae** [$ὀμφαλός$ = Nabel,
$μεσέντερον$ = Gekröse] und die **Nabelvenen** (**Venae umbilicales**).
treten bei Menschen, Affen und manchen Insektivoren von dem Dotter-

sack oder der Nabelblase und von der Allantois beziehungsweise
von der Placenta her zuerst durch den Haftstiel, dann aber wie bei
den übrigen Amnioten durch den Nabelstrang in den Embryonalkörper
ein (Fig. 296) und übertreffen an Blutgehalt und Ausbreitungsgebiet
die Körpervenen des Embryos zeitweise ganz bedeutend. Primäre
Körpervenen sind: die beiden Kardinalvenen; ihre Vereinigung
der Ductus Cuvieri; der Ductus venosus (Arantii) und später
die Hohlvenenanlagen.

Schon nach der dritten Embryonalwoche ist jederseits bei menschlichen Embryonen eine Vena cardinalis superior ausgebildet,
welche, das Blut aus dem Kopfe der vorderen und mittleren Hirnteile
und der Augenanlage sammelnd, dorsal von den Schlundspalten bis in
die Gegend der Extremitätenstummel verläuft (Fig. 296). Sie vereinigt
sich herzwärts umbiegend jederseits mit der das Blut aus der hinteren
Rumpfwand, der Beckenhöhle, den Urnieren- und den Beckengliedmaßen abführenden und vom Schwanzende her in der dorsalen Rumpfwand verlaufenden Vena cardinalis inferior zu den kurzen
Ductus Cuvieri (Fig. 313 A).

Durch Vereinigung der Ductus Cuvieri mit den Dottersack-
und Nabelvenen entsteht der unmittelbar zwischen Septum transversum und Vorhof gelegene, in das Herz mündende Sinus venosus
(Fig. 313 A).

Diese symmetrische, bei den Fischen zeitlebens bestehende Anlage
der Körpervenen erfährt bei den höheren Wirbeltieren durch Einbeziehung des Venensinus in die Herzvorkammer, vor allem aber durch
die Ausbildung der unpaaren Vena cava superior aus den paarigen
Cuvierschen Gängen mehrfache und bedeutende Umgestaltungen, die
gleichzeitig eine Überleitung des Blutes von der rechten auf die linke
Körperhälfte bedingen. Außerdem führt die Entwicklung der Leber,
die Rückbildung der Nabelblase und die Ausbildung des Darmes und
seiner Gefäße zur Entwicklung des Pfortadersystems. Schildern
wir zunächst die Entwicklung der Vena jugularis interna und
externa, der Vena cava superior sowie der Sinus der Pachymeninx.

Neben der Vena cardinalis superior tritt sehr bald noch eine
laterale Blutbahn, die Vena capitis lateralis, auf. Sie sammelt
die Venen des Hinterhirnes und die Wurzeläste der in diesem Gebiete
bald schwindenden Vena cardinalis superior. Eine Reihe weiterer
Veränderungen führt unter Anastomosenbildung dazu, daß ein Teil des
Hirnblutes nach Ausbildung des Knorpelschädels durch das Foramen
jugulare, ein anderer durch einen neben dem Nervus facialis gelegenen
Venenkanal abfließt. Vom Foramen jugulare ab entsteht die Vena
jugularis interna in ihrem oberen Teil aus dem Reste der Vena
capitis lateralis, in ihrem unteren aus dem mit dieser verschmolzenen

und erhaltenen Teil der sonst rückgebildeten Vena cardinalis superior. Die Vena jugularis externa bildet sich später und unabhängig von der Vena jugularis interna aus der mit der Vena ophthalmica anastomisierenden Vena facialis anterior und einer aus der Ohr-

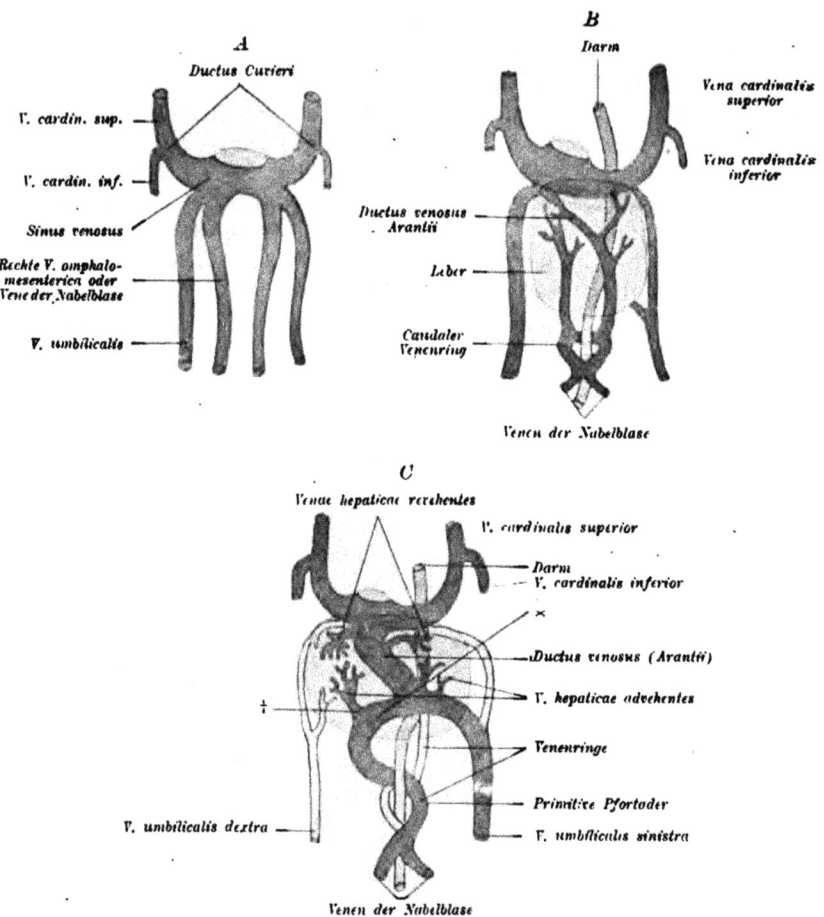

Fig. 313 *A, B, C*. Drei Schemata zur Entwicklung der großen Venenstämme von Säugetierembryonen. Nach Hochstetter. Das obere linke und untere rechte hell gehaltene Stück der Venenringe in *C* bildet sich später zurück.

gegend kommenden Vene. Beide Jugularvenen verbinden sich zur Vena jugularis communis, in welche die Vena subclavia mündet. Die anfänglich paarigen Venae cavae superiores entstehen aus dem Endstück der Vena jugularis und den Cuvierschen Gängen. Beide Hohlvenen verbinden sich durch eine Queranastomose

(Fig. 315). Sie bleibt als Vena anonyma sinistra erhalten, während die Vena cava sinistra bei vielen Säugetieren und auch beim Menschen bis auf ihr in den Sinus coronarius mündendes Endstück schwindet (Fig. 316).

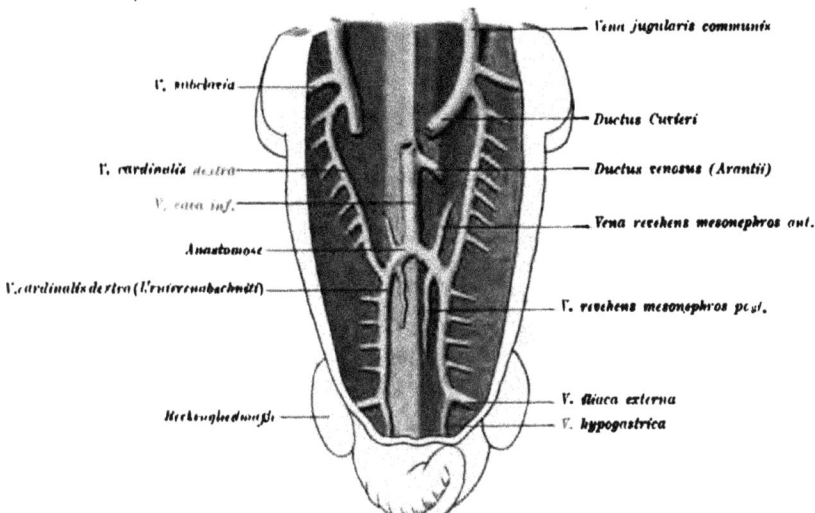

Fig. 314. Schema der Venenentwicklung. Nach J. Kollmann.

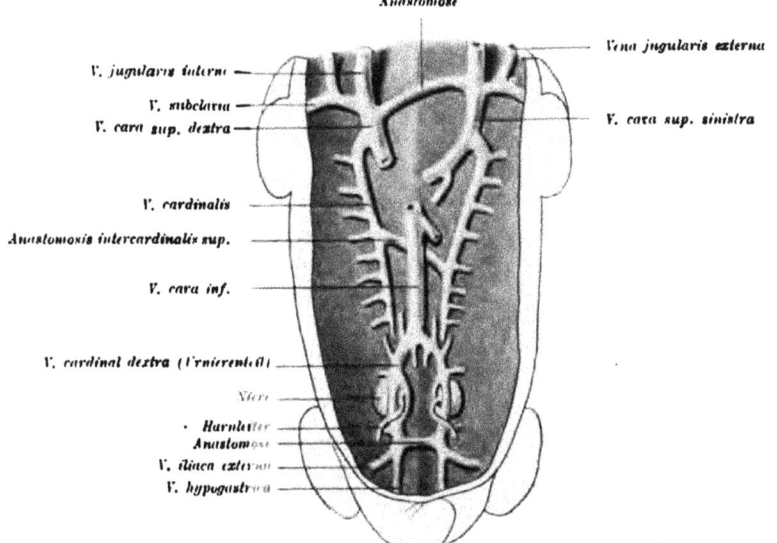

Fig. 315. Schema der Venenentwicklung. Nach J. Kollmann.

Das Vorhandensein einer doppelten oberen Hohlvene beim Erwachsenen bedeutet die Erhaltung embryonaler Verhältnisse, wie sie bei den Sauropsiden und vielen Säugetieren zeitlebens bestehen.

Streckenweise Verschmelzung paariger Hirnvenenanlagen oder Anastomosenbildung veranlaßt die Bildung der Sinus venosi der Pachymeninx. Der Sinus sagittalis superior entsteht aus den verschmolzenen Abschnitten der über der Mantelkante des Großhirns verlaufenden Vorderhirnvenen. Er bildet mit seinen selbständig gebliebenen hinteren Teilen die Anfangsstücke der Sinus transversi. Ihre Fortsetzung wird durch das erhaltene Stück der Vena capitis lateralis und durch ihre Anastomose mit der Hinterhirnvene gebildet.

Der Sinus petrobasilaris entspricht einer an der Seite des Keilbeinkörpers und an dem Basilarteil des Hinterhauptbeines gelegenen Anastomose der Vena ophthalmica mit der Vena jugularis interna über dem Foramen jugulare. Der Sinus cavernosus geht seitlich vom Türkensattel aus der erweiterten Vena ophthalmica hervor, deren ursprünglich ganz kurzes, in den Sinus transversus mündendes Endstück auf der Felsenbeinkante zum Sinus petrosus superior wird.

Die Entwicklung des Pfortaderkreislaufs vollzieht sich durch tiefgreifende Umwandlungen im Gebiete der Dotter- und Nabelvenen. Die Rückbildung der Nabelblase bedingt natürlich auch die Rückbildung der Nabelblasengefäße, und nur die Teile der Nabelblasenvenen, welche auch das Blut aus dem Darme ableiten, werden erhalten und weiter ausgebildet. Sie bilden durch Anastomosen einen kranialen und kaudalen Venenring um den Darm (Fig. 313 B und C). Dann schwindet zuerst die rechte Hälfte des kaudalen und hierauf die linke Hälfte des kranialen, dicht unter der Leber gelegenen Ringes. Aus dem Rest entsteht eine einfache, den Darm spiralig umgreifende Vene. Sie wird durch Aufnahme der Vena mesenterica und der Vena gastrolienalis zur primitiven Pfortader.

Die Strecke von der Eintrittsstelle der linken Nabelblasenvene in die Leber bis zu ihrer Mündung in den rechten Sinus reuniens bildet den Ductus venosus (Arantii). Aus der rechten Nabelblasenvene leiten Venae hepaticae advehentes (Fig. 313 C †) das Blut in die Leber.

Gleichzeitig mit der Rückbildung der Nabelblasenvenen übernimmt die linke Nabelvene die Blutversorgung der rasch wachsenden Leber. Da sich die linke Nabelvene beim Menschen mit dem kranialen Venenring verbindet, kann ein Teil ihres Blutes direkt durch den Ductus venosus abfließen. Ein anderer Teil tritt durch Venae hepaticae advehentes sinistrae in die Leber ein.

Der kraniale Teil der vorübergehend mit den Blutgefäßen der Leber anastomisierenden rechten Nabelvene verödet bis auf Reste, die als Venae revehentes bestehen bleiben. Die übrige Vene wird zu einer Vene der Bauchwand.

Jetzt fließt also neben dem venösen Blute des Darmes und seiner Anhangsorgane (mit Ausschluß der Leber) auch das aus der Placenta abgeleitete Blut durch die linke Nabelvene teils durch Venae advehentes in die Leber, teils durch den Ductus venosus in den Sinus reuniens und später in die untere Hohlvene. Die Venae hepaticae revehentes werden zu den Lebervenen.

Die sekundäre Pfortader besteht also aus einem aus der primitiven Pfortader hervorgegangenen rechten Ast, der Venae hepaticae advehens dextra (Fig. 313 C †), und einem aus dem kranialen Teile des oberen Venenringes hervorgegangenen linken Ast, der die Pfortader mit dem Leberteil der linken Nabelvene verbindet (Fig. 313 C ×).

Vorläufer der Vena cava inferior sind die beiden Venae cardinales, welche das venöse Blut aus der dorsalen Rumpfwand, der Beckenhöhle und der Beckengliedmaße durch die Venae hypogastricae iliacae externae und femorales sammeln und durch die Ductus Cuvieri ins Herz leiten. Bei den über den Fischen stehenden Wirbeltieren tritt an Stelle dieser paarigen venösen Abflußbahnen eine neue unpaare für die untere Körperhälfte, die Vena cava inferior. Sie entsteht aus einer kürzeren kranialen und einer längeren kaudalen. zumeist aus dem Urnierengebiet der Vena cardinalis dextra hervorgegangenen Anlage. Der kraniale Teil tritt rechts von der Aorta zwischen den beiden Urnieren auf, mündet nach vorn in den Venensinus und anastomisiert kaudalwärts durch Queräste mit den beiden Kardinalvenen (Fig. 314). Da in die so entstandene Querverbindung der Kardinalvenen auch Venae revehentes der Urnieren münden, findet das Urnierenblut und das Blut der kaudalen Gebiete beider Kardinalvenen günstigen Abfluß in die zuerst unscheinbare unpaare Anlage der unteren Hohlvene, die sich nun rasch beträchtlich erweitert.

Dieses Stadium einer nach oben unpaaren, nach unten zu beiden Seiten der Aorta in zwei Längsstämme geteilten Vena cava inferior (Fig. 315) findet sich bei Echidna, Edentaten und Cetaceen, beim Menschen aber nur als seltene Hemmungsbildung.

In der Regel erweitert sich allmählich die rechte, in der direkten Verlängerung der Hohlvene gelegene Kardinalvene ihrer günstigeren Abflußverhältnisse wegen und bildet den kaudalen Teil der unteren Hohlvene. Die linke verkümmert und verschwindet (Fig. 316). Außerdem aber entsteht in der Beckengegend vor der A. sacralis media eine Anastomose zwischen beiden Kardinalvenen (Fig. 315). Sie führt das Blut aus der linken Vena iliaca externa, hypogastrica und femoralis als die spätere Vena iliaca communis sinistra in die rechte Körperseite hinüber.

Dadurch wird der zwischen Nierenvene und Becken gelegene Abschnitt der Vena cardinalis sinistra funktionslos und verkümmert mit eintretender Rückbildung der Urniere (Fig. 316), während die rechte Kardinalvene sich in den zwischen der Nierenvene und dem Zusammenfluß der Venae iliaca communes gelegenen Teil der Vena cava inferior umwandelt.

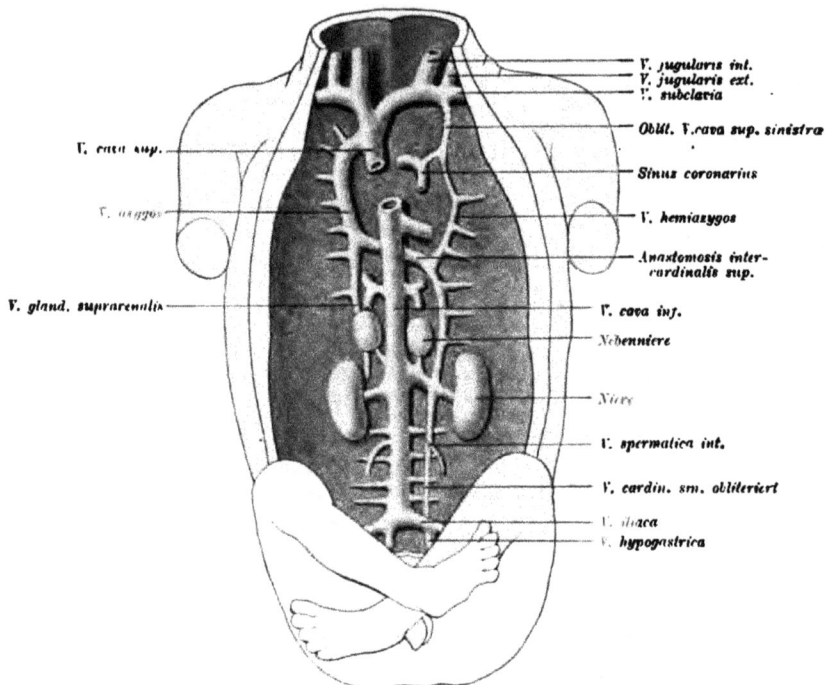

V. jugularis int.
V. jugularis ext.
V. subclavia

Oblit. V. cava sup. sinistra

Sinus coronarius

V. hemiazygos

Anastomosis inter-
cardinalis sup.

V. cava sup.

V. azygos

V. gland. suprarenalis

V. cava inf.

Nebenniere

Niere

V. spermatica int.

V. cardin. sin. oblitteriert

V. iliaca
V. hypogastrica

Fig. 316. Schema der Venenentwicklung. Nach J. Kollmann.

Die Vena cava sup. sinistra ist geschwunden: die Anastomose zwischen den beiden oberen Hohlvenen ist zur V. anonyma sinistra geworden: aus dem vorderen Abschnitt der Kardinalvenen ist die Vena azygos und hemiazygos entstanden. Der Urnierenteil der V. cardinalis sinistra ist bis auf die linke Vena spermatica zurückgebildet. Das gesamte Blut der unteren Körperhälfte strömt durch den Urnierenteil der rechten Kardinalvene, welche zum unteren Abschnitt der Vena cava inf. wird.

Die Vena azygos und hemiazygos ($\check{a}_{\zeta}vyo\varsigma$ = ungepaart, $\dot{\eta}\mu\iota\acute{a}\zeta vyo\varsigma$ = halb ungepaart) entstehen aus den kranialen Gebieten der beiden Kardinalvenen, welche das Blut aus den Interkostalräumen sammeln. Durch die Rückbildung der linken oberen Hohlvene (Fig. 316) wird der Abfluß aus der linken Kardinalvene direkt in den linken Vorhof gestört, und deren ganze Strecke verkümmert um so mehr, als eine zwischen Aorta und Wirbelsäule in der Höhe des achten Brustsegmentes entstandene weitere Queranastomose zwischen beiden Kardinalvenen (Fig. 315 und 316) das Blut aus der linken Körperhälfte in die rechte ableitet. Damit wird das Bruststück der linken Vena cardinalis mit der erwähnten Anastomose zur Vena hemiazygos, die rechte Venae cardinalis post. zur Vena azygos. Beide können durch Anastomosen mit den Lumbalvenen in Zusammenhang bleiben.

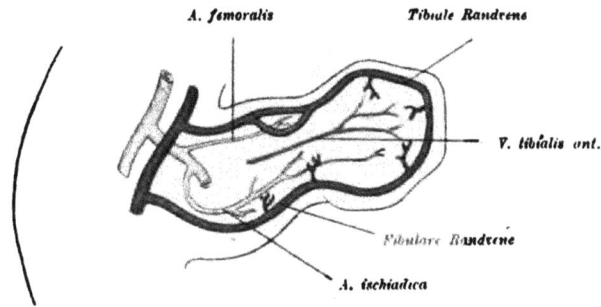

Fig. 317. Primäre Arterien und Venen der Beckengliedmaße eines menschlichen Embryos von sechs Wochen. Nach J. Kollmann.

Ausnahmsweise werden beim Menschen alle möglichen Entwicklungsformen dieser beiden Venen als Tierähnlichkeiten gefunden.

Die Extremitätenvenen bestehen zuerst aus segmentalen, zwischen zwei Myotomen in den Rumpf verlaufenden Venenästchen (Sauropsiden). In den vorderen und hinteren Extremitätenstummeln und -schaufeln bilden sich dann je zwei am radialen beziehungsweise tibialen und ulnaren beziehungsweise fibularen Rande gelegene und am distalen Extremitätenende anastomisierende Bahnen: die radiale und ulnare sowie tibiale und fibulare Randvene der Extremität. Durch die vorwachsenden Knorpelanlagen der Finger und Zehen wird die Randvene in einzelne Strecken zerlegt. Das Blut

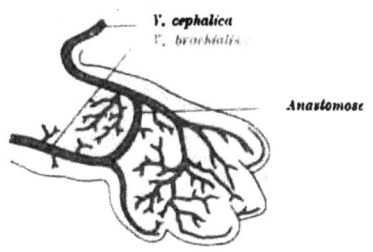

Fig. 318. Auftreten der sekundären Gefäße in der Anlage der Brustgliedmaße eines Kaninchenembryos vom 16. Tage. Nach J. Kollmann.

fließt nun statt in die Randvenen durch die zwischen den Fingern entstandenen Interdigitalvenen in die an der Außenfläche der Extremität neu entwickelte Vena cephalica (Fig. 318). Der Oberarmabschnitt der ulnaren Randvene wird zur Vena brachialis und subclavia.

An der Beckengliedmaße wird die fibulare Randvene (Kaninchen) im Bereiche des Unterschenkels zur Vena saphena parva, im Bereiche des Oberschenkels gelangt sie als Vena ischiadica mit dem N. ischiadicus ins Becken.

Die vom Fußrücken entstehenden und in die fibulare Randvene in der Kniegegend mündende Vena tibialis anterior sowie die Vena saphena (såfin = die Verborgene) magna sind sekundäre Bildungen. Erst spät entsteht die Vena femoralis.

Lymphgefäßsystem.

Die embryonalen Lymphgefäße der Amnioten entwickeln sich durch Zusammenfluß interzellulärer Spalten im Mesenchym. So entstehen anfänglich voneinander getrennte größere Hohlräume, die sich zu zusammenhängenden Lymphbahnen vereinigen. Die diese Lymphgefäßanlagen begrenzenden Mesenchymzellen werden zu Endothelien. Das lymphatische Endothel ist somit nicht, wie man früher glaubte, durch Sprossung des Endothels der Blutgefäße entstanden.

Ein zweiter, nur geringer Teil des fertigen Lymphgefäßsystems entstammt embryonalen Venen gewisser Bezirke und dient nur als Verbindungsstück zwischen dem Venensystem und den erwähnten, selbständig und unabhängig von den Venen entstandenen Lymphgefäßen. Bei Säugern liefern die embryonalen Venae cardinales anteriores et posteriores an ihrer Vereinigungsstelle zu den Cuvierschen Gängen den Saccus lymphaticus jugularis. Er trennt sich für kurze Zeit ganz von den Venen und verbindet sich mit dem primären Lymphgefäßsystem durch zwei bilateral symmetrische Sammelgänge mit zahlreichen Anastomosen, den rechten und linken Ductus thoracicus. Jeder leitet die Lymphe des Körpers und der Beckengliedmaße dem Saccus jugularis seiner Seite zu. Später erhält einer dieser Gänge das Übergewicht über den andern und entwickelt sich einseitig weiter, ausnahmsweise können auch beide Gänge bestehen bleiben. Kleinere Lymphbahnen übernehmen die Ableitung der Lymphe vom Kopfe, vom Halse, von der Brustgliedmaße und von dem vorderen Mediastinalraum zum Saccus jugularis ihrer Seite. Er tritt nach der vorübergehenden Lösung vom Venensystem wieder mit ihm in sekundäre und dauernde Verbindung. Im weiteren Verlaufe der Entwicklung kann die eine oder andere dieser lymphatisch-venösen Verbindungen veröden, woraus sich Varietäten der Mündung des Ductus thoracicus erklären. Der Saccus jugularis wird als ein Lymphherz, als Rest der bei niederen Tieren so zahlreichen Lymphherzen betrachtet. Beim Huhn wird außerdem noch vorübergehend ein kaudales Lymphherz gebildet, das sich bei Reptilien zeitlebens erhält.

Die Lymphocyten entstammen größtenteils dem Mesenchym; doch ist ihre teilweise Bildung im zirkulierenden Blute nicht völlig ausgeschlossen. Die solitären Lymphknötchen entstehen im Bindegewebe der Submucosa unter Anhäufung von Leukocyten.

Die zusammengesetzten und umkapselten Lymphknoten, die sogenannten „Lymphdrüsen", legen sich beim Menschen im dritten Monate zunächst als allgemeine Anlage in Form von Lymphgefäßflechten an, deren Maschen ein besonders zartes und blutgefäßreiches Bindegewebe einnimmt. Sehr früh zerfällt die allgemeine Anlage durch Teilung in besondere Anlagen, in denen kleine, in reger Vermehrung begriffene Rundzellen auftreten. Der ursprüngliche Lymphgefäßplexus wird zum äußeren Lymphsinus des Lymphknotens, die das Innere des Knotens durchsetzenden Lymphgefäße gehen aus dem feinen Lymphgefäßplexus des bindegewebigen Zentrums der Anlage hervor. Fortschreitende zellige Infiltration führt zur Bildung der einzelnen Lymphknötchen und deren Marksträngen. Die Trabekel sind teils neu entstanden, teils Reste von Bindegewebe und Gefäßen in den Maschen des Lymphnetzes.

Als erste Spur der Milz begegnet man bei menschlichen Embryonen im ersten Monat von etwa 8 mm Länge einer Anhäufung von Rundzellen im Mesogastrium dorsale nahe dem Magenfundus. Sie wird von manchen aus einer Wucherung des Cölomepithels abgeleitet. Die ebenfalls behauptete Entstehung der Milz aus einer abortiven Pankreasanlage ist unwahrscheinlich und unbestätigt. Nach meinen Erfahrungen findet man, ohne eine Beteiligung des Cölomepithels auf dem Mesogastrium von der Milzbildung sicher ausschließen zu können (bei Embryonen von 1,8—2 cm vom Menschen, Hund, Schaf, Igel), eine Anhäufung kleiner Rundzellen im interlamellären Bindegewebe (Fig. 283). Danach wäre die Milz der Säugetiere rein mesoblastischer Abkunft. Später begrenzt sich diese Zellanhäufung schärfer und sondert sich in ein bindegewebiges, von muskulösen Trabekeln durchzogenes gefäßreiches Gerüst, in dessen Maschen die Milzpulpa liegt. An bestimmten Stellen der Arterienwände wird die Zellinfiltration besonders deutlich und bildet die rundlichen Anlagen der als Malpighische Körperchen bekannten Lymphknötchen.

Embryonaler Kreislauf.

Die Schilderung des embryonalen Kreislaufs hat zu unterscheiden:

1. den Dottersack- oder Nabelblasenkreislauf und
2. den Allantois- oder Placentarkreislauf.

Der schon (S. 171) abgehandelte Nabelblasenkreislauf wird bei den Mammalien bald bedeutungslos und kommt nicht weiter in Betracht.

Viel wichtiger ist der Allantois- oder Placentarkreislauf, welcher die Atmung und Ernährung des Embryos besorgt, während noch keine Scheidung in den respiratorischen Lungen- und den nutritorischen Körperkreislauf besteht.

Alle embryonalen Gefäße mit Ausnahme der arterielles Blut führenden Nabelvene enthalten mehr oder minder gemischtes Blut.

Die beiden Nabelarterien leiten kohlensäurehaltiges, mit Zersetzungsprodukten des embryonalen Stoffwechsels beladenes Blut durch den Nabelstrang zur Placenta fetalis. Ihre Zottengefäße tauschen aus dem mütterlichen Blute der intervillösen Räume der Placenta materna Sauerstoff und Nährmaterial ein, und das so arteriell gewordene Blut

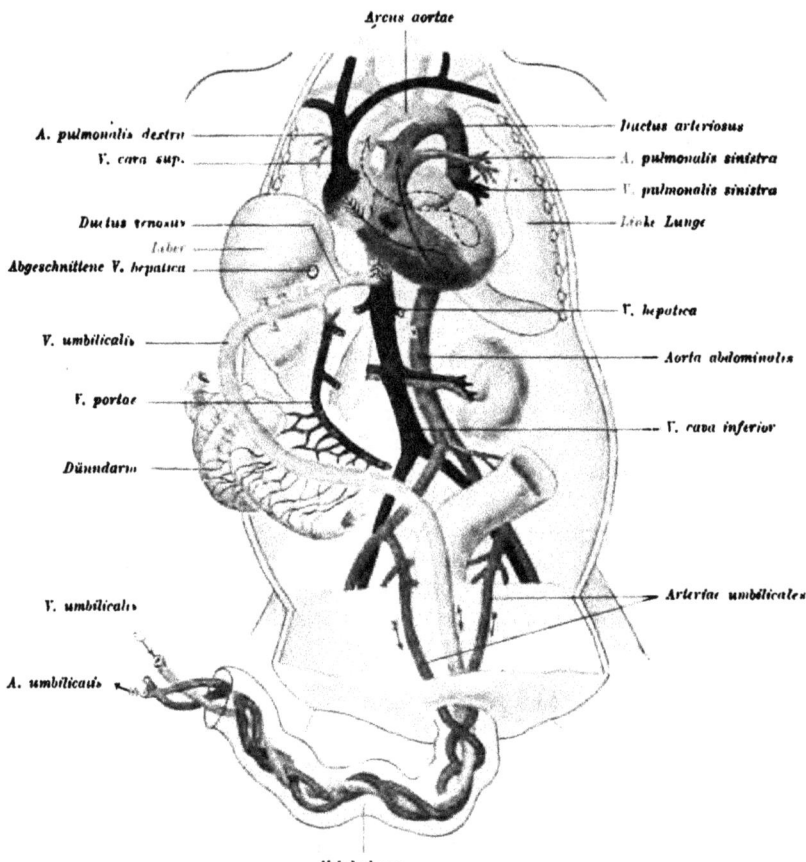

Arcus aortae

A. pulmonalis dextra
V. cava sup.

Ductus venosus
Leber
Abgeschnittene V. hepatica

V. umbilicalis

V. portae

Dünndarm

V. umbilicalis

A. umbilicalis

Ductus arteriosus
A. pulmonalis sinistra
V. pulmonalis sinistra
Linke Lunge

V. hepatica

Aorta abdominalis

V. cava inferior

Arteriae umbilicales

Nabelschnur

Fig. 319. Schema des embryonalen Kreislaufes des Menschen. Nach J. Kollmann. Arterielles Blut hell, venöses dunkel, gemischtes Blut durch Zwischentöne markiert.

fließt durch die Nabelvene zur Leberpforte (Fig. 319). Dort mischt es sich entweder, wie beispielsweise beim Pferde und Schweine, mit dem aus dem Darme abgeleiteten Pfortaderblut und fließt mit diesem durch die Leber und durch die Lebervenen in die untere Hohlvene, oder aber es strömt, wie bei den Raubtieren, Wiederkäuern, Menschenaffen und bei den Menschen, ein großer Teil des Nabelvenen-

blutes direkt durch den Ductus venosus (Arantii) in die untere
Hohlvene, während der kleinere Teil mit dem Pfortaderblut durch
die Leber indirekt dorthin gelangt. In beiden Fällen findet in der
unteren Hohlvene die Zumischung des aus der unteren Körperhälfte, den Beckenorganen, den Nieren und den Beckengliedmaßen
stammenden Blutes statt. Der größte Teil dieser gemischten Blutmasse wird in der rechten Vorkammer durch die beim Embryo große
Valvula venae cavae inferioris (Eustachii) wie durch ein Wehr
gegen das Foramen ovale hingeleitet und gelangt so direkt in die
linke Vorkammer, mischt sich dort mit dem Blute der Lungenvenen, gelangt in die linke Kammer und in die Aorta ascendens und descendens. Der übrige Teil strömt, mit dem durch die
obere Hohlvene aus Kopf, Hals und Brustgliedmaßen gesammelten
venösen Blute sich mischend, in die rechte Kammer, durch den
Stamm der Lungenarterie in geringer Menge in die Lunge und durch
die Lungenvenen in die linke Vorkammer. Der weitaus größere
Teil geht durch den Ductus arteriosus in die Aorta descendens.

Der Placentarkreislauf bildet eine mächtige Seitenbahn des im
Embryo selbst gelegenen Kreislaufes und wird, abgesehen von dem in
der Aorta herrschenden Blutdruck, noch besonders durch die dicke
Musculoelastica der Nabelarterien- und Nabelvenenäste begünstigt.

Jede (länger dauernde) Unterbrechung des embryonalen Kreislaufs
(zum Beispiel durch Kompression der Nabelvene) führt zum Tod des
Embryos durch Kohlensäurevergiftung.

Das Überströmen des Blutes der unteren Hohlvene aus dem rechten
Vorhof in den linken wird durch den dort herrschenden geringeren
Blutdruck begünstigt.

Aber diese Verhältnisse ändern sich mit dem ersten
Atemzuge nach der Geburt und nach dem Wegfall des
Placentarkreislaufes.

Durch die bei der Atmung stattfindende Ausdehnung des Brust-
korbes wird eine größere Blutmasse durch die Lungenarterie in die
Lungen angesaugt und durch die Lungenvenen in die linke Vorkammer
zurückgeleitet. Dadurch steigt in dieser der Blutdruck, und die Klappe
des ovalen Loches wird wie ein sich schließender Türflügel dem
Limbus foraminis ovalis angelegt, verwächst mit ihm und schließt das
ovale Loch.

So wird durch den ersten Atemzug der Lungenkreislauf eingeleitet und dauernd von dem Körperkreislauf
geschieden. Nun gelangt alles venöse Blut durch die
Lungenarterie in die Lunge und fließt aus ihr arteriell
durch die Lungenvenen in die rechte Herzhälfte und in
die Aorta.

Bei unzureichendem Verschlusse des ovalen Loches wird auch noch nach der
Geburt venöses Blut aus der rechten Vorkammer dem arteriellen Blute in der
linken Vorkammer beigemischt und durch die Aorta im Körper verteilt. Es besteht dann eine mehr oder mindere „Blausucht" oder Cyanose (κυάνωσις = blaue
Farbe) des ganzen Körpers.

Die Ausbildung des Lungenkreislaufes entlastet den Ductus arteriosus. Er wird blutleer, seine Muskulatur degeneriert fettig, und die
einstige Arterie wird zum bindegewebigen Ligamentum arteriosum. Da durch den Ausfall dieser Zuflußbahn der Blutdruck auch
in der Aorta descendens sinkt, fließt auch kein Blut mehr in die
nach der Geburt funktionslos gewordene Nabelarterie. Die bindegewebigen Reste ihrer obliterierten Stämme erhalten sich als Chordae
vesicales laterales (seitliche Blasenbänder). Die gleichzeitig
funktionslos gewordene obliterierte Nabelvene wird vom Nabelring
bis zur Leberpforte zum Ligamentum teres hepatis, der Ductus
venosus zum Ligamentum venosum.

2. Die Entwicklung des Muskelsystems.

a) Glatte Muskulatur.

Glatte und quergestreifte Muskelfasern bilden verschiedene
Entwicklungsgrade kontraktilen Gewebes, gleichen sich in frühen Ent-
wicklungsperioden und können sich an einem und demselben Organe
bei verschiedenen Tierklassen gegenseitig vertreten (so besteht die Irismuskulatur der Säuger aus glatten, die der Vögel aus quergestreiften
Muskeln). Weitaus die meisten Muskeln entstehen aus dem Mittelblatt.
Nur die epithelialen Irismuskeln (Sphincter und dilatator pupillae) und
die subepithelialen Muskeln der Hautdrüsen entstammen dem Epidermisblatt. Die Muskeln bilden sich unabhängig vom Nervensystem (zum
Beispiel auch nach Zerstörung der Neuralplatte bei Froschlarven oder
bei hirnlosen Mißbildungen), erweisen sich aber später von ihm abhängig
(Muskelschwund nach Nervendurchschneidungen oder -lähmungen).

Die Bildungszellen für die glatten Muskelfasern sind nicht
zu besonderen Primitivorganen gruppiert, sondern liegen zwischen den
Zellen des Mesenchyms oder später im embryonalen Bindegewebe, vermehren sich durch mitotische Teilung und werden spindelförmig. Außer
spindelförmigen findet man auch sternförmige glatte Muskelzellen oder
solche mit gabelig geteilten Enden. Alle glatten Muskelzellen sind
einkernig und zeichnen sich durch scharfe Konturen und einen gewissen Glanz aus. Nur ausnahmsweise findet man die Oberfläche ihres
Cytoplasmas durch Fibrillenbildung andeutungsweise quer- oder längs-
gestreift.

Die glatten Muskelzellen werden durch feine Bindegewebsfaser-
gitter und gewöhnliche Bindegewebsfibrillen zu Häuten oder Bündeln
verheftet.

b) Quergestreifte Muskulatur.

Man hat die Rumpf-, Kopf- und Extremitätenmuskulatur zu unterscheiden.

Die quergestreifte Skelettmuskulatur des Rumpfes (die langen Rücken- und Brustbauchmuskeln) entsteht aus den metamer und symmetrisch angeordneten, rechts und links vom Neuralrohr gelegenen Muskelplatten, Myotomen und Myomeren (μῖς = Muskel, τομός = der Abschnitt, μέρος = Teil). Am nichtsegmentierten Kopfe und in den Extremitäten bildet sich die Muskulatur dagegen aus Mesenchymverdichtungen, dem Vormuskelblastem (βλάστημα = Keim).

Die Sonderung der Myotome vollzieht sich, am Hinterkopfe beginnend, in kraniokaudaler Richtung. Nach Auflösung der ursprünglich

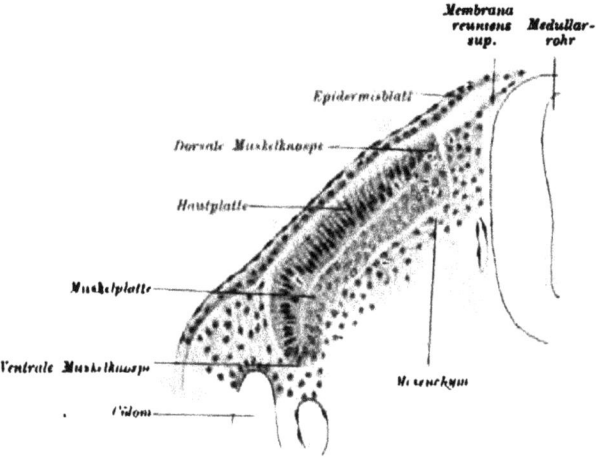

Fig. 320. Querschnitt durch das achte Rumpfmyotom eines Dohlenembryos von 5 mm mit 17 Urwirbelpaaren. Vergr. etwa 350:1.

epithelialen Hauptplatte in das Mesenchym der Cutis bilden die mitosenreiche dorsale und ventrale Kante des dorsalen Urwirbelteiles, in welcher sich die Cutisplatte in die Muskelplatte umschlägt, Keimzentren zur Bildung von Cutis- und Muskelelementen (siehe Fig. 109 und 320). Mit zunehmender Breite der Muskelplatte wird deren ventrale Kante immer weiter ventral in der Körperwand vorgeschoben und liefert so nicht nur die Muskulatur des Rückens, sondern auch, im Mesenchym der Parietalzone vorwachsend, die der Leibeswände.

Die Myotome bestehen aus spindelförmigen, zuerst etwa senkrecht, später parallel zu der Längsachse des Embryos verlaufenden Zellen und werden durch senkrecht auf die Längsachse des Embryos verlaufende Bindegewebsblätter, die Myosepten, und durch die in ihnen verlaufenden Intersegmentalarterien voneinander geschieden.

An den Myosepten gewinnen die bald zu zylindrischen Fasern auswachsenden Muskelzellen Ansatz (Fig. 322). In jedes Myotom wachsen
Äste des zugehörigen Spinalnerven ein, und zwar dessen dorsaler Ast
in die dorsalen, dessen ventraler in die ventralen Felder (Fig. 116
und 321).

Alle aus einem und demselben Myotom hervorgegangenen Muskeln
werden in der Regel von einem und demselben zugehörigen Spinalnerven versorgt. Es sind aber auch Fälle nachträglichen Einwachsens

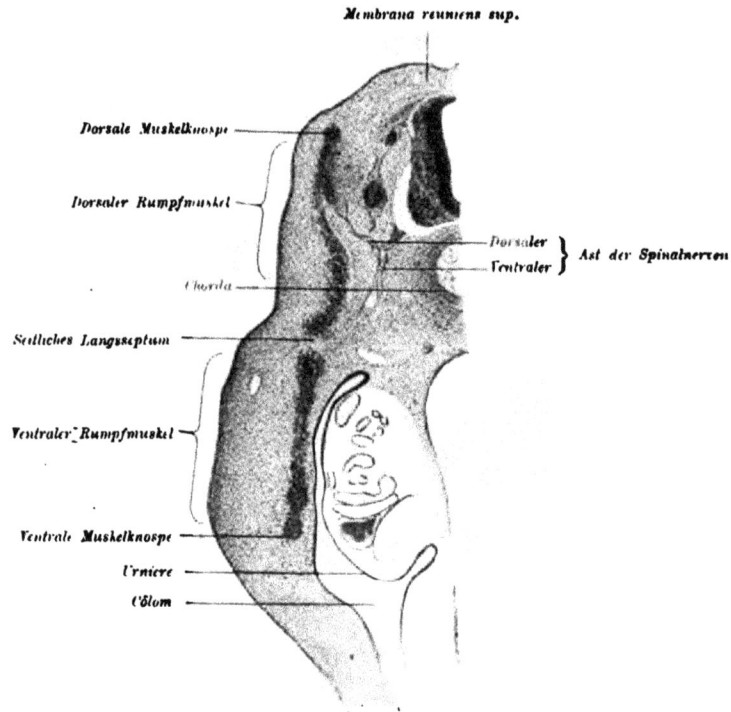

Fig. 321. Halber Querschnitt durch einen Dohlenembryo von 0,7 cm Länge. Vergr. etwa 70:1.

von Nerven anderer Segmente beobachtet worden. Die Nerven bleiben
dann entweder neben den alten oder, nach deren Rückbildung, allein
bestehen.

Die Abkunft eines Muskels ist trotz späterer Verschiebungen durch den
zugehörigen Nerven feststellbar, dessen längerer oder kürzerer Verlauf den Weg
der Verschiebung anzeigt (zum Beispiel Verschiebung des Zwerchfells und
N. phrenicus).

Die Gesamtheit der Myotome bildet die längs des Rumpfes vom
Kopfe bis zum Schwanze reichende metamere S e i t e n r u m p f -
m u s k u l a t u r, welche durch eine horizontale Bindegewebsplatte, das

laterale Längsseptum, jederseits in den dorsalen und ventralen Seitenrumpfmuskel (siehe Fig. 321) durch ein dorsales und ventrales medianes Septum in die Rumpfmuskulatur beider Körperhälften geschieden wird. Dieser stammesgeschichtlich älteste Zustand besteht bei den Fischen zeitlebens.

Die histologische Differenzierung der quergestreiften Muskeln geschieht zuerst in der kopfwärts gelegenen ältesten Muskelplatte, dann in kraniokaudaler Folge. Die zylindrischen Zellen der Muskelplatten ordnen sich zu parallel gestellten Muskelbildnern oder Myoblasten (μῦς = Muskel, βλαστός = Keim).

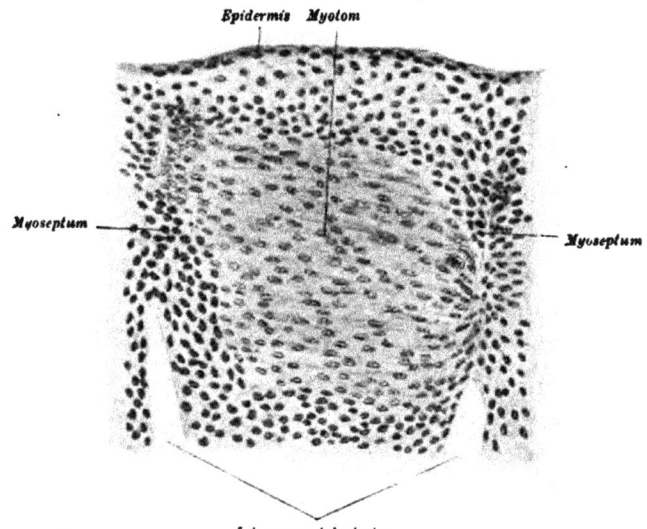

Fig. 322. Sagittalschnitt durch ein Myotom eines Schweineembryos von 1,2 cm Länge. Vergr. etwa 350 : 1.

Die Vermehrung der Myoblastenkerne geschieht zuerst durch indirekte, später durch direkte Kernteilung. Nicht immer folgt der Kernteilung eine Zellteilung. Die ursprünglich axial gelegenen Kerne werden später nach der Peripherie verschoben. Durch Verwachsung benachbarter Myoblastenenden entsteht ein Syncytium.

In dem anfänglich gleichartigen Myoplasma tritt nun eine Menge feinster Körnchen auf, die sich in Längs- und Querlinien ordnen und so zur Bildung der Primitivfibrillen führen (Fig. 323). Es läßt sich feststellen, daß solche Fibrillen die Körper mehrerer in einer Reihe gelegenen Myoblasten und die Myosepten durchsetzen. Gleichzeitig wächst der Muskel, während ein Teil der angelegten Myoblasten wieder zugrunde geht. Mit Ausbildung der isotropen und anisotropen

Substanz im Sarkoplasma und der fibrillären Längs- und Querstreifung ist der Myoblast zur quergestreiften Muskelfaser geworden. Beim zehnwöchigen menschlichen Embryo ist die Querstreifung der Muskelfasern schon vollkommen entwickelt.

Vom dritten Monat ab findet eine Vermehrung der Myofibrillen durch Längsspaltung der Fasern statt. Die äußere strukturlose, einer Crusta entsprechende Schicht einer Muskelfaser soll zum Sarcolemma ($\sigma\acute{\alpha}\varrho\xi$ = Fleisch, $\lambda\acute{\epsilon}\mu\mu\alpha$ = Rinde) werden. Nach einer anderen Meinung ist dieses bindegewebiger Herkunft.

Nun dringen aus dem Sklerotom zwischen die Muskelfasern Bindegewebe, Blutgefäße und Nerven ein, trennen ganze Bündel ab, umhüllen sie und zerspalten die einheitliche primitive Muskulatur in einzelne Muskelgruppen.

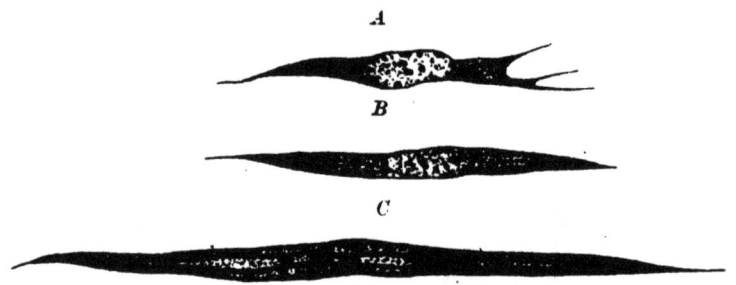

Fig. 323. Umbildung der Myoblasten zu Muskelfibrillen. Nach Godlewski. *A* Myoblast mit körnigem Plasma von einem Schafembryo von 13 mm, *B* Myoblast von einem menschlichen Embryo mit noch unsegmentierten Fibrillen, *C* Myoblast von einem Kaninchenembryo mit segmentierten Fibrillen. Starke Vergrößerung.

Nach Schwund der Myosepten können die Muskeln benachbarter Myotome miteinander zu nunmehr ungegliederten Myotomsäulen verwachsen, wobei jedoch jedes Myotom in der Regel seinen zugehörigen Nerven beibehält. Im Gegensatze zu den monomeren $\mu\acute{o}\nu o\varsigma$ = einzeln, $\mu\acute{\epsilon}\varrho o\varsigma$ = Teil), aus einem Myotom hervorgegangenen Muskeln entstehen so pleiomere ($\pi\lambda\epsilon\tilde{\iota}o\varsigma$ = mehrere, $\mu\acute{\epsilon}\varrho o\varsigma$ = Teil), aus mehreren vereinigten Myotomen bestehende und von mehreren Nerven innervierte Muskeln. Die weitere Ausbildung des Skelettes, das mit seinen zahlreichen Fortsätzen den Muskelbündeln immer kompliziertere Ansatz- und Endpunkte bietet, führt je nach der größeren oder geringeren Beweglichkeit seiner einzelnen Regionen zur weiteren Gliederung der Muskulatur in einzelne Muskelgruppen und -individuen oder veranlaßt bei späterer Immobilisierung gewisser Strecken durch Synostose (zum Beispiel am Kreuzbein usw.) die Rückbildung von Muskeln zu bindegewebigen Strängen. Skelet und Muskulatur beeinflussen sich also gegenseitig in ihrer gegenseitigen Aus- oder Rückbildung.

Die dorsalen Rumpfmuskeln entstehen aus den Myotomsäulen des Rückens. Sie zerfallen in eine mediale Masse. das System
des Transversospinalis und des Spinalis, und in eine laterale.
den Sacrospinalis. Dabei können oberflächliche Muskelbündel
mehrere der inzwischen gebildeten Wirbel überspringen, während
die tiefen, von Wirbel zu Wirbel oder Wirbel zu Rippe verlaufend,
ihre ursprüngliche Metamerie bewahren. Schon bei Embryonen von
11 mm scheidet die Fascia lumbodorsalis die Rückenmuskeln von
den Extremitätenmuskeln, nämlich von dem Rhomboideus und Latissimus dorsi.

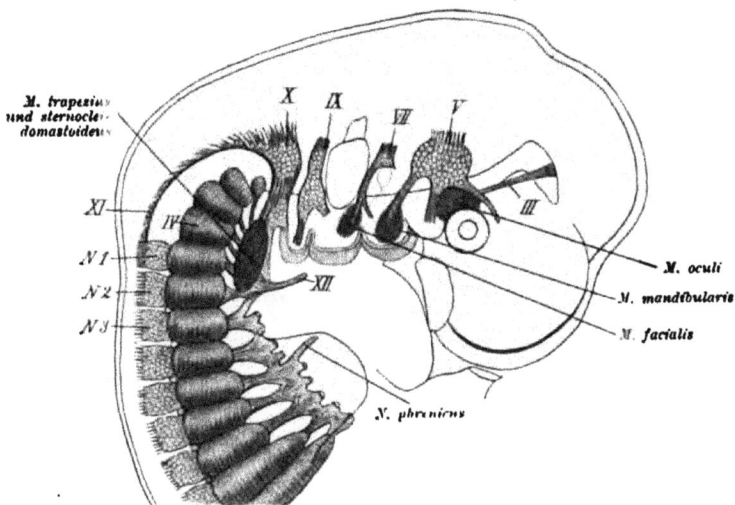

Fig. 324. Anlage der Kopf- und Rumpfmuskulatur in einem 7 mm langen menschlichen Embryo.
Nach Lewis. *III—XI* = Hirnnerven; *XII* = Hypoglossus: *N 1—3* = 1.—3. Spinalganglion; vor den
Spinalganglien die Myotomreihe.

Die ventrale Rumpfmuskulatur behält entweder ihre Metamerie bei, wie bei Intercostalmuskeln, oder es entstehen durch
Konfluenz von Myomeren unter Rückbildung der Myosepten oder der
Bauchrippen die breiten und langen Bauchmuskeln, an denen.
wie zum Beispiel am Rectus des Menschen und vieler Säugetiere, die
ursprüngliche Metamerie noch, wenn auch nur in unvollständiger Weise,
durch Inscriptiones tendineae angedeutet ist. Der Rectus abdominis entsteht aus einer vor den Rippenenden die ventrale Muskelplatte abschließenden verdickten Längsleiste.

Die Muskulatur des Perinaum sondert sich aus dem schon früh
vorhandenen Sphincter cloacae, der sich nach Bildung der Afteröffnung und des Sinus urogenitalis in einen Sphincter ani und
Sphincter sinus urogenitalis scheidet. Dieser ist der Mutter-

boden für die Dammuskeln. Der Levator ani trennt sich vom Musculus coccygeus und wächst zur Blase, Prostata und Scheide herunter, verbindet sich somit erst sekundär mit den Dammuskeln.

Die prävertebralen Halsmuskeln — der Longus colli und capitis — entstammen Myotomfortsätzen, die infrahyoïdalen Muskeln dagegen einem paarigen Vormuskelblastem zu beiden Seiten des Halses. Es hängt kopfwärts mit dem Vormuskelgewebe der Zunge, kaudal an der Spitze der ersten Rippe mit dem des Zwerchfells zusammen. Diese Infrahyoidwülste werden von Ramus descendens des Hypoglossus unter starker Beteiligung der Cervicalnerven innerviert und liefern die schlanken Muskeln unter dem Zungenbein (Sternohyoideus, Sternothyreoideus, Thyreohyoideus und Omohyoideus). Andererseits gehen aus ihnen die Sca-

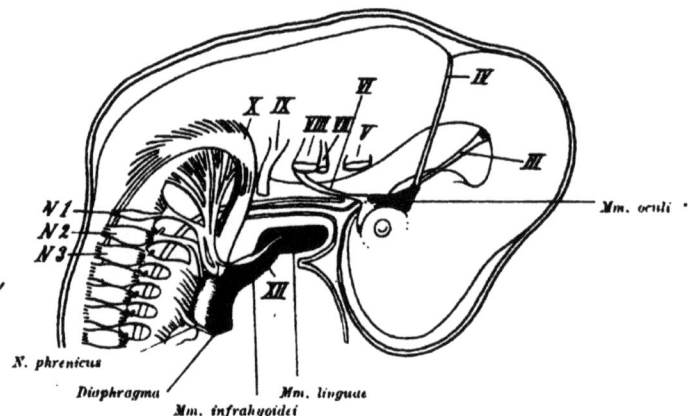

Fig. 325. Anlage der Augen-, Zungen- und infrahyalen Muskeln an einem 9 mm langen menschlichen Embryo. Nach Lewis.

leni, der Levator scapulae, der Serratus anterior und die Muskeln des Zwerchfells hervor (Fig. 324—226).

Die Herkunft der Muskulatur des Kopfes ist bei den Säugetieren und bei dem Menschen noch vielfach unklar.

Bei allen darauf untersuchten Säugetieren finden sich drei bis vier später in dem Hinterhaupt aufgehende Urwirbel, aber ihre Muskelplatten schwinden bald, wenigstens die des ersten Myotoms.

Andeutungen von den bei Selachiern, Reptilien und Wasservögeln wohlentwickelten sogenannten „Kopfhöhlen“ in dem Vorderkopfe vor dem Labyrinthbläschen sind zwar auch bei Säugetieren und bei dem Menschen gefunden worden, werden jedoch sehr verschieden gedeutet.

Die Augenmuskeln spalten sich beim Schweine und Menschen aus einer einheitlichen Mesenchymanlage ab und wachsen dann gegen die Augenblase hin (Fig. 326).

Die viscerale Muskulatur des Kopfes entsteht von den Visceralbogen aus, und zwar die von der motorischen Trigeminus- wurzel versorgte Kaumuskulatur von dem Mandibular-, der vom Facialis versorgte M. Subcutanus colli und die von ihm ab- gegliederte mimische Muskulatur vom Hyoidbogen aus. Von beiden Bogen breitet sich die Muskulatur auf Kopf und Gesicht aus und erhält hier ihre Ansatz- und Endpunkte. Die durch Glosso- pharyngeus und Vagus innervierte Muskulatur des Pharynx und des Kehlkopfes entstammt bei Mensch und Säugetier dem Mesenchym des dritten und vierten Kiemenbogens.

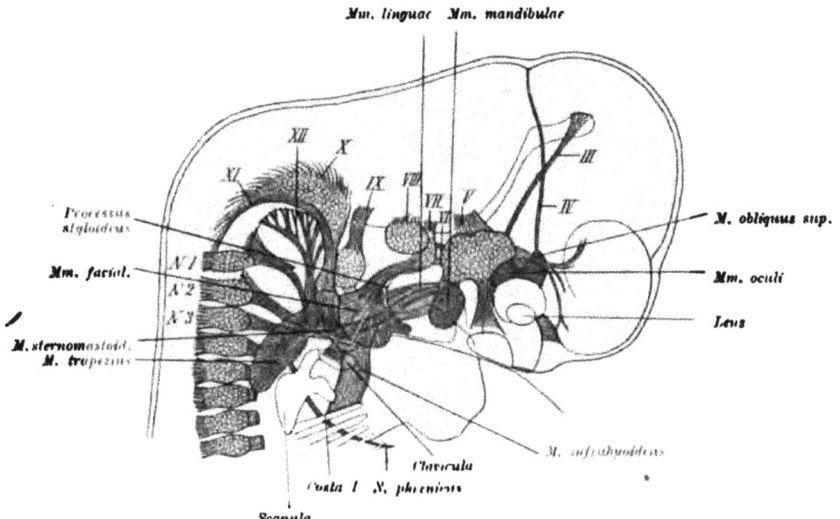

Fig. 326. Anlage der Muskulatur in einem 11 mm langen menschlichen Embryo. Nach Lewis. '

Die Zungenmuskulatur bildet sich aus dem Mesenchym des Mundbodens (Fig. 325). Erst bei menschlichen Embryonen von 20 mm sind alle Zungenmuskeln deutlich differenziert und durchflechten sich.

Die Muskulatur der Extremitäten ist bei niederen Wirbel- tieren ein Produkt der ventralen Rumpfmuskulatur, aus welcher Muskelknospen mehrerer Myotome lateral umbiegend in das Mesen- chym der Extremitätenanlage einwachsen. Diese Knospen lösen sich später von ihren Myotomen ab und sondern sich in die einzelnen Ex- tremitätenmuskeln. Bei den Säugetieren und bei dem Menschen sind solche Knospen nicht gefunden worden, dagegen sollen vereinzelte Zellen von Myotomen aus in die Extremitätenanlage einwachsen.

Nach neueren Untersuchungen an menschlichen und Säugetier- embryonen bilden sich die Muskeln der Extremität zum größten Teile aus deren Mesenchym, und zwar zuerst an der Brust-, dann an der Beckengliedmaße in proximodistaler Richtung fortschreitend.

Die Muskulatur des Aufhängegürtels der Extremitäten kann, namentlich an der Brust-, weniger an der Beckengliedmaße, über die Rumpfmuskulatur weg weit auf den Rumpf übergreifen (zum Beispiel Pectoralis major, Levator scapulae, Latissimus dorsi, ebenso Psoas major) und hier neue Ansatzpunkte gewinnen. Ihre Zugehörigkeit zur ventralen Muskulatur und zur Extremität wird aber durch die Innervation mit ventralen Ästen der Spinalnerven einwandslos sichergestellt. Über die Muskulatur des Zwerchfells siehe dieses.

Seine bindegewebigen Hilfsorgane: Perimysien ($\pi\epsilon\varrho\iota$ = herum, $\mu\tilde{\iota}\varsigma$ = Muskel), Sehnen, Aponeurosen, Fascien usw. erhält der Muskel teils von dem ihn umgebenden Bindegewebe aufgelagert, teils schafft er sich solche erst durch Druck- und Zugwirkungen auf die mit ihm verbundenen Bindegewebsmassen.

Verhältnismäßig spät wachsen Blutgefäße zwischen die Muskelfibrillen ein und umspinnen sie.

Die motorischen Nerven verbinden sich mit den Muskelfasern nachträglich durch motorische Endplatten. Außerdem enden zwischen den Muskelbündeln auch sensible Nervenfasern.

3. Die Entwicklung des Cöloms, des Herzbeutels, der Brust- und der Bauchhöhle und des Zwerchfells.

Vorläufer der Herzbeutel-, Brust- und Bauchhöhle sind die Parietalhöhle und das Endocöl.

Die Entstehung des Exocöls der Säugetiere durch Spaltung des Mesoblasts außerhalb der Embryonalanlage, die Bildung des Endocöls innerhalb derselben und die Verbindung von Exocöl und Endocöl ist auf S. 124 u. ff. beschrieben und durch die Abbildungen 100, 105 u. 108 dargestellt. Ebenso ist bemerkt worden, daß das Myocöl der Amnioten nach kurzem Bestehen ebenso schwindet wie das in der Wurzel des Nabelstranges gelegene und vorübergehend Dünndarmschlingen aufnehmende Omphalocöl ($\acute{o}\mu\varphi\alpha\lambda\acute{o}\varsigma$ = Nabel, $\varkappa o\acute{\iota}\lambda\omega\mu\alpha$ = Höhle [Fig. 137]). Das, bei Selachiern sehr deutliche, in den Visceralbogen gelegene Branchiocöl ($\beta\varrho\acute{\alpha}\gamma\chi\iota\alpha$ = Kiemen) ist bis jetzt bei Säugetieren nur spurweise im dritten Visceralbogen von Schweineembryonen in Form eines Epithelbläschens gefunden worden. Ebenso besteht ein Kephalocöl ($\varkappa\eta\varphi\alpha\lambda\acute{\eta}$ = Kopf) vorübergehend nur in den drei Ursegmenten der Hinterkopfanlage von Säugetieren (Schaf). Nach Rückbildung der Kiemenbogen reicht das Endocöl von der Halsregion bis in die Schweifwurzel und scheidet sich durch den Verschluß des Nabels vom Exocöl, dessen Verhalten bei der Bildung der Embryonalanhänge beschrieben wurde.

Etwas später als die ersten Spuren des Exo- und Endocöls entsteht meist zur Zeit der Bildung des ersten Urwirbelpaares in der Parietalzone der Kopfanlage ebenfalls durch Mesenchymspaltung die hufeisenförmige Parietalhöhle (Fig. 92 A u. 98). Ihre Bedeutung für die Bildung des Herzens und Herzbeutels kennen wir schon aus der Beschreibung auf S. 125 u. ff. Die Parietalhöhle ist seitlich durch eine Mesenchymbrücke (Fig. 98, 101—104) vom Exocöl getrennt.

Die komplizierte und bei den einzelnen Wirbeltierklassen verschiedene Entwicklung des Zwerchfells ist ohne eine Reihe von Modellen nicht verständlich zu schildern. In den Grundzügen ist folgendes von Bedeutung. Bei Säugetieren verbindet nach der Scheidung der Parietalhöhlenwand in Herz und Herzbeutel jederseits ein schmaler, dorsal gelegener Gang, der Ductus pleuropericardiacus ($\pi\lambda\varepsilon\nu\varrho\acute{a}$ = Rippe), vorübergehend die Pericardialhöhle mit dem zur Bauchhöhle werdenden Endocöl (Fig. 278). Die dauernde Scheidung in Herzbeutel-, Brust- und Bauchhöhle geschieht parallel der Entwicklung der in den Vorhofsinus des Herzens einmündenden Venen durch das ventral gelegene Septum transversum mit dem Mesocardium laterale (Fig. 279) und durch die dorsal gelegenen dorsalen Zwerchfellfalten, die Septa pleuroperitonaealia.

Das bindegewebige Septum transversum verbindet in querer Richtung die beiden Seitenwandungen des Rumpfes (Fig. 294), liegt zwischen dem Venensinus und dem Magen und hängt mit dem ventralen Gekröse des Darmes zusammen. Durch das Einwachsen der Leberanlage vom ventralen Mesenterium aus wird das Septum transversum verdickt und zerfällt in zwei Teile. Der ventrale schließt die beiden wulstigen Leberlappen ein, der dorsale bildet als primäres Zwerchfell die Brücke für die zum Herzen verlaufenden Venen (Fig. 279). In die Ductus pleuropericardiaci, welche rechts und links von dem durch sein dorsales Gekröse an der Rumpfwand angehefteten Darmrohr in die Bauchhöhle führen, wachsen die aus der ventralen Darmwand hervorsprossenden Lungenanlagen ein. Nun müssen die Ductus pleuropericardiaci als Pleurahöhlen von dem ventral von ihnen gelegenen, das Herz umschließenden Raum oder der Herzbeutelhöhle unterschieden werden.

Der Abschluß der Herzbeutelhöhle gegen die dorsal von ihr gelegenen Pleurahöhlen vollzieht sich parallel einer Verschiebung der Cuvierschen Gänge. Aus der Vereinigung der Jugular- und Kardinalvenen entstanden und beiderseits an der lateralen Rumpfwand ventralwärts zum Septum transversum verlaufend, wölben sie das Brustfell des Mesocardium laterale gegen die Herzbeutelhöhle vor (Fig. 279). Diese Falten werden nun durch die zusammenrückenden Ductus Cuvieri immer · mehr nach innen vorgeschoben. Dadurch wird die Öffnung zwischen der Herzbeutelhöhle und den beiden Brusthöhlen zuerst verengt und schließlich, wenn die freien Ränder der Falten die dorsalen Mediastinalblätter erreichen und mit ihnen verschmelzen, geschlossen. Dann sind die Pleurahöhlen von der Herzbeutelhöhle völlig getrennt. Die aus den Cuvierschen Gängen entstandene obere Hohlvene liegt nun nicht mehr in der Seitenwand des Rumpfes, sondern im Mediastinum.

Erst nachdem die in die Pleurahöhlen eingewachsenen Lungenanlagen die kopfwärts gewendete Leberfläche erreicht haben, vollendet sich die Trennung der Pleuralhöhlen von der Bauchhöhle durch die dorsalen Zwerchfellfalten. Sie springen von der seitlichen und dorsalen Rumpfwand vor und bilden, mit dem ventralen Septum transversum verschmelzend, das Zwerchfell.

Mangelhafte Vereinigung des dorsalen und ventralen Teils der Zwerchfellanlage führt zur Bildung einer angeborenen Zwerchfellspalte, durch welche Darmschlingen aus der Bauchhöhle in die Brusthöhle eindringen können (angeborene Zwerchfellshernie).

Mit dem weiteren Wachstum der Lungen und mit der kaudalen Verlagerung des Herzens und der Zwerchfellanlage werden die anfänglich engen Pleurahöhlen immer geräumiger. Dadurch, daß die Pleurahöhlen sich nun auch ventralwärts beträchtlich erweitern, drängen sie die Herzbeutelwand vom lateralen und sternalen Teile der Brustwand und ebenso von der Brustfläche des Zwerchfells in nur geringem (Raubtiere, Schweine) oder vollständigerem Grade (Equiden, Wiederkäuer, Mensch) ab. Schließlich bleibt der Herzbeutel mit dem Sternum nur noch durch ein Band, das Ligamentum sternopericardiacum (Raubtiere), verbunden.

Der anfänglich breite Zusammenhang zwischen dem Zwerchfell und der Zwerchfellfläche der Leber wird durch eine von allen Seiten vordrängende Bauchfellfalte bis auf Reste, die als Ligamentum falciforme und als Ligamentum coronarium bestehen bleiben, gelöst.

Unterbleibt diese Abgrenzung, dann findet man, wie ich in einem sehr seltenen Falle sah, Lebersubstanzmassen zwischen den Muskelbündeln des Zwerchfells auch noch beim Erwachsenen.

Die Muskulatur des Zwerchfells breitet sich erst sekundär in der Zwerchfellanlage aus. Sie entstammt einer bilateral symmetrischen, durch den N. phrenicus versorgten Anlage, die nach oben in der Halsregion mit dem Blastem für die infrahyalen Muskeln zusammenhängt und nach unten in die bindegewebige Anlage einwächst. Außerdem erhält die Zwerchfellanlage noch Muskeln von der Rumpfwand, welche von Intercostalnerven versorgt sind. Die einwachsende Muskelmasse spaltet die bindegewebige Zwerchfellanlage in eine obere Schicht, die Zwerchfellpleura, und in eine untere, das Zwerchfellperitonaeum. Damit ist an Stelle des primären das sekundäre Zwerchfell getreten. Das Centrum tendineum des Säugetierzwerchfells soll durch teilweise Rückbildung des anfänglich ganz muskulösen Zwerchfells entstehen.

Die erste Anlage des Zwerchfelles tritt bei menschlichen Embryonen von 2 mm etwa in der Höhe der kranialen Halsgrenze auf, wird aber während ihrer weiteren Entwicklung immer mehr kaudal verschoben und nimmt dabei den aus dem Cervicalplexus stammenden Nervus phrenicus mit.

4. Die Entwicklung des Skelets.

Die Entwicklung des Skelets der Säugetiere und des Menschen vollzieht sich durch eine Reihe von histologischen und morphologischen Umbildungen, welche nur im Hinblick auf die sehr verschiedenen Leistungen der Wirbelsäule, des Schädels und der Extremitäten verständlich werden.

a) Rumpfskelet.

Als axiale Stütze des Körpers durch die Bewegungsart des Tieres beim Wasser-, Land- oder Luftleben (Schwimmen, Kriechen, Laufen, Klettern, Fliegen) in sehr wechselnder Weise belastet und von der Rumpfmuskulatur beeinflußt, gestaltet sich die Wirbelsäule nach Zahl und Form ihrer Wirbel sehr verschieden. Zwischen Neural- und Visceralrohr eingeschoben, entwickelt sie um die in diesen Röhren gelegenen Organe (Rückenmark, Aorta und Eingeweide) schützende Spangen- und Bogensysteme, die Neural-, Hämal- und Visceralbogen, welch letztere als Rippen in mehr oder minder großer Zahl und Entwicklung durch ein den Amphibien und Amnioten zukommendes Sternum verbunden sein können.

Die Entwicklung der Wirbelsäule zeigt zugleich einen unverkennbaren Fortschritt von niederen und einfacheren zu komplizierteren Formen. Mit sehr zahlreichen, aber ziemlich gleichartigen Wirbeln ausgestattete Formen führen zu höheren mit reduzierter Wirbelzahl, aber durch Anpassung an vielseitigere Leistungen vielseitiger ausgebildeten Wirbeln hinüber. Der dabei ontogenetisch durchlaufene Weg entspricht im allgemeinen der in der Stammesgeschichte durchlaufenen Bahn. So sehen wir zunächst nur die den ganzen Körper vom Vorder- bis zum Hinterende durchziehende Chorda dorsalis mit dem aus den Ursegmenten gelieferten, bei Amphioxus noch sehr spärlichen Mesenchym das biegsame und nur durch die Myosepten in physiologische Beziehung zu den Myotomen gebrachte Achsenskelet bilden. An Stelle dieses für Amphioxus definitiven Mesenchym-Chordaskeletes tritt bei den Kranioten neben einer ausgesprocheneren Reduktion der Chorda eine wachsende Zunahme von Mesenchym. Es dient zur Umhüllung der Chorda, des Rückenmarkes und der Leibes-

25 *

höhle und, in Knorpel und Knochen umgewandelt, zur Ausbildung einer **knorpeligen** oder **knöchernen** Wirbelsäule.

Eine Schilderung der Entwicklung der Kraniotenwirbelsäule hat demnach sowohl deren **Mesenchym-Chordaskelet** (früher als „häutig" bezeichnet), als auch die **Knorpel-** und **Knochenwirbelsäule** zu berücksichtigen.

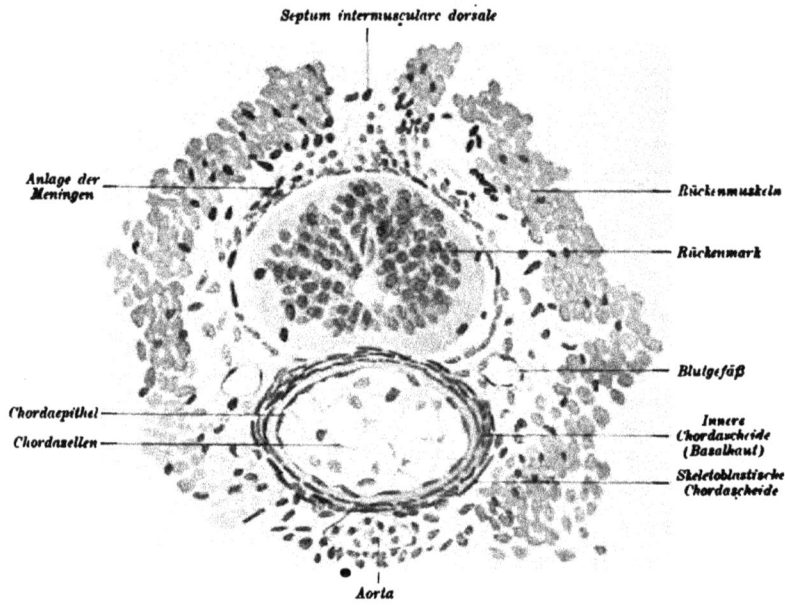

Septum intermusculare dorsale

Anlage der Meningen

Chordaepithel

Chordazellen

Rückenmuskeln

Rückenmark

Blutgefäß

Innere Chordascheide (Basalhaut)

Skeletoblastische Chordascheide

Aorta

Fig. 327. Querschnitt durch Chorda, Chordascheiden skeletoblastischer Schicht einer Larve vom Feuersalamander. Vergr. etwa 200:1.

Mesenchym-Chordaskelet.

Für die Rundmäuler, Schmelzschupper, Haie und die Jugendformen der Knochenfische und Amphibien reicht eine Mesenchym-Chorda- oder eine Knorpelwirbelsäule aus. Aus der epithelialen Chordaanlage entsteht bei ihnen ein drehrunder Achsenstab von beträchtlicher Dicke. Die innere geschichtete und die äußere fibrilläre **Chordascheide** werden von außen her von einer verdichteten Mesenchymscheide, der **perichordalen Mesenchym-** oder der **skeletoblastischen Schicht** mantelartig umhüllt. Das die blasigen **Chordazellen** umhüllende sogenannte „Chordaepithel" ist kein echtes Epithel, sondern soll aus Mesenchymzellen bestehen, die durch Lücken der Chordascheide eingewandert sind und später den Chordaknorpel liefern, während sich die Chordazellen bei Säugetieren und dem Menschen nur teilweise im **Nucleus pulposus** erhalten (Fig. 332).

Mit der skeletoblastischen Schicht hängt das übrige noch kontinuierliche axiale Mesenchym und die Myosepten zusammen. Es erhält durch die Myosepten sowie durch die Anordnung der Spinalnerven und Intersegmentalgefäße **metameren Bau**. In diesem Mesenchym-Chordaskelet treten dann dorsale **knorpelige Neural-** und ventrale **Visceralbogen** als Stütz- und Schutzorgane sowie als Vorläufer einer knöchernen Wirbelsäule auf.

Je vollkommener sich das **Knorpel-** oder Knochenskelet entwickelt, um so mehr verfällt die Chorda der Rückbildung, und um so unscheinbarere Reste derselben bleiben im Knorpel- oder Knochenskelet bestehen.

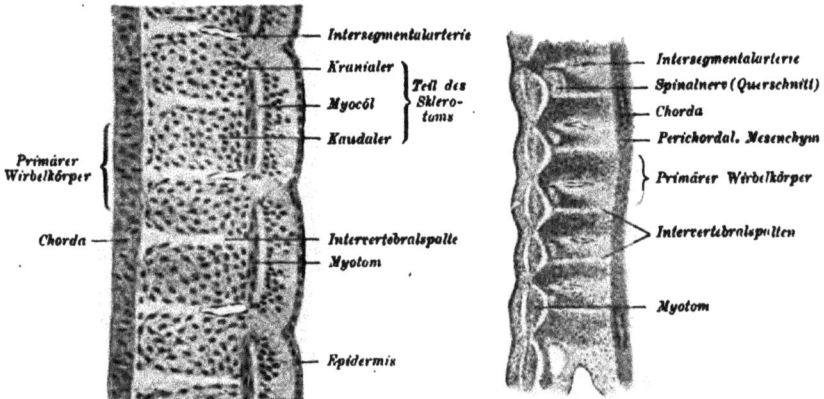

Fig. 328. **Medianschnitt durch die bindegewebige Wirbelsäulenanlage eines Albatrosembryos von 0,5 cm.** Nach S c h a u i n s l a n d. Vergr. etwa 112 : 1.

Fig. 329. **Längsschnitt durch die bindegewebige Wirbelsäulenanlage eines menschlichen Embryos von 5 mm.** Nach B a r d e e n. Vergr. etwa 48 : 1.

Wenden wir uns nach diesem allgemeinen Überblick zur Entwicklung der Amniotenwirbelsäule, speziell zu der der Säugetiere und des Menschen.

Bei beiden überwiegen die zellenreichen Sklerotome (s. S. 124 u. 125) sehr bald an Masse weit über den chordalen Teil des Skelets. In den Sklerotomen auftretende **metamer angeordnete und bilateral symmetrische Spalten führen zu einer Neugliederung des Mesenchym-Chordaskelets**. Die Figur 328 zeigt diese namentlich bei den Vögeln sehr deutlichen **Intervertebralspalten**. Sie treten in der Mitte eines Sklerotoms auf und teilen dieses, bis an die fibrilläre Chordascheide und an das Medullarrohr heranreichend, in eine lockere kraniale und eine dichtere kaudale Hälfte. In der kranialen Hälfte liegen die Anlagen der Spinalganglien.

Die Intervertebralspalten markieren die Grenzen der bleibenden Wirbelkörper. Jeder Wirbelkörper entsteht

als Doppelbildung aus dem kaudalen Teil eines Sklerotoms und dem kranialen des nächstfolgenden (Fig. 329). Er
nimmt also zu den Myotomen eine alternierende Stellung
ein. Dadurch gewinnen die Myotome an zwei Wirbeln
Ansatz und Wirkung.

Nach Vereinigung beider Wirbelhälften verschwinden die Intervertebralspalten durch wucherndes Gewebe, aus welchem sich (Fig. 331
bis 333) die Intervertebralscheiben bilden. Der zwischen zwei
Intervertebralscheiben gelegene primäre Wirbelkörper wird dann
von bindegewebigen primitiven Bogenanlagen oder den primitiven Wirbelringen umfaßt Sie entstehen als bilaterale Gewebs-
verdichtungen in den Myosepten und bilden eine dorsale und eine
ventrale Spange. Da die ursprüngliche Kaudalportion eines
Sklerotoms mit dem Myoseptum zur Kopfportion des primären Wirbels
wird, so wird auch der primitive Wirbelring dessen Vorderhälfte zugeteilt. Der durch die Vereinigung
der beiden dorsalen Spangen entstandene dorsale Bogen des Wirbel-
ringes wird zum Neuralbogen.
Die beiden ventralen, von rechts
und links her die ventrale Fläche
des primitiven Wirbelkörpers umfassenden und sich ringförmig
schließenden Spangen verwachsen
mit dem primitiven Wirbelkörper
und bilden nun die Seitenteile des
sekundären Wirbelkörpers.

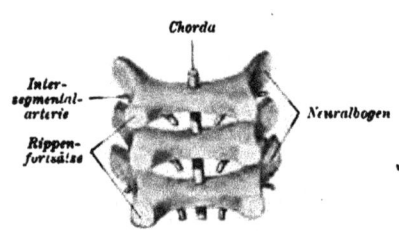

Fig. 330. Modell der Anlage der bindegewebigen
Neuralbogen und der Rippenfortsätze von einem
menschlichen Embryo von 7 mm. Ventralansicht.
Nach Bardeen. Vergr. 33:1.

Der bindegewebige primäre Wirbel besteht also aus den
vereinigten, zwischen zwei Intervertebralspalten gelegenen metameren
Hälften zweier Sklerotome und dem primitiven Wirbelring, der die
vordere Hälfte des primären Wirbelkörpers ventral als hypochordale Spange umfaßt, dorsal dagegen den bindegewebigen Neuralbogen bildet.

Der sekundäre Wirbel kennzeichnet sich durch Verschmelzung der hypochordalen Spange mit dem primären
Wirbelkörper, die Bildung der Querfortsätze und der
Rippen aus den lateralen Teilen der Bogenanlagen sowie durch die
aus den dorsalen Spangen entstandenen Neuralbogen (Fig. 330).

Sämtliche Wirbelkörper sind an der Chorda aufgereiht wie Perlen
an einer Schnur.

Die sekundäre Wirbelsäule besteht nicht mehr aus Mesenchym, sondern aus dicht gelagerten und stark färbbaren, in einer
homogenen Grundsubstanz gelegenen Zellen ohne Knorpelkapseln, dem
sogenannten Vorknorpel. In diesem beginnt nun (bei Menschen-

embryonen von 15 mm), unter Vergrößerung der Wirbel, die Verknorpelung.

Das knorpelige Achsenskelet.

Bei der Verknorpelung scheiden die Vorknorpelzellen knorpelige
Grundsubstanz in Gestalt der Knorpelkapseln aus und rücken parallel
der Dickenzunahme der Knorpelkapseln immer weiter auseinander.

Die Verknorpelung des Wirbelkörpers setzt beim
Menschen anfangs des zweiten Monats mit der Anlage zweier rechts
und links von der Chorda gelegener und bald sich vereinigender
Knorpelherde ein.

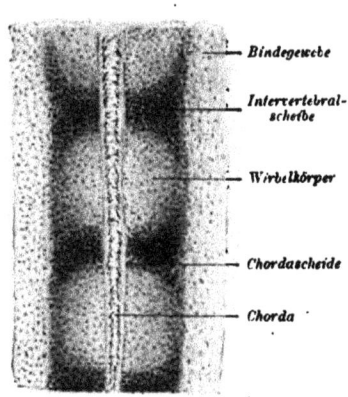

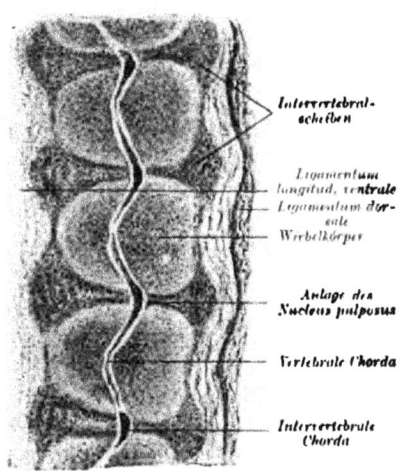

Fig. 331. Medianschnitt durch die verknorpelnde
Wirbelsäule eines Schweineembryos von 1,1 cm
Länge. Vergr. 12 : 1.

Fig. 332. Medianschnitt durch die knorpelige
Wirbelsäule eines Schweineembryos von 2,6 cm
Vergr. etwa 50 : 1.

Der Bogen verknorpelt unabhängig vom Wirbelkörper, während
die primitive Rippenanlage noch bindegewebig bleibt.

Die verknorpelten Wirbelbogen verschmelzen mit dem Wirbelkörper
und bilden die Seitenteile des nunmehr einheitlichen, aber
dorsal noch offenen Knorpelwirbels (Fig. 334). Die nicht
verknorpelten Teile der Wirbelsäuleneinlage werden zu Bändern der
Wirbelsäule (Lig. longit. ventrale und dorsale, Fig. 332), zu den
Ligamenta flava und zur Membrana reuniens dorsalis.

Die Ausbildung des definitiven Zustandes kennzeichnet
sich durch Rückbildungserscheinungen an der Chorda.
Sie zeigt zuerst im Gebiete der späteren Ligamenta intervertebralia
Einschnürungen, mit denen in regelmäßiger Folge Anschwellungen in
der Mitte der Wirbelkörper abwechseln. Bei der später auftretenden
Verknöcherung des Wirbelkörpers schwindet die in seiner Mitte ge-

legene Chordamasse samt Scheide, während die zwischen je **zwei**
Wirbelkörpern gelegenen Chordaauftreibungen mit dem perichordalen
Gewebe zuerst wuchern und dann zerfallend mit degenerierenden Teilen
des umliegenden Bindegewebes, die G a l l e r t k e r n e o d e r N u c l e i
p u l p o s i d e r b i n d e g e w e b i g e n Z w i s c h e n w i r b e l s c h e i b e n
(Fig. 332 u. 333) bilden.

Am Zahnfortsatz des Epistropheus des Menschen besteht zeitlebens
eine rückgebildete Chordastrecke als L i g a m e n t u m a p i c i s d e n t i s.
Ebenso erhalten sich auch am Steißbein Chordareste.

An den Stellen, wo die primitive Rippenanlage sich zu einer ge-
lenkig mit der Wirbelsäule verbundenen Rippe umbildet, wird der
Rand der Zwischenwirbelsäule zum L i g a m e n t u m i n t e r a r t i c u l a r e
des Rippenköpfchens.

Der kaudale Rand des dorsalen Bogenstückes verdickt sich zur
Bildung der G e l e n k f o r t s ä t z e, und diese verbinden sich mit den
Nachbarwirbeln. Die Gelenkfortsätze bilden längere Zeit das dorsale

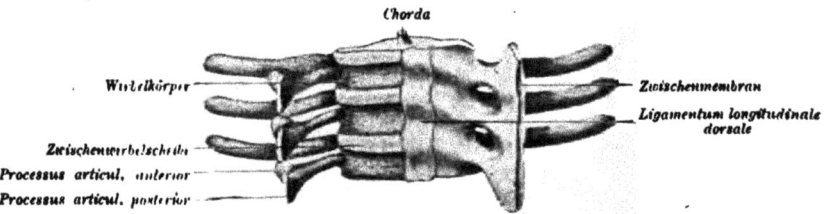

Fig. 333. Modell der Knorpelwirbelsäule eines menschlichen Embryos von 14 mm. Dorsalansicht
nach Abtrennung der Membrana reuniens dorsalis. Nach B a r d e e n. Vergr. etwa 10 : 1.

Ende des unvollständigen N e u r a l b o g e n s, bis dieser durch die als
Fortsetzung seines Perichondriums zu betrachtende M e m b r a n a r e -
u n i e n s d o r s a l i s (Fig. 334) dorsal abgeschlossen wird. Die Rücken-
muskulatur liegt größtenteils rechts und links vom offenen Wirbelbogen. Bei der als Hemmungsbildung mitunter auftretenden S p i n a
b i f i d a oder der d o r s a l e n W i r b e l s p a l t e bleibt das anfängliche
Verhalten bestehen, während normalerweise sich die Bogenschenkel
allmählich über dem Medullarrohr bei viermonatigen menschlichen
Embryonen zur paarigen Anlage des D o r n f o r t s a t z e s ringförmig
schließen.

Die Anlagen der b e i d e n e r s t e n H a l s w i r b e l unterscheiden
sich, abgesehen von einem stärkeren Breitenwachstum des e r s t e n
gegenüber einem stärkeren Längenwachstum des z w e i t e n, in keiner
Weise von denen anderer Wirbel. Der erste Halswirbel wird zu einem
D r e h w i r b e l. Seine verknorpelte hypochordale Spange umfaßt zusammen mit dem dorsalen Bogenstück den Atlaskörper und das Rückenmark ringförmig, ohne aber mit dem Atlaskörper zu verschmelzen. So

wird die hypochordale Spange des ersten Halswirbels
zum ventralen Bogen des Atlas. Die hypochordale Spange des
zweiten Halswirbels schwindet frühzeitig. Der Körper des ersten

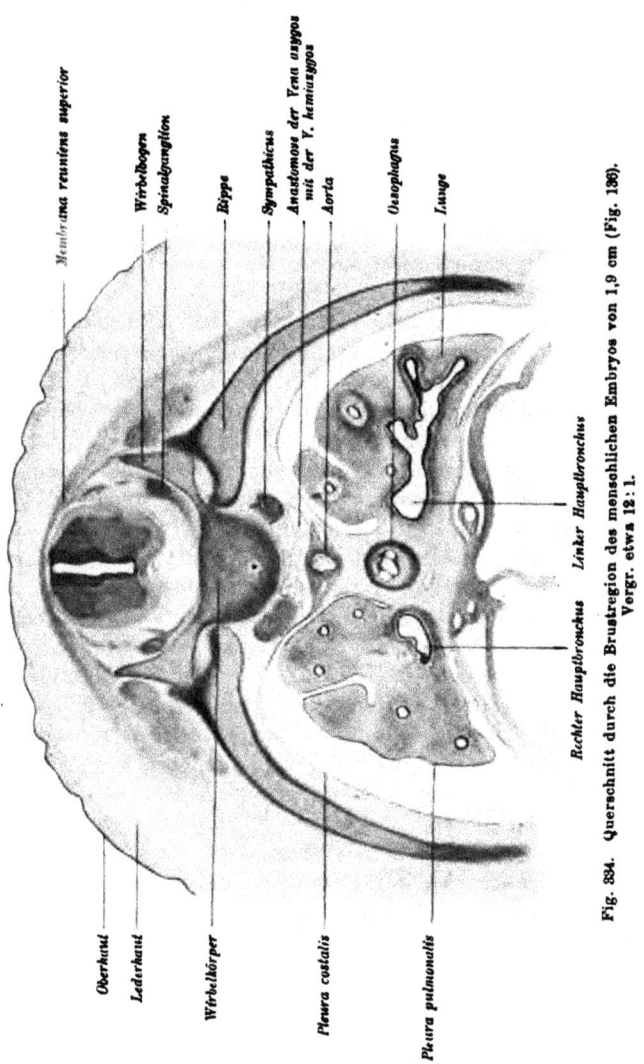

Fig. 384. Querschnitt durch die Brustregion des menschlichen Embryos von 1,9 cm (Fig. 180). Vergr. etwa 12:1.

Halswirbels ist anfänglich nur durch eine Bandscheibe mit dem Körper
des zweiten Halswirbels verbunden, verschmilzt aber mit ihm und
bildet so den Zahn des Epistropheus. Das ganze zwischen Atlas

und Epistropheus gelegene Gelenk ist somit innerhalb der ersten
Halswirbelanlage entstanden.

Die den „Zahn" des Epistropheus durchsetzende Chorda wird
nebst umgebenden Bindegewebsteilen zum Ligamentum suspensorium dentis, die übrigen Hilfsbänder sind Reste der bindegewebigen Wirbelsäule.

Auch die fünf Kreuzbeinwirbel des Menschen legen sich getrennt an, bilden aber durch ihre gabelig geteilten (Pferd) oder ganz
kurzen (Schwein) oder teilweise offenbleibenden Dornfortsätze (Mensch)
schon den Übergang zu den noch mehr abortiven Schweifwirbeln,
deren Neuralbogen der Mehrzahl nach offen bleiben. Die Zahl der
Schweifwirbel wechselt außerordentlich. Beim Menschen werden sechs
Wirbel als Grundlage des späteren Steißbeines angelegt. Die letzten
zwei bis drei Schweifwirbel bilden vielfach ein bei manchen Säugetieren (Hund, Pferd, Schwein, mitunter auch Mensch) einheitliches,
von der Chorda durchzogenes, an die Verhältnisse der Schweifwirbelsäule bei den Vögeln erinnerndes knorpeliges Urostyl und beweisen,
daß die Schweifwirbelsäule einer in kaudo-kranialer Richtung fortschreitenden Rückbildung unterliegt.

Zum Achsenskelet gehören auch die der lateralen und ventralen
Rumpfwand als Stütze dienenden visceralen Bogen, die Rippen mit
dem Brustbein.

Die Rippen der Amnioten entstehen aus ventralen Wirbelbogen
in den Kreuzungslinien der transversalen Myosepten mit den beiden
longitudinalen lateralen Septen, welche die dorsale und ventrale Rumpfmuskulatur scheiden. Sie sind also ebenso wie die Hämalbogen
($\alpha\tilde{\iota}\mu\alpha$ = Blut, so genannt, weil sie die Aorta umscheiden) segmentale
paarige Bogen der kaudalen Hälfte eines primitiven Wirbels. Sie dienen
den ventralen Teilen der Myotome, der späteren Intercostalmuskulatur
zum Ansatze. Die mesenchymatösen primären Rippen verknorpeln
in dorsoventraler Richtung. Knorpelwirbel und Knorpelrippe
bilden vorübergehend ein Ganzes (Fig. 330 und 333). Erst später
bilden sich die Rippengelenke (Fig. 334).

Prinzipiell gehört, wie der Befund an niederen Wirbeltieren zeigt,
zu jedem Wirbel vom Atlas bis zum Kreuzbein eine paarige Rippen-
anlage, die sich aber bei den höheren Tieren, wenn auch in frühen
Entwicklungsstadien stets vorhanden, doch sehr ungleich ausbildet.
Dadurch kommt es im wesentlichen zur Sonderung der einzelnen
Regionen der Wirbelsäule.

Die an den Halswirbeln angelegten Rippenanlagen verbinden
sich durch ihre medialen Enden mit dem Wirbelkörper; mit ihren
lateralen Teilen legen sie sich den Querfortsätzen des Wirbelbogens
an (siehe Fig. 335). So entsteht zwischen beiden das von der Vertebral-
arterie und -vene passierte Querfortsatzloch oder Foramen trans-

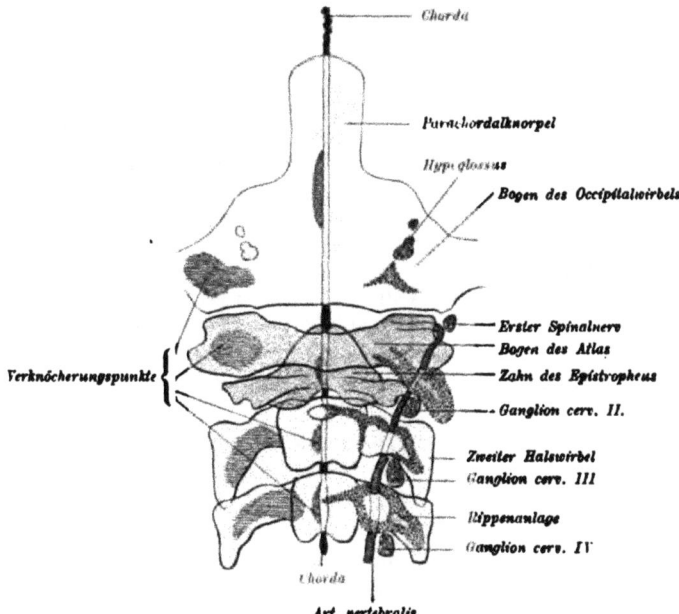

Fig. 335. **Frontalprojektion aus der Schnittserie eines Rinderembryos von 22,5 mm. Vergr. etwa 15:1. Nach Froriep. Ventralansicht. Rechts sind die Rippenanlagen und Spangenreste weggelassen und durch horizontale Striche die Verknöcherungszonen eingetragen. Links sind die Rippenbogen punktiert und ist die Lage der Nerven und der Arterie vertebralis eingezeichnet. Die Anlage des ersten Halswirbels (Atlas und Epistropheus) ist dunkel gehalten.**

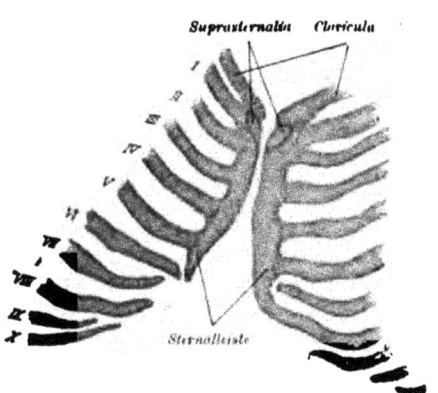

Fig. 336. **Knorpelige bilaterale Anlage des Sternums eines menschlichen Embryos von etwa 3 cm. Nach C. Ruge. Vergr. etwa 25:1.**

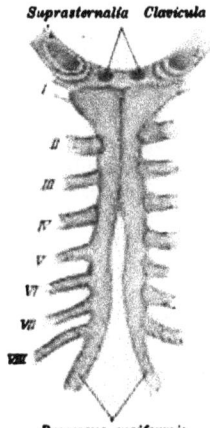

Fig. 337. **Frontalschnitt durch das Knorpelsternum eines menschlichen Embryos von 2,5 cm. Nach C. Ruge. Vergr. etwa 12:1.**

varsarium. Auch an den Lenden- und an den ersten drei bis vier
Kreuzbeinwirbeln finden sich die Anlagen von abortiven Rippen,
die später mit den Querfortsätzen verschmelzen.

Wechselnde Ausbildung und Abgliederung einer oder mehrerer unterer Halsrippen oder einer oder mehrerer Lendenrippen wiederholt atavistische Zustände
und kann die für einen Organismus als typisch betrachtete Zahl freier Rippen
nicht unbeträchtlich vermehren. Auch Verminderung der typischen Rippenzahl
wird mitunter beobachtet.

Bei den Menschen und bei den Säugetieren werden in der Regel
nur die im Bereiche der Brustwirbelsäule befindlichen Rippen
vollkommen ausgebildet und mit Ausnahme der letzten zur Bildung
des Brustbeins herangezogen. Die ventralen Enden der wahren
Knorpelrippen vereinigen sich, nachdem sie bis in die Nähe der ventralen Medianlinie vorgewachsen sind, beiderseits zu einer Knorpel-
leiste, der Brustbein- oder Sternalleiste (menschliche Embryonen
von 3 cm, Fig. 336).

Die beiderseitigen Leisten nähern sich bis zur Berührung in kraniokaudaler Richtung allmählich und vereinigen sich zu einem unpaaren,
durch eine Naht verbundenen Streifen, dem Knorpelsternum. Die
kaudalen Enden der beiden Sternalleisten, welche zu den ersten falschen
Rippen in Beziehung stehen, bilden den Processus ensiformis.
Das einheitliche Knorpelsternum zeigt später durch quere Trennungs-
linien Andeutungen an einen Zerfall in metamere Stücke. Bei Sauropsiden vereinigt außerdem ein „Bauchsternum" eine wechselnde Anzahl
von Bauchrippen.

Über dem Manubrium sterni der Tiere vorkommende kleine, später verknöchernde Knorpelstücke gehören als Suprasternalia (Fig. 336) wahrscheinlich zu
einer unteren Halsrippe. Sie verschmelzen später unter sich und mit dem Manubrium.
Eine weitere am Sternalteil des Sternocostalgelenkes bei menschlichen Embryonen
von zirka 1 cm Länge entwickelte Knorpelplatte wird als dem Episternum der Säuger
gleichwertig betrachtet.

Die als „Brust- oder Brustbeinspalten" bekannten Hemmungsbildungen
sind entweder durch mangelhafte Entwicklung der Rippen oder durch mangelhafte
Vereinigung der Sternalleisten bedingt. Die Haut und das zwischen den beiderseitigen Rippenenden oder Sternalleisten gelegene Bindegewebe bilden dann den
Verschluß der Brustspalten. Durch die Nachgiebigkeit dieses Verschlusses kann es
zum Vorfall des Herzens, zur Ectopia cordis, kommen. Ein im Processus
ensiformis gelegenes Loch oder die gabelig geteilten Enden des Schwertfortsatzes
erinnern noch am fertigen Brustbein an dessen paarige Entstehung.

Gabelung des Sternalendes der Rippen, Verwachsungen zweier oder mehrerer
hintereinander gelegener Rippen, Verdoppelung und mangelhafte Anlage derselben
sind keineswegs seltene Mißbildungen.

Das knöcherne Achsenskelet.

Die Verknöcherung des knorpeligen Achsenskeletes
vollzieht sich durch enchondrale ($\dot{\varepsilon}\nu$ = innen. $\chi\dot{o}\nu\delta\varrho o\varsigma$ = Knorpel)
Ossifikation in Form von Knochenkernen oder Ossifikations-

punkten im Knorpel. Nach Zahl und Ort ihres Auftretens herrscht für die einzelnen Knochen große Gesetzmäßigkeit. Unter steter Vergrößerung und schließlicher Verschmelzung der Knochenkerne verknöchert das provisorische Knorpelmodell nahezu völlig. Ihren Abschluß erreicht die Verknöcherung des Knorpelskeletes meist erst beträchtliche Zeit nach der Geburt.

Bezüglich der bei der Verknöcherung sich abspielenden feineren Vorgänge verweise ich auf die Lehrbücher der Histologie. Ich erwähne, der Vollständigkeit halber nur, daß sich die Ossifikation unter Teilung der Knorpelzellen, Verkalkung der Grundsubstanz, Einwucherung von Blutgefäßen, Auflösung der Knorpelsubstanz und Bildung einer Markhöhle und des Knochenmarkes unter reger Beteiligung der als Osteoblasten bezeichneten Zellen im Knorpel vollzieht.

Die Wirbel verknöchern beim Menschen am Ende des zweiten Embryonalmonats von je einem Knochenkern in der Basis der beiden Neuralbogenhälften und einem in der Mitte des Wirbelkörpers dorsal von der Chorda dorsalis (Fig. 338 und 339) aus. Noch nach seiner Verknöcherung im vierten oder fünften Monat läßt sich der Knochenwirbel leicht in den Körper und die beiden Bogenstücke zerlegen. Bogen und Körper sind da noch durch dünne Knorpelplatten miteinander verbunden. Ebenso ist der aus einer Verlängerung beider Neuralbogenschenkel entstandene Dornfortsatz noch knorpelig. Dazu kommen noch die aus Nebenknochenkernen entstehenden „Epiphysenplatten" (ἐπί = auf, φύω = entstehen lassen, bilden) an den Endflächen der Wirbelkörper und akzessorische Ossifikationen an den Dorn- und Querfortsätzen und an den Gelenkfortsätzen. Alle diese akzessorischen Kerne erscheinen erst im 8.—15. Jahre nach der Geburt und verschmelzen erst nach Beendigung des Wachstums im 25. Jahre mit dem Knochenwirbel.

Der Atlas verknöchert von drei Ossifikationszentren aus. Im Bogen entstehen zwei solche gleichzeitig mit denen der anderen Wirbel, während der dritte in dem Arcus anterior erst im dritten Jahre auftritt. Auch im Processus spinosus des Atlas kann ein eigener Knochenkern entstehen. Im dritten Jahre vereinigen sich die knöchernen Bogen, verschmelzen aber mit dem vorderen Knochenstück erst im 5.—9. Jahre.

Zu den drei in allen Wirbeln wiederkehrenden Knochenkernen gesellt sich im Zahne des Epistropheus noch ein vierter, der dem Atlaskörper entspricht. Im vierten und fünften Monat des Embryonallebens entstanden verschmilzt der Knochenkern im Zahne mit dem im Körper des Epistropheus gebildeten erst im 4.—6. Jahre. Der Wirbelkörper erhält nur am Kaudalende einen Epiphysenkern. Der am Knorpelende des Zahnes auftretende Epiphysenkern verschmilzt gewöhnlich im zwölften Jahre mit dem knöchernen Zahne.

Die Verschmelzung der anfänglich durch dünne Zwischenwirbel-
scheiben gctrennten Kreuzbeinwirbel beginnt nach dem 17. Jahre
in kaudokranialer Richtung. Die Synostose der beiden ersten Kreuzbeinwirbel ist gewöhnlich erst nach 25 Jahren vollendet. Ehe dies ge-

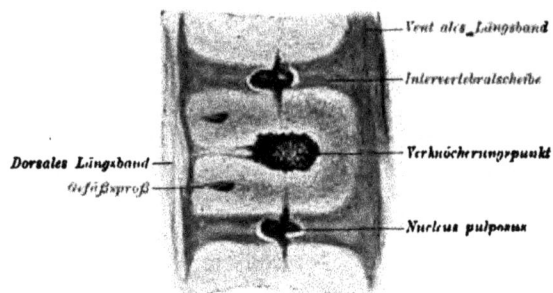

Fig. 338. Längsschnitt durch die ossifizierende Wirbelsäule eines menschlichen Embryos von Anfang
des vierten Monats. Vergr. 50:1.

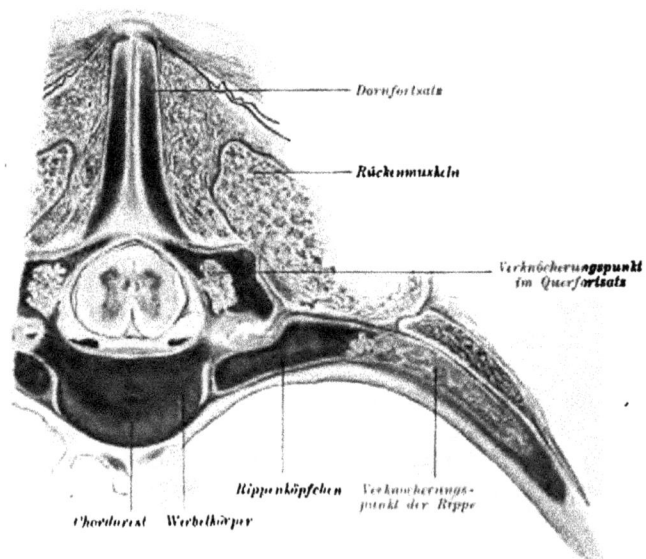

Fig. 339. Schnitt durch die Brustregion eines Schweineembryos von 6 cm. Vergr. etwa 15:1. Die
knorpeligen Skeletteile sind dunkel gehalten, in Rippe und Querfortsätzen helle Verknöcherungspunkte.

schieht, bilden sich auch an den Kreuzbeinwirbeln knöcherne Epiphysen,
zu denen noch im 18.—20. Jahre je zwei seitliche Platten, eine kraniale
der Facies auricularis und eine kaudale neben den zwei letzten Wirbeln,
kommen. Sie verschmelzen im 25. Jahre mit dem Hauptknochen.

In den Steißbeinwirbeln tritt je ein Knochenkern auf. Im ersten Steißbeinwirbel entsteht dieser noch vor der Geburt, im vierten aber erst nach der Pubertät. Die Synostose der drei letzten Steißbeinwirbel unter sich und die Synostose des Steißbeins mit dem Kreuzbein tritt erst zwischen 30 und 40 Jahren beziehungsweise noch später ein.

Verminderung der Wirbelzahl durch Verschmelzung oder Ausfall von Wirbelanlagen, Vermehrung der typischen Wirbelzahl und allerlei sonstige Mißbildungen sind nicht allzu selten.

Die charakteristischen, durch den aufrechten Gang bedingten Krümmungen der menschlichen Wirbelsäule sind bei dem Neugeborenen nur andeutungsweise vorhanden.

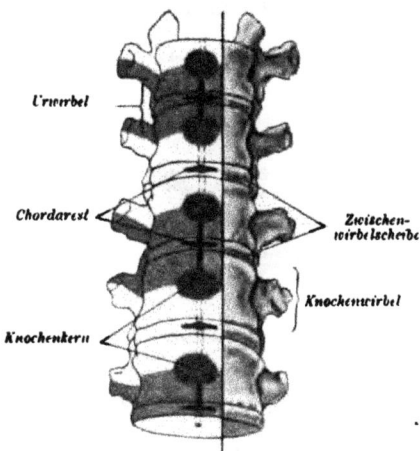
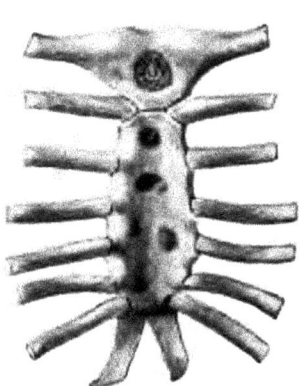

Fig. 340. Schema der Neugliederung und Verknöcherung der menschlichen Brustwirbelsäule. Die punktierte Linie bezeichnet die rückgebildeten Chordastrecken in den Knochenwirbeln.

Fig. 341. Verknöcherungspunkte in dem Knorpelsternum eines Neugeborenen. Natürliche Größe.

Die Rippen verknöchern schon am Ende des zweiten Monats von einem im Rippenkörper gelegenen Ossifikationspunkte aus. Ein Teil ihrer knorpeligen Anlage bleibt als Rippenknorpel bestehen. Später, im 8.—14. Jahre, tritt noch je ein akzessorischer Knochenkern im Köpfchen und im Rippenhöcker auf.

Das Brustbein verknöchert vom sechsten Monat ab, aber nicht in seiner ganzen knorpeligen Anlage, von der sich der Processus xiphoideus bis ins höhere Alter, die Brustbeinfugen aber nur vorübergehend erhalten.

Meist erscheint beim Menschen im sechsten Fetalmonate ein Knochenkern im Manubrium. Eine Zahl paariger, an die Entstehung des Brustbeins aus metameren Anlagen erinnernder, in Querreihen gestellter Ossifikationspunkte bilden sich im

Körper, ein weiterer Verknöcherungspunkt im Processus ensiformis. Sie verschmelzen dann zu den drei bekannten Stücken des fertigen Knochens. Übrigens zeigt die Verknöcherung des Brustbeins nach Zahl, Anordnung und Auftreten der Knochenpunkte beträchtliche Schwankungen.

b) Kopfskelet.

Der Eingang in den Ernährungs- und Respirationsapparat, die Anhäufung der Sinnesorgane und die Entwicklung des Neuralrohrs zum Gehirne veranlassen die Umbildung des vorderen Körperendes zum Kopfe. Bei schwimmenden Tieren zu einem spitzen oder flachen Wasserbrecher, bei grabenden zu einem Kegel geformt, wird er nicht minder durch die beim Fluge oder beim aufrechten Gange notwendige Gewichtsverteilung in hohem Grade beeinflußt. Die Ausstattung mit Waffen (Zähnen, Hörnern, Geweihen) macht ihn zu einem besonderen

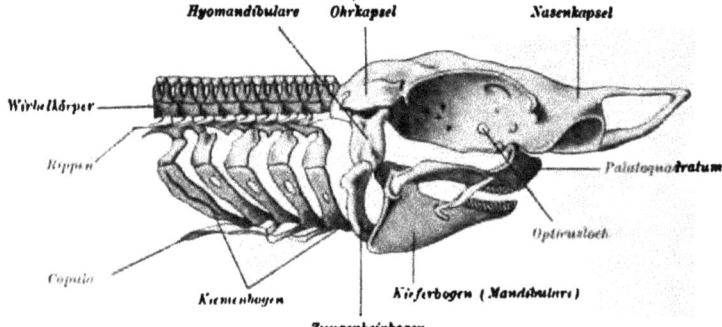

Fig. 342. Knorpeliger Kopf und Wirbelsäule eines Haies (Mustelus vulgaris). Nach R. Hertwig.

Schutz- und Trutzorgan. Das alles führt neben den wechselnden Leistungen des Kieferapparates bei sehr verschiedenen Arten der Ernährung zu einer sehr wechselnden Ausgestaltung des Kopfes nach Größe und Form. Aber trotz des an manchen seiner Organe eintretenden Funktionswechsels bleiben seine Skeletteile und das sie aufbauende Material morphologisch bei den verschiedenen Wirbeltieren im wesenslichen stets vergleichbar.

Wie die Wirbelsäule, so durchläuft auch der Kopf einen bindegewebigen und knorpeligen Zustand, ehe er verknöchert.

Amphioxus besitzt noch keinen mit dem der Wirbeltiere vergleichbaren Kopf. Seine Chorda durchzieht den Körper dauernd vom vorderen bis zum hinteren Leibesende. Rundmäuler und Knorpelfische besitzen schon sehr komplizierte Knorpelcranien. Bei den übrigen Wirbeltieren wird das Knorpelcranium durch die noch hinzukommenden knöchernen Bestandteile mehr oder minder verdrängt.

Goethe kam bei der Betrachtung eines zerbrochenen Wiederkäuerschädels auf den Gedanken, daß der Knochenschädel wie das Rückgrat aus Wirbeln zu sammengesetzt sei. Diese Theorie wurde in der Folge noch weiter ausgebaut und eine wechselnde Anzahl von Schädelwirbeln konstruiert. Der Naturphilosoph Oken ließ nicht nur das ganze Rückgrat mit dem Schädel aus lauter Wirbeln bestehen, sondern verstieg sich zu dem Ausspruche: „Der ganze Mensch ist ein Wirbelbein." Das Problem der Wirbeltheorie des Schädels hat sich aber als viel verwickelter entpuppt, als es anfänglich schien; die erwähnte Auffassung ist längst verlassen. Seit man erkannt hat, daß der knöcherne Schädel aus einem ungegliederten Knorpelschädel hervorgeht, haben die „Knochenwirbel" des fertigen Schädels den Wert von Segmenten verloren und man darf zur Erörterung der Wirbeltheorie des Schädels nur dessen Ursegmente, das segmentierte Kopfcölom, die Kopfnerven und Visceralbogen heranziehen. Da die Ansichten der Autoren in der morphologischen Bewertung dieser Teile schon bei niederen Wirbeltieren keine einheitlichen sind und da das Problem bei den Amniontieren noch schwieriger wird, beschränke ich mich auf die allernötigsten Angaben.

Der in Fig. 343 von einem Säugetierembryo abgebildete

Mesenchym-Chorda-Schädel

besteht
1. aus der Chorda, und
2. aus dem Kopfmesenchym.

Er wird vom Epidermisblatt überzogen und vom Enteroderm des Kopfdarms ausgekleidet.

Die Chorda und ihre Ergänzungsplatte durchzieht anfänglich fast die ganze Schädelanlage und reicht bis nahe an die vor den Kopfplatten gelegene Wandzone des Kopfes. Es muß also schon in frühester Entwicklungszeit des Schädels ein größerer kaudalwärts gelegener chordaler und ein bedeutend kleinerer, später aber an Größe zunehmender prächordaler Schädelabschnitt unterschieden werden (Fig. 117 und 344).

Mit zunehmender Größe der Hirnanlage kompliziert sich die anfänglich einfache Gestalt des Hirnschädels. Die Mesenchymreste vorderster, durch die Ausbildung der Sinnesorgane und des Gehirnes in der Stammesreihe rückgebildeter Ursegmente umwachsen die Hirn- und die inzwischen entstandenen primitiven Augen- und Gehörbläschen, während Mesenchym gleichzeitig ventral von der Chorda in die Umgebung des Mundes und in die Visceralbogen vordringt.

In dem Hinterkopfgebiete bestehen bei allen darauf untersuchten Säugetieren und beim Menschen noch drei Urwirbel, deren vorderster aber das Gehörbläschen in nasaler Richtung niemals überschreitet.

Es ist wichtig, daß auch im Bereiche des segmentierten Hinterkopfes eine Cölombildung eintritt, die sich in dem dicht hinter dem Ohrbläschen gelegenen vordersten Kopfsegmente in abortiver Weise ausbildet (Kephalocöl).

Man kann also einen segmentierten Hinterkopf und einen unsegmentierten Vorderkopf an der Schädelanlage unterscheiden, deren beiderseitige Grenze das dem Vorder-

·kopfe zugehörige Ohrbläschen bezeichnet. Der Begriff
chordaler Schädelabschnitt und segmentierter Hinterkopf decken sich jedoch nicht. denn die Chorda reicht
nasalwärts anfänglich über das Gebiet des segmentierten
Hinterkopfes hinaus und in den unsegmentierten Vorderkopf hinein. Letzterer besteht somit wieder aus einem chorda-
haltigen und einem chordalosen Gebiete (chordaler und
prächordaler Vorderkopf).

Das Mesenchym des segmentierten Hinterkopfes wird durch die
Sklerotome der drei Hinterhauptsomiten, das anfänglich sehr spärliche
Mesenchym für den Vorderkopf wird von der ·Ergänzungsplatte

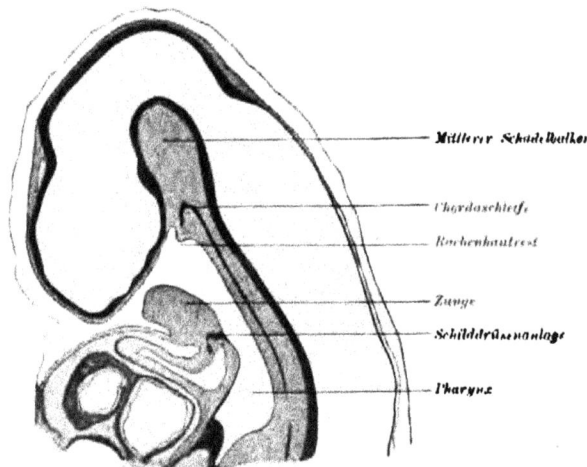

Fig. 348. Medianschnitt durch den Kopf eines Hundeembryos von 25 Tagen mit Kopfbeuge.

(Fig. 85 S_1 und 98 S_2) und zum Teil auch aus der Wand der „Kopfhöhlen" geliefert (Schaf,. Hund). Die Zellen beider Mesenchymquellen
mischen sich später zu einer einheitlichen Masse.

Der anfänglich sehr unbedeutende prächordale Vorderkopf
vergrößert sich später, zum Teil beeinflußt durch die weitere Entwicklung des Vorderhirns und der Sinnesorgane, beträchtlich und entspricht dann dem späteren vorderen Keilbein und der Ethmoidalgegend.

Wie die Parietalzone des Rumpfes zur Bildung der Körperseitenplatten, wird auch die Parietalzone des Kopfes unter Bildung der
Visceralbogen zur Umwandung der Kopfdarmhöhle verwendet. Wie
in den Körperseitenplatten später die Knorpelrippen und knöchernen
Rippen, so entstehen auch in den Visceralbogen des Kopfes knorpelige,
später verknöchernde Visceralspangen.

In Sagittalschnitten durch Embryonen mit ausgeprägter Kopfbeuge bemerkt man eine das vordere bogenförmige Chordastück, die
„Chordaschleife", enshaltende und in die Schädelhöhle vorspringende
quere Mesenchymleiste (Fig. 343 und 345), das Mittelhirnpolster
oder den mittleren Schädelbalken. Eine zweite, später hinter
dieser Bildung entstehende und zwischen Hinter- und Nachhirn gelegene Leiste ist das Nachhirnpolster oder der hintere Schädelbalken (Fig. 345). Beide bestehen aus gefäßreichem Gallertgewebe,
das größtenteils in die Gefäßhaut des Gehirns umgewandelt wird.

An dem so weit ausgebildeten (Kaninchen von 10 Tagen, Hund
von 18—20, Schaf von 20—25 Tagen, Mensch von 4 Wochen), nur aus
zellenreichem Bindegewebe bestehenden Kopf (Figuren 119—121) ist
weiter zu unterscheiden:

1. Das die Hirnanlage und Sinnesorgane umschließende Neurocranium (νεῦρον = Nerv, cranium Schädel) und

2. der zur Aufnahme der Kopfdarmhöhle und der primitiven
Mundhöhle verwendete viscerale Schädel, das Splanchnocranium (σπλάγχνον = Eingeweide).

Die Chordaschleife endet um diese Zeit mit ihrem absteigenden
Schenkel, der abortive Sprossen treiben kann, über der Insertionsstelle
der primitiven Rachenhaut an der Schädelbasis. Später findet man
ihr nasales Ende nach Rückbildung des vorderen Schleifenschenkels
in der aus dem mittleren Schädelbalken hervorgegangenen Sattellehne
unter dem vorderen Rande der Mittelhirnbasis.

Vergleicht man die bisher verfolgte Entwicklung des bindegewebigen Kopfes mit der des bindegewebigen Rumpfskelets, so ergeben sich zwischen beiden wichtige Übereinstimmungen: Wie der
Rumpf, so besteht auch der segmentierte Hinterkopf aus axialem
Mesenchym, welches das Zentralnervensystem umscheidet und ein beträchtliches Stück der Chorda dorsalis enthält.

Der Hinterkopf ist als der vorderste Abschnitt des
Rumpfes anzusehen, mit welchem er nach Bau und Entwicklung im wesentlichen übereinstimmt. Denn der Hinterkopf erweist sich durch Anlage von Urwirbeln, Cölom, Muskelplatten
und Muskelsepten als prinzipiell gleichwertig mit dem Rumpf und
seinem Achsenskelet (vertebraler Schädelabschnitt im Gegensatz zum
unsegmentierten Verderkopf oder avertebralen Schädel).

Durch die im Vergleich zum Rückenmark sehr beträchtliche Entwicklung des Gehirns, durch die Beziehungen zum Kopfdarm und
dessen Mündung sowie zu den Sinnesorganen kompliziert sich aber
der Hinter- und noch mehr der Vorderkopf dem Rumpfe gegenüber in
hohem Grade nach Form und Bau. Der zwischen beiden entstehende
Unterschied wird noch durch den Umstand vermehrt, daß bei niederen
Wirbeltieren der Kopfdarm neben der Nahrungsaufnahme auch noch

mit der Funktion der Atmung betraut ist. Durch die Entwicklung der
diese Funktion übernehmenden, sich ja auch bei den höheren Wirbeltieren anlegenden Kiemenbogen und -furchen entsteht ein weiterer
Gegensatz zwischen dem Visceralskelet des Kopfes und dem des
Rumpfes.

Zu den sich ausbildenden Unterschieden zwischen den beiden
Regionen trägt ferner die zum Teil mit Rückbildung des vorderen
Chordaendes einhergehende beträchtliche Ausbildung des prächordalen
Vorderkopfes und die in kaudaler Richtung Platz greifende Verwischung der Segmentierung des Hinterkopfes wesentlich bei. Der
Umstand, daß die Chorda vor der Rückbildung ihres absteigenden
Schenkels weiter nasalwärts reichte, spricht, zusammengehalten mit
der im vordersten Ursegmente des Hinterkopfs nur abortiven Cölombildung und der baldigen Rückbildung der kleinen, aus diesem Segmente
gebildeten Muskelplatte dafür, daß die Segmentierung des Kopfes bei
niederen Wirbeltieren weiter nasalwärts gereicht haben muß, und daß
der Vorderkopf auf Kosten des Hinterkopfes durch
Assimilierung von dessen vorderstem Segmente wächst.
Da letzterer einer in kaudaler Richtung fortschreitenden Reduktion
unterliegt, muß er, wie vergleichende embryologische Untersuchungen
ergeben, zur Deckung der an seinem Vorderende stattfindenden Reduktion sich Zuwachs durch Verschmelzung mit Wirbelanlagen der
Halsregion verschaffen. Er ist somit in stetem kaudalen Vorrücken
begriffen. Die Wirbelsäule unterliegt demnach auch vom
Kopfende her einer kontinuierlichen und fortschreitenden
Verkürzung.

Diese bis jetzt noch ziemlich übersichtlichen Verhältnisse werden
aber bei der Verknorpelung des bindegewebigen Schädels und besonders durch die ihr folgende Verknöcherung, wie schon erwähnt.
mehr oder weniger stark verwischt. Beide Vorgänge steigern die
zwischen Kopf- und Rumpfskelet bestehenden Unterschiede, und es
zeigt sich, daß die Entwicklung des Kopf- und des Rumpfskelets nunmehr sehr verschiedene Wege geht.

Das bindegewebige und das knorpelige Cranium.
(Desmo- und Chondrocranium, δεσμός = Band, Fessel. χόνδρος = der
Knorpel.)

Das bindegewebige Neurocranium geht aus der Mesenchym-
schädelanlage nach Differenzierung der Kopf- und Augenmuskelblasteme
und des Epithels der Kopfhöhlen hervor. Es wird nicht in seiner
ganzen Dicke und Ausdehnung in das knorpelige Neurocranium
umgewandelt, sondern enthält zunächst ohne erkennbare Abgrenzung
einzelner Schichten das Material für: die Hirnhäute, die spätere
Knorpelschicht und die Bindegewebsschicht, in der sich

später die Deckknochen entwickeln, sowie für die Schädel-
schwarte.

Als Grundlage für den

Knorpelschädel

im chordalen Schädel entstehen ein paar zu beiden Seiten des vorderen
Chordaendes gelegene Knorpelplatten, die Parachordalia. Sie bilden
(Fig. 344) zusammen mit der Chorda die kontinuierliche para-
chordale Knorpel- oder Basalplatte, welche nach hinten und
seitlich in die das Labyrinth umschließende Cartilago periotica
ausläuft. Vor dem vorderen Ende des Parachordalknorpels wachsen bei
niederen Wirbeltieren die seitlichen Schädelbalken oder Trabeculae

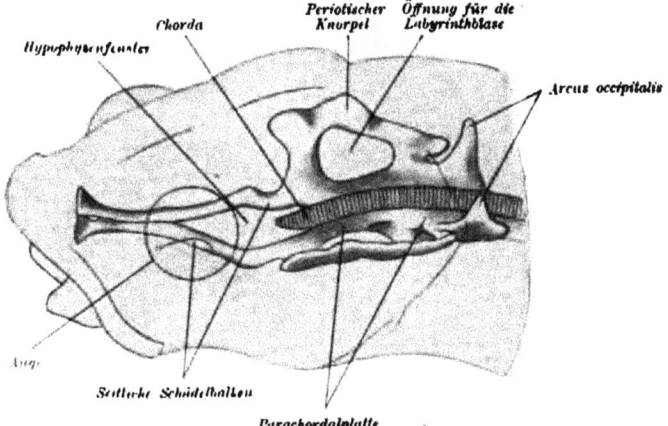

Fig. 344. Primordialcranium eines 13 mm langen Lachsembryos, in den durchsichtig gedachten Kopf
eingezeichnet. Nach Ph. Stöhr.

laterales in den prächordalen Schädel ein. Die zwischen ihnen gelegene
große Öffnung, das Hypophysenfenster, enthält die Hypophyse.
Nach hinten begrenzt der Occipitalbogen das Primordialcranium.

Bei den Säugetieren und bei dem Menschen dagegen entsteht der
Knorpelschädel zwar ebenfalls in der Umgebung der Chorda beginnend,
doch einheitlich an der ganzen Schädelbasis und erreicht beim Menschen
seine höchste Entwicklung in der ersten Hälfte des dritten Monats
(Fig. 345).

Das Schädeldach verknorpelt nur teilweise im Zusammenhang mit
den Seitenteilen und bleibt zum größten Teil bindegewebig. Ein das
Zentralnervensystem völlig umschließender Knorpelring wird nur im
Gebiete der späteren Hinterhauptschuppe gebildet (Fig. 346). Das
knorpelige Neurocranium der Säugetiere und des Menschen ist also
eine unvollkommene Bildung.

An dem chordalen Teile des Knorpelschädels unterscheidet man die Hinterhaupt- und Labyrinthregion, am prächordalen die Augenhöhlen-Schläfen und die Siebbeinregion. Der vordere Rand der Basalplatte wird zur Sattellehne des Keilbeins.

Der occipitale Teil entsteht durch Einschmelzung von Wirbeläquivalenten, deren letztes allein den übrigen gegenüber die Bestandteile eines Wirbels bis zum bleibenden Zustande erkennen läßt. Die Seitenteile der Occipitalregion grenzen an den vorderen Abschnitt der Basalplatte und an den Ohrteil, in dessen Bereich der Hörnerv in die Ohrkapsel tritt.

Eine breite Knorpelplatte begrenzt das Hinterhauptloch. An der Bildung des Atlantooccipitalgelenkes beteiligen sich der

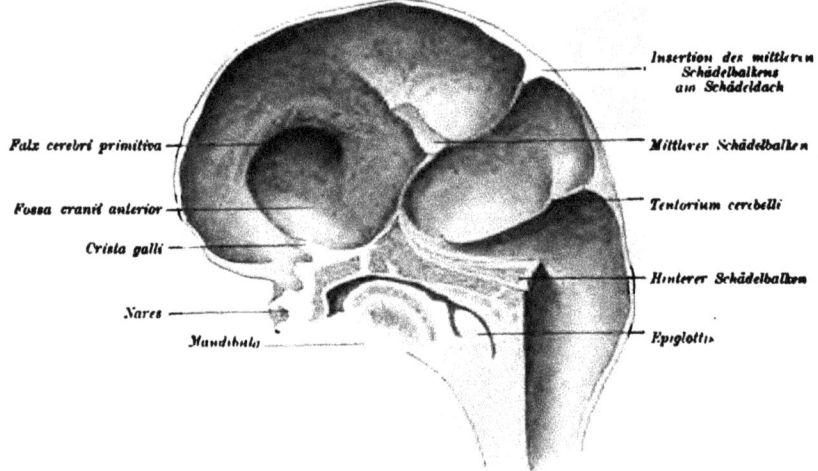

Fig. 345. Medianschnitt durch den Primordialschädel eines menschlichen Embryos aus der neunten Woche. Nach J. Kollmann. Vergr. etwa 12:1.

Körper des hintersten Occipitalwirbels und sein Bogen; vom ersten Halswirbel jedoch nur der Bogen.

Beim Menschen liegt die Schädelchorda nach Verknorpelung der Basalplatte nur mit ihrem hinteren und vorderen Drittel in der Platte selbst, mit dem mittleren Drittel aber an deren ventralem Umfang im retropharyngealen Bindegewebe.

Dieser Abschnitt geht am frühesten zugrunde, das hintere Drittel wird später auf die Dorsalseite der Platte verlagert und hier rückgebildet. Das vordere Drittel dringt von der Ventralfläche her in den vordersten Abschnitt der Basalplatte ein und endet vor seiner gänzlichen Rückbildung in der Basis der Sattellehne hinter der Hypophysengrube.

Die Ohrkapseln verknorpeln um das Labyrinthbläschen und umfassen mit einem oberen Teil das Vestibulum und die Bogengänge, mit einem unteren die Schnecke. Dieser verschmilzt dann mit dem vorderen Teil der knorpeligen Basalplatte. Sie liegt zwischen dem

Foramen jugulare und dem Ganglion semilunare trigemini. Eine hinter dem Foramen des N. facialis lateral auftretende Crista parotica wird zum Tegmen tympani, während die Parietalplatte in der Seitenwand des Cavum cranii die Verbindung mit der Ala orbitalis herstellt. Im Innern der Ohrkapsel bilden sich die drei knorpeligen Septa semicircularia. Entsprechend dem Septum semicirculare

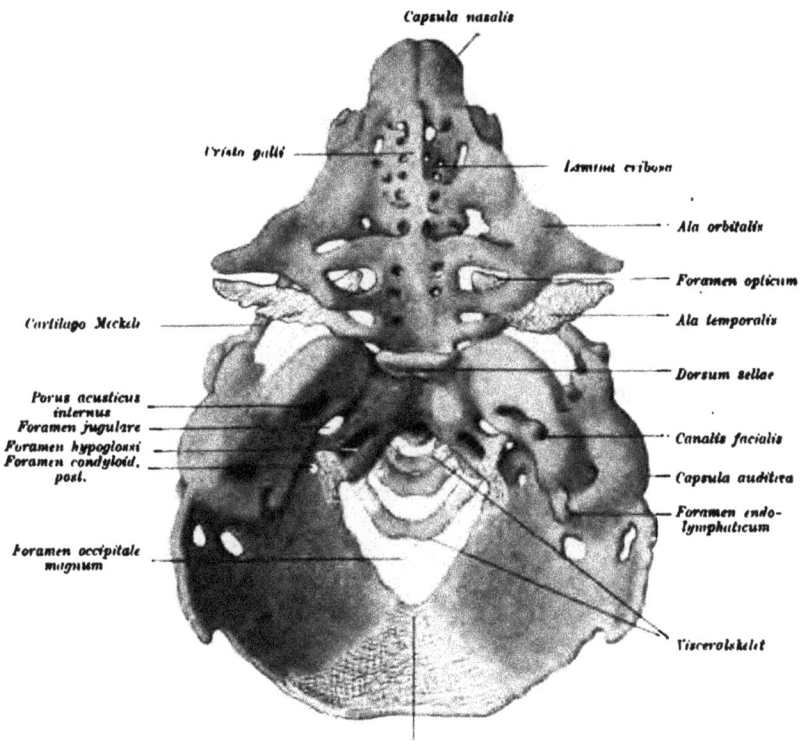

Fig. 346. Dorsalansicht eines Modells des Chondrocraniums eines menschlichen Embryos aus dem dritten Monat von 8 cm Scheitelsteißlänge. Nach O. Hertwig und F. Ziegler. Das bindegewebige Schädeldach ist weggelassen.

ant. senkt sich von der medialen Ohrkapselwand aus die Fossa sub-arcuata unter dem vorderen Bogengang ein.

Die Knorpelbildung im prächordalen Abschnitt des Neurocraniums beim Menschen und bei den Säugetieren schließt sich ohne selbständige Entstehung von Trabekeln (wie sie bei den niederen Wirbeltieren stattfindet) an die Verknorpelung des chordalen Schädels an. Die zur Seite des Hypophysenstiels auftretenden Knorpelmassen vereinigen sich und setzen sich in das Septum narium fort.

In dem Knorpelboden, unter der Hypophyse, dem späteren Boden der Sella turcica, besteht noch einige Zeit die von dem Reste des Hypophysenstieles durchsetzte **Fenestra hypophyseos**. Lateral vom Boden der Hypophysengrube entsteht der **Processus alaris**.

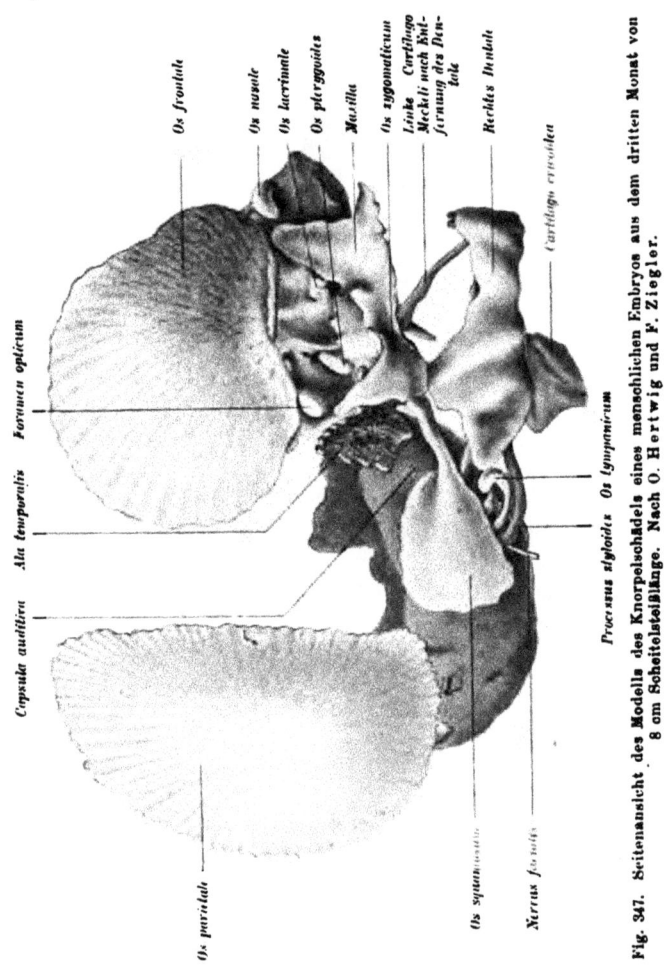

Fig. 347. Seitenansicht des Modells des Knorpelschädels eines menschlichen Embryos aus dem dritten Monat von 8 cm Scheitelsteißlänge. Nach O. Hertwig und F. Ziegler.

Mit dem lateralen Ende des Processus alaris verschmilzt die selbständig verknorpelte **Ala temporalis**. Ein an ihrer Basis nach abwärts gerichteter Fortsatz wird zur lateralen Lamelle des späteren Flügelfortsatzes des Keilbeins. Zwischen Ala temporalis und Ohrkapsel tritt der dritte Trigeminusast, anfangs frei, später von den Rändern des **Foramen ovale** umschlossen, aus dem Schädelraum.

Der erste und zweite Trigeminusast gehen anfangs mit den Augen-muskelnerven zusammen medial von der Ala temporalis durch die zwischen dieser und der Ala orbitalis gelegene Fissura orbitalis superior. Eine Knorpelbrücke trennt später den zweiten Trigeminus-ast von den übrigen Nerven und bildet mit der Ala orbitalis das Foramen rotundum.

Der vor der Sella turcica gelegene Basalknorpel der Orbito-temporalgegend bildet beim Menschen einen dicken Balken. Die Seiten-wand dieser Gegend verknorpelt beim Menschen selbständig zur Ala orbitalis. Ihre laterale Ecke verbindet sich mit dem Dache der Nasenkapsel sowie durch schmale Knorpelbrücken mit dem Basal-knorpel der Sella turcica und mit der Parietalplatte.

In der Ethmoidalregion ($\mathring{\eta}\vartheta\mu o\epsilon\iota\delta\mathring{\eta}\varsigma$ = siebähnlich) werden die Riechsäcke von den knorpeligen Nasenkapseln (beim Menschen im dritten bis vierten Monat) umschlossen. Diese kommunizieren durch die Olfactoriuslücken oder die Fenestrae olfactoriae mit der Schädelhöhle. Die direkte Fortsetzung der basalen Knorpelmasse der Orbito-temporalregion bildet das sich zwischen beide Nasensäcke einsenkende Septum narium. Sein dorsaler Rand springt zwischen den beiden Olfactoriuslücken als Crista galli in die Schädelhöhle vor. Die rechte und linke Olfactoriuslücke wird durch sekundäre Knorpelbrücken, aus einer einheitlichen Öffnung in die Lamina cri-brosa umgestaltet. Auf ihr liegt der Bulbus olfactorius und nimmt die aus der Nasenkapsel kommenden Fila olfactoria auf. Die seitliche Begrenzung der Olfactoriuslücke wird bei vielen Säugern durch die Cartilago sphenoethmoidalis ergänzt, welche sie mit der Ala orbitalis verbindet. Beim Menschen zerfällt sie im vierten bis fünften Monat wieder und wird resorbiert.

Vor der Olfactoriuslücke geht der obere Rand des Septums in das Nasendach, Tectum nasi, seitwärts in die seitliche Nasen-wand, die Paries nasi, über. Hinten setzt sich diese an die Seiten-wand der Olfactoriuslücke an und hängt unter derselben mit der Hinterwand der Nasenkapsel zusammen.

Im mittleren Abschnitt der Nasenkapsel biegt der ventrale Rand der Seitenwand medianwärts um und bildet die knorpelige Anlage der Kiefermuschel (Maxilloturbinale). Sie gliedert sich erst im siebenten Monat beim Menschen von der knorpeligen Seitenwand ab. Im vierten Monat verknorpeln beim Menschen die Ethmoturbinalia in den entsprechenden Muschelwülsten und verschmelzen mit der knorpeligen Seitenwand.

Aus der einfachen Anlage der Kiefermuschel gehen bei vielen Tieren sekundär durch Bildung von Nebenlamellen vielfach gewundene, geteilte und gefaltete Maxilloturbinalia hervor.

Der Boden der Nasenkapsel verknorpelt nur in beschränktem Umfange. An der Grenze des mittleren und vordersten Kapsel-abschnittes bildet sich bei vielen Säugern die Fenestra narina und die Fenestra basalis, welche durch die Lamina transversalis anterior voneinander getrennt sind. Diese verbindet den ventralen Rand der Seitenwand mit dem ventralen Rand des Septums. Beim Menschen fehlt die Lamina transversalis. Fenestra narina und basalis fließen jederseits zu der langen Fissura rostrobasalis zusammen. Der Knorpel des Organon vomeronasale tritt beim Menschen isoliert auf.

Vor der Fenestra narina schließt die Nasenkapsel mit flacher Kuppel ab, in welche die Seitenwand, die Decke und das Septum übergehen. Die Umgebung der äußeren Nasenlöcher kann durch Knorpelfortsätze kompliziert werden.

Der obere Kapselabschluß wird unter der Olfactoriuslücke durch das Planum antorbitale gebildet.

Das knorpelige Splanchnocranium

besteht bei allen Wirbeltieren aus einer Anzahl visceraler Knorpel-spangen, welche den Kopfdarm stützend umfassen (Fig. 342) und sich ventral entweder berühren wie die Kieferbogen oder wie die übrigen Visceralbogen durch besondere unpaare Knorpelstücke, die Copulae, verbunden sind. Die knorpeligen Visceralbogen niederer Wirbeltiere werden bei den Amnioten mehr oder weniger zurückgebildet oder mit neuen Leistungen betraut.

In der sechsten Woche hängt beim Menschen das Mesenchym des Unterkieferbogens mit seinem proximalen Ende mit dem ver-dichteten Mesenchym des Zungenbeinbogens zusammen, soweit es von diesem nicht durch die erste Schlundspalte oder Nerven und Gefäße getrennt wird. Der N. trigeminus zerlegt die Mesenchym-masse des Unterkieferbogens unvollkommen in ein mediales und laterales Blastem.

Der proximale Teil des medialen Blastems entwickelt sich nicht weiter. Aus dem proximalen Teil des lateralen Blastems entsteht der Amboß.

Schon im Vorknorpelstadium grenzen sich Amboßanlage und Labyrinthkapsel voneinander ab, und der Amboß erhält im wesent-lichen seine bleibende Form.

Die unmittelbar vor der Chorda tympani gelegene Portion des ersten Visceralbogens wird zum Meckelschen oder Unterkiefer-knorpel (Fig. 349). Sein proximaler Teil bildet sich schon bei 55 mm langen menschlichen Embryonen zum Hammer um und bleibt durch unverknorpeltes Gewebe, die Zwischenscheibe, in der sich später das Hammer-Amboßgelenk entwickelt, vom Amboß getrennt.

Das Amboß-Steigbügelgelenk entsteht in dem Blastem zwischen Hammer und Steigbügelgriff. Der Processus lenticularis entsteht erst nach Eintritt der Ossifikation im langen Fortsatz. Noch im Vorknorpelstadium wächst aus der Hammeranlage im vierten Monat der Hammergriff und der Processus lateralis aus. Die Crista mallei tritt durch Resorption des in ihrer Umgebung gelegenen Knorpels hervor. Durch Resorption des mittleren Teiles des Meckelschen Knorpels bei Beginn des fünften Monats und durch Verknöcherung erhält auch die Hammeranlage ihre bleibende Gestalt und wird zu einem besonderen Knochen.

Das ventrale Ende des Meckelschen Knorpels verknöchert und verschmilzt mit dem später die Zähne tragenden Dentale. In der Symphyse zwischen beiden Meckelschen Knorpeln treten bei Embryonen von 7,5 cm zwei kleine Symphysenknorpel auf. Sie verknöchern später zu den Ossicula mentalia.

Das Blastem für den Zungenbeinbogen wird ebenfalls, und zwar durch den N. facialis, in eine mediale und laterale Masse geteilt. Aus der medialen Masse entsteht der Steigbügel und der Reichertsche Knorpel. Die Steigbügelanlage bildet sich ringförmig um die Arteria stapedia als Annulus stapedis, bleibt aber durch die erwähnte Blastembrücke mit dem langen Fortsatz der Amboßanlage verbunden. Die Stapesanlage senkt sich in die Labyrinthwand ein, behält bis zur zweiten Hälfte des dritten Embryonalmonates ihre Ringform bei und nimmt dann erst ihre definitive Form an. Gleichzeitig atrophiert das unter der Steigbügelplatte gelegene Blastem der Ohrkapsel im Gebiete der Fenestra vestibuli zu der dünnen bindegewebigen Membrana vestibuli. Der Steigbügel verknorpelt vollkommen selbständig und erreicht seine definitive Länge schon Ende des siebenten Embryonalmonats.

Der an die Steigbügelanlage sich anschließende Teil des medialen Blastems bildet die später schwindende Bindegewebsbrücke, Pars interhyalis, welche die Steigbügelanlage mit dem Reichertschen Knorpel oder dem Hyalbogen verbindet. Dieser geht zum größten Teile aus dem ventralen Teile des medialen Blastemstreifens hervor. Nach dem Schwunde der Pars interhyalis hängt der Reichertsche Knorpel an seinem proximalen Ende nur noch mit dem lateralen Blastem des Hyalbogens zusammen.

Aus dem proximalen Teil des lateralen Blastems entsteht das Laterohyale, welches ventralwärts mit dem Reichertschen Knorpel zusammenfließt und sich dorsalwärts mit der Labyrinthkapsel verbindet. Durch Verknorpelung werden Laterohyale und Reichertscher Knorpel zu einem einheitlichen Knorpelgebilde verschmolzen, dem Reichertschen Knorpel der älteren Autoren, welche dessen Entstehung aus den eben beschriebenen Teilen noch nicht kannten.

Der oberste Teil dieses Knorpelstabes wird in die Wand der Paukenhöhle aufgenommen und zur Anlage des Processus styloides verwendet. Der mittlere Teil wird in Bindegewebe umgewandelt und zum Ligamentum stylohyoideum, der ventrale wird zum kleinen Zungenbeinhorn.

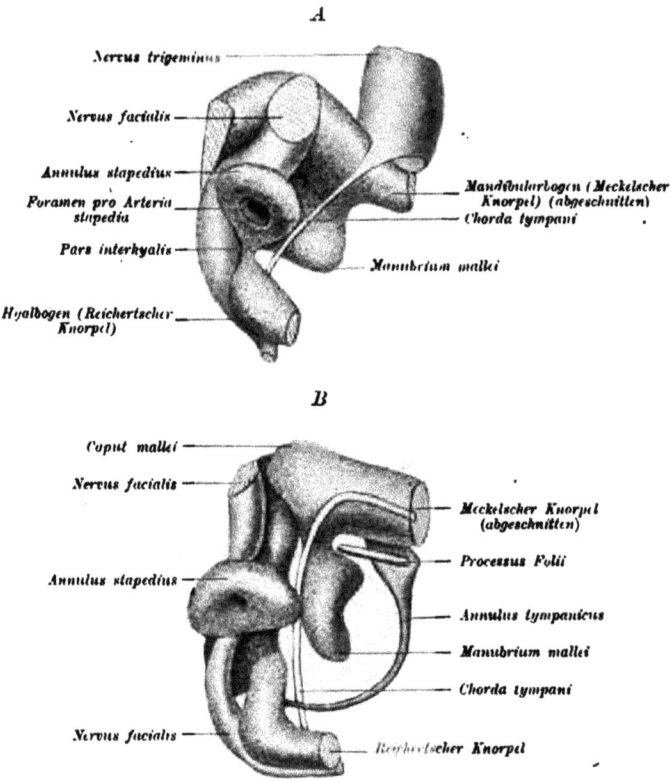

A

Nervus trigeminus

Nervus facialis

Annulus stapedius

Foramen pro Arteria stapedia

Pars interhyalis

Hyalbogen (Reichertscher Knorpel)

Mandibularbogen (Meckelscher Knorpel) (abgeschnitten)

Chorda tympani

Manubrium mallei

B

Caput mallei

Nervus facialis

Annulus stapedius

Nervus facialis

Meckelscher Knorpel (abgeschnitten)

Processus Folii

Annulus tympanicus

Manubrium mallei

Chorda tympani

Reichertscher Knorpel

Fig. 318 *A* u. *B*. Rekonstruktionsmodelle zur Entwicklung der Gehörknöchelchen nach Broman. *A* Innenansicht der linken Seite der Knorpel des ersten und zweiten Visceralbogens eines menschlichen Embryos von 16 mm Nackensteißlänge. *B* Rekonstruktionsmodell derselben Organe wie in Fig. *A* von einem menschlichen Embryo von 55 mm Scheitelsteißlänge. Innenansicht der linken Seite.

Innerhalb des dritten Visceralbogens entsteht das große Zungenbeinhorn des Menschen. Große und kleine Zungenbeinhörner werden durch eine knorpelige, später knöcherne Copula, den Körper des Zungenbeins, verbunden.

Verknorpelungen im Bereiche des bald verschwindenden vierten und fünften Visceralbogens werden nicht mehr zur Bildung des Splanchnocraniums, sondern zur Bildung des Schildknorpels verwendet.

Der knöcherne Schädel.

Nur ein kleiner Teil der aus Knorpel und Bindegewebe
bestehenden Schädelanlage erhält sich zeitlebens, der
weitaus größere verknöchert, ein anderer Teil schwindet
wieder.

So schwindet wieder der Teil des Primordialschädels, welcher unter
den Scheitelbeinen, einem Teil des Stirnbeins, dem Zwischenscheitelbein, der Schläfenschuppe und einem Teile der Nasenbeine liegt, ebenso
wie der Meckelsche Knorpel, auf welchem sich der Unterkiefer entwickelt. Dauernd erhält sich ein Teil der knorpeligen Nasenscheidewand nebst seinen, die äußere Nase stützenden Anhangsknorpeln,
die Fibrocartilago basilaris und zeitweilig die Fugenknorpel
zwischen den Knochen der Schädelbasis (Keilbeinfuge, Keilbeinhinter-
hauptsfuge). Sämtliche Schädelknochen entstehen entweder als Primordialknochen durch Knorpelverknöcherung oder als Deck-
oder Belegknochen im Bindegewebe der Haut und Mundschleim-
haut. Da sich auch in einzelnen Belegknochen Knorpelmassen finden,
ist jedoch der Gegensatz kein ausnahmslos durchgreifender.

Zur Bildung der meisten Deckknochen haben als dem Kiemen-
skelete eigentlich fremde, zu einem Hautskelete gehörige Bildungen,
die Basalplatten der Plakoidorgane (siehe das S. 316 über die Zähne
Gesagte) Anlaß gegeben. Sie vereinigen sich zu größeren Knochen-
tafeln oder Schildern, und das so gebildete Exoskelet verbindet sich
bei den Säugetieren so innig mit dem Endoskelet, daß man bei ihnen
den Knorpelschädel, die Ersatz- und die Belegknochen nur in frühen
Stadien der Ossifikation als gesonderte Teile erkennen kann. Pri-
mordial- und Belegknochen treten dann zu einer Knochenkapsel zusammen, deren verschiedener Ursprung sich völlig verwischt.

Die Primordialknochen bilden sich zuerst an den Stellen des
Knorpels, welche Muskeln oder Bändern zum Ansatz dienen, oder an
solchen, die durch irgendwelche andere mechanische Momente, durch
Druck oder Zug besonders beeinflußt werden.

Das knöcherne Neurocranium.

Die Primordialknochen des Hirnschädels entstehen, wie die
Knochen der Wirbelsäule und ihrer Visceralbogen, in Gestalt von
enchondralen Knochenkernen. Als Primordialknochen gehen
in der Hauptsache aus der Basis und aus den Seitenwänden des Schädels
hervor: das Hinterhauptsbein mit Ausnahme des dorsalen Schuppen-
endes; das Keilbein mit Ausnahme der beim Menschen als innere
Lamelle der flügelförmigen Fortsätze bezeichneten, bei vielen Säugetieren als Flügelbeine selbständig bleibenden Knochen; Pyramide und
Warzenfortsatz des Schläfenbeins; Gehörknöchelchen, Siebbein und

Nasenmuscheln. Die Verknöcherung des Schädels beginnt beim Menschen im dritten Monat.

Die Deck- oder Belegknochen entstehen dagegen auf dem bindegewebigen Primordialschädel in dem entweder der Haut oder der Schleimhaut der Kopfdarmhöhle zugehörigen Bindegewebe und bilden das knöcherne Schädeldach und die knöcherne Grundlage des Gesichtsschädels.

Als Belegknochen entstehen: der oberste Teil der Hinterhauptsschuppe, das paarige oder einfache Zwischenscheitelbein, die Scheitelbeine, die Schläfenbeinschuppe, die Stirnbeine, die Flügelbeine, der

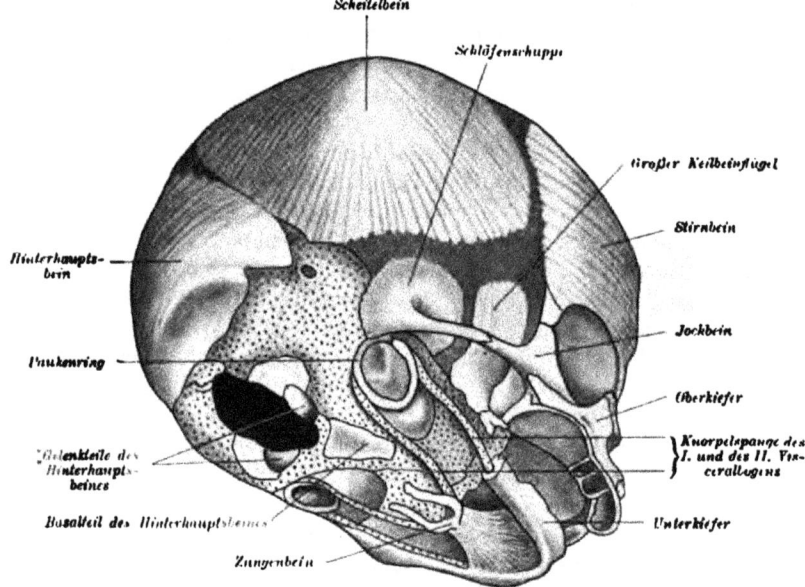

Scheitelbein

Schläfenschuppe

Großer Keilbeinflügel

Stirnbein

Hinterhaupts-
bein

Jochbein

Paukenring

Oberkiefer

Gelenkteile des
Hinterhaupts-
beines

Knorpelspange des
I. und des II. Vis-
ceralbogens

Basalteil des Hinterhauptsbeines

Unterkiefer

Zungenbein

Fig. 349. Verknöchernder Schädel eines menschlichen Embryos aus dem fünften Monat. Knorpel punktiert, häutiger Schädel dunkel, Knochen hell gezeichnet. Vergr. etwa 2:1.

Paukenteil des Schläfenbeins, die Gaumenbeine, die Pflugschar, die Nasenbeine, die Tränenbeine, die Jochbeine, die Oberkiefer, Zwischenkiefer und Unterkiefer.

Während der Verknöcherung des Schädels bleiben zwischen den noch nicht bis zur gegenseitigen Berührung ausgebildeten Knochen des Schädeldachs bindegewebige Bezirke, die Fontanellen, vorübergehend bestehen. Sie werden durch die weitere Ausbildung der Knochen, welche sich schließlich durch Fugen oder Näthe miteinander verbinden, geschlossen.

Der occipitale Knochenkomplex, welcher zum Hinterhauptsbein zusammentritt, besteht aus vier typischen Ersatzknochen: dem Basalteile, den beiden

Seitenteilen und der Schuppe. Mit der Schuppe kann das als Deckknochen entstehende Interparietale verwachsen (Mensch).

Der das Schläfenbein aufbauende temporale Knochenkomplex besteht aus dem durch Verknöcherung der Ohrkapsel und der Parietalplatte gelieferten Petrosum, der Squama, der Pars tympanica und dem Processus styloideus.

Das Petrosum des Menschen geht Ende des fünften Monats aus sechs oder noch mehr Knochenkernen hervor (Schwein, Schaf). Die knöcherne Labyrinthkapsel entsteht durch Ossifikation vom Endost der Ohrkapsel aus, welche auf das Bindegewebe des Labyrinthes und des inneren Gehörganges übergreift.

Die Schläfenschuppe des Menschen und der Säugetiere bildet sich als Deckknochen am seitlichen Umfange der Ohrkapsel und vereinigt sich mit dem Tympanicum. Zwischen Schuppe und Mandibula entsteht das sekundäre Kiefergelenk.

Das Tympanicum legt sich anfangs des dritten Monats als zarter Deckknochenring am seitlichen Teil des Meckelschen Knorpels an, erreicht erst allmählich seine spätere Breite und bleibt bei vielen Säugetieren ein selbständiger Knochen.

In der achten Woche erscheint beim Menschen der das Keilbein aufbauende Knochenkomplex und synostosiert später. Bei den Säugetieren bleibt vielfach ein getrenntes vorderes und hinteres Keilbein bestehen. Vom Keilbeinkörper greift die Verknöcherung auch auf das Septum nasi über. Die medialen Lamellen der flügelförmigen Fortsätze oder Flügelbeine der Säuger entstehen als Deckknochen. Ebenfalls als Deckknochen entsteht der obere Rand der Alae temporales und bleibt unter Umständen als Intertemporale selbständig.

Siebbein und Keilbeinmuscheln gehen durch Verknöcherung des hinteren Teiles des knorpeligen Nasengerüstes ohne Beteiligung von Deckknochen hervor. Beim Menschen verknöchert die hintere Kuppel der Nasenhöhle jederseits selbständig zum Ossiculum Bertini. Die Cellulae ethmoidales werden beim Menschen teilweise erst durch Auftreten von Knochenlamellen abgekammert.

Die Nasenmuschel verknöchert beim Menschen selbständig zwischen dem 6.—7. Monat.

Das Scheitelbein ossifiziert von zwei in der 11. und 12. Woche übereinanderliegenden Zentren aus. Sie verschmelzen im Laufe des vierten Monats zu einer Knochenschale. An Stelle der früheren Grenze bildet sich der Scheitelhöcker. Unterbleibt die Vereinigung, so entsteht ein geteiltes Scheitelbein.

Das Interparietale kann nachträglich mit den Scheitelbeinen oder mit der Hinterhauptsschuppe verschmelzen.

Das Stirnbein legt sich als paariger Deckknochen über dem Rande der Orbitalflügel des Keilbeins und der Cartilago sphenoethmoidalis in der 7.—8. Fetalwoche vor der Olfactoriuslücke an. Von der ersten Anlage aus entsteht in der neunten Woche die Pars orbitalis. Dazu kommen noch akzessorische Knochenkerne für die Spina nasalis, die Spina trochlearis, den Processus zygomaticus und den hinteren Teil der Pars orbitalis. Gegen Ende des ersten Lebensjahres findet sich die erste Spur des Sinus frontalis. Die paarigen Stirnbeine verwachsen in der Regel in der zweiten Hälfte des ersten Lebensjahres. Die Stirnzapfen der Hohlhörner, zum Beispiel des Rindes, und die Geweihe der hirschartigen Tiere sind Fortsatzbildungen des Stirnbeines, die selbstverständlich erst nach der Geburt auftreten.

Das Tränenbein entsteht auf der Seitenwand des hintersten Abschnittes der knorpeligen Nasenkapsel als Deckknochen. Seine Verknöcherung beginnt beim Menschen Ende des dritten Monats.

Die Nasenbeine erscheinen als Belegknochen auf dem Dache des Knorpelseptums, das unter ihnen mehr oder minder schwindet. Die Pflugschar bildet sich ebenfalls als Deckknochen am unteren Teile der Nasenscheidewand, den sie kielartig mit zwei Platten umfaßt.

Der paarige Zwischenkiefer verschmilzt in der 8.—9. Woche mit den Maxillaria. Ausbleiben dieser Verschmelzung veranlaßt doppelte Hasenscharte und Gaumenspalte.

Der Oberkiefer entsteht als Deckknochen Ende des zweiten oder Anfang des dritten Fetalmonats aus fünf Knochenkernen, die Ende des vierten Monats unter sich und mit dem Incisivum verschmelzen. Ein selbständiger Kern besteht für die seitlichen Teile mit der lateralen Hälfte der Orbitalfläche und der Außenwand der Alveolen der Mahlzähne, ein zweiter für den medialen hinteren Teil des Körpers und für die mediale Hälfte der Orbitalfläche, ein dritter für die Gesichtsfläche über dem Eckzahn und für den Processus frontalis, ein vierter für den Processus palatinus, die mediale Lamelle des Alveolarfortsatzes und für den vorderen Teil der Nasalfläche des Körpers, ein fünfter für die Gegend des Sulcus und der Crista lacrimalis. Mit dem Oberkiefer verbindet sich die Kiefermuschel. Die Kieferhöhle bildet sich vom achten Monat an nach Schwund der Nasenkapsel und nimmt nach Durchbruch der Zähne an Geräumigkeit zu. Die Bildung des Alveolfortsatzes beginnt schon im vierten Embryonalmonat, ist aber erst mit dem 20.—26. Jahre vollendet. Abhängig in seiner Ausbildung und Größe von der Zahl und Entwicklung der Zähne, wird der Oberkiefer für die Entwicklung des Gesichtsschädels maßgebend.

Das Jochbein entwickelt sich ohne Beziehung zum Knorpelschädel Ende des zweiten Fetalmonats aus einheitlicher Anlage.

Das Gaumenbein legt sich im zweiten oder dritten Fetalmonat als Deckknochen am Boden des Nasenrachenganges als ein Knochenkern an. Sein aufsteigender Fortsatz wächst an der Innenfläche der seitlichen Nasenkapselwand empor und trennt die Knorpel der unteren und später auch der mittleren Muschel von der bald darauf zugrunde gehenden Wand der Nasenkapsel ab.

Das knöcherne Splanchnocranium. Verknöcherung des Kieferbogens.

Hammer und Amboß verknöchern als Primordialknochen beim Menschen im vierten oder fünften Monate.

Die Mandibula bildet sich Ende des zweiten Monates zum weitaus größten Teil als Belegknochen auf der Außenseite des Meckelschen Knorpels. Dazu kommen noch drei akzessorische ebenfalls verknöcherte Knorpelkerne ohne Beziehung zum Meckelschen Knorpel im Bindegewebe: einer im Processus condyloideus, einer im Processus temporalis (coronoides) und einer im Angulus mandibulae. Der verknöchernde Unterkiefer umhüllt schließlich den Meckelschen Knorpel als Knochenröhre nahezu vollkommen und nimmt an seinem oberen Rande, den Processus alveolaris ausbildend, die Zahnanlagen auf.

Das Kiefergelenk entsteht zwischen dem vom Perichondrium umhüllten Knorpel des Condylus und dem vom Periost bekleideten Squamosum. Das hier gelegene Bindegewebe verdichtet sich bei 55 mm langen menschlichen Embryonen zum Discus articularis. Über ihm und unter ihm entsteht eine Gelenkspalte.

Die höchst auffallende Gliederung des Meckelschen Knorpels und seinen indirekten gelenkigen Zusammenhang durch den Hammer mit dem Amboß erklärt die vergleichende Anatomie folgendermaßen: Hammer- und Amboßknorpel sind nach Lage und Verbindung dem knorpeligen Palatoquadratum und Mandibulare der Haie gleichwertig und funktionieren bei diesen Fischen als Kieferapparat (Fig. 342). Mit dem Auftreten von Verknöcherungen wird der Unterkiefer bei Knochenfischen, Amphibien und Reptilien zu einem sehr komplizierten Organsystem. Vor allem wächst das dem Unterkiefer der Säugetiere entsprechende Dentale zu bedeutender Größe heran und trägt, nachdem es den Meckelschen Knorpel umhüllt hat, in seinem Processus alveolaris die Zähne. Dieser ganze Apparat ist im primären Kiefergelenk zwischen Palatoquadratum und Articulare beweglich. Bei den Säugetieren und dem Menschen aber ist das Dentale nicht mehr in dem primären Hammer-Amboßgelenk beweglich. Es hat sich ein neues, sekundäres Kiefergelenk zwischen dem Processus condyloideus des Dentale, welches allein zum leistungsfähigen Unterkiefer wird, und zwischen der Schläfenschuppe gebildet.

Dadurch werden die bei Knochenfischen, Amphibien und Sauropsiden beim Kauen beteiligten Gebilde neuen Funktionen entgegengeführt.

Der Hammer (Articulare) und Amboß (Quadratum) werden, als für den Kauakt überflüssig, durch Funktionswechsel in den Dienst des Gehörorganes gestellt. Das zwischen dem langen Fortsatze des Hammers bis zur Eintrittstelle in den knöchernen Unterkiefer am Foramen mandibulare reichende Stück des Meckelschen Knorpels wird zum bindegewebigen Ligamentum mediale mandibulae. Der im Canalis mandibularis noch vorhandene Teil des Meckelschen Knorpels wird allmählich resorbiert, doch findet man beim neugeborenen Menschen noch seine Reste in der noch nicht verknöcherten, bei vielen Säugetieren zeitlebens durch Bindegewebe verbundenen Unterkiefersymphyse. Aus diesem Reste gehen auch die meist paarigen, später mit dem Kinn verschmelzenden und die Protuberantia mentalis des Menschen bildenden Ossicula mentalia hervor.

Die Verknöcherung des Steigbügels beginnt gewöhnlich erst bei menschlichen Embryonen von 21 cm von einem Ossifikationspunkt in der Fußplatte aus und ist Ende des sechsten Monats beendet.

Das obere, mit der knorpeligen Ohrkapsel verbundene Ende des Zungenbeinbogens verknöchert und verbindet sich beim Menschen mit dem Felsenbein und dem Tympanicum. Der frei hervortretende Teil wird zum Processus stylohyoideus der Säuger. Das kleine, ventral vom Ligamentum stylohyoideum gelegene Stück des

Reichertschen Knorpels wird zum knöchernen Cornu minus beim Menschen. :

Das große Zungenbeinhorn verknöchert von einem, der Zungenbeinkörper aber von zwei bald miteinander verschmelzenden Kernen aus.

Der Schädel unterliegt auch nach seiner Verknöcherung und besonders nach der Geburt im extrauterinen Leben bei den verschiedenen Wirbeltieren noch bedeutenden Umwandlungen. Der Gesichtsschädel der Tiere wächst infolge der Entwicklung des Gebisses und der Kaumuskulatur sowie infolge der Ausbildung der Lufthöhlen stärker als der Hirnschädel und übertrifft diesen mehr oder minder auffallend an Größe. Auch beim Menschen nimmt der Gesichtsschädel nach der Geburt bedeutend an Größe zu, und das ursprüngliche Mißverhältnis zwischen Hirn- und Gesichtsschädel gleicht sich allmählich aus.

b) Gliedmaßenskelet.

Bezüglich der ersten Anlage der Gliedmaßen verweise ich auf die S. 166 u. ff. gegebene Schilderung und auf die Figuren 120, 135, 136 und 137.

Auch das Extremitätenskelet durchläuft ein bindegewebiges und knorpeliges Entwicklungsstadium, ehe es in Knochen umgewandelt wird.

Die einzelnen Knorpelteile des Skelets entstehen nacheinander vom Rumpfe gegen die Peripherie zu.

Wie die vergleichende Anatomie und Paläontologie einwandlos beweist, bildet die Pentadaktylie den Ausgangspunkt für die verschiedenen, zum Teil sehr reduzierten Hand- und Fußformen der Säugetiere. So ist bei den Huftieren eine Reduktion des Hand- und Fußskelets entweder in der Weise eingetreten, daß nur ein besonders entwickelter Finger respektiv eine Zehe (Unpaarhufer, Perissodaktylen, zum Beispiel Pferd) oder, zwei besonders ausgebildete Finger oder Zehen den Boden berühren und als Stützen für den Rumpf verwendet werden (Paarhufer oder Artiodaktylen, zum Beispiel bei Rind und Schwein). Die übrigen Finger- und Zehenanlagen werden mehr oder minder abortiv. Mit diesen Reduktionen des Hand- und Fußskelets haben sich dann noch mehr oder minder weitgehende Veränderungen auch in der Mittelhand und dem Mittelfuße, der Hand- und Fußwurzel, ja sogar am Unterarm und Unterschenkel kombiniert.

Die Brustgliedmaße des Menschen wurde aus einem Stützorgan zu einem höchst entwickelten Greiforgan. Der vielseitigen Möglichkeit ihrer Verwendung seiner Brustgliedmaße verdankt der Mensch neben seiner, intellektuellen Überlegenheit seine bevorzugte Stellung in der Organismenwelt.

Bei den Quadrupeden dagegen ist durch die einseitige Verwendung der Brustgliedmaße als Stütze für den Vorderleib auch deren knöcherner Aufhängegürtel (durch Rückbildung des Schlüsselbeins und Coracoids) sehr wesentlich reduziert worden, während der Aufhängegürtel der Beckengliedmaße, welcher unter allen Verhältnissen die feste Ver-

bindung der jede Ortsbewegung einleitenden hinteren Extremität
mit dem Achsenskelet des Rumpfes zu übernehmen hat, wohlentwickelt bleibt.

In dem Mesenchym der Extremitätenanlagen verdichten sich unmittelbar vor dem Einwachsen der Nerven (in die Brustgliedmaße
des Menschen in der vierten, in die Beckengliedmaße in der fünften
Woche) bestimmte Stellen zu Vorknorpel und gehen dann in hyalinen
Knorpel über.

Der Verknöcherungsprozeß des knorpeligen Extremitäten-
skelets verläuft im wesentlichen in ähnlicher Weise wie an dem knorpeligen Achsenskelet als enchondrale und perichondrale Ossifikation.

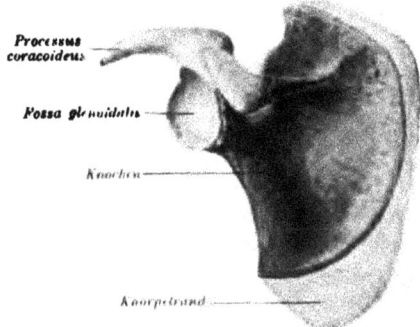 

Fig. 350. Schulterblatt eines neugeborenen
Kindes. Natürliche Größe. Knorpel hell,
Knochen dunkel.

Fig. 351. Oberer Extremitätengürtel mit Oberarm
eines menschlichen Embryos aus dem fünften
Monat. Kaliglyzerinpräparat. Knorpel hell,
Knochen dunkel.

Die durch perichondrale Ossifikation entstandene Knochenhülse
wird zur Rindensubstanz, während die Knorpelhaut zur Beinhaut wird.

Von dem Perichondrium her in den axialen Knorpel einwachsende
gefäßhaltige Bindegewebszüge lösen dessen Grundsubstanz auf. Dadurch entstehen die primären Markräume. Durch Bildung von
Knochengewebe auf den stehengebliebenen Knorpelbrücken bildet
sich die Spongiosa innerhalb der Rindensubstanz aus. Diese Spongiosa wird aber allmählich von der Mitte des Knochens aus wieder
resorbiert und durch weiches, blutreiches Mark ersetzt. Damit hat
die anfänglich solide Anlage des Röhrenknochens ihre Markhöhle
erhalten.

Im Gegensatze zum Mittelstück oder zu der Diaphyse des
Röhrenknochens ossifizieren dessen beide knorpelige Endstücke oder

Epiphysen durch enchondrale Verknöcherung von je einem Knochenkerne aus und zwar beträchtlich später als die Diaphysen.

Unter beständiger Größenzunahme der knöchernen Diaphysenscheide und der Epiphysenkerne, welche die Epiphysenknorpel bis auf die dünne, als Gelenkknorpel bestehenbleibende Knorpelrinde in Knochen überführen, wird die ganze Anlage des Röhrenknochens — eine dünne, zwischen Diaphyse und Epiphysen gelegene Knorpelscheibe ausgenommen — in Knochen umgewandelt. Diese Knorpelplatte ist wichtig für das Längenwachstum des Knochens, indem sie durch lebhafte Wucherung ihrer Zellen das durch Verknöcherung an ihren beiden Flächen zur Verlängerung des Knochens verwendete Knorpelgewebe immer wieder ersetzt. Die knöcherne Diaphyse und die beiden verknöcherten Epiphysen vergrößern sich auf Kosten dieses Knorpelrestes. Mit seinem Verschwinden ist das Längenwachstum des Röhrenknochens endgültig abgeschlossen. Dia-

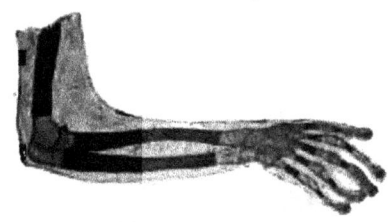

physe und Epiphysen werden dadurch zu einem einheitlichen Knochen vereinigt. während sie am jungen Knochen noch leicht durch Maceration trennbar sind.

Zu diesen drei typischen Ossifikationsstellen sämtlicher Röhrenknochen (Oberarm- und Oberschenkelknochen, Knochen des Vorarmes und Unterschenkels, der Mittelhand und des Mittelfußes, der

Fig. 358. Unterarm eines menschlichen Embryos aus dem fünften Monat. Kaliglyzerinpräparat. Knorpel hell, Knochen dunkel.

Finger- und Zehenglieder) kann sich nach der Geburt namentlich am Oberarm- und Oberschenkelknochen noch eine schwankende Anzahl von Nebenknochenkernen für gewisse Fortsätze und Höcker gesellen, die erst sehr spät mit dem Hauptknochen verschmelzen.

Die kleinen Knochen der Hand- und Fußwurzel verknöchern durch enchondrale Ossifikation meist von einem, seltener von zwei Knochenpunkten aus. Von dem Knochenkerne aus wird allmählich fast der ganze Knorpel bis auf eine dünne, als Gelenkknorpel zurückbleibende Rindenschicht durch Knochen ersetzt.

Die Ossifikation der Hand- und Fußwurzelknochen tritt viel später ein als die Verknöcherung der langen Röhrenknochen.

Das knorpelige Knochenmodell wächst durch Wucherung seiner beiden Epiphysen (Knorpelscheiben) noch beträchtlich in die Länge. Durch fortgesetzte Auflagerung weiterer Knochenlamellen seitens der Beinhaut wird die Knochenhülse um die Diaphyse unter Um- und Rückbildung des von ihr eingeschlossenen Knorpels immer dicker und dehnt sich zugleich peripher weiter und weiter gegen die Enden des Knorpels zu aus.

Am Schultergürtel verknöchert beim Menschen schon in der siebenten Embryonalwoche die Clavicula von ihrer bindegewebigen Mitte aus und vergrößert sich durch knorpeligen und dann ossifizierenden Zuwachs rasch derart, daß es schon im dritten Monate eine Länge von 8—9 mm erreicht. In ihrer sternalen Epiphyse entsteht um die Zeit der Pubertät ein zweiter Knochenkern, der aber erst im 22.—25. Jahre mit dem Hauptstücke verschmilzt.

In der Gegend des Schulterblatthalses erscheint bei Beginn des dritten Monats ein Hauptkern, der sich bald über die ganze Knorpelanlage ausbreitet. Nur der dorsale Rand, der Rückenwinkel, der Processus coracoideus, die Cavitas glenoidalis und das Akromion bleiben beim Neugeborenen, der Dorsalrand der Scapula bei den Huftieren zeitlebens knorpelig. Im ersten Jahre entsteht ein Kern für den Processus coracoideus; dazu kommen noch zur Zeit der Pubertät akzessorische Kerne, von denen die für den Rabenschnabelfortsatz das Akromion und die Gelenkgrube die wichtigsten sind. Zwischen dem 22. und 25. Jahre sind in der Regel alle Kerne zum einheitlichen Knochen verschmolzen.

Die Diaphyse des Oberarmbeins verknöchert in der achten Woche. Die Epiphysen sind zur Zeit der Geburt gewöhnlich noch knorpelig. Dann setzt auch in ihnen durch je einen Knochenkern im ersten Jahre die Verknöcherung ein und ergänzt sich im zweiten Jahre durch je einen im Tuberculum majus und minus auftretenden und je einen im Capitulum in der Trochlea und im Epicondylus medialis und lateralis sich bildenden Kern. Zwischen 16 und 20 Jahren ist die Verknöcherung vollständig.

In der Ulna und dem Radius beginnt die Verknöcherung der Diaphyse Ende

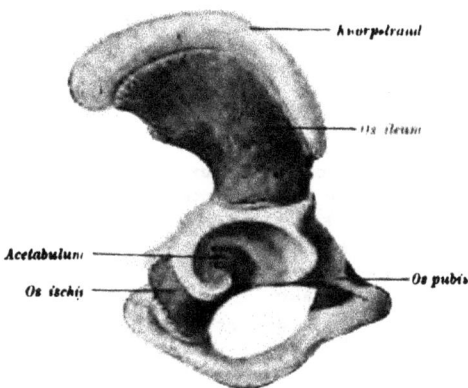

Fig. 353. Seitenansicht der rechten Beckenhälfte eines neugeborenen Kindes. Natürliche Größe. Knorpel hell, Knochen dunkel.

des zweiten Monats. Knochenkerne treten zuerst in der distalen, dann erst in den proximalen Epiphysen des Radius im fünften, an der Ulna im sechsten Monate nach der Geburt auf. Dazu kommen noch Nebenkerne. Die obere Epiphysenfuge synostosiert im 16., die untere im 19.—20. Jahre.

Sämtliche schon im zweiten Monate knorpelig angelegten Carpuselemente verknöchern vom 1.—12. Jahre von je einem oder, wie das mitunter in Gestalt zweier Knorpel angelegte Naviculare, von zwei Knochenkernen aus. Bei Embryonen des zweiten Monats erscheint distal vom Naviculare das Zentrale. Es verschwindet beim Menschen gewöhnlich vom dritten Monate ab oder bleibt ausnahmsweise, wie beim Orang und manchen anderen Säugern, als gesonderter Knochen bestehen.

Die Metacarpalien beginnen um die Mitte des dritten Monats, die Phalangen aber schon vor ihnen um die Mitte des zweiten Monats zu verknöchern. Die knorpelige Daumenanlage besteht aus dem Metacarpale und drei Phalangen, deren Mittelphalange entweder mit der Endphalange verschmilzt oder rückgebildet wird. Auffallenderweise beginnt die Ossifikation der Hand an der Spitze der Endphalangen, dann folgt die Verknöcherung der Grund- und zuletzt die der

Mittelphalangen. Bei der Geburt sind die Metacarpalien und Phalangen nahezu vollkommen verknöchert. Akzessorische Kerne in den Epiphysen und Phalangen verschmelzen erst nach der Pubertät mit den Diaphysen.

Der Beckengürtel baut sich aus den paarigen Hüftbeinknorpeln auf, deren jeder aus der späteren Darmbeinschaufel und einer das Foramen obturatum begrenzenden Knorpelspange für das spätere Scham- und Sitzbein besteht. Die Verknöcherung setzt mit einem Kern im Darmbeine im dritten Monate, mit einem oder zwei Kernen im absteigenden Sitzbeinaste im 4.—5. Monate und einem oder seltener zweien im horizontalen Schambeinaste ein (5.—7. Monat). Beim Neugeborenen sind noch der Darmbeinkamm, der ganze Pfannenrand und die Pfanne, der absteigende Scham- und der aufsteigende Sitzbeinast sowie der Sitzbeinhöcker und die Spina ossis ischii knorpelig (Fig. 353). Zwischen dem 6—14. Jahre entstehen da, wo die Knochen im Acetabulum zusammenstoßen, noch drei Epiphysenkerne und ein ebensolcher an der Facies auricularis des Ileum sowie am Symphysenende des Schambeins. Dazu kommen noch Nebenkerne, vor allem ein in der Pfanne auftretendes Os acetabuli. Die Synostosierung in der Pfanne tritt erst im 17.—18. Jahre ein. Im Oberschenkel tritt der Diaphysenkern Ende des zweiten Monats, der Kern der distalen Epiphyse aber stets kurz vor der Geburt auf und gilt als Zeichen der Reife des Kindes. Der proximale Epiphysenkern bildet sich erst nach der Geburt. Dazu kommen noch Nebenkerne im Trochanter major und minor. Diese Kerne verschmelzen im 17.—24. Jahre.

Auch die Tibia und Fibula ossifizieren von der Diaphyse aus gegen Ende des zweiten Monats. In ihren bei der Geburt noch knorpeligen Epiphysen treten im 1.—3. Jahre Knochenkerne auf. Zwischen dem 18. und 20. Jahre synostosieren die Epiphysenkerne mit denen der Diaphyse, und zwar zuerst die distalen, dann die proximalen.

Die schon im zweiten Monate knorpelige Patella entwickelt ihren Knochenkern im 1.—3. Jahre.

Von den Fußwurzelknochen ossifizieren der Calcaneus im sechsten, der Talus im siebenten Monat von der Geburt und ebenso das Cuboid, im 1.—4. Jahre das Naviculare und die Cuneiformia. Zum Calcaneus kommt noch ein zwischen dem sechsten und zehnten Jahre auftretender Nebenkern, der mit ihm nach der Pubertät verschmilzt.

An den Metatarsalien und Zehenphalangen läuft die Verknöcherung im wesentlichen, nur etwas später, in derselben Weise wie an der Hand ab und beginnt von der medialen Fußseite aus. Die nicht selten knorpelige und synostotische Verschmelzung der zweiten und dritten Phalanx der fünften Zehe des Menschen weist auf eine Verkümmerung der kleinen Zehe der Kulturrassen infolge von mangelhaftem Gebrauche hin.

Überzählige Knochenelemente im Carpus und Tarsus sowie überzählige Phalangen (Hyperphalangie) (ύπέρ = über, φάλαγξ = Fingerglied) sind nicht gerade selten und zum Teil, wie beispielsweise das Os trigonum am Calcaneus des Menschen, durch selbständig gebliebene Knochenkerne bedingt. Auch Vermehrung der Finger und Zehen beobachtet man bei Menschen und Tieren (Hyperdaktylie, δάκτυλος = Finger), ebenso wie die Verminderung (Hypodaktylie) durch Verwachsung (Syndaktylie) oder mangelnde Anlage (Agenesie). Die bei Spalthufern und auch beim Pferde beobachtete Hyperdaktylie darf aber nicht schlechtweg als Rückschlag zur pentadaktylen Stammform betrachtet werden, sondern ist meist eine durch Verdoppelung eines Fingers oder einer Zehe bedingte Mißbildung. Echte Atavismen an Hand und Fuß der Spalt- und Einhufer durch Ausbildung längst abortiv gewordener oder noch in Rückbildung befindlicher Zehen oder Finger gehören zu den allergrößten Seltenheiten (atavistische Hyperdaktylie). Zwar werden auch an den durch Rückbildungen in der Zahl der Finger und Zehen ausgezeichneten Gliedmaßen der Paar- und Unpaarhufer meist die typischen 5 Strahlen angelegt (beim Schwein Strahl 2—5 und Anlage des Metacarps, beim Rind und der Ziege 5 Strahlen), aber es kommen nur die Finger und Zehen 3 und 4, bei Unpaarhufern nur Mittelfinger und Mittelzehe zur vollen Entwicklung. Die übrigen abortiven Strahlen werden aber verspätet angelegt und werden noch im fetalen Leben oder doch kurz nach diesem mehr oder minder in wechselnder Ausdehnung wieder aufgelöst. Ein Fall von Anlage des Daumens oder der großen Zehe ist beim Pferdeembryo überhaupt noch nie beobachtet worden (Agenesie).

Die Zahl der Phalangen der einzelnen Strahlen wird erst bei den Säugern eine konstante (Daumen und Großzehe 2, die übrigen je 3). Als Mißbildungen kommen Verringerungen und Vermehrungen der Phalangen (Hypo- und Hyperphalangie) vor, letztere bei manchen Wassersäugern (Delphin, Seehund, Robben usw.) als regelmäßige Anpassung an das Wasserleben durch Umwandlung der Hände und Füße zu Flossen.

d) Gelenke.

Die im Bindegewebe angelegten knorpeligen und knöchernen Skeletteile bleiben durch Bindegewebsreste von derber und faseriger Struktur, die sich zu besonderen Bändern umwandeln. miteinander in Verbindung.

Die einfachste Art der Bindegewebs- oder Knorpelverbindung zweier Knochen durch Bänder oder Knorpel, die S y n d e s m o s e und S y n c h o n d r o s e, kann sich an Regionen mit beschränkter Beweglichkeit zeitlebens erhalten. An anderen Stellen entsteht, unter Auftreten einer Spalte im Knorpel, ein H a l b g e l e n k. An wieder anderen, mit freierer Beweglichkeit begabten Gebieten des Skelets bildet sich eine kompliziertere Art der G e l e n k v e r b i n d u n g als S y n a r t h r o s e aus. Anfänglich zwischen Knochen vorhandene Syndesmosen oder Synchondrosen können nachträglich verknöchernd zu S y n o s t o s e n werden.

Die G e l e n k h ö h l e entsteht durch Schwund des zellenreichen, zwischen den knorpeligen Skeletteilen gelegenen Gewebes, der Z w i s c h e n s c h i c h t. Die Gelenkenden berühren sich dann gegenseitig. Gleichzeitig haben sich noch, ehe eine Gelenkhöhle entstanden ist, die typischen Formen der Gelenkenden schon mehr oder weniger an dem noch unbeweglichen Gelenke ausgebildet (Fig. 354).

Da zu dieser Zeit die Muskeln noch nicht funktionsfähig sind, können sie auch nicht durch ihre Kontraktionen die Gelenkenden durch gegenseitiges Abschleifen und gegenseitige Anpassung infolge der durch die Muskelkontraktionen gegebenen Verschiebung während des Embryonalzustandes auf mechanische Weise bilden, wie fälschlich angenommen wurde.

Die für jedes Gelenk eigentümliche Gestaltung der Gelenkenden im Embryo ist vielmehr eine ererbte (Beweis für Vererbung erworbener Eigenschaften).

Die Gelenkhöhle trennt die auch nach der Verknöcherung noch von einem dünnen unverbrauchten Knorpelrest überzogenen Gelenk-

enden und wird nach außen durch das von einem Skeletteil zum anderen verlaufende und sich in deren Periost fortsetzende Bindegewebe
umschlossen. Dieses scheidet sich in eine äußere derbe, fibröse Lage,
die Gelenkkapsel, und eine innere, der Gelenkhöhle zugewendete,
gefäßreichere und weichere Lage, die Synovialhaut, welche die
Bildung der Gelenkschmiere übernimmt. Fortsätze derselben, die
Synovialzotten oder -falten sind Reste des unverbrauchten,
zwischen den Gelenkenden gelegenen Zwischengewebes. Die Hilfs-
oder Verstärkungsbänder sind durch funktionelle Inanspruchnahme verdickte oder selbständig gewordene Faserbündel der Gelenkkapsel.

Zwischen inkongruenten Gelenkenden können sich beträchtliche
Überbleibsel der intermediären Zwischenschicht erhalten und sich, in

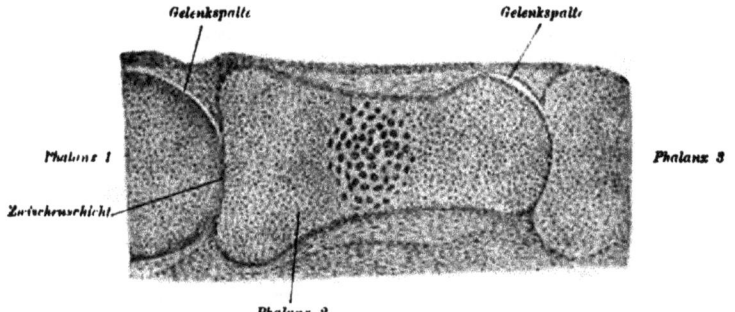

Fig. 354. Medianschnitt durch den Mittelfinger eines 7 cm langen menschlichen Embryos mit eben
beginnender Bildung der Gelenkspalten auf der Streckseite. Nach Schulin.

ein derbes Fasergewebe umwandelnd, zu Zwischengelenksknorpeln
oder Menisken werden.

Im Laufe des vierten Monates sind beim menschlichen Embryo
sämtliche primitive Gelenke angelegt.

Sie werden durch Knorpel- und Knochenwachstum weiter ausgebildet und durch den Einfluß der Muskeltätigkeit nach der Geburt
weiter ausgeschliffen und in die fertigen Gelenke umgewandelt.
Wo sich Sehnen eng mit der Gelenkkapsel verbinden, können sich
aus der Peripherie der Zwischenschicht Sesambeine bilden, deren
knorpelige Anlage erst relativ spät nach der Geburt erfolgt.

5. Die Entwicklung des Harn-Geschlechtsapparates.

Die Organe des Harn-Geschlechtsapparates gehen aus gemeinsamer
Anlage hervor und bleiben zeitlebens durch die Verbindung ihrer Ausführungsgänge in engster anatomischer und physiologischer Beziehung
zueinander. Die Aufeinanderfolge von drei nacheinander entstehenden
Nierensystemen und die Rückbildung mehr oder minder umfangreicher

Teile der Anlage des Geschlechtsapparates gestalten die Entwicklung des Harn-Geschlechtsapparates bei den Amnioten sehr eigenartig.

a) Harnapparat.

Soweit dieser aus der Vorniere und Urniere sowie aus dem primären Harnleiter besteht, darf die Entwicklung aus der auf S. 130 gegebenen Darstellung als bekannt vorausgesetzt werden.

Die Entwicklung der Niere.

Auf der Höhe ihrer Entwicklung (Fig. 115) reichen die rechts und links vom Darme gelegenen Urnieren von der Hals- bis in die Beckenregion. Ihr Ausführungsgang, der primäre Harnleiter oder Urnierengang (Wolffscher Gang), mündet beiderseits in die Kloake.

Die Nach- oder Dauerniere, der Metanephros ($\mu\varepsilon\tau\acute{\alpha}$ = nach, $\nu\acute{\varepsilon}\varphi\varrho o\varsigma$ = Niere) entwickelt sich aus zwei ursprünglich voneinander unabhängigen Anlagen.

Hinter dem letzten kaudalen Urnierenkanälchen besteht jederseits noch ein Blastemrest, der zum Beispiel bei dem Kaninchen von dem kaudalen Urnierenpol bis zur Mündungsstelle des primären Harnleiters in die Kloake am Anfange des 32. Urwirbels reicht (Fig. 355). Der beim Kaninchen etwa im Bereiche des 30. Urwirbels gelegene Teil des Urnierenblastems geht zugrunde. Das im Bereiche des 31. und 32. Urwirbels gelegene Nierenblastem aber wird zur Bildung des sezernierenden Teiles der Nachniere verwendet.

Es besteht aus dicht gelagerten, sich intensiv färbenden Zellen mit zahlreichen Kernteilungsfiguren, liegt an der medialen Seite des primären Harnleiters und geht mit seiner Peripherie ohne scharfe Grenze in das umgebende Mesenchym über. Bei Kaninchenembryonen dieses Entwicklungsstadiums und bei menschlichen Embryonen von 5—8 mm aus der vierten Woche stülpt sich zwischen dem 31. und 32. Urwirbel aus dem dicht über seiner Mündung spindelförmig erweiterten primären Harnleiter dorsalwärts die Ureterknospe ($o\check{v}\varrho\eta\tau\acute{\eta}\varrho$ = Harnleiter) aus. Sie liefert das Material für die ausleitenden Wege der Nachniere (Fig. 356 A und B).

Die Ureterknospe sondert sich in einen Stiel, den bleibenden Harnleiter oder Ureter, und in ein ihm aufsitzendes endständiges Bläschen, das primäre Nierenbecken.

Bei der Bildung der Ureterknospe und des primären Nierenbeckens wird auch das Nachnierenblastem mit ausgestülpt und von dem Urnierenblastem getrennt. Es überkleidet nun als eine einheitliche Kappe die Ureterknospe bis zum Beginne des Harnleiters und läßt (bei menschlichen Embryonen der

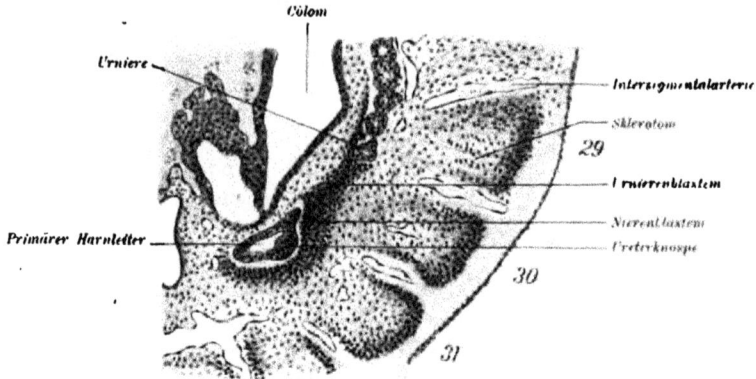

Fig. 355. Sagittalschnitt durch das Kaudalende der Urniere mit der Anlage der Ureterknospe. Kaninchenembryo. Nach Schreiner. Vergr. etwa 60:1.

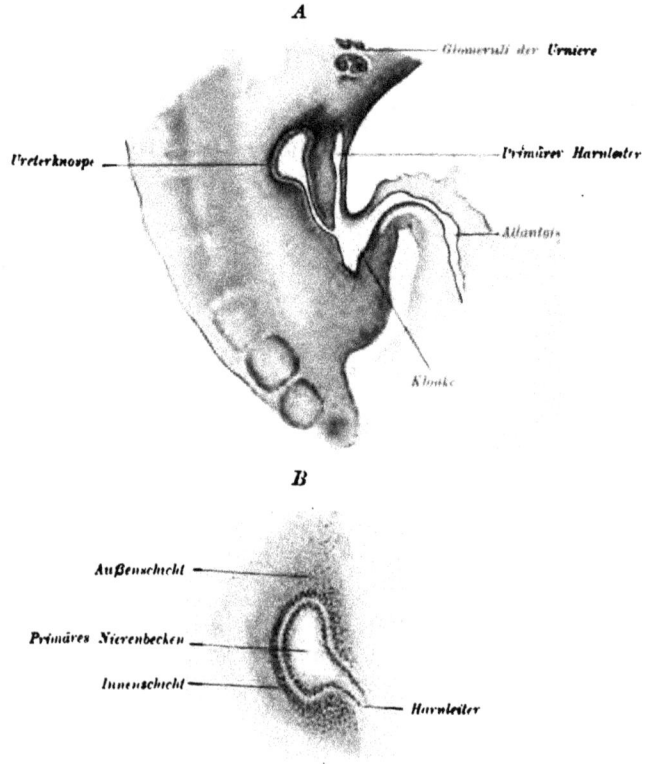

Fig. 356. *A* Längsschnitt durch die Nachnierenanlage eines Schweineembryos von 11 mm Länge. Vergr. etwa 50:1. *B* Die Nachnierenanlage desselben Embryos stärker vergrößert. Vergr. etwa 120:1.

fünften Woche) eine dichtere kernreiche Innen- und lockere Außen-schicht erkennen.

In diesem Entwicklungsstadium besteht also die Nachnierenanlage
1. aus dem Stiel der Ureterknospe, d. h. aus der Anlage des sekundären Harnleiters oder Ureters,
2. aus der Hohlknospe selbst oder der Anlage des primären Nierenbeckens, dessen Epithel das ableitende Kanal-system der Nachniere, die Sammelröhren und die Ductus papillares liefert,
3. aus dem diese Knospe kappenartig umhüllenden Nieren-blastem, das sich bei menschlichen Embryonen aus der fünften Woche in eine epitheliale Innen- und eine mesenchymatöse Außenschicht gesondert hat.

Die ganze Anlage mit allen ihren Teilen wird nun als Nach-nieren- oder kurzweg Nierenknospe bezeichnet.

Während des weiteren Auswachsens des Ureters flacht sich die dorsale Seite der Nachnierenknospe, sobald sie die Wirbelsäule erreicht hat, etwas ab. Unter beständiger Verlängerung des Harnleiters ver-lagert sich die Niere rechts und links von der Wirbelsäule immer weiter kopfwärts. Das primäre Nierenbecken nimmt an Geräumigkeit zu und dreht seine dorsale Wand seitwärts, seine ventrale einwärts. So erreicht die Niere schon bei menschlichen Embryonen von 12—13 mm ihre bleibende Stellung.

Bei menschlichen Embryonen von 32—33 Tagen und etwa 10—12 mm Länge bildet das primäre Nierenbecken einen kaudalen und einen kranialen Blindsack, die kaudale und kraniale primäre Sammel-röhre (Fig. 357). Zu diesen gesellen sich bei Embryonen von 11,5 mm Länge noch zwei zentrale primäre Sammelröhren.

Aus den primären Sammelröhren oder den Sammelröhren I. Ordnung entstehen durch wiederholte Teilung 12—13 weitere Generationen von Sammelröhren. Mit der Bildung der letzten Gene-ration, den terminalen Sammelröhren, ist die Anlage der aus-leitenden Nierenkanälchen bei menschlichen Embryonen im fünften Monat in der Regel beendet.

Durch die Bildung und Vermehrung der Sammelröhren wird die Nierenanlage beträchtlich vergrößert. Gleichzeitig wird durch die radiär auswachsenden Sammelröhren das Nierenblastem in einzelne, den blinden Enden der Sammelröhren-büschel kappenartig aufsitzende Teile zerlegt. Aus deren Innenschicht entsteht der sekretorische Teil der Niere, die Harnkanälchen. Die Außenschicht liefert das Nierenbinde-gewebe.

Die Entwicklung der Harnkanälchen beginnt schon bei mensch-lichen Embryonen von ·2 cm Länge, lange bevor die Entwicklung der

Ureterverzweigung mit der Bildung der terminalen Sammelröhren abschließt.

Meist legen sich zwei Harnkanälchen gleichzeitig an, indem sich
aus der Blastemkappe ganz wie bei der Anlage der Urniere epitheliale
Kugeln sondern, deren Zellen sich radiär stellen. Die Kugeln werden
dann wie in der Urniere zu Bläschen, zu den Nierenbläsche'n.
Diese strecken sich zu S-förmig gebogenen Röhrchen, die sich in die
Anlage des Harnkanälchens und in die Anlage der Bowmanschen
Kapsel gliedern (Fig. 359 A). Nun öffnet sich das Kanälchen in eine

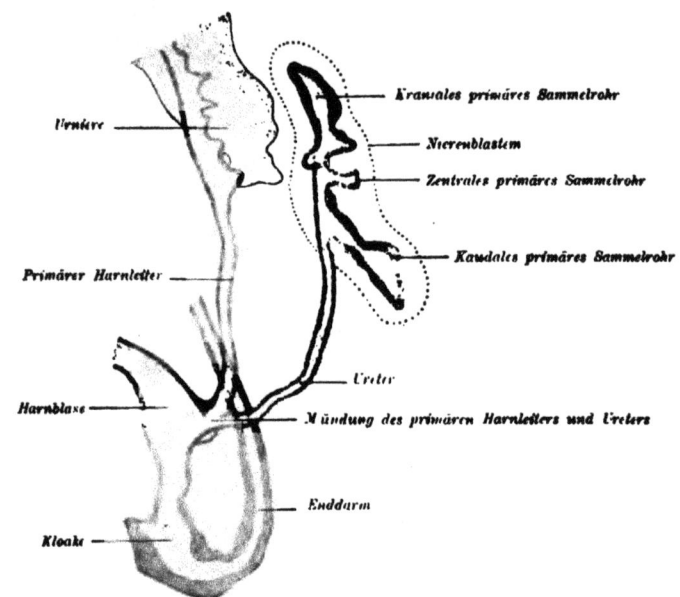

Fig. 357. Profilkonstruktion der Nierenanlage eines menschlichen Embryos von 11,5 mm Länge.
Nach Schreiner. Vergr. etwa 50 : 1.

Sammelröhre und verbindet so den sekretorischen Abschnitt mit einer
Verzweigung des ableitenden Teiles (menschliche Embryonen von 2,5 cm).

Die Sonderung von Zellenkugeln und Harnkanälchenanlagen aus
dem Nierenblastem wiederholt sich parallel der Ausbildung der verschiedenen Generationen von Sammelröhren in mehrfacher Schichtung. Dabei wird das noch nicht zur Bildung von Harnkanälchen
verbrauchte und wuchernde Nierenblastem durch die neugebildeten
Kanälchen peripher verschoben. Gleichzeitig bildet es neue Harnkanälchen. Die jüngsten Kanalanlagen liegen demnach am meisten
peripher, die ältesten zentral um das Nierenbecken herum (Fig. 359).

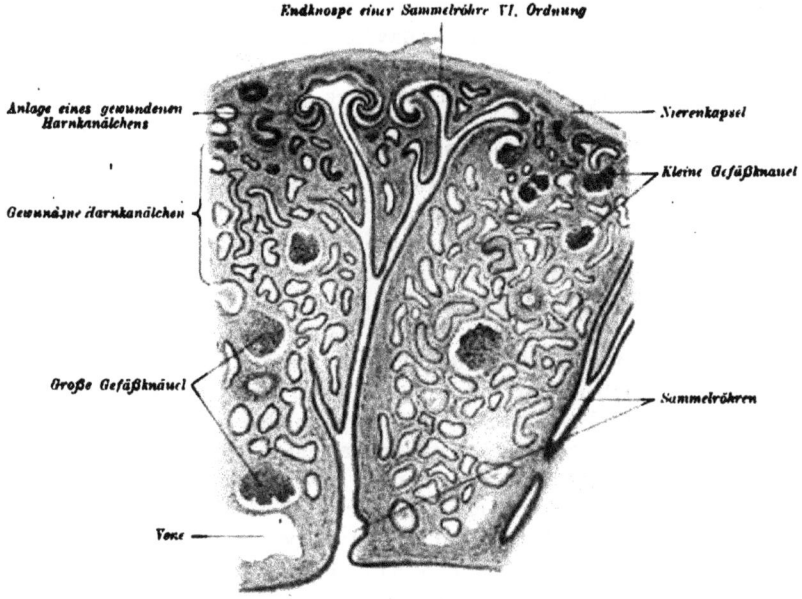

Fig. 358. Schnitt durch die Nierenanlage eines Schweineembryos von 6,2 cm Länge. Vergr. etwa 50:1.

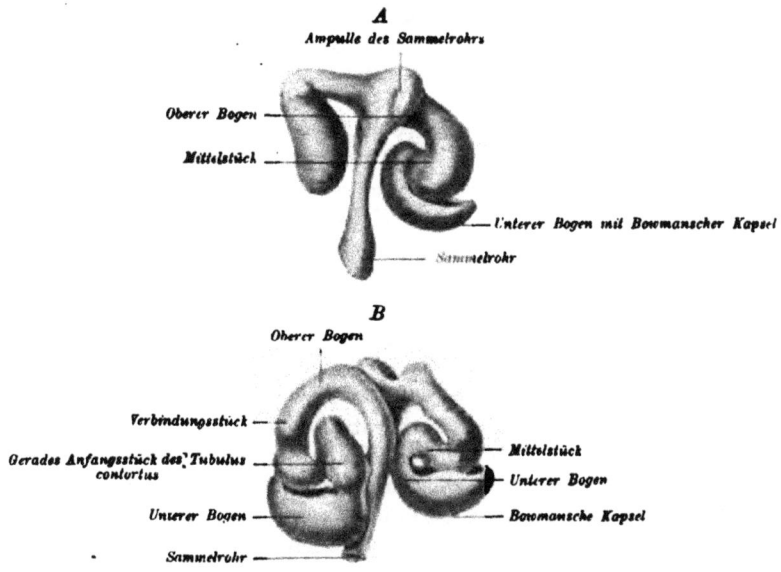

Fig. 359 *A* u. *B*. Zwei Modelle der Anlage der Harnkanälchen von menschlichen Embryonen. Nach S t ö r k. Vergr. etwa 300:1.

An dem S-förmig gebogenen, sich verlängernden Harnkanälchen
unterscheidet man einen oberen, in das Sammelrohr mündenden Bogen,
ein Mittelstück und einen unteren Bogen, in welchen das Mittelstück
in scharfer Knickung übergeht. Der untere Bogen hat die Form eines
Löffels mit hohler Wand und hohlem, gegen die Löffelmulde vor-
springendem Stiele. Das aus dem oberen Bogen- und Mittelstück
bestehende „Hauptkanälchen" sondert sich, in die Länge wachsend, in
ein in das Sammelrohr mündendes Verbindungsstück, in das Schalt-
stück, in die Henlesche Schleife und in den Tubulus contortus. Die
Bowmansche Kapsel entsteht aus dem unteren Bogen.

Die ersten Gefäßknäuel oder Glomeruli finden sich bei 3 cm
langen menschlichen und etwa 2¹/₂ cm langen Schweine- und Schafembryonen, die letzten Glomeruli und Harnkanälchen entwickeln sich
beim Menschen sieben Tage nach der Geburt. Infolge der Schichtung
der verschiedenen Generationen der Harnkanälchen müssen auch die
Gefäßknäuel in Schichten liegen, und zwar sind die peripheren jüngeren
stets kleiner als die älteren mehr zentral gelegenen, ein Größenunterschied, der sich erst gegen Ende des ersten Lebensjahres ausgleicht.

Die aus dem Gefäßknäuel und der Bowmanschen Kapsel bestehenden Malpighischen oder Nierenkörperchen entstehen aus
dem löffelförmig verbreiterten unteren Bogen und dem Mittelstück
der S-förmig gekrümmten Kanalanlage. In die Spalte zwischen dem
Mittelstück und dem unteren Bogen wuchert Mesenchym ein, in
welchem die ersten Gefäßschlingen sichtbar werden. An ihnen kann
man sehr bald ein Vas afferens, ein System kapillarer Schlingen
und ein Vas efferens unterscheiden. Damit ist der Glomerulus
gegeben.

Während der ersten Embryonalmonate fallen beim Menschen,
Schweine und Rinde große, zentral gelegene Glomeruli (Fig. 358) auf,
die aber später wieder spurlos verschwinden.

Nachdem die Bowmansche Kapsel den Glomerulus vollkommen
umwachsen hat, flachen sich ihre Epithelien auf den Glomerulus-
schlingen und auf der inneren Fläche der Kapselwand ab.

Der Scheidung in die fünf aus dem oberen Bogen hervorgehenden
Abschnitte eines Harnkanälchens entspricht auch die histo-
logische Sonderung ihres Epithelbelages. Sie schreitet von den
Malpighischen Körperchen aus peripher vor und führt zur Ausbildung
der für die einzelnen Kanalabschnitte eigentümlichen Epithelbeläge.
Nach der Geburt wachsen die Tubuli contorti noch beträchtlich in die
Länge und Weite und bilden dann die äußerste glomeruluslose Rinden-
schicht der Niere (Cortex corticis).

Die zentrale Grenze der Rinde gegen das Mark wird durch die
innerste Schicht der Glomeruli, die periphere durch die schon im
zweiten Monate auftretende Nierenkapsel gebildet. Die Mark-

substanz wird erst durch das Längenwachstum der noch vorhandenen Sammelröhren und durch die Ausbildung der Henleschen Schleifen gegen Ende des vierten Embryonalmonates beim Menschen fertiggestellt. Durch die bei menschlichen Embryonen von 9—13 cm Länge radiär aus der Pyramidenbasis auswachsenden Sammelröhren leitet sich die Bildung der Markstrahlen ein und nimmt bis zur Geburt zu.

Die Papillen entstehen durch Längenwachstum der Sammelröhren mittlerer Ordnung — die inneren sind zur Ergänzung des Nierenbeckens verbraucht — bei menschlichen Embryonen von 19—30 cm Länge. Die anfangs schmalen Papillen nehmen durch die immer zahlreicher einwachsenden Henleschen Schleifen rasch an Dicke zu. Die auf den Papillenspitzen mündenden Sammelröhren heißen nun Ductus papillares.

Bei einfachen einwarzigen oder unipapillaren Nieren (zum Beispiel beim Pferde und Kaninchen) liegt die Bildungszone der Harnkanälchen in fächerförmiger Anordnung einheitlich nur in der Peripherie der Niere. Bei den zusammengesetzten vielwarzigen oder multipapillaren Nieren (zum Beispiel beim Schweine, Rinde und Menschen) zerfällt die Bildungszone allmählich in mehrere kappenartige Teilzonen, deren Ränder bis zum Nierenbecken herunterreichen und so die Niere in einzelne Renculi oder Nierenläppchen scheiden.

Da sich beim Menschen zwei bis vier Sammelröhren I. Ordnung bilden, so besteht die menschliche Niere auch nur aus höchstens vier Sammelrohrsystemen. Jedes der vier Sammelrohrsysteme bildet zusammen mit seiner Rindenkappe eine primäre Nierenpyramide (Embryonen der neunten bis zehnten Woche). Die radiäre Anordnung der einzelnen Sammelrohrsysteme und ihre Entfaltung an den freien Seiten der Pyramiden bedingt die konkave Krümmung der Nierensubstanz um das Nierenbecken. Ebenso bleiben zwischen den primären Pyramiden bis zum Sinus renalis herabreichende Mesenchymreste, neben welchen die Neubildungszonen der Harnkanälchen als primäre Rindensäulen, Columnae corticales, bestehen. Gleichzeitig bedingen die primären Pyramiden an der Nierenoberfläche eine Lappung, deren Trennungsfurchen auf dem Schnitte den primären Columnae entsprechen.

Durch die Bildung neuer sekundärer und tertiärer Columnae werden die primären Pyramiden in sekundäre, tertiäre usw. zerlegt, und die Zahl der Nierenlappen steigt parallel der weiteren Entwicklung.

Das enge primäre Nierenbecken wird zum geräumigen Becken der fertigen Niere durch die Umbildung der primären Sammelröhren zu den Calyces majores und durch die Einbeziehung der stark erweiterten, an diese anschließenden Sammelröhren II.—IV. Ordnung, welche sich zu den Calyces minores umbilden.

Das ernährende und stützende Bindegewebe und die Nieren-
kapsel entstehen aus der Mesenchymschicht des Nierenblastems.
Die Glashäute der Harnkanälchen und Sammelröhren sowie die
Wände der Bowmanschen Kapseln werden nach Art der Basal-
häute gebildet. Die glatte Muskulatur der Niere geht aus deren
Mesenchym hervor.

Die Nierenarterien (S. 364) entstehen erst, nachdem die Nieren
ihre definitive Lage erreicht haben. Die primitiven Nierenvenen
schwinden gleichzeitig mit der Ausbildung der Nierenarterie und werden
durch eine Queranastomose der hinteren Kardinalvenen, die bleibende
Nierenvene, ersetzt.

Normale Nieren haben ihre Lage in der Lendenregion. Mit ihren kaudalen
Polen verschmolzene sogenannte „Hufeisennieren" liegen stets an der Teilungs-
stelle der Aorta in die A. iliacae. Zu ihrer Bildung disponiert die bei menschlichen Embryonen etwa 1,5—2 cm bis zur Berührung genäherte Stellung der beiden
unteren Nierenpole, die sich erst später wieder voneinander entfernen. Bei einem
Embryo von 1,9 cm habe ich die früheste bis jetzt vom Menschen bekannte Huf-
eisenniere gefunden. Außerdem kennt man einseitiges und — natürlich das Leben
ausschliessendes — beiderseitiges Fehlen der Nieren. Doppelte Ureteren erklären
sich aus der Anlage einer doppelten Ureterknospe.

Es wird als unwahrscheinlich betrachtet, daß die Urniere und Nachniere im
embryonalen Leben der Amnioten als Harnorgane funktionieren, da zum Beispiel
beim Menschen überhaupt keine blasenförmige Allantois und auch keine Harnblase
in der ersten Zeit vorhanden und der Sinus urogenitalis erst bei 14 mm langen
Embryonen nach außen eröffnet ist. Trotzdem fehlen Stauungserscheinungen des
Harnes. Ferner beweisen nierenlose Embryonen die Möglichkeit intrauterinen
Wachstums auch ohne Nierenfunktion. Die Ausscheidung der im Wasser löslichen
stickstoffhaltigen Zersetzungsprodukte muß also im Bereiche der Allantois oder
im Gebiete des früh entwickelten Chorionkreislaufs und später in der Placenta
durch die Nabelgefäße geschehen. Bei Schweineembryonen von 1 cm Länge ab
finde ich aber sowohl in den Urnieren- wie bei solchen von 8 cm in den Nierenkanälchen reichliches, nicht näher bestimmbares Sekret. Die Frage nach der
Funktion der Urnieren und der embryonalen Nieren bedarf bei den einzelnen Typen
noch eingehender Untersuchung.

Die Entwicklung der Harnblase.

Die Harnblase der Amnioten ist keine einheitliche Bildung.
Sie entsteht zum größeren Teil aus der Kloake, zum kleineren Teil
aus der Endoallantois und aus den in die Harnblasenwand einbezogenen
Mündungsstücken der Ureteren.

Unter einer Kloake versteht man den (Fig. 357 und 360) vor
der Schwanzwurzel gelegenen und anfänglich durch die Kloakenhaut
geschlossenen Raum, in welchen der End- und Schwanzdarm, die
Endoallantois und die Harnleiter münden. Nach dem Durchbruche
der Kloakenöffnung können durch die Kloake Kot, Harn und Geschlechts-
produkte nach außen entleert werden. Eine solche bei Amphibien,
Reptilien und Vögeln zeitlebens bestehende Kloake findet sich auch

bei den Monotremen. Bei den über den Kloakentieren stehenden
Säugern tritt die Sonderung in den After und in eine Harn-
geschlechtsöffnung ein.

Die Kloake wird durch eine in kaudaler Richtung einspringende
und vorrückende Bogenfalte, die Urorectalfalte (οὖρον = Harn,

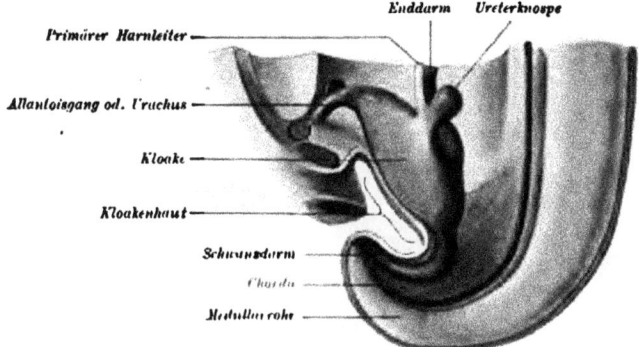

Fig. 360. Modell der Kloake eines menschlichen Embryos von 6,5 mm. Nach K e i b e l.

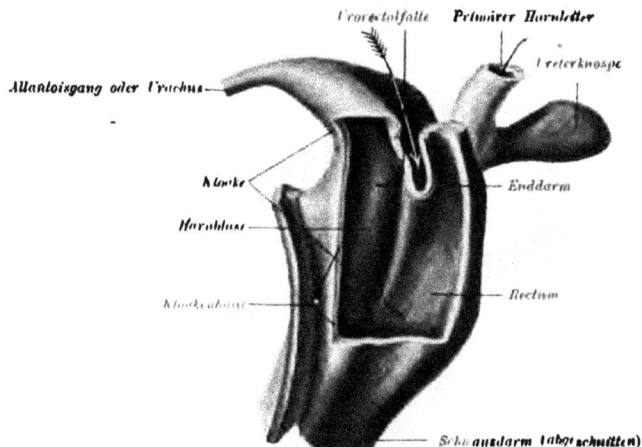

Fig. 361. Modell der Sonderung der Kloake in Harnblase und Mastdarm von einem etwas älteren
menschlichen Embryo. Nach K e i b e l. Die Mündung des primären Harnleiters in die Kloake ist
durch eine feine Sonde markiert.

rectum = Enddarm) in einen dorsalen Teil, den End- oder Mastdarm, und in einen ventralen Teil, den Kloakenrest, geschieden
(Fig. 361). Die beiden Schenkel dieser Falte buchten von rechts und
links her die seitliche Kloakenwand ein. Ihre Faltenscheitel nähern
sich einander und verwachsen zu einer frontal gestellten Scheidewand,
zum Septum urorectale (menschliche Embryonen von 32 mm). Aus

dem Kloakenrest entsteht beim Menschen nur der Blasenscheitel mit dem Urachus. Der untere Teil der vom Mastdarme abgetrennten Harnblasenanlage wird zur Harnröhre, die in den Sinus uro-

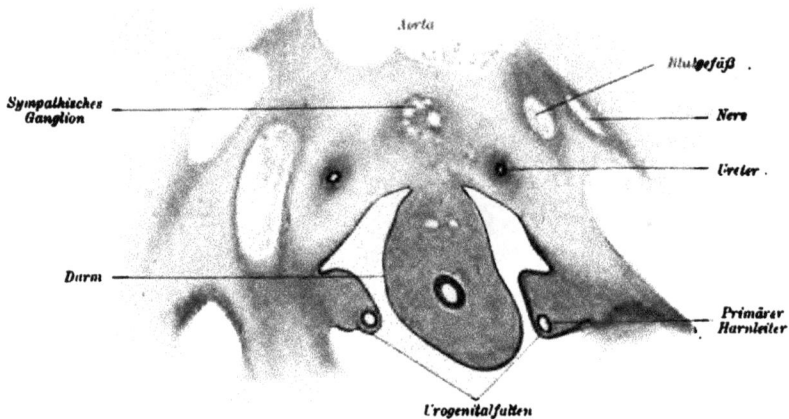

Fig. 362. Querschnitt durch die Beckenregion des menschlichen Embryos von 1,9 cm (Fig. 136). Vergr. etwa 70:1 mit Urogenitalfalten und primärem Harnleiter. Von dem Müllerschen Gang ist nur das Kopfende angelegt (siehe Fig. 373), der Gang ist deshalb nicht in diesen Schnitt gefallen.

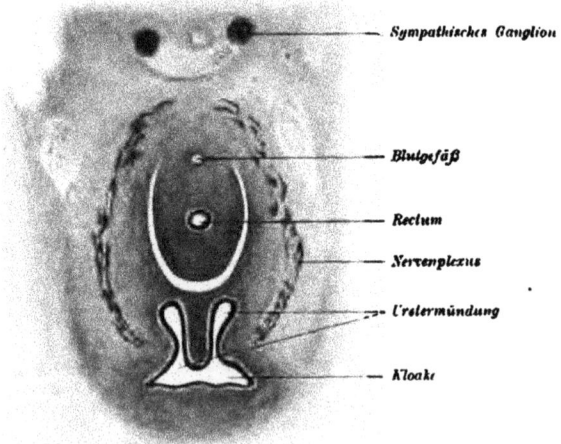

Fig. 363. Querschnitt durch die Einmündungsstelle der beiden Ureteren in die Harnblase bei dem menschlichen Embryo von 1,9 cm in Fig. 136. Vergr. etwa 70:1.

genitalis, oder die Harn-Geschlechtshöhle, den gemeinsamen Raum zur Aufnahme der Harnröhrenmündung und des Sinus genitalis führt. Schon vor der Scheidung in Mastdarm und Blase vollziehen sich auch histologische Sonderungen im Kloakenepithel, dessen Zellen in dem Gebiete des Enddarmes prismatisch bleiben, im Blasengebiete sich aber abflachen.

Bei zweimonatigen menschlichen Embryonen von ca. 12 mm Länge ist die Scheidung in Mastdarm und Blase vollzogen (Fig. 357).

Während der Aufteilung der Kloake in Blase und Mastdarm vollzieht sich die Trennung der Uretermündung von der Mündung der primären Harnleiter dadurch, daß der Stiel der Ureterknospe von der medialen Seite des primären Harnleiters auf dessen laterale Seite verschoben wird (Fig. 381). Nach Beendigung dieser Verschiebung erweitern sich die Mündungsstücke der Ureteren dorsalwärts und werden teilweise zur Ergänzung der Harnblasenwand verwendet.

Durch Auswachsen des zwischen der Mündung des primären Harnleiters oder Urnierenganges und des Ureters derselben Seite gelegenen Wandstückes der Harnblasenanlage wird die Uretermündung beiderseits auch kopfwärts verlagert (Fig. 381). Das zwischen den Mündungen beider Ureteren und der Mündung der primären Harnleiter gelegene Gebiet der Blasenwand wird zum Blasendreieck, dem Trigonum vesicae.

Durch den auf der Bauchseite des Embryos kopfwärts vorwachsenden Rand der hinteren Darmpforte wird die Allantois U-förmig von dem mit ihr zusammenhängenden Hinterdarm abgebogen (Fig. 356 *B*) und bei Verschluß des Leibesnabels in den außerhalb der Bauchhöhle gelegenen Teil, die Exoallantois (ἔξος = außen, und in den röhrenförmigen, innerhalb der Bauchhöhle mit dem Hinterdarme zusammenhängenden Teil, die Endoallantois (ἔνδος = innen), mit dem Urachus (οὐραχός = Harngang im Nabel des Neugeborenen) geschieden.

Zwischen der achten und neunten Woche setzt sich bei menschlichen Embryonen die erweiterte Harnblasenanlage durch eine seichte Ringfurche von dem Sinus urogenitalis ab.

Die Harnblase nimmt nun Schlauch- oder Spindelform an und behält sie bis zur Geburt bei (Fig. 373). Zu der Epithelschicht der Harnblase gesellt sich die Mesenchymschicht, die sich in die Mucosa und in die Submucosa scheidet und bei menschlichen Embryonen von 3—4 cm schon deutliche glatte Muskelfasern als erste Andeutung der Muscularis vesicae enthält. Erst nach der Geburt wird der Beckenteil der Harnblase durch Füllung mit Harn kugelförmig. Der zum Leibesnabel ziehende und in den Nabelstrang eintretende Teil des Allantoisstieles, der Urachus, schließt sich nach der Geburt und schrumpft zu dem mittleren Blasenband zusammen, welches den Blasenscheitel mit dem Nabel verbindet. Die beiden obliterierten Nabelarterien werden zu den seitlichen Blasenbändern (siehe Fig. 373).

In dem mittleren Blasenband können Epithelreste des Urachus unter Flüssigkeitsansammlung Cystenbildung veranlassen. In sehr seltenen Fällen kann der Urachus bei mangelhaftem Verschlusse des Leibesnabels nach der Geburt offen bleiben und der Harn durch ihn entleert werden.

b) Geschlechtsapparat.

Der fertige Geschlechtsapparat besteht bei männlichen wie weiblichen Amnioten und bei dem Menschen:

     1. aus den paarigen **Keimstöcken**,
     2. aus deren **Ausführungsgängen**, und
   ' 3. aus den **Begattungsorganen**.

Dazu kommen noch die **akzessorischen Geschlechtsdrüsen** sowie in ihrer Entwicklung gehemmte oder auch **rückgebildete Anhangsorgane**.

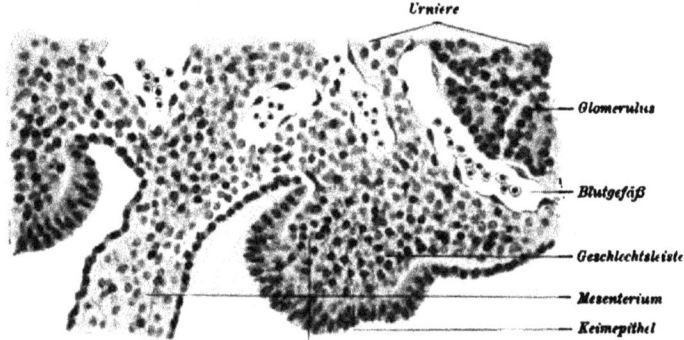

Fig. 364. Querschnitt durch die Geschlechtsleiste eines **Hundeembryos** von 25 Tagen, noch ohne Urgeschlechtszellen. Vergr. etwa 300 : 1.

Der ganze Geschlechtsapparat mit seinen bei beiden Geschlechtern so verschieden gestalteten Organen geht aus einer gemeinsamen Anlage hervor. Sie besteht aus den beiden **Keimstöcken**, den beiden **Urnieren**, den **primären Harnleitern** und den **Müllerschen Gängen** (**Fig. 365 und 366**) und entsteht, abgesehen von den uns schon bekannten Urnieren und deren Ausführungsgängen,. in folgender Weise:

Anlage der Keimstöcke.

Durch Verdickung des Cölomepithels an der medialen Seite der Urniere grenzt sich ein aus schlanken Prismenzellen bestehender Epithelstreifen, die **Keim-** oder **Geschlechtsleiste**, ab. Unter dieser bildet das zuerst nur spärliche Mesenchym ein immer deutlicher in das Cölom vorspringendes Polster (Fig. 364).

In dem Epithelbelage der Geschlechtsleiste bemerkt man (beim Kaninchenembryo von 13 Tagen, beim menschlichen Embryo von 22 mm und ebenso bei Embryonen anderer Säuger) früher oder später einzelne

größere, hellere Zellen mit runden, bläschenförmigen Kernen, die Urgeschlechtszellen. Der Epithelüberzug der Keimleiste wird
als Keimepithel bezeichnet, das nun, aus geschichtetem Cölomepithel und aus Urgeschlechtszellen bestehend, sich scharf
gegen das übrige flache Cölomepithel abgrenzt.

Die Keimleiste verdickt sich zum Keimstock.

Das Keimepithel bedeckt nur den mittleren Teil der Keimleiste;
deren kranialwärts und kaudalwärts gelegener Teil zum kranialen
und kaudalen Bande des Keimstockes umgebildet (Fig. 365)
und nur von gewöhnlichem Peritonealepithel bekleidet wird.

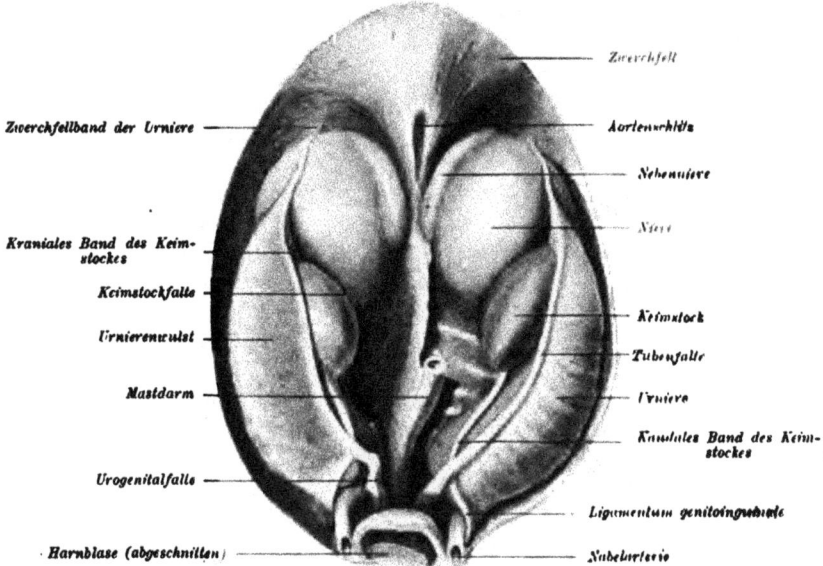

Fig. 365. Urogenitalanlage eines Schweineembryos von 6,2 cm Länge. Vergr. etwa 3:1.

Neuere Untersuchungen ergeben, daß sich die Keimzellen
wahrscheinlich schon bei der Furchung des Keimes von
den somatischen oder Körperzellen sondern. Durch das
fadenförmige Chromatinnetz ihrer Kerne und durch ihre bedeutendere
Größe sind sie von den somatischen Zellen unterscheidbar. Ob alle
nach der Bildung der Keimblätter bei jungen Embryonen des Menschen
am Mesenterium und in der Nähe des Müllerschen Ganges, ferner bei
den Embryonen der Haie, Vögel und Säuger mit 6—15 Urwirbeln im
Epithel des Darmes, vor allem in Hinterdarm auffallenden, im Aussehen
den Urgeschlechtszellen gleichenden Zellen auch wirklich Urgeschlechtszellen sind, die dann in das Darmmesenchym, in das Mesenterium und

in das Epithel an der Oberfläche der Keimleiste und in die Keimstöcke einrücken, ist unsicher. Sicher ist, daß die Urgeschlechtszellen mit von außen einwuchernden Sprossen des Keimepithels, den Keimsträngen, in die Keimstöcke eingestülpt werden.

Die ableitenden Wege der Keimstöcke werden als Reteblastem von dem Cölomepithel und als Sexual- oder Markstränge vom Sexualteil der Urniere, d. h. von dem Teil der Urniere, welcher mit den Keimstöcken in dauernde Verbindung tritt, gebildet. Das Reteblastem besteht aus netzförmig sich verbindenden soliden kleinzelligen Strängen, die in den kranialen Pol der Keimstöcke einwuchern.

Je nachdem die Entwicklung zur Ausbildung eines männlichen oder weiblichen Keimstocks führt, sind die Schicksale dieser Teile verschieden.

Ehe wir zur Schilderung der speziellen Verhältnisse übergehen, sei noch ein kurzer Blick auf die Genitalanlage im allgemeinen geworfen.

Aus dem Epithel am Kopfende der Urniere entsteht neben dem primären Harnleiter eine trichterförmige Einstülpung (Fig. 371). Sie veranlaßt die Bildung eines Kanales, der sich vom primären Harnleiter trennt, auf die Ventralseite der Urniere rückt und als Müllerscher Gang in den Sinus urogenitalis mündet (Fig. 366). Die beiderseitigen Müllerschen Gänge und die primitiven Harnleiter vereinigen sich mit ihren distalen Enden zu dem Genitalstrang (Fig. 369). In diesem verschmelzen die Müllerschen Gänge von der Mitte ihres Verlaufes ab schweifwärts und umschließen eine gemeinsame Lichtung, den Sinus genitalis, der zwischen den getrennt bleibenden primären Harnleitern oder Urierengängen auf einem Wulste, dem Müllerschen Hügel, in den Sinus urogenitalis mündet (Fig. 368).

Ein Teil der Genitalanlage wird bei Entwicklung zum männlichen, ein anderer bei der Entwicklung zum weiblichen Geschlechtstypus weiter ausgebildet. Die nicht weiterentwickelten Teile bilden in ihrer Ausbildung gehemmte Anhangsorgane des männlichen oder weiblichen Geschlechtsapparates.

Männliches Geschlecht.
Entwicklung des Hodens.

Bei Entwicklung des männlichen Geschlechtes wird die Keimstockanlage zum Hoden (Fig. 366). Die Keimstränge lösen sich von dem verdickten Keimepithel ab und werden bei den höheren Wirbeltieren durch eine Bindegewebsschicht dauernd von ihrem Mutterboden geschieden. Das Keimepithel flacht sich ab, bleibt aber noch längere Zeit nach der Geburt (sehr deutlich beim Hengstfohlen) als undurchsichtige, scharf begrenzte Platte von dem Epithel des Peritonealüberzugs des Hodens abgesetzt.

Die Keimstränge wachsen dann in die Länge und werden zu den Samenkanälchen, in denen die Keimzellen und deren Nährzellen bei niederen Vertebraten deutlich, bei den Säugetieren und

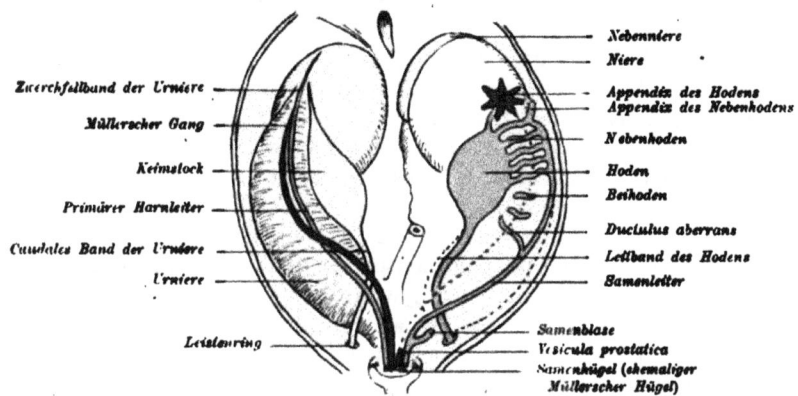

Zwerchfellband der Urniere
Müllerscher Gang
Keimstock
Primärer Harnleiter
Caudales Band der Urniere
Urniere
Leistenring

Nebenniere
Niere
Appendix des Hodens
Appendix des Nebenhodens
Nebenhoden
Hoden
Beihoden
Ductulus aberrans
Leitband des Hodens
Samenleiter
Samenblase
Vesicula prostatica
Samenhügel (ehemaliger Müllerscher Hügel)

Fig. 366. Schema zur Entwicklung der inneren männlichen Geschlechtsorgane (rechts) aus der undifferenzierten Anlage (links).

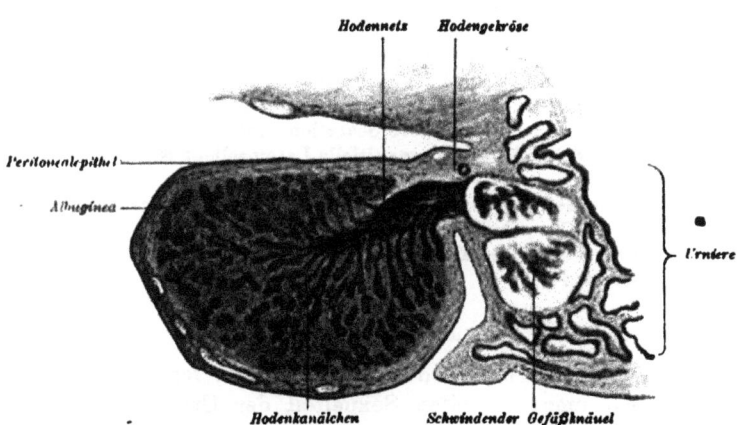

Hodennetz   Hodengekröse

Peritonealepithel
Albuginea
Urniere
Hodenkanälchen   Schwindender Gefäßknäuel

Fig. 367. Querschnitt durch den linken Hoden eines Schweineembryos von 6,2 cm Länge. Vergr. etwa 70:1.

bei den Menschen aber bis zur Pubertät weniger gut oder gar nicht mehr zu unterscheiden sind.

Die Samenkanälchen schlängeln sich in die Länge wachsend und verbinden sich nicht nur untereinander, sondern auch durch kurze enge und gerade Verbindungsstücke, die Tubuli recti, mit den Strängen des Reteblastems (Fig. 367).

Die Keimzellen (Spermiogonien) vermehren sich bis zur Pubertät, übertreffen an Zahl die Nährzellen und bilden sie durch Kompression zu den Fußzellen um. Die weiteren Schicksale der Spermiogonien siehe S. 12.

Die Tubuli recti sind mit gleichartigem, niedrigem Epithel ausgekleidet.

Jedes Kanälchen erhält bald eine von der Bindesubstanz des Hodens gelieferte Hülle mit aufliegenden flachen Sternzellen. Ebenso liefert das Mesenchym des Hodens die Albuginea oder weiße Grenzhaut, die Septula oder Scheidewände und das bindegewebige Gerüste des Hodens, das Mediastinum testis, zur Befestigung des Hodennetzes.

In dem Bindegewebe zwischen den Hodenkanälchen auffallende große kugelförmige Zellen mit chromatinarmen Kernen, die späteren polygonalen, gelblich pigmentierten Zwischenzellen oder interstitiellen Hodenzellen, finden sich schon sehr früh bei den Embryonen aller darauf untersuchten Säugetiere und beim Menschen, fehlen aber im Mediastinum testis.

Weder ihre Herkunft — vermutlich sind sie pigmentierte Bindegewebszellen — noch ihre Funktion ist trotz der in neuester Zeit über sie aufgestellten Hypothesen einwandsfrei sichergestellt. Die ihnen neuestens von vielen Seiten zugeschriebene Beeinflussung des somatischen Geschlechtsdimorphismus ist sicher unbegründet, da sie niederen Wirbeltieren, bei denen sich Männchen und Weibchen auffallend unterscheiden, fehlen. Der abgesehen von der Verschiedenheit der Genitalien mit eintretender Geschlechtsreife auffallende Geschlechtsdimorphismus ist mit Sicherheit nur auf die Anwesenheit von Hoden oder Eierstöcken zurückzuführen. Welche Teile in den Keimstöcken aber durch innere Sekretion diese Verschiedenheit bedingen (Geschlechtszellen, Follikelepithel, interstitielle Lateinzellen), ist noch keineswegs eindeutig erwiesen.

Der Hoden kennzeichnet sich schon sehr früh durch seine kugelige Form, rötliche Farbe und die im Querschnitte sehr deutliche Albuginea.

Mitunter kommen auch überzählige Hoden von wechselnder Größe bei Menschen und Säugetieren vor.

Die ableitenden Wege des Hodens

bestehen aus dem Hodennetze oder Rete testis, ferner aus dem zum Nebenhoden umgewandelten Sexualteil der Urniere und aus dem zum Samenleiter gewordenen primären Harnleiter (Funktionswechsel).

Die aus kleinen, sich intensiv färbenden Zellen bestehenden Stränge des Reteblastems, der Vorstufe des späteren Hodennetzes, verbinden sich im Hoden untereinander und mit den Sexualsträngen. d. h. mit Zellsprossen, die ihnen von außen her als Wucherungen des wandständigen Epithels der im Sexualteil der Urniere gelegenen Bowmanschen Kapseln entgegenwachsen. Die zu diesen Kapseln gehörigen Glomeruli gehen zugrunde (Fig. 367). Nun erhalten die

Stränge eine Lichtung und werden zu den **Kanälen des Hoden-netzes**. Sie kommunizieren durch die aus den Sexualsträngen hervorgegangenen **Sexualkanäle** mit den Kanälchen des Sexualteiles der Urniere, während die übrigen kranial und kaudal vom Hoden gelegenen Teile der Urniere schwinden. Die zum Sexualteil der Urniere gehörigen Kanälchen erhalten eine Muskelwand und beginnen im vierten bis fünften Embryonalmonat stark in die Länge zu wachsen und sich aufzuknäueln. Sie bilden dann miteinander anastomosierende, kegelförmige Knäuel, die **Coni vasculosi**, welche in ihrer Gesamtheit den Kopf des **Nebenhodens** oder der **Epididymis** bilden ($\dot{\epsilon}\pi i =$ auf, $\delta\dot{\iota}\delta\upsilon\mu o\iota =$ Zwillinge, Hoden).

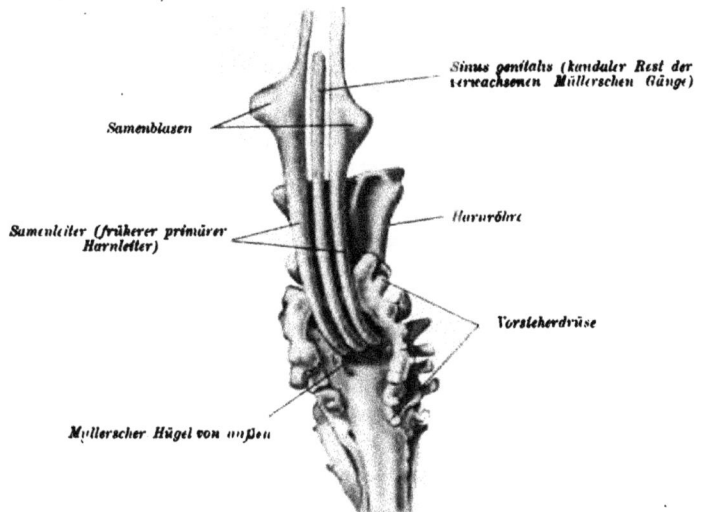

Fig. 368. Anlage der Vorsteherdrüse und der Samenblasen von einem menschlichen Embryo von 6 cm aus der Mitte des dritten Monats. Rekonstruktion der epithelialen Teile. Nach **Pallin**. Rückenansicht.

Das ebenfalls stark sich verlängernde und sich aufknäuelnde Anfangsstück des primären Harnleiters wird zum **Schwanze des Nebenhodens**. Der übrige primäre Harnleiter dagegen bildet aus seiner Mesenchymhülle die Grundlage der Schleimhaut und eine dicke Muskelwand und wird zum **Samenleiter** oder **Ductus deferens**. Er mündet nun jederseits auf dem Reste des **Müller**schen Hügels, dem **Samenhügel, Colliculus seminalis**, mit dem **Ausspritzungskanal** oder **Ductus ejaculatorius** lateral von dem Reste der **Müller**schen Gänge (Fig. 366).

Die **Samenblasen, Vesiculae seminales**, entstehen als zuerst solide, dann hohle, rasch in die Länge wachsende und sich stark faltende Ausstülpungen der Samenleiter dicht über dem Ductus ejaculatorii.

Bei der Ausbildung des Nebenhodens und des Samenleiters bleiben Reste des Sexual- und Harnteiles der Urniere bestehen. Aus letzterem erhalten sich blinde Kanalreste ohne Verbindung mit dem Hoden und Samenleiter als Beihoden oder Paradidymis (παρά = bei) oder auch solche, die zwar mit dem Samenleiter, aber nicht mit dem Hoden zusammenhängen, die Ductuli aberrantes des Nebenhodens (Fig. 367).

Der Müllersche Gang schwindet beim männlichen Geschlechte bis auf kleine Reste seines kranialen und wechselnd große Überbleibsel seines kaudalen Endes. Das kraniale, der Eileiterampulle entsprechende Ende sitzt meist dem Hoden als ungestielte Hydatite (ὑδατίς = Wasserblase) oder Appendix (= Anhang) testis auf (Fig. 366). Bei manchen Tieren, zum Beispiel beim neugeborenen Hengstfohlen, zeigt diese Appendix noch deutlich den Bau der Eileiterampulle im kleinen.

Eine Appendix des Nebenhodens entspricht dem verkümmerten Abdominalende des primären Harnleiters. Außerdem finden sich noch durch Kanalreste der Urniere gebildete Appendices.

Die kaudalen Teile der Müllerschen Gänge erhalten sich nach ihrer Verschmelzung als Vesicula prostatica oder Utriculus prostaticus, d. h. als ein im Genitalstrange gelegener Rest der Müllerschen Gänge, zwischen der Mündung der Ductus ejaculatorii. Je nach seiner Ausbildung entspricht es entweder nur einem Scheidenrudiment, der Vagina masculina, oder einem solchen und einem rudimentären Uterus masculinus. Dieser kann bei einiger Entwicklung bei den Säugetieren (zum Beispiel beim Elch, Wisent, Biber, Fischotter) im kleinen die Form des weiblichen Uterus derselben Art wiederholen.

Weibliches Geschlecht.
Entwicklung der Eierstöcke.

Die Bildung des Eierstockes vollzieht sich bei allen höheren Wirbeltieren in grundsätzlich gleicher Weise. Im einzelnen freilich finden sich manche Abweichungen. Auch bei der Anlage des Eierstockes beteiligt sich das Keimepithel, das Reteblastem und die aus dem Sexualteil der Urniere hervorgehenden Sexualstränge.

In dem Keimepithel sind die großen Urgeschlechtszellen der Meroblasten deutlicher erkennbar als bei den kleinen Eizellen der Holoblasten. Unter lebhafter Zellteilung, Verdickung und Verwischung der früheren Grenze wuchert das Keimepithel in das Mesenchym des Keimstockes ein und verbindet sich vorübergehend in Gestalt von mehr oder minder deutlichen Keimsträngen mit den Epithelsträngen des Rete ovarii und durch diese mit den Sexual- oder Marksträngen. Die Keimstränge, deren Zellen sich lebhaft vermehren, werden nun durch wucherndes Bindegewebe von ihrem Mutterboden, dem Keimepithel, abgedrängt, zu Eiballen umgewandelt und in den Eierstock verlagert.

Die Verbindung der Keimstränge mit den dem ausführenden Kanalsystems des Hodens gleichwertigen, von der Urniere abstammenden Teilen wechselt nach Art und Individuum. Man darf nicht vergessen, daß der Eierstock einen neuen und besonderen Ableitungsweg für die großen Eizellen durch den aus dem Cölomepithel gebildeten Müller-

schen Gang erhält. Damit unterliegen die ursprünglichen
Ableitungswege in Gestalt des Rete ovarii und der
Sexualstränge einer mehr oder minder auffälligen

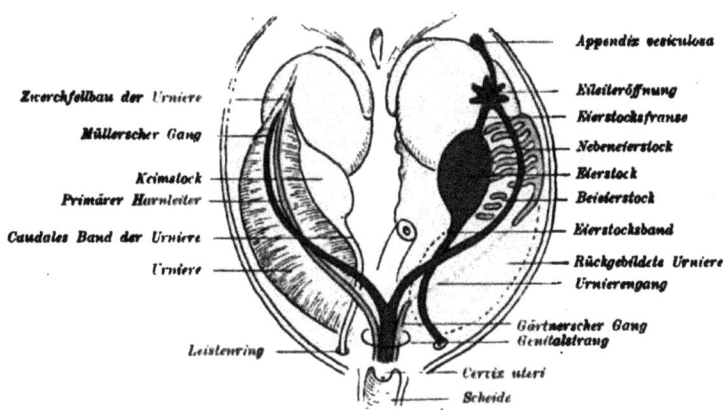

Fig. 369. Schema zur Entwicklung der inneren weiblichen Geschlechtsorgane (rechts) aus der
undifferenzierten Anlage (links).

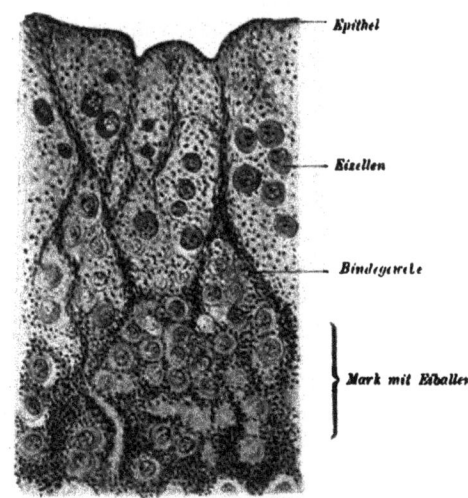

Fig. 370. Schnitt durch die Peripherie des Ovariums eines menschlichen Embryos aus dem sechsten
Monate. Vergr. etwa 70 : 1.

früheren oder späteren Rückbildung oder bleiben unaus-
gebildet. Sie verbinden sich dann entweder nur vorübergehend mit den Keimsträngen, oder sie erreichen
diese gar nicht mehr.

Die Vermehrung der Epithelien und Geschlechtszellen einerseits und der Bindegewebszellen anderseits führt unter gegenseitiger Durchwachsung zur Bildung immer neuer Eiballen von der Peripherie her und zu deren Zerlegung durch Bindegewebe in Primärfollikel. Schließlich werden beim Menschen in den letzten Embryonalmonaten alle Eistränge im Primärfollikel zerlegt. Nun kann man eine periphere, beim Menschen aus Keimepithel und Bindegewebe bestehende primäre Rindenschicht und eine aus Primärfollikeln, Rete- und Sexualsträngen bestehende primäre Markschicht unterscheiden.

Jeder Primärfollikel enthält der Regel nach eine von einem Mantel von Keimepithel umschlossene Oogonie in einer bindegewebigen Hülle, der primären Theca folliculi.

Das Keimepithel trägt beim Menschen bis zum dritten Jahre durch Zellvermehrung zur Rindenbildung bei. Nach Ausbildung der bindegewebigen Albuginea ovarii erlischt diese Tätigkeit, und die Ovarialoberfläche ist nur noch von einer einschichtigen Epithellage bedeckt. Nur mitunter (zum Beispiel bei der Hündin und ausnahmsweise auch bei dem Menschen) findet man noch da und dort die Bildung kleiner Epithelschläuche, deren Gleichwertigkeit mit Eisträngen aber zweifelhaft ist. Bei den Ichthyoden findet dagegen zeitlebens Eibildung statt.

Das einschichtige Epithel der Primärfollikel schichtet sich bei den Säugetieren in der Folge mehrfach. Bei den Nonmammalia bleibt es meist einfach.

Die äußere Bindegewebshülle des inzwischen herangewachsenen Primärfollikels hat sich zur sekundären Theca folliculi ($\vartheta\acute{\eta}\varkappa\eta$ = Scheide, Wand) verdickt. Zwischen ihr und dem Follikelepithel scheiden die Follikelepithelien bei Säugetieren eine sehr deutliche Basalhaut aus. Die Theca sondert sich dann in eine innere zellenreichere und äußere faserige Lage und wird gleichzeitig von einem zierlichen Gefäßnetze durchsetzt.

Die soliden Primärfollikel werden bei den Säugetieren und bei dem Menschen durch Auftreten des Liquor folliculi zu den mit Flüssigkeit gefüllten Blasenfollikeln (Folliculus vesiculosus oder Graafii) (siehe Fig. 16).

Es bilden sich nämlich entweder an verschiedenen Stellen im Follikelepithel mit Liquor folliculi erfüllte Lücken, zwischen denen ausgespannte Epithelstränge, die Retinacula, das die Oocyte umkapselnden Eiepithel mit dem Follikelepithel verbinden (zum Beispiel Kaninchen, Igel), oder es entsteht von vornherein eine einheitliche, immer größer werdende Spalte, in welcher an einer Stelle das mit dem Follikelepithel zusammenhängende Eiepithel hügelartig vorspringt und als Cumulus ovigerus oder Eihügel die Eizelle enthält (siehe Fig. 16).

Der Liquor folliculi entsteht durch Sekretion und teilweise Auflösung des Follikelepithels. Die Eizellen (Oogonien) sind von kugeliger Gestalt und viel bedeutenderer Größe als die sich rasch durch Teilung vermehrenden Follikelepithelien. (Die weitere Ausbildung der Eizellen siehe S. 23 u. ff.)

Ein großer Teil der in der primären Markschicht gelegenen Follikel und Eizellen geht bald nach ihrer Anlage wieder zugrunde. Der von ihnen eingenommene Raum wird durch Bindegewebe ausgefüllt. So entsteht die **sekundäre Markschicht**, die sich aus Bindegewebe, aus den Resten des Rete und der Sexual- oder Markstränge, glatten, bis in die periphere Follikelzone hinreichenden Muskelfasern und reichlichen, stark korkzieherartig geschlängelten Blutgefäßen zusammensetzt. Um die noch vorhandenen lebensfähigen Follikel bildet sich die **sekundäre Rindenschicht**. Die Albuginea und über dieser eine einfache Epithelschicht umschließen den Eierstock.

Die bei gewissen Tieren zu Haselnuß- bis Kirschengröße heranwachsenden Blasenfollikel (Stute, Mensch) rücken mehr und mehr gegen das Keimepithel an die Peripherie und schimmern durch die Ovarialoberfläche hindurch oder wölben sie mehr oder minder vor. Ist das Bindegewebe des Ovars spärlich, dann erhält der Eierstock durch die heranwachsenden Follikel Traubenform (zum Beispiel beim Schwein).

Mehreiige Follikel findet man mitunter bei den Menschen und bei den Säugetieren (namentlich bei Hund und Katze). Es handelt sich dann um Eiballen, die nicht in der gewöhnlichen Weise in Primärfollikel mit je einer Eizelle zerlegt wurden. Oder aber die in ihnen gelegene Eizelle hat sich, ehe sie vom Oolemma umgekapselt wurde, noch einmal geteilt. Nachträgliche Verschmelzung dicht beieinanderliegender, ursprünglich getrennter Follikel unter Schwund ihrer Wand habe ich bei der Hündin beobachtet.

Auch **mehrkernige Oocyten** findet man bei dem Menschen und bei den Säugetieren. Sie sind entweder durch Karnteilung ohne Teilung des Ooplasmas oder durch Verschmelzung von noch nackten Oogonien entstanden.

Auch im Ovarium finden sich **interstitielle Zellen**. Ihre Zahl ist nach Tierart und Alter eine sehr wechselnde. In senilen Ovarien wandeln sie sich zu gewöhnlichen Spindelzellen um.

Das embryonale Ovarium zeigt im Gegensatze zu dem kugeligen Hoden Bandform und vom vierten Fetalmonat ab die Gestalt eines dreiseitigen Prismas mit vertiefter Basis und spitzen Enden. Erst allmählich verdickt es sich beim Menschen und vielen Säugetieren zu einem abgeflachten eiförmigen Körper.

Überzählige Ovarien beim menschlichen Weibe, die bis zu einem halben Zentimeter heranwachsen können, liegen entweder im Mesovarium dicht neben dem Ovar oder auf dem Ligamentum ovarii nahe dem Ostium abdominale des Eileiters. Sie enthalten kleine Follikel und entarten gern cystisch.

Die Entwicklung der ableitenden Wege des Eierstocks, des Eileiters, der Gebärmutter und der Scheide

ist an die weitere Ausbildung des Müllerschen Ganges geknüpft, der auf der Höhe der Urnierenentwicklung lateral von dem primären Harnleiter bei höheren und niederen Wirbeltieren auf etwas verschiedene

Weise entsteht. Bei niederen Wirbeltieren (Selachiern) spaltet er sich vom primären Harnleiter ab. Bei Säugetieren und beim Menschen sinkt am Kopfende der Urniere nahe hinter deren Zwerchfellband das zylindrische und geschichtete Cölomepithel rinnenförmig ein (Fig. 371). Die Ränder dieser Rinne verwachsen. Die Spitze der Einsenkung schnürt sich von ihrem Mutterboden ab und wächst, sich kaudalwärts vertiefend, selbständig an dem primären Harnleiter entlang, bis sie den Sinus urogenitalis erreicht (menschliche Embryonen von 8—20 mm Länge).

Die obere Öffnung der trichterförmig erweiterten Rinne wird zur Eileiteröffnung, dem Ostium abdominale tubae (Fig. 369).

Nicht selten bilden sich neben dem Ostium abdominale tubae mehrfache blind endigende „Nebenostien" oder ganze „Nebentuben".

Innerhalb des Beckens verschmelzen die beiden den primären Harnleiter und den Müllerschen Gang jederseits enthaltenden Urogenitalfalten (Fig. 362) in der Höhe der Harnblasenanlage zu einem frontal gestellten Septum. Es ruht kaudalwärts auf dem Beckenboden, endet kranial mit freiem Rande und scheidet die Beckenhöhle in die später deutlichere Excavatio vesico-uterina und recto-uterina. Die in dem Septum zu einem Strange vereinigten beiden primären Harnleiter und Müllerschen Gänge bezeichnet man nun als Genitalstrang (Fig. 369).

Der Müllersche Gang kreuzt den primären Harnleiter seiner Seite in der Höhe des kaudalen Urnierenpoles derart, daß er mit seinem Kaudalende medial, mit seinem Kranialende ·lateral von ihm liegt (Fig. 369 links):

Die kaudalen Teile der Müllerschen Gänge verschmelzen zum Uterovaginalkanal und wölben die dorsale Wand des Sinus urogenitalis in Form des Müllerschen Hügels vor (Fig. 374).

Auf ihm erfolgt der Durchbruch in den Sinus urogenitalis.

Bei der weiteren Entwicklung der Müllerschen Gänge hat man an ihnen den proximalen Eileiter oder Tubenteil, den mittleren Uterusteil und den distalen Scheidenteil (Pars tubaria, pars uterina, pars vaginalis) zu unterscheiden.

Nach ihrer Öffnung in den Sinus urogenitalis bestehen beide Gänge aus einer Epitheltapete, einer bindegewebigen Hülle und einem Peritonealüberzug.

Die querovale Lichtung ist noch unvollständig und vielfach von Epithelbrücken durchsetzt. Ebenso verstopft vom vierten Monat bis über die Mitte der Fetalzeit hinaus ein mit dem Epithel des Sinus urogenitalis zusammenhängender Epithelpfropf die Scheidenanlage des Menschen dicht über dem Müllerschen Hügel.

Schon bei Embryonen von 24 mm markiert sich die Grenze zwischen Tube und Uterus äußerlich durch die Anheftungsstelle der späteren runden Mutterbänder (Fig. 373).

In der zwölften Embryonalwoche erhält der Uterus durch vollkommene Verschmelzung seiner Gänge seine einfache Form. Nur die Mitte des Fundus uteri zeigt noch bis zur Geburt eine mediane Einkerbung.

Der ganze Geschlechtsstrang zeigt nun eine ventralwärts gerichtete Konkavität (Anteversion, Fig. 374).

Von der Mitte des vierten Monats ab überflügelt das Wachstum des Scheidenabschnittes das des Uterus. Bei Embryonen von 20—22 cm erhält die Scheide durch Zerfall ihres zentralen Epithelpfropfes eine rasch an Umfang zunehmende Lichtung. Durch Einwachsen von Epithelleisten in die Bindegewebshülle entstehen die Rugae vaginales.

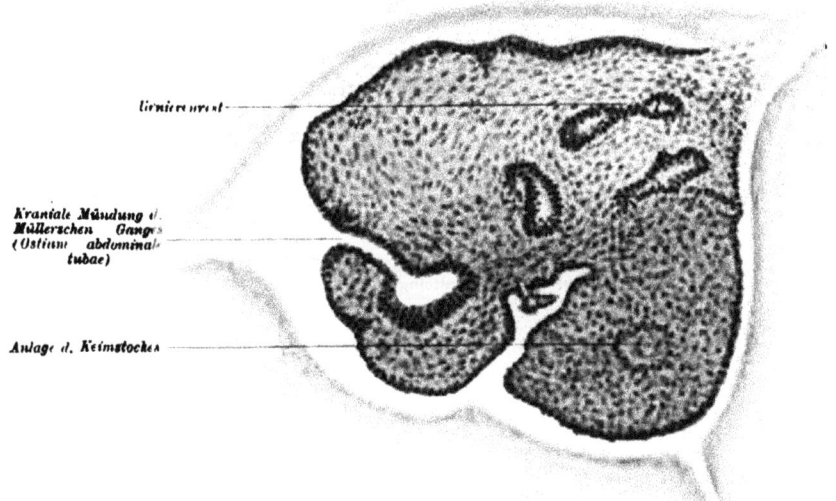

Fig. 371. Bildung des Ostium abdominale des Eileiters bei dem menschlichen Embryo von 1,9 cm (Fig. 136). Vergr. etwa 100 : 1.

Zwischen dem fünften bis sechsten Monat trennt sich der Uterus von der Vagina durch die Anlage des Scheidengewölbes und der Portio vaginalis uteri. Die Trennung geschieht durch bogenförmig einspringende Epithelleisten, welche die Portio vaginalis gleichsam aus dem Bindegewebe herausschneiden. Der anfänglich mit dem Plattenepithel der Scheide ausgekleidete Abschnitt des Cervicalkanals behält diesen Belag auch im erwachsenen Uterus einige Millimeter über den äußeren Muttermund hinaus bei.

Die Cervix wächst beträchtlicher in die Länge und Dicke als das Corpus uteri, welches infolgedessen zunächst nur wie ein Anhang der Cervix erscheint.

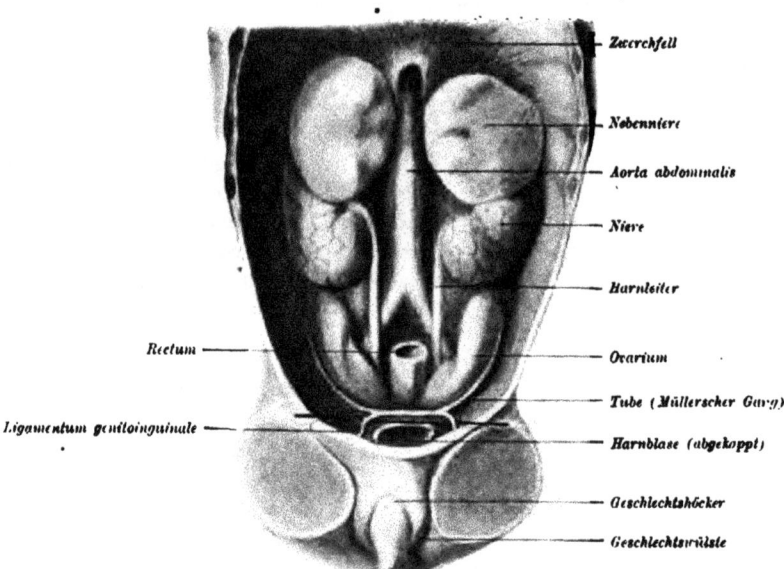

Fig. 372. Weibliche Geschlechtsteile eines menschlichen Embryos aus dem vierten Monat.
Vergr. etwa 1½ : 1. Hinter den Lig. genitoinguinalia ist eine Sonde durchgesteckt.

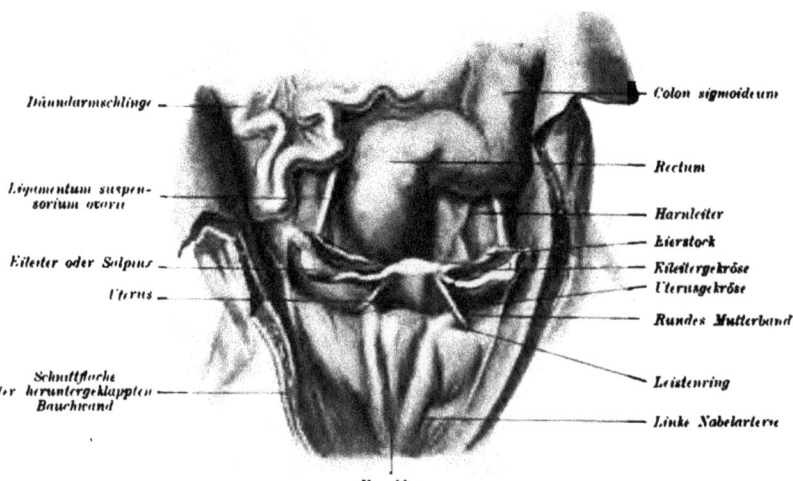

Fig. 373. Weiblicher Geschlechtsapparat eines menschlichen Embryos aus dem siebenten Monat.
Natürliche Größe.

Im Cavum uteri besteht eine dorsale und eine ventrale Epithelleiste als Vereinigungsnaht der beiden früher getrennten Uterushälften. Sie verlängert sich in der Cervix zur epithelialen Längsleiste der Plicae palmatae. Die Schleimdrüsen des Cervicalkanals legen sich in der zweiten Hälfte der Schwangerschaft als Epithelzapfen an. Uterusdrüsen, besser Uterusschläuche, denn sie enthalten Flimmerepithel, entstehen erst nach der Geburt und erlangen ihre volle Entwicklung erst zur Zeit der Pubertät.

Das Tubenepithel besitzt schon vor der Geburt Cilien.

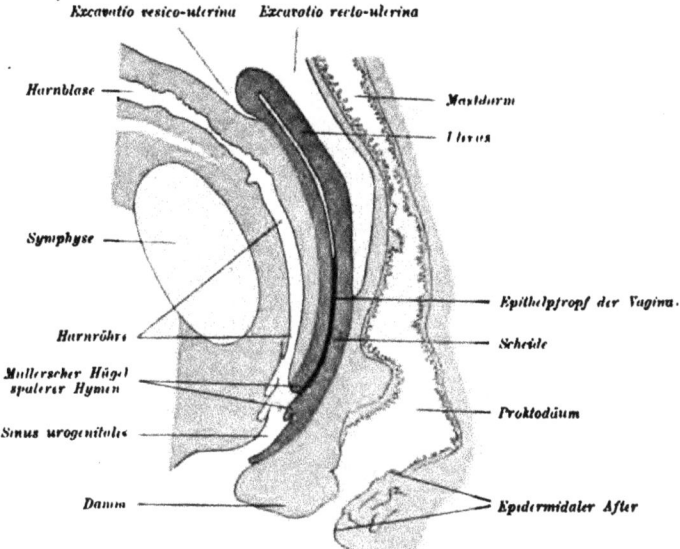

·Fig. 374. Medianschnitt durch die Beckenorgane eines weiblichen Embryos von 11 cm Scheitel-steißlänge aus dem vierten Monat. Nach Bayer. Der Uteruskanal wird nach unten durch den Epithelpfropf der Vagina abgeschlossen.

Die Muskelwand des weiblichen Genitaltraktus wird von der Mesoblastwand des Müllerschen Ganges geliefert. Sie tritt erst im vierten Embryonalmonat, also sehr spät, nachdem längst Blasen- und Darmmuskulatur gebildet sind, auf und ist im fünften Monat bei Embryonen von 12—14 cm Länge als deutliche Ringmuskellage vorhanden.

Bei Embryonen von 31 cm ist auch die Scheidenmuskulatur gebildet.

Bleiben die Müllerschen Gänge getrennt, und entwickeln sie sich symmetrisch, so entsteht ein doppelter Uterus mit doppelter Scheide. Ist die Verschmelzung der Müllerschen Gänge nur eine äußerliche, so entsteht ein Uterus septus und eine Vagina septa mit Längsscheidewand. Eine wechselnd weit kranialwärts fortschreitende Verschmelzung der Müllerschen Gänge führt zur Bildung eines zweigeteilten, zweihörnigen Uterus oder des durch gekerbten Fundus ausgezeichneten

Bonnet, Entwicklungsgeschichte. 4. Aufl. 29

Uterus arcuatus. Alle diese Uterusformen sind für bestimmte Tiere typisch. Beim menschlichen Weibe finden wir sie als Hemmungsformen. Stehenbleiben der Epithelverklebungen führt zum dauernden Verschluß der Scheide oder des äußeren Muttermundes. Mangelhafte spätere Entwicklung veranlaßt infantile Uterusformen, ungleiche Entwicklung der paarigen Anlagen die asymmetrische Bildung eines einhörnigen Uterus, Uterus unicornis, usw.

Auch an den weiblichen Sexualorganen finden sich Hemmungsbildungen als Anhänge:

Der mit dem Ovarium anfangs in Verbindung stehende Sexualteil der Urniere verkümmert, ohne weitere Funktionen zu übernehmen. Die Sexualstränge fehlen entweder völlig, wie im Schweineovar, oder sie können, wie bei Fleischfressern und bei dem Menschen zeitlebens bestehend, mit den außerhalb des Ovars gelegenen Kanälchen des Sexualteiles der Urniere zusammenhängen. Diese Querkanälchen bilden zusammen mit dem an Länge sehr wechselnden Reste des primären Harnleiters den dem Nebenhoden entsprechenden, aber funktionslosen Nebeneierstock, das Epoophoron ($\ell\pi\ell$ = an, neben, $\acute{o}\acute{o}\varphi o\varrho o\nu$ = Eierstock). An dem kranialen Ende des Nebeneierstocks kann sich eine gestielte, blasenförmige Appendix, wie beim Manne, und eine ebensolche an einer Eileiterfranse als kranialer Rest der Müllerschen Ganges ausbilden. Der primäre Harnleiter kann in wechselnd entwickelten Resten oder in ganzer Ausdehnung (namentlich häufig beim Schweine) als Gartnerscher Gang zwischen den Blättern des Mesometriums bis zu den Seitenrändern des Uterus oder in der Vaginalwand bestehen bleiben.

Als Rest des kaudalen Urnierenteils erhält sich das im Uterusgekröse nahe der Abgangsstelle des Mesovariums gelegene Paroophoron ($\pi\alpha\grave{\alpha}$ = bei, $\acute{o}\acute{o}\varphi o\varrho o\nu$ = Eierstock), welches, in der ersten Hälfte der Fetalzeit beim Menschen stets vorhanden, meist lange vor Eintritt der Pubertät zugrunde geht (Fig. 369). Auch den Ductus aberrantes des Nebenhodens gleichwertige Gebilde kommen vor.

All diese Reste können durch Wucherung pathologische Bedeutung erhalten.

Bandapparat der Keimstöcke und ihrer Ableitungswege; Descensus der Keimstöcke.

Die Entwicklung der Gekröse und Bänder der Keimstöcke und ihrer Ableitungswege wird wesentlich beeinflußt durch die Rückbildung der Urniere und durch die Senkung oder den Descensus der Keimstöcke.

Die retroperitoneale Anlage des Harngeschlechtsapparates und seiner Ausführungswege bedingt faltige Vorwölbungen des Bauchfellüberzugs der dorsalen Bauchwand. In der Figur 365 erkennt man deutlich die durch die Entwicklung der Urnieren bedingte Urnierenfalte. Sie deckt die Vorderfläche der Urniere und läuft kranial als Zwerchfellband der Urniere in den Paritonealüberzug des Zwerchfells, kaudal in die Urogenitalfalte aus. Diese schließt die Geschlechtsgänge ein und verwächst mit der Urogenitalfalte der anderen Seite. Medial bildet die Urnierenfalte, die Keimstockanlage umhüllend, die Keimstock- und lateral die Tuben- oder Eileiterfalte.

Durch die weitere Ausbildung der Keimstöcke und den gleichzeitigen Schwund der Urniere werden diese Falten zu Gekrösen umgebildet. Dadurch wird die Befestigung der Keimstöcke und ihrer Ausführungsgänge eine beweglichere.

Der Descensus der Keimstöcke veranlaßt bei beiden Geschlechtern eine weitere Veränderung in diesen Faltensystemen und ihre Umbildung zu Gekrösen und Bändern, die durch Entwicklung glatter Muskelfasern verstärkt werden.

Beim weiblichen Geschlechte bleiben die Eierstöcke und ihre Ausleitungswege nur bei gewissen Säugetieren (zum Beispiel Raubtieren) an dem Orte ihrer Entstehung in der oberen Lendengegend. Dadurch behalten auch die Eileiter und der Uterus bei diesen Typen ihre ursprüngliche Lage bei, und es bleibt auch das ursprüngliche Verhalten ihrer Befestigungsmittel im großen und ganzen bestehen.

Bei anderen Säugetieren werden die Eierstöcke mit den Tuben mehr oder weniger weit, am weitesten beim Menschen, in das Becken hinein verlagert und mit den Eileitern quergestellt. Erst im Kindesalter erlangen sie ihre definitive senkrechte Stellung im kleinen Becken.

In seltenen Fällen können die Ovarien des Menschen durch den Leistenkanal in die großen Schamlippen gelangen und dadurch Hoden vortäuschen.

Der Descensus beginnt beim Menschen im dritten Fetalmonat und ist bei der Geburt nahezu beendet.

Die den Eierstock jederseits an die Urniere befestigende Bauchfellfalte umschließt als Mesoophoron ($\mu\acute{\iota}\sigma o\varsigma =$ in der Mitte, $\acute{o}\acute{v}\varphi o\varrho o\nu ==$ Eierstock) die zum Eierstock verlaufenden Gefäße und Nerven.

Nach Rückbildung der Urniere wird deren gekrösartig verlängerter Bauchfellüberzug zum Uterusgekröse oder Mesometrium ($\mu\acute{\eta}\tau\eta\varrho =$ Gebärmutter). Die Eileiterfalte wird zum Eileitergekröse, zur Mesosalpinx ($\sigma\acute{a}\lambda\pi\iota\gamma\xi =$ Trompete, wegen der trompetenartigen Form des Eileiters), und enthält zwischen ihren Blättern auch noch das Epoophoron und das Paroophoron. Das kaudale Band des Keimstockes (Fig. 365) scheidet sich durch seitliche Anheftung am Uterus in das Eierstocksband, Ligamentum ovarii proprium, und in das in den großen Schamlippen endende runde Mutterband oder Ligamentum teres uteri (Fig. 366 und 373). Es erhält außerdem am Leistenring vom Musculus transversus abdominis Muskelfasern.

Das Zwerchfellurnierenband verstreicht. Der kaudale Teil des Urnierenbandes enthält die Arteria spermatica und wird nach Schwund der Urniere in das zum Ovarium ziehende Ligamentum suspensorium ovarii umgewandelt, das sich dann wieder in das Ligamentum ovaricopelvicum und das zur Tube verlaufende Ligamentum infundipulopelvicum scheidet.

Beim Menschen umfaßt das Abdominalende des Eileiters das Ovar und bildet so eine seichte, durch Tube, Mesosalpinx und Mesoophoron gebildete Eierstockstasche oder Bursa ovarii, die bei manchen

ieren (Schwein, Pferd, Fleischfresser) sich vertieft und dann sogar
' eine kleine Öffnung geschlossen werden kann.

r wachsende Hoden nähert sich bei gleichzeitigem Schwund
niere immer mehr dem Samenleiter, mit 'welchem er durch den
ioden zusammenhängt.

e Keimfalte wird dabei zum Hodengekröse oder Mesorchium,
nierenfalte zum Nebenhodengekröse oder zur Mesepidi-
s. Der laterale, den Ductus deferens einschließende Teil der
enfalte bildet das Mesodeferens oder Gekröse des Samen-
·s.

s dem Mesoophoron des Weibes entsprechende Mesorchium
let den Hoden mit dem Nebenhoden, und zwischen beiden ent-
ann die der Eierstockstasche (Bursa ovarica) des Weibes
chende Hodentasche (Bursa testis) oder der Sinus
dymidis.

i vollkommener Verwachsung des Hodens mit dem Nebenhoden
icht natürlich die Bursa testis.

wischen den Blättern der Plica genitoinguinalis entsteht
m Eierstocks- und runden Mutterband entsprechende Leitband
odens oder das Gubernaculum testis. Es verbindet den
f des Nebenhodens mit der Bauchwand in der Leistengegend.
eitband selbst oder die Chorda gubernaculi besteht aus
em Bindegewebe und glatten Muskelfasern. Sein Kaudalende
n den aus eingestülpten Teilen der Bauchwand bestehenden
s inguinalis über.

eser besteht aus einer der Fascia transversa abdominis ent-
enden Bindegewebsschicht, längs verlaufenden Muskelfasern vom
lus transversus abdominis und zirkulär verlaufenden von dem
lus obliquus abdominis. Bei Tieren mit periodischem Austritt
odens aus der Bauchhöhle während der Brunst (zum Beispiel
Kaninchen, Maulwurf) ist der Conus inguinalis besonders gut
kelt, und seine kräftige Muskulatur zieht den Hoden während
unst in den Hodensack.

s als Processus vaginalis peritonei bekannte Divertikel,
h beim Weibe nur als bedeutungslose Andeutung findet, ver-
sich beim Manne zu einem Beutel, der durch das Ostium
ninale mit der Bauchhöhle kommuniziert (Fig. 375).

in blindsackförmig erweitertes Ende liegt im Hodensack und
von sämtlichen gleichfalls ausgestülpten Schichten der Bauch-
Haut, Subcutis, Fascia superficialis, breite Bauchmuskeln, Fascia
ersa) bedeckt. Das hinter der dorsalen Wand des Processus
lis gelegene Gubernaculum endet nun an der Innenfläche der
tülpten Fascia transversa im Grunde des Hodensackes.

Unter gleichzeitiger Verkürzung des Leitbandes sinkt dann der Hoden aus der Urnierengegend hinter dem Bauchfell ins Becken, gelangt in die Nähe der Abdominalöffnung des Processus vaginalis und gleitet später interstitiell zwischen dem Processus vaginalis und der Fascia transversa in den Hodensack.

Bei den meisten Säugetieren und bei dem Menschen geht der Descensus der Hoden viel weiter als der Descensus ovariorum bei den Weibchen der gleichen Art. Er führt zu der schwer verständlichen Verlagerung des für die Fortpflanzung wichtigsten Organes aus dem geschützten Orte seiner Anlage in der Bauchhöhle in ein Hautdiverrikel, den Hodensack.

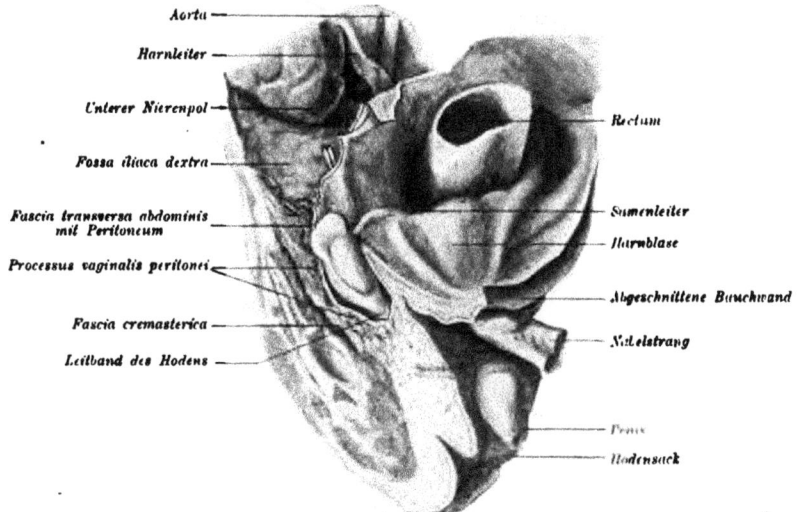

Fig. 375. Lateralschnitt durch die Leistengegend eines menschlichen Embryos von sieben Monaten. Der rechte Hode ist im Descensus und Eintritt in den Hodensack begriffen. Vergr. etwa 2:1.

Der Descensus des Hodens beginnt bei dem Menschen im dritten Fetalmonate. Im vierten Fetalmonate liegen die Hoden im großen Becken. Im sechsten bis zehnten Monate passieren die Hoden den Leistenkanal und liegen in der Regel, wenigstens der linke, noch vor der Geburt im Hodensack (Fig. 375 und 376).

Bei dem Descensus nehmen die Hoden ihre Arteriae spermaticae internae aus der Aorta abdominalis und Arteria renalis mit und wandeln damit deren ursprünglich quere in eine longitudinale Verlaufrichtung um, welche auch die in die Vena cava inferior und Vena renalis sinistra mündenden Venae spermaticae internae einhalten.

Nach Ankunft des Hodens im Hodensack schwindet das Gubernaculum. Die Abdominalöffnung des Processus vaginalis schließt sich

durch Verwachsung ihrer einander zugekehrten Bauchfellflächen und
wird zur Fovea inguinalis lateralis.

Die Verwachsung des Processus vaginalis schreitet nach der Geburt nach unten fort und bildet so einen im Bereiche der Bauchdecken
gelegenen fadenartigen, oft mit kleinen Cysten durchsetzten Strang;

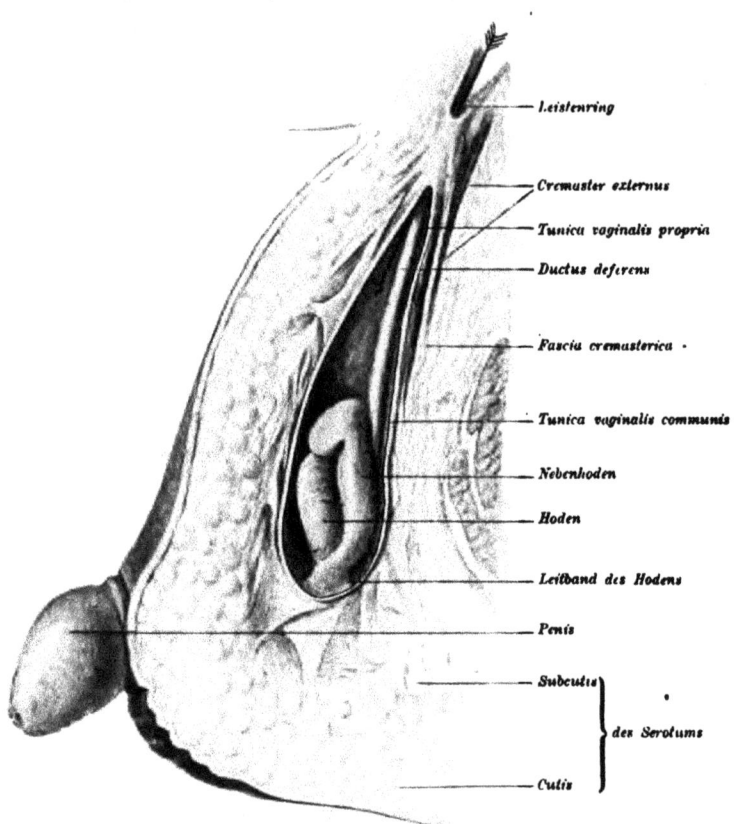

Fig. 376. Linker, in den Hodensack heruntergerückter Hoden. Vergr. etwa 3:1. Der Pfeil kennzeichnet den Eingang aus der Bauchhöhle in den Processus vaginalis peritonei, das spätere Cavum
serosum des Processus vaginalis.

das Ligamentum vaginale. Die nicht verwachsene, aber jetzt
nach oben abgeschlossene Höhle zwischen dem visceralen und parietalen
Blatte des Bauchfells bleibt als Cavum serosum processus vaginalis bestehen (Fig. 376 und 377).

Ausnahmsweise kann der Processus vaginalis offen bleiben und bildet dann
bei laxem Bindegewebe ein begünstigendes Moment für den Austritt von Darmschlingen aus der Bauchhöhle in den Processus vaginalis. („Angeborener“ Leisten-
bruch)

Keine der vielen vom Altertum bis in die Neuzeit versuchten Erklärungen für den Descensus des Hodens in den Hodensack kann zurzeit als vollkommen befriedigend betrachtet werden.

Wahrscheinlich ist die dauernde Verlagerung des Hodens stammesgeschichtlich von Tieren mit periodischem Descensus durch Vergrößerung der Hoden bei der Brunst, infolge von Raummangel in der Bauchhöhle und unter erhöhtem Druck

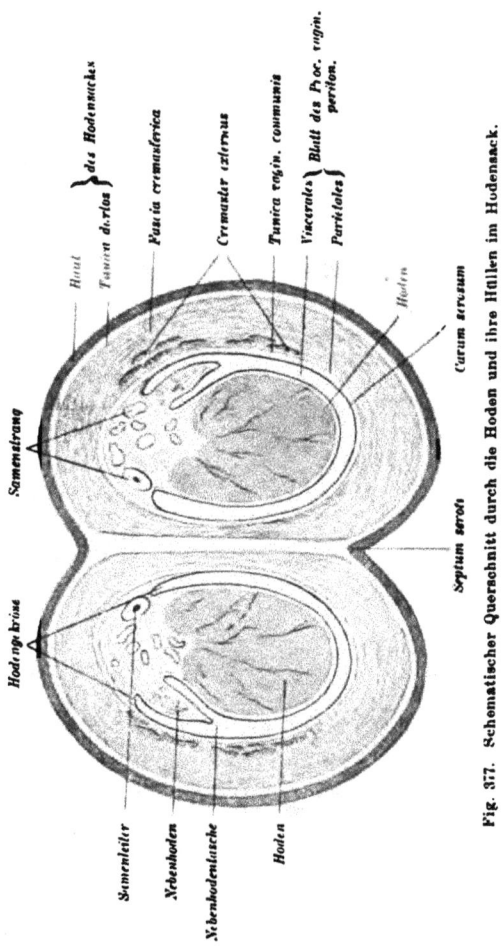

Fig. 377. Schematischer Querschnitt durch die Hoden und ihre Hüllen im Hodensack.

der Bauchwand erworben und ableitbar. Dabei wird auch der Muskelzug des Conus inguinalis und die Verkürzung des Leitbandes mitgewirkt haben. Da das Leitband langsamer wächst als die Lendengegend, so wird der an ihm verankerte Hoden schließlich in die Leistengegend verlagert werden müssen. Daneben sind aber noch andere Verhältnisse maßgebend. Das ganze Problem wird dadurch noch verwickelter, daß bei manchen Säugetieren (Walen, Seekühen und Gürteltieren) eine Rückverlagerung der Hoden in die Bauchhöhle stattfand, und daß sich beim

Menschen der Hodensack schon im Beginne des dritten Fetalmonats, also lange vor der Senkung der Hoden anlegt (Heterochronie, ἕτερος = anders, χρόνος = Zeit).

An der Bildung der Hüllen des Hodens beteiligen sich sämtliche Schichten der Bauchwand.

Nach dem Descensus liegen die Hoden jederseits in einer Ausbuchtung der Bauchwand, die 1. in Gestalt des Processus vaginalis mit Bauchfell ausgekleidet ist. Der extraperitoneal entstandene und in den Hodensack verlagerte Hoden muß den ihn überkleidenden und mit seiner Albuginea verwachsenen Teil des Bauchfells in das Cavum serosum des Processus vaginalis vorwölben. Dadurch kann man an diesem ein parietales und viscerales Bauchfellblatt unterscheiden. Beide gehen durch das kurze Hodengekröse, das Mesorchium, ineinander über (Fig. 377). Zwischen dessen Blättern liegt alles, was zum Hoden geht (Art. spermatica interna, Nervi spermatici interni) und vom Hoden kommt (Samenleiter, Plexus pampiniformis, Lymphgefäße). Da die Subserosa des Bauchfells glatte Muskelfasern enthalten kann, darf auch hier das Vorkommen von glatten Muskelbündeln in Gestalt des inneren Hebemuskels des Hodens, des Cremaster (κερἀννυμι = aufhängen) internus, nicht befremden. Die gesamte, aus einem parietalen und visceralen Bauchfellblatt bestehende Hülle wird als eigene

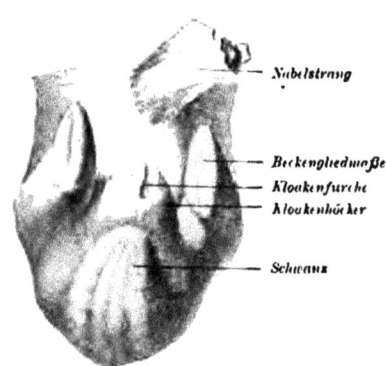

Fig. 377. Hinteres Leibesende eines menschlichen Embryos von 17 mm Länge, nach J. Kollmann.

Nabelstrang

Beckengliedmaße
Kloakenfurche
Kloakenhöcker

Schwanz

Scheidenhaut des Hodens oder Tunica vaginalis propria im Gegensatze zu 2. der nach außen von dem parietalen Blatte des Processus vaginalis gelegenen Fascia transversa, der gemeinschaftlichen Scheidenhaut des Hodens oder der Tunica vaginalis communis bezeichnet. 3. Rote, hauptsächlich dem inneren schiefen Bauchmuskel entstammende Muskelbündel auf deren Außenfläche bilden den äußeren Hebemuskel des Hodens, den Cremaster externus. 4. Ihn umhüllt wieder die ausgestülpte Fascia superficialis abdominis nebst ausgestülpten Fasern der Sehne des äußeren schiefen Bauchmuskels als Fascia cremasterica. 5. Die Cutis bildet den Hodensack, das Scrotum, 6. die Subcutis die zweifächerige Tunica dartos.

After und Begattungsorgane.

Als gemeinsame Grundlage für die Schilderung der Entwicklung der äußeren Geschlechts- oder Begattungsorgane und des Afters bei beiden Geschlechtern dient ein und derselbe Entwicklungszustand, in welchem die **Kloake** ventral durch die vom Nabel bis zur Schwanzwurzel reichende, aus Enteroderm und Epidermisblatt bestehende **Kloakenhaut** abgeschlossen wird (Fig. 360).

Rings um die Kloakenhaut verdickt sich das Mesenchym zum **Kloakenhöcker** und umrahmt die mediane, aus der Kloakenhaut hervorgegangene **Kloakenfurche** (Fig. 378), deren kielartig verdickter Boden nun als **Kloakenleiste** bezeichnet wird.

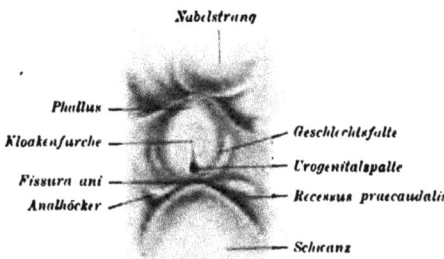

Fig. 379. Anlage der äußeren Geschlechtsorgane und des Afters eines menschlichen Embryos von 1,9 cm. Nach Otis. Vergr. 10:1.

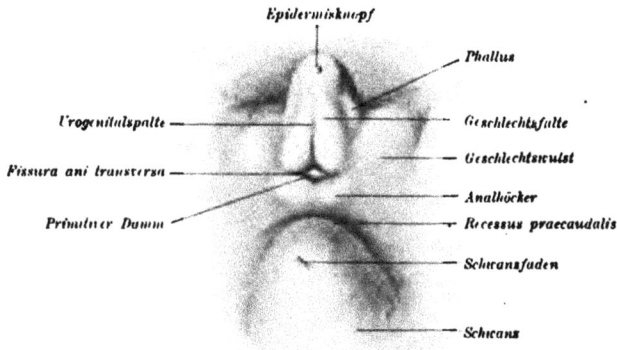

Fig. 380. Anlage der äußeren Geschlechtsorgane und des Afters des Embryos von ebenfalls 1,9 cm in Fig. 186. Vergr. etwa 10:1.

Anfang des zweiten Embryonalmonates sondert sich das kraniale Gebiet des Kloakenhöckers in einen mondsichelförmigen Wulst, den **Geschlechtshöcker** oder das **Tuberculum genitale** und in die zapfenförmig hinter ihm auswachsende Anlage des **Geschlechtsgliedes** oder den **Phallus**, an dessen Unterfläche nun die Kloakenfurche liegt (Fig. 379).

Die Epidermis bildet an der Phallusspitze ein Knöpfchen oder Hörnchen, den **Epidermisknopf** oder das **Epidermishörnchen**, von unbekannter Bedeutung, das bald wieder zerfällt (Fig. 380 und 385).

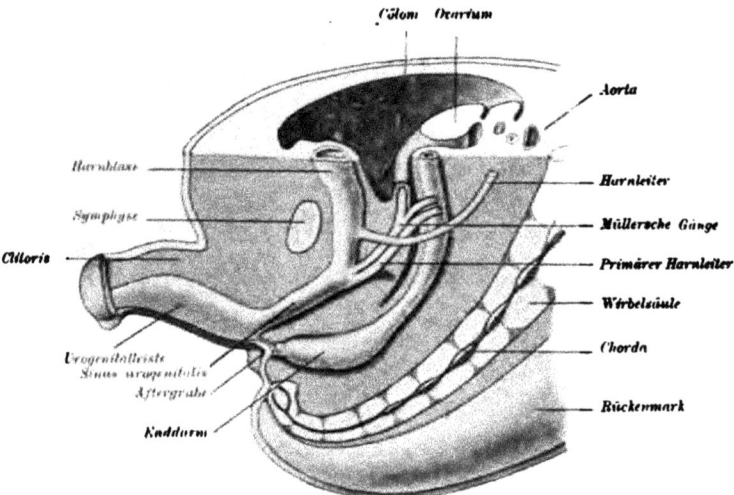

Fig. 381. **Modell der Anlage des Harngeschlechtsapparates eines weiblichen menschlichen Embryos von 29 mm Nackenlänge. Nach Keibel.**
Zwischen Enddarm und Sinus urogenitalis liegt das Septum urogenitale.

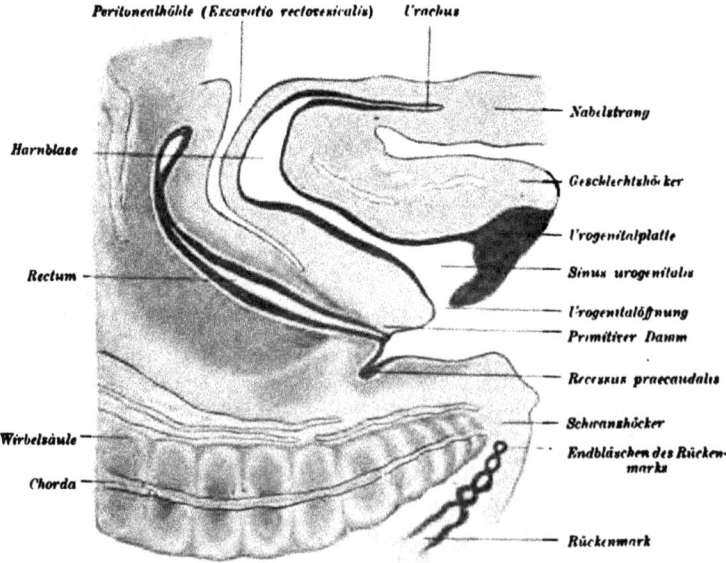

Fig. 382. **Medianschnitt durch das hintere Leibesende eines Embryos mit eröffneter Kloake, dessen äußere Geschlechtsteile die Entwicklung wie Fig. 379 zeigen. Vergr. etwa 32 : 1.**

Die Bildung des Afters.

Die Analregion bildet sich aus dem kaudalen Gebiete des Urogenitalhöckers.

Durch die kaudalwärts wachsenden Ränder der Urogenitalfalten entsteht eine zwischen Enddarm und Sinus urogenitalis gelegene transversale Scheidewand. Ihr unterer Rand durchwächst die Kloakenleiste und scheidet so die enterodermale Kloake von dem dorsalen Enddarm (Fig. 361) unter Bildung des primitiven zwischen beiden gelegenen Dammes. Gleichzeitig trennt dieser die quergestellte Afterspalte oder Fissura ani transversa von der sagittalen, kranialwärts gelegenen Urogenitalspalte (Fig. 379 u. 380). Das Mesenchym am kaudalen Rande der Afterspalte verdickt sich zu dem ursprünglich paarigen Analhöcker. Hinter ihm senkt sich eine quergestellte Furche, die Schwanztasche oder der Recessus praecaudalis vor der Schwanzwurzel ein.

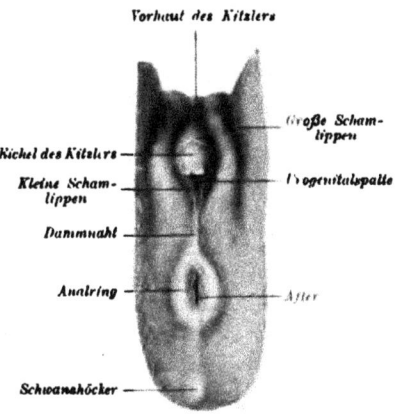

Fig. 383. Äußere weibliche Geschlechtsorgane von einem menschlichen Embryo von 6,5 cm Länge. Vergr. etwa 3:1.

Der Analhöcker umfaßt dann die Fissura ani zuerst mondsichel- (Fig. 380), dann ringförmig als Analring (Fig. 383). Während sich

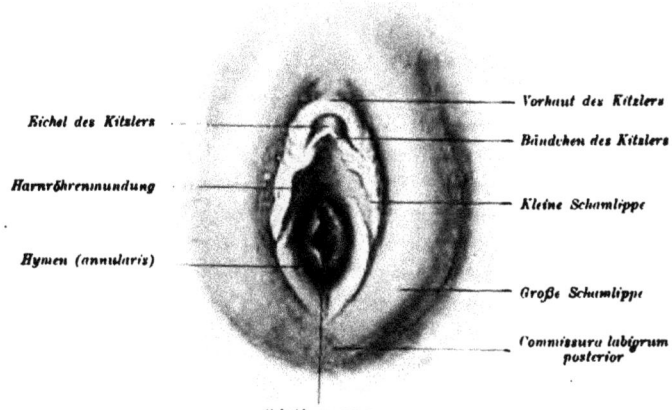

Fig. 384. Äußere weibliche Geschlechtsorgane von einem siebenmonatigen menschlichen Embryo. Vergr. etwa 3:1.

der primitive Damm weiter ausbildet und die Urogenitalspalte und das Rectum vollkommen trennt, wird die anfänglich transversale Afterspalte zu einer, von zwei Mesenchymwülsten, den Dammlippen, begrenzten grubenförmigen Längsspalte (Fig. 383), der Aftergrube. Durch Verwachsung der Dammlippen unter Schwund der sie trennenden Epithelleiste entsteht der sekundäre oder bleibende Damm. Die Verwachsungslinie der Dammlippen erscheint als Dammnaht oder Raphe perinei ($\dot\varrho\alpha\varphi\acute\eta$ = Naht).

Nach Bildung des sekundären Dammes ist auch die epidermidale Kloake in den epidermidalen Sinus urogenitalis und in den epidermidalen Anal- oder Afterdarm geschieden.

Der Durchbruch der Aftergrube in den Enddarm und die Bildung der Afteröffnung erfolgt bei Embryonen von etwa 3,5 cm Länge. Das wallartig auf dem mesenchymatösen Analhöcker verdickte Epidermisblatt wuchert nach Bildung der Afteröffnung noch ein Stück weit in das Mastdarmende hinein, verdrängt dessen Enteroderm und bildet so die Epidermisauskleidung des Endstückes des Mastdarmes oder das Proktodäum ($\pi\varrho\omega\varkappa\tau\acute\iota\varsigma$ = Steiß). Die Grenze zwischen Enteroderm und Epidermisblatt bleibt im After zeitlebens eine sehr deutliche.

In dem Mesenchym des später wieder schwindenden Analhöckers entsteht unabhängig von Myotomen die Muskulatur des Dammes (siehe S. 381).

Der Recessus praecaudalis schwindet beim Menschen spurlos, erhält sich aber bei manchen Tieren, so zum Beispiel beim Dachs, als das zwischen After und Schweifwurzel gelegene „Fettloch" zeitlebens. Auch der Schwanzdarm schwindet schon sehr früh.

Die Analdrüsen entstehen nach Art der Knäueldrüsen der Haut.

Begattungsorgane.

Gleichzeitig mit der Afterbildung entwickeln sich auch die Begattungsorgane. Die ausgebildeten weiblichen äußeren Geschlechtsteile stehen den embryonalen Verhältnissen näher als die männlichen, welche einen bedeutenderen Grad von Umbildungen zeigen.

Bei beiden Geschlechtern wächst der kraniale Teil des Urogenitalhöckers zum Geschlechtsglied oder Phallus aus. Sein abgerundetes Ende verdickt sich zur Eichel oder Glans und setzt sich durch eine seichte Furche gegen den Schaft des Phallus ab (Fig. 385).

Die an der Unterseite des Phallusschaftes gelegene, von zwei schmalen Falten, den Geschlechtsfalten, flankierte Urogenitalleiste wird durch Auflösung ihrer zentralen Zellen zur Urogenitalfurche, die sich kaudalwärts zu der vor dem Damme gelegenen Urogenitalspalte (Fig. 385) und zur Urogenitalgrube vertieft. Der Grund der Urogenitalgrube, die Urogenitalplatte, wird einerseits durch das Epidermisblatt, anderseits durch eine Wucherung des Enteroderms an der ventralen Wand des Sinus urogenitalis gebildet (Fig. 382).

Mit dem Durchbruch der Urogenitalplatte ist bei Embryonen von ca. 1,9 cm Länge die Urogenitalöffnung hergestellt (Fig. 382).

Der Sinus urogenitalis reicht nun vom Müllerschen Hügel über den Phallus bis dicht unter die Eichel. Man kann nun an ihm einen vom Müllerschen Hügel bis zur Urogenitalöffnung reichenden enterodermalen Beckenteil und den im Gebiete des Phallus gelegenen epidermidalen Phallusteil unterscheiden.

Der Geschlechtshöcker verlängert sich und umfaßt hufeisenartig mit zwei länglichen Wülsten, den Geschlechtswülsten (Fig. 380 und 385), den Phallus.

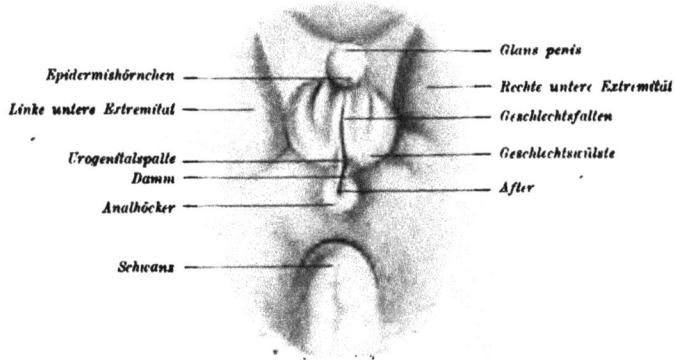

Epidermishörnchen —

Linke untere Extremität —

Urogenitalspalte —
Damm —

Analhöcker —

Schwanz —

— Glans penis

— Rechte untere Extremität

— Geschlechtsfalten

— Geschlechtswülste

— After

Fig. 385. Äußere männliche Geschlechtsorgane von einem menschlichen Embryo von 31 mm.
Vergr. etwa 9:1. Nach Otis.

Beim weiblichen Geschlechte erhält sich der Sinus urogenitalis nach Durchbruch der Urogenitalplatte zeitlebens als Scheidenvorhof oder Vestibulum vaginae. Die Genitalwülste werden zu den großen, die Geschlechtsfalten zu den kleinen Schamlippen.

Die Scheidenklappe oder der Hymen ($\dot{v}\mu\dot{\eta}\nu$ = Häutchen) (Fig. 384) entsteht aus dem Müllerschen Hügel und kommt außer dem Menschen keineswegs allen weiblichen Tieren zu. Sie findet sich beispielsweise bei der Äffin, dem Stutfohlen, dem Ferkel und in wechselnder Entwicklung beim Kalbe von sehr verschiedener Gestalt.

Beim Menschen unterscheidet man den mondsichelförmigen Hymen semilunaris, den ringförmigen Hymen annularis und den siebförmigen Hymen cribriformis. Infolge der ausgebliebenen Eröffnung der Müllerschen Gänge auf dem Müllerschen Hügel entsteht der undurchbohrte Hymen oder H. imperforatus, eine für die Begattung und den Abfluß der Brunst- und Menstruationsflüssigkeiten höchst hinderliche Hemmungsbildung.

Die großen Schamlippen vereinigen sich durch eine hintere. nicht immer durch eine vordere Commissur und begrenzen die Schamspalte. Der Phallus wird zum Kitzler oder zur Klitoris (κλειτορίς = Kitzler). Im dritten Embryonalmonat von auffallender Länge und hakenartig nach unten gebogen (Fig. 381 u. 383). überragt diese die großen Schamlippen und wird erst später. im Wachstum zurückbleibend, zwischen ihnen in der Schamspalte geborgen. .

Die Geschlechtsfalten umfassen den Kitzler nach oben als Vorhaut oder Praeputium clitoridis und bilden dessen Frenulum und die kleinen Schamlippen.

Der epidermidale Teil des Sinus urogenitalis wird von den kleinen Schamlippen umschlossen. Der Rest des Scheidenvorhofs mit der Harnröhren- und Scheidenmündung und mit der äußeren Fläche des Hymens gehört zum enterodermalen Teil des Sinus urogenitalis. In Scheide und Harnröhre läßt sich aber durch nachträgliche Epithelumwandlung keine Grenze zwischen Enteroderm und Epidermisblatt mehr erkennen.

Bei Entwicklung zum männlichen Geschlechte wächst der Geschlechtshöcker zum Penis aus.

Die Geschlechtsfalten schließen sich im dritten Fetalmonat zum Canalis urogenitalis in der Richtung gegen die Glans penis. Der so entstandene, von der Einmündung des Sinus prostaticus und den Ausspritzungskanälen bis zur Eichelspitze verlaufende Canalis urogenitalis ist vorübergehend durch Epithel verstopft. Man kann an ihm eine vom Epidermisblatte bekleidete, im Gebiete der Glans penis gelegene Eichelstrecke, Pars glandaria, eine im Bereiche der Schwellkörper gelegene Schwellkörperstrecke, Pars cavernosa, eine Vorsteherdrüsenstrecke, Pars prostatica, und eine enterodermale Pars trigonalis unterscheiden. Am spätesten schließt sich die Urogenitalfurche im Gebiete des aus paarigen medianen Falten hervorgehenden Frenulum praeputii (Fig. 386) im Gebiete der Fossa rhomboidea. Dann erst mündet der Urogenitalkanal auf der Eichelspitze.

Eine ringförmige Hautfalte gleitet über den Penis und dessen Eichel empor und hüllt diese als Vorhaut oder Praeputium ein, indem die einander zugekehrten Epidermisflächen der Falte und der Eichel zeitweise miteinander verwachsen.

Nach Lösung dieser Verwachsung liegt die Eichel frei in dem verschieblichen Präputium, mit welchem sie nur durch das Frenulum dauernd verbunden bleibt. Während der Verlängerung des Geschlechtshöckers nähern sich die beiden Geschlechtswülste bis zur Berührung und verschmelzen schließlich miteinander zum Hodensack.

Eine am Präputialrande beginnende, bis zum After reichende Naht markiert das Gebiet, in welchem die Fissura urogenitalis durch Verwachsung ihrer Ränder geschlossen wurde. Man unterscheidet an ihr verschiedene Strecken als Vorhaut, Hodensack- und Dammnaht (Fig. 386).

Das Stützgewebe des Penis verdichtet sich beiderseits um die Urethralrinne zu fibrösen Strängen, die durch reichliche Gefäßentwicklung zum Corpus cavernosum urethrae des Mannes verwachsen oder die getrennten Bulbi vestibuli bei dem Weibe bilden.

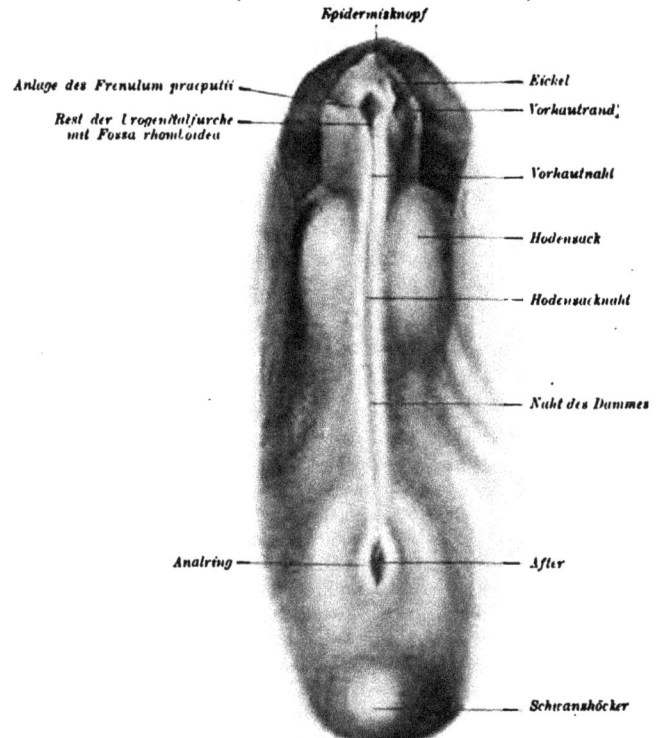

Fig. 386. Äußere männliche Geschlechtsteile eines menschlichen Embryos von 5,3 cm aus dem vierten Monat. Vergr. etwa 12:1. Der Rest der Urogenitalfurche, die Fossa rhomboidea, ist noch nicht geschlossen.

Die eigentliche Harnröhre reicht beim Manne von dem Blasenboden nur bis zu den Ausspritzungskanälen auf dem Samenhügel; der übrige distale Teil dient dem Ausflusse des Harnes und Samens = Canalis urogenitalis. Beim Weibe reicht die Harnröhre vom Blasenboden bis in den Scheidenvorhof und entsteht dadurch, daß der Beckenteil des Sinus urogenitalis eng bleibt, während die Harnblase sich erweitert.

Die paarigen Stränge am Phallusrücken inserieren sich am Os ischii und werden zu den Schwellkörpern des Penis beziehungsweise zu denen der Klitoris. Zwischen den Schwellkörpern des Penis

ₑrhält sich ein fibröses Septum, in welchem (zum Beispiel bei Raub-
und Nagetieren sowie bei den Walen) durch Verknöcherung ein Ruten-
knochen entstehen kann.

Der Schwellkörper der Eichel legt sich selbständig an, verwächst aber später mit dem Corpus cavernosum urethrae.

Die akzessorischen Geschlechtsdrüsen müssen in solche
des enterodermalen Sinus urogenitalis, d. h. in die Vorsteherdrüse
oder Prostata ($\pi\varrho o \acute{\iota} \sigma \tau \eta \mu \iota$ = vorstehen) in die Urethraldrüsen und
in die Drüsen des Epidermisblattes, d. h. in die Talgdüsen der
Labia minora sowie in die Präputialdrüsen unterschieden werden.

Die Vorsteherdrüse oder Prostata entsteht bei menschlichen Embryonen im dritten Monat vom Epithel des Sinus urogenitalis aus in Gestalt einzelner in das umgebende Bindegewebe ein-
wachsender Drüsen, die beim Manne durch dichteres Bindegewebe,
elastische und glatte Muskelfasern umhülst und gegen die Umgebung
abgesetzt werden (Fig. 368). Beim Weibe bleiben die Drüsenanlagen,
ohne durch glatte Muskeln umhüllt zu werden, rudimentär. (Para-
urethrale oder Skenesche Gänge.) Die Drüsenknospen erhalten bei
beiden Geschlechtern ihre Lichtung erst nach der Geburt.

Die Bulbourethraldrüsen des Mannes und die Vestibulardrüsen
des Weibes wachsen aus der dorsalen Wand des Beckenteiles des Sinus
urogenitalis als solide Epithelzapfen in das lockere Bindegewebe zwischen
Enddarm und Sinus urogenitalis ein und entfalten sich da weiter.

Die komplizierte Entwicklungsgeschichte des Afters und des Geschlechtsapparates macht es begreiflich, daß vielfach Störungen in der normalen Entwicklung
eintreten und dann zu sehr verschiedengradigen Hemmungsbildungen führen
konnen. Öffnet sich die ursprünglich bis zur Nabelanlage reichende Kloakenhaut
vorzeitig, so kann sie zu einer Bauch- oder Blasenspalte mit Kloakenbildung
und zu vollständigem Getrenntbleiben des Geschlechtshöckers, zur Penisschisis,
oder in geringeren Graden zu wechselnden Formen, zu einer oberen Klitoris- oder
Penisspalte, zur Epispadie ($\dot{\epsilon}\pi\iota$ = auf) führen.

Anderseits können die äußeren männlichen Generationsorgane durch mangelhafte Verwachsung der Geschlechtswülste unter Bestehenbleiben des Sinus urogenitalis und bei Kleinbleiben des männlichen Gliedes weiblichen Typus vortäuschen.
Diese Ähnlichkeit wird dann noch durch das auch an und für sich bei normaler
Entwicklung der äußeren Geschlechtsteile vorkommende Zurückbleiben eines oder
beider Hoden in der Bauchhöhle gesteigert. Man spricht dann von unterer Penisspalte oder Hypospadie und ein- oder doppelseitigem Cryptorchismus
($\varkappa\varrho\acute{\upsilon}\pi\tau\omega$ = verbergen). Durch Kleinbleiben des Sinus urogenitalis mit abnormer
Größenentwicklung des Kitzlers kann scheinbar männlicher Typus vorgetäuscht
werden, eine Ähnlichkeit, die durch ein regelwidriges Herabsteigen der Eierstöcke
in die großen Schamlippen, die dann an einen gespaltenen Hodensack erinnern,
noch gesteigert wird. Gesellt sich hierzu noch die weitere Entwicklung von sonst
der Rückbildung verfallenden Organen, also der Urnierengänge und des Sexualteils
der Urniere beim weiblichen, der Müllerschen Gänge beim männlichen Tiere, so
entstehen dadurch Scheinzwitter, welche noch auffallender werden, wenn das
betreffende, seinen Keimstöcken nach männliche Tier (zum Beispiel ein Schaf- oder
Ziegenbock) Milch gibt.

Tabelle zur Übersicht über die homologen Teile des Harngeschlechtsapparates bei beiden Geschlechtern und über deren Herkunft aus
der indifferenten Anlage des Harngeschlechtssystems.

	Indifferente Anlage	Weibliches Geschlecht	Männliches Geschlecht
1.	Keimepithel = Peritonealepithel mit dazwischenliegenden Urgeschlechtszellen	Eizellen und Follikelepithel	Samenzellen und Fußzellen in den Samenkanälchen
2.	Urniere:		
	a) Sexualteil	a) Nebeneierstock mit Rete ovarii und Sexualstränge des Eierstocks	a) Nebenhoden, Rete testis, gerade Hodenkanälchen
	b) eigentlicher Urnierenteil	b) Paroophoron	b) Paradidymis
3.	Urnierengang oder primärer Harnleiter	Gartnersche Gänge	Samenleiter und Samenbläschen
4.	Nachniere u. Ureter	Nachniere und Ureter	Nachniere und Ureter
5.	Müllerscher Gang	{Eileiter m. Fransentrichter} {Gebärmutter und Scheide}	{Appendix des Nebenhodens,} {Vagina masculina, Uterus} {masculinus}
6.	Leistenband der Urniere	Rundes Mutterband und Eierstockband, Eierstocksgekröse, Gebärmuttergekröse, Eileitergekröse	Leitband des Hodens oder Gubernaculum testis
7.	Bauchfellüberzug der Urniere	(Mesovarium, Mesometrium und Mesosalpinx)	Hodengekröse, Nebenhodengekröse (Mesorchium und Mesodidymis)
8.	Sinus urogenitalis	Scheidenvorhof	Harnröhre (Pars prostatica und membranacea) = Canalis urogenitalis
9.	Geschlechtshöcker	Kitzler	Männliches Glied
10.	Geschlechtsfalten	Kleine Schamlippen mit den Schwellkörpern des Scheidenvorhofs (Bulbi vestibuli)	Schwellkörper des Canalis urogenitalis
11.	Geschlechtswulst	Große Schamlippen	Hodensack

Maßgebend für das Geschlecht in solchen Fällen sind nur die
Keimstöcke.

Zur echten Zwitterbildung gehört das Vorhandensein von Spermien
und Eizellen in zwei, nach verschiedenem Geschlechtscharakter entwickelten Keimstöcken, also das zweifellose Vorkommen von Hoden neben Eierstöcken und umgekehrt.

Bleibt die von Mesenchym durchwachsene Kloakenhaut bestehen, so kommt
es zur Atresia (ἄτρητος = undurchbohrt) ani oder zur Atresie des Sinus urogenitalis. Bleibt die Dammbildung und mit ihr die Sonderung in After und
Fissura urogenitalis aus, so besteht eine nach Durchbruch der Kloakenhaut dauernde
Kloakenöffnung als Hemmungsbildung.

6. Die Entwicklung der Nebennieren.

An den Nebennieren der Säugetiere und des Menschen sind die Rinden- und Marksubstanz nach Lage, Entwicklung und histologischem Bau scharf auseinanderzuhalten.

Die strang- und netzförmig angeordneten epithelialen Zellen der Rinde enthalten die fettartigen Lipoidkörnchen ($\lambda i\pi o\varsigma$ = Fett), und Pigment.

Die Marksubstanz hingegen besteht aus sympathischen Nervenzellen und phäochromen ($\varphi\alpha\iota\acute{o}\varsigma$ = braun, $\chi\varrho\tilde{\omega}\mu\alpha$ = Farbe) oder chromafinen, sich in chromsauren Salzen braunfärbenden Zellenhaufen.

Bei niederen Wirbeltieren bleiben die zur Nebenniere der Säuger und des Menschen vereinigte Rinden- und Marksubstanz zeitlebens als besóndere Organe, als „Interrenal-" und „Suprarenalorgan" getrennt. Demgemäß ist auch die Anlage dieser Organe und der Nebenniere eine zweifache.

So entstehen zum Beispiel bei Fischen zu beiden Seiten des Mesenteriums von der Vorniere bis zur Kloake aus dem Cölomepithel kleine metamere Wucherungen, die Zwischennierenknospen. Ebensolche findet man in der Lendenregion bei Säugetier- und Menschenembryonen (von etwa 6 mm Länge). Sie lösen sich bald vom Cölomepithel ab und bilden sich zum Teil zurück. Zum anderen Teile aber vereinigen sie sich zu einem beiderseits am medialen Rande des oberen Urnierendrittels zwischen der Aorta und der Keimstockanlage befindlichen Organ, dem Interrenalorgan (Fig. 387).

Die Suprarenalorgane entstehen dagegen aus der Sympathicusanlage. Die von ihr abwuchernden Zellen kann man beim Menschen im dritten Embryonalmonate als Sympathoblasten und Phäochromoblasten unterscheiden. Jene werden zu sympathischen Nerven-, diese zu phäochromen Zellen. Bei den höheren Wirbeltieren löst sich (siehe Fig. 388) die Mehrzahl dieser Zellen von den sympathischen Ganglien ab und verbindet sich mit den Interrenalorganen zur Bildung der Nebennieren (menschliche Embryonen von 17—19 mm Länge), bleibt aber durch Neuriten mit dem Sympathicus in Verbindung.

Die Suprarenalorgane liegen anfänglich außerhalb der Interrenalorgane. In der Folge werden sie aber von dem Interrenalgewebe umwuchert und umkapselt zu deren Mark, Damit ist die bleibende charakteristische Verteilung von Rinde und Mark der Nebenniere gegeben. Schon bei menschlichen Embryonen aus dem zweiten Monat ordnen sich die epithelialen Rindenzellen zu den Strängen der Zona reticularis, fascicularis und glomerulosa. Die Bindegewebskapsel der Nebenniere entsteht aus dem die Nebenniere umhüllenden Mesenchym. Die anfangs des dritten Monates schon in ihrer bleibenden

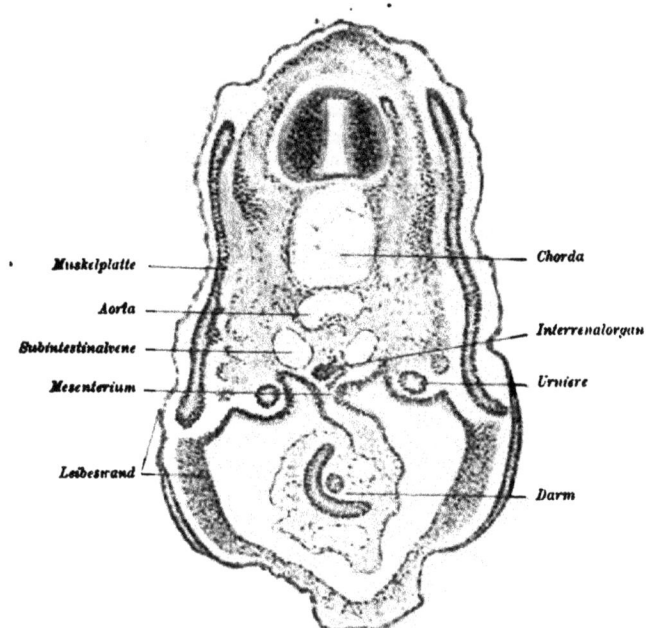

Muskelplatte
Aorta
Subintestinalvene
Mesenterium
Leibeswand
Chorda
Interrenalorgan
Urniere
Darm

Fig. 387. Querschnitt durch einen Haifisch-Embryo von 12 mm. Vergr. etwa 70:1.

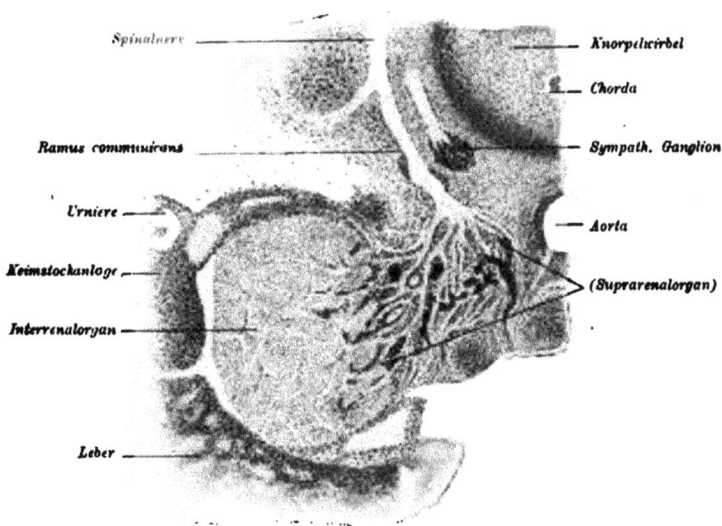

Spinalnerv
Ramus communicans
Urniere
Keimstockanlage
Interrenalorgan
Leber
Knorpelwirbel
Chorda
Sympath. Ganglion
Aorta
(Suprarenalorgan)

Fig. 388. Querschnitt durch die rechte Nebenniere des menschlichen Embryos in Fig. 136.
Vergr. etwa 70:1.

Lage befindlichen, dem kranialen Nierenpol aufsitzenden Nebennieren bleiben bis zur Ausbildung ihrer definitiven Blutgefäße klein (Fig. 365), wachsen dann aber sehr rasch (Fig. 372) und erreichen schon im sechsten Embryonalmonate ihre definitive Größe von 4—5 cm.

Kleine, von der Nebennierenbildung abgespaltene Teile können in der Nähe der inneren Geschlechtsorgane liegen bleiben und deren Verlagerungen mitmachen. Echte, aus Rinde und Marksubstanz bestehende „Beinebennieren" sind in seltenen Fällen im Plexus solaris und als „akzessorische Nebennieren" im Mesometrium, Mesorchium usw. gefunden worden. Auch gänzliches Fehlen und mangelhafte Entwicklung der Nebennieren hat man mitunter beobachtet.

Register.

(Die Ziffern bedeuten die Seitenzahlen).

Abortivorgane 4.
Accessorius 275, 277.
Acervulus 268.
Achsenfaden (des Spermiums) 15, 19.
Achsenskelet 125.
— knöchernes 396.
— knorpeliges 391.
Achsenstrang 110.
Acusticus 275.
Adeciduaten 187, 192.
Adergeflechte 270.
Aderhaut 302, 304.
Äquationsteilung 14.
Äußerer Gehörgang 147.
After 77, 162, 456, 459, 460.
— darm 326, 460.
— grube 90, 460.
— membran 90, 164, 166.
— öffnung 308.
— spalte 459.
Agenesie 5.
Agger nasi 155.
Agnathie 161.
Albuginea (des Eierstocks) 445.
— (des Hodens) 440.
Allantochorion des Menschen) 229.'
— des Pferdes 196.
— der Säuger 182, 185.
— der Sauropsiden 177.
— des Schafes 200.
— des Schweines 201.
Allantois 170, 176.
— der Fleischfresser 212.
— des Hühnchens 177.
— des Menschen 221.
— der Nagetiere 215
— des Pferdes 192, 196.
— der Säuger 178.
— der Sauropsiden 176.
— des Schafes 199.
— des Schweines 199.
Allantoishöcker 176.
— höhle 172, 176.
— kreislauf 373.
— stiel 172.
Allantoplacenta 185. 186.
Altersunterschiede 7.
Alveolarperiost 315.
Amboß 410, 417.
— steigbügelgelenk 411.
Amelie 169.

Amniogenes Chorion 170, 172.
— der Fleischfresser 208, 212.
— des Hühnchens 174.
— des Menschen 221, 229.
— der Nagetiere 214.
— des Pferdes 196.
— der Säuger 182.
— des Schafes 199.
— des Schweines 199.
— der Wiederkäuer 203.
Amnion 3, 170, 172.
— des Menschen 221, 226.
— des Pferdes 192.
— der Säuger 178.
— der Sauropsiden 172.
— des Schafes 199.
— des Schweines 199.
Amnionepithel 172.
— flüssigkeit 175, 226.
— gang 173, 176.
— gekröse 173.
— höhle 173.
— nabel 173.
— nabelstrang 173.
— naht 173.
— scheide (des Nabelstrangs) 181.
Amnioten od. Amniontiere 93, 108, 167, 170, 182.
Amniotische Fäden 226.
Amphimixis 46.
— oxus 53—56.
Ammonshorn 264.
Ampullen (der Bogengänge) 282.
Analdrüsen 460.
— höcker 459.
— ring 459.
Anamnien oder amnionlose Tiere 170, 185, 358.
Angiomeren 357.
Angulusulvulae 153.
Anhangsbildungen 3.
Animaler Pol 25.
Anpassung 2, 7.
Anthelix 289.
Antitragus 288.
Antrum septi pellucidi 264.
Anusbildung 326.
Aorta 124, 357, 358, 360.
Aplacentalier oder Placentalose 185, 186.

Appendix epididymidis 442.
— testis 442.
Aprosopie 161.
Aquaeductus cerebri 262.
— cochleae 286.
Arbeitsplasma 46.
Archenteron 72.
— palato pharyngei 154.
Archicytova(Ureizellen) 12.
— spermiocyten (Ursamenzellen 12.
Arcus aortae 359.
Area infranasalis 158.
— opaca 95.
— pellucida 94.
— triangularis 158.
— vasculosa 115, 171, 173, 342.
— vitellina 115, 172, 342.
Areola (des Schweinechorions) 201.
— (der Zitzen) 210, 250.
Areolarzone 249.
Arterien des Auges 297 bis 304.
— basilaris 361.
— der Beckengliedmaßen 363.
— der Brustgliedmaßen 362.
— des Darmkanals 363.
— des Harngeschlechtsapparates 363—364.
— des Kopfes 358–361.
— der Nabelblase 363.
— des Rumpfes 358—362.
— bogen 359.
Artiodactylen (Paarhufer) 198.
Aspermatismus 21.
Aspermie 21.
Associationssepteme 262.
Atlantooccipitalgelenk 406.
Atlas 393, 397.
Atresia ani 465.
— pupillae 304.
Atrioventrikularfurche 348.
— — klappen 355, 356.
— — öffnungen 354.
Atrium bursae omentalis 323.
Aufhängeband der Linse 296.

Augenbecher 295.
— blase 118, 142. 291.
— blasenstiel 142, 291.
— gefäße 302.
— lider 160, 304.
— muskeln 305.
— — nerven 274.
— spalte 296.
— wimpern 306.
Auricularhöcker 288.
Außenkeim 62.
— zellen 62.
Auswachsungstheorie der Neuriten 260.

Balken 263.
Bandapparat der Keimstöcke 437, 450—452.
Bänder der Wirbelsäule 392, 394.
Basalhaut der Eierstocksfollikel 444.
— der Epidermis 241.
— der Netzhaut 297.
— der Schmelzzellen 315.
Basalplatte der Placoidorgane 316.
— der Placenta 234.
— des Knorpelcraniums 405.
Basalschicht der Epidermis 241.
Bauchfell 308.
— höhle 308.
— speicheldrüse 333.
— stiel 224.
Beckengürtel 422.
Begattung 41.
Begattungsorgane 456, 460.
Befruchtung 33, 40.
Befruchtungsbahn 33, 65.
— ebene 66
— theorie 45.
Belegknochen 317.
— zellen 328.
Besamung 40.
Bindearme (des Gehirns) 269.
— gewebe 340.
— gewebiger Schädel 305.
— substanzen 340.
Bipolare Nervenzellen 298.
Blasenbänder 435.
— follikel 444.
Blastocoel 56. 60, 83.
— derm 62.
— ineren 51.
— porus 80, 103, 163.
Blastula 56.
— des Amphioxus 71.
— des Frosches 79.
des Wapermolches 79.
Blinddarm 323.
Blinzknorpel 306.
Blut 341, 346.
    flecken 342.

— gefäße 341, 342.
— inseln 346.
— zellen 346.
Bodenplatte des Rückenmarks 255.
Bogengänge 280, 281, 285.
Bowmannsche Kapsel 138, 428, 430, 432, 440.
Branchiocoel 384.
Bronchien 335.
Brückenkrümmung 262.
Brunst 182.
Brunstblutung 183.
Brustbein 394, 399.
— — spalte 396.
— fell 308.
— höhle 308.
— wand 127.
Bürstensaum des Trophoblast 229.
Bulbi vestibuli 463.
Bulbourethraldrüsen 464.
Bulbus arteriosus 350, 358.
— olfactorius 266.
— wulst des Truncus arteriosus 464.
Bursa omentalis 323.
— ovarii 452.
— testis 452.

Caecum 324.
— cupulare 281, 284.
— vestibulare 281.
Calyx 35, 431.
Canalis auricularis 349.
— craniopharyngeus 267.
— neurentericus 75, 76, 90, 104, 162, 164.
— urogenitalis 462.
Caruncula lacrymalis 306.
Cartilago periotica 405.
Cavum serosum des processus vaginalis testis 454.
Cellulae mastoideae 288.
Cerebellum 119.
Cervix uteri 447.
Chalazen 30.
Chiasmawulst 263.
Choanen 151, 152, 154.
Chondrin 341.
Chorda dorsalis 72, 73, 113, 387, 388.
— canal 101, 113.
— falte 87.
— platte 112.
— scheide 388.
— schleife 403.
— tympani 288.
Choriocapillaris 303.
Chorioidea 302.
Chorion 27, 170, 182.
— blätter 216.
— des Menschen 218, 221, 223, 229.

Chorionfelder d. Schweines 201.
— kuppeln des Hundes 211.
— — des Kaninchens 216.
— zotten des Menschen 229.
Chromatolyse 38.
Ciliarfalten 302.
— körper 302.
— muskel 302.
Claustrum 265.
Coelenteron 72.
Coelom 73, 84, 384.
— wulst 127.
Collateralen der Neuriten 272.
Colon 325.
Commissuren des Gehirnes 118, 262, 263, 264.
— des Rückenmarkes 256.
Compacta der Uterusschleimhaut 208.
Concha media 155.
— obtecta 155.
— superior 155.
Coni vasculosi 441.
Conus inguinalis 452.
— terminalis 261.
Copula 310, 410.
Cornea 301.
Corona radiata 34.
Corpora cavernosa 463.
Corpus atreticum 38.
— candicans 36.
— fibrosum 38.
— luteum 35, 36.
— sanguinolentum 36.
Corpus restiforme 269.
— striatum 265.
Cortisches Organ 282.
Crista acustica 282.
— galli 409.
Cotyledo 236.
Cumulus ovigerus 34.
Cuticula (der Eischale) 30.
— (der Schmelzzellen) 315.
Cutis 240.
— papillen 241.
— wall 249.

Damm 460.
— lippen 460.
— naht 460, 463.
Darmblatt 73, 83.
— bucht 125.
— dottersack 170, 172.
— höhle 83, 143.
— kanal 307.
— larve 70, 72.
— mesenchym 125.
— rinne 126.
— schlinge 322.
Darwinsche Spitze des Ohres 290.
Dauerdarm 73.
— mund 72, 78.
— nagel 254,

Dauerorgane 2.
Deciduaten 187. 207, 208.
— zellen 182, 211, 216, 221.
Deckknochen 413, 414.
Deckplatte des Rücken-
markes 74, 254.
Deckschicht (der Blastula)
79, 95.
— (der Epidermis) 241.
— (des Trophoblast) 205,
222, 229, 231.
Dendriten 256, 258, 259.
Dentale 411, 417.
Dentin 314, 315, 316.
Dermatome 240.
Descendenztheorie 1.
Descensus der Keimstöcke
451.
Detrituszone 210, 216, 222.
Dickdarm 324.
— schleimhaut 328.
Diencephalon 119.
Discoblast 62.
Doppellippe 310.
Dornfortsatz 392.
Dotter 23, 170, 191.
— blatt 94, 97.
— entoblast 88, 94.
— feld 80.
— gang 170.
— hof 115, 172, 342.
— pfropf 80.
— pol 25.
— sack 170, 171, 172, 182.
— — kreislauf 373.
— — placenta 192.
— — stiel 172.
Dottervacuolen 59.
— sackvenen 130, 364.
— syncytium 60.
— zellen 56, 62.
Drüsen des Afters 460.
— der Augenlider 306.
— (Brunnersche) 328.
— der Backen 312.
— der Lippen 312.
— der Zunge 312.
— des Darmes 326.
— der Haut 247.
— der Mundhöhle 311.
— der Harnröhre 464.
— des Kehlkopfes 339.
— des Präputiums 464.
— des Uterus 449.
— des Vestibulums 464.
Drüsenfeld 250.
— kammern 208.
— schicht 209.
Ductuli aberrantes 442.
Ductus arteriosus 360.
— cervicalis 319.
— choledochus 329.
— cochlearis 280.
— deferens 441.
— Cuvieri 365.
— cysticus 329.

Ductus ejaculatorius 441.
— hepaticus 329.
— nasolacrymalis 160.
— nasopharyngeus 155.
— pancreatici 333, 334.
— perilymphaticus 286.
— pharyngobranchialis
319.
— pleuropericardiacus 385.
— reuniens 281.
— thoracicus 372.
— thyreoglossus 317.
— utriculosaccularis 281.
— venosus (Arantii) 368.
Dünndarm 354.
Dunkler Fruchthof 95, 115.
Duodenum 308, 325.

Eiachse 26.
— äquator 26.
— ballen 442.
— epithel 444.
— hügel 34, 444.
— hüllen 27.
— kern 39.
— leiter 446.
— — schwangerschaft 220.
— membran 27, 39.
— reife 33, 38.
— saft 38.
— serie 33.
— zellen 3, 11, 12, 21, 222,
444.
— isolecithale 25.
— oligolecithale 25.
— polylecithale 25.
— telolecithale 26.
Eichel 460.
Einhufer 192.
Eiweißhülle 27.
— sack 177.
— schnüre 30.
Ejaculat 12.
Ektoblast 67, 68, 70, 80.
Elastische Substanz 340.
Ektoplacentarwulst 115.
Elementarfibrillen 20.
Embryo 1, 22, 62.
— cystis 95.
— genie 68.
— logie 1.
Embryonalanhänge 170,
178—182, 221.
— bezirk 171.
Embryonale Residual-
organe 4.
— kern 43, 51.
— knoten 62, 75.
— kreislauf 373—376.
— schild 95.
— spindel 43, 62.
— zelle 40.
Embryotrophe 190.
— des Pferdes 198.
— der Huftiere 205.
— der Fleischfresser 212.

Embryotrophe des Kanin-
chens 216.
— des Menschen 230,
231.
Eminentia collateralis 264.
Encephalomeren 121.
Endbläschen des Rücken-
marks 163.
Endhirn 119.
Endkappe d. Extremitäten-
knospe 167.
Endknospe 93.
Endocardkissen 355.
Endocoel 124.
Endolymphe 278.
Endothelien 343.
Endothelschlauch d. Her-
zens 128.
Endscheibe d. Samenzellen
15, 19.
Endwulst 113.
Enterocoel 73.
Enteroderm 73, 113, 326.
Entoblast 67, 70, 80, 83.
Entwicklung, exzentrische
187.
—, interstitielle 187.
—, zentrale 187.
Entwicklungslehre 1, 51.
Entypie 96, 178, 180.
Ependymzellen 255, 271,
298, 299.
Epidermicula des Haares
243.
— des Zahnes 314.
Epidermis 240, 241, 242.
— blatt 240.
— kappe 167.
— knopf 457.
— schuppen 242.
Epididymis 441.
Epigenesis 3.
Epiglottis 337, 339.
Epikeras 242.
Epiphyse 119, 262, 268.
Epistropheus 393, 397.
Epispadie 464.
Epithelien 240.
Epithelkörperchen 317, 318.
— verklebungen 309.
Epitrichium 242.
Eponychium 242, 253, 254.
Epoophoron 450.
Ergänzungshöhle 62, 83, 94.
— platte 83, 90.
Ernährung der Keime 190.
—, hämotrophische 191.
—, histotrophische 191.
Ersatzhaar 246.
— zahn 316.
Erythroblasten 346.
— cyten 346.
— somen 346.
Ethmoidalregion 409.
Ethmoturbinale 155, 409,
410.

Excavatio rectouterina 446.
— vesicouterina 446.
Exceßbildungen 6.
Existenzfähigkeit 7.
Entoallantois 435.
Exoallantois 435.
Exocoel 124, 384.
Extremitäten 167.
— höcker 167.
— leiste 167.

Facialis 275.
Faltenamnion 172, 178, 190.
Federn 242.
Fenestra basalis 410.
— norina 410·
— olfactoria 409.·
Fettgewebe 340.
Fibrinoidschicht der Placenta 235.
Fila olfactoria 279.
Filum terminale 163, 261.
Fissura ani 459.·
— chorioidea 260.
— hypocampi 266.
— lateralis (Sylvii) 265.
— orbitalis 409.
Flossen 166.
Flossensäume 166.
Follikelepithel 14.
— reife 33.
Fontanellen 414.
Foramen interventriculare 262, 263.
— caecum 310.
— ovale 351, 352, 408.
— rotundum 408.
— transversarium 395.
— ventriculi quarti 270.
Fortpflanzungszellen 11.
Fovea centralis 300.
— inguinalis 454.
Foveola coccygea 163.
Frosch 79, 80, 90.
Frucht 22.
— blase 22.
— — des Menschen 221.
— — der Nagetiere 214.
— — der Placentatiere 185, 186.
— — der Raubtiere 211, 213.
— — des Schweins 198.
— — der Wiederkäuer 198, 199.
Fruchthöfe 115.
— kuchen 185.
— schmiere 242.
— wasser 226.
Fugen 414.
Funiculi cuneati 269.
— graciles 269.
Funiculus umbilicalis 178.
Funktionswechsel 6.
Furchung 43, 51, 52, 53, 58, 67.

Furchungshöhle 56.
— kern 52.
— spindel 43.
— zellen 51.
Fußzellen 14, 440.

Gallenblase 329.
— gänge 329, 331.
Gallertgewebe 238.
— hülle 27.
Ganglien 272.
— leiste 121.
— reihe 122.
— zelle 256.
Ganglion acusticum 275, 280.
— cochleae 284.
— geniculi 275.
— jugulare 275.
— nervi optici 298.
— petrosum 275.
— semilunare 275.
— spirale 284.
— vestibuli 284.
Gartnersche Gänge 454.
Gastraler Mesoblast 108.
Gastrulation 70.
— der Amnioten 93.
— der Amphibien 79.
— des Amphioxus 70.
— des Menschen 114.
Gastrulagrube 99.
— knoten 99.
Gaumen 152, 153, 154, 155.
— falten 155.
— fortsätze 153.
— leiste 153.
— spalte 153.
Gebärmutternäpfe 204.
Geburt 238.
Gefäßhof 115, 171, 342.
— knäuel 131.
— zellen 127, 343, 344.
— zotten 229, 232.
Gehirn 262.
— schicht d. Netzhaut 300.
Gehörgang 146, 290.
— knöchel 288.
— organ 280, 290.
Gekröse des Darmes 308, 322, 329.
— des Herzens 329.
— platte 122, 307.
Gelbei 27.
Gelber Körper 35.
Gelenke 423.
Genitalstrang 438, 446.
Geschlechtsapparat 436.
— falten 460.
— furche 460.
— höcker 459.
— kerne 46.
— leiste 139, 460.
— reife 7.
— wülste 461.
— unterschiede 7.

Geschlechtszellen 11.
Geschmacksknospen 279.
— organ 279.
Gesicht 140, 149.
Gewebe 2, 68.
Gewölbe 263.
Glandulae areolares 251.
— bulbourethrales 464.
— parotis 311.
— pinealis 119.
— submaxillaris 311.
— sublinguales 311.
Glaskörper 296.
— arterie 302.
Gliazellen 255, 300.
Gliedmaßen 166.
Glomeruli 131, 138, 430.
Glossopharyngeus 275.
Gomphose 317.
Gonocoel 124.
Gonocyten 11, 52.
Grenzfalte 115.
— haut 241.
— rinne 172.
Großhirn 119, 262.
Grundschicht der Blastula 79.
— der Epidermis 241.
— des Trophoblast 222.
Gubernaculum testis 452.
Gyri 265.

Haar, Haarbalgscheiden usw. 243.
— zellen 282, 284.
Halbplacenta 186.
Hämalbogen 387.
Hämoglobin 347.
— gonien u. Hämoblasten 346.
— lymphe 346.
Haftstiel 224.
— zellen 342.
— zotten 234.
Halsbucht 147.
— dreieck 147, 161.
— knötchen 15, 19.
Hammer 411, 417.
— amboßgelenk 410.
Hardersche Drüse 306.
Harnapparat 425, 436.
— blase 224, 432.
— gang 176, 179.
— geschlechtsöffnung 433.
— — höhle 434.
— kanälchen 427.
— leiter 425.
— röhre 434, 463.
Hauptgewebe 239.
— spermium 42, 45.
— stück des Spermiums 18.
Haut 240.
— dottersack 170.
— drüsen 247.
— kiemen 146.
— knochen 317.

Hautnabel 172, 173.
— pigment 241.
— platte 124.
— zähnchen 316.
Hebemuskel d. Hodens 456.
Helix 288.
Heller Fruchthof 94.
Hemisphären (des Groß-
hirns) 263.
Hensenscher Knoten 101.
Herz 125, 341, 348 u. ff.
— beutel 125, 385.
— gekröse 128.
— klappen 355.
— knochen 357.
— ohren 349.
— platte 127.
— schlauch 128, 130.
— schleife 348.
— wulst 125.
Hexenmilch 253.
Hilfsorgane der Muskel-
faser 384.
Hinterdarm 308, 322.
— lippe des Urmundes 72.
— hirn 269.
— stränge 272.
Hippomanes 196.
Hirnanhang 267.
— bläschen 119.
— commissuren 263.
— fissuren 264.
— häute 270.
— lappen 265.
— mantel 263.
— nerven 271, 272, 274.
— platte 116.
— stamm 263.
— stiele 263, 269.
— ventrikel 214.
Histogenese 2, 68.
Hoden 438—442.
— sack 453, 456, 462.
Höhlengrau 262.
Hörnerv 275, 284.
— steine 282.
— streif 284.
— zellen 282.
Holoblasten 53, 171.
Hornschalen 27.
— wand der Hufe 253.
— haut des Auges 300, 301.
Hüllen des Augapfels 291.
— des Gehirnes 270.
— des Hodens 456.
— des Rückenmarkes 270.
Hufe 253.
Hund 207, 211, 213.
Hydramnion 226.
Hymen 461.
Hyperdaktylie 169, 422.
— mastie 252.
— thelie 252.
Hypochordale Spange 390,
395.
Hypodaktilie 169.

— mastie 253.
— glossus 274.
— lemmaler Raum 89.
— physe 262, 267—268.
— — fenster 405, 408.
— spadie 464.
— trichose 247.

Idioplasma 46.
— zoma 15, 23.
Igel 207.
Ileocaecalklappe 325.
Implantation 187, 218.
Infundibulum 119, 266.
Innenzellen 62.
Inscriptio tendinea 331.
Insel 265.
Integumentum commune
240.
Interdigitalmembran 168.
— medi**ä**rschicht (der Epidermis) 241.
— renalorgan 466.
— segmentalarterien 357.
— stitielle Zellen (des Eierstocks) 445.
— — (des Hodens) 440.
— vall 182.
— vasculäre Zellen 313.
— ventricularfurche 349.
— vertebralscheiben 390.
— — spalten 389.
— villöse Räume 229,
233.
Iris 302.

Jacobsonsches Organ 150.

Kalkschalen 27.
Kammerscheidewand 354.
Kaninchen 214.
Karunkeln (des Uterus) 203.
Kastration 11.
Katze 207, 208, 211, 213.
Kaudalhöcker 163.
Kehlkopf 336, 337.
Keilbeinhöhlen 156.
Keim 22, 26, 27.
— bläschen 23.
— blase 62, 95.
— blätter 1, 67, 114.
— epithel 440, 412.
— fleck 23.
— haut 62, 171.
— höhle 56.
— leiste 436.
— ling 1, 62.
— pforte 80, 103.
— plasma 46.
— pol 26.
— ring 62,
— scheibe 58.
— schichten, primäre 1.
— stöcke 11, 436.
— stränge 438, 446.
— wall 62.
— zellen 437, 439.

Kephalocoel 384.
Keratin 273.
Kettentheorie der Nerven-
faser 277.
Kieferbogen 146.
— gelenk 417.
— höhle 156.
— muschel 409.
— spalte 161.
Kiemen 144, 146.
— apparat 144, 146.
— arterie 145.
— bogen 77, 144, 145.
— deckel 147.
— nerv 145.
— organe 276.
— spalten 77, 144.
— taschen 144.
Kitzler 462.
Klauen 253.
Kleinhirn 119, 269.
Kloake 162, 164, 165, 432,
457, 459, 460.
Kloakenfurche 457.
— haut 164, 165, 457, 460.
— höcker 457.
Knäueldrüsen 247.
Knochen des Gesichts-
schädels 416—417.
— des Hirnschädels 414
bis 416.
— skelet 397.
— — der Gliedmaßen 419.
Knorpelgewebe 341.
— schädel 404, 405.
— skelet 391.
Körperplasma 46.
— zellen 11, 14.
Konvergenz 3.
Kopf 142.
— derm 144, 146.
— falte 115.
— kappe 15, 18, 172.
— mesenchym 90, 108, 124,
401.
— platte 124.
— skelet 400.
Kotyledonen 196, 204.
Krallen 253.
Kreislauf (embryonaler)
373.
Kreuzfurche 55, 57, 66.
Krypten 207.
Kryptorchismus 464.
Kurzstrahler 255.

Labyrinth 280, 282, 285.
Laich 29.
Lamina basilaris 285.
— cribrosa 409.
— fusca 303.
— perforata 269.
— spiralis 285.
— terminalis 119, 263.
Langhaussche Schicht 220.
— Fibrinstreifen 234, 236.

Langstrahler 255.
Lanugo 245.
Lanzettfischchen 53.
Larvenmund 77.
— organe 4.
Leber 326, 329 u. ff.
— bänder 331.
— gang 329.
— kapsel 331.
— venen 368, 369.
Lederhaut 240, 241.
Leibeshöhle 72, 73.
Leitband des Hodens 452.
Leptomeninx 270, 300.
Leucocyten 347.
Ligamentum apicis dentis 392.
— arteriosum 376.
— caudale 164.
— coronarium 322, 386.
— falciforme 332, 386.
— hepato duodenale 332.
— — gastricum 332.
— hyothyreoideum 333.
— interarticulare 392.
— spirale 286.
— sternopericardiacum 386.
— suspensorium dentis 394.
— stylohyoideum 412.
— teres 332.
Linse 291, 292.
Linsenbläschen 294, 296.
— grube 294.
— kapsel 294, 295.
— platte 291.
— porus 294.
— säckchen 294.
— sterne 294.
Lipoid 466.
Lippen 159.
— furche 158, 308.
— kerbe 159.
— spalte 161.
Liquor amnii 175, 226.
Lobus pyramidalis 318.
Luftröhre 339.
Lunge 335.
— arterie 357, 360.
— venen 353.
Luteinzellen 36.
Lymphgefäße 341, 372.
— knoten 329, 372.

Macula lutea 300.
Magen 308, 321.
— drüsen 328.
— gekröse 323.
— grübchen 328.
Makromeren 56.
Makrostomie 161.
Malpighische Körper 430.
Mandibula 417.
Mantelspalte 263.
Markscheide 272, 273.
— segel 269.

Markstrahlen 431.
— stränge 438, 442.
Mastdarm 433.
Maxilloturbinale 155, 156.
Meckelsches Divertikel 322.
Meckelscher Knorpel 410, 413.
Meconium 275, 333.
Medulla-oblongata 269.
Medullarplatte 73.
— rohr 117, 261.
Meerschweinchen 220.
Membrana basilaris 285.
— bucconasalis 151.
— chorioideae 297.
— hyaloidea 296.
— limitans 241, 255, 286, 295, 297, 300.
— limitans prima 340.
— obturatoria der Kiemenspalten 144.
— pupillaris 301, 304.
— reuniens 392.
— tectoria 282.
— vestibuli 288, 411.
Meningen 270, 300.
Mensch 217.
Menstruation 37, 182, 183.
— cyclus 182.
Meridionalfurchen 56, 59.
Meroblasten 53, 171.
Merogonie 47.
Mesamnion 173.
Mesencephalon 118, 119.
— chym 69, 108, 122, 340.
— — chordaschädel 401.
— — — skelet 387—391.
— terialplatte 122.
— teriolum 325.
— terium 75, 308, 327.
— commune 325.
Mesoblast 67, 69, 75.
— falten 73.
— hof 115, 342.
— der Amnioten 108.
— des Amphioxus 72, 73.
— des Frosches 87.
— des Kopfes 108.
— des Menschen 114.
— des Molches 83.
— dorsaler 75.
— gastraler 73, 87, 108.
— metastomaler 108.
— parietaler 75, 125.
— peripherer 111.
— peristomaler 87, 108.
— ventraler 75.
— visceraler 75, 125.
Mesocardium 128, 385.
— gastrium 321.
— nephros 130.
Metameren 73.
Metanephros 130.
Metencephalon 119.
Mikromelie 169.
— meren 56.

Mikrostomie 161.
— pyle 41.
Milchdrüsen 248, 249.
— gänge 250.
— hügel 248.
— linie 248.
— sprosse 249.
— streifen 248.
Milz 372.
Mißbildungen 6.
Mitochondria 11.
Mitteldarm 308, 322.
— hirn 118, 269.
— ohr 286.
Modiolus 283.
Molarzähne 316.
Monospermie 45.
Morula 56, 60.
Mucosa des Darmes 326.
Müllerscher Gang 438, 442, 445, 446, 461.
— Hügel 438.
Mund 77, 144, 158, 308.
— bucht 92, 142, 143, 148.
— darm 318.
— höhle 148, 149, 152, 158.
— spalte 148, 158, 308.
Muskelblatt 177.
— platten 124, 377.
Muskulatur, glatte (der Haut) 240, 329.
— quergestreifte 377.
— des Darmes 326, 329.
— der Extremitäten 383 bis 384.
— der Iris 302.
— des Kehlkopfes 339.
— des Kopfes 382—383.
— des Rumpfes 381.
— des Zwerchfells 386.
Musculus orbitalis 306.
— Riolani 306.
— stapedius 288.
— tensor tympani 288.
Mutterbänder 446.
— kuchen 185.
Myelencephalon 119, 269.
Myelinscheide 273.
Myelomeren 121.
Myoblasten 379.
— cardium 130, 350, 355.
— coel 73, 122, 384.
— meren 75, 124, 377.
— septen 75, 377.
— tome 75, 124, 377, 380, 390.

Nabelarterien 176, 238, 363.
— blase 179.
— — des Schafes und Schweines 199.
— — der Fleischfresser 212, 213.
— — der Nagetiere 214.
— — des Menschen 221, 226.

Nabelblase des Pferdes 192, 194.
— — feld 192, 212.
— — gang 179, 238.
— — kreislauf 273.
— — placenta 186.
Nabelbruch 323.
— schnur od. Nabelstrang 179, 180, 237, 239.
— venen 176, 179, 180, 238, 364, 371.
Nachafter 92.
— furchung 60.
— geburt 239.
— niere 130, 425 u. ff.
— — blastem 425.
— — kanälchen 130.
Nackenbeuge 142.
— höcker 142.
— krümmung 262.
Nährzellen 14, 442.
Nagel usw. 253.
Nagetiere 214.
Nähte 414.
Narbe 34.
Nase usw. 151, 152, 157, 158.
Nasengänge 156.
— kapseln 409, 410.
— gaumengänge 154.
— dach 409.
— wand 409.
— höhle 149, 152, 154.
— — drüsen 278.
— knorpel 158.
— loch 151, 410.
— muscheln 155.
— rachengang 155.
— rinne 151.
— röhrchen 151.
— rücken 158.
— steg 158.
Nebeneierstock 450.
— höhlen der Nase 155, 156.
— gewebe 239.
— hoden 440.
— muscheln 155.
— niere 466.
— riechorgan 150.
— schilddrüsen 318.
— spermien 45.
Nephromeren 131, 133.
— stome 131, 133.
— tome 131.
Nerven, periphere 271.
— faser, markhaltige 273, 274.
— — marklose 273.
— endkörperchen 278.
— — platte 73.
— — scheiden 261, 273.
— — system 254.
— — zelle 255, 256, 258, 270.
Netz usw. 323.
— haut 266, 291, 296, 297.

Neuralbogen 387, 389, 392.
— — furche 108.
— — platte 73, 116.
— — rinne 73.
— — rohr 74, 108, 115.
— — wülste 73, 108.
Neurilemma 274.
Neurit 255, 258.
Neuroblasten 255, 262, 272, 278.
— cranium 403, 413.
— — epithel 240, 277, 298.
— — fibrillen 255, 256.
Neuroglia 255.
Neuromerie 121.
Neuron 258, 272, 276.
— motorisches 262.
— sensibles 272.
Neuroplasma 256.
Neuroporus 74, 116.
Neurospongium 255.
Nickhaut 306.
Niere 425 ff.
Nierenbecken 425, 427.
— blasten 427.
— gefäße 432.
— kapsel 432.
— papillen 431.
Nitabuchscher Fibrinstreif 234.
Nucleus caudatus 265.
— lentiformis 265.
Nüstern 158.

Oberkieferfortsatz 148.
— lippe 152, 158.
Obplacenta 215.
Odontoblasten 314.
— klasten 316.
Ohrcanal (d. Herzens) 349.
Ohrenschmalzdrüsen 290.
Ohrfalte 288.
— kapsel 285, 406.
— knorpeln 290.
— muschel 146, 288.
— muskeln 290.
— trompete 286, 287.
Oliven 269.
Omphalochorion 185, 212.
— coel 185.
— placenta 185.
Oosperm 40.
Ontogenese 1, 2.
Oocentrum 15, 23.
Oocyten 12.
Oogonien 12.
Oolemma 27.
Ooplasma 23, 26.
Operculum 147.
Ophthalmencephalon 118, 266, 291.
Operculum 147.
Ora serrata 298, 302.
Organanlagen 4.
Organe 68.
— abortive 4.

Organe rudimentäre 5.
— verkümmernde 5.
Organogenese 2.
Organon dubium 5.
— spirale 282, 284.
— vomeronasale 150, 157, 178, 410.
Ossicula mentalia 411, 417.
Osteocement 315.
Ostium atrioventriculare 354.
Otolithen 285.
Ovales Fenster 285.
— Loch 285.
Ovarium 11.
Ovarialschwangerschaft 231.
Ovivivipare Tiere 24, 32.
Ovium 13, 22, 30.
Ovulation 33, 35, 185.

Paarhufer 198.
Paarlinge 217.
Palato quadratum 417.
Pancreas 326, 333.
Papilla palatina 152, 154.
Papillarmuskeln 356.
Parachordalia 405.
Paradidymis 442.
— physe 119, 262, 268.
Parallelentwicklung 3.
Parietalhöhle 125, 128, 384, 385.
— organ 268.
— zone 114.
Paroophoron 150.
Pars caeca retinae 298.
— optica 298.
— caduca placentae 234.
— frondosa chorii 232.
— laevis chorii 232, 233.
— villosa chorii 232.
Parthenogenese 67.
Paukenhöhle 286, 287.
— treppe 285.
Penis 462.
Penisschisis 464.
Pentadaktylie 418.
Perforatorium 18, 47.
Periderm 241, 242.
— neurium 274.
Periphere Nerven 271, 273.
Perissodaktylen 192.
Peritonaeum 326.
Pferd 192.
Phäochrome Zellen 466.
Phäochromoblastem 466.
Pfortadersystem 365, 366.
Philtrum 19, 308.
Phallus 460, 462.
Phylogenese 1, 2.
Pigmente 24.
— blatt der Netzhaut 296, 297.
Pinnae 166.
Placenta 186.

Placenta areolata 198, 201.
— cotyledonaria 187.
— der Gürteltiere 187.
— diffusa 187, 193.
— discoides 187, 214, 217.
— fetalis 229.
— formen 187.
— kreislauf 375.
— materna 185, 190, 217, 234.
— multiplex 187.
— zonaria 187, 207.
Placentalier 185, 186.
Placentarraum 234.
— saum 211.
— septen 234.
— wülste 215.
Placentation 185.
Placentome. 204.
Plakoidorgane 316.
Plasma 11.
Plasmodesmen 256.
Plasmodien 189, 215, 229.
Plastosomen 11.
Pleurahöhle 128, 385.
Plexus chorioidei 266.
Plicae aryepiglotticae 337.
— fimbriata 310.
— palmatae 449.
— rhombomesencephalica 118.
— semilunaris 306.
— ventricularis 337.
Polare Differenzierung (d. Eizelle) 65.
Polarität der Eizelle 26.
Polocyten, Polzellen 13, 14, 39.
Polspindel 39.
Polyspermie 45.
Prädentin 314.
Präformationslehre 3.
Primärfollikel 444.
— furche 55, 57, 264.
Primärer Harnleiter 130, 137. 428.
Primärzotten 229.
Primitive Darmhöhle 83, 103.
— — schlinge 322.
Primitiver Darm 83, 307.
Primitivorgane 2, 4.
— platte 99.
— rinne 105.
— streif 90, 105.
Primordialknochen 413.
Proamnion 172.
Processus alaris 408.
    ciliaris 202.
    globularis 151.
    lenticularis 411.
    neuroporicus 116, 119.
    stylohyoideus 412, 417.
    vaginalis peritonäi 452.
Prochorion 207.
Proctodaeum 460.

Proliferationsknospen 229.
Pronephros 130.
Prosencephalon 118.
Prostata 464.
Prostoma 72.
Protentoblast 83, 88, 93.
Pterygien 166, 167.
Pubertätsbaar 245.
Pupille 302.
Pyramidenbündel 269.

Rachen 308.
— haut 92, 142, 148.
— — rest 149.
Radiärfaserkegel 300.
— furchen 58.
Randbogen 266.
— faden des Spermiums 20.
— hämatom 211.
— sinus der Placenta 237, 342.
— zone 58, 194.
Ranviersche Schnürringe 274.
Raubtiere 212.
Rautenhirn 118, 269.
Recessus labyrinthi 280.
— cerebri 266.
— opticus 119.
— praecaudalis 459, 460.
Reduzierte Organe 5.
Reduktionsteilung 14, 44.
Reh 198.
Reichertscher Knorpel 411.
Reifei 13, 14, 39.
Reifestadium 13.
Reptilien 94, 98.
Residualorgane 4.
Reteblastem 438, 440.
Rete ovarii 443.
— testis 440.
Retinacula 444.
Retrobranchialleiste 147.
Rhinencephalon 266.
Rhombencephalon 118, 269.
Riechcanal 151.
— epithel 277.
— fäden 278.
— felder 150.
— gruben 150.
— lappen 266.
— organ 150, 277.
— nerv 151, 287.
— platten 150.
— säcke 150.
— zellen 278.
Riesenzellen 237.
Rind 198, 204.
Rindenfurche 265.
— grau 262.
— schicht des Dotters 27.
Ringfalte 176.
— knorpel 337.
— wulst 192.
Rippen 387, 394, 399.
Rohrscher Fibrinstreif 234.

Rudimentäre Organe 5.
Rückenfurche 105.
— mark 254, 260.
— — nerven 254, 272.
— saite 73.
— zone 114.
Rumpfskelet 387.
— mesenchym 90, 122.
Rundes Fenster 285.
Ruthenknochen 464.

Sacculus 281, 285.
Saccus vitellinus 170.
Säugetiere 98, 101.
Samen 17, -blasen 441.
— -fäden 17.
— -hügel 441.
— -flüssigkeit 17.
— -kanälchen 439.
— -kern 43.
— -leiter 441.
— -zellen 3, 11, 12, 13, 17.
Sammelröhren 139, 427.
Sarcolemma 380.
Saumband der Hufe 253.
Sauropsiden 94.
Scala tympani 285.
— vestibuli 285.
Schädel 401, 405, 413.
— balken 403.
Schaf 198, 199, 204.
Schalenhaut 27.
Schamlippen 461.
— spalte 462.
Scheibenplacenta 187, 214.
Scheide 446.
Scheidenklappe 461.
— vorhof 461.
— zellen 272, 273.
Scheitel 160.
— höcker 142.
— krümmung 262.
— spitze 289.
Schilddrüse 317.
— knorpel 337, 412.
Schizamnion 173.
Schizocoel 90.
Schlagadern 357.
Schleimhaut, cutane 241.
Schleimzellen 329.
Schlitzohr 290.
Schlüsselbeinarterie 359.
Schlunddarm 317.
— bogen 144, 145.
— spalten 144.
— taschen 144, 145.
Schlußplatte 119, 236, 263.
— ring des Spermiums 15, 19.
Schmelz 312.
— falten 315.
— keim 316.
— leiste 312.
— oberhäutchen 314.
— organe 312.

Schmelzprismen 312.
— pulpa 312.
— schuppen 317.
— zellen 312.
Schnauze 158.
Schnecke 281, 285.
Schneckengang 280, 286.
— nerv 284.
Schultergürtel 421.
Schuppen 240, 243.
Schutzhüllen der Eier 27.
Schwannsche Scheide 273, 274.
Schwanz 90, 162, 163.
— darm 93, 162.
— faden 15, 163, 164.
— falte 115, 176.
— kappe 172.
— knospe 93, 113, 162, 163, 164.
— rest 164.
— tasche 459.
Schwein 198—200.
Schweißdrüsen 247.
Schwellkörper 463.
Sclera 301.
Sclerotome 340.
Secundärfurchen 265.
Secundärzotten 229.
Secundinae 239.
Segmentalarterien 125.
Sehgrube 291.
— hügel 266.
— lappen 266, 291.
— nerv 30, 266.
— organ 291.
— nervenkreuzung 263.
— ventrikel 291, 296.
— zellen 299.
Sehnenfäden 356.
Sesambein 424.
Seitenfalten 115, 172.
— rumpfmuskeln 378.
— stränge 272.
Semilunarklappen 357.
Semiplacenta 186.
Septa semicircularia 407.
— membranaceum 357.
Septum pellucidum 264.
— pleuroperitonaeale 385.
— transversum 329, 385.
— urorectale 433.
Sexualstränge 410, 444, 446, 450.
Sichelband der Leber 331.
— fortsatz 263
Siebbeinmuscheln 155.
Sinnesorgane 277 u. ff.
Sinus cervicalis 147.
— coronarius 353.
— epididymidis 455.
— frontalis 156.
— haare 245.
— hörner 353.
— klappe 352.
— maxillaris 156.

Sinus reunicus 352.
— sphenoidalis 156.
— terminalis 172, 191, 194, 199, 342.
— urogenitalis 434, 461.
— venosi 270, 365, 368.
— querstück 353.
Skelet der Gliedmaßen 418.
— des Kopfes 400.
— des Rumpfes 387.
Sklera 301.
Sklerotome 125.
Sohlenhorn 253.
Somiten 75, 122
Spatium interseptovalvulare 352.
Speicheldrüsen 311.
Speiseröhre 308, 321.
Sperma 17.
Spermarium 11.
Spermatozoën 17.
Spermiden 13.
Sperminkristalle 17.
Spermiocyten 12, 13.
Spermiogonien 12.
Spermiozentrum 15, 42.
Spermium 13, 17.
Spermovium 23, 40, 51.
Sphärenapparat 11, 15, 23.
Spinalganglienleiste 121.
Spinalnerven 168, 256, 271.
Spiralband 286.
— faden 15, 19.
— hülle 15.
Splanchnocoel 124.
— cranium 403, 410, 416.
Spongioblasten 255, 278.
Spongiosa 213, 220.
Spürhaare 245.
Stacheln 242.
Stammesentwicklung 1.
Stammganglien 262.
Steigbügel 411, 417.
Steißgrube 163.
Stellknorpel 337, 339.
Stensonscher Gang 157.
Sternalleiste 392.
Steuermembran 20.
Stielrinne 296.
Stigma 34.
Stimmbänder 387.
Stirnhöhle 156.
Stirnnasenfortsatz 148.
— wulst 142, 148.
— granulosum 241.
Strangfasern 272.
Strangzellen 272.
Stratum granulosum 241.
— intermedium der Epidermis 226.
— lucidum 242.
Streifenhügel 264.
Striae acusticae 284.
Strichkanal 250.
Strudelvenen 303.
Subchorda 93.

Substantia osteoides der Zähne 314.
Sulcus intraencephalicus
— terminalis 310. [120.
— tubotympanicus 287.
Suprarenalorgan 466.
Sympathicus 276.
Sympathoblasten 466.
Symplasma 189, 210, 215.
Syncytium 60, 189, 222, 229.
Syndaktylie .
Synotie 161.
Synovialhaut 424.

Talgdrüsen 247.
Tarsaldrüsen 306.
Tegmen tympani 407.
Tela chorioidea 264, 266, 269, 270.
Telencephalon 119.
Teloblastem 76, 88.
Tensor tympani 288.
Teratologie 6:
— spermien 16.
Tertiärzotten 229.
Tetrapoden 166.
— pterygier 166.
Theca folliculi 444.
Thymusdrüse 317, 318, 320.
Tonsillen 310, 321.
Totalfurchen 264.
Totipotenz 66.
Trabeculae laterales 405.
Tractus olfactorius 266.
Tränendrüse 306.
— furche 306.
— nasenfurche 151, 160.
— — gang 160, 306.
— röhrchen 306.
— sack 306.
Tragus 288.
Transitorische Organe 4.
Trennungslinie d. Placenta 234.
Trichter 119, 263, 266, 267.
Trigeminus 264, 275.
Trigonum vesicae 435.
Trommelfell 286, 287, 288.
Trophoblast 95, 97, 194, 205, 207, 211.
Truncus arteriosus 130, 350, 360.
— brachiocephalicus 360, 361.
Tuba auditiva 287. [337.
Tuberculum cuneiforme
— corniculatum 337.
— genitale 460.
— labii superioris 159, 308.
— posterius 117, 120.
— thyreoideum 310, 317.
Tubulus collectivus 139.
— secretorius 139.
Tunica vasculosa lentis 295, 304.
— — oculi 302.

Ultimobranchiale Körperchen 320.
Umbilicalarterien 176, 238, 363.
Umlagerungszone 216, 222.
Umwachsungsrand 80, 172.
Unipotenz 66.
Unterhautbindegewebe 241.
Unterkieferbogen 148, 410.
Unterlippe 158.
— zunge 310.
Urachus 176, 179, 435.
Urafter 70.
— darm 70, 72.
— der Amphibien 80.
— des Amphioxus 70.
— der Amnioten 93, 101, 103 u. ff.
Urdarmblatt 83.
— — dach 112.
— — platte 111.
— — rinne 104, 111.
— — strang 101.
Ureizellen 12.
Ureter 425, 427.
Urgeschlechtszellen 12, 52, 437.   [80, 87.
Urmund der Amphibien
  des Amphioxus 70, 72.
— der Amnioten 99.
— grube 99.
— leiste 105.
— lippen 72, 104.
— platte 99.
  rinne 90, 104.
— streifen 90.
Urniere 130, 134, 136, 425.
— bläschen 131, 136, 137.
— blastem 136, 425.
  gang 130, 137.
  kämmerchen 131.
  kanälchen 130, 131, 137.
  wulst 139.
Urogenitalfalten 446, 460.
  furche 460.
— leiste 460.
— — öffnung 460.
— — platte 122, 131, 136. 460.
— spalte 459.
Urorectalfalten 433, 463.
Ursamenzellen 12.
Ursegmente 73.
Urwirbel 75, 122.
— — kern 124.
Uterinmilch 206.
Uteroplacentargefäße 210, 237.
— vaginalkanal 446.
Uterus 446, 449.
  masculinus 442.
  muskulatur 239.
Utriculus 280.
— prostaticus 285, 442.
Uvula 154.

Vagina 446, 449.
— masculina 442.
Vagus 274.
Valvula foraminis ovalis 351.
— venae cavae 353.
Variation 7.
Vegetativer Pol 26.
Vena cardinalis 351.
— jugularis 352.
Venensystem 364—372.
Ventrikel des Gehirnes 266.
— des Rückenmarks 119.
Verbindungsstück 18.
Vererbung 2, 7, 46, 47.
Verknöcherung des Achsenskeletes 369.
— der Extremitäten 419.
— des Schädels 413.
Verkümmernde Organe 5.
Verlängertes Mark 419.
Vernix caseosa 242.
Verschlußmembran der Kiemenspalten 77, 144.
Vesicula blastodermica 62,
— cervicalis 318.   [95.
— prostatica 442.
Vestibulardrüsen 464.
Vierhügel 269.
Visceralbogen 77, 142, 144, 145, 387, 389.
— skelet des Kopfes 144.
— taschen 144.
Vivipare Tiere 24, 179, 186.
Vögel 98.
Vollorgane 5, 6.
— placenta 186.
Vorafter 90.
— chorion 207.
Vorderdarm 318.
— hornzellen 255.
— lippe des Urmundes 72.
Voreizelle 13.
— entwicklung 10.
— haut 462.
— hof 353.
— — nerv 284.
— — scheidewand 351, 354.
— — treppe 285.
— knorpel 341, 390.
— magen 322.
— nagel 253.
— niere 130, 131, 138.
— nierenbläschen 131.
— — gang 131.
— — kämmerchen 131.
Vorsteherdrüse 464.

Wachstumskeule 255.
Wandzone 114.
Wangen 308.
Warzenhof 250.
— zone 249.
Wassermolch 79, 80, 92.
Wechselorgane 5, 6.
Wellenmembran 19.

Whartonsche Sulze 180, 238.
Wiederkäuer 199, 203.
Winklersche Schlußplatte (der Placenta) 236.
Wirbel 390, 391, 397.
— säule 387, 391.
— schwanz 163.
— spalte 392.
Wolffsche Leiste 187.
Wollhaar 245.
Wurmfortsatz 325.
Wurzelrinde der Zähne 314.
— scheiden der Haare 243.

Zähne 312.
— schmelzfaltige 315.
— — höckerige 315.
— — kappige 315.
Zahnbein 314.
— furche 312.
— krone 312.
— leiste 312.
— papille 312.
— säckchen 312.
— wall 312.
— wechsel 316.
Zellkugeln 136.
— membran 11.
— organe 16.
— säulen 234.
Zentralkanal 255, 262.
— furche 265.
— nervensystem 254 u. ff.
Ziege 198, 204.
Zieselmaus 220.
Zirbeldrüse 268.
Zirkulärfurche 55, 57.
Zitzen 250, 251.
— tasche 248.
Zona pellucida 27.
Zotten des Darmes 326.
— wülste des Darmes 201.
— wulst der Wangen 309.
Zunge 310.
Zungenbein 337, 417, 418.
— bälge 310.
— — bogen 147, 410—412,
— muskeln 310.   [417.
— papillen 279, 310.
Zwerchfell 385, 386.
— band der Urniere 450.
— milzband 323.
— muskeln 386.
— spalte 386.
Zwischenhirn 119, 266.
— kiefer 152.
— nierenknospen 466.
Zwischenschicht zwischen Amnion und Chorion 226.
— schicht d. Netzhaut 298.
— zottenräume des Chorions 229.
Zwitter 464, 465.
Zwölffingerdarm 308, 325.